eXamen.press

eXamen.press ist eine Reihe, die Theorie und Praxis aus allen Bereichen der Informatik für die Hochschulausbildung vermittelt.

Hans-Joachim Bungartz · Stefan Zimmer ·
Martin Buchholz · Dirk Pflüger

Modellbildung und Simulation

Eine anwendungsorientierte Einführung

2., überarbeitete Auflage

Springer Spektrum

Hans-Joachim Bungartz
Technische Universität München
Garching, Deutschland

Stefan Zimmer
Universität Stuttgart
Stuttgart, Deutschland

Martin Buchholz
Realtime Technology AG
München, Deutschland

Dirk Pflüger
Universität Stuttgart
Stuttgart, Deutschland

ISSN 1614-5216
ISBN 978-3-642-37655-9   ISBN 978-3-642-37656-6 (eBook)
DOI 10.1007/978-3-642-37656-6

Die Deutsche Nationalbibliothek verzeichnet diese Publikation in der Deutschen Nationalbibliografie; detaillierte bibliografische Daten sind im Internet über http://dnb.d-nb.de abrufbar.

Springer Spektrum

Vorwort

In weiten Teilen der Wissenschaft, insbesondere in den Natur- und Ingenieurwissenschaften, haben sich Modellbildung und Simulation als dritte Säule des Erkenntniserwerbs etabliert: Wo früher das Verständnis, die Vorhersage oder die Optimierung des Verhaltens von Prozessen und Systemen auf Experimente oder theoretisch-analytische Untersuchungen angewiesen waren, bietet sich heute die elegante Möglichkeit von „Experimenten im Computer". Längst sind auch neue Fachgebiete entstanden – sei es als Spezialisierungen innerhalb klassischer Fächer oder als eigenständige Gebiete zwischen bestehenden Fächern. Alle leben dabei von der transdisziplinären Interaktion effizienter Methoden (zumeist aus Mathematik oder Informatik) mit spannenden Anwendungsgebieten und Modellen, welche keinesfalls auf Natur- und Ingenieurwissenschaften beschränkt sind, wie etwa das Beispiel der Finanzmathematik belegt. Und so zeigen die unterschiedlichen Namen, die wir heute hierfür vorfinden, in erster Linie leicht unterschiedliche Schwerpunktsetzungen an: „Scientific Computing" oder „Wissenschaftliches Rechnen" betont mathematische Aspekte (insbesondere numerische), „High-Performance Computing (HPC)" bzw. „Höchstleistungsrechnen" sowie „Advanced Computing" eher informatische, wobei bei Ersterem die Supercomputer im Fokus stehen, während Letzterem ein integraler und Algorithmen, Rechner, Daten und Software umfassender Ansatz zugrunde liegt. Bezeichnungen wie „Computational Sciences", „Computational Science and Engineering" oder „Computational Engineering" rücken dagegen eher den Simulationsgegenstand ins Zentrum des Interesses.

Trotz des großen Spektrums an Anwendungsgebieten und trotz der hohen Bandbreite an eingesetzten Methodenapparaten – analytisch und approximativ, numerisch und diskret, deterministisch und stochastisch, der Mathematik entnommen (Differentialgleichungen etc.) oder aus der Informatik stammend (Fuzzy Logik, Petri-Netze etc.) – liegt doch dem Modellieren und Simulieren eine einheitliche Systematik zugrunde, der sich in zunehmenden Maße einschlägige Lehrveranstaltungen widmen. Das vorliegende Buch ist denn auch entstanden aus der Ausarbeitung von Vorlesungen „Grundlagen der Modellbildung und Simulation" bzw. „Modellbildung und Simulation", die die ersten beiden Autoren mehrfach an der Universität Stuttgart sowie an der TU München gehalten haben. Primär im Informatik-Curriculum verankert, wenden sich beide Lehrveranstaltungen jedoch auch an Studierende der Mathematik sowie technischer und naturwissenschaftlicher Fächer. Ganz typisch und unvermeidlich dabei ist, dass praktisch jede Hörerin und jeder

Hörer auf Bekanntes stoßen, zugleich aber auch mit Neuem konfrontiert werden. Durch die Fokussierung auf Modellbildung und Simulation als Methodik erscheint jedoch vermeintlich Vertrautes in neuem Licht, werden bisher verborgene Zusammenhänge aufgezeigt und wird das Auge darin geschult, neben dem konkreten Lösungsansatz auch die zugrunde liegende Systematik zu erkennen – eine wesentliche Intention des vorliegenden Buchs. Damit zusammenhängend und ganz wichtig: Es geht nicht um eine Einführung zum schlichten Umgang mit existierenden Werkzeugen, seien sie auch noch so verbreitet und mächtig, sondern vielmehr um einen Einstieg in die spannende Welt, bessere Werkzeuge bereitzustellen.

Einen Vollständigkeitsanspruch in Breite oder Tiefe zu erheben oder zu erwarten wäre angesichts der Vielschichtigkeit des Themas unsinnig. So streift das vorliegende Buch vielmehr einerseits einige interessante, relevante und in der konkret einzusetzenden Methodik durchaus sehr verschiedene Anwendungsgebiete, wobei die Auswahl hierbei natürlich auch mit persönlichen Vorlieben und Erfahrungen der Autoren zu tun hat. Andererseits sollen aber eben gerade die grundsätzlichen Gemeinsamkeiten in der Herangehensweise beleuchtet werden, die bei der Annäherung an die Thematik der Modellbildung und Simulation aus nur einer Anwendungsdomäne heraus sehr oft unsichtbar bleiben. Die Simulationspipeline von der Herleitung des Modells bis zu seiner Validierung ist hierfür ein prominentes Beispiel. Und so wird der immer wieder gegen derartige Lehrveranstaltungen und Buchkonzepte vorgebrachte Vorbehalt des „von allem etwas, aber nichts richtig" ein Stück weit zur Maxime dieses Buchs. Es geht um eine erste Begegnung mit Modellen und Simulationen, darum, einen Eindruck zu gewinnen von der Vielfalt des eingesetzten mathematischen oder informatischen Rüstzeugs wie der Aufgabenstellungen. Wir werden über Strömungen reden, ohne dabei die Detailliertheit eines Buchs über Strömungssimulationen anstreben zu können oder zu wollen; es werden numerische Verfahren zur Sprache kommen, ohne dass jede Variante aufgezählt und in all ihren Eigenschaften beleuchtet wird, wie das von einem Numerik-Lehrbuch erwartet wird; und alle Szenarien werden stark vereinfacht werden, was natürlich auf Kosten der Realitätsnähe gehen muss. Wir wollen ja die Leser und Leserinnen dieses Buchs eben nicht zu Spezialisten in einem Teilbereich ausbilden, sondern Studierenden der Informatik, Mathematik oder natur- bzw. ingenieurwissenschaftlicher Fachrichtungen einen Überblick geben – und natürlich Lust auf mehr erwecken.

Eine weitere Herausforderung ist die Balance zwischen Modellierung und Simulation – hier im engeren Sinne des Worts, also des Teils der Berechnung oder Lösung der Modelle. So werden wir Modelle diskutieren, dabei aber weder Ursache noch Ziel der Modellierung – die Simulation – aus dem Auge verlieren. Und wir werden Berechnungsverfahren besprechen, dabei aber nicht das Modell vom Himmel fallen lassen. Auch diese aus unserer Sicht wichtige Breite und Verzahnung muss auf Kosten der Tiefe in den Einzelbereichen gehen – aber dieses Buch ist eben weder ein Buch über mathematische Modellierung noch eines über Numerik.

Für die Strukturierung eines solchen Buchs gibt es mindestens zwei unterschiedliche Möglichkeiten. Man kann die eingesetzte Methodik zur obersten Gliederungsebene machen, was dann beispielsweise zu Kapiteln über Modelle mit Graphen, Modelle mit gewöhnlichen Differentialgleichungen oder Modelle mit partiellen Differentialgleichungen führt. Der Vorteil hierbei ist die methodische Stringenz, allerdings werden dann gewisse Themen wie die Verkehrssimulation mehrfach aufscheinen, was eine vergleichende Betrachtung und Bewertung alternativer Ansätze erschwert. Diesen Nachteil vermeidet eine Gliederung nach Themenfeldern, in denen modelliert und simuliert wird – mit den entsprechenden umgekehrt gelagerten Vor- und Nachteilen. Wir haben uns für die zweite Alternative entschieden, da uns die resultierende Struktur als gerade für den Einsteiger plausibler und attraktiver erscheint und zudem die wichtige Botschaft, dass es praktisch immer mehr als ein mögliches Modell, mehr als einen möglichen einzusetzenden mathematischen oder informatischen Apparat gibt, so besser transportiert werden kann.

Kapitel 1 führt in die Thematik der Modellbildung und Simulation ein. Zunächst werden die Simulationspipeline bzw. der Simulationszyklus vorgestellt. Anschließend werden allgemeine Fragen rund um mathematische Modelle – z. B. die Herleitung, die Analyse sowie Eigenschaften von Modellen, Existenz und Eindeutigkeit von Lösungen oder Modellhierarchien und Modellreduktion betreffend – sowie rund um die simulative Umsetzung der Modelle disktutiert. Kapitel 2 stellt dann das im Folgenden benötigte methodische Instrumentarium aus den unterschiedlichen Teilgebieten der Mathematik und Informatik in kompakter Form bereit. Auch hier sind verschiedene Strategien denkbar – vom kompromisslosen (und Platz sparenden) „dies und das wird alles vorausgesetzt" bis hin zum fürsorglichen (und den Rahmen eines Lehrbuchs sprengenden) „was gebraucht wird, wird erläutert". Wir wählen den Zwischenweg einer knappen Rekapitulation aus Elementarmathematik, diskreter Mathematik, Linearer Algebra, Analysis, Stochastik und Statistik sowie Numerik. Somit wird alles Wesentliche genannt, aber ohne epische Breite. Die meisten Themen sollten ja, mehr oder weniger vertieft, Stoff des Grundstudiums bzw. des Bachelor-Studiums in den betreffenden Fachrichtungen sein. Es werden jedoch stets Quellen angegeben, mit deren Hilfe man eventuelle Lücken schnell und kompetent schließen kann. Zur Erleichterung der Zuordnung und zur Unterstützung eines selektiven Lesens dieses Buchs wird später zu Beginn der Anwendungsszenarien immer explizit auf das jeweils benötigte Instrumentarium verwiesen.

Die folgenden Kapitel behandeln dann, thematisch in vier Teile gruppiert, exemplarisch unterschiedliche Bereiche, in denen heute in starkem Umfang Modelle sowie modellbasierte Simulationen eingesetzt werden.

Teil I widmet sich der Thematik „Spielen – entscheiden – planen". Dabei werden Aufgabenstellungen aus den Bereichen Spieltheorie (Kap. 3), Entscheidungstheorie (Kap. 4), Scheduling (Kap. 5) sowie Finanzmathematik (Kap. 6) diskutiert.

In Teil II werden Modellierung und Simulation im Bereich des Verkehrswesens behandelt – ein Gebiet, anhand dessen sehr schön die Vielfalt unterschiedlicher Aufgabenstellungen, Herangehensweisen und eingesetzter Instrumentarien dargelegt werden kann. Dabei wird zunächst die makroskopische Simulation von Straßenverkehr mittels einfacher auf Differentialgleichungen basierender Modelle vorgestellt (Kap. 7). Auf zelluläre Automaten stützt sich dagegen die klassische mikroskopische Betrachtungsweise (Kap. 8). Einen ganz anderen Ansatz stellt die stochastische Verkehrssimulation dar, bei der Wartesysteme das zentrale Beschreibungswerkzeug sind (Kap. 9).

Teil III befasst sich mit Szenarien aus dem weiteren Umfeld dynamischer Systeme. Erste diesbezügliche Einblicke bietet der Klassiker Populationsdynamik (Kap. 10). Am Beispiel der Regelungstechnik werden dann konventionelle Ansätze zur Regelung von technischen Systemen wie beispielsweise Mehrkörpersystemen sowie die Fuzzy-Regelung behandelt (Kap. 11). Den Abschluss dieses Teils bildet ein kurzer Ausflug in die Welt des Chaos (Kap. 12).

Im abschließenden Teil IV werden dann Themen mit starkem Bezug zur Physik diskutiert – Themen, deren simulative Behandlung typischerweise sehr rechenintensiv ist und die somit enge Bezüge zum Hochleistungsrechnen aufweisen. Nach der Molekulardynamik als Vertreter von Partikelverfahren (Kap. 13) werden mit der Wärmeleitung (Kap. 14) und der Strömungsmechanik (Kap. 15) zwei Vertreter von auf partiellen Differentialgleichungen basierenden Modellen behandelt. Dass auch die Informatik, genauer die Computergraphik, physikalisch motivierte Modelle und Simulationen verwendet, zeigt das abschließende Szenario der Modellierung und Berechnung realistischer globaler Beleuchtung (Kap. 16).

Wie bereits erwähnt, eignet sich dieses Buch auch zur selektiven Behandlung in Lehrveranstaltungen bzw. zum selektiven Studium, falls nur ausgewählte Themen als relevant erscheinen. Gemeinsam mit dem einführenden Kap. 1 sowie den jeweils erforderlichen Grundlagen aus Kap. 2 bildet jeder Teil für sich eine abgeschlossene Einheit und kann auch so gelesen bzw. im Rahmen einer Lehrveranstaltung behandelt werden.

Wie immer haben viele zu diesem Buch beigetragen. Besonderen Dank schulden wir unseren Kollegen am Lehrstuhl – für kritische Anmerkungen, hilfreiche Hinweise oder die eine oder andere Abbildung – sowie den Hörerinnen und Hörern unserer eingangs genannten Lehrveranstaltungen, die mit ihren Fragen und Bemerkungen natürlich viel zur schlussendlichen Gestalt dieses Buchs beigetragen haben. Herrn Clemens Heine vom Springer-Verlag danken wir herzlich für den Denkanstoß, „etwas über Modellierung und Simulation ins Auge zu fassen", sowie für die konstruktive Begleitung des Vorhabens in der Folgezeit, die sich – wie so oft – dann doch leider etwas in die Länge zog. Überhaupt war die Zusammenarbeit mit dem Springer-Verlag einmal mehr sehr angenehm.

Garching   *H.-J. Bungartz*
November 2008   *S. Zimmer*
                                                                        M. Buchholz
                                                                         D. Pflüger

Vorwort zur zweiten Auflage

Für unser Buch haben wir sehr viel Zuspruch erfahren – von Studierenden, Lehrenden und Praktikern aus verschiedenen Fachrichtungen. Deshalb enthält die vorliegende zweite Auflage, die nahezu zeitgleich mit der englischen Fassung entstanden ist, auch keine wesentlichen Änderungen, Streichungen oder Ergänzungen, sondern vielmehr hauptsächlich kleinere Korrekturen oder Klarstellungen. Für zahlreiche diesbezügliche Hinweise sind wir all unseren aufmerksamen Lesern zu Dank verpflichtet. Unser Dank gilt natürlich auch dem Springer-Verlag, nicht zuletzt für's „Anschieben" und beständige Nachfragen…

Garching, München und Stuttgart Juni 2013

H.-J. Bungartz
S. Zimmer
M. Buchholz
D. Pflüger

Inhaltsverzeichnis

Teil III Dynamische Systeme: Ursache, Wirkung und Wechselwirkung

Teil IV   Physik im Rechner: Aufbruch zum Zahlenfressen

Was sind Modelle, und wie erhalten und bewerten wir sie? Wie werden aus abstrakten Modellen konkrete Simulationsergebnisse? Was genau treiben die immer zahlreicheren „Simulanten", welchen Einschränkungen ist ihr Tun unterworfen, und wie können ihre Resultate bestätigt werden? Mit diesen und anderen Fragen befasst sich das erste Kapitel unseres Buchs. Es ist sowohl als Einleitung insgesamt als auch als separate Einleitung zu jedem der vier nachfolgenden Teile konzipiert. Im ersten Abschnitt geht es dabei um Begriffsbildung sowie um die Vorstellung der so genannten Simulationspipeline. Die Abschnitte zwei und drei stellen anschließend wesentliche Grundlagen der Modellbildung bzw. der Simulation zusammen.

1.1 Die Simulationspipeline

Der Begriff der Simulation ist keinesfalls eindeutig belegt und bedarf der Klärung. Im Kontext dieses Buchs sind dabei vor allem zwei Bedeutungen relevant. Im weiteren Sinne versteht man unter Simulation den Gesamtkomplex der Vorausberechnung oder des Nachstellens eines bestimmten Szenarios. Da all dies heute nahezu ausschließlich rechnergestützt abläuft, werden wir nicht – wie andernorts oft üblich – von Computersimulationen reden. Im engeren Sinne (und im Titel dieses Buchs) bezeichnet die Simulation dagegen lediglich den zentralen Schritt aus diesem Prozess, nämlich den der eigentlichen Berechnung – ein klassischer Fall eines „pars pro toto". Wir werden im Folgenden beide Bedeutungen benutzen und überall dort, wo die jeweilige Interpretation implizit klar ist, auf eine explizite Klarstellung verzichten.

Simulationen im weiteren Sinne sind in gewisser Weise also nichts anderes als „virtuelle Experimente" auf dem Computer. Daran ändert auch die Tatsache nichts, dass in den meisten Anwendungsgebieten der Simulation (beispielsweise Physik, Chemie oder Mechanik) die jeweiligen Vertreter der „rechnenden Zunft" in aller Regel den Theoretikern zugeschlagen werden. Die Attraktivität solcher virtueller Experimente liegt auf der

H.-J. Bungartz et al., *Modellbildung und Simulation*, eXamen.press,
DOI 10.1007/978-3-642-37656-6_1, © Springer-Verlag Berlin Heidelberg 2013

Hand. In zahlreichen Fällen sind „echte" Experimente zum Beispiel wegen der zugrunde liegenden Zeit- und Raumskalen schlicht unmöglich. Man denke hier etwa an die Astrophysik: Kein noch so fleißiger Physiker kann Milliarden von Jahren am Teleskop verbringen, um den Lebenszyklus einer Galaxie zu studieren; oder an die Geophysik – experimentelle, also künstlich erzeugte Erdbeben mögen bei James Bond vorkommen, ein gangbarer Weg sind sie nicht. Zudem ist nicht alles, was prinzipiell möglich ist, auch erwünscht – man denke etwa an Kernwaffentests, Tierversuche oder Gentechnik. Erstere verabschiedeten sich just zu dem Zeitpunkt, als die entsprechenden Nationen in der Lage waren, sie komplett virtuell am Rechner durchzuführen. Dass hierin durchaus auch eine ethische Dimension liegt – es macht Atombomben ja nicht sympathischer, wenn sie nun eben mithilfe von Simulationen „perfektioniert" werden – darf an dieser Stelle nicht verschwiegen, soll aber hier nicht weiter diskutiert werden. Und auch in der Restmenge des Mach- und Durchsetzbaren stellt der Aufwand oft eine limitierende Größe dar: Die Statik von Bauwerken, die Angreifbarkeit des HIV-Virus, die Evakuierung eines voll besetzten Fußballstadions, ökonomische oder militärische Strategien, etc. etc. – all dies testet man nicht mal schnell im Labor; vom Aufwand, den die Fundamentalexperimente der modernen Physik beispielsweise im Rahmen des Large Hadron Colliders erfordern, ganz zu schweigen. Es führt also kein Weg an der Simulation vorbei, und es lohnt sich folglich, diese Methodik etwas näher in Augenschein zu nehmen. Klar ist aber auch: Simulationen *ergänzen* theoretische Analyse und Experiment, sie *ersetzen* sie jedoch keinesfalls.

Die Ziele, die mit einer Simulation verfolgt werden, können sehr unterschiedlich sein. Oft möchte man ein im Grunde bekanntes Szenario nachvollziehen und damit besser verstehen können. Dies gilt beispielsweise für Katastrophen technischer wie natürlicher Art. Warum ist es zu einem Erdbeben gekommen, warum gerade an diesem Ort, und warum zu diesem Zeitpunkt? Warum stürzte eine der großen Straßenbrücken über den Mississippi im US-Bundesstaat Minnesota im August 2007 ein? Wie konnte der Tsunami Ende Dezember 2004 in Südostasien eine so verheerende Wirkung entfalten? Ebenfalls Erkenntnis-getrieben, aber in aller Regel noch anspruchsvoller ist das Ziel, unbekannte Szenarien vorherzusagen. Dies gilt für die genannten Katastrophen (bzw. für mögliche Wiederholungsfälle) ebenso wie für die drängenden Fragen nach dem Klimawandel oder der Entwicklung der Weltbevölkerung, aber natürlich auch für viele technische Fragestellungen (Eigenschaften neuer Legierungen oder Verbundwerkstoffe). Neben dem Ziel der Erkenntnis geht es bei Simulationen aber auch oft um Verbesserungen, also darum, ein bekanntes Szenario zu optimieren. Als prominente Beispiele hierfür seien genannt die Einsatzpläne von Airlines, der Wirkungsgrad chemischer Reaktoren, die Effizienz von Wärmetauschern oder der Datendurchsatz in einem Rechnernetz.

Eine Simulation im weiteren Sinne ist dabei kein integraler Akt, sondern ein höchst komplexer Prozess, bestehend aus einer Folge mehrerer Schritte, die in verschiedenen Feedback-Schleifen typischerweise mehrfach durchlaufen werden. Hierfür hat sich das

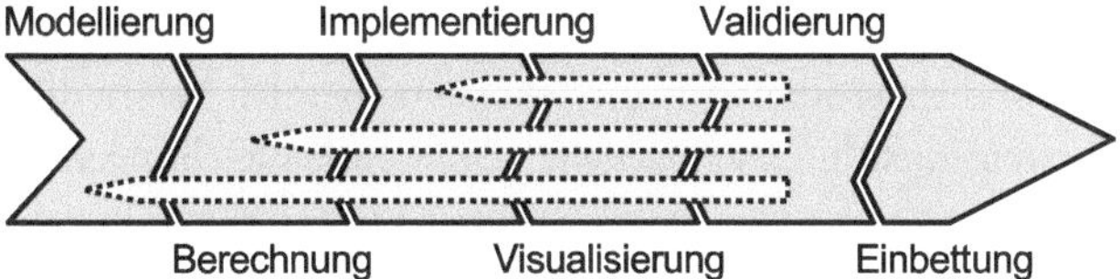

Abb. 1.1 Die „Simulationspipeline"

Bild der „Simulationspipeline" etabliert (vgl. Abb. 1.1). An wesentlichen Schritten halten wir fest:

- Die *Modellierung*: Zuallererst muss ein Modell her, d. h. eine vereinfachende formale Beschreibung eines geeigneten Ausschnitts des Betrachtungsgegenstands, das dann die Grundlage der sich anschließenden Berechnungen bilden kann.
- Die *Berechnung* bzw. *Simulation im engeren Sinne*: Das Modell wird geeignet aufbereitet (z. B. diskretisiert), um es auf dem Rechner behandeln zu können, und zur Lösung dieses aufbereiteten Modells sind effiziente Algorithmen zu ermitteln.
- Die *Implementierung* (oder breiter *Software-Entwicklung*): Die zuvor erhaltenen Berechnungsalgorithmen müssen effizient (in Bezug auf Rechenzeit- und Speicherkomplexität, Parallelisierbarkeit, etc.) auf der oder den Zielarchitektur(en) implementiert werden. Dieser Schritt geht heute signifikant über die Implementierung im klassischen Sinne hinaus: Es muss nicht nur performanter Code erzeugt werden, sondern es muss Software im großen Stil und nach allen Regeln der Kunst entworfen und entwickelt werden.
- Die *Visualisierung* (oder allg. *Datenexploration*): Die Ergebnisdaten eines Simulationslaufs gilt es zu interpretieren. Manchmal – bei skalaren Kennzahlen wie etwa dem Widerstandsbeiwert in der Aerodynamik – ist dies einfach, manchmal – z. B. bei hochdimensionalen Datensätzen – ist es eine Wissenschaft für sich, aus der Zahlenflut die relevante Information zu extrahieren.
- Die *Validierung*: Ganz wichtig – wie verlässlich sind die Ergebnisse? Fehlerquellen lauern im Modell, im Algorithmus, im Code oder bei der Interpretation der Resultate, weshalb ein Abgleich verschiedener Modelle, verschiedener Algorithmen bzw. verschiedener Codes sowie von Simulationsergebnissen mit Experimenten wichtig ist. Je nach Fehlerquelle muss der Prozess beim entsprechenden Schritt wieder aufgesetzt und die Pipeline ab dieser Stelle erneut durchlaufen werden.
- Die *Einbettung*: Simulationen finden in einem Kontext statt – ein Entwicklungs- oder Produktionsprozess beispielsweise – und sollen in diesen integriert werden. Dies erfordert Schnittstellendefinition, ein vernünftiges Software Engineering, einfache Testumgebungen, etc.

Sehen wir uns ein anschauliches Beispiel an – ein kleiner Vorgriff auf Teil IV dieses Buchs. Objekt unserer Begierde sei der PKW im Windkanal – oder besser der virtuelle PKW im virtuellen Windkanal, und ermittelt werden soll die Windschnittigkeit des Fahrzeugs, im Fachjargon der Widerstandsbeiwert c_w. Das geeignete physikalische bzw. mathematische Modell für die Aerodynamik im Unterschallbereich liefern die Navier-Stokes-Gleichungen, ein System nichtlinearer partieller Differentialgleichungen. Deren Diskretisierung in Raum und Zeit kann beispielsweise mittels Finiter Elemente oder Finiter Volumen erfolgen, die entstehenden großen und dünn besetzten Systeme linearer Gleichungen können mittels Mehrgitterverfahren effizient gelöst werden. Aufgrund der hohen Anforderungen an die Rechenzeit muss das Verfahren in aller Regel auf einem Parallelrechner implementiert werden. Zur Visualisierung des dreidimensionalen Geschwindigkeitsfelds wird man Techniken einsetzen müssen, die über die bekannten zweidimensionalen Pfeilbilder hinaus gehen, und der Widerstandsbeiwert muss aus den Millionen berechneter diskreter Geschwindigkeits- und Druckwerte geeignet ermittelt werden. Zur Validierung wird man auf Vergleichsrechnungen mit anderen Programmen sowie auf reale Experimente am Prototypen im Windkanal zurückgreifen. Eine spannende Fragestellung der Einbettung ist, wie nun die Ergebnisse der Aerodynamiksimulation (z. B. Hinweise auf eine in Details zu ändernde Kotflügelform) der Design-Abteilung übermittelt werden können. Oder anders gesagt: Wie können die Simulationsergebnisse direkt im CAD-Modell berücksichtigt werden, ohne den sehr zeitaufwändigen Entwurfsprozess wieder ab initio zu starten?

Bereits an diesem Beispiel wird klar: Eine Simulationsaufgabe umfassend zu lösen erfordert weit mehr als „ein bisschen Rechnerei", und alle sechs Schritte der Simulationspipeline stellen eine Fülle von Herausforderungen an unterschiedliche Wissenschaftsfelder. Um einem Missverständnis gleich vorzubeugen: Das Bild der Pipeline soll die Aufgabenvielfalt und -abfolge illustrieren, es soll jedoch keinesfalls suggerieren, dass die einzelnen Schritte losgelöst voneinander im Sinne einer Fließbandbearbeitung von ganz unterschiedlichen Experten erledigt werden können. Alles ist vielmehr eng miteinander verwoben. So muss beispielsweise die effiziente (und damit in aller Regel die Zielhardware auf die eine oder andere Art und Weise berücksichtigende) Implementierbarkeit schon sehr früh im numerischen Algorithmenentwurf im Auge behalten werden.

Die ersten beiden Schritte der Simulationspipeline – Modellbildung und Simulation im engeren Sinne – sind dabei natürlich von zentraler Bedeutung. Aus diesem Grund, und weil sie es sind, die selbst zu einem Einstieg in die Thematik unbedingt erforderlich sind, sollen sie in diesem Buch behandelt werden.

1.2 Einführung in die Modellierung

Wenden wir uns nun also dem ersten Schritt der Simulationspipeline zu, der (mathematischen) Modellierung, indem wir der Reihe nach folgende Fragen diskutieren: Was ist überhaupt ein Modell, und wozu wird es eingesetzt? Wie erhält man ein passendes Modell? Wie können mathematische Modelle bewertet werden? Worin unterscheiden sich Modelle, und wie kann man sie folglich klassifizieren? Und schließlich – gibt es „das richtige Modell"?

1.2.1   Allgemeines

Unter einem Modell versteht man allgemein ein (vereinfachendes) Abbild einer (partiellen) Realität. In unserem Kontext sind dabei stets abstrakte Modelle gemeint, also formale Beschreibungen, zumeist (aber nicht immer) mittels des Methodenapparats der Mathematik oder der Informatik. Im Folgenden meinen wir daher fast immer mathematische oder informatische Modelle, wenn wir von Modellen reden.

Die mathematische Modellierung oder Modellbildung bezeichnet den Prozess der formalen Herleitung und Analyse eines mathematischen Modells für einen Effekt, ein Phänomen oder ein technisches System. Ausgangspunkt ist dabei in aller Regel eine nichtformale Beschreibung des betreffenden Modellierungsgegenstands, beispielsweise in Prosa. Diese wird dann typischerweise mit dem Instrumentarium der Anwendungsdisziplin in eine semiformale Beschreibung umgewandelt, das Modell der Anwendungswissenschaft. Daraus wird in einem weiteren Schritt schließlich eine streng formale (also widerspruchsfreie, konsistente) Beschreibung abgeleitet – das mathematische Modell.

Das einfache Beispiel des Stunden- und Raumbelegungsplans einer Schule soll dies verdeutlichen: Am Anfang steht die textuelle Beschreibung des Problems. Daraus wird dann das klassische Kärtchentableau an der Wand des Lehrerzimmers erstellt, das zwar schon Doppelbelegungen zu vermeiden hilft, aber eventuelle Optimierungsspielräume nur in sehr eingeschränktem Maße aufzeigt. Dies ändert sich, wenn das Problem „mathematisiert" und etwa als Graph-basiertes Scheduling-Problem formuliert wird. Ist diese Abstraktion vollzogen, kann der entsprechende Methodenapparat zur Analyse und Optimierung eingesetzt werden.

Die mathematische Modellbildung ist in den verschiedenen Wissenschaftsbereichen ganz unterschiedlich naheliegend und etabliert. In den exakten Naturwissenschaften hat sie eine sehr lange Tradition. Viele Formulierungen der theoretischen Physik beispielsweise sind zumeist per se mathematisch und in vielen Bereichen anerkannt. Das gilt insbesondere dort, wo sie durch experimentelle Daten bestätigt wurden (wie etwa in der klassischen Kontinuumsmechanik). Ganz anders sieht es dagegen in der staatlichen Wirtschaftspolitik aus. Auch aufgrund des starken Einflusses psychologischer Momente ist nicht unumstritten, wie weit mathematische Modelle hier tragen können. Und selbst wenn hierüber Konsens herrscht, so liegt die Auswahl des „richtigen" Modells keinesfalls auf der Hand, und je nach Modellwahl lassen sich wirtschaftspolitisch diametral entgegengesetzte Verhaltensmaßregeln herleiten. Man denke hier etwa an den ewigen Streit zwischen „Monetaristen", die auch in Zeiten der Rezession strikte Haushaltsdisziplin einfordern, und „Keynesianern", die dagegen das „Deficit spending" ihres Idols John Maynard Keynes hochhalten und somit staatliche Investitionsprogramme in Zeiten der Rezession fordern. Beide Lager berufen sich natürlich auf Modelle!

Doch auch unter Naturwissenschaftlern herrscht keinesfalls immer Konsens bzw. ist die Konsensfindung ein mühsamer Prozess, wie beispielsweise die andauernden Diskussionen um Klimawandel und globale Erwärmung zeigen.

Ein weiteres Beispiel dafür, dass das mit dem richtigen Modell nicht so einfach ist, liefert die Spieltheorie, auf die wir noch näher zu sprechen kommen werden. John von Neumanns Modelle zu 2-Personen-Nullsummenspielen samt den üblicherweise dort betrachteten vorsichtigen Min-Max-Strategien – kurz: spiele stets so, dass der bei optimalem Verhalten des Gegners schlimmstenfalls mögliche Verlust minimiert wird – mögen für den Familienvater auf einmaligen Casino-Abwegen ein angemessenes Vorgehensmodell sein, für einen richtigen Zocker sind sie es dagegen fraglos nicht.

Wo wird heute nun überall modelliert? Einige wichtige Beispiele wurden bereits genannt, und vollständig kann eine Auflistung allemal nicht werden. Dennoch muss man sich vor Augen halten, welche Verbreitung Modelle und damit auch der Schritt der Modellierung inzwischen erlangt haben:

- In der *Astrophysik* möchte man die Entstehung und die Entwicklung des Universums sowie die Lebenszyklen von Sternen und Galaxien ergründen.
- In der *Geophysik* wollen Forscher die Prozesse verstehen, die letztendlich zu Erdbeben führen.
- Zentrales Thema der *Plasmaphysik* ist die Fusion.
- Die Untersuchung der räumlichen Struktur und damit der Funktionalität von Proteinen ist ein Schwerpunkt der *Proteinforschung*.
- Die *theoretische Chemie* erforscht die Ursachen für bestimmtes Materialverhalten auf atomarer Ebene.
- Das *Drug Design* befasst sich mit dem gezielten Entwurf von Wirkstoffen mit genau spezifizierter Funktionalität.
- Auch die *Medizin* greift verstärkt auf Modelle zurück, etwa bei der Erforschung von Aneurysmen oder bei der Optimierung von Implantaten.
- Sehr publikumswirksam sind die Diskussionen in der *Klimaforschung* geworden, die natürlich modellgetrieben sind – ob es nun um die globale Erwärmung, um Ozonlöcher oder um die Zukunft des Golfstroms geht.
- Kurzfristiger, aber nicht weniger präsent ist die *Wettervorhersage*, die sich auf einen Mix aus Berechnungen und Messungen abstützt.
- Eine ganze Fülle von Beispielen liefert die *Automobilindustrie*: Ob es um Crashtests (Strukturmechanik), Tiefziehen (Strukturoptimierung), Aerodynamik sowie Klimatisierung (Strömungsmechanik), Schallabstrahlung (Aeroakustik), Einspritzung (Verbrennung), Fahrdynamik (Optimalsteuerung) oder um Sensorik und Aktorik (gekoppelte Systeme, mikroelektromechanische Systeme) geht – Modelle sind immer dabei.
- Auch in der *Halbleiterindustrie* geht nichts mehr ohne Modelle und Simulationsrechnungen – Beispiele hierfür liefern die Bauelementsimulation (Transistoren etc.), die Prozesssimulation (Herstellung hochreiner Kristalle), die Schaltkreissimulation sowie Optimierungsfragen im Chip-Layout.
- Ferner wurden und werden in der *Nationalökonomie* zahlreiche Modelle entwickelt – für den Konjunkturverlauf, für die Wirtschafts- und Fiskalpolitik oder für Preisbildungsmechanismen. Die Tatsache, dass die fünf Weisen des Sachverständigenrats der Bun-

desregierung hierbei keinesfalls immer einer Meinung sind, zeigt, dass man hier noch weit von einem Konsensmodell entfernt ist.

- Für *Banken und Versicherungen* sind Modelle zur Bewertung (d. h. Preisbildung) von Finanzderivaten wie Optionen von großer Bedeutung.
- In der *Verkehrstechnik* werden ganz unterschiedliche Modelle benötigt – beispielsweise zur Bildung, Auflösung und Vermeidung von Staus, zur langfristigen Verkehrswegeplanung oder für Evakuierungsszenarien.
- *Versorger* wie beispielsweise Energiekonzerne benötigen Lastmodelle, um ihre Netze möglichst ausfallsicher auszulegen.
- *Logistikunternehmen* sind auf modellbasiertes Fuhrparkmanagement angewiesen.
- Populationsmodelle kommen bei *Stadtplanern*, bei *Regierungen* (man denke an Chinas „Ein-Kind-Politik") sowie bei *Epidemiologen* (wie breiten sich Seuchen aus?) zum Einsatz.
- Ohne Modelle kämen die Aussagen von *Meinungsforschern* den Prophezeiungen von Wahrsagern nahe.
- Was wären schließlich *Computerspiele* und *Computerfilme* ohne Beleuchtungsmodelle oder ohne Animationsmodelle?

Man sieht: Es gibt ganz unterschiedliche Anwendungsgebiete der Modellierung, es gibt „harte" (d. h. mathematisch-formellastige) und „weiche" (d. h. mehr deskriptive) Modelle. Und man ahnt bereits, dass diese entsprechend breit gefächerte mathematische bzw. informatische Werkzeuge erfordern. Somit ergeben sich folgende zentrale Fragen im Zusammenhang mit der Modellierung:

1. Wie kommt man zu einem geeigneten Modell?
2. Welche Beschreibungsmittel nimmt man dafür her?
3. Wie bewertet man dann anschließend die Qualität des hergeleiteten Modells?

Mit diesen Fragen wollen wir uns nun befassen.

1.2.2   Herleitung von Modellen

Beginnen wir mit der für Nicht-Eingeweihte oft mirakulösen Aufgabe der Herleitung eines Modells. Diese erfolgt typischerweise in mehreren Schritten.

Zunächst ist festzulegen, was genau modelliert und dann simuliert werden soll. Wer hier „na, das Wetter" antworten will, denkt zu kurz: das Wetter über welchen Zeitraum, das Wetter in welchem Gebiet bzw. in welcher räumlichen Auflösung, das Wetter mit welcher Präzision? Ein paar weitere Beispiele mögen das illustrieren: Will man nur eine grobe Abschätzung des Wirkungsgrads eines Kfz-Katalysators oder die detaillierten Reaktionsvorgänge in ihm, ist also das Gebiet aufzulösen oder nicht? Interessiert man sich für das Bevölkerungswachstum in Kairo, in Ägypten oder in ganz Afrika? Welche Auflösung ist also sinnvoll bzw. geboten? Soll der Durchsatz durch ein Rechnernetz oder die mittlere Durchlaufzeit eines Datenpakets durch Simulation ermittelt werden, sind also Pakete einzeln als diskrete Entitäten zu betrachten, oder reicht es, gemittelte Flussgrößen herzunehmen?

Anschließend ist zu klären, welche Größen hierfür *qualitativ* eine Rolle spielen und wie groß deren Einfluss *quantitativ* ist. Auch hierzu ein paar Beispiele: Die optimale Flugbahn des Space Shuttle wird durch die Gravitation des Mondes, die Gravitation des Pluto und die Gravitation dieses Buchs beeinflusst, aber nicht alle sind für die Flugbahnberechnung relevant. Auf die Entwicklung des Dow Jones Index' morgen mögen die Äußerungen des Direktors der amerikanischen Notenbank, die Äußerungen der Autoren dieses Buchs sowie der Bankrott des Sultanats Brunei Konsequenzen haben, Investoren und Spekulanten müssen aber nicht alles in gleichem Maße berücksichtigen. Man sieht, dass Kausalität und Relevanz zwar manchmal intuitiv fassbar sein können, im Allgemeinen (und insbesondere bei sehr komplexen Systemen) sind sie aber alles andere als offensichtlich. Oft gibt es – trotz entsprechender Expertise und umfangreichem Datenmaterial – nur Hypothesen. Es sind aber gerade diese frühen Festlegungen, die dann die späteren Simulationsergebnisse ganz maßgeblich bestimmen.

Wenn man sich auf eine Menge zu betrachtender Größen festgelegt hat, muss man sich dem Beziehungsgeflecht der als wichtig identifizierten Modellparameter zuwenden. Auch hier gibt es wieder die qualitative (logische Abhängigkeiten a la „wenn, dann" oder Vorzeichen von Ableitungen) und die quantitative Dimension (konkrete Faktoren, Größen von Ableitungen). Typischerweise sind diese Beziehungsgeflechte kompliziert und vielschichtig: Normalerweise beeinflusst die CPU-Leistung eines Rechners dessen Job-Bearbeitungszeit stark; bei heftigem Seitenflattern bzw. geringen Cache-Trefferraten spielt sie dagegen nur eine untergeordnete Rolle. Auch solche schwankenden Abhängigkeiten gilt es im Modell zu erfassen.

Mit welchem Instrumentarium lassen sich nun die zuvor identifizierten Wechselwirkungen und Abhängigkeiten am besten formalisieren? Mathematik und Informatik stellen hierzu eine Fülle an Beschreibungsmitteln bzw. Instrumentarien bereit:

- *algebraische Gleichungen* oder *Ungleichungen* zur Beschreibung von Gesetzmäßigkeiten ($E = mc^2$) oder Nebenbedingungen ($w^T x \leq 10$);
- Systeme *gewöhnlicher Differentialgleichungen* (Differentialgleichungen mit nur einer unabhängigen Variablen, typischerweise der Zeit t), beispielsweise zur Beschreibung von Wachstumsverhalten ($\dot{y}(t) = y(t)$);
- Systeme *partieller Differentialgleichungen* (also Differentialgleichungen mit mehreren unabhängigen Variablen, etwa verschiedene Ortsrichtungen oder Ort und Zeit), beispielsweise zur Beschreibung der Verformung einer eingespannten Membran unter Last ($\Delta u = f$) oder zur Beschreibung der Wellenausbreitung ($u_t = u_{xx}$);
- *Automaten* und *Zustandsübergangsdiagramme*, beispielsweise zur Modellierung von Warteschlangen (Füllgrade als Zustände, Ankunft bzw. Bearbeitungsende als Übergänge), von Texterkennung (bisherige Textstrukturen als Zustände, neue Zeichen als

Übergänge) oder von Wachstumsprozessen mit zellulären Automaten (Gesamtbelegungssituation als Zustände, regelbasierte Übergänge);

- *Graphen*, beispielsweise zur Modellierung von Rundreiseproblemen (Problem des Handlungsreisenden mit Orten als Knoten und Wegen als Kanten), von Reihenfolgeproblemen (Teilaufträge als Knoten, Abhängigkeiten in der Zeit über Kanten), von Rechensystemen (Komponenten als Knoten, Verbindungswege als Kanten) oder von Abläufen (Datenflüsse, Workflows);
- *Wahrscheinlichkeitsverteilungen*, um Ankunftsprozesse in einer Warteschlange, Störterme sowie Rauschen oder etwa die Zustimmung zur Regierungspolitik in Abhängigkeit von der Arbeitslosenquote zu beschreiben;
- *regelbasierte Systeme* oder *Fuzzy Logic* zur Modellierung regelungstechnischer Aufgaben;
- *neuronale Netze* zur Modellierung des Lernens;
- *Sprachkonzepte* wie UML, um komplexe Softwaresysteme zu modellieren;
- *algebraische Strukturen*, beispielsweise Gruppen in der Quantenmechanik oder endliche Körper in der Kryptologie.

An verschiedenen Stellen dieses Buches werden wir noch sehen, dass das mit der „besten Beschreibung" so eine Sache ist und dass es in den meisten Fällen nicht um *das* Modell, sondern um *ein passendes* Modell geht.

Schließlich eine trivial anmutende Frage, deren Beantwortung für eine zielgerichtete Modellierung und Simulation jedoch wichtig ist: Wie sieht die konkrete Aufgabenstellung aus? Soll *irgendeine* Lösung eines Modells gefunden werden; soll *die einzige* Lösung eines Modells gefunden werden; soll *eine bestimmte* Lösung gefunden werden (die bezüglich eines bestimmten Kriteriums optimale oder die gewisse Randbedingungen bzw. Beschränkungen erfüllende); soll ein kritischer Bereich (z. B. ein Flaschenhals) gefunden werden, oder soll gezeigt werden, dass es überhaupt eine oder mehrere Lösungen gibt?

Wenn ein Modell gefunden ist, steht seine Bewertung an, mit der wir uns im folgenden Abschnitt befassen wollen.

1.2.3 Analyse von Modellen

Bei der Analyse oder Bewertung von Modellen geht es darum, Aussagen zu deren Handhabbarkeit bzw. Zweckmäßigkeit herzuleiten.

Von zentraler Bedeutung ist hierbei die Frage der *Lösbarkeit*: Hat ein bestimmtes Modell eine oder mehrere Lösungen oder nicht? In der Populationsdynamik interessiert man sich beispielsweise dafür, ob ein bestimmtes Modell einen stationären Grenzzustand hat oder nicht und ob es diesen gegebenenfalls auch im Grenzwert annimmt. Bei Reihefolgeproblemen, also wenn beispielsweise eine Menge von Aufträgen auf einer Menge von Maschinen abzuarbeiten ist, stellt sich die Frage, ob der mögliche Einschränkungen in der Reihenfolge der Abarbeitung beschreibende Präzedenzgraph zyklenfrei ist oder nicht. Bei Minimierungsaufgaben ist entscheidend, ob die Zielfunktion überhaupt ein Minimum annimmt, oder vielleicht nur Sattelpunkte (minimal bzgl. einer Teilmenge von Richtungen, maximal bzgl. der restlichen Richtungen) aufweist.

Im Falle der Lösbarkeit schließt sich die Frage der *Eindeutigkeit* von Lösungen an: Gibt es genau eine Lösung, gibt es genau ein globales Minimum? Gibt es einen stabilen Grenzzustand oder vielmehr Oszillationen, wie wir sie bei Räuber-Beute-Szenarien in der Populationsdynamik noch sehen werden, bzw. verschiedene pseudostabile Zustände, zwischen denen die Lösung hin und her springt (etwa in Gestalt verschiedener räumlicher Anordnungen oder Konvolutionen bei Proteinen)? Sind im Falle mehrerer Lösungen diese alle gleichwertig, oder gibt es bevorzugte?

Weniger offensichtlich ist wahrscheinlich ein dritter Aspekt: Hängt die Lösung *stetig von den Eingabedaten* (Anfangswerte, Randwerte, Materialparameter, Nebenbedingungen etc.) ab, oder können vielmehr kleine Änderungen dort zu völlig anderem Lösungsverhalten führen? Der Begriff der stetigen Abhängigkeit entspricht dem der *Sensitivität* bzw. der *Kondition* eines Problems.

Hadamard hat 1923 diese drei Aspekte als Ausgangspunkt seiner Definition eines *sachgemäß gestellten Problems* gewählt: Ein Problem heißt demnach sachgemäß gestellt (well posed), wenn eine Lösung existiert, diese eindeutig ist und außerdem stetig von allen Eingabegrößen abhängt. Allerdings haben Tikhonov und John in der Folge gezeigt, dass dies eine sehr restriktive Festlegung ist – meistens sind Probleme leider unsachgemäß gestellt (ill posed). Paradebeispiele unsachgemäß gestellter Probleme, anhand derer man sich den Begriff sehr schön veranschaulichen kann, sind die so genannten *inversen Probleme*. Bei einem inversen Problem wird quasi das Ergebnis vorgegeben, und die Ausgangskonfiguration wird gesucht: Wie muss ein Presswerkzeug eingestellt werden, damit ein bestimmtes Blech herauskommt? Wie stark muss der Kohlendioxid-Ausstoß in den kommenden zehn Jahren reduziert werden, um bestimmte unerwünschte Entwicklungen zu vermeiden? Was muss die Politik heute tun, um in zwei Jahren die Arbeitslosenzahl unter drei Millionen zu drücken? Wie sind die Komponenten eines Rechnernetzes auszulegen, um im Mittel einen bestimmten Mindestdurchsatz sicherstellen zu können? Selbst wenn das zugehörige Vorwärtsproblem stetig ist (eine marginale Änderung des Unternehmensteuersatzes wird die Arbeitslosigkeit kaum sprunghaft beeinflussen), gilt die Stetigkeit in der Umkehrrichtung meistens nicht: Es ist nicht zu erwarten, dass eine leicht geringere Arbeitslosigkeit einfach durch einen leicht reduzierten Steuersatz zu erreichen ist – auch wenn man daran gerne glauben würde!

Wie man schon ahnt, sind solche inversen Probleme in der Praxis keine Seltenheit – oft wird ein zu erreichendes Ziel vorgegeben, und der Weg dorthin ist gesucht. Selbst wenn dies eine unsachgemäß gestellte Aufgabe ist, gibt es Möglichkeiten, das Modell „zu retten". Eine erste Option ist das (sinnvolle) Ausprobieren und Anpassen, also das Lösen einer Folge von Vorwärtsproblemen. Dabei besteht die Kunst darin, schnell Konvergenz herbeizuführen. Ein alternativer Ansatz ist die so genannte *Regularisierung*. Hier löst man anstelle des gegebenen Problems ein verwandtes (eben regularisiertes), welches seinerseits sachgemäß gestellt ist. Überhaupt ein hilfreicher Trick: Falls das Problem nicht genehm ist, ändere das Problem ein wenig!

Doch wir müssen noch einen vierten Aspekt der Modellbewertung diskutieren – einen, der übrigens insbesondere von den reinen Modellierern oftmals vernachlässigt oder zumindest stiefmütterlich behandelt wird: Wie einfach ist die weitere Verarbeitung des Modells (also die Simulation) möglich? Denn schließlich betreiben wir ja die Modellierung nicht als Selbstzweck, sondern als Mittel, um Simulationen durchführen zu können. Dies wirft eine Reihe weiterer Fragen auf: Sind die erforderlichen Eingabedaten in hinreichender Güte verfügbar? Was nützt mir schließlich ein noch so schönes Modell, wenn ich an die Eingabedaten nicht rankomme. Gibt es Algorithmen zur Lösung des Modells, und wie ist deren Rechenzeit- und Speicherkomplexität? Ist eine Lösung damit realistisch, insbesondere vor dem Hintergrund von Echtzeitanforderungen? Schließlich muss die Wettervorhersage für morgen vor morgen fertig sein. Sind bei der Lösung Probleme prinzipieller Art zu erwarten (schlechte Kondition, chaotisches Verhalten)? Ist das Modell kompetitiv, oder gibt es vielleicht Modelle mit besserem Preis-Leistungsverhältnis? Wie hoch ist schließlich der zu erwartende Implementierungsaufwand? Dies sind alles Fragen, die über die reine Modellierung weit hinausgehen, die aber bereits hier mit berücksichtigt werden müssen.

Konnten alle Fragen zur Zufriedenheit gelöst werden, kann man sich der Simulation zuwenden. Vorher wollen wir aber noch einen Versuch starten, etwas Struktur in die Flut existierender und denkbarer Modelle zu bringen.

1.2.4 Klassifikation von Modellen

Aus der Vielzahl der Klassifikationsmöglichkeiten schauen wir uns zwei etwas näher an: diskrete vs. kontinuierliche Modelle sowie deterministische vs. stochastische Modelle.

Diskrete Modelle nutzen diskrete bzw. kombinatorische Beschreibungen (binäre oder ganzzahlige Größen, Zustandsübergänge in Graphen oder Automaten) zur Modellierung, *kontinuierliche Modelle* stützen sich dagegen auf reellwertige bzw. kontinuierliche Beschreibungen (reelle Zahlen, physikalische Größen, algebraische Gleichungen, Differentialgleichungen). Naheliegenderweise werden diskrete Modelle natürlich oft zur Modellierung diskreter Phänomene herangezogen, kontinuierliche Modelle dementsprechend für kontinuierliche Phänomene. Dies ist allerdings keinesfalls zwingend, wie das auch in diesem Buch noch eingehender studierte Beispiel der Verkehrssimulation zeigt. So kann der Verkehrsfluss durch eine Stadt sowohl diskret (einzelne Autos als Entitäten, die an Ampeln etc. warten) als auch kontinuierlich (Dichten, Flüsse durch Kanäle) modelliert werden. Welcher Weg der angemessenere ist, hängt von der konkreten Aufgabenstellung ab.

Beispiele *deterministischer Modelle* sind Systeme klassischer Differentialgleichungen, die ohne Zufallskomponente auskommen. Immer häufiger enthalten Modelle jedoch probabilistische Komponenten – sei es, um Störterme (Rauschen) zu integrieren, sei es, um Unsicherheiten zu berücksichtigen, sei es, um Zufall explizit einzubauen (stochastische Prozesse). Auch hier gibt es wieder keine zwingende Entsprechung zwischen dem Charakter des zu modellierenden Sachverhalts einerseits und dem eingesetzten Instrumentarium andererseits. Zufallsexperimente wie das Würfeln stellen eine probabilistische Realität dar und werden auch so modelliert; Crashtests laufen streng kausal-deterministisch ab und werden in aller Regel auch deterministisch modelliert. Bei der Wettervorhersage wird's schon spannender: Eigentlich läuft alles streng deterministisch ab, den Gesetzen von Thermodynamik und Strömungsmechanik folgend, allerdings enthalten zahlreiche Turbulenzmodelle stochastische Komponenten. Der (hoffentlich) deterministische Auftragseingang an einem Drucker schließlich wird meistens mittels stochastischer Prozesse modelliert – aus Sicht des Druckers kommen die Aufträge zufällig an, und außerdem interessieren zumindest für die Systemauslegung ja vor allem Durchschnittsgrößen (Mittelwerte) und nicht Einzelschicksale von Druckaufträgen.

1.2.5 Skalen

Von einer Vorstellung sollte man sich rasch verabschieden, nämlich von der des „korrekten" Modells. Modellierung ist vielmehr meistens eine Frage der Abwägung von Komplexität bzw. Aufwand und Genauigkeit. Je mehr Details und Einzeleffekte man in ein Modell integriert, um so präziser sollten natürlich die erzielbaren Resultate sein – allerdings für den Preis zunehmender Simulationskosten. Phänomene finden stets auf bestimmten *Skalen* statt – räumlich (vom Nanometer zum Lichtjahr) und zeitlich (von der Femtosekunde zur Jahrmilliarde), und Modelle und Simulationsrechnungen setzen ihrerseits auf bestimmten Skalen auf. Im Prinzip spielt für das Wetter jedes Molekül in der Luft seine Rolle – gleichwohl wäre es aberwitzig, für die Wettervorhersage alle Moleküle einzeln betrachten zu wollen. Ganz ohne Raumauflösung geht es aber auch nicht: Eine Aussage der Art „morgen wird es in Europa schön" ist meistens wenig hilfreich. Somit stellt sich die Frage, welcher Detailliertheitsgrad bzw. welche (räumliche oder zeitliche) Auflösung, d. h. welche Skalen, angemessen sind im Hinblick auf erstens die erwünschte Güte des Resultats und zweitens den erforderlichen Lösungsaufwand.

Ein paar Beispiele mögen dies veranschaulichen. Beginnen wir mit echter Hochtechnologie: Das Erhitzen von Wasser in einem zylinderförmigen Kochtopf auf einer Herdplatte kann eindimensional modelliert und simuliert werden (Temperatur als Funktion der Zeit und der Höhe im Topf – schließlich ist der Topf zylinderförmig, und der Topfinhalt – Wasser – ist homogen), zweidimensional (Temperatur als Funktion der Zeit, der Höhe im Topf und des Radialabstands von der Topfmitte – schließlich kühlt die Raumluft den Topf von außen) oder sogar dreidimensional (zusätzliche Abhängigkeit der Temperatur vom Kreiswinkel – schließlich heizt keine Herdplatte perfekt rotationssymmetrisch); was ist der angemessene Weg? Oder die Populationsdynamik: Üblicherweise wird hier die Entwicklung einer Spezies als rein zeitabhängiger Vorgang beschrieben. Damit allerdings könnte man eine Bevölkerungsentwicklung wie in den USA Mitte des neunzehnten Jahrhunderts mit dem starken „go west!" Siedlerstrom nicht vernünftig abbilden.

Tab. 1.1 Eine Hierarchie möglicher Simulationen auf unterschiedlichen Skalen

Fragestellung	Betrachtungsebenen	Mögliche Modellbasis
Bevölkerungswachstum global	Länder/Regionen	Populationsdynamik
Bevölkerungswachstum lokal	Individuen	Populationsdynamik
Physiologie des Menschen	Kreisläufe/Organe	Systemsimulator
Blutkreislauf	Pumpe/Kanäle/Ventile	Netzwerksimulator
Blutstrom im Herz	Blutzellen	Kontinuumsmechanik
Transportvorgänge in Zellen	Makromoleküle	Kontinuumsmechanik
Funktion von Makromolekülen	Atome	Molekulardynamik
Atomare Prozesse	Elektronen, …	Quantenmechanik

Ein weiteres Beispiel liefert die Schaltkreissimulation. Lange Jahre wurde diese rein zeitabhängig betrieben (Systemsimulatoren auf Basis der Kirchhoff'schen Gesetze). Die aufgrund der wachsenden Integrationsdichte vermehrt auftretenden parasitären Effekte (Strom durch einen Leiter induziert Strom durch einen eng benachbarten anderen Leiter) sind jedoch lokale Ortsphänomene und erfordern somit eine räumliche Modellkomponente. Schließlich der Katalysator in unseren Autos: Brauche ich für die Berechnung makroskopischer Größen wie des Wirkungsgrads wirklich eine detaillierte Auflösung der Katalysator-Geometrie?

Die letzte Frage führt uns zu einem weiteren Aspekt, dem Zusammenspiel der Skalen. Oft haben wir es nämlich mit einer so genannten „Multiskaleneigenschaft" zu tun. In diesem Fall sind die Skalen nicht ohne inakzeptablen Genauigkeitsverlust separierbar, da sie sich heftig wechselseitig beeinflussen. Ein klassisches Beispiel hierfür sind turbulente Strömungen. Phänomenologisch hat man es dabei mit starken, unregelmäßigen Verwirbelungen unterschiedlicher Größe zu tun – von winzig klein bis sehr groß. Die Strömung ist instationär und inhärent dreidimensional. Dabei findet ein starker Energietransport in alle Richtungen und zwischen den Skalen statt. Abhängig von der Zähigkeit (Viskosität) des Fluids müssen auch in großen Gebieten kleinste Wirbel mitgerechnet werden, wenn man falsche Resultate vermeiden will. Somit kommt man in das Dilemma, aus Aufwandsgründen nicht alles auflösen zu können, was man eigentlich aus Genauigkeitsgründen aber auflösen müsste. Abhilfe schaffen hier Turbulenzmodelle: Sie versuchen, den feinskaligen Einfluss in geeignete Parameter der groben Skala zu packen – mittels Mittelung (bzgl. Raum oder Zeit) oder mittels Homogenisierung. Derartige Multiskalenphänomene stellen natürlich besondere Anforderungen an Modelle und Simulationen.

Angesichts des oft breiten Spektrums an relevanten Skalen trifft man nicht selten auf ganze Modellhierarchien. Zur Illustration betrachten wir eine solche Hierarchie rund um den Menschen: Jede Ebene kann gewisse Dinge darstellen, andere nicht, und auf jeder Ebene kommen andere Modelle und Simulationsmethoden zum Einsatz.

1.3 Einführendes zur Simulation

1.3.1 Allgemeine Bemerkungen

Wir wollen Modelle nicht zur bloßen Beschreibung eines Sachverhalts herleiten und einsetzen, sondern um anschließend auf ihrer Grundlage Simulationen durchführen zu können. Dazu sind die Modelle in konkreten Szenarien – also beispielsweise Differentialgleichungen plus Anfangs- und Randbedingungen – zu lösen. Dies kann auf verschiedene Art und Weise geschehen.

Bei einer *analytischen Lösung* erfolgen nicht nur die Existenz- und Eindeutigkeitsnachweise, sondern auch die Konstruktion der Lösung formal-analytisch – mit „Papier und Bleistift", wie das in der Mathematik heißt. Dies ist insofern natürlich der schönste Fall, als keine weiteren Vereinfachungen oder Näherungen erforderlich sind. Allerdings funktioniert dieser Weg eben fast nur in sehr einfachen (und damit meistens hoffnungslos unrealistischen) Spezialfällen. So kann man für das ganz schlichte Wachstumsgesetz $\dot{y}(t) = y(t)$ die Lösung $y = c\,e^t$ auch ohne Zauberei direkt hinschreiben. Schon weniger offensichtlich, aber immer noch keine Kunst ist die direkte Lösung der eindimensionalen Wärmeleitungsgleichung $u_{xx}(x,t) = u_t(x,t)$; ein so genannter Separationsansatz liefert hier $u(x,t) = \sin(cx)e^{-c^2 t}$. In Minigraphen schließlich ist das Aufspüren eines kürzesten Wegs durch die simple erschöpfende Suche möglich. Welche Alternativen bestehen nun aber, wenn eine analytische Lösung kein gangbarer Weg ist? Ob dem aus grundsätzlichen Gründen oder aufgrund eingeschränkter Fähigkeiten des Bearbeiters so ist, sei an dieser Stelle mal dahingestellt.

Eine erste Alternative stellt der *heuristische Lösungsansatz* dar, bei dem, ausgehend von Plausibilitätsargumenten, bestimmte Strategien eingesetzt werden, um der gesuchten Lösung näher zu kommen. Solche Heuristiken sind vor allem bei Problemen der kombinatorischen oder diskreten Simulation und Optimierung (z. B. Greedy-Heuristiken, die immer die lokal beste Alternative auswählen) weit verbreitet. Beim Rucksackproblem beispielsweise packt man so lange den Gegenstand mit dem jeweils besten Gewichts-Nutzen-Verhältnis in den Rucksack, bis nichts mehr hinein passt. Das führt nicht unbedingt zum Ziel, und selbst wenn, so kann es ziemlich lange dauern. Als Heuristik taugt ein solches Vorgehen aber durchaus.

Beim *direkt-numerischen Ansatz* liefert ein numerischer Algorithmus die exakte Lösung modulo Rundungsfehler. Ein Beispiel hierfür ist der Simplex-Algorithmus für Probleme der linearen Optimierung der Art „löse $\max_x c^T x$ unter der Nebenbedingung $Ax \leq b$". Beim *approximativ-numerischen Ansatz* greift man dagegen auf ein Näherungsverfahren zurück, um die Lösung des Modells zumindest möglichst gut zu approximieren. Die Aufgabe zerfällt dann in zwei Teile: erstens die *Diskretisierung* des kontinuierlichen Problems und zweitens die *Lösung* des diskretisierten Problems. Bei beiden stellt sich dabei die Frage der Konvergenz. Die Diskretisierung sollte so geartet sein, dass eine Steigerung des Aufwands (also eine Erhöhung der Auflösung) asymptotisch zu besseren Approximationen führt, und das (in aller Regel iterative) Lösungsverfahren für das diskretisierte Problem sollte überhaupt sowie rasch gegen dessen Lösung konvergieren.

Der approximativ-numerische Ansatz ist sicher der für Probleme der numerischen Simulation wichtigste; ihm werden wir in den folgenden Kapiteln mehrfach begegnen.

1.3.2 Bewertung

Von zentraler Bedeutung bei der Simulation ist die Bewertung der berechneten Ergebnisse. Ziel der *Validierung* ist es, die Frage zu klären, ob wir das richtige (besser: ein passendes) Modell verwendet haben („Lösen wir die richtigen Gleichungen?"). Die *Verifikation* dagegen betrachtet eher Algorithmus und Programm und versucht zu klären, ob das gegebene Modell korrekt gelöst wird („Lösen wir die gegebenen Gleichungen richtig?"). Selbst bei zweimaligem „Ja!" bleiben die Aspekte der Genauigkeit des Resultats sowie des investierten Aufwands zu beleuchten.

Zur Validierung von berechneten Simulationsergebnissen gibt es mehrere Möglichkeiten. Die klassische Vorgehensweise ist dabei der *Abgleich mit experimentellen Untersuchungen* – seien dies 1:1-Experimente, wie etwa bei Crashtests, oder skalierte Laborexperimente, beispielsweise Versuche im Windkanal an verkleinerten Prototypen. Manchmal verbietet sich dieser Weg jedoch aus Machbarkeits- oder Aufwandsgründen. Doch selbst wenn Experimente durchgeführt werden können, ist Vorsicht angesagt: Erstens schleichen sich leicht kleine Unterschiede zwischen dem simulierten und dem experimentierten Szenario ein; zweitens muss man bei der Größenskalierung sehr vorsichtig sein (vielleicht treten manche Effekte im Kleinen gar nicht auf); und drittens gibt es auch beim Messen sporadische und systematische Fehler – Computer und ihre Bediener haben kein Monopol auf Bugs!

A-posteriori Beobachtungen stellen eine weitere (und im Allgemeinen sehr billige) Validierungsmöglichkeit dar – getreu dem Motto „hinterher ist man klüger". *Realitätstests* vergleichen das vorhergesagte mit dem eingetretenen Ergebnis; man denke hierbei an das Wetter, an die Börse sowie an militärische Szenarien. *Zufriedenheitstests* ermitteln, ob sich das angestrebte Resultat in hinreichendem Maße eingestellt hat. Anwendungsbeispiele hierfür sind Anlagen zur Verkehrssteuerung sowie Beleuchtungs- und Animationsmodelle in der Computergrafik.

Rein im Theoretischen verharren demgegenüber *Plausibilitätstests*, wie man sie beispielsweise in der Physik des öfteren antrifft. Dabei wird geprüft, ob die Simulationsergebnisse im Widerspruch zu anderen, als gesichert geltenden Theorien stehen. Natürlich darf man hier nicht zu konservativ sein – vielleicht irrt ja auch die gängige Lehrmeinung, und der Simulant hat Recht!

Schließlich besteht die Option, einen *Modellvergleich* durchzuführen, also die Ergebnisse von Simulationsläufen zu vergleichen, die auf unterschiedlichen Modellen beruhen.

Egal, wie man vorgeht – Vorsicht ist angesagt, bevor man Schlüsse aus Validierungen zieht. Es gibt zahlreiche Fehlerquellen, Birnen warten nur darauf, mit Äpfeln verglichen zu werden, und Münchhausen zieht sich bekanntlich gerne am eigenen Schopf aus dem Sumpf …

Die Thematik der Verifikation läuft einerseits auf Konvergenzbeweise etc. für die eingesetzten Algorithmen und andererseits auf Korrektheitsbeweise für die erstellten Programme hinaus. Während Erstere bestens etabliert sind und als eine Lieblingsbeschäftigung von numerischen Analytikern gelten, stecken Letztere noch immer in den Kinderschuhen. Das liegt weniger daran, dass die Informatik hier nichts zustande gebracht hätte. Vielmehr ist das Simulationsgeschäft – ganz im Gegensatz zu anderen Software-intensiven Bereichen – diesbezüglich extrem hemdsärmelig aufgestellt: Hier wird meistens programmiert und nur selten Software entwickelt. Erst in jüngerer Zeit scheint die Schmerzgrenze erreicht, werden die Rufe nach einer besseren formalen Untermauerung (und damit auch nach besseren Verifikationsmöglichkeiten) lauter.

Auch der Aspekt der *Genauigkeit* ist vielschichtiger, als es auf den ersten Blick scheint. Da gibt es zunächst die Genauigkeit im Hinblick auf die Qualität der Eingabedaten. Liegen diese in Form von Messwerten vor mit einer Genauigkeit von drei Nachkommastellen, so kann kein auf acht Stellen genaues Ergebnis erwartet werden. Daneben gilt es, die Genauigkeit im Hinblick auf die Fragestellung im Auge zu behalten – was manchmal durchaus problematisch sein kann. In vielen Fällen ist ein Modell, das nur Fehler unterhalb der Prozentgrenze produziert, völlig in Ordnung. Bei einer Wahlprognose kann ein halbes Prozent mehr oder weniger allerdings alles auf den Kopf stellen – und somit Modellierung und Simulation völlig wertlos machen! Zudem spielt auch das Sicherheitsbedürfnis eine Rolle: Kann man mit gemittelten Aussagen leben, oder muss es eine garantierte Worst-case-Schranke sein?

Schließlich die *Kostenfrage* – mit welchem Aufwand (bzgl. Implementierungszeit, Speicherplatz, Rechenzeit oder Antwortzeit) hat man sich das Simulationsergebnis erkauft? Hier ist es wichtig, weder den erzielten Nutzen (also z. B. die Genauigkeit des Resultats) noch den investierten Aufwand alleine zu betrachten, sondern stets im Zusammenhang zu sehen. Denn im Grunde will man weder das beste noch das billigste Auto kaufen, sondern das mit dem besten Preis-Leistungs-Verhältnis.

In diesem Kapitel listen wir überblicks- und stichpunktartig den mathematischen bzw. informatischen Apparat auf, auf den in den nachfolgenden Teilen dieses Buchs wiederholt Bezug genommen werden wird. Bei der Stoffauswahl für dieses Kapitel sind wir der einfachen Regel gefolgt, alles mehrfach Auftretende nur einmal an zentraler Stelle einzuführen, wohingegen nur in einem Anwendungsszenario Benötigtes auch nur dort thematisiert wird. Da unser Buch sich vor allem an Bachelor-Studierende nach dem zweiten Jahr sowie an Master-Studierende in einem Informatik-, Ingenieur- oder naturwissenschaftlichen Studiengang richtet (bzw. Studierende im Hauptstudium nach alter Prägung), sollte das meiste aus den einschlägigen Einführungsveranstaltungen wie beispielsweise der Höheren Mathematik bekannt sein. Andererseits zeigt die Erfahrung mit Lehrveranstaltungen zum Thema Modellbildung und Simulation, dass angesichts des oftmals zu beobachtenden (und ja durchaus auch gewollten) stark heterogenen disziplinären Hintergrunds der Hörerschaft ein gewisses „Warm-up" zur Angleichung der Vorkenntnisse nicht schadet.

Diesem Zweck soll das folgende kurze Repetitorium dienen. Wer mit den genannten Begriffen und Konzepten bereits vertraut ist, kann schnell und getrost weiter lesen; wer dagegen auf Unbekanntes oder nicht mehr Präsentes stößt, sollte sich vor dem Einstieg in die verschiedenen Modelle und Verfahren schlau machen – durch Konsultation der genannten Quellen oder anderweitig – und so die entsprechenden Lücken schließen.

In vier Abschnitten sprechen wir Elementares und Diskretes, Kontinuierliches, Stochastisches und Statistisches sowie Numerisches an. Nicht alles findet sich dann später explizit wieder – die Inhalte sind jedoch für eine intensivere Beschäftigung mit dem einen oder anderen Modellier- bzw. Simulationsthema von grundlegender Bedeutung und kommen oft implizit vor. Zur Verdeutlichung der Bezüge wird im letzten Abschnitt dieses Kapitels ein Überblick über das Beziehungsgeflecht zwischen Instrumentarium und Anwendungen gegeben. Zur leichteren Orientierung wird außerdem zu Beginn jedes nachfolgenden Kapitels auf die jeweils relevanten Teile aus diesem Kapitel verwiesen.

H.-J. Bungartz et al., *Modellbildung und Simulation*, eXamen.press, DOI 10.1007/978-3-642-37656-6_2, © Springer-Verlag Berlin Heidelberg 2013

2.1 Elementares und Diskretes

Wir beginnen mit einigen Begriffen aus der elementaren und der diskreten Mathematik. Als Buch zum Nachschlagen und Nachlesen seien hierzu etwa die „Diskrete Strukturen 1" von Angelika Steger [58] (bzw. die entsprechenden Kapitel daraus) empfohlen.

Mengen. Einer der fundamentalsten Begriffe der Mathematik ist der der *Menge*. Mengen bestehen aus einzelnen *Elementen* – man sagt „die Menge M enthält das Element x" und schreibt $x \in M$. Enthält N nur Elemente, die auch in M enthalten sind, so heißt N *Teilmenge* von M ($N \subseteq M$). Die Menge $\mathcal{P}(M)$ aller Teilmengen von M wird *Potenzmenge* genannt. Die *leere Menge* $\varnothing$ enthält keine Elemente. Unter der *Kardinalität* $|M|$ einer endlichen Menge versteht man die Anzahl ihrer Elemente; eine Menge kann jedoch auch unendlich sein. Die wesentlichen Operationen auf Mengen sind die *Vereinigung* $N \cup M$, der *Durchschnitt* $N \cap M$, die *Differenz* $N \setminus M$, das *Komplement* $\bar{M}$ sowie das *kartesische Produkt* $M \times N$, die Menge aller Paare (m, n) mit $m \in M$ und $n \in N$.

Bereits an dieser Stelle sei an ein paar wichtige *topologische* Eigenschaften von Mengen erinnert: Es gibt *offene* Mengen, *abgeschlossene* Mengen und *kompakte* Mengen (salopp gesagt, abgeschlossen und beschränkt).

Zahlen. Wichtige Beispiele für Mengen sind Zahlmengen, und hier insbesondere die *Binärzahlen* oder *Booleschen Werte* $\{0, 1\}$, die *natürlichen Zahlen* $\mathbb{N}$, die *ganzen Zahlen* $\mathbb{Z}$, die *rationalen Zahlen* $\mathbb{Q}$ sowie die überabzählbaren Mengen $\mathbb{R}$ (*reelle Zahlen*) und $\mathbb{C}$ (*komplexe Zahlen*).

Symbole. ∞ steht für unendlich, $\forall$ und $\exists$ für die Quantoren „für alle" bzw. „es gibt", $\delta_{i,j}$ für das *Kronecker-Symbol* (0 für $i \neq j$, 1 sonst). Die so genannte *Landau-Symbolik* oder $\mathcal{O}$-*Notation* wird uns des Öfteren begegnen; sie beschreibt das asymptotische Verhalten – bei $\mathcal{O}(N^k)$ typischerweise des Aufwands für $N \to \infty$, bei $\mathcal{O}(h^l)$ im Allgemeinen des Fehlers für $h \to 0$.

Relationen und Abbildungen. Eine *Relation R* zwischen zwei Mengen N und M ist eine Teilmenge des kartesischen Produkts $N \times M$; man schreibt aRb oder $(a, b) \in R$. Wichtige Eigenschaften von Relationen sind die *Symmetrie* ($aRb \Rightarrow bRa$), die *Transitivität* ($aRb, bRc \Rightarrow aRc$) sowie die *Reflexivität* ($aRa \; \forall a$). Relationen werden im Kapitel über Gruppenentscheidungen noch näher behandelt werden. Ganz zentral sind auch die Begriffe der *Abbildung f* von einer Menge M in eine Menge N (man schreibt $f : M \to N$ bzw. $f : m \mapsto n$ für $m \in M, n \in N$ bzw. $n = f(m)$ und redet vom *Bild n* sowie vom *Urbild m*) sowie der Begriff der *Funktion*, einer eindeutigen Abbildung. Wichtige mögliche Eigenschaften von Abbildungen sind die *Injektivität* ($f(m_1) = f(m_2) \Rightarrow m_1 = m_2$), die *Surjektivität* ($\forall n \in N \; \exists m \in M : n = f(m)$) sowie die *Bijektivität* (injektiv und surjektiv). Zu bijektiven Abbildungen gibt es eine ebenfalls bijektive *Umkehrabbildung*.

Graphen. Ein diskretes mathematisches Modellwerkzeug von herausragender Bedeutung stellt die *Graphentheorie* dar. Ein Graph ist ein Tupel (V, E), bestehend aus einer endlichen Menge V, den *Knoten*, und einer Relation E auf V, den *Kanten*. Kanten können *gerichtet* oder *ungerichtet* sein. Unter der *Nachbarschaft* eines Knotens v versteht man die Teilmenge der mit v durch eine Kante verbundenen Knoten; deren Anzahl gibt der *Grad* von v an. In einem *zusammenhängenden* Graphen sind je zwei beliebige verschiedene Knoten durch eine Folge von Kanten – einen *Pfad* – verbunden. Im nicht zusammenhängenden Fall hat der Graph mehrere *Zusammenhangskomponenten*. Ein zusammenhängender Graph mit gerichteten Kanten, der keine *Zyklen* (nichtleere Pfade mit gleichem Anfangs- und Endknoten) enthält, heißt *DAG* für „directed acyclic graph". *Bäume* sind spezielle zusammenhängende Graphen, die als ungerichtete Graphen aufgefasst zyklenfrei sind. Oft sind Graphen und insbesondere Bäume bzw. deren Knoten komplett zu durchlaufen – die wichtigsten Strategien hierfür sind die *Breitensuche* und die *Tiefensuche*. Ein *Hamilton'scher Kreis* ist ein Zyklus, der jeden Knoten genau einmal besucht; eine *Euler'sche Tour* ist ein Pfad, der jede Kante genau einmal enthält und wieder am Ausgangsknoten endet. Eine *Knotenfärbung* ordnet jedem Knoten eine Farbe so zu, dass benachbarte Knoten nie dieselbe Farbe haben; die Mindestzahl der hierfür benötigten Farben heißt die *chromatische Zahl* des Graphen.

2.2 Kontinuierliches

Insbesondere im Hinblick auf numerische Simulationen ist natürlich die kontinuierliche Welt von zentraler Bedeutung. Die Grundlagen hierfür liefern die Lineare Algebra und die Analysis. Zu beiden gibt es eine Fülle verfügbarer Lehrbücher. Beispielhaft seien an dieser Stelle das Buch „Mathematik für Informatiker" von Dirk Hachenberger [31] sowie der zweibändige Klassiker „Höhere Mathematik" von Kurt Meyberg und Peter Vachenauer [44, 43] erwähnt. Im Anschluss an die beiden Steilkurse zur Linearen Algebra und zur Analysis folgt dann noch eine kurze Zusammenfassung, warum beide Gebiete sowohl für die Modellierung als auch für die Simulation so wichtig sind.

2.2.1 Lineare Algebra

Zunächst stellen wir einige der wesentlichen Begriffe der Linearen Algebra zusammen.

Vektorräume. Die zentrale Struktur der Linearen Algebra ist der *Vektorraum*, eine additive Gruppe über einer Menge (den *Vektoren*), in der es zusätzlich die Multiplikation mit Skalaren gibt. Der Begriff des geometrischen Vektors stand natürlich Pate, es bedarf dieser Assoziation jedoch nicht. Eine Menge von Vektoren $\{v_1, \ldots, v_n\}$ kann linear kombiniert werden: Jede *Linearkombination* $\sum_{i=1}^{n} \alpha_i v_i$ mit reellen Faktoren α_i ist wieder ein Element des Vektorraums; die Menge aller durch solche Linearkombinationen darstellbaren Vektoren wird der von $v_1, \ldots, v_n$ *aufgespannte Raum* genannt. Eine Menge von Vektoren heißt *linear unabhängig*, falls sie sich zum Nullvektor nur mittels $\alpha_i = 0 \; \forall i$ kombinieren lassen; andernfalls heißt die Menge *linear abhängig*. Eine *Basis* eines Vektorraums ist eine Menge linear unabhängiger Vektoren, mit deren Hilfe sich jeder Vektor des Vektorraums eindeutig per Linearkombination darstellen lässt. Die Anzahl der Basisvektoren – endlich oder unendlich – wird auch *Dimension* des Vektorraums genannt.

Lineare Abbildungen. Ein *(Vektorraum-)Homomorphismus* f ist eine lineare Abbildung von einem Vektorraum V in einen Vektorraum W, also $f : V \to W$ mit $f(v_1 + v_2) = f(v_1) + f(v_2)$ und $f(\alpha v) = \alpha f(v) \; \forall v \in V$ sowie $\forall \alpha \in \mathbb{R}$. Die Menge $f(V)$ heißt *Bild* des Homomorphismus, die Menge aller Vektoren $v \in V$ mit $f(v) = 0$ heißt *Kern* von f. Eine wichtige Darstellungsform für Homomorphismen $f : \mathbb{R}^n \to \mathbb{R}^m$ sind *Matrizen* $A \in \mathbb{R}^{m,n}$; die lineare Abbildung entspricht dann der Zuordnung $x \mapsto Ax$. Die Matrix einer injektiven Abbildung hat lauter linear unabhängige Spalten, die Matrix einer surjektiven Abbildung hat lauter linear unabhängige Zeilen; Bijektivität bedingt somit $m = n$ sowie n linear unabhängige Spalten und Zeilen. Die Anzahl linear unabhängiger Zeilen von A wird *Rang* der Matrix genannt. Die *Transponierte* A^T einer Matrix entsteht durch Spiegelung der Einträge an der Diagonalen. Wird zusätzlich noch bei allen Matrixeinträgen das konjugiert Komplexe gebildet, so erhält man die *Hermitesch Konjugierte* A^H. Das Matrix-Vektor-Produkt Ax bedeutet somit die Anwendung der durch A beschriebenen linearen Abbildung auf den Vektor x; das Lösen eines *linearen Gleichungssystems* $Ax = b$ mit unbekanntem x bedeutet das Aufspüren des Urbilds von b.

Lineare Gleichungssysteme. Wir beschränken uns auf den Fall mit quadratischer Koeffizientenmatrix $A \in \mathbb{R}^{n,n}$. Das System $Ax = b$ ist genau dann für jedes b eindeutig lösbar, wenn A *vollen Rang* (d. h. Rang n) hat. Dann ist die Abbildung umkehrbar, und die Matrix A ist *nichtsingulär* oder *invertierbar*, d. h., es gibt eine Matrix A^{-1}, sodass das Produkt $A^{-1}A$ die Identität I ist. Gleichbedeutend damit ist, dass die so genannte *Determinante* $\det(A)$ von A von null verschieden ist.

Eigenwerte und Eigenvektoren. Falls $Ax = \lambda x$ für reelles λ und $x \neq 0$ gilt, so heißt λ *Eigenwert* von A, x heißt *Eigenvektor* von A. Die Eigenwerte sind die n (möglicherweise komplexen) Nullstellen des *charakteristischen Polynoms* $\det(A - \lambda I) = 0$; ihre Gesamtheit wird *Spektrum* von A genannt. Dieses Spektrum charakterisiert die Matrix in ihren wesentlichen Eigenschaften – wir werden an verschiedenen Stellen in den folgenden Kapiteln die Eigenwerte von Matrizen studieren, um zu bestimmten Aussagen über Modelle oder Lösungsverfahren zu gelangen.

Skalarprodukte und Normen. Eine wichtige Abbildung $V \times V \to \mathbb{R}$ aus einem Vektorraum $V = \mathbb{R}^n$ nach $\mathbb{R}$ ist das *Skalarprodukt* $x^T y := \sum_i x_i y_i$. Etwa zum Messen bzw. Abschätzen von Fehlern werden wir ferner *Vektornormen* $\|.\|$ verwenden, also positive, homogene Abbildungen von V nach $\mathbb{R}$, die zudem die Dreiecksungleichung $\|x + y\| \leq \|x\| + \|y\|$ erfüllen. Beispiele sind die *Euklidische Norm* $\|x\|_2 := \sqrt{\sum_i x_i^2}$, die *Maximumsnorm* $\|x\|_\infty := \max_i |x_i|$ sowie die *Summennorm* $\|x\|_1 := \sum_i |x_i|$. Für das Skalarprodukt und die Euklidische Norm gilt die *Cauchy-Schwarzsche Ungleichung* $|x^T y| \leq \|x\|_2 \cdot \|y\|_2$. Manchmal benötigt man auch für Matrizen Normen – entsprechende *Matrixnormen* lassen sich aus Vektornormen induzieren mittels $\|A\| := \max_{\|x\|=1} \|Ax\|$. Ferner sei an das Konzept der *Orthogonalität* erinnert: Zwei Vektoren sind orthogonal, falls $x^T y = 0$.

Klassen von Matrizen. Eine Reihe von Matrixklassen verdient besondere Beachtung. $A \in \mathbb{R}^{n,n}$ heißt *symmetrisch* bzw. *schiefsymmetrisch*, falls $A^T = A$ bzw. $A = -A^T$ gilt, im Falle von $A \in \mathbb{C}^{n,n}$ und $A = A^H$ heißt A *Hermitesch*. Symmetrische reelle bzw. Hermitesche komplexe quadratische Matrizen werden *positiv-definit* genannt, falls $x^T A x > 0$ bzw. $x^H A x > 0 \; \forall x \neq 0$. Bei *positiv-semidefiniten* Matrizen ist $x^T A x$ bzw. $x^H A x$ nichtnegativ $\forall x$. *Orthogonale Matrizen* erfüllen $A^{-1} = A^T$, *unitäre Matrizen* erfüllen $A^{-1} = A^H$. Interessant sind noch *normale Matrizen* ($A^T A = A A^T$ bzw. $A^H A = A A^H$), da es genau für sie eine Basis aus paarweise orthogonalen Eigenvektoren gibt.

2.2.2 Analysis

Nun wenden wir uns der Analysis zu, deren Apparat uns ebenfalls durch dieses Buch begleiten wird.

Stetigkeit. Aus den verschiedenen gebräuchlichen *Stetigkeitsbegriffen* beschränken wir uns auf den wohl verbreitetsten: Eine Funktion $f : \mathbb{R}^n \to \mathbb{R}$ heißt *stetig* in x_0, falls es zu jedem $\varepsilon > 0$ ein $\delta > 0$ gibt, sodass $\forall \|x - x_0\| < \delta$ gilt $|f(x) - f(x_0)| < \varepsilon$. Gilt dies nicht nur in einem Punkt x_0, sondern im gesamten Definitionsbereich von f, so spricht man von *globaler Stetigkeit*.

Grenzwerte. Ein zentraler Untersuchungsgegenstand ist das *Konvergenzverhalten* einer Funktion f im Falle des beliebigen Annäherns an einen Punkt (der auch unendlich sein kann). Man spricht dann von *Grenzwerten* von Funktionen und schreibt $\lim_{x \to 0} f(x) = \ldots$ oder $\lim_{x \to \infty} f(x) = \ldots$ Der Grenzwert kann auch unendlich sein: $\lim f(x) = \pm\infty$.

Folgen und Reihen. Unter einer *Folge* versteht man eine auf $\mathbb{N}$ definierte Funktion f. Mit $a_n := f(n)$ schreibt man die Folge kurz als (a_n). Folgen können *beschränkt* oder *monoton* sein, und auch bei Folgen interessiert das *Konvergenzverhalten* für $n \to \infty$ bzw. die Existenz eines Grenzwerts $\lim_{n \to \infty} a_n$. Unendliche *Reihen* $\sum_{n=0}^\infty a_n$ sind Folgen von *Partialsummen* $\left(\sum_{n=0}^N a_n\right)$, wobei auch hier wieder die Konvergenzfrage für den Fall $N \to \infty$ das entscheidende Thema ist.

Differenzierbarkeit. Eine Funktion f einer reellen Veränderlichen heißt *differenzierbar* (in einem Punkt x_0 oder einem Intervall oder global), falls ihre Ableitung hier existiert. Die *Ableitung* einer Funktion beschreibt das Änderungsverhalten der Funktionswerte bei Änderungen im Argument und wird über den Grenzwert von *Differenzenquotienten* $(f(x) - f(x_0))/(x-x_0)$ für $x \to x_0$ definiert. Man schreibt f', $\dot{f}$ oder $\mathrm{d}f/\mathrm{d}x$. Analog werden *höhere Ableitungen* $f^{(k)}$ definiert. Der Ableitungsoperator ist linear: Es ist $(\alpha f + \beta g)' = \alpha f' + \beta g'$ für $\alpha, \beta \in \mathbb{R}$. Weiter gelten die Rechenregeln für Produkt $(fg)' = f'g + fg'$ und Quotient $(f/g)' = (f'g - fg')/g^2$ sowie die Kettenregel $(f(g(x)))'|_{x=x_0} = f'(g(x_0))g'(x_0)$.

Extremstellen, Wendepunkte und Konvexität. Funktionen können globale und lokale *Extrema (Minima, Maxima)* annehmen. In der Optimierung ist man natürlich an solchen Stellen interessiert. Falls Differenzierbarkeit vorliegt, ist das Verschwinden der ersten Ableitung eine notwendige Bedingung für eine lokale Extremstelle. Ein *Wendepunkt* liegt vor, wenn die zweite Ableitung verschwindet und in dem Punkt das Vorzeichen wechselt. Von *Konvexität* redet man, wenn die Sekanten durch zwei Punkte des Graphen einer Funktion f stets oberhalb des Graphen verlaufen.

Funktionsklassen. Bedeutende Klassen spezieller Funktionen sind *Polynome* $\sum_{i=0}^{n} a_i x^i$ sowie *rationale Funktionen* (Quotienten von Polynomen). Ferner werden wir es mit der *Exponentialfunktion* e^x, dem *Logarithmus* $\log(x)$ sowie mit *trigonometrischen Funktionen* wie beispielsweise $\sin(x)$ und $\cos(x)$ zu tun haben. Letztere sind übrigens über ein mathematisches Modell, die *Schwingungsgleichung* $y^{(2)} + y = 0$, definiert.

Integrale. Die *Integration* ist quasi die Umkehrabbildung zur Differentiation. Das *unbestimmte Integral* $\int f(x)\mathrm{d}x$ einer integrierbaren Funktion $f : \mathbb{R} \to \mathbb{R}$ gibt eine *Stammfunktion* F an, also $F'(x) = f(x)$; das *bestimmte Integral* $\int_a^b f(x)\mathrm{d}x$ berechnet die Fläche unter dem Graphen von f von a nach b. Der Begriff der Integrierbarkeit ist dabei schon etwas komplizierter. Differentiation und Integration sind über den *Hauptsatz der Differential- und Integralrechnung* verknüpft. Während die Berechnung von Ableitungen Handwerk ist, grenzt Integration manchmal an Kunst. Hilfestellung leisten Techniken wie die *partielle Integration* oder die *Integration durch Substitution*.

Lokale und globale Approximation. Die *lokale Approximation durch Polynome oder Reihen* spielt vielerorts eine große Rolle. In der numerischen Simulation benutzt man entsprechende Techniken etwa zum Beweis der Konvergenz von Diskretisierungsschemata. Zu einem n-mal stetig differenzierbaren f bezeichnet das n-te *Taylor-Polynom in a* das (eindeutige) Polynom vom Grad n, dessen nullte bis n-te Ableitung in a mit der jeweiligen Ableitung von f in a übereinstimmen. Ist f unendlich oft differenzierbar (z. B. die Exponentialfunktion), so erhält man *Taylor-Reihen*.

Der zentrale Begriff für die *globale Approximation* ist die *gleichmäßige Konvergenz* $\|f_n - f\| \to 0$, im Gegensatz bzw. verschärft zur *punktweisen Konvergenz* $f_n(x) \to f(x)$. Der *Ap-*

proximationssatz von Weierstrass sagt aus, dass jede stetige Funktion auf einer kompakten Menge beliebig genau durch ein Polynom approximiert werden kann.

Periodische Funktionen und Fourier-Reihen. Für *periodische Funktionen* $f(x)$ mit Periode 2π gilt $f(x + 2\pi) = f(x)$. Periodische Funktionen (mit bestimmten Glattheitseigenschaften) lassen sich elegant durch *trigonometrische Polynome*, also gewichtete Summen von Termen der Art $\cos(kx)$ bzw. $\sin(kx)$ unterschiedlicher *Frequenz* k, approximieren. Paradebeispiel hierfür sind übertragene Signale, die somit als Überlagerung einer endlichen Zahl reiner Sinus- bzw. Cosinus-Schwingungen angenähert werden. Man redet in diesem Zusammenhang auch von *Fourier-Polynomen* und *Fourier-Reihen*.

Differentialgleichungen. Differentialgleichungen sind Gleichungen, die Funktionen und deren Ableitungen in Bezug zueinander setzen und dadurch bestimmte Funktionen – Lösungen – definieren. Man unterscheidet *gewöhnliche* und *partielle* Differentialgleichungen. Bei ersteren tritt nur eine unabhängige Variable auf (typischerweise die Zeit t – dann schreibt man für die Ableitungen auch $\dot{y}, \ddot{y}$ statt y', y'' etc.), bei letzteren mehrere (verschiedene Raumkoordinaten oder Raum und Zeit). Die *Ordnung* einer Differentialgleichung ist durch die höchste auftretende Ableitung bestimmt. Eine Differentialgleichung oder ein System von Differentialgleichungen beschreibt dabei typischerweise die zugrunde liegende Physik; für ein konkretes (und eindeutig lösbares) Szenario sind zusätzliche Bedingungen in Form von *Anfangsbedingungen* bzw. *Anfangswerten* oder *Randbedingungen* bzw. *Randwerten* erforderlich. Ein Modell ist dann dementsprechend formuliert als *Anfangswertproblem* oder als *Randwertproblem*. Für partielle Differentialgleichungen (englisch Partial Differential Equations oder kurz PDE) benötigen wir die Differentialrechnung mehrerer Veränderlicher; PDE werden wir in Abschn. 2.4 zur Numerik kurz streifen. Hier stellen wir einige wesentliche Grundlagen der Analysis gewöhnlicher Differentialgleichungen (englisch Ordinary Differential Equations oder kurz ODE) bereit; auch ODE werden uns in Abschn. 2.4 nochmals begegnen.

Nur in einfachen Fällen sind ODE analytisch lösbar – einer der Gründe für die große Bedeutung der Numerik für Modellbildung und Simulation. Manchmal, etwa bei $\dot{y}(t) = y(t)$, ist die Lösung offensichtlich. Manchmal, beispielsweise bei ODE der Art $y'(x) = g(x) \cdot h(y)$, helfen Techniken wie die *Separation der Variablen*. Hierbei werden zunächst die Terme in der Unabhängigen (x) und die in der Abhängigen (y) getrennt:

$$\frac{\mathrm{d}y}{h(y)} = g(x)\mathrm{d}x \, .$$

Anschließend werden dann beide Seiten integriert. Doch auch wenn alle analytischen Lösungsversuche fehlschlagen, so kann man in vielen Fällen zumindest zur Lösbarkeit des Modells, zur Eindeutigkeit seiner Lösung bzw. zur Charakteristik der Lösung(en) bestimmte hilfreiche Aussagen treffen.

Eine einfache Beispielklasse von ODE ist die *lineare ODE erster Ordnung* $y'(x) = a(x) \cdot y(x) + b(x)$ mit stetigen Funktionen a und b, die Gleichung $y'(x) = a(x) \cdot y(x)$ heißt die zugehörige *homogene* Gleichung. Bezeichnen $A(x)$ bzw. $u(x)$ Stammfunktionen zu $a(x)$ bzw. zu $b(x)e^{A(x)}$, dann lösen $y(x) = c\,e^{A(x)}$ die homogene und $y(x) = (u(x) + c)e^{A(x)}$ die allgemeine Gleichung. Mit der Konstanten c kann die Anfangsbedingung $y(x_0) = y_0$ erfüllt werden (eine Anfangsbedingung für eine ODE erster Ordnung) – man hat in diesem einfachen Fall also Existenz und Eindeutigkeit der Lösung gegeben.

Als nächstes schauen wir uns die *lineare ODE mit konstanten Koeffizienten* an, also eine Gleichung der Art

$$y^{(n)} + a_{n-1}y^{(n-1)} + \ldots + a_1 y' + a_0 y = q(x)$$

mit Konstanten a_i und einer Funktion $q(x)$. Wiederum heißt die Gleichung mit rechter Seite null die zugehörige homogene Gleichung. Zusammen mit einem Satz von n Anfangswerten $y(x_0), y'(x_0), \ldots, y^{(n-1)}(x_0)$ gibt es dann wieder genau eine Lösung $y(x)$, die die ODE und die Anfangsbedingungen erfüllt. Die Lösung der homogenen Gleichung kann man über den Ansatz $y(x) = e^{\lambda x}$ bestimmen, die explizite Lösung der inhomogenen Gleichung gelingt zumindest für spezielle rechte Seiten $q(x)$.

Ein schönes Beispiel für eine lineare ODE mit konstanten Koeffizienten ist der *freie harmonische Oszillator* $\ddot{y}(t) + 2d\dot{y}(t) + ky(t) = 0$ mit einer Dämpfungskonstante $d \geq 0$ und einer Elastizitätskonstante $k > 0$. Abhängig vom Vorzeichen von $d^2 - k$ liegt schwache, starke oder kritische Dämpfung vor (abklingende Oszillation, einfaches Einschwingen, aufschaukelnde Oszillation etc.). Mit einer rechten Seite $K \cos \omega t$ ergibt sich übrigens eine *erzwungene Schwingung*.

Man beachte, dass sich Differentialgleichungen höherer Ordnung durch die Einführung von Hilfsgrößen auf Systeme von Differentialgleichungen erster Ordnung zurückführen lassen.

Eine schon recht allgemeine Klasse *explizit gegebener* ODE erster Ordnung (die Gleichung ist nach der höchsten auftretenden Ableitung aufgelöst) lässt sich über die Gestalt

$$\dot{y}(t) = f(t, y(t)), \qquad y(t_0) = y_0,$$

definieren. Für diesen Typ werden wir später im Abschnitt zur Numerik verschiedene Näherungsverfahren kennen lernen. Auch hier gestattet die Analysis allgemeine Aussagen, etwa den berühmten Satz von *Picard-Lindelöf*: Erfüllen f und y eine *Lipschitz-Bedingung*

$$\|f(t, y_1) - f(t, y_2)\| \leq L \cdot \|y_1 - y_2\|$$

für das Anfangswertproblem $\dot{y}(t) = f(t, y(t))$, $y(a) = y_a$, $t \in [a, b]$, so sind Existenz und Eindeutigkeit der Lösung gesichert. Bezüglich der rechten Seite f lassen sich zwei Sonderfälle auszeichnen: Hängt f nur von t ab, so handelt es sich um gar keine Differentialgleichung, sondern vielmehr um ein einfaches Integrationsproblem. Hängt f dagegen nur von y ab, so wird die ODE *autonom* genannt.

Zum näheren Verständnis von ODE bieten sich *Richtungsfelder* und *Trajektorien* an. Da diese aber schon stark in die Richtung einer numerischen Lösung von ODE weisen, heben wir uns dieses Thema für die Numerik von ODE in Abschn. 2.4 auf.

Differentialrechnung mehrerer Veränderlicher. Betrachte nun als Definitionsgebiet für f ein Teilgebiet Ω des $\mathbb{R}^n$. Der *Differenzierbarkeitsbegriff* wird hier komplizierter als im Eindimensionalen, er ist nun über die Existenz einer linearen Abbildung, des *Differentials*, definiert. Es gibt auch nicht mehr „die Ableitung" – es muss vielmehr festgelegt werden, längs welcher Richtung sich die Argumente $x \in \mathbb{R}^n$ ändern sollen. Kanonische *Richtungsableitungen* sind die *partiellen Ableitungen* $f_{x_i} = \partial_i f = \frac{\partial f}{\partial x_i}$ etc., die das Änderungsverhalten von f längs einer Koordinatenrichtung beschreiben. Sehr prominent ist auch die *Normalenableitung* $\frac{\partial f}{\partial n}$, die z. B. an Oberflächen geometrischer Objekte angegeben wird und die Änderung einer im Raum definierten Funktion senkrecht zur Oberfläche der Objekte beschreibt.

Der *Gradient* ∇f einer skalaren Funktion $f : \mathbb{R}^n \to \mathbb{R}$ kann als Vektor der partiellen Ableitungen oder als Operator, dessen Anwendung die partiellen Ableitungen ergibt, interpretiert werden. Die *Jacobi-Matrix* eines *Vektorfelds* $F : \mathbb{R}^n \to \mathbb{R}^n$, einer vektorwertigen Funktion auf dem $\mathbb{R}^n$ wie etwa der Geschwindigkeit im Raum, enthält in Zeile i und Spalte j die Ableitung der i-ten Komponente von F nach x_j. Auch im Höherdimensionalen kann man für ein $f : \mathbb{R}^n \to \mathbb{R}$ Taylor-Approximationen durchführen; anstelle der ersten Ableitung benutzt man den Gradienten, anstelle der zweiten Ableitung die *Hesse-Matrix* der gemischten zweiten partiellen Ableitungen f_{x_i,x_j}. Und auch im Höherdimensionalen sucht die Analysis nach Extremwerten wie Minima oder Maxima. Neu kommt dagegen hinzu der Begriff des *Sattelpunkts*: Analog zu einem Sattel oder Joch in den Bergen ist hierunter ein Punkt zu verstehen, der bezüglich eines Teils der Koordinatenrichtungen ein Minimum und bezüglich der restlichen ein Maximum darstellt. Sattelpunkte werden uns z. B. auch bei Spielen wieder begegnen. In Modellen der Kontinuumsmechanik trifft man ferner auf drei weitere Operatoren: Die *Divergenz* eines Vektorfelds $F : \mathbb{R}^n \to \mathbb{R}^n$ ist definiert als

$$\operatorname{div} F := \sum_{i=1}^{n} \partial_i F_i \,,$$

die *Rotation* von F ist gegeben durch

$$\operatorname{rot} F := \begin{pmatrix} \partial_2 F_3 - \partial_3 F_2 \\ \partial_3 F_1 - \partial_1 F_3 \\ \partial_1 F_2 - \partial_2 F_1 \end{pmatrix},$$

und der *Laplace-Operator*, angewandt auf eine skalare Funktion f, ist die Divergenz des Gradienten:

$$\delta f := \operatorname{div} \nabla f = \sum_{i=1}^{n} \frac{\partial^2 f}{\partial x_i^2} \,.$$

Integration im Höherdimensionalen. Sobald man das Eindimensionale verlässt, wird die Integration vielschichtiger und komplizierter. Der erste Fall ist das so genannte *Volumenintegral*, das Integral einer Funktion $f : \mathbb{R}^n \to \mathbb{R}$ über ein Integrationsgebiet $\Omega \subseteq \mathbb{R}^n$. Im Falle eines Produktes $\Omega = X \times Y$ mit niedrigdimensionaleren X und Y hilft oft (unter speziellen Voraussetzungen, natürlich) der *Satz von Fubini*, der die Hintereinanderausführung und Vertauschung der Integration regelt:

$$\int_{X \times Y} f(x,y)\mathrm{d}(x,y) = \int_X \left(\int_Y f(x,y)\mathrm{d}y \right) \mathrm{d}x = \int_Y \left(\int_X f(x,y)\mathrm{d}x \right) \mathrm{d}y \,,$$

wobei ein enger Bezug zu *Cavalieris Ausschöpfungsprinzip* besteht. Ein weiterer wichtiger Satz ist der *Transformationssatz*. Diese Verallgemeinerung der Integration durch Substitution erlaubt Koordinatentransformation, natürlich wieder unter geeigneten Voraussetzungen:

$$\int_U f(T(x)) \cdot \| \det T'(x) \| \mathrm{d}x = \int_V f(y)\mathrm{d}y \,,$$

wobei $V = T(U)$.

Daneben kann im $\mathbb{R}^n$ aber auch über niedrigdimensionalere Strukturen integriert – d. h. aufsummiert – werden. So wird bei *Kurvenintegralen* eine Größe längs einer Kurve im Raum integriert. *Oberflächenintegrale*

$$\int_{\partial G} F(x) \, \overrightarrow{\mathrm{d}S}$$

summieren ein Vektorfeld F – beispielsweise eine Kraft oder eine Geschwindigkeit – über Flächen bzw. Hyperflächen im Raum, z. B. über die Oberfläche ∂G eines Gebiets G. Sie spielen insbesondere in der Modellierung eine Rolle, wenn etwa in der Strömungsmechanik der Wärme- oder Massentransport über die Grenzen eines Gebiets beschrieben werden soll. Von zentraler Bedeutung für die Herleitung vieler Modelle der Physik, die auf *Erhaltungssätzen* beruhen (Energieerhaltung, Impulserhaltung, Massenerhaltung), ist der *Gauß'sche Integralsatz*, der die Umwandlung von Oberflächenintegralen in Volumenintegrale gestattet und umgekehrt gestattet und dem wir verschiedentlich begegnen werden. Unter bestimmten Regularitätsannahmen gilt

$$\int_G \mathrm{div} F(x)\mathrm{d}x = \int_{\partial G} F(x) \, \overrightarrow{\mathrm{d}S} \,.$$

Ausblick auf die Funktionalanalysis. Die *Funktionalanalysis* befasst sich mit *Funktionalen*, also Funktionen, die ihrerseits Funktionen als Argumente haben. Dabei spielen *Funktionenräume* eine zentrale Rolle, wie etwa der Raum $C^n([a,b])$ der n-mal auf $[a,b]$ stetig differenzierbaren Funktionen. Ein klassisches Beispiel eines Typs solcher Funktionenräume sind *Hilberträume*. Unter Hilberträumen versteht man vollständige Skalarprodukträume, also Vektorräume, in denen ein Skalarprodukt existiert und in denen jede so genannte

Cauchy-Folge (eine spezielle Klasse von Folgen) gegen ein Element des Raums konvergiert. In der modernen mathematischen Modellierung haben insbesondere spezielle Klassen von Hilbert-Räumen wie die *Sobolev-Räume* zentrale Bedeutung erlangt.

2.2.3   Bedeutung für Modellbildung und Simulation

Die Analysis ist vor allem für die mathematische Modellbildung sowie für die *numerische Analysis*, also die Untersuchung numerischer Verfahren und deren Eigenschaften wie Approximationsgüte oder Konvergenzverhalten, von Bedeutung. Ersteres ist offenkundig, sind doch beispielsweise die bekannten Modelle der mathematischen Physik ohne den Apparat der Differential- und Integralrechnung im Höherdimensionalen kaum vorstellbar. Der Begriff der Konvexität etwa spielt bei der Modellanalyse, genauer bei Aussagen zur Existenz und Eindeutigkeit von Lösungen eines Modells, oft eine große Rolle.

Aber auch die Numerik braucht die Analysis. Ein zentraler Begriff von eher qualitativer Natur ist in diesem Kontext die *Glattheit*: Je öfter eine Funktion stetig differenzierbar (d. h. differenzierbar mit stetiger Ableitung) ist, desto *glatter* ist sie. *Glattheitsbedingungen*, oft auch *Regularitätsbedingungen* genannt, spielen bei kontinuierlichen mathematischen Modellen eine wesentliche Rolle: Je mehr man an Glattheit über die Lösung eines Modells voraussetzen kann, desto leichter tut man sich im Allgemeinen mit Approximations- oder Konvergenzaussagen. Oft bestimmt die Glattheit des Problems dabei auch die Auswahl des numerischen Verfahrens: Approximationsverfahren höherer Ordnung nähern „besser" an, sie funktionieren aber oft nur unter bestimmten einschränkenden Annahmen – Glattheitsbedingungen eben. Und für die Abschätzung der Güte eines Näherungsverfahrens sind Taylor- und andere Approximationen oft ein unverzichtbares Hilfsmittel.

Darüber hinaus inspiriert die Analysis aber auch zu numerischen Verfahren. Bei den ersten Ansätzen zur Approximation von Ableitungen (bzw. zu deren *Diskretisierung*) mittels Differenzenquotienten etwa stand die Definition der Ableitung Pate – und viele Algorithmen zur numerischen Lösung differentialgleichungsbasierter Modelle profitieren heute davon. Ein weiteres Beispiel liefert der Satz von Fubini, dessen Aussage Ausgangspunkt für zahlreiche Verfahren der multivariaten (mehrdimensionalen) Quadratur war.

Auch die Lineare Algebra ist unverzichtbar, für die Modellierung ebenso wie für die Simulation. Bei linearen Systemen gewöhnlicher Differentialgleichungen beispielsweise sind die Eigenwerte der Systemmatrix ausschlaggebend für das Verhalten des Systems. Und dass die Numerik, deren Essenz ja im *Diskretisieren* besteht, also im Pressen kontinuierlicher Modelle in ein endliches Korsett, ohne Lineare Algebra nicht auskommt, versteht sich eh von selbst.

Nach diesem Galopp durch Lineare Algebra und Analysis wenden wir uns nun den für Modellbildung und Simulation zentralen Bereichen der Angewandten Mathematik zu – zunächst der Stochastik sowie der Statistik und daran anschließend dann der Numerik.

2.3   Stochastisches und Statistisches

Historisch gesehen spielt der Zufall in unserem Kontext vor allem wegen des Erfolgs von *Monte-Carlo-Simulationen* eine große Rolle. Inzwischen sind probabilistische Elemente in Modellbildung und Simulation aber nahezu allgegenwärtig. So werden *stochastische Prozesse* zur Modellierung und Simulation von Ereignisfolgen benutzt, *stochastische Differential-gleichungen* erlauben die Integration von Effekten wie Rauschen in Differentialgleichungs-modelle, und *stochastische finite Elemente* ermöglichen die Umsetzung in Diskretisierungs-schemata. Aus diesem Grund werden wir es auch in diesem Buch öfters mit dem Zufall und seiner Beschreibung zu tun haben. Zum Nachschlagen und Nachlesen sei auf die „Diskreten Strukturen 2" von Thomas Schickinger und Angelika Steger [53] verwiesen.

2.3.1   Warum Zufall?

Zufall und *Wahrscheinlichkeit* in der Modellbildung und Simulation? Was helfen Simulationsergebnisse, die nur mit einer bestimmten Wahrscheinlichkeit zutreffen? Diese Zweifel sind nur auf den ersten Blick berechtigt.

Zunächst einmal gibt es das Phänomen der *Unsicherheit*: Alles mag zwar deterministisch sein, aber die Information fehlt. Einem Drucker beispielsweise ist völlig unklar, wann der nächste Druckauftrag bei ihm eintrudelt – aus seiner Sicht ist dessen Ankunft zufällig bzw. nur in Wahrscheinlichkeitsgrößen vorhersagbar. Aus diesem Grund werden Ankunftsprozesse in Wartesystemen mit Hilfe stochastischer Prozesse modelliert. Außerdem interessiert man sich oft vor allem für gemittelte Größen, also zum Beispiel für die Antwortzeiten eines Systems bei einer zufällig ausgewählten Eingabe oder im Mittel über 100 Betriebsstunden. Wo Messdaten eine Rolle spielen, sei es für Start- oder Randwerte einer Simulation oder zu deren experimenteller Validierung, ist in aller Regel eine statistische Auswertung der Daten erforderlich. Und schließlich gibt es die bereits erwähnten *Monte-Carlo-Simulationen* – Szenarien, bei denen dasselbe Verfahren sehr oft in zufälligen, d. h. einer bestimmten Verteilung gehorchenden Konstellationen durchgeführt wird, um am Ende durch Mittelung das gewünschte Resultat zu erhalten. Diese Vorgehensweise erfreut sich insbesondere dort großer Beliebtheit, wo konventionelle Simulationsverfahren fehlen oder inakzeptabel aufwändig sind (z. B. bei sehr hochdimensionalen Problemstellungen).

Ein Beispiel soll die Bedeutung des Zufalls illustrieren. Nehmen wir die folgende Aufgabe an: Ein Leiter eines Rechenzentrums erhält von einem Gönner einen Scheck – was soll er mit dem Geld tun? Er kann schnellere Verbindungen verlegen, bessere Switches einbauen, einen Supercomputer kaufen, mehr Arbeitsplätze für Benutzer einrichten, die Netzanbindung nach außen verbessern, etc. Um zu einer fundierten Entscheidung zu gelangen, möchte er mittels Simulationen die Engpässe des bestehenden Systems und somit Ansatzpunkte für Verbesserungen bestimmen. Hierfür muss er erstens repräsentative Eingabedaten erzeugen, z. B. Ankunfts- bzw. Einlog-Zeiten von Benutzern – was die

Erzeugung von (Pseudo-)Zufallszahlen erfordert. Zweitens ist ein geeignetes mathematisches Modell für das Rechenzentrum aufzustellen, das realistische Berechnungen gestattet – dies erfolgt typischerweise mittels stochastischer Prozesse und Wartenetzen. Schließlich sind die berechneten Zahlenkolonnen am Ende korrekt zu interpretieren, und eine entsprechende Kaufentscheidung ist abzuleiten – dazu muss vorliegendes (zufallsabhängiges) Datenmaterial analysiert und ausgewertet werden.

2.3.2 Diskrete Wahrscheinlichkeitsräume

Ereignisse. Die Wahrscheinlichkeitsrechnung hilft, Situationen mit unsicherem (nicht bestimmt vorhersagbarem) Ausgang zu modellieren. Solche Situationen nennen wir *Zufallsexperimente*. Zufallsexperimente haben mögliche *Ergebnisse* oder *Ausgänge* w_i, die man in der *Ergebnismenge* $\Omega = \{w_1, w_2, \ldots\}$ zusammenfasst. Die Schreibweise zeigt, dass wir zunächst nur *diskrete*, also endliche oder abzählbar-unendliche Ergebnismengen betrachten. Ein *Ereignis* $E \subseteq \Omega$ ist eine beliebige Teilmenge von Ω. Man sagt „E tritt ein", wenn wir als Ergebnis unseres Zufallsexperiments ein $w_i \in E$ erhalten. Die leere Menge $\emptyset$ heißt *unmögliches* Ereignis, Ω heißt *sicheres* Ereignis. Durch die Definition als Mengen können wir mit Ereignissen entsprechend arbeiten. Insbesondere erhalten wir zu zwei Ereignissen A und B die abgeleiteten Ereignisse $A \cap B$, $A \cup B$, $\bar{A}$ und $A \setminus B$:

- $A \cap B$: Ereignis A und Ereignis B treten beide ein. Im Falle des leeren Durchschnitts nennt man A und B *disjunkt*.
- $A \cup B$: Ereignis A oder Ereignis B tritt ein.
- $\bar{A}$ beschreibt das zu A *komplementäre* Ereignis, d.h. das Ereignis A tritt nicht ein.
- $A \setminus B$: Ereignis A tritt ein, nicht jedoch Ereignis B.

Häufigkeit und Wahrscheinlichkeit. Der Begriff der *Häufigkeit* ist ganz konkret und vergangenheitsbezogen – wir beobachten Zufallsexperimente und führen Buch über deren Ausgang, über die *absolute Häufigkeit* eines Ereignisses E (Anzahl der Fälle, in denen E eintrat) oder über die *relative Häufigkeit* von E (Quotient aus absoluter Häufigkeit und Gesamtzahl aller durchgeführten Beobachtungen). Die relative Häufigkeit bestimmt unsere Erwartung für die Zukunft. Hierfür gibt es den Begriff der *Wahrscheinlichkeit*.

Wahrscheinlichkeitsräume. Ein *diskreter Wahrscheinlichkeitsraum* besteht aus einer diskreten Ergebnismenge Ω von *Elementarereignissen* $\{w_i\}$, $i = 1, \ldots,$ und aus diesen zugeordneten *Elementarwahrscheinlichkeiten* p_i, wobei gelte

$$0 \leq p_i \leq 1, \qquad \sum_{w_i \in \Omega} p_i = 1.$$

Als Wahrscheinlichkeit eines beliebigen Ereignisses E definiert man

$$P(E) := \sum_{w_i \in E} p_i.$$

Ist Ω endlich, spricht man von einem *endlichen Wahrscheinlichkeitsraum*. Ein solcher Wahrscheinlichkeitsraum kann als mathematisches Modell für ein Zufallsexperiment angesehen werden. Im Folgenden wird es u. a. darum gehen, für bestimmte diskrete Wahrscheinlichkeitsräume Prognosen für das Eintreten von Ereignissen zu gestatten – gerade in Fällen, wo das mit dem Abzählen nicht so leicht ist.

Für paarweise disjunkte Ereignisse $A_1, A_2, \ldots$ gilt folgender *Additionssatz*:

$$P\left(\bigcup_i A_i\right) = \sum_i P(A_i) \, .$$

Fehlt die paarweise Disjunktheit der A_i, so wird's etwas komplizierter. Man erhält die sog. *Siebformel* bzw. das Prinzip der *Inklusion/Exklusion*. Wir beschränken uns auf den Fall zweier Ereignisse:

$$P(A_1 \cup A_2) = P(A_1) + P(A_2) - P(A_1 \cap A_2) \, .$$

Bedingte Wahrscheinlichkeiten. Da Teilwissen oder eine eventuelle Vorgeschichte die Ausgangslage verändern, führt man so genannte *bedingte Ereignisse* mit *bedingten Wahrscheinlichkeiten* ein, schreibt $A|B$ sowie $P(A|B)$ und sagt „A unter der Bedingung B". Im Gegensatz zur bedingten Wahrscheinlichkeit spricht man bei $P(A)$ dann auch von der *absoluten* oder *totalen* Wahrscheinlichkeit. Seien also A und B Ereignisse mit $P(B) > 0$. Dann definiert man

$$P(A|B) := \frac{P(A \cap B)}{P(B)} \, .$$

Es gilt $P(A|B) \geq 0$, $P(A|B) \leq 1$, $P(B|B) = 1$, $P(B|\bar{B}) = 0$ sowie $P(A|\Omega) = P(A)$. Für ein beliebiges, aber festes Ereignis B mit $P(B) > 0$ bilden die bedingten Wahrscheinlichkeiten bzgl. B einen neuen Wahrscheinlichkeitsraum mit neuer Wahrscheinlichkeit P_B, die die geänderte Informationslage zum Ausdruck bringt. Die bedingte Wahrscheinlichkeit führt zum *Multiplikationssatz*: Seien n Ereignisse $A_1, \ldots, A_n$ gegeben mit $P(A_1 \cap \ldots \cap A_n) > 0$. Dann gilt

$$P(A_1 \cap \ldots \cap A_n) = P(A_1) \cdot P(A_2|A_1) \cdot P(A_3|A_1 \cap A_2) \cdot \ldots \cdot P(A_n|A_1 \cap \ldots \cap A_{n-1}) \, .$$

Der erste zentrale Satz zum Rechnen mit bedingten Wahrscheinlichkeiten ist der *Satz von der totalen Wahrscheinlichkeit*. Er gibt an, wie man aufgrund der Kenntnis bedingter Wahrscheinlichkeiten eines Ereignisses auf dessen unbedingte (totale) Wahrscheinlichkeit schließen kann. Gegeben seien paarweise disjunkte Ereignisse $A_1, A_2, A_3, \ldots$ und ein weiteres Ereignis $B \subseteq \bigcup_i A_i$. Dann gilt (im endlichen ebenso wie im unendlichen Fall)

$$P(B) = \sum_i P(B|A_i) \cdot P(A_i) \, .$$

Der *Satz von Bayes* ist der zweite wichtige Satz, der im Zusammenhang mit bedingten Wahrscheinlichkeiten erwähnt werden muss. Gegeben seien wieder paarweise disjunkte

Ereignisse $A_1, A_2, A_3, \ldots$ und ein weiteres Ereignis $B \subseteq \bigcup_i A_i$ mit $P(B) > 0$. Dann gilt (im endlichen ebenso wie im unendlichen Fall) für beliebiges $j = 1, 2, 3, \ldots$

$$P(A_j|B) = \frac{P(A_j \cap B)}{P(B)} = \frac{P(B|A_j) \cdot P(A_j)}{\sum_i P(B|A_i) \cdot P(A_i)} \,.$$

Der Satz von Bayes gestattet also, die Reihenfolge der Bedingung zu vertauschen: Ausgehend von Wahrscheinlichkeiten zu „B unter der Bedingung A_i", trifft man Aussagen zu „A_i unter der Bedingung B".

Unabhängigkeit. Die *Unabhängigkeit* ist ein zentraler Begriff der Wahrscheinlichkeitstheorie. Viele Aussagen gelten nur bzw. sind bedeutend einfacher im Falle von Unabhängigkeit. Zwei Ereignisse A und B heißen *unabhängig*, wenn gilt

$$P(A \cap B) = P(A) \cdot P(B) \,.$$

Die Ereignisse $A_1, \ldots, A_n$ heißen unabhängig, wenn für alle Indexmengen $I \subseteq \{1, \ldots, n\}$ gilt

$$P\left(\bigcap_{i \in I} A_i \right) = \prod_{i \in I} P(A_i) \,.$$

Bei unendlich vielen Ereignissen verlangt man obige Bedingung für alle endlichen Indexmengen, also für jede endliche Kombination von Ereignissen.

Zufallsvariable. Unter einer *Zufallsvariablen* X versteht man eine Abbildung $\Omega \rightarrow \mathbb{R}$. Im Fall einer endlichen oder abzählbar-unendlichen Ereignismenge Ω nennt man auch die Zufallsvariable *diskret*, da dann deren Wertebereich W_X ebenfalls diskret ist. Über die Zufallsvariable werden Ereignisse definiert – schließlich interessiert man sich für die Wahrscheinlichkeit dafür, dass X einen bestimmten Wert annimmt. Man schreibt z. B. kurz $P(X \leq x)$ (Großbuchstaben für Zufallsvariablen, Kleinbuchstaben für deren Werte) und meint

$$P(X \leq x) = P\left(\{w \in \Omega : X(w) \leq x\}\right) \,.$$

Zwei Spezialfälle sind besonders wichtig und erhalten einen eigenen Namen:

$$f_X : \mathbb{R} \rightarrow [0,1], \quad x \mapsto P(X = x) \,, \qquad F_X : \mathbb{R} \rightarrow [0,1], \quad x \mapsto P(X \leq x) \,.$$

f_X heißt *(diskrete) Dichte(funktion)* von X, F_X heißt *(diskrete) Verteilung(sfunktion)* von X.

Analog zum Unabhängigkeitsbegriff bei Ereignissen spricht man auch von unabhängigen Zufallsvariablen. Die Zufallsvariablen $X_1, \ldots, X_n$ heißen *unabhängig*, wenn für jedes n-Tupel von Werten $(x_1, \ldots, x_n)$ aus dem gemeinsamen Wertebereich $W_{X_1} \times \ldots \times W_{X_n}$ gilt

$$P(X_1 = x_1, \ldots, X_n = x_n) = \prod_{i=1}^{n} P(X_i = x_i) \,,$$

d. h., wenn die gemeinsame Dichte gleich dem Produkt der Einzeldichten ist.

Erwartungswert. Da es etwas unhandlich ist, eine Zufallsvariable X über f_X und F_X zu charakterisieren, führt man Kennzahlen ein, so genannte *Momente*. Der *Erwartungswert* oder das *erste Moment* $E(X)$ einer diskreten Zufallsvariablen X ist definiert als

$$E(X) := \sum_{w_i \in \Omega} X(w_i) \cdot p_i = \sum_{x \in W_X} x \cdot P(X = x) = \sum_{x \in W_X} x \cdot f_X(x) \,.$$

Der Erwartungswert gibt an, welches Ergebnis man im Mittel erwarten kann. Im Falle eines unendlichen Wertebereichs W_X ist der Erwartungswert $E(X)$ nur definiert, wenn die Reihe in der Definition konvergiert. Aus der Definition des Erwartungswerts folgt direkt, dass für zwei Zufallsvariablen X_1 und X_2 und $a \in \mathbb{R}$ gilt: $E(aX_1 + X_2) = aE(X_1) + E(X_2)$, d. h., der Erwartungswert ist linear. Mit X ist auch $Y := f(X)$ eine Zufallsvariable ist, falls f auf dem Wertebereich W_X definiert ist und diesen nach $\mathbb{R}$ abbildet. Für $E(f(X))$ gilt

$$E(f(X)) = \sum_y y \cdot P(Y = y)$$
$$= \sum_y y \cdot \sum_{x:f(x)=y} P(X = x) = \sum_x f(x) \cdot P(X = x) \,.$$

Auch im Kontext von Zufallsvariablen spielen bedingte Wahrscheinlichkeiten eine große Rolle. Für ein Ereignis A mit positiver Wahrscheinlichkeit kann man die *bedingte Zufallsvariable* $X|A$ einführen. Sie hat die Dichte

$$f_{X|A} := P(X = x|A) = \frac{P(X = x \cap A)}{P(A)} \,.$$

Entsprechend werden dann *bedingte Erwartungswerte* $E(X|A)$ definiert.

Varianz. Der Erwartungswert charakterisiert eine Zufallsvariable bzw. ihre Verteilung nicht völlig. Wichtig ist auch die *Streuung* um den Erwartungswert. Für eine Zufallsvariable X mit Erwartungswert $\mu := E(X)$ definieren wir das *zweite Moment* als $E(X^2)$ und die *Varianz* oder das *zweite zentrale Moment* $V(X)$ als

$$V(X) := E\left((X - \mu)^2\right) ,$$

die *Standardabweichung* $\sigma(X)$ als

$$\sigma(X) := \sqrt{V(X)} \,.$$

Es gilt folgender Zusammenhang zwischen Varianz und zweitem Moment:

$$V(X) := E(X^2) - (E(X))^2 = E(X^2) - \mu^2 \,.$$

Ferner gilt für eine beliebige Zufallsvariable X und $a, b \in \mathbb{N}$ die wichtige Rechenregel

$$V(aX + b) = a^2 \cdot V(X) \,.$$

Allgemein definiert man das *k-te Moment* einer Zufallsvariablen X als $E(X^k)$ und das *k-te zentrale Moment* als $E\left((X - E(X))^k\right)$. Die Gesamtheit aller Momente charakterisieren eine Zufallsvariable vollständig. Praxisrelevant sind jedoch nur die ersten beiden Momente bzw. zentralen Momente.

Als „relative Varianz" bzw. „relative Standardabweichung" definiert man den *Variationskoeffizient* $\rho(X)$:

$$\rho(X) = \frac{\sigma(X)}{E(X)} \ .$$

Bernoulli-Verteilung. Eine binäre Zufallsvariable X (also $W_X = \{0, 1\}$) mit der Dichte

$$f_X(x) = \begin{cases} p & \text{für } x = 1, \\ 1 - p & \text{für } x = 0 \end{cases}$$

heißt *Bernoulli-verteilt* mit Parameter p. p wird auch *Erfolgswahrscheinlichkeit* genannt, für $1 - p$ wird oft die Bezeichnung q verwendet. Für den Erwartungswert einer Bernoulli-verteilten Zufallsvariablen gilt $E(X) = p$, für ihre Varianz gilt $V(X) = pq$.

Binomialverteilung. Gegeben seien n Bernoulli-verteilte, unabhängige Zufallsvariablen $X_1, \ldots, X_n$ mit Erfolgswahrscheinlichkeit p (gleich für alle X_i). Eine *binomialverteilte* Zufallsvariable mit Parametern n und p (in Zeichen: $X \sim B(n, p)$) erhält man dann über die Summe

$$X := X_1 + \ldots + X_n \ .$$

Die Binomialverteilung benötigt also bereits zwei Parameter zu ihrer Charakterisierung: n und p. Die Dichte der Binomialverteilung ist gegeben durch

$$f_X(k) = \binom{n}{k} \cdot p^k \cdot q^{n-k} \ .$$

Über die Additivität von Erwartungswert und Varianz erhalten wir schließlich $E(X) = np$ und $V(X) = npq$. Die Summe unabhängiger binomialverteilter Zufallsvariablen ist wieder binomialverteilt.

Geometrische Verteilung. Auch die *geometrische Verteilung* baut auf einem Bernoulli-Experiment auf. Wir nennen p wieder die Erfolgswahrscheinlichkeit und wiederholen das Bernoulli-Experiment so oft unabhängig, bis der Erfolgsfall eintritt. Die Zufallsvariable X, die die Anzahl der Versuche bis zum Erfolg zählt, ist dann geometrisch verteilt. Für die Dichte gilt $f_X(i) = p \cdot q^{i-1}$, der Erwartungswert ist $E(X) = \frac{1}{p}$, und die Varianz $V(X) = \frac{q}{p^2}$.

Poisson-Verteilung. Als letzte diskrete Verteilung betrachten wir die *Poisson-Verteilung*. Sie hat einen Parameter $\lambda > 0$, und ihr Wertebereich ist ganz $\mathbb{N}_0$. Die Dichte der Poisson-Verteilung ist definiert als

$$f_X(i) = \frac{e^{-\lambda}\lambda^i}{i!}\,, \qquad i \in \mathbb{N}_0\,.$$

Für den Erwartungswert gilt $E(X) = \lambda$, für die Varianz kann $V(X) = \lambda$ gezeigt werden. Man kann die Poisson-Verteilung übrigens als Grenzfall einer Binomialverteilung interpretieren. Eine weitere schöne Eigenschaft: Summen unabhängiger, Poisson-verteilter Zufallsvariablen sind wieder Poisson-verteilt, wobei sich die Parameter addieren.

Die Poisson-Verteilung wird in der Praxis zur Modellierung des Zählens bestimmter Ereignisse (ein Auto fährt vorbei, ein Druckauftrag kommt am Drucker an, ein Kavallerie-Pferd tritt ein Soldaten tödlich …) eingesetzt. Dies ist eine wichtige Anwendung im Zusammenhang mit der Simulation des Verkehrs in Rechensystemen mittels stochastischer Prozesse.

2.3.3 Kontinuierliche Wahrscheinlichkeitsräume

Kontinuierliche Zufallsvariable. Manchmal sind es *kontinuierliche* Phänomene, die untersucht werden sollen: die Abstände zwischen zwei ankommenden Druckaufträgen, die Intensität des ankommenden Lichts bei einem Lichtwellenleiter oder die Temperatur in einem gekühlten Großrechner. Außerdem treten diskrete Ereignisse oftmals in so großer Zahl auf, dass eine kontinuierliche Beschreibung (etwa über Grenzprozesse) sinnvoll wird.

Im kontinuierlichen Fall betrachtet man den Ergebnisraum Ω nicht mehr, sondern nimmt gleich den über eine Zufallsvariable definierten Wahrscheinlichkeitsraum, also $\Omega = \mathbb{R}$. Im Gegensatz zu diskreten Zufallsvariablen spricht man nun von *stetigen* oder *kontinuierlichen* Zufallsvariablen. Eine kontinuierliche Zufallsvariable X und der ihr zugrunde liegende Wahrscheinlichkeitsraum sind durch eine *Dichte(funktion)* $f_X : \mathbb{R} \to \mathbb{R}_0^+$ definiert, die integrierbar sein muss und

$$\int_{-\infty}^{\infty} f_X(x)\mathrm{d}x = 1$$

erfüllt.

Die Wahrscheinlichkeit für ein Elementarereignis anzugeben („der Regen trifft auf einen Punkt") ist wenig sinnvoll. Stattdessen lässt man als Ereignisse nur bestimmte Teilmengen A der reellen Achse zu (abzählbare Vereinigungen paarweise disjunkter Intervalle beliebiger Art). Diese Auswahl hat mathematische Gründe. Ein solches Ereignis A tritt ein, wenn X einen Wert $x \in A$ annimmt, und seine Wahrscheinlichkeit ist definiert durch

$$P(A) = \int_A f_X(x)\mathrm{d}x\,.$$

Der Prototyp eines Ereignisses ist das linksseitig offene und rechtsseitig abgeschlossene Intervall $]-\infty, x]$. Für die Wahrscheinlichkeit solcher Intervalle wurde ein eigener Begriff eingeführt, die *Verteilung(sfunktion)*:

$$P(X \in]-\infty, x]) = P(X \le x) = F_X(x) = \int_{-\infty}^{x} f_X(t)\mathrm{d}t\,.$$

Im Gegensatz zur Dichte, die nicht stetig sein muss, ist die Verteilung immer stetig und monoton wachsend. Ferner gilt

$$\lim_{x \to -\infty} F_X(x) = 0\,, \qquad\qquad \lim_{x \to \infty} F_X(x) = 1\,.$$

Funktionen kontinuierlicher Zufallsvariablen. Der Begriff des kontinuierlichen Wahrscheinlichkeitsraums wurde genau so definiert, dass die wesentlichen Eigenschaften und Rechenregeln aus dem Diskreten auch jetzt noch gelten. Das gilt auch für die Begriffe *Unabhängigkeit* und *bedingte Wahrscheinlichkeit*. Für eine gegebene Funktion $g : \mathbb{R} \to \mathbb{R}$ kann man zu einer Zufallsvariablen X mittels $Y := g(X)$ eine neue Zufallsvariable definieren. Deren Verteilung ist gegeben durch

$$F_Y(y) = P(Y \le y) = P(g(X) \le y) = \int_C f_X(t)\mathrm{d}t\,,$$

wobei C die Menge aller reeller Zahlen t bezeichnet, für die $g(t) \le y$ gilt. C muss natürlich ein Ereignis sein (im Sinne unserer Definition).

Momente kontinuierlicher Zufallsvariablen. Analog zu den bisherigen Betrachtungen besteht die Übertragung der Begriffe des Erwartungswerts und der Varianz auf den kontinuierlichen Fall im Wesentlichen aus dem Ersetzen von Summen durch Integrale. Der *Erwartungswert* einer kontinuierlichen Zufallsvariablen X ist definiert als

$$E(X) = \int_{-\infty}^{\infty} t \cdot f_X(t)\mathrm{d}t\,.$$

Dabei muss das Integral auf der rechten Seite absolut konvergieren. Analog überträgt man die Definition der *Varianz* zu

$$V(X) = E\left((X - E(X))^2\right) = \int_{-\infty}^{\infty} (t - E(X))^2 \cdot f_X(t)\mathrm{d}t\,.$$

Für den Erwartungswert einer zusammengesetzten Zufallsvariablen $g(X)$ gilt

$$E(g(X)) = \int_{-\infty}^{\infty} g(t) \cdot f_X(t)\mathrm{d}t\,.$$

Im Falle einer linearen Funktion g, also $g(X) := aX + b$, bedeutet dies insbesondere

$$E(aX + b) = \int_{-\infty}^{\infty} (at + b) \cdot f_X(t)\mathrm{d}t\,.$$

Gleichverteilung. Die *Gleichverteilung* ist die einfachste kontinuierliche Verteilung. Sie liegt dem Laplace-Prinzip zugrunde. Gegeben sei das Intervall $\Omega = [a, b]$ als Ergebnismenge. Für die Dichte einer auf Ω gleichverteilten Zufallsvariable X gilt

$$f_X(x) = \begin{cases} \frac{1}{b-a} & \text{für } x \in [a, b], \\ 0 & \text{sonst.} \end{cases}$$

Durch Bildung der Stammfunktion erhalten wir die Verteilung F_X:

$$F_X(x) = \int_{-\infty}^{x} f(t)\mathrm{d}t = \begin{cases} 0 & \text{für } x < a, \\ \frac{x-a}{b-a} & \text{für } a \leq x \leq b, \\ 1 & \text{für } x > b. \end{cases}$$

Für Erwartungswert, Varianz, Standardabweichung und Variationskoeffizient gelten die Formeln

$$E(X) = \frac{a + b}{2}, \quad V(X) = \frac{(b - a)^2}{12}, \quad \sigma(X) = \frac{b - a}{2\sqrt{3}}, \quad \rho(X) = \frac{b - a}{\sqrt{3}(a + b)}.$$

Normalverteilung. Die *Normalverteilung* ist die wohl wichtigste kontinuierliche Verteilung, insbesondere für die Statistik. Sie eignet sich oft gut zur Modellierung zufallsbehafteter Größen, die um einen bestimmten Wert schwanken. Eine Zufallsvariable X mit Wertebereich $W_X = \mathbb{R}$ heißt *normalverteilt* mit den Parametern $\mu \in \mathbb{R}$ und $\sigma \in \mathbb{R}^+$ (in Zeichen $X \sim \mathcal{N}(\mu, \sigma^2)$), wenn sie die Dichte

$$f_X(x) = \frac{1}{\sqrt{2\pi}\sigma} \cdot e^{-\frac{(x-\mu)^2}{2\sigma^2}}$$

besitzt. Die Verteilungsfunktion erhält man wieder über die Stammfunktion

$$F_X(x) = \frac{1}{\sqrt{2\pi}\sigma} \cdot \int_{-\infty}^{x} e^{-\frac{(t-\mu)^2}{2\sigma^2}} \mathrm{d}t.$$

Allerdings ist f_X nicht geschlossen integrierbar – F_X kann daher nur näherungsweise durch numerische Integration berechnet werden.

Von besonderer Bedeutung ist die *Standardnormalverteilung* $\mathcal{N}(0, 1)$ mit Parametern 0 und 1. Deren Verteilungsfunktion

$$\Phi(x) := \frac{1}{\sqrt{2\pi}} \cdot \int_{-\infty}^{x} e^{-\frac{t^2}{2}} \mathrm{d}t$$

heißt *Gauß-Funktion*, ihr Graph *Gauß'sche Glockenkurve*. Die Werte von Φ sind tabelliert. Eine schöne Eigenschaft der Normalverteilung ist, dass die lineare Transformation $Y :=$

$aX + b$ ($a \neq 0$) einer (μ, σ^2)-normalverteilten Zufallsvariablen wieder normalverteilt ist, und zwar

$$Y \sim \mathcal{N}(a\mu + b, a^2\sigma^2) \,.$$

Mit obiger Beziehung können wir $\mathcal{N}(\mu, \sigma^2)$ *normieren* und auf die Standardnormalverteilung $\mathcal{N}(0, 1)$ zurückführen:

$$X \sim \mathcal{N}(\mu, \sigma^2) \quad \Rightarrow \quad Y := \frac{X - \mu}{\sigma} \sim \mathcal{N}(0, 1) \,.$$

Es gilt $E(X) = \mu$ und $V(X) = \sigma^2$. Damit hat insbesondere die Standardnormalverteilung den Erwartungswert 0 und die Varianz 1. Die beiden Parameter der Normalverteilung sind also gerade deren zwei erste zentrale Momente.

Die Wichtigkeit der Normalverteilung rührt auch daher, dass viele Zufallsexperimente *asymptotisch* normalverteilt sind. Dies gilt z. B. für die Binomialverteilung bei wachsendem n.

Exponentialverteilung. Eine Zufallsvariable X heißt *exponentialverteilt* mit dem Parameter $\lambda > 0$, wenn sie die Dichte

$$f_X(x) = \begin{cases} \lambda \cdot e^{-\lambda x} & \text{falls } x \geq 0 \,, \\ 0 & \text{sonst} \end{cases}$$

besitzt. Integration von f_X liefert die Verteilungsfunktion

$$F_X(x) = \int_0^x \lambda \cdot e^{-\lambda t} dt = 1 - e^{-\lambda x}$$

für $x \geq 0$ und $F_X(x) = 0$ für $x < 0$. Durch partielle Integration erhält man Erwartungswert und Varianz:

$$E(X) = \frac{1}{\lambda} \,, \qquad V(X) = \frac{1}{\lambda^2} \,.$$

Mit ihrer exponentiell abklingenden Charakteristik ist die Exponentialverteilung in gewisser Hinsicht das kontinuierliche Pendant zur geometrischen Verteilung. Die Exponentialverteilung ist *die* wichtige Verteilung zur Beschreibung von Zwischenzeiten zwischen bestimmten eintretenden Ereignissen (Druckaufträge am Drucker ...) bzw. allgemein von Wartezeiten. Sie ist deshalb für das Gebiet der Warteschlangen und stochastischen Prozesse von herausragender Bedeutung. Für eine exponentialverteile Zufallsvariable X mit Parameter λ und $a > 0$ ist die Zufallsvariable $Y := aX$ ebenfalls exponentialverteilt, allerdings mit dem Parameter λ/a.

Die Exponentialverteilung ist *gedächtnislos*: Für alle positiven x und y gilt

$$P(X > x + y | X > x) = \frac{P(X > x + y)}{P(X > x)} = \frac{e^{-\lambda(x+y)}}{e^{-\lambda x}} = e^{-\lambda y} = P(X > y) \,.$$

Die Exponentialverteilung ist die einzige kontinuierliche gedächtnislose Verteilung. Die Exponentialverteilung kann als Grenzwert der geometrischen Verteilung interpretiert werden. Diskrete und kontinuierliche Zufallsvariablen bzw. Verteilungen können also über Grenzprozesse verbunden sein.

2.3.4 Asymptotik

Ungleichungen von Markov und Chebyshev. Die Annahme kompletten Wissens über eine Zufallsvariable ist oft unrealistisch. Insbesondere ihre Verteilung kann in vielen Fällen nicht geschlossen angegeben werden. Manchmal kann man jedoch wenigstens den Erwartungswert oder vielleicht auch die Varianz berechnen. In solchen Fällen ist man an näherungsweisen Angaben zu Wahrscheinlichkeiten bzw. Abschätzungen interessiert. Hier hilft die *Ungleichung von Markov*: Sei X eine Zufallsvariable mit $X \geq 0$ und Erwartungswert $E(X)$. Dann gilt für alle positiven reellen t

$$P(X \geq t) \leq \frac{E(X)}{t} \, .$$

Eine andere asymptotische Abschätzung liefert die *Ungleichung von Chebyshev*. Seien X eine Zufallsvariable und t eine positive reelle Zahl. Dann gilt

$$P(|X - E(X)| \geq t) \leq \frac{V(X)}{t^2} \, .$$

Das heißt: Je kleiner die Varianz ist, desto größer wird die Wahrscheinlichkeit, dass X Werte innerhalb eines bestimmten Intervalls um $E(X)$ annimmt – was sehr gut zu unserer intuitiven Vorstellung der Varianz als Maß für die Streuung passt.

Gesetz der großen Zahlen. Einen sehr wichtigen asymptotischen Zusammenhang formuliert und quantifiziert das berühmte *Gesetz der großen Zahlen*: Gegeben seien unabhängige und identisch verteilte Zufallsvariablen X_i, $i = 1, 2, \ldots$ (man spricht auch von einer *iid-Folge* – independent and identically distributed – von Zufallsvariablen) mit Erwartungswert μ und Varianz σ^2. Gegeben seien ferner positive Zahlen ε, δ sowie $n \in \mathbb{N}$ mit $n \geq \frac{\sigma^2}{\varepsilon \delta^2}$. Definiere das arithmetische Mittel Z_n aus $X_1, \ldots, X_n$:

$$Z_n := \frac{1}{n} \cdot \sum_{i=1}^{n} X_i \, .$$

Dann gilt

$$P(|Z_n - \mu| \geq \delta) \leq \varepsilon \, .$$

Für hinreichend großes n, d. h. für eine hinreichend große Zahl von Wiederholungen eines Zufallsexperiments, liegt der Mittelwert der Ergebniswerte mit beliebig kleiner Wahrscheinlichkeit ε außerhalb eines beliebig kleinen Intervalls (δ) um den Erwartungswert des einmaligen Experiments. Wenn wir also bereit sind, großen Aufwand zu treiben, dann können wir dem Erwartungswert beliebig nahe kommen.

Monte-Carlo-Verfahren. Bei verschiedenen numerischen Aufgabenstellungen haben sich die so genannten *Monte-Carlo-Verfahren* eingebürgert. Wie der Name schon erahnen lässt, kommt hier der Zufall ins Spiel. Die „Rechtfertigung" einer solchen Vorgehensweise liegt im Gesetz der großen Zahlen. Ein besonders beliebtes Anwendungsgebiet für Monte-Carlo-Verfahren ist die numerische Quadratur, vor allem bei hochdimensionalen Integralen, wie sie in der Finanzmathematik, der Physik oder eben in der Wahrscheinlichkeitstheorie (Erwartungswerte sind schließlich Integrale!) auftreten. Wir betrachten ein einfaches zweidimensionales Beispiel: Gegeben seien die charakteristischen Funktionen $\chi_A(x, y)$ und $\chi_B(x, y)$ zum Kreis $A := \{(x, y) : x^2 + y^2 \leq 1\}$ bzw. zum Rechteck $B := [-1, 1]^2$ (jeweils Wert 1 innerhalb und Wert 0 außerhalb des Gebiets). Gesucht ist das Integral von $\chi_A(x, y)$, de facto also die Kreiszahl π. Unser Zufallsexperiment: Wähle zufällig einen Punkt $(x_i, y_i) \in B$ (Gleichverteilung!). Unsere Zufallsvariablen Z_i: $Z_i = \chi_A(x_i, y_i)$. Das Gesetz der großen Zahlen sagt dann, dass $\frac{1}{n} \cdot \sum_{i=1}^{n} Z_i$ mit wachsendem n im Wahrscheinlichkeitssinne (aber nicht „sicher"!) gegen $\pi/4$ konvergiert.

Zentraler Grenzwertsatz. Dieser Satz stellt ebenfalls ein asymptotisches Resultat dar. Er sagt etwas darüber aus, warum die Normalverteilung so normal ist, und er erklärt die überragende Bedeutung der Normalverteilung in der Statistik. Gegeben sei eine iid-Folge von Zufallsvariablen X_i, $i = 1, 2, \ldots$, mit Erwartungswert μ und Varianz $\sigma^2 > 0$. Die Zufallsvariablen Y_n, $n = 1, 2, \ldots$ seien definiert als n-te Partialsummen der X_i, also

$$Y_n := \sum_{i=1}^{n} X_i \, .$$

Ferner seien zu den Y_n die normierten Zufallsvariablen Z_n definiert als

$$Z_n := \frac{Y_n - n\mu}{\sigma\sqrt{n}} \, .$$

Dann sind die Z_n *asymptotisch standardnormalverteilt*, d. h.

$$\lim_{n \to \infty} Z_n \sim \mathcal{N}(0, 1) \, .$$

Insbesondere gilt für die Folge der zu Z_n gehörenden Verteilungsfunktionen F_{Z_n}

$$\lim_{n \to \infty} F_{Z_n}(x) = \Phi(x) \qquad \forall x \in \mathbb{R} \, .$$

Man kann sogar noch einen Schritt weiter gehen und die Voraussetzung der identischen Verteilung aufgeben. Jetzt seien die X_i also unabhängig mit Erwartungswerten μ_i und Varianzen $\sigma_i^2 > 0$. Unter einer sehr schwachen Zusatzvoraussetzung gilt auch für die

$$U_n := \frac{Y_n - \sum_{i=1}^n \mu_i}{\sqrt{\sum_{i=1}^n \sigma_i^2}}$$

die asymptotische Standardnormalverteilung.

2.3.5 Induktive Statistik

Bei der Modellierung hat man es oft mit Systemen zu tun, die komplex sind und über die nur bruchstückhaftes Wissen vorliegt. Dennoch sollen Aussagen zum Systemverhalten (beispielsweise zur Ermittlung von Modellparametern für eine anschließende Simulation) getroffen werden – und die sollen auch noch möglichst zuverlässig und aussagekräftig sein. Es bleibt in der Regel nichts anderes übrig, als zu beobachten („eine Stichprobe zu entnehmen") und anschließend das gewonnene Datenmaterial statistisch auszuwerten. Dazu stehen drei zentrale Werkzeuge zur Verfügung:

- *Schätzer* oder *Schätzvariablen* sind Funktionen, die aufgrund der Beobachtungen Prognosen für Kennzahlen wie Erwartungswert oder Varianz gestatten.
- Ein Schätzer ist eine Punktgröße. Häufig ist man jedoch mehr an Bereichsgrößen interessiert, d. h. an Intervallen, in denen Erwartungswert oder Varianz mit hoher Wahrscheinlichkeit liegen. Solche Intervalle nennt man *Vertrauens-* oder *Konfidenzintervalle*.
- Schließlich muss man oft Entscheidungen treffen: Ist der Router defekt oder nicht? Ist die mittlere Zugriffszeit bei Platte 1 kürzer als bei Platte 2? Hierzu führt man *Tests* durch – man testet Hypothesen auf ihre Plausibilität aufgrund des verfügbaren Datenmaterials.

Im Folgenden nehmen wir also *Stichproben* als Grundlage für weitergehende Untersuchungen. Die einzelnen Messungen heißen *Stichprobenvariablen*, deren Anzahl wird *Stichprobenumfang* genannt.

Schätzer. Gegeben sei eine Zufallsvariable X mit Dichte f_X und einem zu schätzenden Parameter θ. Eine Schätzvariable oder ein *Schätzer* für θ ist einfach eine Zufallsvariable Y, die aus mehreren Stichprobenvariablen (meist iid) aufgebaut ist. Ein Schätzer Y heißt *erwartungstreu* oder *unverzerrt*, falls $E(Y) = \theta$ gilt. Diese Eigenschaft sollten alle sinnvollen Schätzer mitbringen. Ein Schätzer heißt *varianzmindernd*, falls $V(Y) < V(X)$ gilt. Die Varianz wird in diesem Zusammenhang auch *mittlere quadratische Abweichung* genannt. Bei zwei erwartungstreuen Schätzern heißt derjenige mit der kleineren Varianz *effizienter*.

Der am nächsten liegende Schätzer für $\theta = E(X)$ ist der *Mittelwert der Stichprobe* oder das *Stichprobenmittel* $\bar{X}$:

$$\bar{X} := \frac{1}{n} \cdot \sum_{i=1}^n X_i \,.$$

Das Stichprobenmittel $\bar{X}$ ist erwartungstreu, effizienter als X und konsistent im quadratischen Mittel (die Varianz geht mit $n \to \infty$ gegen null):

$$V(\bar{X}) = V\left(\frac{1}{n} \cdot \sum_{i=1}^{n} X_i\right) = \frac{1}{n^2} \cdot \sum_{i=1}^{n} V(X_i) = \frac{1}{n} \cdot V(X) \,.$$

Die Ungleichung von Chebyshev liefert

$$P(|\bar{X} - \theta| \geq \varepsilon) \leq \frac{V(X)}{n\varepsilon^2} \to 0 \quad \text{für } n \to \infty \,.$$

Auch dies zeigt: Bei hinreichend großem Stichprobenumfang liegt das Stichprobenmittel mit beliebig hoher Wahrscheinlichkeit beliebig nahe am zu schätzenden Wert θ.

Als Standardschätzer für die Varianz (also jetzt $\theta = V(X)$) definieren wir die *Stichprobenvarianz S^2*:

$$S^2 := \frac{1}{n-1} \cdot \sum_{i=1}^{n} (X_i - \bar{X})^2 \,.$$

Wir halten zwei Abweichungen von der Definition der Varianz fest: In der Summe ist der Erwartungswert $E(X)$ durch das Stichprobenmittel $\bar{X}$ ersetzt, und der Vorfaktor vor der Summe lautet statt $\frac{1}{n}$ jetzt $\frac{1}{n-1}$. Die Stichprobenvarianz ist erwartungstreu.

Konfidenzintervalle. Schätzer sind oftmals unbefriedigend, da sie keinerlei Aussagen darüber treffen, wie nahe der Schätzwert dem zu schätzenden Parameter θ kommt. Deshalb betrachtet man oft *zwei* Schätzvariablen U_1 und U_2, die θ mit hoher Wahrscheinlichkeit einschließen:

$$P(U_1 \leq \theta \leq U_2) \geq 1 - \alpha$$

für ein (kleines) $\alpha \in \,]0, 1[$. Die Wahrscheinlichkeit $1 - \alpha$ heißt *Konfidenzniveau*, das Intervall $[U_1, U_2]$ bzw., für eine konkrete Stichprobe, $[u_1, u_2]$ heißt *Konfidenz-* oder *Vertrauensintervall*. Mit α kann man der eigenen Risikobereitschaft Rechnung tragen: Ein kleines α bedeutet ein nur kleines Risiko, dass θ doch außerhalb des Konfidenzintervalls liegt. Folglich wird dieses ziemlich groß sein müssen (und damit u. U. wenig aussagekräftig sein). Ein großes α bedeutet eine nur mäßige Wahrscheinlichkeit, dass unser Konfidenzintervall θ tatsächlich enthält. In einem solchen Fall wird man das Konfidenzintervall kleiner wählen können. Das Konfidenzniveau kann der Auswertende festlegen – es drückt dessen Sicherheitsbedürfnis aus. Da man möglichst kleine Konfidenzintervalle anstrebt, setzt man bei deren Konstruktion meistens „... $= 1 - \alpha$" statt „... $\geq 1 - \alpha$" an.

Oftmals setzt man nur eine Schätzvariable U ein und konstruiert ein symmetrisches Konfidenzintervall $[U - \delta, U + \delta]$. Sei X eine stetige Zufallsvariable mit Verteilungsfunktion F_X. Jede Zahl x_γ mit

$$F_X(x_\gamma) = P(X \leq x_\gamma) = \gamma$$

heißt *γ-Quantil* von X bzw. von F_X. Wir sagen „jede Zahl", da Quantile nicht notwendig eindeutig sind (man betrachte z. B. eine Verteilung, die auf einem Abschnitt konstant ist).

Im Falle der Normalverteilung bezeichnet man die γ-Quantile mit z_γ. Für wichtige Verteilungen wie die Standardnormalverteilung sind die Quantile tabelliert.

Tests. Das Durchführen von Tests ist die Königsdisziplin der Statistik. Mit einem Test möchte man allgemein gewisse Vermutungen, die mit der Verteilung (oder deren Parametern) zusammenhängen, überprüfen.

Wir betrachten zunächst Prinzipien und Bestandteile von Tests. Wir gehen von einer Bernoulli-verteilten Zufallsvariablen X aus mit $P(X = 1) = p$. Als erstes formulieren wir die zu überprüfende Hypothese, die so genannte *Nullhypothese* H_0, sowie manchmal zusätzlich eine *Alternative* H_1. Nun führt man eine Stichprobe durch, auf Grundlage derer die Nullhypothese anzunehmen oder abzulehnen ist. Meist geschieht dies mittels einer von den Stichprobenvariablen abgeleiteten *Testgröße*, für die ein zumeist einfacher *Ablehnungsbereich* (i. A. ein oder mehrere Intervalle) ermittelt wird. Auch bei Tests gilt, dass nichts sicher ist – alle Aussagen können nur mit einer gewissen Wahrscheinlichkeit getroffen werden. Somit besteht immer ein Fehlerrisiko. Man unterscheidet zwei grundsätzliche Fehlerarten: Ein *Fehler erster Art* wird begangen, wenn die Nullhypothese aufgrund des Tests abgelehnt wird, obwohl sie eigentlich zutrifft. Die Wahrscheinlichkeit hierfür heißt *Risiko erster Art*; ein *Fehler zweiter Art* wird begangen, wenn die Nullhypothese nicht verworfen wird, obwohl sie eigentlich nicht gilt. Die Wahrscheinlichkeit hierfür heißt *Risiko zweiter Art*. Ziel beim Testentwurf ist natürlich, beide Fehlerarten möglichst klein zu halten. Allerdings können wir nicht beide zugleich minimieren: Wählt man einen leeren Ablehnungsbereich, verwirft man also die Nullhypothese nie, dann kann man zwar nie einen Fehler erster Art begehen. Falls die Nullhypothese falsch ist, tritt dafür aber der Fehler zweiter Art sicher ein. Entsprechendes gilt für den Fall einer chronischen Ablehnung der Nullhypothese. Es muss also ein vernünftiger Ausgleich zwischen beiden Fehlern gefunden werden. Das maximal erlaubte *Risiko erster Art* wird mit α bezeichnet und *Signifikanzniveau* des Tests genannt. Üblicherweise gibt man α vor (z. B. 0,05 oder 0,01) und formuliert dann die Entscheidungsregel so, dass das Risiko erster Art genau den Wert α annimmt, da dann i. A. das Risiko zweiter Art minimal ist.

Als Hypothesen definieren wir nun $H_0 : \ p \geq p_0$ sowie $H_1 : \ p < p_0$, als Testgröße wird die binomialverteilte Summe T_n verwendet:

$$T_n := \sum_{i=1}^{n} X_i \, .$$

In diesem Fall wird als Ablehnungsbereich sinnvollerweise ein Intervall der Art $[0, k]$ mit geeignetem k gewählt (je größer p, desto größere Werte von T_n können wir erwarten) – wir konstruieren also einen *einseitigen Test*. Man kann mithilfe des Zentralen Grenzwertsatzes zeigen, dass die normierte Zufallsvariable

$$Z_n := \frac{T_n - np}{\sqrt{np(1-p)}}$$

asymptotisch standardnormalverteilt ist. Mit der Bezeichnung $P(T_n \leq k; p)$ für die entsprechende Wahrscheinlichkeit von $T_n \leq k$, wenn für die Erfolgswahrscheinlichkeit der Wert p angenommen wird, erhalten wir für das Risiko erster Art

$$\alpha = \max_{p \geq p_0} P(T_n \leq k; p) = P(T_n \leq k; p_0) = P\left(Z_n \leq \frac{k - np}{\sqrt{np(1-p)}}\right)$$

$$= P\left(Z_n \leq \frac{k - np_0}{\sqrt{np_0(1-p_0)}}\right) \approx \Phi\left(\frac{k - np_0}{\sqrt{np_0(1-p_0)}}\right).$$

Somit folgt mit der Definition des Quantils

$$\alpha \approx \Phi\left(\frac{k - np_0}{\sqrt{np_0(1-p_0)}}\right) \quad \Rightarrow \quad z_\alpha \approx \frac{k - np_0}{\sqrt{np_0(1-p_0)}}$$

und damit $k \approx z_\alpha \cdot \sqrt{np_0(1-p_0)} + np_0$.

Obige Ab-initio-Konstruktion eines Tests ist allerdings eher der Ausnahmefall. In der Regel wird man aus den zahlreichen vorhandenen Tests den für die jeweilige Aufgabenstellung geeigneten auswählen und diesen dann nach Schema F durchführen. Man unterscheidet beispielsweise *Ein-Stichproben-Tests* (es wird nur eine Zufallsgröße untersucht) und *Zwei-Stichproben-Tests* (zwei Zufallsgrößen mit möglicherweise verschiedenen Verteilungen sollen verglichen werden), *Parametertests*, *Verteilungstests* oder *Unabhängigkeitstests*. Als besonders wichtige Beispiele seien an dieser Stelle explizit genannt *approximative Binomialtests*, der *Gauß-Test*, der *t-Test*, der *χ^2-Anpassungstest* sowie der *Kolmogorov-Smirnov-Test*.

Nach diesem Exkurs zu Stochastik und Statistik wenden wir uns nun der Numerik zu, die für zahlreiche Modellklassen das geeignete Simulationsinstrumentarium liefert.

2.4 Numerisches

Die *Numerik*, wie die Stochastik ein Teilgebiet der Angewandten Mathematik, befasst sich mit Entwurf und Analyse von Berechnungsverfahren für kontinuierliche Modelle, vor allem aus dem Bereich der Linearen Algebra (lineare Gleichungssysteme lösen, Eigenwerte berechnen etc.) und Analysis (Nullstellen oder Extrema bestimmen etc.). Dies ist in aller Regel mit *Approximationen* verbunden (Differentialgleichungen lösen, Integrale berechnen) und daher wohl eher untypisch für die traditionelle Mathematik. Die Analyse numerischer Algorithmen dreht sich dabei um die Aspekte Approximationsgenauigkeit, Konvergenzgeschwindigkeit, Speicherbedarf und Rechenzeit. Vor allem die beiden letztgenannten Themen stehen im Zentrum der *Numerischen Programmierung*, die als Teilgebiet der Informatik gerade auch Implementierungsaspekte im Blick hat. Und alles geschieht mit dem Ziel, numerische Simulationen durchzuführen, insbesondere auf Hoch- und Höchstleistungsrechnern.

Wer beim Durchlesen der folgenden Abschnitte zur Numerik bei sich Lücken entdeckt und diese vor dem Eintauchen in die einzelnen Themen der Modellierung und Simulation schließen möchte, sei beispielsweise auf die „Numerischen Methoden" von Thomas Huckle und Stefan Schneider [35] oder auf „Numerical Methods in Scientific Computing" von Germund Dahlquist und Åke Björck [15] verwiesen.

2.4.1 Grundlagen

Diskretisierung. In der Numerik haben wir es mit *kontinuierlichen* Aufgabenstellungen zu tun, Computer können aber zunächst nur mit *diskreten* Dingen umgehen. Dies betrifft Zahlen, Funktionen, Gebiete sowie Operationen wie die Differentiation. Das Zauberwort für den erforderlichen Übergang „kontinuierlich → diskret" heißt *Diskretisierung*. Die Diskretisierung steht immer am Anfang allen numerischen Tuns. Man diskretisiert die reellen Zahlen durch die Einführung von der *Gleitpunktzahlen*, Gebiete (beispielsweise Zeitintervalle bei numerischen Lösung gewöhnlicher Differentialgleichungen oder räumliche Gebiete bei der numerischen Lösung partieller Differentialgleichungen) durch Einführung eines *Gitters* aus diskreten *Gitterpunkten* und Operatoren wie die Ableitung $\frac{\partial}{\partial x}$ durch Bildung von Differenzenquotienten aus Funktionswerten in benachbarten Gitterpunkten.

Gleitpunktzahlen. Die Menge $\mathbb{R}$ der reellen Zahlen ist *unbeschränkt* und *kontinuierlich*. Die Menge $\mathbb{Z}$ der ganzen Zahlen ist diskret mit konstantem Abstand 1 zwischen zwei benachbarten Zahlen, aber ebenfalls unbeschränkt. Die Menge der auf einem Computer *exakt darstellbaren Zahlen* ist dagegen zwangsläufig endlich und somit diskret und beschränkt. Die wohl einfachste Realisierung einer solchen Zahlenmenge und des Rechnens mit ihr ist die *ganzzahlige Arithmetik*. Sie und die *Fixpunktarithmetik* arbeiten mit festen Zahlbereichen und fester Auflösung. Eine *Gleitpunktarithmetik* dagegen erlaubt eine variierende Lage des Dezimalpunkts und somit variable Größe, variable Lage des darstellbaren Zahlbereichs sowie variable Auflösung.

Wir definieren die *normalisierten t-stelligen Gleitpunktzahlen zur Basis B* ($B \in \mathbb{N} \setminus \{1\}$, $t \in \mathbb{N}$):

$$\mathbb{F}_{B,t} := \left\{ M \cdot B^E : M = 0 \quad \text{oder} \quad B^{t-1} \leq |M| < B^t, \quad M, E \in \mathbb{Z} \right\}.$$

M heißt dabei *Mantisse*, E *Exponent*. Die Normalisierung (keine führende Null) garantiert die Eindeutigkeit der Darstellung. Die Einführung eines zulässigen Bereichs für den Exponenten führt zu den *Maschinenzahlen*:

$$\mathbb{F}_{B,t,\alpha,\beta} := \left\{ f \in \mathbb{F}_{B,t} : \alpha \leq E \leq \beta \right\}.$$

Das Quadrupel (B, t, α, β) charakterisiert das System von Maschinenzahlen vollständig. Von einer konkreten Zahl sind somit M und E zu speichern. Oft werden die Begriffe

Gleitpunkt- und Maschinenzahlen synonym verwandt; im Kontext sind B und t in der Regel klar, weshalb wir im Folgenden nur $\mathbb{F}$ schreiben werden.

Der *absolute Abstand* zweier benachbarter Gleitpunktzahlen ist nicht konstant, sondern abhängig von der jeweiligen Größe der Zahlen. Der maximal mögliche *relative Abstand* zweier benachbarter Gleitpunktzahlen wird *Auflösung* ρ genannt. Es gilt:

$$\frac{(|M|+1) \cdot B^E - |M| \cdot B^E}{|M| \cdot B^E} = \frac{1 \cdot B^E}{|M| \cdot B^E} = \frac{1}{|M|} \leq B^{1-t} =: \rho \, .$$

Der darstellbare Bereich ist ferner charakterisiert durch die *kleinste positive Maschinenzahl* $\sigma := B^{t-1} \cdot B^\alpha$ sowie die *größte Maschinenzahl* $\lambda := (B^t - 1) \cdot B^\beta$.

Berühmtes und wichtigstes Beispiel ist das Zahlformat des IEEE (Institute of Electrical and Electronics Engineers), das in der US-Norm ANSI/IEEE-Std-754-1985 festgelegt ist und auf ein Patent Konrand Zuses aus dem Jahr 1936 zurückgeht. Dieses sieht die Genauigkeitsstufen *single precision*, *double precision* und *extended precision* vor. Einfache Genauigkeit entspricht dabei ca. 6 bis 7 Dezimalstellen, bei doppelter Genauigkeit sind etwa 14 Stellen gesichert.

Rundung. Da auch Gleitpunktzahlen diskret sind, können uns gewisse reelle Zahlen durch die Lappen gehen. Diesen muss dann in sinnvoller Weise je eine passende Gleitpunktzahl zugeordnet werden – man *rundet*. Wichtige Rundungsarten sind das *Abrunden*, das *Aufrunden*, das *Abhacken* sowie das *korrekte Runden*, das immer zur nächsten Gleitpunktzahl rundet.

Beim Runden macht man zwangsläufig Fehler. Wir unterscheiden den *absoluten Rundungsfehler* $\mathrm{rd}(x) - x$ und den *relativen Rundungsfehler* $\frac{\mathrm{rd}(x)-x}{x}$, falls $x \neq 0$. Da die gesamte Konstruktion der Gleitpunktzahlen auf eine hohe relative Genauigkeit hin angelegt ist, wird für alle Analysen der relative Rundungsfehler die zentrale Rolle spielen. Ihn gilt es abzuschätzen, wenn man den möglichen Einfluss von Rundungsfehlern in einem numerischen Algorithmus beurteilen will. Der relative Rundungsfehler ist direkt an die Auflösung gekoppelt.

Gleitpunktarithmetik. Beim einfachen Runden von Zahlen kennt man den exakten Wert. Dies ändert sich bereits bei einfachsten Berechnungen, da schon ab der ersten arithmetischen Operation nur noch mit Näherungen gearbeitet wird. Die exakte Ausführung der arithmetischen Grundoperationen $\ast \in \{+, -, \cdot, /\}$ im System $\mathbb{F}$ der Gleitpunktzahlen ist schließlich im Allgemeinen nicht möglich – selbst bei Argumenten aus $\mathbb{F}$: Wie soll die Summe von 1234 und 0,1234 mit vier Stellen exakt angegeben werden? Wir brauchen also eine „saubere" Gleitpunktarithmetik, die ein Aufschaukeln der akkumulierten Fehler verhindert. Idealfall (und vom IEEE-Standard für die Grundrechenarten und die Quadratwurzel verlangt) ist die *ideale Arithmetik*, bei der das berechnete Ergebnis dem gerundeten exakten Ergebnis entspricht.

Rundungsfehleranalyse. Ein numerischer Algorithmus ist eine endliche Folge arithmetischer Grundoperationen mit eindeutig festliegendem Ablauf. Die Gleitpunktarithmetik stellt eine wesentliche Fehlerquelle in numerischen Algorithmen dar. Deshalb sind die diesbezüglich wichtigsten Ziele für einen numerischen Algorithmus ein *geringer Diskretisierungsfehler*, *Effizienz* (möglichst kurze Laufzeiten) sowie *geringer Einfluss von Rundungsfehlern*. Das letztgenannte Ziel erfordert eine *a-priori Rundungsfehleranalyse*: Welche Schranken können für den gesamten Fehler angegeben werden, wenn eine bestimmte Qualität bei den elementaren Operationen unterstellt wird?

Kondition. Die *Kondition* ist ein ganz zentraler, aber dennoch meistens nur qualitativ definierter Begriff der Numerik: Wie groß ist die Empfindlichkeit der Resultate eines Problems gegenüber Änderungen der Eingabedaten? Bei hoher Sensitivität spricht man von *schlechter Kondition* bzw. einem *schlecht konditioniertem Problem*, bei schwacher Sensitivität dementsprechend von *guter Kondition* und *gut konditionierten Problemen*. Ganz wichtig: Die Kondition ist eine Eigenschaft des betrachteten *Problems*, nicht des zu verwendenden Algorithmus'.

Störungen δx in den Eingabedaten müssen deshalb studiert werden, weil die Eingabe oft nur ungenau vorliegt (durch Messungen erzielt oder aus vorigen Berechnungen erhalten) und somit solche Störungen selbst bei exakter Rechnung alltäglich sind. Schlecht konditionierte Probleme sind numerisch nur schwer, im Extremfall unter Umständen sogar gar nicht zu behandeln.

Von den arithmetischen Grundrechenarten ist nur die Subtraktion möglicherweise schlecht konditioniert. Dies ist verbunden mit der so genannten *Auslöschung*. Hierunter versteht man den bei der Subtraktion zweier Zahlen gleichen Vorzeichens auftretenden Effekt, dass sich führende identische Ziffern aufheben (auslöschen), d. h. führende Nicht-Nullen verschwinden können. Die Zahl relevanter Ziffern kann dabei drastisch abnehmen. Auslöschung droht vor allem dann, wenn beide Zahlen betragsmäßig ähnlich groß sind.

Meist wird die Kondition eines Problems $p(x)$ zur Eingabe x nicht wie zuvor über die simple Differenz (also den relativen Fehler) definiert, sondern über die Ableitung des Resultats nach der Eingabe:

$$\mathrm{cond}(p(x)) := \frac{\partial p(x)}{\partial x} .$$

Bei Zerlegung des Problems p in zwei oder mehr Teilprobleme ergibt sich dann mit der Kettenregel

$$\mathrm{cond}(p(x)) = \mathrm{cond}(r(q(x))) = \frac{\partial r(z)}{\partial z}\Big|_{z=q(x)} \cdot \frac{\partial q(x)}{\partial x} .$$

Natürlich ist die Gesamtkondition von $p(x)$ von der Zerlegung unabhängig, aber die Teilkonditionen sind zerlegungsbedingt. Das kann zu Problemen führen: p sei gut konditioniert mit exzellent konditioniertem erstem Teil q und miserabel konditioniertem zweitem Teil r. Wenn jetzt im ersten Teil Fehler auftreten, können diese im zweiten Teil zur Katastrophe führen.

Paradebeispiel zur Kondition ist die Berechnung des Schnittpunkts zweier nicht-paralleler Geraden. Verlaufen die beiden Geraden nahezu orthogonal, dann ist das Problem der Schnittpunktbestimmung gut konditioniert. Verlaufen sie dagegen nahezu parallel, dann liegt schlechte Kondition vor.

Stabilität. Mit dem Begriff der Kondition können wir nun Probleme charakterisieren. Jetzt wenden wir uns der Charakterisierung numerischer Algorithmen zu. Wie wir schon gesehen haben, können Eingabedaten gestört sein. Mathematisch formuliert, heißt das, dass sie nur bis auf eine bestimmte Toleranz festliegen, also z. B. in einer Umgebung

$$U_\varepsilon(x) := \{\tilde{x} : |\, \tilde{x} - x\, | < \varepsilon\}$$

der exakten Eingabe x liegen. Jedes solche $\tilde{x}$ muss daher sinnvollerweise als faktisch gleichwertig zu x angesehen werden. Damit liegt die folgende Definition nahe: Eine Näherung $\tilde{y}$ für $y = p(x)$ heißt *akzeptabel*, wenn $\tilde{y}$ exakte Lösung zu einem der obigen $\tilde{x}$ ist, also

$$\tilde{y} = p(\tilde{x})\,.$$

Der auftretende Fehler $\tilde{y} - y$ hat dabei verschiedene Quellen: Rundungsfehler sowie Verfahrens- oder Diskretisierungsfehler (Reihen und Integrale werden durch Summen approximiert, Ableitungen durch Differenzenquotienten, Iterationen werden nach einigen Iterationsschritten abgebrochen).

Stabilität ist ein weiterer zentraler Begriff der Numerik. Ein numerischer Algorithmus heißt dabei *(numerisch) stabil*, wenn er für alle erlaubten und in der Größenordnung der Rechengenauigkeit gestörten Eingabedaten unter dem Einfluss von Rundungs- und Verfahrensfehlern akzeptable Resultate produziert. Ein stabiler Algorithmus kann dabei durchaus große Fehler liefern – etwa, wenn das zu lösende Problem schlecht konditioniert ist. Die gängigen Implementierungen der arithmetischen Grundoperationen sind numerisch stabil. Hintereinanderausführungen stabiler Verfahren sind allerdings nicht notwendigerweise stabil – sonst wäre ja alles numerisch stabil.

Stabilität ist ein ganz zentrales Thema bei Verfahren zur numerischen Lösung gewöhnlicher und partieller Differentialgleichungen.

2.4.2 Interpolation und Quadratur

Interpolation und *Integration* bzw. *Quadratur* sind zentrale Aufgaben der Numerik. Da sie in den nachfolgenden Kapiteln zur Modellierung und Simulation jedoch allenfalls indirekt benötigt werden, fassen wir uns hier kürzer.

Polynominterpolation. Aus Gründen der Einfachheit beschränken wir uns auf den eindimensionalen Fall. Bei der Interpolation oder Zwischenwertberechnung ist eine (ganz oder partiell unbekannte oder einfach nur zu komplizierte) Funktion $f(x)$ durch ein einfach zu konstruierendes und zu bearbeitendes (auswerten, differenzieren, integrieren) $p(x)$ zu ersetzen, wobei p an vorgegebenen *Stützstellen* x_i, $i = 0, \ldots n$, im Abstand der *Maschenweiten* $h_i := x_{i+1} - x_i$ vorgegebene *Stützwerte* $y_i = f(x_i)$ annehmen soll. Die Paare (x_i, y_i) werden *Stützpunkte* genannt, p heißt der *Interpolant* zu f. Besonders beliebt als Interpolanten sind wegen ihrer einfachen Struktur *Polynome* $p \in \mathbb{P}_n$, dem Vektorraum aller Polynome mit reellen Koeffizienten vom Grad kleiner oder gleich n in einer Variablen x. Es gibt allerdings keinesfalls nur die Polynom-Interpolation: Man kann stückweise Polynome aneinanderkleben und erhält so genannte *Polynom-Splines*, die etliche wesentliche Vorteile aufweisen, und man kann auch mit rationalen Funktionen, mit trigonometrischen Funktionen oder mit Exponentialfunktionen interpolieren.

Verwendet man zwischen den Stützstellen den Interpolanten p anstelle der Funktion f, so begeht man dort einen *Interpolationsfehler*. Die Differenz $f(x) - p(x)$ heißt *Fehlerterm* oder *Restglied*, und es gilt

$$f(x) - p(x) = \frac{D^{n+1}f(\xi)}{(n+1)!} \cdot \prod_{i=0}^{n}(x - x_i)$$

für eine Zwischenstelle ξ,

$$\xi \in \left[\min(x_0, \ldots, x_n, x), \max(x_0, \ldots, x_n, x)\right].$$

Im Falle hinreichend glatter Funktionen f gestattet uns diese Beziehung die Abschätzung des Interpolationsfehlers.

Zur Konstruktion und Darstellung von Polynominterpolanten gibt es verschiedene Möglichkeiten: den klassischen Ansatz der *Punkt-* oder *Inzidenzprobe*, den Ansatz über *Lagrange-Polynome*,

$$L_k(x) := \prod_{i: i \neq k} \frac{x - x_i}{x_k - x_i}, \qquad p(x) := \sum_{k=0}^{n} y_k \cdot L_k(x),$$

das rekursive *Schema von Aitken und Neville* sowie die ebenfalls rekursive *Newtonsche Interpolationsformel*.

Für äquidistante Stützstellen mit Maschenweite $h := x_{i+1} - x_i$ kann man den Interpolationsfehler leicht abschätzen:

$$|f(\bar{x}) - p(\bar{x})| \leq \frac{\max_{[a,b]} |D^{n+1}f(x)|}{n + 1} \cdot h^{n+1} = \mathcal{O}(h^{n+1}).$$

Man beachte, dass die klassische Polynominterpolation mit äquidistanten Stützstellen für größere n („größer" beginnt hier noch unter 10) sehr schlecht konditioniert ist – beispielsweise werden kleine Fehler in den zentralen Stützwerten durch die Polynominterpolation am Rand des betrachteten Intervalls drastisch verstärkt. Aus diesem Grund muss man sich um diesbezüglich bessere Verfahren kümmern.

Polynom-Splines. Um die beiden Hauptnachteile der Polynom-Interpolation zu umgehen (Anzahl der Stützpunkte und Polynomgrad sind starr aneinander gekettet; unbrauchbar für größere n), „klebt" man Polynomstücke niedrigen Grades aneinander, um so einen globalen Interpolanten auch für eine große Zahl von Stützpunkten zu konstruieren. Dies führt zu *Polynom-Splines* oder kurz *Splines*. Sei wieder $a = x_0 < x_1 < \ldots < x_n = b$ und $m \in \mathbb{N}$. Die x_i werden *Knoten* genannt. Wir betrachten nur den Spezialfall *einfacher Knoten*, d. h. $x_i \ne x_j$ für $i \ne j$. Eine Funktion $s : [a, b] \to \mathbb{R}$ heißt *Spline der Ordnung m* bzw. *vom Grad $m - 1$*, falls $s(x) = p_i(x)$ auf $[x_i, x_{i+1}]$ mit $p_i \in \mathbb{P}_{m-1}$, $i = 0, 1, \ldots, n - 1$ und s auf $[a, b]$ $m - 2$-mal stetig differenzierbar ist. Zwischen je zwei benachbarten Knoten ist s also ein Polynom vom Grad $m - 1$, und global (also insbesondere auch in den Knoten selbst!) ist s $m - 2$-mal stetig differenzierbar.

Für $m = 1$ ist s eine Treppenfunktion (stückweise konstant), für $m = 2$ stückweise linear usw. Weit verbreitet sind *kubische Splines* ($m = 4$). Splines überwinden nicht nur die Nachteile der Polynominterpolation, sie können auch effizient konstruiert werden (linearer Aufwand in n).

Trigonometrische Interpolation. Bei der *trigonometrischen Interpolation* betrachtet man komplexwertige Funktionen, die auf dem Einheitskreis in der komplexen Zahlenebene definiert sind – man spricht auch von der *Darstellung im Frequenzbereich*. Gegeben seien also n Stützstellen auf dem Einheitskreis der komplexen Zahlebene,

$$z_j := e^{\frac{2\pi i}{n} j}, \qquad j = 0, 1, \ldots, n - 1 ,$$

sowie n Stützwerte v_j. Gesucht ist der Interpolant

$$p(z) , \quad z = e^{2\pi i t} , t \in [0, 1] ,$$

mit

$$p(z_j) = v_j , \quad j = 0, 1, \ldots, n - 1 , \qquad p(z) = \sum_{k=0}^{n-1} c_k z^k = \sum_{k=0}^{n-1} c_k e^{2\pi i k t} .$$

$p(z)$ wird also als Linearkombination von Exponentialfunktionen oder – nach Auftrennung in Realteil und Imaginärteil – von Sinus- und Cosinusfunktionen angesetzt. Dieses p finden heißt de facto die Koeffizienten c_k berechnen, und die sind natürlich nichts anderes als die Koeffizienten der *(diskreten) Fouriertransformierten (DFT)*. Ein berühmter effizienter Algorithmus für diese Aufgabe ist die *Schnelle Fourier-Transformation* oder *Fast Fourier Transform (FFT)*.

Mit dem zuvor eingeführten p und der Abkürzung $\omega := e^{2\pi i / n}$ stellt sich also folgende Aufgabe: Finde n komplexe Zahlen $c_0, \ldots, c_{n-1}$, die

$$v_j = p(\omega^j) = \sum_{k=0}^{n-1} c_k \omega^{jk} \qquad \text{für} \qquad j = 0, 1, \ldots, n - 1$$

erfüllen. Mit etwas Analysis ($\bar{\omega}$ konjugiert komplex zu ω) kann man zeigen, dass

$$c_k = \frac{1}{n} \sum_{j=0}^{n-1} v_j \bar{\omega}^{jk} \qquad \text{für} \qquad k = 0, 1, \ldots, n-1 \,.$$

Wir bezeichnen mit c und v die n-dimensionalen Vektoren der diskreten Fourier-Koeffizienten bzw. der DFT-Eingabe. Ferner sei die Matrix M gegeben als $M = (\omega^{jk})_{0 \le j, k \le n-1}$. Somit gilt in Matrix-Vektor-Schreibweise

$$v = M \cdot c, \quad c = \frac{1}{n} \cdot \overline{M} \cdot v \,.$$

Die Formel für die Berechnung der Koeffizienten c_k gibt gerade die *diskrete Fourier-Transformation (DFT)* der Ausgangsdaten v_k an. Die Formel für die Berechnung der Werte v_j aus den Fourier-Koeffizienten c_k wird *inverse diskrete Fourier-Transformation (IDFT)* genannt. Offenkundig ist die Zahl der erforderlichen arithmetischen Operationen für DFT und IDFT von der Ordnung $\mathcal{O}(n^2)$.

Der FFT-Algorithmus kommt dagegen für geeignete n mit $\mathcal{O}(n \log n)$ Operationen aus. Die Kernidee ist ein rekursives Umordnen der Koeffizienten in gerade und ungerade Indizes mit anschließendem Ausnutzen des Wiederauftretens bestimmter Teilsummen (*Sortierphase* und *Kombinationsphase* mittels der so genannten *Butterfly-Operation*).

Enge Verwandte, die *Diskrete Cosinus-Transformation* und die *Schnelle Cosinus-Transformation*, werden beispielsweise im JPEG-Verfahren zur Bildkompression eingesetzt.

Numerische Quadratur. Unter *numerischer Quadratur* versteht man die numerische Berechnung eines bestimmten Integrals der Art

$$I(f) := \int_\Omega f(\boldsymbol{x}) \mathrm{d}\boldsymbol{x}$$

zu einer gegebenen Funktion $f : \mathbb{R}^d \supseteq \Omega \to \mathbb{R}$, dem *Integranden*, und einem gegebenen *Integrationsgebiet* Ω. Wir befassen uns hier ausschließlich mit der *univariaten* Quadratur, d. h. mit dem Fall $d = 1$ eines Intervalls $\Omega = [a, b]$. Die größeren Herausforderungen liegen natürlich im höherdimensionalen Fall der *multivariaten* Quadratur, der beispielsweise in der Statistik, Physik oder in der Finanzmathematik auftritt und ausgefeilte numerische Verfahren erfordert. Die numerische Quadratur sollte immer erst dann eingesetzt werden, wenn alle anderen Lösungs- oder Vereinfachungstechniken wie geschlossene Formeln oder Unterteilung des Integrationsgebiets versagen. Die meisten Verfahren zur numerischen Quadratur erfordern eine hinreichende Glattheit (Differenzierbarkeit) des Integranden.

Fast alle *Quadratur-Regeln*, also Vorschriften zur numerischen Quadratur, lassen sich schreiben als *gewichtete Summen von Funktionswerten (Samples)*:

$$I(f) \approx Q(f) := \sum_{i=0}^{n} g_i f(x_i) =: \sum_{i=0}^{n} g_i y_i$$

mit *Gewichten* g_i und paarweise verschiedenen *Stützstellen* x_i, wobei $a \le x_0 < x_1 < \ldots < x_{n-1} < x_n \le b$. Da die Auswertung des Integranden oft eine teuere Angelegenheit ist, ist man an Regeln interessiert, die eine hohe Genauigkeit (einen kleinen *Quadraturfehler*) bei moderatem n gestatten.

Der Standard-Ansatz zur Herleitung von Quadraturregeln ist, den Integranden f durch eine einfach zu konstruierende und einfach zu integrierende Approximation $\tilde{f}$ zu ersetzen und diese dann *exakt* zu integrieren, also

$$Q(f) := \int_a^b \tilde{f}(x)\mathrm{d}x \ .$$

Als Approximant $\tilde{f}$ wird aus Gründen der Einfachheit oft ein *Polynom-Interpolant* $p(x)$ von $f(x)$ zu den Stützstellen x_i gewählt. In diesem Fall liefert die Darstellung von $p(x)$ über die Lagrange-Polynome $L_i(x)$ vom Grad n die Gewichte g_i quasi gratis:

$$Q(f) := \int_a^b p(x)\mathrm{d}x = \int_a^b \sum_{i=0}^n y_i L_i(x)\mathrm{d}x = \sum_{i=0}^n \left(y_i \cdot \int_a^b L_i(x)\mathrm{d}x \right) ,$$

womit die Gewichte g_i durch

$$g_i := \int_a^b L_i(x)\mathrm{d}x$$

direkt definiert sind. Die Integrale der Lagrange-Polynome können offensichtlich vorweg berechnet werden – sie hängen zwar vom gewählten Gitter (den Stützstellen), nicht jedoch vom Integranden f ab. Aufgrund der Eindeutigkeit der Interpolationsaufgabe gilt $\sum_{i=0}^n L_i(x) \equiv 1$ und somit auch $\sum_{i=0}^n g_i = b - a$. Das heißt, die Summe der Gewichte ist immer gleich $b - a$, wenn ein Polynom-Interpolant zur Quadratur benutzt wird. Man beachte, dass aus Gründen der Kondition im Allgemeinen nur Regeln mit positiven Gewichten betrachtet werden.

Einfache Quadraturregeln. Man unterscheidet *einfache* und *zusammengesetzte* Quadratur-Regeln. Eine einfache Regel behandelt das gesamte Integrationsgebiet $[a, b]$ der Länge $H := b - a$ in einem Aufwasch. Eine zusammengesetzte Regel zerlegt dagegen das Integrationsgebiet in Teilgebiete, wendet dort einfache Regeln an und bildet die Gesamtnäherung durch Summation – eine Vorgehensweise, die stark an die Spline-Interpolation erinnert.

Eine wichtige Klasse einfacher Regeln stellen die *Newton-Cotes-Formeln* dar:

$$Q_{\mathrm{NC}(n)}(f) := I(p_n) ,$$

wobei p_n der Polynom-Interpolant zu f vom Grad n zu den $n+1$ äquidistanten Stützstellen $x_i := a + H \cdot i/n$, $i = 0, \ldots, n$, ist. Einfachste Vertreter ist die *Rechtecksregel*

$$Q_R(f) := H \cdot f\left(\frac{a+b}{2} \right) = I(p_0) ,$$

für deren *Restglied* $R_R(f) := Q_R(f) - I(f)$ man die Beziehung

$$R_R(f) := -H^3 \cdot \frac{f^{(2)}(\xi)}{24}$$

für eine Zwischenstelle $\xi \in \,]a, b[$ zeigen kann, falls f auf $]a, b[$ zweimal stetig differenzierbar ist. Polynome vom Grad 0 oder 1 werden also *exakt* integriert.

Verwendet man anstelle des konstanten Polynom-Interpolanten p_0 dessen lineares Pendant p_1, so erhält man die *Trapezregel*

$$Q_T(f) := H \cdot \frac{f(a) + f(b)}{2} = I(p_1)$$

mit dem Restglied

$$R_T(f) = H^3 \cdot \frac{f^{(2)}(\xi)}{12} \, .$$

Den maximalen Polynomgrad, der von einer Quadratur-Regel noch exakt behandelt wird, nennt man den *Genauigkeitsgrad* oder kurz die *Genauigkeit* des Verfahrens. Rechtecksregel sowie Trapezregel haben also die Genauigkeit 1. Für $p = 2$ erhält man die *Keplersche Fassregel*

$$Q_F(f) := H \cdot \frac{f(a) + 4f\left(\frac{a+b}{2}\right) + f(b)}{6} = I(p_2)$$

mit dem Restglied

$$R_F(f) = H^5 \cdot \frac{f^{(4)}(\xi)}{2880} \, .$$

Unter der Annahme entsprechend hoher Differenzierbarkeit erhält man also mit dem Newton-Cotes-Ansatz für wachsendes n Verfahren höherer Ordnung und höherer Genauigkeit. Für $n = 8$ und $n \geq 10$ treten jedoch negative Gewichte auf. Wie zuvor schon angedeutet, sind damit in diesen Fällen die Newton-Cotes-Formeln praktisch unbrauchbar.

Die Problematik negativer Gewichte g_i bei höherem Polynomgrad n bedeutet nicht, dass Polynom-Interpolanten höheren Grades prinzipiell nicht für Zwecke der numerischen Quadratur taugen. Ein möglicher Ausweg besteht darin, von der Äquidistanz der Stützstellen abzuweichen. Genau dies ist das Prinzip der *Clenshaw-Curtis-Regeln*, bei denen statt des Integrationsintervalls $[a, b]$ der Halbkreiswinkel $[0, \pi]$ gleichmäßig unterteilt wird. Wie man sich leicht veranschaulichen kann, liegen die Stützstellen an den Rändern des Integrationsintervalls dichter als in der Mitte. Für dieses Konstruktionsprinzip von Quadratur-Regeln sind alle auftretenden Gewichte stets positiv.

Zusammengesetzte Quadraturregeln. Die wichtigste zusammengesetzte Regel ist die *Trapezsumme*. Zunächst wird das Integrationsintervall $[a, b]$ in n Teilintervalle der Länge $h := (b - a)/n$ zerlegt. Die äquidistanten Nahtstellen $x_i := a + ih$, $i = 0, \ldots, n$, dienen als

Stützstellen. Nun wird auf jedem Teilintervall $[x_i, x_{i+1}]$ die Trapezregel angewandt. Die so berechneten Teilintegralwerte werden schließlich zum Gesamtintegralwert aufaddiert:

$$Q_{\mathrm{TS}}(f; h) := h \cdot \left(\frac{f_0}{2} + f_1 + f_2 + \ldots + f_{n-1} + \frac{f_n}{2} \right),$$

wobei $f_i := f(x_i)$. Für das Restglied der Trapezsumme gilt

$$R_{\mathrm{TS}}(f; h) = h^2 \cdot (b - a) \cdot \frac{f^{(2)}(\xi)}{12} = h^2 \cdot H \cdot \frac{f^{(2)}(\xi)}{12}.$$

Im Vergleich zur Trapezregel bleibt die Genauigkeit 1, während die Ordnung auf 2 sinkt (eine Größenordnung geht durch die Summation verloren). Allerdings hat man nun eine leicht zu implementierende Regel, mit der man n beliebig in die Höhe treiben kann, ohne numerische Schwierigkeiten zu bekommen.

Wie die Trapezsumme eine zusammengesetzte Quadratur-Regel auf der Basis der Trapezregel darstellt, so ist die *Simpson-Summe* die natürliche Verallgemeinerung der Keplerschen Fassregel. Ausgehend von derselben Unterteilung des Integrationsintervalls $[a, b]$ wie zuvor, wendet man nun auf je zwei benachbarte Teilintervalle gemeinsam die Fassregel an:

$$Q_{\mathrm{SS}}(f; h) := \frac{h}{3} \cdot (f_0 + 4f_1 + 2f_2 + 4f_3 + 2f_4 + \ldots + 2f_{n-2} + 4f_{n-1} + f_n).$$

Weitere Ansätze zur numerischen Quadratur. An dieser Stelle sei auf weitere wichtige Ansätze zur numerischen Quadratur verwiesen. Bei der *Extrapolation* kombiniert man verschiedene berechnete Näherungswerte geringer Ordnung (z. B. Trapezsummen zu h, $h/2$, $h/4$, etc.) geschickt linear, um dadurch bestimmte Fehlerterme zu eliminieren und so eine signifikant bessere Näherung zu erhalten. Voraussetzung für die Extrapolation ist allerdings eine hohe Glattheit des Integranden. Wichtige Begriffe hierzu sind die *Euler-Maclaurinsche Summenformel* sowie die *Romberg-Quadratur*.

Bei der *Monte-Carlo-Quadratur* kommt ein stochastischer Ansatz zum Einsatz. Sie ist insbesondere im hochdimensionalen Fall sehr beliebt, wo klassische numerische Verfahren oft am so genannten *Fluch der Dimension* (ein Produktansatz mit einer Regel mit nur 2 Punkten in einer Dimension erfordert bereits 2^d Punkte in d Raumdimensionen) scheitern. Salopp gesprochen kann man sich die Vorgehensweise so vorstellen, dass aus dem Integrationsgebiet, einer Gleichverteilung folgend, Stützstellen ausgewählt werden. Dort wird der Integrand ausgewertet, und einfache Mittelung liefert das Gesamtergebnis (unter Berücksichtigung der Gebietsgröße natürlich). Der Fehler der Monte-Carlo-Quadratur hängt nicht von der Dimensionalität ab; allerdings ist das Konvergenzverhalten in der Zahl der Stützstellen n nur $\mathcal{O}(1/\sqrt{n})$.

Quasi-Monte-Carlo-Verfahren oder *Verfahren minimaler Diskrepanz* zielen in dieselbe Richtung, verwenden jedoch geeignete Folgen deterministischer Stützstellen anstelle zufällig ausgewählter.

Die Idee der *Gauß-Quadratur* besteht darin, die Stützstellen so zu platzieren, dass Polynome möglichst hohen Grades noch exakt integriert werden – man strebt also einen möglichst hohen Genauigkeitsgrad an:

$$I(p) = \int_{-1}^{1} p(x)\mathrm{d}x \stackrel{!}{=} \sum_{i=1}^{n} g_i p(x_i)$$

für alle $p \in \mathbb{P}_k$ mit möglichst großem k. Im Hinterkopf hat man dabei eine Reihenentwicklung für f, von der möglichst viele führende Terme exakt integriert werden sollen (hohe Fehlerordnung bei kleiner werdender Intervallbreite). Mit der Gauß-Quadratur, die als Stützstellen Nullstellen von Legendre-Polynomen heranzieht, wird der (dabei maximal mögliche) Genauigkeitsgrad $2n - 1$ erreicht.

Ein sehr alter und dennoch – gerade vom algorithmischen Standpunkt aus betrachtet – schöner Ansatz zur numerischen Quadratur stammt von Archimedes. Hierbei handelt es sich um einen der Urväter des in der Informatik allgegenwärtigen algorithmischen Paradigmas *divide et impera*. Die Fläche unter dem Integranden wird durch eine Folge hierarchischer (d. h. immer kleinerer) Dreiecke ausgeschöpft. Wie bei der Monte-Carlo-Quadratur rührt die Hauptattraktivität dieses Ansatzes von hochdimensionalen Integralen her. Für diese können kompetitive *Dünngitteralgorithmen* angegeben werden.

2.4.3 Direkte Lösung linearer Gleichungssysteme

Lineare Gleichungssysteme. Ein weiteres wichtiges Einsatzgebiet numerischer Verfahren ist die *numerische lineare Algebra*, die sich mit der numerischen Lösung von Aufgaben der linearen Algebra (Matrix-Vektor-Produkt, Bestimmung von Eigenwerten, Lösung linearer Gleichungssysteme) befasst. Von zentraler Bedeutung ist dabei die *Lösung von Systemen linearer Gleichungen*, d. h., zu $A = (a_{i,j})_{1 \le i, j \le n} \in \mathbb{R}^{n,n}$ und $b = (b_i)_{1 \le i \le n} \in \mathbb{R}^n$ finde $x \in \mathbb{R}^n$ mit $Ax = b$, die u. a. bei der Diskretisierung differentialgleichungsbasierter Modelle entstehen. Man unterscheidet *voll besetzte* Matrizen (die Anzahl der Nicht-Nullen in A ist von der Ordnung der Anzahl der Matrixeinträge überhaupt, also $\mathcal{O}(n^2)$) und *dünn besetzte* Matrizen (typischerweise $\mathcal{O}(n)$ oder $\mathcal{O}(n \log(n))$ Nicht-Nullen). Oft haben dünn besetzte Matrizen eine *Besetzungsstruktur* (Diagonalmatrizen, Tridiagonalmatrizen, allgemeine Bandstruktur), die das Lösen des Systems vereinfacht.

Hinsichtlich der Lösungsverfahren unterscheidet man *direkte* Löser, die die (modulo Rundungsfehler) exakte Lösung x liefern, und *indirekte* Löser, die, ausgehend von einer Startnäherung $x^{(0)}$, *iterativ* eine (hoffentlich konvergente) Folge von Näherungen $x^{(i)}$ berechnen, ohne x zu erreichen.

Zunächst zu den direkten Lösern; die Matrix A sei nichtsingulär. Die explizite Berechnung der Inversen A^{-1} scheidet aus Komplexitätsgründen aus. Für die Untersuchung der Kondition des Problems der Lösung von $Ax = b$ sowie für die Analyse des Konvergenzverhaltens iterativer Verfahren später benötigt man den Begriff der *Konditionszahl* $\kappa(A)$:

$$\|A\| := \max_{\|x\|=1} \|Ax\| , \qquad \kappa(A) := \|A\| \cdot \|A^{-1}\| ,$$

wobei $\|.\|$ eine geeignete Vektor- bzw. Matrixnorm bezeichnet. Man kann nun zeigen, dass

$$\frac{\|\delta x\|}{\|x\|} \le \frac{2\varepsilon\kappa(A)}{1 - \varepsilon\kappa(A)}$$

gilt, wobei ε eine obere Schranke für die relativen Eingabestörungen $\delta A/A$ bzw. $\delta b/b$ be-zeichne. Je größer die Konditionszahl $\kappa(A)$ ist, desto größer wird unsere obere Schranke rechts für die Auswirkungen auf das Resultat, desto schlechter ist das Problem „löse $Ax = b$" somit konditioniert. Der Begriff „Konditionszahl" ist also sinnvoll gewählt – er stellt eine Maßzahl für die Kondition dar. Nur wenn $\varepsilon\kappa(A) \ll 1$, was eine Einschränkung an die Grö-ßenordnung der zulässigen Eingabestörungen darstellt, macht eine numerische Lösung des Problems Sinn. Dann haben wir die Kondition allerdings im Griff.

Eine wichtige Größe ist das *Residuum r*. Zu einer Näherung $\tilde{x}$ für x wird r definiert als

$$r := b - A\tilde{x} = A(x - \tilde{x}) =: -Ae$$

mit dem *Fehler* $e := \tilde{x} - x$. Fehler und Residuum können von sehr unterschiedlicher Grö-ßenordnung sein. Insbesondere folgt aus einem kleinen Residuum keinesfalls ein kleiner Fehler – die Korrelation enthält vielmehr noch die Konditionszahl $\kappa(A)$. Dennoch ist das Residuum hilfreich: $r = b - A\tilde{x} \Leftrightarrow A\tilde{x} = b - r$ zeigt, dass eine Näherungslösung bei kleinem Residuum ein akzeptables Resultat darstellt.

Gauß-Elimination und *LR*-Zerlegung. Die klassische und aus der linearen Algebra be-kannte Lösungsmethode für lineare Gleichungssysteme ist die *Gauß-Elimination*, die na-türliche Verallgemeinerung des Auflösens zweier Gleichungen in zwei Unbekannten: Löse eine der n Gleichungen (etwa die erste) nach einer Unbekannten (etwa x_1) auf; setze den resultierenden (von $x_2, \ldots, x_n$ abhängenden) Term für x_1 in die anderen $n-1$ Gleichungen ein – aus diesen ist x_1 somit *eliminiert*; löse das resultierende System von $n-1$ Gleichungen in $n-1$ Unbekannten entsprechend und fahre fort, bis in einer Gleichung nur x_n auftaucht, das somit explizit berechnet werden kann; setze x_n nun ein in die Eliminationsgleichung für x_{n-1}, womit man x_{n-1} explizit erhält; fahre fort, bis zuletzt die Eliminationsgleichung von x_1 durch Einsetzen der (inzwischen bekannten) Werte für $x_2, \ldots, x_n$ den Wert für x_1 liefert. Anschaulich bedeutet das Eliminieren von x_1, dass A und b so modifiziert werden, dass in der ersten Spalte unter $a_{1,1}$ nurmehr Nullen stehen, wobei das neue System (beste-hend aus der ersten Gleichung und den von x_1 befreiten restlichen Gleichungen) natürlich von demselben Vektor x gelöst wird wie das alte!

Die Gauß-Elimination ist äquivalent zur so genannten *LR-Zerlegung*, bei der A in das Produkt $A = LR$ mit unterer Dreiecksmatrix L (Einsen in der Diagonalen) und oberer Dreiecksmatrix R *faktorisiert* wird. Im Spezialfall eines positiv definiten A liefert die *Cholesky-Zerlegung* eine symmetrische Faktorisierung $A = \tilde{L} \cdot \tilde{L}^T$, die rund die Hälfte der Kosten spart. Die Komplexität ist in allen drei Fällen kubisch in der Zahl der Unbekannten.

Bei Gauß-Elimination und LR-Zerlegung wird durch Diagonalelemente (die so genannten *Pivots*) dividiert, die auch null sein könnten. Falls eine Null auftritt, muss man den Algorithmus modifizieren und durch Zeilen- oder Spaltentausch eine zulässige Situation, d. h. eine Nicht-Null auf der Diagonalen erzwingen (was natürlich geht, falls A nichtsingulär ist). Mögliche Tauschpartner für eine Null in der Diagonalen findet man entweder in der Spalte i unterhalb der Diagonalen (*Spalten-Pivotsuche*) oder in der gesamten Restmatrix (alles ab Zeile und Spalte $i + 1$, *vollständige Pivotsuche*). Schließlich: Auch wenn keine Nullen auftreten – aus numerischen Gründen ist eine Pivotsuche stets ratsam.

2.4.4   Iterationsverfahren

Begriff der Iteration.   Numerisch zu lösende lineare Gleichungssysteme stammen oftmals von der Diskretisierung gewöhnlicher (bei Randwertproblemen) oder partieller Differentialgleichungen. Die soeben diskutierten direkten Lösungsverfahren kommen hierfür in der Regel nicht infrage. Erstens ist n meistens so groß (i. A. ist n ja direkt mit der Zahl der Gitterpunkte korreliert, was insbesondere bei instationären partiellen Differentialgleichungen (drei Orts- und eine Zeitvariable) zu sehr großem n führt), dass ein kubischer Rechenaufwand nicht akzeptabel ist. Zweitens sind solche Matrizen in der Regel dünn besetzt und weisen zudem eine bestimmte Struktur auf, was sich natürlich Speicher und Rechenzeit mindernd auswirkt; Eliminationsverfahren zerstören diese Struktur typischerweise und machen die Vorteile somit zunichte. Zudem wird oft die Genauigkeit der exakten direkten Lösung in der Simulation gar nicht benötigt.

Für große und dünn besetzte Matrizen bzw. lineare Gleichungssysteme werden deshalb *iterative* Verfahren vorgezogen. Diese beginnen (allgemein, nicht nur für die Situation linearer Gleichungssysteme) mit einer *Startnäherung* $x^{(0)}$ und erzeugen daraus eine Folge von Näherungswerten $x^{(i)}$, $i = 1, 2, \ldots$, die im Konvergenzfall gegen die exakte Lösung x konvergieren. Man spricht in diesem Zusammenhang auch von der *Verfahrensfunktion* Φ der Iteration, $\Phi(x_i) := x_{i+1}$, die aus dem aktuellen den neuen Iterationswert bestimmt. Liegt Konvergenz vor ($\lim x_i = x$), dann hat die Iteration einen *Fixpunkt* $\Phi(x) = x$. Ein Iterationsschritt kostet bei dünn besetzten Matrizen typischerweise (mindestens) $\mathcal{O}(n)$ Rechenoperationen. Somit wird es bei der Konstruktion iterativer Algorithmen darauf ankommen, wie viele Iterationsschritte benötigt werden, um eine bestimmte vorgegebene Genauigkeit zu erreichen.

Relaxationsverfahren.   Die wohl ältesten iterativen Verfahren zur Lösung linearer Gleichungssysteme $Ax = b$ mit $A \in \mathbb{R}^{n,n}$ und $x, b \in \mathbb{R}^n$ sind die so genannten *Relaxationsverfahren*: das *Richardson*-Verfahren, das *Jacobi*-Verfahren, das *Gauß–Seidel*-Verfahren sowie die *Überrelaxation (SOR)*. Für alle ist der Ausgangspunkt das Residuum $r^{(i)} := b - Ax^{(i)} =$

$-Ae^{(i)}$. Weil $e^{(i)}$ nicht verfügbar ist (der Fehler kann ohne Kenntnis der exakten Lösung x nicht ermittelt werden), erweist es sich aufgrund obiger Beziehung als vernünftig, den Vektor $r^{(i)}$ als *Richtung* zu nehmen, in der wir nach einer Verbesserung von $x^{(i)}$ suchen wollen. Das Richardson-Verfahren nimmt das Residuum direkt als Korrektur für $x^{(i)}$. Mehr Mühe geben sich das Jacobi- und das Gauß–Seidel-Verfahren, deren Idee für die Korrektur der k-ten Komponente von $x^{(i)}$ die Elimination von $r_k^{(i)}$ ist. Das SOR-Verfahren bzw. sein Pendant, die *gedämpfte* Relaxation, berücksichtigen zusätzlich, dass eine solche Korrektur oft über das Ziel hinausschießt bzw. nicht ausreicht.

In der algorithmischen Formulierung lauten die vier Verfahren wie folgt:

- *Richardson-Iteration*:

```
for i = 0,1,...
          for k = 1,...,n:
```
$$x_k^{(i+1)} := x_k^{(i)} + r_k^{(i)}$$

Hier wird einfach das Residuum $r^{(i)}$ komponentenweise als Korrektur für die aktuelle Näherung $x^{(i)}$ herangezogen.

- *Jacobi-Iteration*:

```
for i = 0,1,...
          for k = 1,...,n:
          for k = 1,...,n:
```
$$y_k := \frac{1}{a_{kk}} \cdot r_k^{(i)}$$
$$x_k^{(i+1)} := x_k^{(i)} + y_k$$

In jedem Teilschritt k eines Schritts i wird eine Korrektur y_k berechnet und gespeichert. Sofort angewendet, würde diese zum (momentanen) Verschwinden der k-Komponente des Residuums $r^{(i)}$ führen (leicht durch Einsetzen zu verifizieren). Gleichung k wäre mit dieser aktuellen Näherung für x somit exakt gelöst – ein Fortschritt, der im folgenden Teilschritt zu Gleichung $k + 1$ natürlich gleich wieder verloren ginge. Allerdings werden diese Komponentenkorrekturen nicht sofort, sondern erst am Ende eines Iterationsschritts durchgeführt (zweite k-Schleife).

- *Gauß–Seidel-Iteration*:

```
for i = 0,1,...
          for k = 1,...,n:
```
$$r_k^{(i)} := b_k - \sum_{j=1}^{k-1} a_{kj} x_j^{(i+1)} - \sum_{j=k}^{n} a_{kj} x_j^{(i)}$$
$$y_k := \frac{1}{a_{kk}} \cdot r_k^{(i)}, \quad x_k^{(i+1)} := x_k^{(i)} + y_k$$

Hier wird also dieselbe Korrektur wie beim Jacobi-Verfahren berechnet, der Update wird jetzt allerdings immer sofort und nicht erst am Ende des Iterationsschritts vollzogen. Damit liegen beim Update von Komponente k für die Komponenten 1 bis $k - 1$ bereits die modifizierten neuen Werte vor.

- Manchmal führt in jeder der drei skizzierten Methoden ein *Dämpfen* (Multiplikation der Korrektur mit einem Faktor $0 < \alpha < 1$) bzw. eine *Überrelaxation* (Faktor $1 < \alpha < 2$) zu einem besseren Konvergenzverhalten:

$$x_k^{(i+1)} := x_k^{(i)} + \alpha y_k \, .$$

Im Gauß–Seidel-Fall ist vor allem die Version mit $\alpha > 1$ gebräuchlich, man spricht hier von *SOR-Verfahren*, im Jacobi-Fall wird dagegen meistens gedämpft.

Für eine kurze Konvergenzanalyse der obigen Verfahren benötigen wir eine algebraische Formulierung (anstelle der algorithmischen). Alle gezeigten Ansätze basieren auf der einfachen Idee, die Matrix A als Summe $A = M + (A - M)$ zu schreiben, wobei $Mx = b$ sehr einfach zu lösen und der Unterschied $A - M$ bzgl. einer Matrixnorm nicht zu groß sein sollte. Mit Hilfe eines solchen geeigneten M werden sich Richardson-, Jacobi-, Gauß–Seidel- und SOR-Verfahren schreiben lassen als

$$Mx^{(i+1)} + (A - M)x^{(i)} = b$$

bzw., nach $x^{(i+1)}$ aufgelöst,

$$x^{(i+1)} := x^{(i)} + M^{-1}r^{(i)} .$$

Darüber hinaus zerlegen wir A additiv in seinen Diagonalteil D_A, seinen strikten unteren Dreiecksteil L_A sowie seinen strikten oberen Dreiecksteil U_A:

$$A =: L_A + D_A + U_A .$$

Damit können wir die folgenden Beziehungen zeigen:

- Richardson: $M := I$,
- Jacobi: $M := D_A$,
- Gauß–Seidel: $M := D_A + L_A$,
- SOR: $M := \frac{1}{\alpha}D_A + L_A$.

Was die Konvergenz angeht, so gibt es eine unmittelbare Konsequenz aus dem Ansatz $Mx^{(i+1)} + (A - M)x^{(i)} = b$: Falls die Folge $\left(x^{(i)}\right)$ konvergiert, dann ist der Grenzwert die exakte Lösung x unseres Systems $Ax = b$. Für die Analyse werde ferner angenommen, dass die *Iterationsmatrix* $-M^{-1}(A - M)$ (d. h. die Matrix, die auf $e^{(i)}$ angewandt wird, um $e^{(i+1)}$ zu erhalten) symmetrisch sei. Dann ist der Spektralradius ρ (d. h. der betragsgrößte Eigenwert) die für das Konvergenzverhalten entscheidende Größe:

$$\left(\forall x^{(0)} \in \mathbb{R}^n : \lim_{i \to \infty} x^{(i)} = x = A^{-1}b\right) \quad \Leftrightarrow \quad \rho < 1 .$$

Um das zu sehen, subtrahiere man $Mx + (A - M)x = b$ von der obigen Gleichung des allgemeinen Ansatzes:

$$Me^{(i+1)} + (A - M)e^{(i)} = 0 \quad \Leftrightarrow \quad e^{(i+1)} = -M^{-1}(A - M)e^{(i)} .$$

Wenn alle Eigenwerte betragsmäßig kleiner 1 sind und somit $\rho < 1$ gilt, werden alle Fehlerkomponenten in jedem Iterationsschritt reduziert. Im Falle $\rho > 1$ wird sich im Allgemeinen mindestens eine Fehlerkomponente aufschaukeln. Ziel bei der Konstruktion iterativer Verfahren muss natürlich ein möglichst kleiner Spektralradius der Iterationsmatrix sein (möglichst nahe bei null).

Es gibt eine Reihe von Resultaten zur Konvergenz der verschiedenen Verfahren, von denen einige bedeutende erwähnt werden sollen:

- Notwendig für die Konvergenz des SOR-Verfahrens ist $0 < \alpha < 2$.
- Falls A positiv definit ist, dann konvergieren sowohl das SOR-Verfahren (für $0 < \alpha < 2$) als auch die Gauß–Seidel-Iteration.
- Falls A und $2D_A - A$ beide positiv definit sind, dann konvergiert das Jacobi-Verfahren.
- Falls A strikt diagonal dominant ist (d. h. $a_{ii} > \sum_{j \neq i} | a_{ij} |$ für alle i), dann konvergieren das Jacobi- und das Gauß–Seidel-Verfahren.
- In bestimmten Fällen lässt sich der optimale Parameter α bestimmten (ρ minimal, sodass Fehlerreduktion pro Iterationsschritt maximal).

Offensichtlich ist ρ nicht nur entscheidend für die Frage, ob die Iterationsvorschrift überhaupt konvergiert, sondern auch für deren Qualität, also ihre Konvergenzgeschwindigkeit: Je kleiner ρ ist, desto schneller werden alle Komponenten des Fehlers $e^{(i)}$ in jedem Iterationsschritt reduziert. In der Praxis haben die obigen Resultate zur Konvergenz leider eher theoretischen Wert, da ρ oft so nahe bei 1 ist, dass – trotz Konvergenz – die Anzahl der erforderlichen Iterationsschritte, bis eine hinreichende Genauigkeit erreicht ist, viel zu groß ist. Ein wichtiges Beispielszenario ist die Diskretisierung partieller Differentialgleichungen. Hier ist typisch, dass ρ von der Problemgröße n und somit von der Auflösung h des zugrunde liegenden Gitters abhängt, also beispielsweise

$$\rho = \mathcal{O}(1 - h_l^2) = \mathcal{O}\left(1 - \frac{1}{4^l}\right)$$

bei einer Maschenweite $h_l = 2^{-l}$. Dies ist ein gewaltiger Nachteil: Je feiner und folglich auch genauer unser Gitter ist, umso erbärmlicher wird das Konvergenzverhalten unserer iterativen Verfahren. Schnellere iterative Löser wie beispielsweise *Mehrgitterverfahren* sind also ein Muss!

Minimierungsverfahren. Eines der bekanntesten Lösungsverfahren für lineare Gleichungssysteme, die Methode der *konjugierten Gradienten (cg)*, beruht auf einem anderen Prinzip als dem der Relaxation. Um dies zu sehen, nähern wir uns der Problematik der Lösung linearer Gleichungssysteme auf einem Umweg. Im Folgenden sei $A \in \mathbb{R}^{n,n}$ symmetrisch und positiv definit. In diesem Fall ist die Lösung von $Ax = b$ äquivalent zur Minimierung der quadratischen Funktion

$$f(x) := \frac{1}{2} x^T A x - b^T x + c$$

für eine beliebige skalare Konstante $c \in \mathbb{R}$. Weil A positiv definit ist, definiert die durch $z := f(x)$ gebildete Hyperfläche ein Paraboloid im $\mathbb{R}^{n+1}$ mit n-dimensionalen Ellipsoiden als Isoflächen $f(x) = const.$, und f hat ein globales Minimum in x. Die Äquivalenz der Probleme ist offenkundig:

$$f'(x) = \frac{1}{2}A^T x + \frac{1}{2}Ax - b = Ax - b = -r(x) = 0 \quad \Leftrightarrow \quad Ax = b .$$

Mit dieser Umformulierung kann man jetzt auch *Optimierungsmethoden* einsetzen und somit das Spektrum möglicher Lösungsverfahren erweitern. Betrachten wir also Techniken der Minimumsuche. Eine naheliegende Möglichkeit liefert die *Methode des steilsten Abstiegs (steepest descent)*. Für $i = 0, 1, \ldots$, wiederhole

$$r^{(i)} := b - Ax^{(i)} ,$$

$$\alpha_i := \frac{r^{(i)^T} r^{(i)}}{r^{(i)^T} Ar^{(i)}} ,$$

$$x^{(i+1)} := x^{(i)} + \alpha_i r^{(i)} ,$$

oder beginne mit $r^{(0)} := b - Ax^{(0)}$ und wiederhole für $i = 0, 1, \ldots$

$$\alpha_i := \frac{r^{(i)^T} r^{(i)}}{r^{(i)^T} Ar^{(i)}} ,$$

$$x^{(i+1)} := x^{(i)} + \alpha_i r^{(i)} ,$$

$$r^{(i+1)} := r^{(i)} - \alpha_i Ar^{(i)} ,$$

was eines der beiden Matrix-Vektor-Produkte (der einzige wirklich teure Schritt im Algorithmus) erspart. Die Methode des steilsten Abstiegs sucht nach einer Verbesserung in Richtung des negativen Gradienten $-f'(x^{(i)}) = r^{(i)}$, der in der Tat den steilsten Abstieg anzeigt (daher der Name). Besser wäre natürlich, in Richtung des Fehlers $e^{(i)} := x^{(i)} - x$ zu suchen, aber den kennt man ja leider nicht. Doch die Richtung allein genügt nicht, man braucht auch eine passende Marschierweite. Dazu suchen wir das Minimum von $f(x^{(i)} + \alpha_i r^{(i)})$ als Funktion von α_i (partielle Ableitung nach α_i auf null setzen), was nach kurzer Rechnung den obigen Wert für α_i liefert. Wenn man statt der Residuen $r^{(i)}$ alternierend die Einheitsvektoren in den Koordinatenrichtungen als Suchrichtungen wählt und wieder bzgl. dieser Suchrichtungen die optimalen Schrittweiten bestimmt, landet man übrigens bei der Gauß–Seidel-Iteration. Es gibt also trotz aller Verschiedenheit Verwandtschaft zwischen dem Relaxations- und dem Minimierungsansatz.

Das Konvergenzverhalten der Methode des steilsten Abstiegs ist bescheiden. Einer der wenigen trivialen Sonderfälle ist die Einheitsmatrix: Hier sind die Isoflächen Sphären, der Gradient zeigt stets in den Mittelpunkt (das Minimum), und man ist in einem Schritt am Ziel! Allgemein landet man zwar irgendwann beliebig nahe am Minimum, das kann aber auch beliebig lange dauern (weil wir immer wieder etwas vom bisher Erreichten kaputt machen können). Um diesen Missstand zu beheben, bleiben wir bei unserem Minimierungsansatz, halten aber nach besseren Suchrichtungen Ausschau. Wären alle Suchrichtungen orthogonal, und wäre der Fehler nach i Schritten orthogonal zu allen bisherigen Suchrichtungen, dann könnte schon Erreichtes nie wieder verloren gehen, und nach höchstens n Schritten wäre man im Minimum – wie bei einem direkten Löser. Aus diesem Grunde nennt man das cg-Verfahren und Derivate auch *semi-iterative Methoden*. Zum cg-Verfahren gelangt man, wenn man die Idee verbesserter Suchrichtungen verfolgt, hierbei *konjugierte Richtungen* einsetzt (zwei Vektoren x und y heißen *A-orthogonal* oder *konjugiert*, falls $x^T A y = 0$ gilt) und das Ganze mit einer billigen Strategie zur Berechnung solcher konjugierter Richtungen verbindet. Das Konvergenzverhalten ist klar besser als beim steilsten Abstieg, der Bremseffekt bei wachsender Problemgröße ist aber noch nicht überwunden.

Nichtlineare Gleichungen. So viel zu linearen Lösern. Leider sind viele realistische Modelle nicht linear. Deshalb muss man sich auch mit der Lösung *nichtlinearer Gleichungen* befassen. Das geht in aller Regel gar nicht mehr direkt, sondern nur noch iterativ. Wir beschränken wir uns dabei im Folgenden wieder auf den einfachen Fall $n = 1$ (d. h. *eine* nichtlineare Gleichung). Betrachte also eine stetig differenzierbare (nichtlineare) Funktion $f : \mathbb{R} \to \mathbb{R}$, die eine Nullstelle $\bar{x} \in]a, b[$ habe (man denkt dabei an Nullstellen- oder Extremalstellensuche). Gehe von einer (noch zu bestimmenden) Iterationsvorschrift aus, die eine Folge von Näherungswerten liefere, $(x^{(i)})$, $i = 0, 1, \ldots$, die (hoffentlich) gegen die bzw. eine Nullstelle $\bar{x}$ von $f(x)$ konvergiert. Als Maß für die *Konvergenzgeschwindigkeit* betrachtet man die Reduktion des Fehlers in jedem Schritt und spricht im konvergenten Fall,

$$| x^{(i+1)} - \bar{x} | \le c \cdot | x^{(i)} - \bar{x} |^\alpha ,$$

je nach maximal möglichem Wert des Parameters α von *linearer* ($\alpha = 1$ und zusätzlich $0 < c < 1$) oder *quadratischer* ($\alpha = 2$) Konvergenz usw. Es gibt *bedingt* oder *lokal* konvergente Verfahren, bei denen die Konvergenz nur bei Vorliegen eines bereits hinreichend guten Startwerts $x^{(0)}$ sichergestellt ist, und *unbedingt* oder *global* konvergente Verfahren, bei denen die Iteration unabhängig von der Wahl des Startpunkts zu einer Nullstelle von f führt.

Drei einfache Verfahren sind das *Bisektionsverfahren* (gehe aus von $[c, d] \subseteq [a, b]$ mit $f(c) \cdot f(d) \le 0$ – die Stetigkeit von f garantiert die Existenz (mindestens) einer Nullstelle in $[c, d]$ – und halbiere das Suchintervall sukzessive), die *Regula falsi* (Variante der Bisektion, bei der nicht die Intervallmitte, sondern der Nulldurchgang der Verbindung der beiden Punkte $(c, f(c))$ und $(d, f(d))$ als ein Endpunkt des neuen und kleineren Intervalls gewählt wird) sowie das *Sekantenverfahren* (beginne mit *zwei* Startnäherungen $x^{(0)}$ und $x^{(1)}$; im Folgenden wird dann $x^{(i+1)}$ aus $x^{(i-1)}$ und $x^{(i)}$ bestimmt, indem man die Nullstelle der Geraden durch $(x^{(i-1)}, f(x^{(i-1)}))$ und $(x^{(i)}, f(x^{(i)}))$ (der *Sekante* $s(x)$) sucht).

Die berühmteste Methode ist das *Newton-Verfahren*. Hier beginnt man mit *einer* Startnäherung $x^{(0)}$ und bestimmt dann im Folgenden $x^{(i+1)}$ aus $x^{(i)}$, indem man die Nullstelle der *Tangente* $t(x)$ an $f(x)$ im Punkt $x^{(i)}$ sucht (*Linearisierung*: ersetze f durch seine Tangente bzw. durch sein Taylorpolynom ersten Grades):

$$t(x) := f(x^{(i)}) + f'(x^{(i)}) \cdot (x - x^{(i)}) \,,$$

$$0 = t(x^{(i+1)}) = f(x^{(i)}) + f'(x^{(i)}) \cdot (x^{(i+1)} - x^{(i)}) \,,$$

$$x^{(i+1)} := x^{(i)} - \frac{f(x^{(i)})}{f'(x^{(i)})} \,.$$

Die *Konvergenzordnung* der vorgestellten Verfahren ist global linear für Bisektion und regula falsi, lokal quadratisch für Newton und lokal 1,618 für das Sekantenverfahren. Da ein Newton-Schritt aber je eine Auswertung von f und f' erfordert, ist er mit *zwei* Schritten der anderen Verfahren zu vergleichen. Zudem ist die Berechnung der Ableitung oft ein Problem.

In den meisten Anwendungen in der Praxis ist $n \gg 1$ (Unbekannte sind ja beispielsweise Funktionswerte an Gitterpunkten!), sodass wir es also mit sehr großen nichtlinearen Gleichungssystemen zu tun haben. Im mehrdimensionalen Fall tritt an die Stelle der einfachen Ableitung $f'(x)$ die *Jacobi-Matrix* $F'(x)$, die Matrix der partiellen Ableitungen aller Vektorkomponenten von F nach allen Variablen. Die Newton-Iterationsvorschrift lautet somit

$$x^{(i+1)} := x^{(i)} - F'(x^{(i)})^{-1} F(x^{(i)}) \,,$$

wobei natürlich die Matrix $F'(x^{(i)})$ nicht invertiert, sondern das entsprechende lineare Gleichungssystem mit der rechten Seite $F(x^{(i)})$ (direkt) gelöst wird:

> berechne $F'(x)$;
>
> zerlege $F'(x) := LR$;
>
> löse $LRs = F(x)$;
>
> aktualisiere $x := x - s$;
>
> werte aus $F(x)$;

Das wiederholte Berechnen der Jacobi-Matrix ist sehr aufwändig, ja es ist oft nur näherungsweise möglich, da meist numerisch differenziert werden muss. Auch das direkte Lösen eines linearen Gleichungssystems in jedem Newton-Schritt ist teuer. Deshalb ist das Newton-Verfahren nur der Ausgangspunkt für eine Vielzahl algorithmischer Entwicklungen gewesen. Bei der *Newton-Chord-* bzw. *Shamanskii-Methode* wird die Jacobi-Matrix nicht in jedem Newton-Schritt berechnet und invertiert, sondern es wird immer $F'(x^{(0)}))$ verwendet (Chord) bzw. ein $F'(x^{(i)})$ immer für mehrere Newton-Schritte benutzt (Shamanskii). Beim *inexakten Newton-Verfahren* wird das lineare Gleichungssystem in jedem Newton-Schritt nicht direkt (also exakt, etwa mittels LR-Zerlegung), sondern iterativ gelöst; man spricht von einer *inneren* Iteration im Rahmen der (*äußeren*) Newton-Iteration. Beim *Quasi-Newton-Verfahren* schließlich wird eine Folge $B^{(i)}$ von Näherungen für $F'(\bar{x})$ erzeugt, und zwar nicht mittels teurer Neuberechnung, sondern mittels billiger *Updates*. Man nutzt aus, dass ein *Rang-1-Update* $(B + uv^T)$ mit zwei beliebigen Vektoren $u, v \in \mathbb{R}^n$

(invertierbar genau dann, wenn $1 + v^T B^{-1} u \neq 0$) ggf. leicht zu invertieren ist:

$$\left(B + uv^T \right)^{-1} = \left(I - \frac{(B^{-1}u)v^T}{1 + v^T B^{-1} u} \right) B^{-1} \,.$$

Broyden gab eine passende Wahl für u und v an (s wie oben im Algorithmus):

$$B^{(i+1)} := B^{(i)} + \frac{F(x^{(i+1)})s^T}{s^T s} \,.$$

2.4.5 Gewöhnliche Differentialgleichungen

Differentialgleichungen. Eines der wichtigsten Einsatzgebiete numerischer Verfahren sind *Differentialgleichungen*, siehe auch Abschn. 2.2.2 zur Analysis. Bei *gewöhnlichen Differentialgleichungen (ODE)*, deren Numerik wir im Folgenden diskutieren wollen, tritt nur eine Unabhängige auf. Einfache Anwendungsbeispiele sind etwa die Oszillation eines Pendels

$$\ddot{y}(t) = -y(t)$$

mit der Lösung $y(t) = c_1 \cdot \sin(t) + c_2 \cdot \cos(t)$ oder das exponentielle Wachstum

$$\dot{y}(t) = y(t)$$

mit der Lösung $y(t) = c \cdot e^t$. Bei *partiellen Differentialgleichungen (PDE)* kommen mehrere Unabhängige vor. Einfache Anwendungsbeispiele hierfür sind die *Poisson-Gleichung* in 2 D, die beispielsweise die Verformung u einer am Rand eingespannten Membran unter einer äußeren Last f beschreibt:

$$\delta u(x, y) := u_{xx}(x, y) + u_{yy}(x, y) = f(x, y) \quad \text{auf } [0, 1]^2$$

(hier wird's mit der expliziten Angabe von Lösungen schon viel schwerer) oder die *Wärmeleitungsgleichung* in 1 D, die beispielsweise die Temperaturverteilung T in einem Metalldraht bei vorgegebener Temperatur an den Endpunkten beschreibt:

$$T_t(x, t) = T_{xx}(x, t) \quad \text{auf } [0, 1]^2$$

(hier liegt aufgrund der Zeitabhängigkeit eine *instationäre Gleichung* vor).

Wie schon in Abschn. 2.2.2 erwähnt wurde, bestimmt die Differentialgleichung allein die Lösung i. A. noch nicht eindeutig, es bedarf vielmehr zusätzlicher Bedingungen. Solche Bedingungen treten in Erscheinung als *Anfangsbedingungen* (etwa die Populationsstärke zu Beginn der Zeitrechnung) oder als *Randbedingungen* (ein Space Shuttle soll schließlich an wohldefinierten Orten starten und landen). Gesucht ist dann jeweils die Funktion y, die die

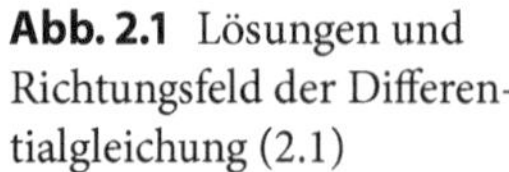

Abb. 2.1 Lösungen und Richtungsfeld der Differentialgleichung (2.1)

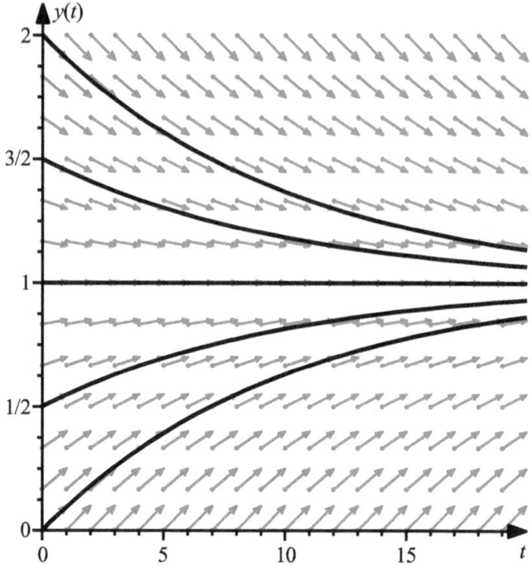

Differentialgleichung *und* diese Bedingungen erfüllt. Dementsprechend spricht man von *Anfangswertproblemen (AWP)* oder *Randwertproblemen (RWP)*. Wir werden uns in diesem Abschnitt nur mit AWP von ODE befassen, insbesondere mit dem Typ

$$\dot{y}(t) = f(t, y(t)), \qquad y(t_0) = y_0 .$$

Hier benötigen wir *eine* Anfangsbedingung, da es sich um eine ODE *erster Ordnung* handelt (nur erste Ableitung).

Als Beispiel betrachten wir die ODE

$$\dot{y}(t) = -\frac{1}{10} y(t) + \frac{1}{10} , \tag{2.1}$$

die als lineare Differentialgleichung mit konstanten Koeffizienten eine der einfachsten denkbaren Differentialgleichungen des obigen Typs ist. Ihre Lösungen lassen sich direkt angeben als $y(t) = 1 + c \cdot e^{-t/10}$ mit frei wählbarem Parameter $c \in \mathbb{R}$, durch den eine Anfangsbedingung $y(0) = 1 + c \stackrel{!}{=} y_0$ erfüllt werden kann. Abbildung 2.1 zeigt Lösungskurven für verschiedene Anfangswerte y_0.

Anhand dieses einfachen Beispiels können wir uns überlegen, wie man auch in komplizierteren Fällen, in denen eine explizite Lösung nicht mehr ohne weiteres anzugeben ist, zumindest qualitative Aussagen über die Lösungen machen kann. Gleichzeitig ist diese Überlegung der Einstieg in das numerische Lösen von ODE, weshalb diese Diskussion im Abschnitt zur Numerik und nicht in dem zur Analysis eingeordnet ist.

Die Idee ist einfach: Wir folgen einem Teilchen in der $t - y$-Ebene, das sich längs einer Kurve $\{(t, y(t)), t \in \mathbb{R}_+\}$ bewegt, wobei $y(t)$ die Differentialgleichung erfüllt. Eine solche Kurve heißt *Trajektorie* oder *Bahnkurve*. Wenn wir eine gleichförmige Bewegung mit Geschwindigkeit 1 in t-Richtung annehmen, muss die Geschwindigkeit in y-Richtung, um auf der Bahnkurve zu bleiben, gerade $\dot{y} = f(t, y(t))$ betragen: Für jeden Punkt $(t, y(t))$ gibt uns die rechte Seite der Differentialgleichung somit die Richtung an, in der es weitergeht. Versieht man die $t - y$-Ebene mit einem *Richtungsfeld* – also in jedem Punkt (t, y) mit dem Vektor mit Komponenten 1 in t-Richtung und $f(t, y)$ in y-Richtung, Abb. 2.1 zeigt einige Richtungspfeile für unser Beispielproblem – so kann man eine Lösungskurve skizzieren (oder auch numerisch approximieren), indem man ausnutzt, dass in jedem Punkt der Richtungsvektor tangential zur Kurve ist.

Qualitative Eigenschaften der Differentialgleichung, etwa dass für beliebige Anfangswerte die Lösungen gegen 1 konvergieren, hätte man auch ohne Kenntnis der expliziten Lösung aus dem Richtungsfeld ablesen können. Dass die Differentialgleichung durch ihre konstanten Koeffizienten *autonom* ist (die rechte Seite ist von der Form $f(y(t))$ ohne direkte Abhängigkeit von t), ist für solche qualitative Überlegungen ebenfalls nicht nötig (bei den im Anschluss besprochenen Systemen von Differentialgleichungen wird das anders sein). Insgesamt sind Richtungsfelder ein nützliches Werkzeug, um eine ODE zu verstehen, noch bevor man sich um explizite oder numerische Lösungen bemüht.

Zum Abschluss wenden wir uns nun noch kurz einer sehr einfachen Klasse von *Systemen von ODE* zu, den *linearen Systemen mit konstanten Koeffizienten*. Wie schon öfters unterscheiden wir den *homogenen* Fall

$$\dot{x}(t) = A \cdot x(t), \quad x(t_0) = x_0,$$

sowie den *inhomogenen* Fall

$$\dot{x}(t) = A \cdot x(t) + c, \quad x(t_0) = x_0,$$

wobei $A \in \mathbb{R}^{n,n}$, $c \in \mathbb{R}^n$ und $x \in \mathbb{R}^n$. Für das homogene System liefert der Ansatz $x(t) := e^{\lambda t} \cdot v$ mit zunächst unbestimmten Parametern $\lambda \in \mathbb{R}$ und $v \in \mathbb{R}^n$ nach Einsetzen in die ODE, dass $Av = \lambda v$ gelten muss. Wenn es also gelingt, den Startvektor x_0 als Linearkombination von Eigenvektoren v_i zu Eigenwerten λ_i von A darzustellen, $x_0 = \sum_{i=1}^{n} v_i$, dann erfüllt

$$x(t) := \sum_{i=1}^{n} e^{\lambda_i t} \cdot v_i$$

sowohl die ODE als auch die Anfangsbedingung. Quasi als Gratisbeigabe lernen wir zudem, dass die Eigenwerte der Systemmatrix A das Verhalten der Lösung bestimmen. Bei nur negativen Realteilen aller Eigenwerte konvergiert die Lösung im Laufe der Zeit gegen null; mindestens ein positiver Realteil führt zu $\|x(t)\| \to \infty$ für $t \to \infty$; nicht verschwindende Imaginärteile implizieren die Anwesenheit von Oszillationen.

Im nicht homogenen Fall wählt man (reguläres A vorausgesetzt) $x_\infty := -A^{-1}c$ und erhält mit einer Lösung $z(t)$ der homogenen Gleichung eine Lösung $x(t) := z(t) + x_\infty$ des

Abb. 2.2 Lösungen zu den Anfangswerten $(x_0, y_0) = (0, 3/2), (1/4, 2), (2, 2), (2, 3/2)$ und $(2, 1/2)$ und Richtungsfeld des Differentialgleichungssystems (2.2), Markierungen • im Abstand von $\delta t = 10$

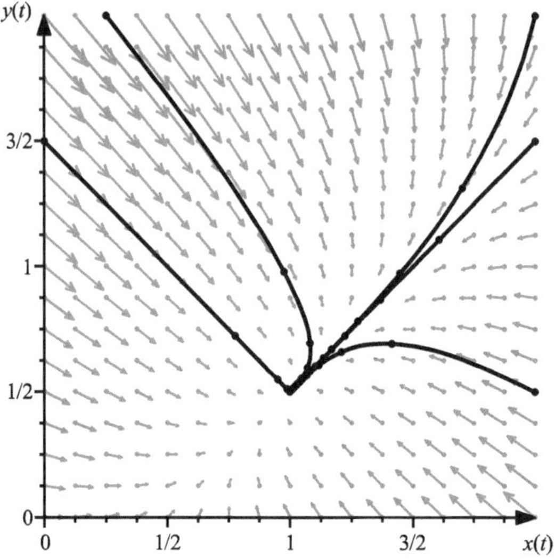

inhomogenen Systems wegen $\dot{x}(t) = \dot{z}(t) = A \cdot z(t) = A \cdot (x(t) + A^{-1}c) = A \cdot x(t) + c$. Die Lösung ist gegenüber dem homogenen Fall also nur um x_∞ verschoben, auf das Konvergenz-, Divergenz- bzw. Oszillationsverhalten hat das keinen Einfluss.

Als Beispiel betrachten wir folgendes System:

$$\begin{pmatrix} \dot{x}(t) \\ \dot{y}(t) \end{pmatrix} = \begin{pmatrix} -1/10 & 1/20 \\ 1/20 & -1/10 \end{pmatrix} \begin{pmatrix} x(t) \\ y(t) \end{pmatrix} + \begin{pmatrix} 3/40 \\ 0 \end{pmatrix}. \tag{2.2}$$

Die Systemmatrix hat die Eigenvektoren

$$v_1 = \begin{pmatrix} 1 \\ 1 \end{pmatrix}$$

zum Eigenwert $\lambda_1 = -0{,}05$ und

$$v_2 = \begin{pmatrix} -1 \\ 1 \end{pmatrix}$$

zum Eigenwert $\lambda_2 = -0{,}15$. Beide Eigenwerte sind reell und negativ, die Lösungen konvergieren also für beliebige Startwerte gegen den *Gleichgewichtspunkt*

$$\bar{x} = -A^{-1} \begin{pmatrix} 3/40 \\ 0 \end{pmatrix} = \begin{pmatrix} 1 \\ 1/2 \end{pmatrix}.$$

Abbildung 2.2 zeigt einige Lösungskurven in der $x - y$-Ebene, Abb. 2.3 die Komponenten $x(t)$, $y(t)$ der Lösung in Abhängigkeit von t. Das Richtungsfeld lässt sich im Fall autonomer Differentialgleichungssysteme mit zwei Komponenten noch zeichnen, indem

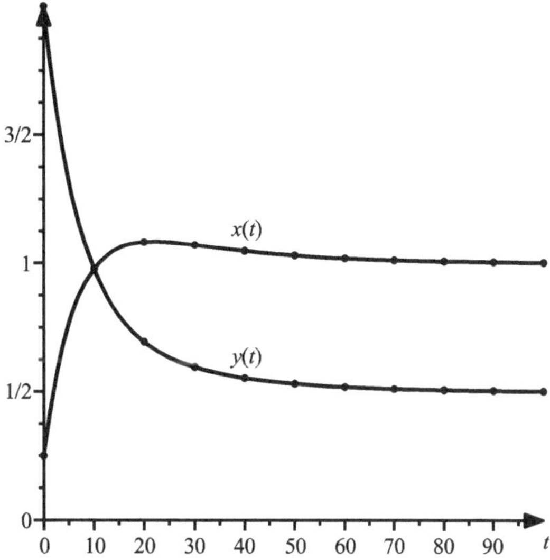

Abb. 2.3 Lösungskomponenten des Differentialgleichungssystems (2.2) mit Anfangswerten $(x_0, y_0) = (1/4, 2)$

man sich die (für das Richtungsfeld irrelevante) t-Achse senkrecht zur Zeichenebene vorstellt und zu einem Punkt in der $x - y$-Ebene den Richtungsvektor $(\dot{x}, \dot{y})$ markiert.

Ein völlig anderes Verhalten zeigen die Lösungskurven des Systems

$$\begin{pmatrix} \dot{x}(t) \\ \dot{y}(t) \end{pmatrix} = \begin{pmatrix} -1/20 & 1/10 \\ 1/10 & -1/20 \end{pmatrix} \begin{pmatrix} x(t) \\ y(t) \end{pmatrix} + \begin{pmatrix} 0 \\ -3/40 \end{pmatrix}, \tag{2.3}$$

bei dem die Systemmatrix dieselben Eigenvektoren v_1 und v_2 hat wie beim vorigen Beispiel, aber der Eigenwert $\lambda_1 = +0{,}05$ zu v_1 ist nun positiv (der andere Eigenwert $\lambda_2 = -0{,}15$ und der Gleichgewichtspunkt x_∞ sind unverändert). Abbildung 2.4 zeigt die Auswirkungen des Vorzeichenwechsels von λ_1: nur noch solche Lösungskurven, deren Anfangswert exakt auf der Gerade in Richtung v_2 vom Gleichgewichtspunkt aus liegen, konvergieren nun gegen x_∞. Bei einer geringfügigen Störung verläuft die Lösungskurve anfangs annähernd parallel, bis sich dann der positive Eigenwert λ_1 fast explosionsartig auswirkt – die Lösungskurve wird in Richtung v_1 abgelenkt und die Geschwindigkeit, mit der sich die Lösung vom Gleichgewichtspunkt entfernt, wächst exponentiell. Die Existenz eines positiven Eigenwertes führt also zu einem labilen Gleichgewicht, das durch eine beliebig kleine Störung verlassen wird.

Doch nun zur Numerik von Anfangswertproblemen gewöhnlicher Differentialgleichungen. Besonderen Ärger machen natürlich – wie immer – schlecht konditionierte Probleme, von denen wir im Folgenden die Finger lassen wollen. Dennoch ein kleines Beispiel eines schlecht konditionierten AWP zur Abschreckung. Gegeben sei die Gleichung $\ddot{y}(t) - N\dot{y}(t) - (N+1)y(t) = 0$, $t \geq 0$ mit den Anfangsbedingungen $y(0) = 1$, $\dot{y}(0) = -1$ und der Lösung $y(t) = e^{-t}$. Stören wir nun eine Anfangsbedingung zu $y_\varepsilon(0) = 1 + \varepsilon$, so ergibt sich als neue Lösung $y_\varepsilon(t) = (1 + \frac{N+1}{N+2}\varepsilon)e^{-t} + \frac{\varepsilon}{N+2}e^{(N+1)t}$. Offensichtlich haben $y(t)$

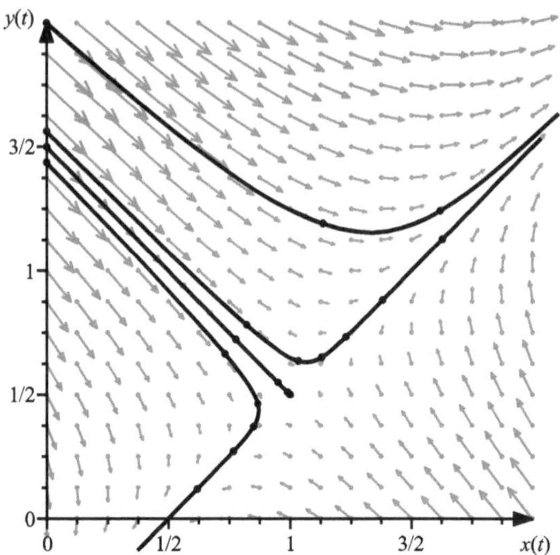

Abb. 2.4 Lösungen zu den Anfangswerten $(x_0, y_0) = (0, 3/2), (0, 3/2 \pm 1/16)$ und $(0, 2)$ und Richtungsfeld des Differentialgleichungssystems (2.3)

und $y_\varepsilon(t)$ einen völlig verschiedenen Charakter; insbesondere geht $y(t)$ mit $t \to \infty$ gegen null, wohingegen $y_\varepsilon(t)$ für $N + 1 > 0$ unbeschränkt wächst, und zwar für beliebiges (d. h. insbesondere noch so kleines) $\varepsilon > 0$! Kleinste Trübungen in den Eingabedaten (hier eine der beiden Anfangsbedingungen) können sich somit desaströs auf die Lösung des AWP auswirken – ein klarer Fall von miserabler Kondition!

Finite Differenzen. Doch nun zu konkreten Lösungsalgorithmen. Wir betrachten im Folgenden das soeben erwähnte allgemeine AWP erster Ordnung $\dot{y}(t) = f(t, y(t))$, $y(a) = y_a$, $t \in [a, b]$ und gehen dabei von dessen eindeutiger Lösbarkeit aus. Falls f nicht von seinem zweiten Argument y abhängt, ist dies ein einfaches Integrationsproblem! Startpunkt ist wie immer die *Diskretisierung*, d. h. hier: Ersetze Ableitungen bzw. *Differentialquotienten* durch *Differenzenquotienten* bzw. *finite Differenzen*, beispielsweise die *Vorwärts-, Rückwärts-* oder *zentrale Differenz*

$$\frac{y(t + \delta t) - y(t)}{\delta t} \quad \text{oder} \quad \frac{y(t) - y(t - \delta t)}{\delta t} \quad \text{oder} \quad \frac{y(t + \delta t) - y(t - \delta t)}{2 \cdot \delta t}$$

für $\dot{y}(t)$ bzw., bei AWP zweiter Ordnung,

$$\frac{\frac{y(t+\delta t)-y(t)}{\delta t} - \frac{y(t)-y(t-\delta t)}{\delta t}}{\delta t} = \frac{y(t + \delta t) - 2 \cdot y(t) + y(t - \delta t)}{(\delta t)^2}$$

für $\ddot{y}(t)$ usw. Die erste der obigen Näherungen für $\dot{y}(t)$ führt auf

$$y(a + \delta t) \approx y(a) + \delta t \cdot f(t, y(a)), \qquad \text{also}$$

$$y_{k+1} := y_k + \delta t \cdot f(t_k, y_k),$$

$$t_k = a + k\delta t, \quad k = 0, 1, \ldots, N, \quad a + N \cdot \delta t = b$$

als einfachste Vorschrift zur Erzeugung diskreter Näherungen y_k für $y(t_k)$. Man nimmt also an der Stelle t_k den bereits berechneten Näherungswert y_k, ermittelt daraus mit Hilfe von f eine Näherung für die Steigung (Ableitung) von y und nutzt diese für eine Schätzung von y im nächsten Zeitpunkt t_{k+1}. Diese Methode wird *Euler-Verfahren* genannt. Man kann das Euler-Verfahren auch über die Taylor-Approximation der Lösung $y(t)$ interpretieren bzw. herleiten. Betrachte hierzu die Taylor-Entwicklung

$$y(t_{k+1}) = y(t_k) + \delta t \cdot \dot{y}(t_k) + R \approx y(t_k) + \delta t \cdot f(t_k, y_k),$$

in der alle Terme höherer Ordnung (d. h. mit $(\delta t)^2$ etc.) vernachlässigt werden.

Daneben gibt es eine Reihe verwandter Verfahren für AWP von ODE, beispielsweise das Verfahren von *Heun*:

$$y_{k+1} := y_k + \frac{\delta t}{2} \left(f(t_k, y_k) + f(t_{k+1}, y_k + \delta t f(t_k, y_k)) \right).$$

Das Grundmuster ist unverändert: Man nehme die bereits berechnete Näherung y_k in t_k, bestimme eine Näherung für die Steigung $\dot{y}$ und ermittle daraus mittels Multiplizieren mit der Schrittweite δt eine Näherung für den Wert der Lösung y im nächsten Zeitpunkt t_{k+1}. Neu ist, wie man die Steigung schätzt. Beim Euler-Verfahren nimmt man einfach $f(t_k, y_k)$ her. Das Heun-Verfahren versucht, die Steigung im gesamten Intervall $[t_k, t_{k+1}]$ besser zu approximieren, indem der Mittelwert aus zwei Schätzern für $\dot{y}$ in t_k und in t_{k+1} herangezogen wird. Das Problem, dass man y_{k+1} ja erst bestimmen will, umgeht man durch Verwendung der Euler-Schätzung als zweites Argument von f. Wie man leicht sieht, ist der einzelne Zeitschritt aufwändiger geworden (zwei Funktionsauswertungen von f, mehr elementare Rechenoperationen als beim einfachen Euler-Verfahren).

Das Verfahren nach *Runge* und *Kutta* geht noch einen Schritt weiter in diese Richtung:

$$y_{k+1} := y_k + \frac{\delta t}{6} \left(T_1 + 2T_2 + 2T_3 + T_4 \right)$$

mit

$$T_1 := f(t_k, y_k),$$
$$T_2 := f\left(t_k + \frac{\delta t}{2}, y_k + \frac{\delta t}{2} T_1 \right),$$
$$T_3 := f\left(t_k + \frac{\delta t}{2}, y_k + \frac{\delta t}{2} T_2 \right),$$
$$T_4 := f(t_{k+1}, y_k + \delta t T_3).$$

Auch diese Vorschrift folgt dem Grundprinzip

$$y_{k+1} := y_k + \delta_t \cdot \textit{Näherung der Steigung},$$

allerdings ist die Berechnung des Näherungswerts für $\dot{y}$ jetzt noch komplizierter. Ausgehend von der einfachen Euler-Näherung $f(t_k, y_k)$, werden durch kunstvolles Verschachteln vier geeignete Näherungswerte ermittelt, die dann – passend gewichtet – zur Approximation herangezogen werden. Der Reiz dieser komplizierteren Regeln liegt natürlich in der höheren Genauigkeit der von ihnen produzierten diskreten Näherungen für $y(t)$. Um dies zu quantifizieren, müssen wir den Begriff der *Genauigkeit* eines Verfahrens zur Diskretisierung gewöhnlicher Differentialgleichungen griffiger machen. Zwei Dinge sind sorgsam zu trennen: erstens der Fehler, der auch ohne jede Verwendung von Näherungslösungen *lokal* an jedem Punkt t_k einfach dadurch entsteht, dass man statt der Ableitungen $\dot{y}(t)$ der exakten Lösung $y(t)$ die vom Algorithmus verwendeten Differenzenquotienten einsetzt, und zwar mit dem exakten $y(t)$; zweitens der Fehler, der sich insgesamt *global* im Laufe der Berechnung von a nach b, also über das gesamte betrachtete Zeitintervall, ansammelt. Dementsprechend unterscheiden wir zwei Arten von Diskretisierungsfehlern, den *lokalen Diskretisierungsfehler* $l(\delta t)$ (d. h. das, was in jedem Zeitschritt neu an Fehler entsteht, auch wenn man den Differenzenquotienten mit dem exakten $y(t)$ bilden würde) sowie den *globalen Diskretisierungsfehler*

$$e(\delta t) := \max_{k=0,\dots,N} \{|\, y_k - y(t_k)\,|\}$$

(d. h. das, um was man am Ende über das gesamte Zeitintervall mit seinen Berechnungen maximal daneben liegt).

Falls $l(\delta t) \to 0$ für $\delta t \to 0$, so wird das Diskretisierungsschema *konsistent* genannt. Konsistenz ist offensichtlich das Minimum, was zu fordern ist. Eine nicht konsistente Diskretisierung taugt überhaupt nichts: Wenn nicht einmal lokal in jedem Zeitschritt vernünftig approximiert wird und somit immer mehr Rechenaufwand eben nicht zu immer besseren Ergebnissen führt, kann man auch nicht erwarten, dass unser gegebenes AWP sinnvoll gelöst wird. Falls $e(\delta t) \to 0$ für $\delta t \to 0$, so wird das Diskretisierungsschema *konvergent* genannt. Das Investieren von immer mehr Rechenaufwand (immer kleinere Zeitschritte δt) führt dann auch zu immer besseren Approximationen an die exakte Lösung (verschwindender Fehler). Konsistenz ist der schwächere der beiden Begriffe, eher technischer Natur und oft relativ einfach zu beweisen. Konvergenz dagegen ist der stärkere Begriff (Konvergenz impliziert Konsistenz, umgekehrt nicht!), von fundamentaler praktischer Bedeutung und oft nicht ganz trivial zu zeigen.

Alle drei bisher vorgestellten Verfahren sind konsistent und konvergent, das Euler-Verfahren von erster Ordnung, das Heun-Verfahren von zweiter Ordnung und Runge-Kutta von vierter Ordnung, also

$$l(\delta t) = \mathcal{O}((\delta t)^4)\,, \qquad e(\delta t) = \mathcal{O}((\delta t)^4)\,.$$

Hier wird der Qualitätsunterschied deutlich: Je höher die Ordnung des Verfahrens, desto mehr bringt eine Aufwandssteigerung. Bei Halbierung der Schrittweite δt bspw. wird der Fehler bei Euler bzw. Heun bzw. Runge-Kutta asymptotisch um einen Faktor 2 bzw. 4 bzw.

16 reduziert. Die teureren Verfahren sind also (zumindest asymptotisch) die leistungsfähigeren. Natürlich sind wir noch nicht zufrieden. Die Zahl der *Auswertungen* der Funktion f für verschiedene Argumente hat stark zugenommen (vgl. die Runge-Kutta-Formeln: T_2, T_3 und T_4 erfordern je eine zusätzliche Auswertung von f). In der numerischen Praxis ist f typischerweise sehr kompliziert (oft muss für eine einzige Auswertung von f eine weitere Differentialgleichung gelöst werden), sodass bereits eine Auswertung von f mit hohem Rechenaufwand verbunden ist.

Die bisherigen Verfahren sind allesamt so genannte *Einschrittverfahren*: Für die Berechnung von y_{k+1} werden keine weiter als t_k zurückliegenden Zeitpunkte herangezogen (sondern – wie gesagt – neue Auswertestellen). Anders bei den *Mehrschrittverfahren*: Hier werden keine zusätzlichen Auswertestellen von f produziert, sondern vielmehr werden ältere (und schon berechnete) Funktionswerte wiederverwertet, zum Beispiel in t_{k-1} beim *Adams-Bashforth-Verfahren zweiter Ordnung*:

$$y_{k+1} := y_k + \frac{\delta t}{2}\left(3f(t_k, y_k) - f(t_{k-1}, y_{k-1})\right)$$

(die Konsistenz zweiter Ordnung kann leicht gezeigt werden). Verfahren noch höherer Ordnung können analog konstruiert werden, indem man auf noch weiter zurückliegende Zeitpunkte t_{k-i}, $i = 1, 2, \ldots$, zurückgreift. Das Prinzip ist dabei ein guter alter Bekannter von der Quadratur: Ersetze f durch ein Polynom p von passendem Grad, das f in den betrachteten (t_i, y_i) interpoliert, und verwende dann dieses p gemäß

$$y_{k+1} := y_k + \int_{t_k}^{t_{k+1}} f(t, y(t))\mathrm{d}t \approx y_k + \int_{t_k}^{t_{k+1}} p(t)\mathrm{d}t \,,$$

um y_{k+1} zu berechnen (das Polynom p ist leicht zu integrieren). Zu Beginn, d. h., solange es noch nicht genügend „alte" Werte gibt, benutzt man in der Regel ein passendes Einschrittverfahren. Die auf diesem Interpolationsprinzip beruhenden Mehrschrittverfahren heißen *Adams-Bashforth-Verfahren*.

Stabilität. Die Verfahren von Euler, Heun und Runge-Kutta sind konsistent und konvergent. Dies gilt auch für die soeben eingeführte Klasse der Mehrschrittverfahren vom Adams-Bashforth-Typ. Dennoch zeigt sich bei den Mehrschrittverfahren, dass Konsistenz und Konvergenz nicht immer zugleich gelten. Um konvergent zu sein, muss ein konsistentes Verfahren zusätzlich *stabil* sein (im Sinne unserer Definition eines numerisch stabilen Algorithmus). Der Nachweis der Stabilität ist damit eminent wichtig. Es gilt die Merkregel

$$\text{Konsistenz} \quad + \quad \text{Stabilität} \quad \Rightarrow \quad \text{Konvergenz} \,.$$

Ein Beispiel für eine instabile Diskretisierungsvorschrift liefert die *Mittelpunktsregel* $y_{k+1} := y_{k-1} + 2\delta t f_k$ ein konsistentes 2-Schritt-Verfahren (leicht über Taylor-Entwicklung zu zeigen). Wendet man die Mittelpunktsregel etwa auf das AWP

$$\dot{y}(t) = -2y(t) + 1\,, \qquad y(0) = 1\,, \qquad t \geq 0\,,$$

mit der Lösung

$$y(t) = \frac{1}{2}(e^{-2t} + 1)$$

an, so kommt es zu *Oszillationen* und zu *Divergenz* – egal, wie klein man δt wählt.

Steifheit, implizite Verfahren. Als letztes Phänomen betrachten wir *steife* Differential-gleichungen. Hierunter versteht man Szenarien, bei denen eine unbedeutende lokale Eigenschaft der Lösung eine extrem hohe Auflösung auf dem gesamten Gebiet aufzwingt. Als Beispiel diene das (gut konditionierte) AWP $\dot{y} = -1000y + 1000$, $t \geq 0$, $y(0) = y_0 = 2$ mit der Lösung $y(t) = e^{-1000t} + 1$. Wendet man das (konvergente!) Euler-Verfahren an, so ergibt sich für $\delta t \geq 0{,}002$ keine Konvergenz. Dies ist nur auf den ersten Blick ein Widerspruch. Die Begriffe Konsistenz, Konvergenz und Stabilität sind *asymptotischer* Natur: $\delta t \to 0$ und $\mathcal{O}(\delta t)$ bedeuten immer „für hinreichend kleines δt", und im vorliegenden Fall ist dieses „hinreichend klein" eben „inakzeptabel klein". Abhilfe bei steifen Problemen schaffen *implizite Verfahren*, bei denen das unbekannte y_{k+1} auch auf der rechten Seite der Verfahrensvorschrift auftaucht, sodass diese also erst nach y_{k+1} aufgelöst werden muss. Einfachstes Beispiel eines impliziten Verfahrens ist das *implizite Euler-* oder *Rückwärts-Euler-Verfahren*:

$$y_{k+1} = y_k + \delta t f(t_{k+1}, y_{k+1})\,.$$

Man beachte das Aufscheinen des (ja erst zu bestimmenden) y_{k+1} auf der rechten Seite der Vorschrift. Im oben betrachteten steifen Problem führt die Anwendung des impliziten Euler-Verfahrens dazu, dass $\delta t > 0$ jetzt beliebig gewählt werden kann.

Woran liegt das? Stark vereinfachend gesprochen, approximieren explizite Verfahren die Lösung eines AWP mit Polynomen, implizite Verfahren tun dies mit rationalen Funktionen. Polynome können aber beispielsweise e^{-t} für $t \to \infty$ nicht approximieren, rationale Funktionen sehr wohl. Für steife Differentialgleichungen sind implizite Verfahren somit unverzichtbar. Allerdings lässt sich die Vorschrift nicht immer so einfach nach y_{k+1} auflösen. Im allgemeinen Fall benötigt man dafür eventuell ein (nichtlineares) Iterationsverfahren. Oft hilft auch der *Prädiktor-Korrektor-Ansatz*: Man bestimmt zunächst mit einem passenden expliziten Verfahren eine erste Näherung für y_{k+1} und setzt diese dann in die rechte Seite der impliziten Vorschrift ein – aus zweimal explizit wird unter bestimmten Voraussetzungen somit einmal implizit. Grundsätzlich gilt, dass ein impliziter Zeitschritt teurer als ein expliziter ist. Aufgrund wegfallender oder zumindest weniger restriktiver Schrittweitenbeschränkungen werden aber oft bei impliziten Verfahren viel weniger Zeitschritte benötigt.

Weitere (hier nicht angesprochene Themen) zur Numerik von ODE sind *Systeme von ODE, ODE höherer Ordnung* sowie *Randwertprobleme*.

2.4.6 Partielle Differentialgleichungen

Klassifikation. Partielle Differentialgleichungen (PDE) sind wohl noch analytisch unzugänglicher als ODE – nicht nur, dass geschlossene Lösungen in praxisrelevanten Fällen so gut wie nie angegeben werden können, auch die Frage nach Existenz und Eindeutigkeit von Lösungen ist oft offen. Dies macht die numerische Behandlung von PDE zum Muss – trotz des insbesondere bei voller Raumauflösung hohen Berechnungsaufwands. Konkrete Modelle sind formuliert als *Randwertprobleme* (z. B. im stationären Fall) oder als *Rand-Anfangswertprobleme*. Wichtige Randbedingungen sind *Dirichlet-Randbedingungen* (hier werden die Funktionswerte auf dem Rand vorgegeben) sowie *Neumann-Randbedingungen*, bei denen die Normalableitung auf dem Rand festgelegt wird.

Eine wichtige Klasse von PDE ist die *lineare PDE zweiter Ordnung* in d Dimensionen:

$$\sum_{i,j=1}^{n} a_{i,j}(x) \cdot \partial_{i,j}^2 u(x) + \sum_{i=1}^{n} a_i(x) \cdot \partial_i u(x) + a(x) \cdot u(x) = f(x) \, .$$

Innerhalb dieser Klasse unterscheidet man *elliptische* PDE (die Matrix A der Koeffizientenfunktionen $a_{i,j}(x)$ ist positiv oder negativ definit, *hyperbolische* PDE (die Matrix A hat einen positiven und $n - 1$ negative Eigenwerte oder umgekehrt) sowie *parabolische* PDE (ein Eigenwert von A ist null, alle anderen haben dasselbe Vorzeichen, und der Rang von A zusammen mit dem Vektor der Koeffizientenfunktionen $a_i(x)$ ist maximal bzw. voll – wenn bzgl. einer Variablen keine zweite Ableitung auftritt, dann zumindest die erste). Einfache und berühmte Beispiele sind die *Laplace-* oder *Potenzialgleichung* $\delta u = 0$ für den elliptischen Fall, die *Wärmeleitungsgleichung* $\delta T = T_t$ für den parabolischen Fall und die *Wellengleichung* $\delta u = u_{tt}$ für den hyperbolischen Fall. Diese Unterscheidung ist keine buchhalterische – alle drei Arten weisen analytisch unterschiedliche Eigenschaften auf (z. B. gibt es Schock-Phänomene wie den Mach'schen Kegel nur bei hyperbolischen PDE) und erfordern unterschiedliche numerische Ansätze zu ihrer Lösung.

Diskretisierungsansätze. Insbesondere im höherdimensionalen Fall wird schon die Diskretisierung des Definitionsgebiets aufwändig. Man unterscheidet *strukturierte Gitter* (z. B. kartesische Gitter), bei denen die Koordinaten von Gitterpunkten bzw. Zellen nicht explizit gespeichert werden müssen, sondern über Indexrechnung bestimmt werden können, und *unstrukturierte Gitter*, bei denen die gesamte Geometrie (Koordinaten) und Topologie (Nachbarschaften etc.) mit verwaltet und gespeichert werden müssen. Beispiele unstrukturierter Gitter sind unregelmäßige Triangulierungen oder Tetraedergitter.

Als Diskretisierungstechniken für PDE haben sich im Laufe der Jahre eine ganze Reihe von Ansätzen etabliert. *Finite-Differenzen-Verfahren* diskretisieren die PDE insofern direkt, als sie sämtliche Ableitungen durch sie annähernde Differenzenquotienten ersetzen – ein naheliegender und leicht zu implementierender Ansatz, der in puncto theoretischem Hintergrund aber seine Schwächen hat und außerdem im Wesentlichen auf strukturierte bzw.

orthogonale Gitter beschränkt ist. *Finite-Volumen-Verfahren* sind besonders im Kontext von Strömungssimulationen populär. Sie diskretisieren kontinuumsmechanische Erhaltungssätze auf kleinen Kontrollvolumina. *Finite-Elemente-Verfahren* dagegen setzen einen Variationsansatz um – sie suchen eine energieminimale Lösung, was einen sehr direkten Bezug zur zugrunde liegenden Physik hat. Hier ist die Implementierung oft aufwändiger, dafür kann man auf der Haben-Seite eine hohe Flexibilität bezüglich der eingesetzten Gitter (von strukturiert bis unstrukturiert) sowie eine sehr schöne und reiche mathematische Theorie verbuchen. Daneben gibt es noch weitere Konzepte wie *Spektralmethoden* oder *gitterlose Verfahren*, bei denen die Perspektive bewegter Teilchen anstelle eines festen Bezugsgitters eingenommen wird.

Finite Differenzen. Gegeben sei ein Gebiet $\Omega \subseteq \mathbb{R}^d$, $d \in \{1, 2, 3\}$. Darauf wird ein (regelmäßiges) Gitter Ω_h mit *Maschenweite* $h = (h_x, h_y, h_z)$ (in 3 D) eingeführt. Die Definition der *finiten Differenzen* bzw. Differenzenquotienten erfolgt nun analog zum vorigen Abschnitt über ODE. Für die erste Ableitung sind wie zuvor bei den ODE *Vorwärts-*, *Rückwärts-* oder *zentrale Differenzen* gebräuchlich,

$$\frac{\partial u}{\partial x}(\xi) \doteq \frac{u(\xi + h_x) - u(\xi)}{h_x} \,, \qquad \frac{u(\xi) - u(\xi - h_x)}{h_x} \,, \qquad \frac{u(\xi + h_x) - u(\xi - h_x)}{2h_x} \,,$$

für die zweite Ableitung beispielsweise der *3-Punkte-Stern*

$$\frac{\partial^2 u}{\partial x} \doteq \frac{u(\xi - h_x) - 2u(\xi) + u(\xi + h_x)}{h_x^2} \,,$$

sodass sich für den Laplace-Operator δu entsprechend in 2 D der *5-Punkte-Stern* und in 3 D der *7-Punkte-Stern* ergeben. Die Bezeichnung „Stern" drückt aus, auf welche bzw. wie viele benachbarte Punkte die Diskretisierung jeweils zugreift. Breitere Sterne involvieren mehr Punkte, wodurch sich eine höhere Approximationsgüte erzielen lässt (Auslöschung weiterer Terme in der Taylor-Entwicklung).

In jedem inneren Gitterpunkt wird nun anstelle der PDE eine *Differenzengleichung* angesetzt. Die Unbekannten (*Freiheitsgrade*) sind dabei gerade die Näherungswerte für die Funktionswerte $u(\xi)$ in den diskreten Gitterpunkten ξ. Pro Gitterpunkt und pro unbekannter skalarer Größe ergibt sich so eine Unbekannte. Punkte auf dem Rand oder nahe am Rand erfordern eine gesonderte Behandlung. Im Falle von *Dirichlet-Randbedingungen* wird in den Randpunkten keine Differenzengleichung angegeben (dort sind die Funktionswerte ja vorgegeben und nicht unbekannt). In Punkten neben dem Rand ergibt sich eine „verkümmerte" diskrete Gleichung, weil die Sterne zum Teil auf bekannte Werte zugreifen, die auf die rechte Seite wandern. Im Fall von *Neumann-Randbedingungen* werden auch in den Randpunkten Differenzengleichungen angegeben, die jedoch aufgrund der Bedingung an die Normalableitung eine modifizierte Gestalt haben.

Insgesamt erhält man so ein großes (eine Zeile für jede skalare Größe in jedem (inneren) Gitterpunkt), dünn besetztes (nur wenige Nicht-Nullen aus dem Stern resultierend) System linearer Gleichungen, das anschließend effizient zu lösen ist.

Abhängig von den gewählten diskreten Operatoren ergibt sich eine bestimmte *Konsistenzordnung* der Diskretisierung; Stabilität ist zusätzlich zu zeigen. Ansatzpunkte für Verbesserungen können die Verwendung von Sternen höherer Ordnung oder eine nur lokale Gitterverfeinerung (*Adaptivität*) sein. Im Falle höherer Dimensionalitäten, wie sie etwa in der Quantenmechanik oder in der Finanzmathematik auftreten, schlägt der *Fluch der Dimension* zu: In d Raumdimensionen werden $\mathcal{O}(h^{-d})$ Gitterpunkte und Unbekannte benötigt, was für $d = 10$ oder $d = 100$ natürlich nicht mehr handhabbar ist.

Finite Elemente. Bei *Finite-Elemente-Methoden (FEM)* werden die Ableitungen nicht direkt diskretisiert. Vielmehr wird die PDE in eine so genannte *schwache Form* (Integralform) transformiert. Wir halten fünf wesentliche Schritte fest:

1. *Substrukturierung* und *Gittererzeugung*: zerlege das Gebiet in einzelne Parzellen vorgegebenen Musters und endlicher Ausdehnung (*finite Elemente*);
2. *schwache Form*: erfülle die PDE nicht mehr punktweise überall, sondern nur noch abgeschwächt (in Form eines Skalarprodukts) bzw. gemittelt (als Integral);
3. *endlich dimensionaler Ansatzraum*: ersetze die kontinuierliche Lösung in der schwachen Form durch eine geeignete endlich-dimensionale Approximation;
4. *System linearer Gleichungen*: stelle über Testfunktionen eine Gleichung für jeden Freiheitsgrad auf;
5. *Lösung des linearen Systems*: setze ein geeignetes Iterationsverfahren zur Lösung des linearen Systems ein.

Das Erzeugen der finiten Elemente kann man als Top-down- oder als Bottom-up-Prozess interpretieren. Top-down wird das Gebiet in Standardkomponenten zerlegt, deren Verhalten einfach zu beschreiben ist; bottom-up geht man von bestimmten Elementen aus und approximiert damit das gegebene Gebiet. In 3 D erhält man so ein *Finite-Elemente-Netz* aus *Elementen* (3 D Atome, z. B. Würfel oder Tetraeder), *Flächen* (2 D Oberflächenstrukturen, z. B. Dreiecke oder Quadrate), *Kanten* (1 D Randstrukturen der Elemente) sowie *Gitterpunkten* oder *Knoten*, in denen typischerweise (aber nicht notwendigerweise) die Unbekannten leben. Zu jedem Knoten gehört eine *Ansatzfunktion* φ_k, eine Basisfunktion mit endlichem Träger (von null verschieden nur in Nachbarelementen). Alle Ansatzfunktionen zusammen spannen den linearen und endlich-dimensionalen *Ansatzraum* V_n auf und bilden eine Basis. In diesem Ansatzraum sucht man nach der Näherung für die Lösung der PDE.

Nun zur schwachen Form der PDE, die wir in der allgemeinen Form $Lu = f$ mit Differentialoperator L (z. B. δ), rechter Seite f und kontinuierlicher Lösung u schreiben. Anstelle von $Lu = f$ auf Ω betrachtet man nun

$$\int_\Omega Lu \cdot \psi_l \mathrm{d}\Omega = \int_\Omega f \cdot \psi_l \mathrm{d}\Omega$$

für eine Basis von *Testfunktionen* ψ_l eines endlich-dimensionalen *Testraums* W_n. Dieses Vorgehen heißt auch *Methode der gewichteten Residuen* oder *Galerkin-Ansatz*. Falls Test- und Ansatzraum identisch gewählt werden ($V_n = W_n$), spricht man vom *Ritz-Galerkin-Ansatz*, andernfalls vom *Petrov-Galerkin-Ansatz*. Nun schreibt man obige Gleichung noch etwas anders mit einer *Bilinearform* $a(.,.)$ und einer *Linearform* $b(.)$,

$$a(u, \psi_l) = b(\psi_l) \qquad \forall \psi_l \in W_n \,,$$

und erhält so n diskrete lineare Gleichungen.

Schließlich ersetzt man noch die kontinuierliche Lösung u durch ihre diskrete Approximation

$$u_n := \sum_{k=1}^{n} \alpha_k \varphi_k \quad \in V_n$$

und erhält somit

$$a(u_n, \psi_l) = \sum_{k=1}^{n} \alpha_k \cdot a(\varphi_k, \psi_l) = b(\psi_l) \qquad \forall \psi_l \in W_n \,.$$

Dies ist ein lineares Gleichungssystem in den n Unbekannten α_k: Die Matrix besteht aus den Einträgen $a(\varphi_k, \psi_l)$, die rechte Seite aus den $b(\psi_l)$; alle Größen hängen nicht von der Lösung ab, sondern nur vom Problem.

Wie bei den Finiten Differenzen hat die FEM-Diskretisierung also auf ein diskretes Problem $Ax = b$ geführt. An dieser Stelle sieht man schön die enge Kopplung von Diskretisierung und Lösung: Für die effiziente Lösung des linearen Systems sind einige Eigenschaften der Matrix (positiv definit, dünn besetzt, möglichst „nahe" an der Diagonalität) wünschenswert, die man nun mit einer „guten" Wahl von Test- und Ansatzraum zu erreichen versucht.

In den zahlreichen Anwendungsgebieten der FEM wurden im Laufe der Jahre eine Fülle verschiedener Elemente eingeführt, sowohl hinsichtlich Form als auch hinsichtlich Lage und Anzahl der Unbekannten. Zur Steigerung der Effizienz ist *adaptive Verfeinerung* sehr verbreitet, wobei dann der *lokalen Fehlerschätzung* (zur Entscheidung, wo verfeinert werden soll) sowie der *globalen Fehlerschätzung* (zur Entscheidung, wann abgebrochen werden kann) große Bedeutung zukommen. Man spricht auch von der *h-Version* der FEM. Daneben kann man die Approximationsgüte der Elemente sukzessive erhöhen (*p-Version* der FEM) oder auch beides kombinieren (*hp-Version*). Die Komplexität nimmt zu, wenn sehr *komplizierte* oder in der Zeit *veränderliche* Geometrien zu beschreiben sind, etwa bei Problemen mit freien Oberflächen. Und schließlich gilt das bei Finiten Differenzen zum Fluch der Dimension Gesagte natürlich auch hier.

Tab. 2.1 Bezüge zwischen Instrumentarium und Anwendungsszenarien: • steht für einen starken, ○ für einen schwächeren Bezug

	Diskrete Strukturen	Höhere Mathematik	Stochastik	Numerik
3 Spieltheorie			○	
4 Gruppenentscheidungen	•			
5 Zeitpläne	•		○	
6 Wiener-Prozesse			•	
7 Verkehr makroskopisch		•		•
8 Verkehr mikroskopisch	•		○	
9 Verkehr stochastisch	•	○	•	
10 Populationsdynamik		•	•	
11 Regelung	•	•		
12 Chaostheorie		•		•
13 Molekulardynamik		•		•
14 Wärmeleitung		•		•
15 Strömungsmechanik		•		•
16 Computergraphik		•	○	•

2.5 Bezüge Instrumentarium – Anwendungen

In diesem abschließenden Abschnitt des Kapitels 2 fassen wir in kompakter Form die Bezüge zwischen einerseits den zuvor angesprochenen Methodenapparaten und andererseits den in den folgenden Kapiteln thematisierten Anwendungsszenarien zusammen. Die Zusammenstellung in Tabelle 2.1 soll dabei mehrere Zwecke erfüllen: erstens im Vorwärts-Sinn aufzuzeigen, wo ein bestimmtes Instrumentarium zur Sprache kommen wird; zweitens im Rückwärts-Sinn aufzuzeigen, welche Grundlagen für eine bestimmte Anwendung erforderlich sind; und drittens nochmals die Bandbreite und Relevanz des Spektrums an Instrumentarien zu unterstreichen, die auf dem Gebiet der Modellbildung und Simulation zum Einsatz gelangen – in diesem Buch, aber auch grundsätzlich.

Am Beispiel der stochastischen Verkehrssimulation aus Kap. 9 sei kurz erläutert, wie die Tabelleneinträge zustande kommen und zu deuten sind. In Kap. 9 wird mit Graphen modelliert, einem zentralen Instrumentarium der diskreten Mathematik. Mit der Formel von Little spielt eine Bilanzgleichung eine Rolle, die mit analytischen Mitteln hergeleitet wird. Schließlich klingt bereits im Titel die Relevanz der Stochastik (Verteilungen, stochastische Prozesse) sowie der Statistik (Tests) an.

Spielen – entscheiden – planen: Ein Warm-up zur Modellierung

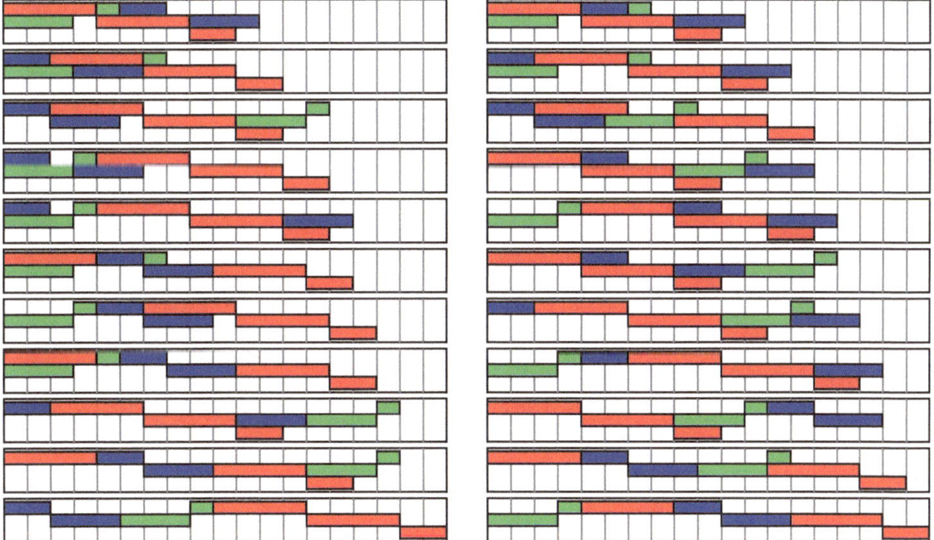

Einleitung

In diesem Teil sind als Einstieg in die Modellbildung Beispiele zusammengestellt, bei denen Handlungsmöglichkeiten formalisiert werden, um daraus Erkenntnisse über optimales Handeln zu gewinnen. Wir beschäftigen uns zunächst mit einigen klassischen Problemen der Spieltheorie, dann mit der Frage, wie in einer Gruppe aus den Meinungen der Individuen möglichst gerecht eine Entscheidung der Gruppe gefunden werden kann, mit der Erstellung optimaler Zeitpläne und schließlich mit dem Umgang mit zufälligen Prozessen.

Neben dieser thematischen Gemeinsamkeit war das wesentliche Auswahlkriterium der Beispiele, dass mit überschaubarem Aufwand der Prozess der Modellbildung exemplarisch veranschaulicht werden kann. Dies gilt einerseits in mathematischer Hinsicht, da das Instrumentarium noch weitgehend elementar ist (mit Ausnahme einiger Elemente aus der Stochastik), insbesondere bleiben Differentialgleichungen in diesem Teil noch außen vor. Andererseits gilt dies auch für den benötigten Rechenaufwand – die Beispiele lassen sich mit Papier und Bleistift oder höchstens mit ein paar Zeilen Programmcode nachvollziehen. Mit diesem Ziel im Blick wurden bewusst möglichst einfache Beispiele ausgewählt; in den behandelten Themenbereichen gibt es natürlich auch Fragestellungen, die sehr aufwändige mathematische Verfahren (etwa in der Finanzmathematik) und großen Rechenaufwand (etwa in der kombinatorischen Optimierung bei der Zeitplanerstellung) erfordern, die in unserer Betrachtung nur angedeutet werden können.

In diesem Sinne beginnen wir nun mit der Modellbildung, indem wir Ausschnitte aus der – im Beispiel vielleicht ab und an etwas künstlichen – Realität in formale Modelle umsetzen.

Spieltheorie

Als Einstieg in die Modellbildung (Simulation wird hier noch praktisch keine Rolle spielen) betrachten wir *strategische Spiele*. Vor einer formalen Definition sehen wir uns zunächst zwei berühmte Beispiele an:

- Das *Gefangenendilemma*: Die Bankräuber A und B werden verhaftet. Da der Staatsanwalt ihnen ohne Geständnis nur unerlaubten Waffenbesitz nachweisen kann (je drei Jahre Strafe), macht er jedem von ihnen (unabhängig voneinander und ohne Möglichkeit, dass die beiden noch eine Verabredung treffen können) das Angebot, ein Geständnis abzulegen und – sofern der andere weiterhin leugnet – als Kronzeuge mit einem Jahr davonzukommen, während der andere die volle Strafe (hier seien das neun Jahre) bekommt. Sollten aber beide gestehen, bekommen beide sieben Jahre. Was sollen die beiden tun, um möglichst günstig davonzukommen?
- Der *Kampf der Geschlechter* (Battle of the Sexes): Hier wollen sich die Partner A und B treffen, und zwar entweder beim Fußballspiel – das ist die Vorliebe von A – oder zum Einkaufen, was B bevorzugt (die Verteilung der Rollen sei ganz Ihnen überlassen). Leider haben sie vergessen, auszumachen, welcher der beiden Treffpunkte denn nun gelten soll. Für beide Partner gilt: Am liebsten sind sie mit dem Partner am (eigenen) Lieblingsort, am wenigsten gerne sind sie alleine (selbst wenn das an ihrem Lieblingsort ist), und die Möglichkeit „Mit dem Partner an dessen Lieblingsort" rangiert in der Mitte zwischen den beiden Extremen. Sie haben keine Möglichkeit zur Kommunikation, müssen also unabhängig entscheiden, ob sie ins Einkaufszentrum oder ins Stadion fahren. Was sollen sie tun?

Diese beiden Beispiele lassen schon erkennen, was die Spieltheorie vom Standpunkt einer Einführung in die Modellbildung attraktiv macht: Einerseits sind die Probleme noch so übersichtlich, dass sie schnell erklärt sind und gewonnene Aussagen leicht überprüft werden können, andererseits scheinen Abstraktion und Formalisierung schon lohnend zu sein: Woran liegt es denn, dass bei den beiden Problemen die Entscheidungsfindung ganz

H.-J. Bungartz et al., *Modellbildung und Simulation*, eXamen.press,
DOI 10.1007/978-3-642-37656-6_3, © Springer-Verlag Berlin Heidelberg 2013

unterschiedlich abläuft? Sicher nicht an der Einkleidung in unterschiedliche Geschichten. Die sollten wir schnell zugunsten einer formalen (mathematischen) Notation aufgeben, um dann das auf die wesentlichen Elemente reduzierte Problem zu verstehen. Nur dann haben wir die Möglichkeit, mit vernünftigem Aufwand zu analysieren, was für Fälle eigentlich überhaupt auftreten können, und was jeweils vernünftiges Handeln ist. Die Aussagen darüber sind (solange sie sich auf das Modell beziehen) von mathematischer Exaktheit und lassen keinen Raum für den Zweifel, der einem meistens bleibt, wenn man solche Aufgaben durch Knobeln zu lösen versucht.

Im Rahmen der Analyse wird sich auch ein eher unintuitives Vorgehen (die *gemischten Strategien*) ergeben, das für gewisse Probleme einen Ausweg aus dem Entscheidungsdilemma zeigt. Auch dies ist ein Nutzen der Modellbildung, ohne die diese Möglichkeit keineswegs naheliegend (und erst recht nicht als vernünftig erkennbar) wäre.

Das in diesem Kapitel verwendete mathematische Instrumentarium ist größtenteils elementar, nur im Rahmen der gemischten Strategien im Abschn. 3.6 werden einige grundlegende Dinge aus der Stochastik verwendet (Erwartungswert diskreter Zufallsvariablen, Unabhängigkeit; vgl. Abschn. 2.3.2).

3.1   Spiele in strategischer Normalform

Also bauen wir nun einen formalen Rahmen, mit dem wir die beiden Beispiele beschreiben können, aber natürlich auch allgemeinere Situationen, in denen die Beteiligten zwischen verschiedenen Möglichkeiten auswählen können und versuchen, den aus den Möglichkeiten jeweils resultierenden Nutzen zu maximieren.

Eine Bemerkung vorab, um im Folgenden nicht immer wieder darauf hinweisen zu müssen: Da wir die Spieltheorie nicht um ihrer selbst willen studieren, sondern als Beispiel für Modellbildung, beschränken wir uns auf ein sehr enges Teilgebiet. Auf mögliche Verallgemeinerungen oder alternative Ansätze wird nur am Rand eingegangen werden; als Ziel haben wir einige interessante Beispiele, die nicht trivial, aber noch überschaubar sind, und keinen umfassenden Abriss der Spieltheorie.

Beginnen wir die Modellierung bei den Beteiligten, die hier unabhängig von ihrer Situation (Gefangener, Partner, …) *Spieler* heißen – deren Modell ist sehr einfach, weil sie zunächst keine weiteren Eigenschaften haben, also brauchen wir nur Bezeichner: Die Spieler sollen bei uns immer A und B heißen.

Die Handlungen, die ein Spieler ausführen kann (gestehen, leugnen, ins Stadion gehen, zum Einkaufen gehen, …) heißen *Strategien* und werden ebenfalls auf Namen reduziert – was die Handlung ist, ist irrelevant, wichtig sind nur die Konsequenzen aus der gewählten Strategie. Jeder Spieler $X \in \{A, B\}$ habe eine (endliche oder unendliche) Menge S_X von Strategien, die Strategiemenge des jeweils anderen Spielers bezeichnen wir mit S_{-X}, also $S_{-A} := S_B$ und $S_{-B} := S_A$. Diese Schreibweise wird hilfreich sein, wenn sich die Spieler Gedanken über ihren Mitspieler machen werden. In beiden obigen Beispielen war $S_A = S_B$, im Allgemeinen haben die beiden Spieler aber unterschiedliche Strategien zur Auswahl.

Ein Spiel heißt *endlich*, wenn S_A und S_B endlich sind, in diesem Fall seien $n_A := |S_A|$ und $n_B := |S_B|$ die Zahl der jeweiligen Strategien, die dann durchnumeriert seien: $S_A := \{a_1, \ldots, a_{n_A}\}$ und $S_B := \{b_1, \ldots, b_{n_B}\}$. Bisher hatten wir nur Beispiele für endliche Spiele, eine Strategie kann aber z. B. auch einer Menge eingesetzten Kapitals entsprechen und eine kontinuierliche Größe sein. In allen hier behandelten Beispielen für endliche Spiele wird die Zahl der Strategien klein sein, um die Darstellung nicht ausufern zu lassen, selbstverständlich können die Strategiemengen aber auch sehr groß sein.

Nun kann das Spiel stattfinden: A wählt eine Strategie aus S_A und B wählt eine Strategie aus S_B, das Spiel wird also modelliert als Auswahl eines Elements aus der Menge aller Strategienpaare $S := S_A \times S_B$.

Zu jedem Spielausgang, also zu jedem $s \in S$, soll jeder Spieler X seinen Nutzen bewerten können mittels einer *Auszahlungsfunktion* $u_X : S \to \mathbb{R}$. In einem Spiel im umgangssprachlichen Sinn könnte das ein Geldgewinn sein, das ist aber auch schon problematisch, weil z. B. gewonnene € 100 subjektiv einen ganz unterschiedlichen Wert haben können, je nachdem, ob der andere Spieler € 100 000 gewonnen hat oder leer ausgeht. Die Auszahlungsfunktion soll die gesamte Einschätzung des Spielausgangs durch den Spieler wiedergeben und ist daher meist nicht einfach festzulegen.

Im Fall endlicher Spiele kann man u_X über *Nutzenmatrizen* (Auszahlungsmatrizen) darstellen als $U^X \in \mathbb{R}^{n_A \times n_B}$ mit $U^X_{i,j} := u_X(a_i, b_j)$, oft auch zur *Bimatrix* U^{AB} mit $U^{AB}_{i,j} := (U^A_{i,j}, U^B_{i,j})$ zusammengefasst. Ein Beispiel für eine Nutzenmatrix ($n_A = 2$, $n_B = 3$):

$$U^{AB} = \begin{pmatrix} (30,0) & (20,20) & (10,0) \\ (40,30) & (0,0) & (0,40) \end{pmatrix} . \tag{3.1}$$

Im Fall der Darstellung durch eine Nutzenmatrix wählt Spieler A also die Zeile aus (er heißt deshalb auch *Zeilenspieler*), z. B. Zeile 1, Spieler B die Spalte (*Spaltenspieler*), z. B. Spalte 3, der Nutzen von A ist dann $u_A(1, 3) = 10$, der Nutzen von B ist $u_B(1, 3) = 0$.

Im Fall des Gefangenendilemmas kann man die Jahre Gefängnis als Maß für den negativen Gewinn nehmen und bekommt die Nutzenmatrix

$$\begin{pmatrix} (-7,-7) & (-1,-9) \\ (-9,-1) & (-3,-3) \end{pmatrix} , \tag{3.2}$$

beim „Kampf der Geschlechter" kann man dem Wunschergebnis vielleicht den Wert 20 geben, das mittlere Ergebnis mit 10 und das schlechteste mit 0 bewerten; das ergibt die Nutzenmatrix

$$\begin{pmatrix} (20,10) & (0,0) \\ (0,0) & (10,20) \end{pmatrix} . \tag{3.3}$$

Ein wichtiger Spezialfall sind die *Nullsummenspiele*, bei denen für alle $s \in S$ gilt $u_A(s) = -u_B(s)$, also im Fall endlicher Spiele $U^A = -U^B$: Bei jedem Spielausgang wechselt ein Geldbetrag von einem Spieler zum Gegner. In diesem Fall reicht die Angabe von U^A als Nutzenmatrix, A heißt dann auch *Gewinnspieler* und B *Verlustspieler* – wobei Gewinne und Verluste natürlich auch negativ sein können.

Die Darstellung eines Spiels über Strategiemengen und Auszahlungsfunktionen nennt man *strategische Normalform*; diese Darstellung ist mächtiger als man vielleicht zuerst glaubt, da eine Strategie ja auch z. B. eine Zugfolge in einem Spiel sein kann, bei dem abwechselnd gezogen wird. In diesem Fall werden die Strategiemengen allerdings schnell unhandlich groß, und die strategische Normalform ist oft keine zweckmäßige Beschreibungsform mehr.

Wir gehen im Folgenden immer davon aus, dass beiden Spielern die komplette Auszahlungsfunktion bekannt ist – man spricht hier von Spielen mit *vollständiger Information*.

Bis jetzt hat die Modellierung nur Aufwand verursacht – den man angesichts der einfachen Beispielprobleme vielleicht für übertrieben halten mag – und noch nichts geholfen. Das wird sich (allmählich) ändern, wenn wir nun zum entscheidenden Teil der Modellierung kommen, nämlich der Frage, wie die Spiele ihre Strategien auswählen.

3.2 Spiele ohne Annahmen über den Gegner

Eigentliches Ziel unserer Modellbildung sind ja Überlegungen wie beim Gefangenendilemma, bei denen die Spieler die Reaktion des anderen Spielers in ihre Auswahl einbeziehen müssen. Als Vorüberlegung betrachten wir aber zunächst den einfacheren Fall, dass B seine Wahl trifft, ohne sich über A Gedanken zu machen (z. B. könnte B die Natur darstellen, die den Erfolg der Handlungen von A beeinflusst – das Wetter richtet sich nicht wirklich danach, ob A einen Schirm dabei hat); dieser Umstand ist A auch bekannt.

Dann ist nur die Auszahlungsfunktion u_A von Bedeutung, bzw., da wir uns hier auf endliche Spiele beschränken werden, die Nutzenmatrix $U := U^A$

Die einfachste Situation ist das *Spiel bei Gewissheit*: Falls A weiß, welche Strategie b_j Spieler B wählt, ist es für ihn einfach, seinen Nutzen zu maximieren. Er sucht in der Spalte j von U, die B gewählt hat, ein maximales Element:

$$\text{Wähle } \hat{i} \in \{1, \dots, n_A\} \text{ mit } U_{\hat{i},j} \overset{!}{=} \max_{1 \leq i \leq n_A} U_{i,j} .$$

Dies ist noch ein sehr banales Ergebnis, das hier nur aufgeführt wird, damit wir uns an die Notation gewöhnen, die im Folgenden wichtig sein wird.

Etwas komplizierter ist das *Spiel bei Risiko*. Wenn A überhaupt keine Information über die Wahl von B hat, hat er schon mehrere Optionen, hier kommt es nun auf die „Mentalität" des Spielers an.

Ein risikobereiter Spieler kann seine Aktion so wählen, dass der maximale Gewinn möglich wird. Er bewertet die Aktion a_i mit dem hierfür (für ihn) besten Fall $\max_{1 \leq j \leq n_B} U_{i,j}$:

$$\text{Wähle } \hat{i} \in \{1, \dots, n_A\} \text{ mit } \max_{1 \leq j \leq n_B} U_{\hat{i},j} \overset{!}{=} \max_{1 \leq i \leq n_A} \max_{1 \leq j \leq n_B} U_{i,j} .$$

Ein vorsichtiger Spieler kann versuchen, den garantierten Gewinn zu maximieren. Er bewertet die Aktion a_i mit dem hierfür schlechtesten Fall $\min_{1 \le j \le n_B} U_{i,j}$:

$$\text{Wähle } \hat{i} \in \{1, \ldots, n_A\} \text{ mit } \min_{1 \le j \le n_B} U_{\hat{i},j} \overset{!}{=} \max_{1 \le i \le n_A} \min_{1 \le j \le n_B} U_{i,j} \,.$$

Ein Beispiel: Für $n_A = n_B = 2$ und

$$U := \begin{pmatrix} 0 & 30 \\ 10 & 10 \end{pmatrix} \tag{3.4}$$

ergibt sich folgende Wahl:

- Die maximalen Gewinne sind 30 in der ersten und 10 in der zweiten Zeile, der risikofreudige Spieler wird also a_1 wählen.
- Die minimalen Gewinne sind 0 in der ersten und 10 in der zweiten Zeile, der vorsichtige Spieler wird also a_2 wählen.

Es lassen sich noch weitere Verfahren zur Auswahl einer Strategie konstruieren – z. B. kann man eine Wahrscheinlichkeitsverteilung unterstellen, nach der B die Strategien b_j auswählt (man liest etwa den Wetterbericht, bevor man seine Wochenendaktivitäten plant, oder geht, solange man keinerlei weitere Informationen hat, von einer Gleichverteilung $P(b_j) = 1/n_B$ aus), und die Aktion a_i wählen, bei der Erwartungswert des Gewinns maximal ist.

Eine Anleitung, welches Verfahren vorzuziehen ist, gibt das Modell aber nicht her. In diesem Sinne stehen die Ergebnisse dieses Abschnitts im Gegensatz zu den folgenden, bei denen sich Handlungsanleitungen ergeben, die völlig unabhängig von der Mentalität oder sonstigen Eigenschaften der Spieler sind.

3.3   Reaktionsabbildungen

Ab jetzt versuchen beide Spieler gleichzeitig, ihren Gewinn zu maximieren, müssen also Annahmen über das Handeln der anderen Spieler machen.

Dazu ist die Überlegung hilfreich, was wir tun müssten, wenn wir wüssten, dass der Gegner eine bestimmte Wahl $y \in S_{-X}$ trifft. Die *Reaktionsabbildung* beschreibt genau das, denn sie bildet y auf die Menge aller $x \in S_X$ ab, die optimal sind, wenn der andere Spieler y wählt:

$$r_X : S_{-X} \to \mathcal{P}(S_X), y \mapsto \left\{ \hat{x} \in S_X : u_X(\hat{x}, y) = \max_{x \in S_X} u_X(x, y) \right\} \,,$$

Die Abbildung bildet in die Potenzmenge von S_X ab, weil ja mehrere Strategien optimal sein können; im Fall von unendlichen Strategiemengen ist nicht von vornherein klar, dass das

Maximum angenommen wird, $r_X(y)$ also nie leer ist – das soll im Folgenden aber immer vorausgesetzt sein.

Das Spielen unter Gewissheit aus Abschn. 3.2 lässt sich nun mithilfe der Reaktionsabbildung neu formulieren: Spieler A wählt ein Element $\hat{i} \in r_A(b_j)$ aus (j kennt er ja).

Aus den beiden Abbildungen r_A und r_B setzen wir die Gesamt-Reaktionsabbildung r zusammen als

$$r : S \to \mathcal{P}(S), (a, b) \mapsto r_A(b) \times r_B(a),$$

die einem Strategienpaar (a, b) also alle die Strategienpaare zuordnet, bei denen A eine optimale Antwort auf b und B eine optimale Antwort auf a wählt. Zur besseren Vorstellung kann man kurz annehmen, dass $r_A(b)$ und $r_B(a)$ einelementig sind, dann ist es auch $r(a, b)$, es enthält das Paar aus den beiden Strategien, die A und B gerne genommen hätten, wenn sie geahnt hätten, was der Gegner tut. Wichtig ist, sich hier klar zu machen, dass über den Gewinn $u_X(r(a, b))$ im Fall, dass beide die Strategie wechseln, nichts ausgesagt ist, der kann auch geringer ausfallen als in der Ausgangssituation (a, b).

Zur Darstellung der Reaktionsabbildung bei einem endlichen Spiel kann man in der Nutzenmatrix U^{AB} in jeder Spalte j die $U_{i,j}^A$ markieren, für die $a_i \in r_A(b_j)$, also eine beste Antwort auf b_j ist, und entsprechend in jeder Zeile i die $U_{i,j}^B$ markieren, für die $b_j \in r_B(a_i)$, also eine beste Antwort auf a_i ist, etwa so:

$$U^{AB} = \begin{pmatrix} (0, \underline{20}) & (\underline{30}, \underline{20}) \\ (\underline{10}, 0) & (10, \underline{10}) \end{pmatrix} \tag{3.5}$$

in einem Beispiel mit $r_A(b_1) = \{a_2\}$, $r_A(b_2) = \{a_1\}$, $r_B(a_1) = \{b_1, b_2\}$ und $r_B(a_2) = \{b_2\}$.

Als kontinuierliches Beispiel betrachten wir ein Nullsummenspiel mit

$$S_A = S_B = [0, 1] \text{ und } u_A(a, b) = 2ab - a - b, \tag{3.6}$$

also $u_B(a, b) = a + b - 2ab$.

Das ergibt die Reaktionsabbildungen

$$r_A(b) = \begin{cases} \{0\} & \text{für } b < \frac{1}{2} \\ [0, 1] & \text{für } b = \frac{1}{2} \\ \{1\} & \text{für } b > \frac{1}{2} \end{cases}, \quad r_B(a) = \begin{cases} \{1\} & \text{für } a < \frac{1}{2} \\ [0, 1] & \text{für } a = \frac{1}{2} \\ \{0\} & \text{für } a > \frac{1}{2} \end{cases}.$$

3.4 Dominante Strategien

Nun können wir Spiele betrachten, bei denen beide Spieler gleichzeitig agieren, aber die Überlegungen, die der jeweils andere vermutlich anstellt, in ihre eigenen einbeziehen. Sie wissen also nicht, welche Strategie der andere wählt, kennen aber die in der Auszahlungsfunktion beschriebenen Voraussetzungen, unter denen er seine Wahl trifft. Unter diesen

Spielen gibt es wieder solche, deren Analyse sehr einfach ist: Wenn ein Spieler X eine Strategie x besitzt, die für alle $y \in S_{-X}$ beste Antwort ist ($x \in r_X(y)$ für alle y), kann er ohne weitere Überlegungen einfach diese Strategie wählen. So eine Strategie heißt *dominante Strategie*.

Im Gefangenendilemma ist „gestehen" für beide Spieler eine dominante Strategie:

$$U^{AB} = \begin{pmatrix} (\underline{-7}, \underline{-7}) & (\underline{-1}, -9) \\ (-9, \underline{-1}) & (-3, -3) \end{pmatrix},$$

denn unabhängig von der Strategie, die der andere Spieler wählt, ist „leugnen" niemals günstiger als „gestehen". Somit ist das Gefangenendilemma ein nicht besonders interessanter Fall; rational handelnde Spieler wählen offensichtlich das Strategienpaar (a_1, b_1) mit der Auszahlung -7 für jeden.

Für diese Erkenntnis hätte man das Modell noch nicht gebraucht, da wären wir auch durch ein wenig Nachdenken drauf gekommen – richtig nützlich wird es erst in den Fällen werden, in denen es keine dominanten Strategien gibt. Es ist aber schon jetzt hilfreich, um einen Einwand zu betrachten, der gegen diese Lösung naheliegt (und von dem das Problem eigentlich lebt): Es ist wenig plausibel, dass rationales Handeln zu dem weniger guten Ergebnis führt als die Auszahlung $(-3, -3)$ bei Wahl von (a_2, b_2). Sollen sie nicht doch beide leugnen und hoffen, dass der andere die gleiche Idee hat? Das ist hier, wo jeder Spieler nur seinen eigenen Nutzen optimieren will, nicht der Fall: Auch wenn der Komplize leugnet, fahren wir mit einem Geständnis besser – das ist schließlich eine dominante Strategie. Aber der geständige Ganove muss doch, wenn sein Komplize nach 9 Jahren wieder frei ist, dessen Rache fürchten? Wenn das so ist, dann muss der erwartete Schaden in der Nutzenmatrix berücksichtigt werden – und damit sind wir bei einem wesentlichen Punkt bei der Modellbildung: Die Aussagen, die wir bekommen, sind eben Aussagen uber das Modell, nicht über die Wirklichkeit. Wenn die Nutzenmatrix so aussieht wie bei uns, dann ist ein Geständnis die rational richtige Wahl – ob die Nutzenmatrix aber so stimmt, können wir aus dem Modell heraus nicht erkennen.

Betrachten wir noch kurz Fälle, die mit dem Konzept dominanter Strategien zu lösen sind, ohne dass es für beide Spieler dominante Strategien gibt. In Spielen, in denen nur ein Spieler eine dominante Strategie besitzt, kann man diese Strategie als gewählt betrachten und ist für den anderen Spieler in der Situation „Spiel bei Gewissheit"; diese Spiele sind also ebenfalls leicht zu lösen. Ein Beispiel ist das Nullsummenspiel mit Nutzenmatrix

$$U^A = \begin{pmatrix} 20 & 30 \\ 10 & 0 \end{pmatrix},$$

also mit dominanter Strategie a_1 für A, aber ohne dominante Strategie für B. Spieler B kann also handeln wie beim Spiel bei Gewissheit (dass ein rational handelnder A die Strategie a_1 wählt) und wählt Strategie b_1.

Ähnlich lösen oder zumindest reduzieren lassen sich Spiele, bei denen eine oder mehr Strategien x_k von einer anderen Strategie x_l in dem Sinn *dominiert* werden, dass x_l bei keiner Strategie des anderen Spielers schlechter, bei wenigstens einer aber echt besser ist als x_k. In diesem Fall kann man die Strategie x_k aus dem Spiel eliminieren und das reduzierte Spiel weiter untersuchen.

Interessanter sind aber die Fälle, in denen es keine dominierenden Strategien gibt, die die Spieler also zunächst in ein echtes Dilemma schicken.

3.5 Nash-Gleichgewichte

Wir hatten schon zwei Beispiele für Spiele ohne dominante Strategien, nämlich den „Kampf der Geschlechter" und das Spiel aus (3.1):

$$U^{AB} = \begin{pmatrix} (30,10) & (\underline{20},\underline{20}) & (\underline{10},0) \\ (\underline{40},30) & (0,0) & (0,\underline{40}) \end{pmatrix},$$

an dem wir nun das Prinzip eines *Gleichgewichts* studieren werden.

Betrachten wir dazu das Strategienpaar $\hat{s} := (a_1, b_2)$ mit $U^{AB}_{1,2} = (\underline{20},\underline{20})$, das sich dadurch auszeichnet, dass sowohl a_1 optimale Antwort auf b_2 ist ($a_1 \in r_A(b_2)$) als auch b_2 optimale Antwort auf a_1 ist ($b_2 \in r_B(a_1)$, zusammen also $\hat{s} \in r(\hat{s})$).

Vereinbaren nun die Spieler, $\hat{s}$ zu spielen, so hat A wegen $a_1 \in r_A(b_2)$ keinen Grund, die Strategie zu wechseln – solange B die Vereinbarung einhält, könnte er sich dadurch nur verschlechtern. Umgekehrt hat aber auch B wegen $b_2 \in r_B(a_1)$ keinen Grund, die Strategie zu wechseln: Rationale Spieler werden (aus Eigennutz, also allein durch das Spiel begründet) die Vereinbarung einhalten. Ein Strategienpaar $\hat{s} \in S$ mit $\hat{s} \in r(\hat{s})$ heißt *Nash-Gleichgewicht*.

Im Beispiel ist eine vorherige Vereinbarung übrigens nicht nötig, weil (a_1, b_2) der einzige Gleichgewichtspunkt ist, beide Spieler können also allein aus der Nutzenmatrix ihre Aktion bestimmen.

Eine andere Charakterisierung eines Gleichgewichtspunkts $(\hat{a}, \hat{b})$ als

$$\forall b \in S_B : u_B(\hat{a}, \hat{b}) \geq u_B(\hat{a}, b) \quad \text{und} \quad \forall a \in S_A : u_A(\hat{a}, \hat{b}) \geq u_A(a, \hat{b})$$

folgt direkt aus der Definition der Reaktionsabbildung; im Fall eines Nullsummenspiels $(u_B(a, b) = -u_A(a, b))$ kann man die erste Bezeichnung umschreiben zu

$$\forall b \in S_B : u_A(\hat{a}, b) \geq u_A(\hat{a}, \hat{b}) .$$

Beide Bedingungen zusammen lesen sich dann als

$$\forall a \in S_A, b \in S_B : u_A(\hat{a}, b) \geq u_A(\hat{a}, \hat{b}) \geq u_A(a, \hat{b}) ,$$

daher heißt der Gleichgewichtspunkt in diesem Fall auch *Sattelpunkt*.

Ein Strategienpaar aus dominanten Strategien ist offensichtlich immer ein Gleichgewichtspunkt, und durch das Eliminieren dominierter Strategien können keine neuen

Gleichgewichtspunkte entstehen – daher findet man auf der Suche nach Gleichgewichten auch alle Lösungen, die wir mit den Methoden aus Abschn. 3.4 bestimmen konnten.

Wenn nun eine Aussage der Art „Jedes Spiel besitzt genau einen Gleichgewichtspunkt" existierte, wäre das Problem vollständig gelöst. Leider ist das nicht der Fall, daher müssen wir uns noch Gedanken über Spiele machen, bei denen das nicht erfüllt ist.

Beim „Kampf der Geschlechter" gibt es zwei Gleichgewichtspunkte:

$$U^{AB} = \begin{pmatrix} (\underline{20}, \underline{10}) & (0,0) \\ (0,0) & (\underline{10}, \underline{20}) \end{pmatrix} .$$

Hier ist zwar eine Absprache möglich, bei der kein Spieler Grund hat, sie nicht einzuhalten, aber ohne Kommunikation gibt es keinen Grund, eins der beiden Gleichgewichte vorzuziehen. Im Allgemeinen ist dieses Problem schwer zu lösen – in einigen Fällen kann man die Gleichgewichtspunkte noch weiter klassifizieren und in mehr oder weniger attraktive unterscheiden; im speziellen Beispiel ist das wegen der Symmetrie der Situation aber nicht möglich. Dafür wird im nächsten Abschnitt die Methodik, die eigentlich für Spiele ganz ohne Gleichgewichtspunkt konstruiert werden wird, auch eine Lösung für dieses Problem liefern.

3.6 Gemischte Strategien

Das Nullsummenspiel mit der Nutzenmatrix

$$U^{A} = \begin{pmatrix} 5 & -5 \\ -5 & 5 \end{pmatrix}$$

besitzt kein Nash-Gleichgewicht: Es kann immer einer der beiden Spieler durch Strategiewechsel seinen Nutzen (zulasten des anderen Spielers) vergrößern.

Da keine Strategie irgendwelche Vorteile bietet, könnten die Spieler auf die Idee kommen, dass jeder einfach zufällig eine von beiden auswählt – und dieser Ansatz wird uns einen Gleichgewichtspunkt liefern.

Die Spieler spielen nun ein modifiziertes Spiel: Jeder Spieler wählt nicht mehr eine Strategie x_1 oder x_2 aus S_X, sondern eine Wahrscheinlichkeit $0 \le p_X \le 1$, mit der er Strategie x_1 wählt (entsprechend wählt er x_2 mit der Wahrscheinlichkeit $1 - p_X$). Die neuen Strategiemengen sind also $\tilde{S}_X := [0,1]$, die gewählten Wahrscheinlichkeiten p_X heißen *gemischte Strategien*. Als Auszahlung $\tilde{u}_X$ wird der Erwartungswert von u_X betrachtet.

Weil beide Spieler ihre Auswahl unabhängig treffen, gilt:

$$\tilde{u}_X(p_A, p_B) = E(u_X) = (p_A, \quad 1 - p_A) \cdot U^X \cdot \begin{pmatrix} p_B \\ 1 - p_B \end{pmatrix}$$

(Ausmultiplizieren ergibt eine Summe, in der die $U_{i,j}^X$ mit der zugehörigen Wahrscheinlichkeit des Eintretens gewichtet werden), im Beispiel also

$$\tilde{u}_A(p_A, p_B) = 20 p_A p_B - 10 p_A - 10 p_B + 5\,,$$
$$\tilde{u}_B(p_A, p_B) = -20 p_A p_B + 10 p_A + 10 p_B - 5\,.$$

Es ergeben sich dieselben Reaktionsabbildungen wie in (3.6):

$$\tilde{r}_A(p_B) = \begin{cases} \{0\} & \text{für } p_B < \frac{1}{2} \\ [0,1] & \text{für } p_B = \frac{1}{2}\,, \\ \{1\} & \text{für } p_B > \frac{1}{2} \end{cases} \quad \tilde{r}_B(p_A) = \begin{cases} \{1\} & \text{für } p_A < \frac{1}{2} \\ [0,1] & \text{für } p_A = \frac{1}{2} \\ \{0\} & \text{für } p_A > \frac{1}{2}\,. \end{cases}$$

Die Graphen der Reaktionsabbildungen schneiden sich im Punkt $\hat{s} := \left(\frac{1}{2}, \frac{1}{2}\right)$, der somit Gleichgewichtspunkt des neues Spiels ist.

Die Vereinbarung könnte also lauten: „Jeder wirft eine Münze und macht davon seine Entscheidung abhängig". Nun hat keiner der Spieler einen Anreiz, von dieser Strategie abzuweichen. Diese Konstruktion nennt man die *gemischte Erweiterung* eines Spiels, man kann zeigen, dass hierfür immer ein Gleichgewichtspunkt existiert.

Beim „Kampf der Geschlechter" hat die *gemischte Erweiterung* neben den Gleichgewichtspunkten $(0, 0)$ und $(1, 1)$, die den beiden Gleichgewichtspunkten des Ausgangsspiels entsprechen (solche Strategien mit Wahrscheinlichkeiten 0 oder 1 nennt man *reine Strategien*), noch einen weiteren, nämlich $(2/3, 1/3)$, wie man durch ganz ähnliche Rechnung sieht. Somit könnte eine Verabredung für den Fall, dass man wieder einmal vergessen hat, den Treffpunkt zu vereinbaren, folgendermaßen lauten: „Jeder würfelt. Bei drei oder mehr Punkten geht man zu seinem eigenen Lieblingsort, andernfalls zu dem des Partners." Hier hat wieder keiner der Spieler einen Grund, von der Vereinbarung abzuweichen, aber – im Gegensatz zu den beiden Gleichgewichtspunkten in reinen Strategien „Wir gehen in diesem Fall immer ins Stadion" und „Wir gehen in diesem Fall immer zum Einkaufen" – es kann sich jetzt kein Spieler benachteiligt fühlen. Allerdings hat diese Lösung auch einen gravierenden Nachteil: Die erwartete Auszahlung ergibt sich bei jedem zu 20/3, also unter dem Wert von 10, den man bekommt, wenn man den für einen selbst weniger günstigen Gleichgewichtspunkt in reinen Strategien akzeptiert. Ein besseres Vorgehen wäre hier, sich mittels eines Münzwurfs (vorab, solange noch Kommunikation möglich ist) auf einen der beiden Gleichgewichtspunkte in reinen Strategien festzulegen. Dieses Konzept der *korrelierten Strategien* soll hier aber nicht weiter verfolgt werden.

3.7 Ausblick

Statt die Spieltheorie weiter zu verfolgen, betrachten wir die Ergebnisse der vorigen Abschnitte nun vom Standpunkt des Modellierers aus, der aus dem informell gegebenen Problem ein mathematisches Modell entwickelt hat. Zwei Fragen stellen sich hier: Was bringt uns die Modellbildung? Und wie zuverlässig sind die erzielten Ergebnisse?

Der Vorteil des mathematischen Modells, der schon bei unseren einfachen Beispielen deutlich geworden sein sollte, ist, dass das Modell wesentlich besser zu analysieren ist als das Ausgangsproblem – das Konzept eines Gleichgewichts etwa ist in der mathematischen Notation viel besser zu fassen als in sprachlicher Umschreibung. Wir hatten gesehen, dass Vorhandensein und Ausprägung von Gleichgewichtspunkten strategische Spiele entscheidend bestimmen, und zu dieser Erkenntnis trägt der Prozess der Abstraktion im Sinne von „Weglassen des Unwesentlichen" erheblich bei: An der Nutzenmatrix lassen sich die verschiedenen möglichen Fälle viel leichter durchspielen als an den in Geschichten eingekleideten Problemen. Aus dem Auge verlieren sollte man die Geschichten freilich nicht; die am Modell angestellten Überlegungen werden oft vom Ausgangsproblem inspiriert und an ihm auf ihren Sinngehalt geprüft – hier ist etwa das Nachdenken über Gleichgewichte und die Bewertung der Resultate in der Regel leichter, wenn man sich die agierenden Spieler vorstellt.

Hinsichtlich der Zuverlässigkeit der vom Modell in die Realität zurück übertragenen Ergebnisse ist zunächst noch einmal die Bedeutung der richtig gewählten Auszahlungsfunktion hervorzuheben, die in der Realität oft auch von subjektiven Faktoren beeinflusst und in aller Regel nicht leicht zu bestimmen ist. Dazu noch ein Beispiel: Im Spiel (3.4), das Spieler A ohne Annahmen über das Vorgehen von B spielt, kann man sich die Auszahlungen zunächst als Geldbetrag vorstellen und annehmen, dass der Nutzen proportional zum gewonnen Betrag bewertet wird. Das ist aber nicht notwendigerweise so: Ein Spieler könnte den Ausgang auch in Relation zu dem bei eingetretenem b_j optimalen Ergebnis sehen, sich also über entgangenen Gewinn ärgern. Das entspricht einer modifizierten Nutzenmatrix U' mit Einträgen

$$U'_{i,j} := U_{i,j} - \left(\max_{1 \le k \le n_A} U_{k,j} \right),$$

die man als Risiko (entgangener Gewinn in Situation b_j) interpretieren kann – null steht dabei für „kein Risiko", je kleiner (stärker negativ) der Matrixeintrag, umso größer das Risiko. Ein vorsichtiger Spieler könnte nun eine Aktion mit dem maximalen Risiko $\min_{1 \le j \le n_B} U'_{i,j}$ bewerten, um dieses zu minimieren:

$$\text{Wähle } \hat{i} \in \{1, \dots, n_A\} \text{ mit } \min_{1 \le j \le n_B} U'_{\hat{i},j} \overset{!}{=} \max_{1 \le i \le n_A} \min_{1 \le j \le n_B} U'_{i,j},$$

was dem Vorgehen des vorsichtigen Spielers aus Abschn. 3.2 für die modifizierte Nutzenmatrix entspricht.

Im Beispiel (3.4) ergibt sich die Risikomatrix U' zu

$$U' = \begin{pmatrix} -10 & 0 \\ 0 & -20 \end{pmatrix},$$

sodass der Risikominimierer hier a_1 wählt, um das Risiko auf -10 zu beschränken. Interessanterweise handelt der vorsichtige Spieler bei modifizierter Nutzenmatrix in diesem

Beispiel genau wie der risikofreudige Spieler bei der ursprünglichen Nutzenmatrix. Da die Änderung der Auszahlungsfunktion zu einem völlig anderen Ergebnissen führen kann, ist bei deren Bestimmung Sorgfalt geboten – wenn die Auszahlungsfunktion nicht stimmt, sind die am Modell angestellten Überlegungen natürlich hinfällig.

Ein weiterer Punkt, den man bei der Beurteilung unserer Ergebnisse diskutieren sollte, ist die Annahme, dass beide Spieler rational handeln, wodurch wir davon ausgehen können, dass sie eine vereinbarte Strategie eines Gleichgewichts auch umsetzen. Betrachten wir als Beispiel das Spiel mit Nutzenmatrix

$$U^{AB} = \begin{pmatrix} (\underline{10},\underline{10}) & (10,0) \\ (0,10) & (\underline{20},\underline{20}) \end{pmatrix}.$$

In der Theorie ist klar, was die Spieler tun müssen: Sie vereinbaren den Gleichgewichtspunkt (a_2, b_2) mit der höchsten Auszahlung von 20 für jeden. In der Praxis zeigt sich aber, dass viele Spieler nicht dieses Gleichgewicht wählen, sondern lieber das Strategienpaar (a_1, b_1) mit geringerer, aber risikofreier Auszahlung. Obwohl rational handelnde Spieler keinen Grund haben, von der vereinbarten Strategie (a_2, b_2) abzuweichen, ist man sich eben nicht sicher, ob der andere Spieler wirklich rational handelt.

Abschließend sei noch einmal darauf hingewiesen, dass die Spieltheorie viel mehr (und Interessanteres) bietet als diese einfachen Fälle, die als Beispiele von Modellen herhalten mussten. Die Weiterführung der Spieltheorie überlassen wir aber der Spezialliteratur (z. B. den Lehrbüchern [8], [34], [42] und [54]) und wenden uns einer anderen Klasse von Problemen, die modelliert werden wollen, zu.

Gruppenentscheidungen 4

In diesem Kapitel wird es um Situationen gehen, in denen es verschiedene Möglichkeiten gibt, die in eine Rangfolge gebracht werden sollen – etwa Parteien bei einer Wahl, Sänger bei einem Schlagerwettbewerb oder Varianten der Verkehrsführung in einer Stadt.

Zu diesen Möglichkeiten gibt es Ansichten von Individuen (bei der Wahl wären das die Wähler, beim Schlagerwettbewerb etwa das Publikum und bei der Verkehrsführung vielleicht alle Verkehrsteilnehmer, vielleicht aber auch die Mitglieder des Gemeinderates). Aus diesen Ansichten – die sich in der Regel widersprechen werden – soll eine gemeinsame Rangfolge festgelegt werden, es gibt also ein Wahlgesetz oder eine andere Festlegung eines Verfahrens, das aus allen möglichen Rangfolgen eine auswählt.

In der Regel werden nicht alle mit dieser Auswahl einverstanden sein, und die Unzufriedenen könnten nun argumentieren, dass das Verfahren „ungerecht" sei, sie werden vielleicht Beispiele konstruieren, in denen das Verfahren „eklatant unsinnig" sei, und es stellt sich die Frage nach der Bewertung verschiedener Entscheidungsverfahren.

Hier soll dazu der so genannte *axiomatische* Ansatz verfolgt werden, bei dem Eigenschaften von Entscheidungsverfahren aufgestellt werden und geprüft wird, welche Verfahren sie erfüllen (im Gegensatz dazu könnte man auch Wahrscheinlichkeiten untersuchen und unerwünschte Situationen zulassen, wenn sie nur selten genug sind).

Dazu müssen zunächst die Präferenzen der Individuen modelliert werden, anschließend das Entscheidungsverfahren selbst. In diesem Modell werden wir einige Beispiele für Entscheidungsverfahren betrachten und insbesondere Situationen, bei denen es zu unerwünschten Ergebnissen kommt. Dass solche auftreten, wird sich als nahezu unvermeidlich herausstellen – es lässt sich nämlich beweisen, dass schon mit den hier formulierten Anforderungen kein Verfahren alle Bedingungen erfüllt, sobald mehr als zwei Möglichkeiten zur Wahl stehen.

Auch dieses Kapitel kommt mit elementaren mathematischen Dingen aus – Relationen und ihre Eigenschaften (vgl. Abschn. 2.1) werden eine wichtige Rolle spielen, die wesentlichen Definitionen hierzu werden in diesem Kapitel behandelt, sodass keine speziellen Vorkenntnisse notwendig sind.

H.-J. Bungartz et al., *Modellbildung und Simulation*, eXamen.press, DOI 10.1007/978-3-642-37656-6_4, © Springer-Verlag Berlin Heidelberg 2013

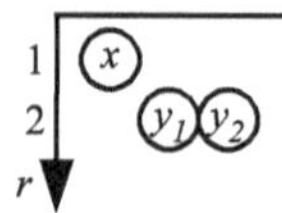

Abb. 4.1 Rangabbildung: ein Wähler zieht x mit $r(x) = 1$ vor gegenüber y_1 und y_2 mit $r(y_1) = r(y_2) = 2$. Zwischen y_1 und y_2 hat er keine Präferenz

4.1 Individualpräferenzen und Gruppenentscheidungen

Wir betrachten eine endliche Menge A von Kandidaten (es ist hierbei natürlich egal, ob es sich um Parteien, Sänger, Pläne oder sonst etwas handelt), die von den einzelnen Wählern bewertet werden. Später soll aus der Gesamtheit dieser Bewertungen eine Entscheidung der Gruppe konstruiert werden, zunächst fassen wir aber die Bewertung des einzelnen Wählers formal.

Präferenzen, wie sie hier betrachtet werden, entstehen, indem der Wähler jeden Kandidaten x mit einer natürlichen Zahl als Rangnummer $r(x)$ versieht. Für zwei Kandidaten $x, y \in A$ soll nun $r(x) < r(y)$ heißen, dass x gegenüber y bevorzugt wird.

Dabei dürfen Kandidaten dieselbe Rangnummer bekommen (wenn in einer Teilmenge der Kandidaten alle gleich bewertet werden), es sollen alle Rangnummern von 1 bis zur größten vergebenen Nummer k vorkommen:

▸ **Definition 4.1 (Rangabbildung)** Eine Rangabbildung ist eine surjektive Abbildung r von der Kandidatenmenge A auf einen Abschnitt $\{1, \dots, k\} \subset \mathbb{N}$.

Angenommen, ein Wähler möchte einen Kandidaten $x \in A$ auswählen, hat aber keine Präferenzen unter den übrigen Kandidaten $A \setminus \{x\}$. Dann kann er r konstruieren über $r(x) = 1$ und $r(y) = 2$ für alle $y \in A \setminus \{x\}$. Abbildung 4.1 zeigt diese Rangabbildung für eine dreielementige Kandidatenmenge.

Im Weiteren wird es nützlich sein, diese Präferenzen als Relationen zu beschreiben. Dazu erinnern wir uns: Eine *Relation* R auf A ist eine Menge von Paaren (x, y) von Elementen aus A, also eine Teilmenge des kartesischen Produkts $A \times A$, wobei man meistens $(x, y) \in R$ mit xRy abkürzt. Für Relationen sind einige Eigenschaften definiert; die für dieses Kapitel benötigten sind in der folgenden Definition aufgeführt.

▸ **Definition 4.2 (Eigenschaften von Relationen)** Eine Relation R auf A heißt

- *transitiv*, wenn mit xRy und yRz stets auch xRz gilt:

$$\forall x, y, z \in A : (xRy \wedge yRz) \Rightarrow xRz \,,$$

- *reflexiv*, wenn xRx für alle $x \in A$ gilt,

- *Quasiordnung*, wenn R transitiv und reflexiv ist,
- *asymmetrisch*, wenn nie sowohl xRy als auch yRx gelten kann:

$$\forall x, y \in A : xRy \Rightarrow \neg(yRx) \,,$$

- *konnex (linear)*, wenn je zwei Elemente vergleichbar sind:

$$\forall x, y \in A : xRy \vee yRx \,.$$

Die Rangabbildung definiert eine Präferenzrelation $\rho \in A \times A$ über

$$x\rho y :\Leftrightarrow r(x) < r(y) \,. \tag{4.1}$$

Diese Relation ρ ist transitiv und asymmetrisch (weil es die Relation $<$ auf $\mathbb{N}$ auch ist). Die Menge aller so über eine Rangabbildung darstellbaren Relationen auf A heiße

$$P_A := \{\rho \subset A \times A : \rho \text{ erfüllt (4.1) für eine Rangabbildung } r\} \,.$$

Man kann zu der Relation auch alle die Paare hinzunehmen, bei der beide Kandidaten gleichen Rang haben und erhält

$$x\rho^* y :\Leftrightarrow r(x) \leq r(y) \,. \tag{4.2}$$

Diese Relation ρ^* ist transitiv und reflexiv (also eine Quasiordnung) und zusätzlich konnex – wiederum, weil die zugehörige Relation $\leq$ auf $\mathbb{N}$ diese Eigenschaften hat. Es gilt offensichtlich $\rho \subset \rho^* \subset A \times A$.

Für das Beispiel von oben ($A = \{x, y_1, y_2\}$, $r(x) = 1$, $r(y_1) = r(y_2) = 2$) sehen die Relationen ρ und ρ^* im Bild so aus – das Feld in Zeile i und Spalte j ist genau dann markiert, wenn $i\rho j$ (links) bzw. $i\rho^* j$ (rechts):

ρ	x	y_1	y_2		ρ^*	x	y_1	y_2
x		$\times$	$\times$		x	$\times$	$\times$	$\times$
y_1					y_1		$\times$	$\times$
y_2					y_2		$\times$	$\times$

Auch ohne die Rangabbildung r zu kennen, kann man aus gegebenem ρ das zugehörige ρ^* bestimmen und umgekehrt, da

$$x\rho y \Leftrightarrow \neg(y\rho^* x)$$

gilt (die Relationen ρ und ρ^* sind zueinander *invers-komplementär*).

Analog zu der Menge P_A definieren wir nun die Menge

$$P_A^* := \{\rho^* \subset A \times A : \rho^* \text{ erfüllt (4.2) für eine Rangabbildung } r\} \,.$$

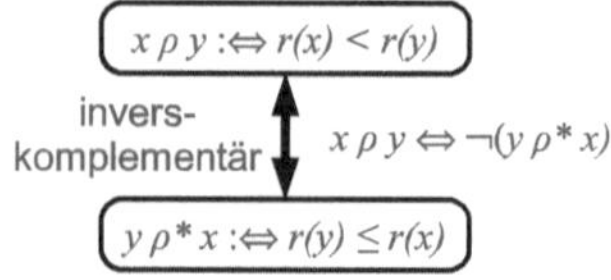

Abb. 4.2 Die durch die Rangabbildung r definierten Relationen ρ und ρ^*

Offenbar enthält P_A^* nur konnexe Quasiordnungen; man überlegt sich leicht, dass es auch alle konnexen Quasiordnungen auf A enthält, denn wir können eine endliche Menge, die mit einer konnexen Quasiordnung versehen ist, nach dieser sortieren und hierdurch eine zugehörige Rangabbildung konstruieren. Ferner sieht man, dass diese Zuordnung von Rangabbildungen zu konnexen Quasiordnungen eindeutig ist: Verschiedene Rangabbildungen erzeugen verschiedene Relationen (genau dazu wurde die Surjektivität von Rangabbildungen gefordert). Insgesamt gibt es also eine Eins-zu-eins-Beziehung (Bijektion) zwischen der Menge aller Rangabbildungen und der Menge P_A^* der konnexen Quasiordnungen auf A.

Wir haben nun drei verschiedene, aber äquivalente Modelle der Präferenzen eines Individuums in Bezug auf die Kandidatenmenge A: über die Rangabbildung r, über die asymmetrische Relation ρ und über die konnexe Quasiordnung ρ^*.

Verschiedene äquivalente Modelle eines Sachverhalts zu haben, kann durchaus nützlich sein – man kann sich je nach Bedarf das zweckmäßigste heraussuchen. Im Abschn. 4.3 werden z. B. Forderungen an Auswahlverfahren über die Relation ρ formuliert, weil das für den angestrebten Zweck (den Satz von Arrow zu formulieren) am handlichsten ist. Zum Vorstellen und Visualisieren ist hingegen oft die Rangabbildung am geeignetsten (mit Rangabbildungen arbeiten wir ja ständig beim Studium des Sportteils der Zeitung).

Bis hierher sind bei der Modellierung keine prinzipiellen Schwierigkeiten aufgetreten; die stellen sich erst ein, wenn man versucht, aus den Präferenzen mehrerer Individuen eine Präferenz der Gesamtheit zu bilden – wenn dabei einige, noch näher zu definierende Grundregeln eingehalten werden sollen.

Vorerst definieren wir die *Wählermenge*, indem wir die Individuen einfach von 1 bis n durchnummerieren, als eine Menge

$$I := \{1, \ldots, n\} \, .$$

Ein *Entscheidungsverfahren* bekommt als Eingabedaten nun die n Präferenzen der Wähler und berechnet daraus mittels einer *kollektiven Auswahlfunktion*

$$K : P_A^n = P_A \times P_A \times \ldots \times P_A \to P_A$$

eine Präferenz der Gesamtheit.

Im Folgenden werden Beispiele für Entscheidungsverfahren untersucht, wir werden dabei wünschenswerte und unerwünschte Eigenschaften kennen lernen und daraufhin Forderungen an zulässige Entscheidungsverfahren aufstellen (die sich leider im Allgemeinen als unerfüllbar erweisen werden).

Zwei wesentliche (und nichttriviale) Bedingungen sind schon in der Definition versteckt, verdienen aber noch eine explizite Erwähnung:

- Als Abbildung muss K total sein (jedem Element des Definitionsbereichs ein Bild zuordnen), es sind also beliebige Kombinationen beliebiger Präferenzen aus P_A zugelassen.
- Das Ergebnis muss ebenfalls wieder eine Relation in P_A sein (das stellt sich, wie wir gleich sehen werden, keinesfalls automatisch ein).

4.2 Beispiele für Entscheidungsverfahren

Das im vorigen Abschnitt entwickelte Modell für Entscheidungsverfahren kann man nun nutzen, um unter allen möglichen Verfahren ein besonders gutes auszusuchen. Um den Spielraum auszuloten, den unser Modell uns dabei lässt, betrachten wir nun zunächst einige Auswahlfunktionen bzw. Versuche, Auswahlfunktionen zu konstruieren. Als Ziel stellen wir uns dabei Verfahren vor, die möglichst „gerecht" sind – was das heißt, definieren wir nicht formal, sondern verlassen uns vorerst auf unsere Intuition, die uns etwa sagen wird, dass die ersten beiden der folgenden Verfahren von Gerechtigkeit weit entfernt sind.

Externer Diktator Die einfachsten Funktionen sind die mit konstantem Ergebnis, das also von den Parametern gar nicht abhängt, und solche Funktionen sind bisher nicht ausgeschlossen: Für ein beliebiges, aber festes $\rho_E \in P_A$ (das man sich als Präferenz eines Diktators außerhalb der Wählermenge vorstellen kann) definiert man

$$K^E_{\rho_E}(\rho_1, \ldots, \rho_n) := \rho_E \, ,$$

unabhängig von den ρ_i.

Das ist offensichtlich eine Abbildung $P_A^n \to P_A$, also eine zulässige Auswahlfunktion. Ebenso offensichtlich ist aber, dass dieses Verfahren kaum eine Definition von Gerechtigkeit erfüllen wird – im Abschn. 4.3 werden wir mit der *Pareto-Bedingung* ein formales Kriterium konstruieren, das unter anderem einen externen Diktator ausschließt.

Interner Diktator Ein anderes Verfahren, das sicher eine zulässige Präferenz als Ergebnis liefert, erhält man, indem ein Wähler $d \in \{1, \ldots n\}$ (den man sich als internen Diktator vorstellen kann) festgelegt wird, dessen Präferenz das Ergebnis der Auswahlfunktion wird:

$$K^D_d(\rho_1, \ldots, \rho_n) := \rho_d \, , \tag{4.3}$$

unabhängig von den übrigen ρ_i mit $i \neq d$.

Auch diese Abbildung erfüllt als Abbildung $P_A^n \to P_A$ die bisherigen Anforderungen an kollektive Auswahlfunktionen, wird aber auch keiner Definition von Gerechtigkeit standhalten. Daher wenden wir uns nun Versuchen zu, die verschiedenen Individualpräferenzen „vernünftig" zu einer kollektiven Präferenz zusammenzuführen.

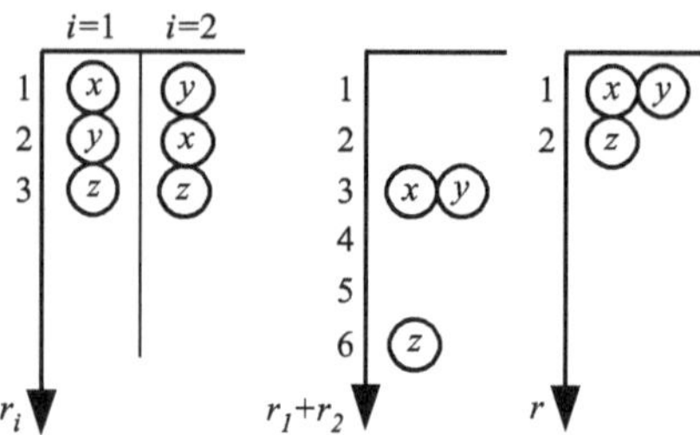

Abb. 4.3 Die Addition der Rangabbildungen ergibt in der Regel keine Rangabbildung, das lässt sich aber durch „Zusammenschieben" leicht reparieren

Rangaddition Da zu jeder Individualpräferenz ρ_i eine Rangabbildung gehört, liegt es nahe, aus den Rangnummern der Kandidaten bei den einzelnen Wählern den Rang in der kollektiven Präferenz zu bestimmen; am einfachsten geschieht dies, indem man die Rangnummern addiert: Die Kandidaten x und y werden nach der Summe ihrer Rangzahlen bewertet. Dann ist $K^A(\rho_1, \ldots, \rho_n)$ die Relation ρ mit

$$x\rho y :\Leftrightarrow \sum_{i=1}^{n} r_i(x) < \sum_{i=1}^{n} r_i(y) \, .$$

Die Summe $\sum r_i$ ist in der Regel keine Rangabbildung (sie muss nicht surjektiv sein), man sieht aber leicht, dass die so erzeugte Relation ρ in P_A ist (die Forderung von Surjektivität stellt nur die Eindeutigkeit der Rangabbildung sicher, vgl. Abb. 4.3). Dieses Verfahren hat keine offensichtlichen Nachteile – eine genauere Analyse wird aber zeigen, dass es (wie auch verwandte Verfahren) bei gewissen Kombinationen von Individualpräferenzen unschöne Ergebnisse liefert. Daher betrachten wir noch zwei andere Versuche, Auswahlfunktionen zu konstruieren.

Condorcet-Verfahren (Mehrheitsentscheidung) Vergleicht man zwei Kandidaten x und y, so gibt es eine Menge von Wählern $\{i \in I : x\rho_i y\}$, die x bevorzugen, eine Menge von Wählern $\{i \in I : y\rho_i x\}$, die y bevorzugen, und schließlich eine Menge von Wählern, die bezüglich x und y indifferent sind (jede der drei Mengen kann selbstverständlich auch leer sein).

Das *Condorcet-Verfahren* zählt nun, welcher der beiden Kandidaten mehr Vergleiche gewinnt. Das gibt die kollektive Präferenzrelation ρ mit

$$x\rho y :\Leftrightarrow |\{i \in I : x\rho_i y\}| > |\{i \in I : y\rho_i x\}| \, . \tag{4.4}$$

Dieses Verfahren lässt sich zwar für beliebige ρ_i durchführen, die so definierte Relation ρ ist aber im Fall von mehr als zwei Kandidaten nicht immer transitiv, also nicht immer eine zulässige Präferenzrelation aus P_A.

Ein Beispiel, bei dem eine nicht transitive Relation auftritt, liefert bereits der Fall mit drei Kandidaten $A = \{x, y, z\}$, drei Wählern $I = \{1, 2, 3\}$ und folgenden Rangabbildungen:

	$r_i(x)$	$r_i(y)$	$r_i(z)$
$i = 1$	1	2	3
$i = 2$	3	1	2
$i = 3$	2	3	1

Nachzählen ergibt hier im Condorcet-Verfahren $x\rho y$, $y\rho z$ und $z\rho x$. Wenn ρ transitiv wäre, würde aus den drei vorstehenden Beziehungen auch $x\rho x$ folgen, was aber offensichtlich nicht der Fall ist. Mithin ist $\rho \notin P_A$.

Das Condorcet-Verfahren liefert daher, sofern die Kandidatenmenge A mehr als zwei Elemente enthält, keine kollektive Auswahlfunktion (solange nur zwischen zwei Kandidaten zu entscheiden ist, ist das Verfahren äquivalent zur Rangaddition).

Einstimmigkeit Man kann einen Kandidaten x genau dann vor y setzen, wenn alle Wähler das tun. Das gibt die kollektive Präferenzrelation

$$x\rho y :\Leftrightarrow \forall i \in \{1, \ldots, n\} : x\rho_i y . \tag{4.5}$$

Dieses Prinzip kann man sich als Minimalkonsens der Gesamtheit vorstellen, denn ein einziger Wähler, der y mindestens so sehr schätzt wie x, führt dazu, dass das auch in in der kollektiven Präferenz passiert:

$$\exists i \in \{1, \ldots, n\} : y\rho_i^* x \Leftrightarrow \exists i \in \{1, \ldots, n\} : \neg(x\rho_i y)$$
$$\Leftrightarrow \neg(x\rho y)$$
$$\Leftrightarrow y\rho^* x .$$

In der Praxis wird dieses Verfahren dazu tendieren, überhaupt keine echten Präferenzen zu erzeugen: Weil fast immer $y\rho^* x$ gilt (irgendwer wird schon dieser Meinung sein), kann fast nie $x\rho y$ gelten.

Außer dieser „Entscheidungsschwäche" hat das Verfahren auch noch den weiteren Nachteil, dass (wie beim Condorcet-Verfahren) das Ergebnis ρ für $|A| > 2$ nicht immer in P_A ist, es liefert also keine kollektive Auswahlfunktion. Ein Beispiel, bei dem das Einstimmigkeitsprinzip keine Präferenzrelation aus P_A liefert: Es gebe wieder drei Kandidaten, $A = \{x, y, z\}$, und diesmal nur zwei Wähler, $I = \{1, 2\}$, mit den Rangabbildungen

	$r_i(x)$	$r_i(y)$	$r_i(z)$
$i = 1$	1	2	3
$i = 2$	3	1	2

Die durch das Einstimmigkeitsprinzip bestimmte Relation ρ enthält genau ein Paar: $y\rho z$ und es ist $\rho \notin P_A$. Um das zu sehen, kann man versuchen, die zugehörige Rangabbildung

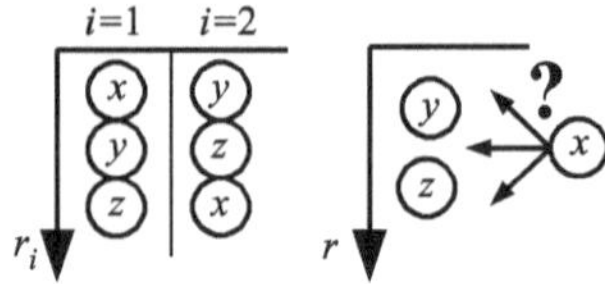

Abb. 4.4 Der Versuch, Einstimmigkeit als Entscheidungskriterium zu verwenden: y muss vor z platziert werden, x darf weder vor noch nach y und weder vor noch nach z platziert werden. Wir haben also keine Präferenzrelation aus P_A vorliegen

zu konstruieren, was sich als unmöglich erweist (vgl. Abb. 4.4). Hilfreich ist hier aber auch, dass wir eine weitere Charakterisierung von P_A haben: die invers-komplementären Relationen zu den Relationen aus P_A sind genau die konnexen Quasiordnungen. Betrachtet man zu dem ρ im Beispiel das zugehörige ρ^*, sieht man schnell, dass es nicht transitiv ist: Es gilt $z\rho^*x$ und $x\rho^*y$, aber nicht $z\rho^*y$. Daher ist $\rho^* \notin P_A^*$ und somit $\rho \notin P_A$.

Man könnte jetzt versuchen, Einstimmigkeit in den ρ_i^* als Entscheidungsverfahren zu verwenden (in (4.5) ρ durch ρ^* und ρ_i durch ρ_i^* ersetzen), aber dadurch verschärft sich das Problem weiter: Schon für $|A| = 2$ erhält man in der Regel keine zulässige Präferenzrelation mehr. Dies sieht man etwa am Beispiel mit zwei Kandidaten x und y und zwei Wählern, von denen der eine x und der andere y (echt) bevorzugt: Die entstehende Relation ρ^* ist nicht konnex, da weder $x\rho^*y$ noch $y\rho^*x$ gilt.

4.3 Bedingungen an Auswahlfunktionen, Satz von Arrow

Im vorigen Abschnitt haben wir gesehen, dass die bisherige Forderung an kollektive Auswahlfunktionen (eine Abbildung $P_A^n \to P_A$ zu sein) auch von Verfahren erfüllt wird, die alles andere als wünschenswert sind. Daher formulieren wir nun zwei Bedingungen, die ein „gerechtes" Verfahren erfüllen sollte:

- Die *Pareto-Bedingung*, die fordert, dass die Gesamtheit für beliebige Kandidaten stets durch Einstimmigkeit jede gewünschte Reihung erzwingen kann,
- und das Prinzip der *Unabhängigkeit von irrelevanten Alternativen*, das fordert, dass die Reihung zwischen zwei Kandidaten nicht dadurch gekippt werden kann, dass Wähler ihre Präferenz bezüglich eines dritten Kandidaten ändern.

Man könnte noch mehr Wünsche an ein Wahlverfahren haben, aber es wird sich herausstellen, dass schon mit diesen beiden Forderungen kein annähernd demokratisches Verfahren mehr möglich ist – das ist die Aussage des *Satzes von Arrow*.

Pareto-Bedingung (Einstimmigkeit) Einstimmigkeit als hinreichendes und notwendiges Kriterium (4.5) zu verwenden, hatte sich als unpraktikabel erwiesen. Sinnvoll ist aber die

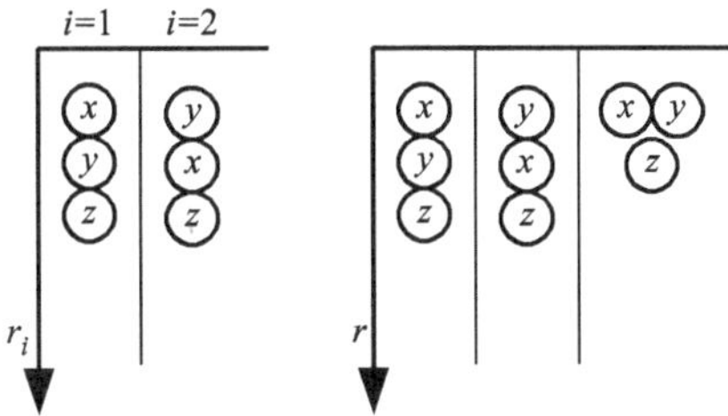

Abb. 4.5 Zwei Wähler sind sich einig, dass z hinter x und y einzuordnen ist. Eine kollektive Auswahlfunktion, die die Pareto-Bedingung (4.6) erfüllt, muss auch in der Gruppenentscheidung x und y vor z platzieren, es kommen also nur die drei rechts dargestellten Ergebnisse infrage

Forderung, dass Einstimmigkeit über die Präferenz zwischen zwei Kandidaten hinreichend dafür ist, dass die Gruppenentscheidung dieselbe Reihung enthält, vgl. Abb. 4.5.

▸ **Definition 4.3 (Pareto-Bedingung)** Eine kollektive Auswahlfunktion $K : P_A^n \to P_A$ erfüllt die *Pareto-Bedingung*, wenn für alle $\rho_i \in P_A, i = 1, \dots, n$ mit $\rho = K(\rho_1, \dots, \rho_n)$ und für alle $x, y \in A$ gilt:

$$(\forall i \in \{1, \dots, n\} : x\rho_i y) \Rightarrow x\rho y . \tag{4.6}$$

Fordert man die Pareto-Bedingung, scheidet der externe Diktator aus; alle anderen im Abschn. 4.2 vorgestellten Verfahren erfüllen die Bedingung offensichtlich.

Dass die Bedingung in der Relation ρ und nicht in der Relation ρ^* definiert ist, ist sinnvoll, weil nur so die Wähler eine echte Präferenz erzwingen können – ersetzt man in (4.6) wieder ρ durch ρ^* und die ρ_i durch ρ_i^*, würde das Verfahren, das alle Kandidaten immer gleich bewertet ($r(x) = 1$ für alle $x \in A$ unabhängig von den ρ_i), schon die Bedingung erfüllen.

Gelegentlich fordert man hingegen eine Verschärfung von (4.6), bei der die Beziehung $x\rho y$ bereits gelten muss, wenn auch nur *ein* Wähler dieser Ansicht ist ($\exists i \in \{1, \dots, n\} : x\rho_i y$), solange kein anderer Wähler das Gegenteil fordert ($\forall i \in \{1, \dots, n\} : x\rho_i^* y$):

$$(\exists i \in \{1, \dots, n\} : x\rho_i y) \wedge (\forall i \in \{1, \dots, n\} : x\rho_i^* y) \Rightarrow x\rho y . \tag{4.7}$$

Diese Bedingung wird *starke Pareto-Bedingung* genannt (und (4.6) im Unterschied dazu auch *schwache Pareto-Bedingung*); wir werden im Folgenden nur die schwächere Bedingung (4.6) verwenden.

Unabhängigkeit von irrelevanten Alternativen Die Begründung der nächsten Bedingung ist etwas weniger offensichtlich als die der Pareto-Bedingung, daher beginnen wir mit einem Beispiel, das eine unerwünschte Situation zeigt.

Wir betrachten dazu drei Kandidaten, $A = \{x, y, z\}$, und zwei Wähler mit je zwei verschiedenen Individualpräferenzen ρ_i und ρ_i', $i = 1, 2$; als Entscheidungsverfahren wird die

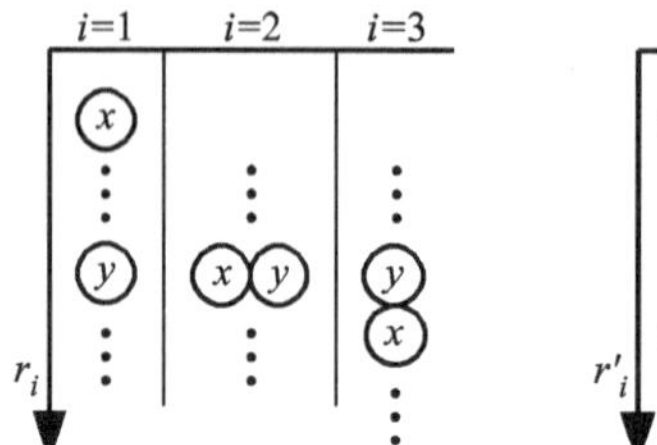
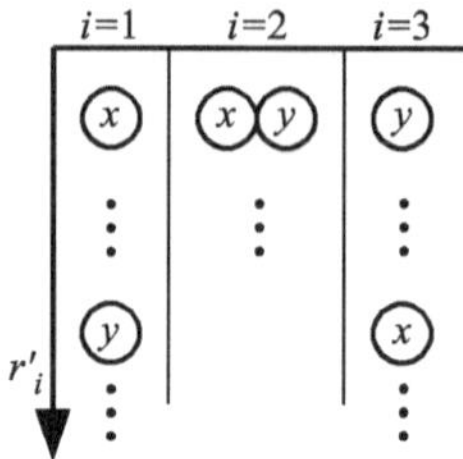

Abb. 4.6 Zwei „Wahlgänge", keiner der drei Wähler wechselt bezüglich der Kandidaten x und y seine Meinung. Die Unabhängigkeit von irrelevanten Alternativen (4.8) fordert, dass es das Ergebnis der kollektiven Auswahlfunktion auch nicht tut

Rang-Addition K^A verwendet. Die folgenden Tabellen geben Rangabbildungen und die Summe der Rangnummern an:

ρ	$r_i(x)$	$r_i(y)$	$r_i(z)$
$i = 1$	1	2	3
$i = 2$	2	1	3
$\sum r_i$	3	3	6

ρ'	$r_i'(x)$	$r_i'(y)$	$r_i'(z)$
$i = 1$	1	2	3
$i = 2$	3	1	2
$\sum r_i'$	4	3	5

Die Individualpräferenzen ρ_i (links) entsprechen denen aus Abb. 4.3; für ρ_i' (rechts) wechselt der Wähler $i = 2$ seine Meinung bezüglich Kandidaten x und z.

Betrachten wir nun die Gruppenentscheidung bezüglich x und y. Es gilt $y\rho'x$, aber nicht $y\rho x$: Das Ergebnis ändert sich, obwohl bezüglich der Kandidaten x und y im direkten Vergleich keiner der beiden Wähler seine Meinung gewechselt hat (Wähler 1 setzt x vor y, Wähler 2 hält es umgekehrt).

Diese Situation möchte man meistens ausschließen: Die Platzierung eines dritten Kandidaten z soll keinen Einfluss auf das Ergebnis des direkten Vergleichs von x mit y haben. In anderen Worten: Wenn kein Wähler seine Meinung bezüglich der Reihung von x und y ändert ($x\rho_i y \Leftrightarrow x\rho_i' y$ für alle i), dann soll auch im Ergebnis die Reihung von x und y gleich bleiben ($x\rho y \Leftrightarrow x\rho' y$), vgl. Abb. 4.6. Das motiviert die folgende

▸ **Definition 4.4 (Unabhängigkeit von irrelevanten Alternativen)** Eine kollektive Auswahlfunktion $K : P_A^n \to P_A$ erfüllt die *Unabhängigkeit von irrelevanten Alternativen*, wenn für alle $\rho_i, \rho_i' \in P_A, i = 1, \ldots, n$ mit $\rho = K(\rho_1, \ldots, \rho_n)$, $\rho' = K(\rho_1', \ldots, \rho_n')$ und für alle $x, y \in A$ gilt:

$$(\forall i \in \{1, \ldots, n\} : x\rho_i y \Leftrightarrow x\rho_i' y) \Rightarrow (x\rho y \Leftrightarrow x\rho' y) . \tag{4.8}$$

Man könnte jetzt weitere Bedingungen an Entscheidungsverfahren formulieren, nur haben wir soeben mit dem Verfahren der Rang-Addition ein weiteres Entscheidungsverfahren aus der Menge der „gerechten" Verfahren ausgeschlossen; damit haben wir nur noch eines übrig, und das gefällt uns nicht: Von allen im Abschn. 4.2 vorgestellten Verfahren, die die formalen Bedingungen an eine kollektive Auswahlfunktion erfüllen (das Crodocet-Verfahren (4.4) und das Verfahren „Einstimmigkeit" (4.5) scheitern ja schon hieran) erfüllt nur der interne Diktator K^D sowohl die Pareto-Bedingung (4.6) als auch die Unabhängigkeit von irrelevanten Alternativen (4.8).

Satz von Arrow Das Modellieren der Gruppenentscheidung hat uns bisher immerhin Argumente geliefert, warum die betrachteten Verfahren problematisch sind. Eine naheliegende Reaktion darauf wäre der Versuch, Verfahren zu konstruieren, die die aufgestellten Forderungen erfüllen, aber – in einem näher zu spezifizierenden Sinn, auf jeden Fall aber im Gegensatz zur Diktatur K^D – gerecht sind.

Diese Versuche werden nicht erfolgreich sein, und nun zahlt sich die mathematische Modellierung auf unerwartete Weise aus: Es lässt sich beweisen, dass solche Versuche scheitern müssen. Der bisher getriebene Formalismus ist daher keineswegs Selbstzweck, sondern ermöglicht uns Aussagen, die wir formal beweisen können.

Ein berühmtes Beispiel für so eine Aussage ist

Theorem 4.5 (Satz von Arrow)

Es sei A mit $|A| > 2$ eine Kandidatenmenge mit mehr als zwei Kandidaten und $K : P_A^n \to P_A$ eine kollektive Auswahlfunktion, die die Pareto-Bedingung (4.6) und die Unabhängigkeit von irrelevanten Alternativen (4.8) erfüllt. Dann gibt es immer einen Diktator:

$$\exists d \in \{1, \ldots, n\} : \forall (\rho_1, \ldots, \rho_n) \in P_A^n : \forall (x, y) \in A \times A : x\rho_d y \Rightarrow x\rho y \qquad (4.9)$$

mit $\rho := K(\rho_1, \ldots, \rho_n)$.

(„Ein hinreichend gerechtes System mit mehr als zwei Kandidaten enthält einen Diktator.")

Der Satz wird hier nicht bewiesen (Beweise finden sich z. B. in [25] oder [50]), aber um uns seine Aussage zu verdeutlichen, vergleichen wir noch den Diktator (4.9) mit dem Diktator aus (4.3). Dabei sieht man, dass ersterer ein wenig „großzügiger" gegenüber den anderen Gruppenmitgliedern ist: Wenn er bezüglich zweier Kandidaten x und y indifferent ist (es gilt weder $x\rho_d y$ noch $y\rho_d x$), muss dies bei (4.3) auch im Ergebnis erfüllt sein, während (4.9) beliebige Reihungen von x und y erlaubt.

Dennoch bedeutet der Satz von Arrow das Ende unserer Suche nach einem „perfekten" Entscheidungsverfahren (und erspart uns möglicherweise langwieriges Probieren): Wir können kein Verfahren finden, das alle sinnvollen Forderungen erfüllt.

Eine alternative Formulierung des Satzes von Arrow sei noch erwähnt, bei der zwei Forderungen aus der Definition der kollektiven Auswahlfunktion noch einmal explizit aufgeführt werden und der Diktator explizit ausgeschlossen wird. Damit hat man fünf *„demokratische Grundregeln"*:

1. Die Auswahlfunktion K muss auf ganz P_A^n definiert sein.
2. Das Ergebnis von K muss immer in P_A sein.

3. Die Pareto-Bedingung (4.6) muss erfüllt sein.

4. Die Unabhängigkeit von irrelevanten Alternativen (4.8) muss erfüllt sein.

5. Es gibt keinen Diktator:

$$\nexists d \in \{1, \ldots, n\} : \forall (\rho_1, \ldots, \rho_n) \in P_A^n : \forall (x, y) \in A \times A : x\rho_d y \Rightarrow x\rho y$$

mit $\rho := K(\rho_1, \ldots, \rho_n)$.

Der Satz von Arrow besagt in dieser Formulierung also, dass es im Fall von mehr als zwei Kandidaten keine kollektive Auswahlfunktion geben kann, die alle fünf genannten demokratischen Grundregeln erfüllt.

Abschließend sei noch erwähnt, dass natürlich auch ganz andere Kriterien für Entscheidungsverfahren denkbar sind als die hier untersuchten. Ein Beispiel dafür ist die *Manipulierbarkeit*, die etwa beim Verfahren der Rang-Addition auftritt: Es kann für einen Wähler einen Vorteil bringen, eine andere Präferenz anzugeben als er wirklich besitzt – z. B., wenn sein Lieblingskandidat sowieso schon sehr viele Anhänger hat, sein zweitliebster Kandidat aber wenig populär ist, sodass er besser den an die Spitze seiner (geäußerten) Präferenz stellt. Verfahren, die diese Möglichkeit zum Taktieren gar nicht erst bieten, wären prinzipiell zu bevorzugen – leider gibt es mit dem Satz von Gibbard und Satterthwaite auch hier eine Unmöglichkeitsaussage in der Art des Satzes von Arrow.

Zeitpläne

Die – möglichst optimale – Zuordnung von Ressourcen (Zeit, Personal, Werkzeuge, etc.) zu Aufgaben, die erledigt werden müssen, ist ein herausforderndes und ökonomisch bedeutendes Gebiet der Entscheidungsfindung. Beispiele sind etwa die Planung eines Projektes, der Produktionsablauf in einer Fabrik, Stundenpläne in einer Schule oder die Versorgung von Mietwagenkunden mit Autos.

In diesem Abschnitt geht es spezieller um die Modellierung von Aufgaben, wie sie bei der Planung eines Projektes oder der Produktion in einer Fabrik auftreten, und um Abhängigkeiten zwischen diesen Aufgaben: So kann etwa die Reihenfolge, in der die Aufgaben zu behandeln sind, teilweise vorgegeben sein, oder gewisse Aufgaben können nicht gleichzeitig bearbeitet werden, weil die dafür notwendigen Ressourcen nur einmal zur Verfügung stehen. (Die Probleme, die sich bei den Stundenplänen oder bei der Autovermietung einstellen, sind in der Regel von ganz anderer Natur, sodass dort völlig andere Techniken zum Einsatz kommen.)

Zweck solcher Modelle ist in der Regel die Optimierung: Aus allen möglichen Reihenfolgen soll eine ausgewählt werden, die unter einem vorgegebenen Qualitätsmaß optimal ist – ein optimaler *Zeitplan* ist zu erstellen.

Denken wir zunächst an die Produktionsplanung einer Fabrik, in der die Produkte eine Reihe von Verarbeitungsschritten durchlaufen und zu einem bestimmten Zeitpunkt fertig gestellt sein müssen. Wann setzt man welche Maschine zweckmäßigerweise für welches Produkt ein? Wann muss die Produktion beginnen, um den Liefertermin halten zu können? An welcher Stelle sollten Optimierungen des Produktionsprozesses ansetzen? Diese und ähnliche Fragen lassen sich bei komplexen Produktionsabläufen mit vielen Verarbeitungsschritten und einer großen Anzahl unterschiedlicher Produkte nicht mehr durch Erfahrungswerte und Ausprobieren beantworten, sondern müssen im Rechner nachgestellt werden.

Eine weitere Schwierigkeit wird deutlich, wenn man an das Projektmanagement denkt. Selbst wenn die Zahl der Aufgaben und deren Abhängigkeiten überschaubar sind, ist die

H.-J. Bungartz et al., *Modellbildung und Simulation*, eXamen.press,
DOI 10.1007/978-3-642-37656-6_5, © Springer-Verlag Berlin Heidelberg 2013

Zeit, die jede einzelne Aufgabe dann tatsächlich braucht, sehr schwer vorab zu schätzen. Nun möchte man gerne wissen, wie sich die Streuung der tatsächlich benötigten Zeiten auf die Fertigstellung des Gesamtprojektes auswirkt, also auf den Liefertermin, den wir dem Kunden versprechen.

In beiden Fällen wird es um viel Geld gehen, und ein Modell, das die Realität nicht hinreichend genau abbildet, sodass die darauf aufbauenden Planungen nicht optimal sind, kann viel Schaden anrichten.

Überraschenderweise sind dennoch an vielen Stellen sehr primitive Modelle populär. Der Grund dafür liegt in einem ganz typischen Konflikt bei der Wahl eines passenden Modells, das einerseits hinreichend mächtig sein muss für eine realistische Beschreibung der Wirklichkeit, das andererseits aber auch mit vertretbarem Rechenaufwand behandelbar sein muss.

Bei der Erstellung von Zeitplänen tritt ein für kombinatorische Probleme typischer Effekt ein: Sehr einfache und sehr aufwändige Probleme liegen hier dicht beisammen. Nehmen wir als Beispiel an, wir haben ein Projekt, in dem eine Software zur Optimierung eines Produktionsprozesses geschrieben werden soll. Nun bekommen wir einen Anruf des Kunden, der uns mitteilt, dass er bisher vergessen habe, uns eine spezielle Eigenschaft der Produktionsschritte mitzuteilen. Dadurch könnte *unser* Zeitplan leicht völlig über den Haufen geworfen werden – so eine Nebenbedingung kann die Schwierigkeit der Aufgabe komplett ändern: Eine sorgfältige Modellierung der Aufgabe ist hier besonders wichtig. Der Aspekt der Kosten für die Behandlung des Modells tritt in diesem Kapitel erstmals auf – weder bei der Spieltheorie noch bei den Gruppenentscheidungen hatte das eine Rolle gespielt.

Aus der Vielzahl möglicher Szenarien von Zeitplänen werden für diese Darstellung drei herausgegriffen: Am Anfang steht das *Prozess-Scheduling* als Beispiel für ein einfaches Modell, für das sich ein optimaler Zeitplan leicht mittels der *Kritischer-Pfad-Methode* bestimmen lässt. In der ersten Erweiterung nehmen wir Ausführungszeiten der einzelnen Aufgaben als Zufallsvariablen an und studieren die Auswirkungen davon, während die zweite Erweiterung die Beschränkung von Ressourcen im *Job-Shop-Modell* modelliert. Jede der beiden Erweiterungen wird aus dem sehr einfachen Problem eines machen, für das bei realistischen Problemgrößen in der Regel keine optimalen Lösungen mehr bestimmt werden können, man also auf Heuristiken zurückgreifen muss.

In Bezug auf das verwendete Instrumentarium kommen hier *Graphen* zur Modellierung von Aufträgen und Abhängigkeiten hinzu (gerichtete Graphen, Pfade, Zyklen und Zyklenfreiheit, Tiefensuche; vgl. Abschn. 2.1), zur Modellierung der Unsicherheit über die Dauer eines Arbeitsschritts werden in Abschn. 5.2 Dinge aus der Stochastik eine Rolle spielen (diskrete und kontinuierliche Zufallsvariablen, gemeinsame Verteilungen, Erwartungswerte, Quantile; vgl. Abschn. 2.3) – die dabei angestellten Überlegungen sind gleichzeitig die Grundlage für Kap. 6.

5.1 Prozess-Scheduling (deterministisch)

Ein *Prozess* besteht zunächst aus einer Menge von n Aufträgen $A_1, \ldots, A_n$, die erledigt werden müssen. Für jeden Auftrag A_i sei vorerst angenommen, dass die benötigte *Bearbeitungszeit* $t_i \geq 0$ bekannt sei (diese Annahme macht den Determinismus dieses Modells aus und steht im Gegensatz zur stochastischen Betrachtung im nächsten Abschnitt); zur Beschreibung des Prozesses gehört also eine Liste $(t_i)_{1 \leq i \leq n}$ der Bearbeitungszeiten.

Ein *Zeitplan (Schedule)* legt fest, welcher Auftrag wann bearbeitet wird. Im Folgenden werden wir Bedingungen definieren, die bei der Bearbeitung einzuhalten sind; ein Zeitplan, der alle Bedingungen erfüllt, heißt *zulässig*. Weiter wird vorausgesetzt, dass es ein *Kostenmaß* gibt, mit dem wir Zeitpläne bewerten können – das können z. B. die Gesamtkosten für die Bearbeitung sein, hier betrachten wir vereinfachend die Dauer bis zur Beendigung des Prozesses.

Die Aufgabe des Scheduling besteht nun darin, unter allen zulässigen Zeitplänen einen mit minimalen Kosten zu finden (in der Praxis oft: eine gute Annäherung daran).

Zum Zeitplan gehören die Zeiten, zu denen mit dem jeweiligen Auftrag begonnen wird, also eine Liste von *Startzeiten* $(s_i)_{1 \leq i \leq n}$. Wir gehen davon aus, dass die Bearbeitung eines Auftrags nicht unterbrochen werden kann, somit legen sich Startzeit s_i und *Fertigungszeit* $c_i = s_i + t_i$ wechselseitig fest.

Da wir derzeit noch keine Nebenbedingungen definiert haben, ist ein zulässiger Zeitplan, der den Prozess möglichst schnell zu Ende bringt, leicht zu finden: Man beginnt sofort mit allen Aufträgen parallel, hat also $s_i = 0$ und $c_i = t_i$ für alle i. Mit $t_{\max} := \max(t_i)$, der Bearbeitungszeit des längsten Auftrags, kann man auch $c_i = t_{\max}$ und somit $s_i = t_{\max} - t_i$ für alle i wählen und erhält ebenfalls einen optimalen zulässigen Zeitplan.

Im Folgenden wird von dem Zeitplan die Einhaltung von *Präzedenzbedingungen* gefordert werden, die Aussagen über die Reihenfolge der Ausführung machen. Eine Präzedenzbedingung zwischen zwei Aufträgen A_i und A_j wird als $A_i \to A_j$ notiert und besagt, dass mit Auftrag A_j erst begonnen werden darf, wenn A_i fertig ist:

$$A_i \to A_j :\Leftrightarrow c_i \leq s_j .$$

Aus der Definition folgt, dass mit $A_i \to A_j$ und $A_j \to A_k$ auch $A_i \to A_k$ erfüllt ist. Das Problem ändert sich also nicht, wenn die Relation der Präzedenzen auf der Auftragsmenge durch die transitive Hülle ersetzt wird – aus Gründen der Übersichtlichkeit wird man die Präzedenz $A_i \to A_k$ in der Regel nicht explizit notieren.

Weitere Nebenbedingungen werden vorerst nicht betrachtet – es können insbesondere beliebig viele Aufträge gleichzeitig bearbeitet werden, solange die Präzedenzen eingehalten werden.

Das Schedulingproblem lässt sich nun als gerichteter Graph $G := (V, E)$ darstellen. Dabei besteht die Knotenmenge V aus den Aufträgen,

$$V := \{A_1, \ldots, A_n\} ,$$

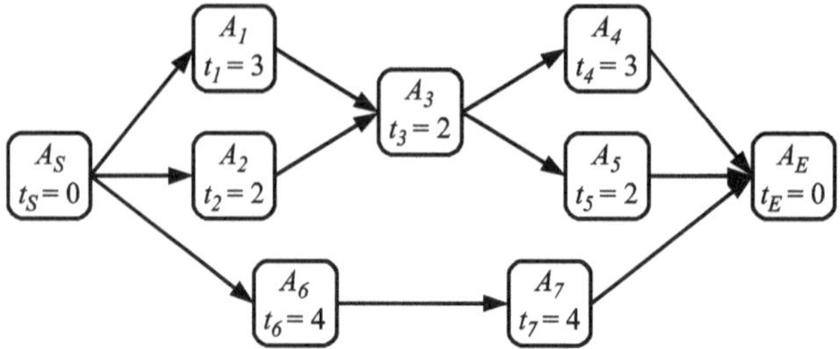

Abb. 5.1 Ein Beispiel-Graph mit sieben Aufträgen (zuzüglich Start- und Endknoten)

die mit den Bearbeitungszeiten t_i beschriftet werden; jede Präzedenzbedingung $A_i \rightarrow A_j$ definiert eine Kante (A_i, A_j):

$$E := \{ (A_i, A_j) : A_i \rightarrow A_j \} \,.$$

Weiter ist es zweckmäßig, zwei spezielle Knoten hinzuzufügen (die haben auf die Kosten eines Zeitplans keinen Einfluss):

- Ein *Startknoten* A_S mit Nummer $S := 0$, $t_S := 0$ und Präzedenzen $A_S \rightarrow A_i$ zu allen Knoten A_i, die bisher keine eingehenden Kanten $A_j \rightarrow A_i$ haben. Im Zeitplan wird dieser Knoten immer die Startzeit $s_S := 0$ bekommen.
- Ein *Endknoten* A_E mit Nummer $E := n+1$, $t_E := 0$ und Präzedenzen $A_i \rightarrow A_E$ von allen Knoten A_i, die bisher keine ausgehenden Kanten $A_i \rightarrow A_j$ haben. In einem zulässigen Zeitplan können wir an diesem Knoten die *Gesamtfertigungszeit (makespan)* c_E ablesen, die ja unter allen zulässigen Zeitplänen minimiert werden soll.

Abbildung 5.1 zeigt den Graphen für ein Problem mit sieben Aufträgen (zuzüglich Startknoten A_S und Endknoten A_E), folgenden Bearbeitungszeiten:

i	1	2	3	4	5	6	7
t_i	3	2	2	3	2	4	4

und den Präzedenzbedingungen

$$\{ A_1 \rightarrow A_3, A_2 \rightarrow A_3, A_3 \rightarrow A_4, A_3 \rightarrow A_5, A_6 \rightarrow A_7 \} \,.$$

Mit dem Startknoten werden noch die Präzedenzen $A_S \rightarrow A_1$, $A_S \rightarrow A_2$, $A_S \rightarrow A_6$, mit dem Endknoten noch $A_4 \rightarrow A_E$, $A_5 \rightarrow A_E$, $A_7 \rightarrow A_E$ eingefügt.

Im Weiteren werden *Pfade* in unserem Graph eine Rolle spielen, also eine Liste von k Knoten (Aufträgen) $A_{i_1}, A_{i_2}, \ldots, A_{i_k}$, wobei es für jedes j mit $1 < j \le k$ eine Kante $A_{i_{j-1}} \rightarrow A_{i_j} \in E$ gibt, kurz:

$$A_{i_1} \rightarrow A_{i_2} \rightarrow \ldots \rightarrow A_{i_k} \,.$$

Ein wichtiges Maß ist die Länge eines Pfades $A_{i_1} \to A_{i_2} \to \ldots \to A_{i_k}$, die hier als die Summe der Knotenbeschriftungen (Bearbeitungszeiten) definiert sei:

$$l\left(A_{i_1} \to A_{i_2} \to \ldots \to A_{i_k}\right) := \sum_{j=1}^{k} t_{i_j} \, .$$

In unserem Graph liegt jeder Knoten auf wenigstens einem Pfad von A_S nach A_E; in jedem zulässigen Zeitplan gilt für jeden Pfad

$$c_{i_k} \geq s_{i_1} + \sum_{j=1}^{k} t_{i_j} = s_{i_1} + l\left(A_{i_1} \to A_{i_2} \to \ldots \to A_{i_k}\right) \, .$$

Insbesondere ist c_E in jedem zulässigen Zeitplan mindestens so groß wie die Länge des längsten Pfades von A_S zu A_E – wir werden sehen, dass, sofern es überhaupt zulässige Zeitpläne gibt, diese Schranke erreicht werden kann.

Klären wir zunächst noch, wann es überhaupt zulässige Zeitpläne gibt: Wenn G einen Zyklus enthält, also einen Pfad $A_{i_1} \to A_{i_2} \to \ldots \to A_{i_k} \to A_{i_1}$, ergibt sich die Bedingung

$$s_{i_1} \geq c_{i_k} \geq s_{i_1} + \sum_{j=1}^{k} t_{i_j} \, ,$$

die (wegen $t_{i_j} \geq 0$) offensichtlich nur für den Sonderfall $t_{i_j} = 0$, $j = 1, \ldots, k$, erfüllbar ist.

Daher sei ab jetzt an die Menge der Präzedenzen vorausgesetzt, dass G keine Zyklen enthält: Es sei ein gerichteter azyklischer Graph, englisch *directed acyclic graph*, kurz DAG.

In jedem DAG kann man die Knoten so nummerieren, dass $A_i \to A_j$ nur für $i < j$ vorkommt, er heißt dann *topologisch sortiert*. In diesem Fall ist das folgende Verfahren zur Bestimmung von Zeitplänen besonders leicht zu implementieren. Das topologische Sortieren (i. W. eine *Tiefensuche* im Graphen) ist nicht aufwändig, und es liefert als Nebenprodukt gleichzeitig einen Test unserer Eingangsdaten (den Präzedenzen) auf Zyklenfreiheit; der Algorithmus hierfür findet sich z. B. in [55]. Der Graph im Beispiel (Abb. 5.1) ist bereits topologisch sortiert.

Dass unter der Bedingung der Zyklenfreiheit zulässige Zeitpläne existieren, sieht man am einfachsten, indem man einen konstruiert – der wird sich dann auch gleich als optimal (hinsichtlich der Gesamtfertigungszeit) erweisen.

Die Idee hierfür ist einfach: Jeder Auftrag wird so früh wie möglich gestartet, also in dem Moment, in dem alle vorher zu erledigenden Aufträge fertig sind. Der Zeitpunkt, zu dem das frühestens der Fall sein kann, heißt *Vorlaufzeit* s_i', die zugehörige Fertigstellungszeit schreiben wir als c_i'. Die Berechnung ist geradlinig:

- $s_S' := c_S' := 0$.
- Solange noch Knoten unbearbeitet sind:

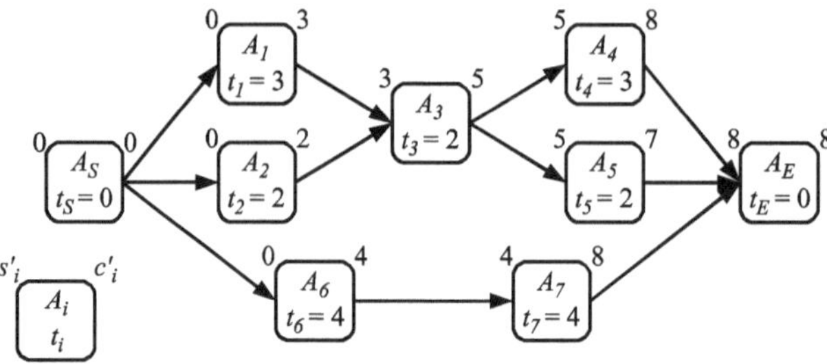

Abb. 5.2 Der Prozess aus Abb. 5.1 mit Vorlaufzeiten (frühest mögliche Startzeiten) s_i' und zugehörigen Fertigstellungen c_i'

- Suche einen unbearbeiteten Knoten A_i, bei dem jeder Vorgänger (also jeder Knoten A_j mit $A_j \rightarrow A_i$) bereits bearbeitet wurde.
  Wegen der Zyklenfreiheit muss es mindestens einen solchen Knoten geben. Wenn die Knoten topologisch sortiert sind, kann man sie einfach in der Reihenfolge $1, 2, \ldots, n + 1$ bearbeiten.
- Berechne

$$s_i' := \max_{j:A_j \rightarrow A_i} c_j', \qquad c_i' := s_i' + t_i \,.$$

Abbildung 5.2 zeigt das Ergebnis dieses Verfahrens für den Prozess aus Abb. 5.1.

Nimmt man die s_i' als Startzeiten, so erhält man einen Zeitplan, der nicht nur zulässig ist, sondern auch die Gesamtfertigungszeit c_E' unter allen zulässigen Zeitplänen minimiert: Aus der Berechnung der s_i' folgt zum einen, dass alle Präzedenzen $A_j \rightarrow A_i$ eingehalten werden, und zum anderen, dass kein Auftrag (insbesondere nicht A_E) unter Einhaltung der Präzedenzbedingungen zu einem früheren Zeitpunkt gestartet werden kann.

Insbesondere kann es hier nie zu einer Verbesserung der Lösung kommen, indem man einen Auftrag A_i zu einem späteren Zeitpunkt als s_i' startet. Insofern ist die vorliegende Optimierungsaufgabe sehr einfach.

Zum besseren Verständnis dieser Schedulingaufgabe ist es hilfreich, noch einen weiteren Zeitplan zu konstruieren: Nun wird berechnet, zu welchem Zeitpunkt c_i'' ein Auftrag A_i spätestens beendet sein muss, damit die optimale Gesamt-Fertigstellungszeit c_E' noch eingehalten werden kann (dann muss er zum Zeitpunkt $s_i'' := c_i'' - t_i$ gestartet werden, $c_E' - s_i''$ heißt dann *Restlaufzeit*).

Die Berechnung ist analog zur Berechnung der Vorlaufzeiten:

- $c_E'' := s_E'' := c_E'.$
- Solange noch Knoten unbearbeitet sind:
  - Suche einen unbearbeiteten Knoten A_i, bei dem jeder Nachfolger (also jeder Knoten A_j mit $A_i \rightarrow A_j$) bereits bearbeitet wurde.

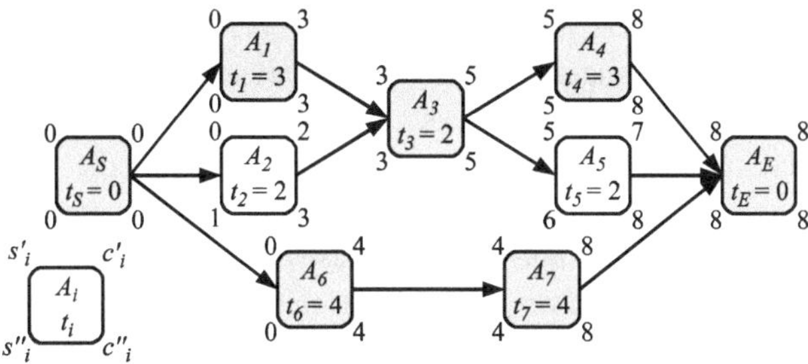

Abb. 5.3 Frühest und spätest mögliche Start- und Fertigstellungszeiten für den Prozess aus Abb. 5.1. Die kritischen Knoten sind grau markiert, sie bilden hier zwei kritische Pfade von A_S nach A_E

Wegen der Zyklenfreiheit muss es mindestens einen solchen Knoten geben. Wenn die Knoten topologisch sortiert sind, kann man sie einfach in der Reihenfolge $n, n - 1, \ldots, 2, 1, 0$ bearbeiten.

- Berechne

$$c_i'' := \min_{j:A_i \to A_j} s_j'', \quad s_i'' := c_i'' - t_i .$$

Abbildung 5.3 zeigt das Ergebnis dieses Verfahrens für den Prozess aus Abb. 5.1.

Nun gibt es für jeden Knoten (Auftrag) A_i zwei Möglichkeiten:

- $s_i' = s_i''$. In diesem Fall heißt der Knoten *kritisch* und liegt auf (mindestens) einem Pfad von A_S zu A_E, der nur aus kritischen Knoten besteht und bei dem für jede Kante $A_k \to A_l$ gilt $c_k' = s_l''$ (A_l muss unmittelbar auf A_k folgen) – so ein Pfad heißt *kritischer Pfad*. In jedem optimalen Zeitplan muss ein kritischer Knoten A_i die Startzeit $s_i = s_i' = s_i''$ bekommen. In Abb. 5.3 sind die kritischen Knoten grau markiert.
- $s_i' < s_i''$. In diesem Fall heißt die Differenz $s_i'' - s_i'$ *Schlupf*. Knoten mit Schlupf können in einem optimalen Zeitplan Startzeiten im Intervall $s_i' \leq s_i \leq s_i''$ haben. (Das heißt aber nicht, dass man sie in diesen Intervallen unabhängig voneinander frei wählen kann, da sonst die Präzedenzbedingungen zwischen zwei nicht kritischen Knoten verletzt werden können.)

Man überlegt sich leicht, dass es immer mindestens einen kritischen Pfad gibt; wenn es mehrere gibt, haben alle dieselbe Pfadlänge. Die Gesamtfertigungszeit ergibt sich als die Länge eines kritischen Pfades in G, im Beispiel aus Abb. 5.1 bis 5.3 also $c_E = 8$. In den optimalen Zeitplänen ist c_E als Länge der kritischen Pfade auch die Länge eines längsten Pfades von A_S zu A_E (längere kann es offensichtlich nicht geben), dieser Wert, den wir oben als untere Schranke für die Gesamtfertigungszeit identifiziert hatten, wird also von diesen Zeitplänen erreicht.

Diese Technik (Bestimmung kritischer Pfade zur Optimierung des Zeitplans) heißt *Kritischer-Pfad-Methode* (*Critical Path Method*, CPM). Typische Werkzeuge, die dabei zum Einsatz kommen, sind *Gantt-Diagramme*, in denen die Aufträge durch Balken entsprechender Länge repräsentiert werden, sodass man sofort für jeden Zeitpunkt ablesen kann, welche Aufträge gerade angesetzt sind, und *Netzpläne* ähnlich wie in Abb. 5.3, in denen die Präzedenzbedingungen gegenüber den Bearbeitungszeiten stärker betont werden. Eine alternative Beschreibung mit Graphen modelliert schließlich die Aufträge durch die Kanten eines Graphen, die dann mit den Bearbeitungszeiten beschriftet werden.

Ein Ansatzpunkt für Erweiterungen des Modells ist die Beobachtung, dass nach dem bisherigen Kostenmaß zwischen dem Zeitplan mit frühest möglichen Startzeiten s_i' und dem mit spätest möglichen Startzeiten s_i'' nicht unterschieden werden kann – beide liefern die optimale Gesamtfertigungszeit. Dennoch sind Argumente für beide Varianten denkbar:

- Für einen möglichst späten Start der Aufträge könnten logistische Gründe sprechen, etwa dass wir dann das Material weniger lange lagern müssen („Just-in-time-Produktion").
- Ein vorsichtiger Mensch würde lieber möglichst früh mit den Aufträgen beginnen – für den Fall, dass etwas schief geht und ein Auftrag länger dauert als erwartet. Unser Modell berücksichtigt diese Möglichkeit überhaupt nicht; erst im folgenden Abschnitt werden wir den Fall untersuchen, dass die Bearbeitungszeiten nicht im Voraus bekannt sind.

Das Kostenmaß „Gesamtfertigungszeit" ist somit fragwürdig, da es nicht alle Aspekte bei der Bewertung von Zeitplänen erfasst. Ein Kostenmaß, das Schwankungen in den Bearbeitungszeiten und die tatsächlichen Gesamtkosten berücksichtigt, wäre realistischer, allerdings ist es wenig überraschend, dass die Bestimmung optimaler Zeitpläne dann wesentlich aufwändiger ist. Das bisherige Modell ist zwar sehr beschränkt, dafür sind die optimalen Lösungen leicht zu berechnen, was das Verfahren für die Praxis attraktiv macht.

Eine gewisse Handlungsanleitung liefert das Verfahren im Fall unerwartet längerer Bearbeitungszeiten übrigens schon: Bei Aufträgen mit Schlupf kann man versuchen, diesen für eine längere Bearbeitung des Auftrags zu nutzen. Eine Verzögerung eines Auftrags auf einem kritischen Pfad verzögert hingegen die Gesamtfertigstellung – wenn man die Möglichkeit hat, mit höherem Aufwand die Bearbeitungszeit zu verkleinern, sind somit Knoten auf einem kritischen Pfad Kandidaten für diesen Mehraufwand.

Eine ganz andere Erweiterung untersuchen wir in Abschn. 5.3: Dort betrachten wir Nebenbedingungen, die dadurch entstehen, dass gewisse Aufträge nicht gleichzeitig ausgeführt werden können – etwa weil sie dieselbe Maschine benötigen. Auch diese Modellerweiterung wird dazu führen, dass aus dem einfachen Problem eines wird, bei dem optimale Lösungen nur mit großem Aufwand zu finden sind.

5.2　Prozess-Scheduling (stochastisch)

Die Annahme, dass die Bearbeitungszeiten t_i der Aufträge A_i im Voraus bekannt sind, ist nur in wenigen Anwendungen realistisch. Das Modell wird deutlich flexibler, wenn wir die Bearbeitungszeiten als Zufallsvariablen T_i modellieren. Bei einer Ausführung des Prozes-

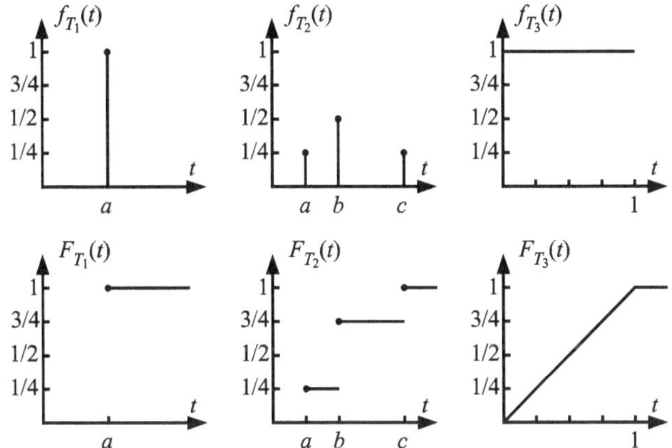

Abb. 5.4 Beispiele für Verteilungen von Bearbeitungszeiten (Dichten in der oberen Zeile, zugehörige Verteilungsfunktionen in der unteren Zeile): T_1 entspricht dem deterministischen Fall und liefert immer das Ergebnis $T_1 = a$, T_2 liefert drei verschiedene Werte a, b, und c mit Wahrscheinlichkeiten 1/4, 1/2 bzw. 1/4, T_3 ist eine kontinuierliche Zufallsvariable – sie ist auf $[0,1]$ gleichverteilt, d. h., die Wahrscheinlichkeit, dass eine Realisierung von T_3 in ein Intervall $[a,b]$ fällt ($0 \leq a \leq b \leq 1$) ist $P(T_3 \in [a,b]) = b - a$

ses betrachten wir dann die für Auftrag A_i beobachtete Bearbeitungszeit als Realisierung von T_i. Ziel wird sein, aus den Verteilungen der T_i Aussagen über die Verteilung der Gesamtfertigungszeit (oder eines anderen Kostenmaßes) zu gewinnen.

Drei einfache Beispiele für Verteilungen reichen für unsere Zwecke aus (in der Praxis verwendet man meist kompliziertere Verteilungen, das ändert aber an den prinzipiellen Überlegungen nichts):

- Den bisherigen Fall fester Bearbeitungszeiten bekommen wir hier mit einer diskreten Zufallsvariable, die nur einen Wert annimmt (T_1 in den Diagrammen in Abb. 5.4 links).
- Wenn bei der Bearbeitung des Auftrags nur endlich viele Fälle eintreten können und deren Wahrscheinlichkeiten bekannt sind, beschreiben wir die Bearbeitungszeit mit einer Verteilung wie für T_2 in Abb. 5.4, Mitte – dort am Beispiel von drei möglichen Bearbeitungszeiten a, b und c.
- Die Bearbeitungszeit kann auch eine kontinuierliche Zufallsvariable sein; die Gleichverteilung, wie für T_3 in Abb. 5.4 rechts für das Intervall $[0,1]$ dargestellt, ist zwar wenig realistisch, aber für unsere Überlegungen ausreichend.

Da wir mehrere Aufträge haben, bräuchten wir prinzipiell die gemeinsame Verteilung der T_i mit der Verteilungsfunktion

$$F_{T_1, T_2, \ldots, T_n}(t_1, t_2, \ldots, t_n) = P(T_1 \leq t_1, T_2 \leq t_2, \ldots, T_n \leq t_n),$$

die auch Abhängigkeiten zwischen den T_i beschreibt: Zwei Aufträge A_i und A_j könnten z. B. gemeinsame Ressourcen benötigen, sodass eine Verzögerung bei A_i mit großer Wahrscheinlichkeit auch zur Verzögerung von A_j führt.

Zur Vereinfachung nehmen wir jedoch im Folgenden an, dass die T_i unabhängig sind – das ist nicht sehr realistisch, dafür ist aber die gemeinsame Verteilung leicht anzugeben, da bei unabhängigen Zufallsvariablen gilt:

$$P(T_1 \leq t_1, T_2 \leq t_2, \ldots, T_n \leq t_n) = \prod_{i=1}^{n} P(T_i \leq t_i) \, .$$

Unter dieser Annahme ist eine optimale (im Sinne minimaler Gesamtfertigungszeit) Strategie leicht anzugeben, denn für *jede* Realisierung $(t_1, t_2, \ldots, t_n)$ der T_i ist die bisherige Strategie „jeden Auftrag so früh wie möglich starten" immer noch optimal. (Im Fall von nicht unabhängigen Bearbeitungszeiten ist das hingegen nicht notwendigerweise der Fall; hier kann sich z. B. die Möglichkeit ergeben, aus der beobachteten Bearbeitungszeit t_i eines Auftrags Informationen über die Laufzeiten der noch ausstehenden Aufträge zu erhalten.)

Für diese Strategie können wir die Gesamtfertigungszeit c_E in Abhängigkeit der t_i wie gehabt berechnen (Länge eines kritischen Pfades; welche Knoten kritisch sind, hängt nun natürlich von den Realisierungen t_i ab). Wir können c_E dann als Realisierung einer Zufallsvariable $C_E = f(T_1, T_2, \ldots, T_n)$ auffassen, deren Verteilung man prinzipiell aus den Verteilungen der T_i berechnen kann.

Das würde z. B. Fragen wie „Wie lange dauert die Bearbeitung im Mittel?" (also nach dem Erwartungswert $E(C_E)$) oder „In welcher Zeit ist die Bearbeitung mit 95 % Wahrscheinlichkeit abgeschlossen?" (also nach Quantilen der Verteilung von C_E) beantworten.

Leider ist die Bestimmung der Verteilung von C_E in der Praxis viel zu teuer. Betrachten wir zum Beispiel Bearbeitungszeiten mit Verteilungen wie T_2 in Abb. 5.4 mit je drei möglichen Werten: Bei n derartig verteilten T_i wäre es zwar möglich, für jede der 3^n möglichen Kombinationen der Realisierungen t_i die Gesamtfertigungszeit c_E als Länge eines kritischen Pfades zu berechnen; die zugehörige Wahrscheinlichkeit für das Auftreten von $(t_1, t_2, \ldots, t_n)$ ergibt sich unter der Annahme der Unabhängigkeit aus den Verteilungen der T_i. Für praxisrelevante Probleme mit einigen hundert Aufträgen wird das aber einfach durch die große Zahl von Kombinationen viel zu aufwändig.

Eine oft angewendete Vereinfachung des Problems ist es, als Bearbeitungszeiten t_i die Erwartungswerte (mittlere Bearbeitungszeit) $E(T_i)$ anzunehmen und das sich daraus ergebende c_E als Schätzung für die mittlere Gesamtfertigungszeit $E(C_E)$ zu verwenden.

Die Tragfähigkeit dieses Vorgehens untersuchen wir nun an zwei Konfigurationen: strikt serielle Bearbeitung einerseits und strikt parallele Bearbeitung andererseits.

Strikt serielle Bearbeitung Strikt serielle Bearbeitung liegt vor, wenn die Präzedenzbedingungen die Reihenfolge schon eindeutig vorgeben – ohne Einschränkung seien die Aufträge passend nummeriert, sodass die Präzedenzen $A_1 \rightarrow A_2 \rightarrow \ldots \rightarrow A_n$ vorliegen (siehe Abb. 5.5).

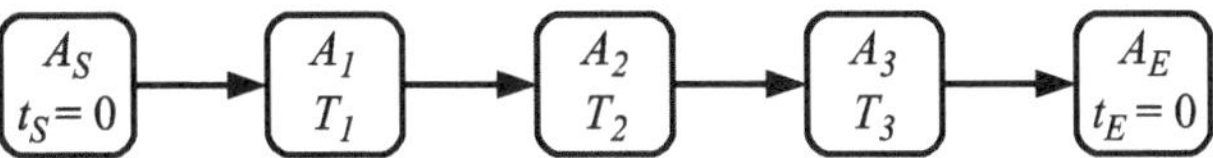

Abb. 5.5 Strikt serielle Bearbeitung

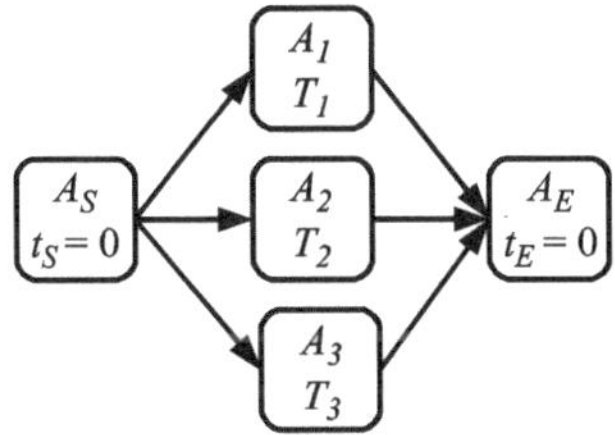

Abb. 5.6 Strikt parallele Bearbeitung

Der optimale Zeitplan setzt die Aufträge unmittelbar hintereinander. Das ergibt eine Gesamtfertigungszeit

$$C_E = \sum_{i=1}^{n} T_i \,.$$

Wegen der Linearität des Erwartungswertes gilt hier

$$E(C_E) = E\left(\sum_{i=1}^{n} T_i\right) = \sum_{i=1}^{n} E(T_i)\,,$$

die Ersetzung von t_i durch $E(T_i)$ ist hier also korrekt. Ähnliche Anwendungen werden in Kap. 6 aufgegriffen und dort näher untersucht.

Strikt parallele Bearbeitung Das Gegenstück zur strikt seriellen Bearbeitung ist die strikt parallele Bearbeitung: Hier gibt es zwischen den Aufträgen A_i keine Präzedenzen außer denen vom Startknoten $A_S \to A_i$ und denen zum Endknoten $A_i \to A_E$ (Abb. 5.6).

Der optimale Zeitplan setzt $s_i := 0$ für alle $i = 1, \dots, n$; die Gesamtfertigungszeit hängt nur von dem am längsten laufenden Auftrag ab:

$$C_E = \max_{1 \le i \le n} T_i \,.$$

Im Gegensatz zu der Summation bei der strikt seriellen Bearbeitung ist die Maximumsbildung mit dem Erwartungswert im Allgemeinen nicht vertauschbar. Es gibt nur noch die *Jensensche Ungleichung*

$$E(C_E) \ge \max_{1 \le i \le n} E(T_i)\,.$$

Ersetzt man nun die Realisierungen t_i der Bearbeitungszeiten durch $E(T_i)$ und verwendet

$$\tilde{c}_E := \max_{1 \le i \le n} E(T_i)$$

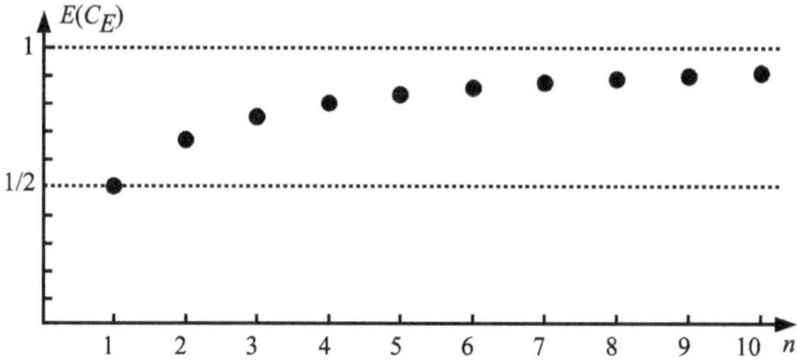

Abb. 5.7 Mittlere Gesamtfertigungszeit $E(C_E) = n/(n+1)$ von n strikt parallelen Aufträgen; Bearbeitungszeiten T_i unabhängig $[0,1]$-gleichverteilt

als Schätzung für die mittlere Gesamtfertigungszeit, so hat man wegen der Ungleichung $E(C_E) \geq \tilde{c}_E$ niemals eine zu pessimistische Schätzung, die die Fertigstellung später prophezeien würde als der tatsächliche Erwartungswert angibt. Leider ist in der Regel die Schätzung deutlich zu optimistisch ($\tilde{c}_E$ ist viel kleiner als $E(C_E)$): Die erwartete Gesamtfertigungszeit wird systematisch unterschätzt. Dieses Phänomen kennen wir alle von öffentlichen Großprojekten – vom Umzug des Bundestags von Bonn nach Berlin über die Einführung des Autobahnmautsystems bis hin zum Bau eines Autobahnteilstücks. Natürlich sind diese Aufgaben als Ganzes nicht von der Struktur „strikt parallele Verarbeitung", sie enthalten aber Teilprozesse von solcher oder ähnlicher Struktur, bei denen die Unterschätzung (bzw. dann das Überschreiten der geschätzten Fertigstellungszeit) zuschlägt.

Ein Beispiel: Es seien alle T_i auf $[0,1]$ gleichverteilt und unabhängig. Dann ergibt sich für die Verteilungsfunktion von C_E

$$F_{C_E}(t) = P(C_E \leq t) = P(T_i \leq t, 1 \leq i \leq n)$$

$$= \prod_{i=1}^{n} P(T_i \leq t) = t^n ,$$

als Dichte

$$f_{C_E}(t) = F'_{C_E}(t) = nt^{n-1}$$

und als Erwartungswert

$$E(C_E) = \int_0^1 t \cdot f_{C_E}(t)\, \mathrm{d}t = \frac{n}{n+1} .$$

Für wachsendes n konvergiert $E(C_E)$ gegen 1. Andererseits sind alle $E(T_i) = 1/2$, somit ist auch $\tilde{c}_E = 1/2$ und es unterschätzt $E(C_E)$ deutlich, sobald mehr als ein Auftrag zu bearbeiten ist: Die erwarteten Bearbeitungszeiten $E(T_i)$ ergeben in der Regel keine gute Schätzung für die erwartete Gesamtbearbeitungszeit $E(C_E)$.

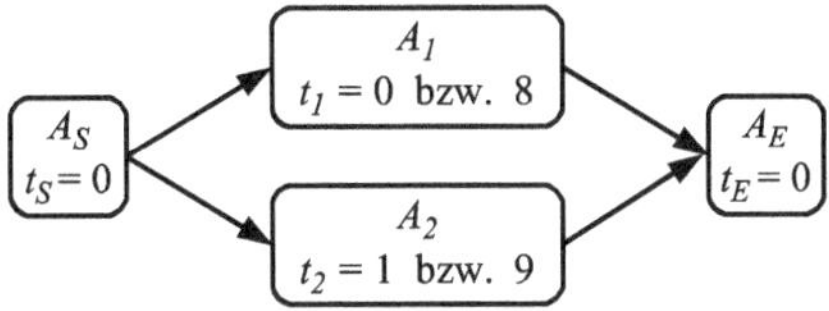

Abb. 5.8 Strikt parallele Bearbeitung, T_1 nimmt die Werte 0 und 8 jeweils mit Wahrscheinlichkeit 1/2 an, T_2 den Wert 1 mit Wahrscheinlichkeit 3/4 und den Wert 9 mit Wahrscheinlichkeit 1/4

Nun könnte man versuchen, die erwarteten Bearbeitungszeiten $E(T_i)$ wenigstens zu verwenden, um für den Prozess mit diesen Bearbeitungszeiten kritische Pfade zu bestimmen. Unter der Annahme, dass diese auch bei einer Realisierung der T_i mit großer Wahrscheinlichkeit kritisch sein werden, wären das z. B. geeignete Ansatzpunkte für eine Optimierung des Prozesses. Diese Annahme ist aber in der Regel falsch, wie man an folgendem einfachen Prozess mit zwei parallelen Aufträgen A_1 und A_2 sieht. Bei jedem der beiden Aufträge kann die Bearbeitungszeit T_i nur je zwei Werte annehmen. Für A_1 sind das die Werte 0 und 8, die je mit der Wahrscheinlichkeit 1/2 auftreten,

$$P(T_1 = 0) = P(T_1 = 8) = \frac{1}{2},$$

also $E(T_1) = 4$, und für A_2 treten die Werte 1 und 9 mit Wahrscheinlichkeit 3/4 bzw. 1/4 auf,

$$P(T_2 = 1) = \frac{3}{4}, \quad P(T_2 = 9) = \frac{1}{4},$$

also $E(T_2) = 3$ (Abb. 5.8), T_1 und T_2 seien wieder unabhängig.

Wegen $E(T_1) > E(T_2)$ würde man, wenn man nur die Erwartungwerte betrachtet, vermuten, dass mit großer Wahrscheinlichkeit $A_S \to A_1 \to A_E$ kritischer Pfad ist. Das ist aber nur dann der Fall, wenn die Realisierung von T_1 den Wert 8 und die von T_2 den Wert 1 ergibt, also mit einer Wahrscheinlichkeit von 3/8 < 1/2 – bei allen drei anderen Kombinationen ist $T_2 > T_1$. Somit ist der Pfad $A_S \to A_2 \to A_E$ mit Wahrscheinlichkeit 5/8 > 1/2 kritischer Pfad.

Mehr über Probleme und Lösungsansätze bei stochastischem Prozess-Scheduling – insbesondere über die oft angewendete Technik PERT (Program Evaluation and Review Technique) – findet sich z. B. bei Fulkerson [23], Adlakha und Kulkarni [2] und Möhring [45, 46].

5.3 Job-Shop-Probleme

Die nächste Erweiterung des Modells behandelt Nebenbedingungen, die durch beschränkte Ressourcen entstehen: Es können nicht mehr beliebig viele Aufträge parallel bearbeitet werden.

Das spezielle Modell, das wir hier untersuchen werden, ist das *Job-Shop-Modell ohne Rezirkulation*: Ein Auftrag A_i zerfällt in n_i Teilaufträge $A_{i,j}$, $j = 1, \ldots, n_i$, die in dieser Reihenfolge zu bearbeiten sind, wobei ein Teilauftrag $A_{i,j}$ die Dauer $t_{i,j}$ hat und zur Bearbeitung eine Maschine $m_{i,j}$ benötigt ($1 \leq m_{i,j} \leq m$ mit m der Zahl der vorhandenen Maschinen). Auf jeder Maschine kann nur ein (Teil-)Auftrag gleichzeitig bearbeitet werden, sodass Teilaufträge, die dieselbe Maschine benötigen, in eine Reihenfolge gebracht werden müssen. Aufgaben dieser Art, bei der insbesondere die Reihenfolge der Teilaufträge innerhalb der Bearbeitung eines Auftrags vorgegeben ist, heißen *Job-Shop-Probleme*. Im Folgenden sei zusätzlich vorausgesetzt, dass jeder Auftrag jede Maschine höchstens einmal benötigt: Es gibt keine *Rezirkulation*.

Ein Auftrag kann dann notiert werden als

$$A_i = \begin{pmatrix} m_{i,1} & m_{i,2} & \cdots & m_{i,j} & \cdots & m_{i,n_i} \\ t_{i,1} & t_{i,2} & \cdots & t_{i,j} & \cdots & t_{i,n_i} \end{pmatrix},$$

die Forderung „keine Rezirkulation" liest sich als $m_{i,j} \neq m_{i,j'}$ für $j \neq j'$.

Als Beispiel dient hier ein Problem mit drei Aufträgen und drei Maschinen:

$$A_1 := \begin{pmatrix} 1 & 2 & 3 \\ 4 & 4 & 2 \end{pmatrix}, \quad A_2 := \begin{pmatrix} 2 & 1 \\ 3 & 1 \end{pmatrix}, \quad A_3 := \begin{pmatrix} 1 & 2 \\ 2 & 3 \end{pmatrix}. \tag{5.1}$$

Aus Sicht der Maschinen stellt sich das Beispielproblem so dar: Maschinen 1 und 2 werden für alle drei Aufträge benötigt, wobei bei den Aufträgen A_1 und A_3 zuerst Maschine 1 und dann Maschine 2 zum Einsatz kommt, beim Auftrag A_2 ist es umgekehrt. Maschine 3 kommt nur einmal dran, nämlich am Ende von A_1.

Unsere Aufgabe ist wieder die Erstellung eines zulässigen Zeitplans, der die Gesamtfertigungszeit minimiert. Ein Zeitplan heißt nun zulässig, wenn

- kein Teilauftrag $A_{i,j}$ gestartet wird, bevor sein Vorgänger $A_{i,j-1}$ beendet ist (die jeweils ersten Teilaufträge $A_{i,1}$ frühestens zum Zeitpunkt $t = 0$),
- und zu keinem Zeitpunkt zwei oder mehr Teilaufträge, die dieselbe Maschine benötigen, angesetzt sind.

Mit dem Präzedenzgraphen wie beim Prozess-Scheduling (Abschn. 5.1) lässt sich die erste Bedingung direkt modellieren; für die zweite Bedingung muss das Modell noch erweitert werden.

Zunächst zur Reihenfolge innerhalb eines Auftrags: Dazu konstruieren wir einen Präzedenzgraphen, bei dem die Knoten nicht mehr für die Aufträge A_i, sondern für die Teilaufträge $A_{i,j}$ stehen. Es gibt Kanten $A_{i,j-1} \to A_{i,j}$ für alle $i = 1, \ldots, n$, $j = 2, \ldots, n_i$, einen Startknoten A_S mit Kanten $A_S \to A_{i,1}$, $i = 1, \ldots, n$, und einen Endknoten A_E mit Kanten $A_{i,n_i} \to A_E$, $i = 1, \ldots, n$. Prozess-Scheduling auf diesem Graphen würde sicherstellen, dass für jeden Auftrag A_i die Teilaufträge $A_{i,j}$ in der richtigen Reihenfolge $j = 1, 2, \ldots, n$ hintereinander bearbeitet werden; die Nebenbedingung der Maschinenverfügbarkeit ist aber

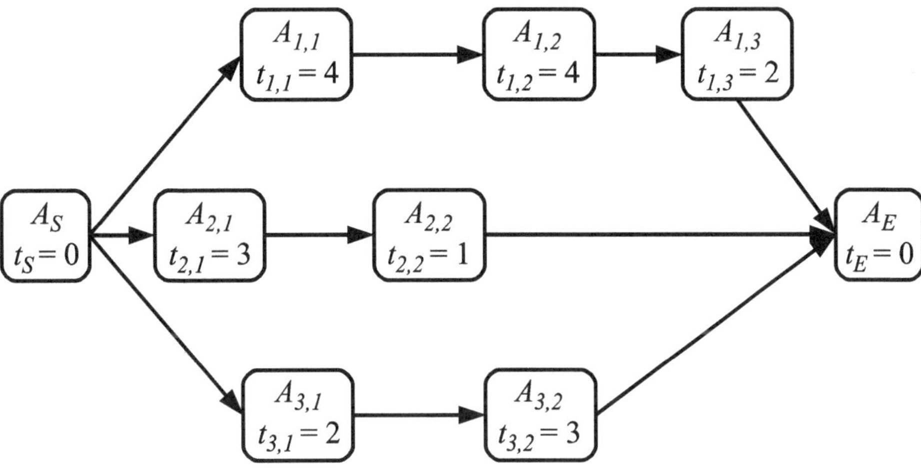

Abb. 5.9 Konjunktivkanten – hier für das Beispielproblem (5.1) – modellieren die Hintereinander-ausführung der Teilaufträge innerhalb eines Auftrags

noch überhaupt nicht berücksichtigt. Zur Unterscheidung von den Kanten, die im Folgenden hinzukommen werden, heißen die bisher eingefügten Kanten hier *Konjunktivkanten*, vgl. Abb. 5.9.

Nun zu der Bedingung, dass jede Maschine k die ihr zugeordneten Teilaufträge

$$M(k) := \{A_{i,j} : m_{i,j} = k\}$$

hintereinander abarbeiten muss. Diese Bedingung ist genau dann erfüllt, wenn sich für jedes Paar von Teilaufträgen $A_{i,j}, A_{i',j'} \in M(k)$ die Bearbeitungszeiten nicht überlappen. Das wiederum ist genau dann erfüllt, wenn eine weitere Präzedenzkante $A_{i,j} \to A_{i',j'}$ oder $A_{i',j'} \to A_{i,j}$ in den Graphen eingefügt werden kann und der Zeitplan auch für den erweiterten Graphen zulässig ist – es gibt ja nur die beiden Möglichkeiten „$A_{i,j}$ vor $A_{i',j'}$" und „$A_{i',j'}$ vor $A_{i,j}$".

Somit ist die Maschinenkapazität in den Präzedenzgraphen integrierbar: Wir müssen für jede Maschine k und alle $A_{i,j}, A_{i',j'} \in M(k)$ eine der beiden Kanten $A_{i,j} \to A_{i',j'}$ oder $A_{i',j'} \to A_{i,j}$ einfügen; ein für den erweiterten Graph bestimmter zulässiger Zeitplan erfüllt dann automatisch auch die Nebenbedingung. Das Problem ist nur: Welche der beiden Kanten sollen wir jeweils nehmen?

Um das zu untersuchen, fügen wir zunächst *alle* derartigen Kanten ein: Für alle Maschinen $k = 1, \ldots, m$ und alle $A_{i,j}, A_{i',j'} \in M(k)$ wird eine *Disjunktivkante* eingefügt, das ist das Paar von gerichteten Kanten $(A_{i,j} \to A_{i',j'}, A_{i',j'} \to A_{i,j})$, vgl. Abb. 5.10. Für jedes k bilden die Knoten aus $M(k)$ nun eine Clique (eine Teilmenge der Knotenmenge, die einen vollständigen Graphen bildet).

Sofern wenigstens eine Disjunktivkante vorhanden ist, gibt es offensichtlich Zyklen, also keine zulässigen Zeitpläne mehr. Wir müssen uns nun aus jedem Kantenpaar für eine der

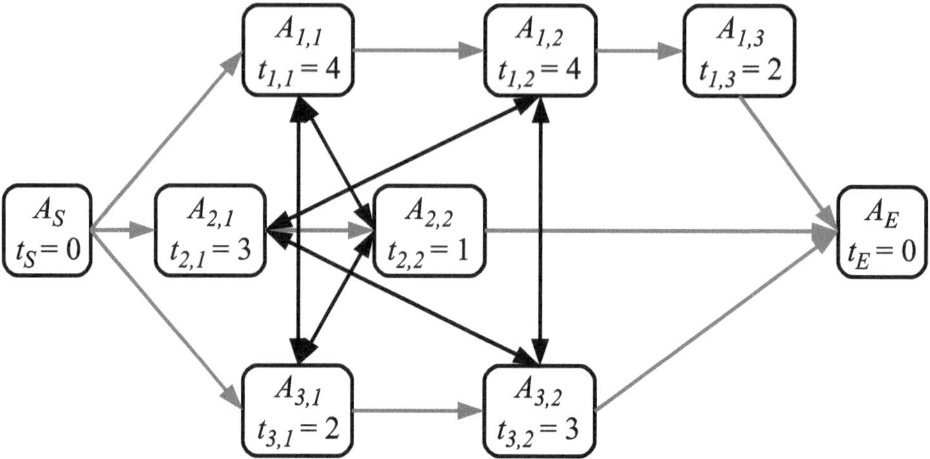

Abb. 5.10 Disjunktivkanten – hier für das Beispielproblem (5.1), jedes Kantenpaar durch einen schwarzen Doppelpfeil dargestellt – modellieren die Notwendigkeit, die Teilaufträge, die zu einer Maschine gehören, hintereinander auszuführen

beiden Kanten entscheiden: Eine Kantenmenge, die aus jeder Disjunktivkante genau eine Kante enthält, heißt *Disjunktivkantenbelegung*.

Eine Disjunktivkantenbelegung heißt zulässig, wenn der entstehende Präzedenzgraph zyklenfrei ist. Das ist nicht automatisch erfüllt – wenn z. B. drei oder mehr Teilaufträge dieselbe Maschine benötigen, gibt es offensichtlich Disjunktivkantenbelegungen, die schon auf einer Maschine zyklisch sind. Es lassen sich aber auch leicht Beispiele konstruieren, bei denen eine Disjunktivkantenbelegung für jede einzelne Maschine zyklenfrei ist, aber zusammen mit den Konjunktivkanten Zyklen entstehen.

Eine zulässige Disjunktivkantenbelegung bekommen wir, indem wir einen Teilauftrag $A_{i,j}$ starten, wenn sein Vorgänger $A_{i,j-1}$ (sofern vorhanden) beendet ist und die benötigte Maschine frei ist; kommen zu einem Zeitpunkt mehrere Teilaufträge infrage, so wählen wir für jede der betroffenen Maschinen einen beliebigen davon aus.

Es existieren daher bei unserer Problemstellung immer zulässige Disjunktivkantenbelegungen – aber welche davon sind optimal hinsichtlich der Gesamtfertigungszeit (eine wie eben konstruierte wird es in der Regel nicht sein)? Da sich bei gegebener zulässiger Disjunktivkantenbelegung leicht ein optimaler zulässiger Zeitplan mittels CPM bestimmen lässt, kann das Problem auf ein Optimierungsproblem über alle zulässigen Disjunktivkantenbelegungen zurückgeführt werden, also auf ein diskretes Optimierungsproblem.

Prinzipiell könnte man bei k Disjunktivkanten alle 2^k Disjunktivkantenbelegungen ausprobieren – das ist zwar in endlicher Zeit möglich, aber für praktische Problemgrößen sehr aufwändig.

Im Sinne von *divide et impera* wäre es bei der exponentiell wachsenden Zahl von Möglichkeiten sehr hilfreich, wenn man ein Teilproblem herauslösen und separat behandeln könnte. Beim Prozess-Scheduling war das möglich: Wenn die (Teil-)Aufträge topologisch sortiert sind, kann man ihnen der Reihe nach Startzeiten zuweisen; Aufträge, die in dieser Reihenfolge weiter hinten kommen, haben auf die vorderen keinen Einfluss.

Da im Beispielproblem (5.1) kein Teilauftrag (außer A_E) nach $A_{1,3}$ platziert werden muss, könnte man versuchen, zuerst einen optimalen Zeitplan unter Vernachlässigung von $A_{1,3}$ zu suchen. Dafür spricht auch, dass $A_{1,3}$ der einzige Teilauftrag ist, der Maschine 3 benötigt, er also bei den Nebenbedingungen der Maschinenbelegung keine Rolle spielt und so weitgehend entkoppelt von den anderen Teilaufträgen erscheint.

Für das reduzierte Problem (5.1) ohne $A_{1,3}$

$$A_1 := \begin{pmatrix} 1 & 2 \\ 4 & 4 \end{pmatrix}, \quad A_2 := \begin{pmatrix} 2 & 1 \\ 3 & 1 \end{pmatrix}, \quad A_3 := \begin{pmatrix} 1 & 2 \\ 2 & 3 \end{pmatrix} \tag{5.2}$$

überzeugt man sich durch Ausprobieren leicht, dass man auf Maschine 2 mit $A_{2,1}$ und auf Maschine 1 mit $A_{3,1}$ beginnen muss; es ergeben sich die Disjunktivkantenbelegung

$$\{A_{3,1} \to A_{1,1}, A_{1,1} \to A_{2,2}, A_{3,1} \to A_{2,2},$$
$$A_{2,1} \to A_{3,2}, A_{3,2} \to A_{1,2}, A_{2,1} \to A_{1,2}\}$$

und der Ablauf aus Abb. 5.11 (oberer Teil) mit einer Gesamtfertigungszeit (ohne $A_{1,3}$) von 10.

Berücksichtigt man nun aber wieder $A_{1,3}$, darf man diese Belegung der Maschinen 1 und 2 nicht weiterverwenden – der untere Teil der Abbildung zeigt einen optimalen Zeitplan, der aus der lokalen Sicht der Maschinen 1 und 2 unvernünftig erscheint (insbesondere, da Maschine 2 eine Zeiteinheit lang stillsteht), aber die Gesamtfertigungszeit reduziert.

Die Disjunktivkantenbelegung ist hier

$$\{A_{1,1} \to A_{3,1}, A_{3,1} \to A_{2,2}, A_{1,1} \to A_{2,2},$$
$$A_{2,1} \to A_{1,2}, A_{1,2} \to A_{3,2}, A_{2,1} \to A_{3,2}\} \,.$$

Es ist für diskrete Optimierungsprobleme typisch, dass sich selten Strategien angeben lassen, um die Probleme zu zerteilen und aus optimalen Lösungen der Teilprobleme mit vertretbarem Aufwand eine optimale Lösung des Gesamtproblems zu konstruieren. Die Lösung derartiger Probleme ist daher in der Regel sehr teuer. (Natürlich nicht, solange sie so klein sind wie unser Beispielproblem, bei dem sich alle $2^6 = 64$ Möglichkeiten leicht durchspielen lassen; es ergeben sich 22 zulässige Disjunktivkantenbelegungen, die im Bild im Einleitungstext zu diesem Teil aufgelistet sind: die Teilaufträge von A_1 rot, die von A_2 grün und die von A_3 blau.)

Mit Strategien wie *branch and bound* lässt sich der Suchraum zwar oft deutlich einschränken, indem man zeigt, dass in gewissen Teilen des Suchraums keine optimalen Lösungen enthalten sein können. Aber auch hier wächst der Aufwand in der Regel exponentiell mit der Problemgröße.

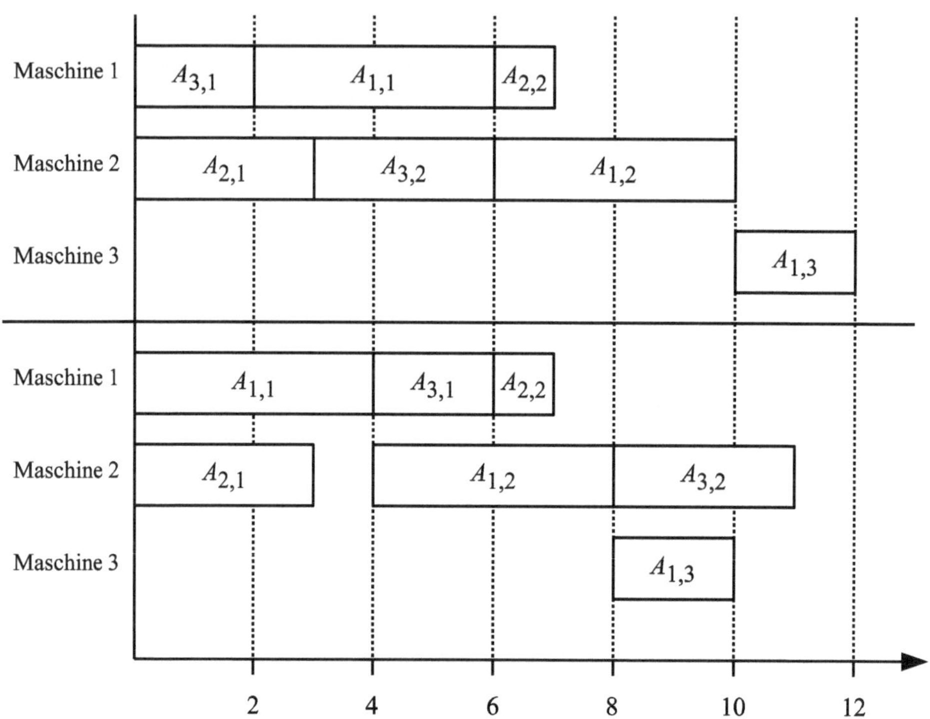

Abb. 5.11 Prozessablauf für zwei Disjunktivkantenbelegungen im Beispielproblem (5.1). Die Auswahl $A_{3,1} \to A_{1,1} \to A_{2,2}$ und $A_{2,1} \to A_{3,2} \to A_{1,2}$ minimiert die Gesamtfertigungszeit ohne $A_{1,3}$, für das Gesamtproblem ist die Auswahl $A_{1,1} \to A_{3,1} \to A_{2,2}$ und $A_{2,1} \to A_{1,2} \to A_{3,2}$ aber günstiger

Glücklicherweise ist es in der Praxis normalerweise überhaupt nicht nötig, eine optimale Lösung zu finden, sodass meistens heuristische Verfahren zum Einsatz kommen (z. B. das *Shifting-Bottleneck-Verfahren*), die in wesentlich kürzerer Zeit Lösungen liefern, die meist nicht viel schlechter als ein optimaler Zeitplan sind.

5.4 Weitere Zeitplanprobleme

Zwei geringfügige Erweiterungen lassen sich geradlinig in unser Job-Shop-Modell einbauen:

- Abhängigkeiten der Aufträge untereinander („Auftrag j erst starten, wenn Auftrag i abgeschlossen ist") wurden bisher nicht berücksichtigt, sind aber durch zusätzliche Konjunktivkanten (hier $A_{i,n_i} \to A_{j,1}$) leicht zu modellieren; mit weiteren Konjunktivkanten können ggf. weitere derartige Abhängigkeiten zwischen Teilaufträgen zweier Aufträge dargestellt werden.

- Disjunktivkanten hatten wir bisher nur verwendet, um eine Menge von Teilaufträgen (Knoten) zu einer Clique zu verbinden. Diese Einschränkung auf Cliquen ist eher künstlich – und wird von dem Verfahren, das die Disjunktivkantenbelegung durchführt, in der Regel während der Berechnung auch verletzt werden, wenn es die Disjuntivkanten sukzessive durch Konjunktivkanten ersetzt. Man kann ohne weiteres Disjunktivkanten überall dort einsetzen, wo zwei Teilaufträge nicht überlappend bearbeitet werden können.

In einer realen Anwendung werden aber weitere Bedingungen auftreten, die das Modell sprengen. Insbesondere könnte es Maschinen geben, die die Parallelverarbeitung einer gewissen Zahl von Teilaufträgen erlauben (das kann einfach ein Zwischenlager begrenzter Kapazität sein), oder es könnte zeitliche Forderungen an die Bearbeitung geben („zwischen Lackierung und Nachbehandlung müssen mindestens zwei Stunden, höchstens aber vier Stunden vergehen"), und vieles mehr. Obwohl das Job-Shop-Modell also nur in Spezialfällen als komplette Beschreibung eines realen Prozesses dienen kann, hat es doch seine Berechtigung als Ausgangspunkt für die Modellierung, der dann eben noch weitere Elemente hinzugefügt werden müssen.

Entsprechendes gilt auch für eine wichtige Spezialisierung des Job-Shop-Modells: Ein *Flow-Shop* ist ein Job Shop, bei dem alle Teilaufträge die Bedieneinheiten (Maschinen) in derselben Reihenfolge durchlaufen. Diese Spezialisierung erleichtert die Zeitplanerstellung natürlich erheblich, was uns andererseits wieder erlaubt, kompliziertere Modelle für die einzelnen Bedieneinheiten zu verwenden.

Für große Systeme werden oft Modelle verwendet, bei denen Teile als Job Shop oder Flow Shop modelliert werden können und diese als Baustein für das Gesamtsystem verwendet werden. Nun findet keine globale Optimierung statt, die einen für das Gesamtsystem optimalen Zeitplan findet, sodass im Allgemeinen auch nur Lösungen gefunden werden, die (hoffentlich nur wenig) schlechter als das absolute Optimum sind, dafür reduziert sich der Rechenaufwand erheblich. Modelle dieser Art, bei der ein Teilsystem dann nach außen als eine Bedieneinheit auftritt, die durch wenige Parameter charakterisiert wird, werden uns in Kap. 9 bei den Wartesystemen und Warteschlangennetzen wieder begegnen.

Eine ausführliche Behandlung von Zeitplanproblemen und weiterer Problemen optimaler Ressourcenzuteilung findet sich z. B. in [51].

Wiener-Prozesse

6

Bei der Zeitplanoptimierung hatten wir bereits Probleme betrachtet, bei denen die Bearbeitungszeiten nicht mehr vorab bekannt waren und die daher durch eine Zufallsvariable modelliert wurden: Statt eines festen Wertes wurde eine – prinzipiell beliebige – Verteilung angenommen. Entsprechend sind auch die beobachteten Größen im Modell (etwa die Gesamtfertigungszeit) Zufallsvariablen, und wir sind an Aussagen über deren Verteilung interessiert. Dieses Modell lässt sich ausbauen für die Situation, in der sich die beobachtete Größe als Summe von sehr vielen unabhängigen Zufallsvariablen ergibt, sodass ein Übergang von einem diskreten zu einem kontinuierlichen Modell (hier: einem *Wiener-Prozess*) zweckmäßig ist.

Das erschließt interessante neue Anwendungsfelder, etwa in der Finanzmathematik – als Beispiel werden wir in diesem Kapitel ein einfaches Modell für Aktienkurse herleiten, das *Black-Scholes-Modell*. Diese Überlegungen sollen den Teil „Spielen – entscheiden – planen" abschließen und illustrieren, wie mathematische Modelle plötzlich in ganz anderem Zusammenhang wieder auftauchen können. Andererseits sind oft auch ganz verschiedene Herangehensweisen für ähnliche Problemstellungen möglich – das in diesem Kapitel vorgestellte Modell für die Entwicklung einer Kapitalanlage hat z. B. einen engen Bezug zu den Modellen für die Populationsdynamik in Kap. 10, die ein völlig anderes Instrumentarium verwenden werden.

Dieses Kapitel ist insofern nicht unabhängig von den anderen zu verwenden, als dass es auf Kap. 5 aufsetzt, insbesondere werden die Überlegungen aus Abschn. 5.2 fortgeführt. Naturgemäß spielt in diesem Kapitel das Instrumentarium der Stochastik (vgl. Abschn. 2.3) eine große Rolle – wir werden es mit diskreten Verteilungen (Bernoulli-Verteilung, Binomialverteilung), mit der Normalverteilung als kontinuierlicher Verteilung (und ihren Quantilen) und dem Übergang zwischen beiden Welten (Stichwort Asymptotik, Abschn. 2.3.4) zu tun haben.

H.-J. Bungartz et al., *Modellbildung und Simulation*, eXamen.press, 125
DOI 10.1007/978-3-642-37656-6_6, © Springer-Verlag Berlin Heidelberg 2013

6.1 Vom Bernoulli-Experiment zur Normalverteilung

Ausgangspunkt der Betrachtung ist die serielle Bearbeitung von n Teilaufträgen wie in Abschn. 5.2, Abb. 5.5. Im Folgenden werden wir die Verteilung der Gesamtfertigungszeit bestimmen – im Abschn. 5.2 hatten wir uns ja nur für den Erwartungswert interessiert (und gesehen, dass man ihn im Fall serieller Bearbeitung als Summe der einzelnen Bearbeitungszeiten berechnen kann), wir müssen nun also etwas mehr rechnen.

Wir nehmen für die Bearbeitungszeiten T_i wieder an, dass sie *unabhängig* sind, zusätzlich seien sie *identisch verteilt* (*iid*: independent, identically distributed). Man kann sich also vorstellen, dass es *einen* Zufallsgenerator gibt, der für jeden Auftrag A_i eine Realisierung von T_i liefert; sein Ergebnis ist unabhängig von den bisherigen Werten.

Die Verteilung der T_i sei vorerst sehr einfach: T_i kann zwei Werte $\mu - \sigma$ und $\mu + \sigma$ annehmen ($\mu, \sigma \in \mathbb{R}, \sigma > 0$), und zwar jeweils mit Wahrscheinlichkeit 1/2. Die Werte liegen also im Abstand von σ symmetrisch zu μ, und der Zufallszahlengenerator, der bestimmt, ob der größere oder der kleinere Wert gewählt wird, könnte einfach durch Werfen einer Münze realisiert werden. Für den Erwartungswert und die Varianz von T_i gilt $E(T_i) = \mu$ und $\mathrm{Var}(T_i) = \sigma^2$ (was auch die Wahl der Bezeichner μ und σ motiviert).

Solange man an Bearbeitungszeiten denkt, die nicht negativ sein können, wird man $\mu \geq \sigma$ fordern. Für die weiteren Überlegungen ist das aber nicht notwendig und wird deshalb im Folgenden auch nicht vorausgesetzt.

Nun ist die Verteilung der Gesamtfertigungszeit zu bestimmen; wir können uns von der Beispielanwendung „Scheduling" lösen und betrachten die Zielgröße einfach als Summe aller T_i. Daher heißt sie hier auch nicht mehr C_E wie in Abschn. 5.2, sondern einfach S:

$$S = \sum_{i=1}^{n} T_i \,.$$

Um deren Verteilung zu bestimmen, betrachten wir die Zufallsvariablen

$$\tilde{T}_i := \frac{T_i - (\mu - \sigma)}{2\sigma} \,,$$

die durch lineare Transformation

$$t \mapsto \frac{t - (\mu - \sigma)}{2\sigma}$$

aus den T_i hervorgehen. Sie können die Werte 0 und 1 annehmen (jeweils mit Wahrscheinlichkeit 1/2), sind also *Bernoulli*-verteilt mit Parameter $p = 1/2$.

Die Summe von n Bernoulli-verteilten Zufallsvariablen mit Parameter p ist binomialverteilt mit Parametern n und p:

$$\tilde{S} := \sum_{i=1}^{n} \tilde{T}_i \sim \mathcal{B}\left(n, \frac{1}{2}\right) \,.$$

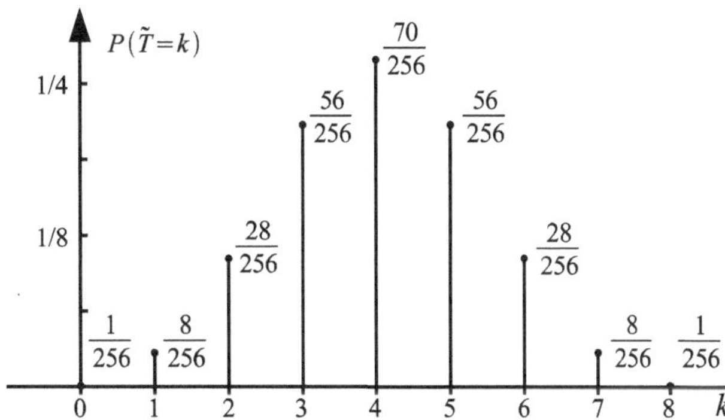

Abb. 6.1 Dichte der Binomialverteilung (Parameter $n = 8$, $p = 1/2$)

Daher gilt

$$P(\tilde{S} = k) = \binom{n}{k} p^k (1-p)^{n-k} = 2^{-n} \binom{n}{k} \, .$$

Abbildung 6.1 zeigt die Dichte der Binomialverteilung für $n = 8$ und $p = 1/2$.

Wir kennen also die Verteilung von $\tilde{S}$, und wegen

$$S = 2\sigma\tilde{S} + n \cdot (\mu - \sigma) \tag{6.1}$$

ist die Aufgabe, die Verteilung von S zu bestimmen, im Prinzip gelöst. Allerdings ist für große n die Binomialverteilung unhandlich, sodass man sie lieber durch eine Normalverteilung approximiert.

Für ein $\tilde{S} \sim \mathcal{B}(n, p)$, also mit Erwartungswert $E(\tilde{S}) = np$ und Varianz $\mathrm{Var}(\tilde{S}) = np(1 - p)$, kann man für hinreichend großes n die (diskrete) Binomialverteilung durch die (kontinuierliche) Normalverteilung $\mathcal{N}(np, np(1-p))$ mit gleichem Erwartungswert und gleicher Varianz ersetzen (Satz von De Moivre-Laplace). Abbildung 6.2 zeigt ein Beispiel für $n = 8$ und $p = 1/2$. (Die Abbildung legt nahe, die Approximation zu verbessern, indem man eine Normalverteilung mit Erwartungswert $np - 1/2$ wählt, also die Kurve um $1/2$ nach links verschiebt. Für unseren Fall großer n ist das aber nicht von Bedeutung.)

Für ein $\hat{S} \sim \mathcal{N}(n/2, n/4)$ ist also $P(\tilde{S} \leq t) \approx P(\hat{S} \leq t)$.

Wegen (6.1) und der Transformationsregel für Normalverteilungen unter linearen Transformationen (für $X \sim \mathcal{N}(\mu_X, \sigma_X^2)$ ist $Y := aX + b \sim \mathcal{N}(a\mu_X + b, a^2\sigma_X^2)$) bekommen wir als Ergebnis für die Verteilung von S:

Für große n wird S gut durch eine $\mathcal{N}(n\mu, n\sigma^2)$-Normalverteilung approximiert.

Die Approximation der Binomialverteilung durch eine Normalverteilung kann man in beide Richtungen benutzen:

- Wenn man keine normalverteilten Zufallszahlen zur Hand hat, kann man sie einfach (aber relativ teuer) als Summe von Bernoulli-verteilten Zufallszahlen (Münze werfen) approximieren.

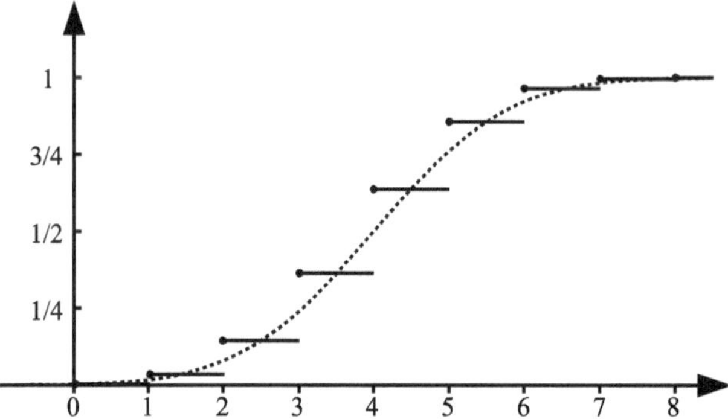

Abb. 6.2 Verteilungsfunktionen der Binomialverteilung (Parameter $n = 8, p = 1/2$) und der approximierenden Normalverteilung $\mathcal{N}(4, 2)$: Die kontinuierliche Verteilungsfunktion zu $\mathcal{N}(4, 2)$ approximiert die Sprungfunktion zu $\mathcal{B}(8, 1/2)$

- Hat man normalverteilte Zufallszahlen zur Verfügung, kann man andererseits dadurch eine Binomialverteilung approximieren, ohne viele Bernoulli-Experimente durchführen zu müssen.

6.2 Normalverteilte Einflussgrößen

Da sich auch unter wesentlich allgemeineren Bedingungen Normalverteilungen als gute Approximationen von Summen von Zufallsvariablen einstellen – das ergibt sich z. B. aus dem zentralen Grenzwertsatz – ändern wir nun das Szenario, indem die Einflussgrößen (im bisherigen Beispiel waren das die Bearbeitungszeiten der Teilprozesse) nun normalverteilte Zufallsvariablen

$$T_i \sim \mathcal{N}(\mu, \sigma)$$

sind ($\mu, \sigma \in \mathbb{R}, \sigma > 0$).

Auch in Fällen wie im vorigen Abschnitt, bei denen die einzelnen Einflussgrößen T_i keineswegs normalverteilt sind, ist dieses Modell nützlich; man fasst einfach hinreichend viele Einzelschritte zusammen und kann die entstehende Summe als normalverteilt annehmen.

Wenn nun die T_i (μ, σ)-normalverteilt sind, ergibt sich die Verteilung der Summe einfach aus dem Additionssatz für Normalverteilungen:

$$S := \sum_{i=1}^{n} T_i \sim \mathcal{N}(n\mu, n\sigma^2) \,.$$

Der zweite Parameter (die Varianz) von S verdient dabei aus praktischer Sicht besondere Beachtung: Dass er – wie der Erwartungswert – proportional zu n wächst, überrascht zunächst nicht, ist aber bei Rechnungen eine häufige Fehlerquelle, wenn die Varianz $n\sigma^2$

mit der Standardabweichung $\sqrt{n}\sigma$ verwechselt wird: Diese wächst eben nur proportional zu $\sqrt{n}$.

Für die Realisierung in einem Programm mag es als Hindernis erscheinen, dass normalverteilte Zufallsvariablen schwieriger zu erzeugen sind als etwa der Münzwurf im Abschn. 6.1. Wenn Rechenzeit keine Rolle spielt, ist dabei, wie oben beschrieben, die Approximation durch die Binomialverteilung als quick-and-dirty-Lösung durchaus gangbar, zum Erzeugen normalverteilter Zufallszahlen gibt es aber wesentlich effizientere Verfahren. In Maple z. B. sind entsprechende Funktionen vorhanden, man erhält etwa mit

```
stats[random,normald[mu,sigma]]()
```

Realisierungen einer (μ, σ^2)-normalverteilten Zufallsvariablen.

Eine wesentliche Änderung gegenüber dem Modell aus Abschn. 6.1 mit diskreter Verteilung der T_i ergibt sich dadurch, dass bei der Normalverteilung beide Parameter reelle Zahlen sind – im Gegensatz zu dem ganzzahligen Parameter n der Binomialverteilung. So können wir uns jede der Zufallsvariablen $T_i \sim \mathcal{N}(\mu, \sigma^2)$ wieder als Summe normalverteilter Zufallsvariablen vorstellen, etwa von k unabhängigen $\mathcal{N}(\frac{\mu}{k}, \frac{\sigma^2}{k})$-verteilten Zufallsvariablen. Denkt man dabei wieder an die Bearbeitungszeiten, so bedeutet das, dass jeder Auftrag in k gleichartige Teilaufträge zerlegt wäre. In unserem neuen Modell ist dies in beliebiger Feinheit möglich und das motiviert den nächsten Schritt, von einem im Ablauf diskreten Modell (n einzelne Aufträge mit ihrer Bearbeitungszeit hintereinander) zu einem kontinuierlichen Modell überzugehen – es wird eine reelle Achse geben, auf der ein beliebiges Intervall als ein Auftrag interpretiert werden kann, die Zuordnung zu Aufträgen (z. B. der Feinheitsgrad bei der Zerteilung in Teilaufträge) spielt aber für die beobachtete Größe S keine Rolle.

6.3 Wiener-Prozesse

Betrachten wir zunächst noch einmal den diskreten Prozess wie in den vorigen Abschnitten, nur dass wir statt endlich vieler Zufallsvariablen nun eine unendliche Familie $\{T_i, i \in \mathbb{N}\}$ verwenden. Dabei sollen die T_i wieder unabhängig und identisch verteilt (z. B. normalverteilt) sein.

Statt der Gesamtsumme betrachten wir nun Partialsummen

$$S_k := \sum_{i=1}^{k} T_i \, ,$$

die also den Beitrag der Schritte 1 bis k, $k \in \mathbb{N}$, angeben, und setzen $S_0 := 0$.

Die Differenz $S_l - S_k$ ($l > k \in \mathbb{N}_0$) entspricht dann dem Beitrag der Schritte $k + 1, \ldots, l$. Im Beispiel „Bearbeitungszeiten" wäre das die Zeit, die diese Teilaufträge brauchen, und eine negative Differenz wäre unrealistisch, weshalb wir besser schon an das kommende Beispiel denken und uns S_k als Wert einer Geldanlage am Tag k vorstellen – in diesem Fall ist zwischen den Tagen k und l sowohl Gewinn ($S_l - S_k > 0$) als (leider) auch Verlust ($S_l - S_k < 0$) realistisch.

Die S_k sind nicht unabhängig (die bisher angefallene Bearbeitungszeit/der Aktienkurs heute hat großen Einfluss auf die Wahrscheinlichkeiten nach dem nächsten Schritt), die Differenzen $S_l - S_k$ und $S_{l'} - S_{k'}$ für nicht überlappende Intervalle $0 \leq k < l \leq k' < l' \in \mathbb{N}_0$ hingegen sind es schon (weil die T_i das sind und die beiden Partialsummen disjunkte Teilmengen der T_i verwenden).

Nehmen wir die T_i als normalverteilt an, so können wir uns einen Schritt beliebig fein unterteilt in Teilschritte vorstellen, deren Beitrag ebenfalls normalverteilt ist. Das erlaubt einen direkten Übergang zu einem kontinuierlichen Prozess, nur dass es dann keine einzelnen T_i mehr gibt, sondern nur noch Entsprechungen $W_t, t \in \mathbb{R}_+$ der Partialsummen $S_k, k \in \mathbb{N}_0$:

▶ **Definition 6.1 (Wiener-Prozess)**　Ein (Standard-)Wiener-Prozess (nach Norbert Wiener, 1894–1964) ist eine Familie von Zufallsvariablen $\{W_t, t \in \mathbb{R}_+\}$ mit

1) $W_0 = 0$.
2) Für alle $0 \leq s < t$ ist $W_t - W_s \sim \mathcal{N}(0, t-s)$.
3) Für alle nichtüberlappenden Paare von Zeitintervallen $0 \leq s < t \leq s' < t'$ sind $W_t - W_s$ und $W_{t'} - W_{s'}$ unabhängig.

Während sich im diskreten Fall die Änderung $S_l - S_k, l > k \in \mathbb{N}_0$ durch die Einflussgrößen $T_{l+1}, \ldots, T_k$ ergibt, ergibt sich nun die Änderung $W_t - W_s, t > s \in \mathbb{R}_0$ kontinuierlich längs des Intervalls $[s, t]$. Da die Änderungen, insbesondere die Verteilung von $W_t - W_0$, bekannt sind, ist auch die (Normal-)Verteilung der W_t festgelegt. Betrachtet man von der Familie $\{W_t\}$ nur die W_t mit ganzzahligem $t \in \mathbb{N}_0$, so erhält man gerade die diskrete Familie $\{S_k\}$, bei der die T_i $(0,1)$-normalverteilt sind – Eigenschaft (2) besagt, dass $W_t - W_{t-1} \sim \mathcal{N}(0,1)$.

Eine im Folgenden benötigte Verallgemeinerung des Standard-Wiener-Prozesses ist der *Wiener-Prozess mit Drift* $\mu \in \mathbb{R}$ und *Volatilität* $\sigma \in \mathbb{R}, \sigma > 0$. Er entsteht, indem ausgehend vom Standard-Wiener-Prozess für ein Zeitintervall der Länge $t - s = 1$ die Standardabweichung nun σ beträgt und das Ganze mit einem deterministischen Wachstum überlagert wird (Wachstumsrate μ, also lineares Anwachsen/Fallen mit $\mu \cdot t$). Somit wird in der Definition Forderung 2) ersetzt durch

$2'$) *Für alle* $0 \leq s < t$ *ist* $W_t - W_s \sim \mathcal{N}(\mu \cdot (t-s), \sigma^2 \cdot (t-s))$.

Im Folgenden werden wir Wiener-Prozesse mit Drift und Volatilität betrachten; die Einschränkung auf die W_t mit ganzzahligem t entspricht hier dem diskreten Prozess $\{S_k\}$ mit (μ, σ^2)-normalverteilten Zufallsvariablen T_i.

Abbildung 6.3 zeigt für einen Wiener-Prozess mit Drift $\mu = 1$ und Volatilität $\sigma = 1/2$ die Dichten von $W_{1/4}$, $W_{1/2}$, $W_{3/4}$ und W_1 (von oben nach unten). Die „Breite" der Kurve (also die Standardabweichung der W_t) nimmt mit $\sqrt{t}$ zu; die gestrichelte Linie schneidet die Abszissen der Koordinatensysteme jeweils in den Punkten $\mu \cdot t \pm \sigma \cdot \sqrt{t}$.

Abb. 6.3 Entwicklung der
Dichte von W_t für einen
Wiener-Prozess mit Drift $\mu = 1$
und Volatilität $\sigma = 1/2$ für
(von *oben* nach *unten*) $t = 1/4$,
$t = 1/2$, $t = 3/4$ und $t = 1$.
Die *gestrichelte Linie* markiert
den zeitlichen Verlauf von
$\mu \cdot t \pm \sigma \cdot \sqrt{t}$

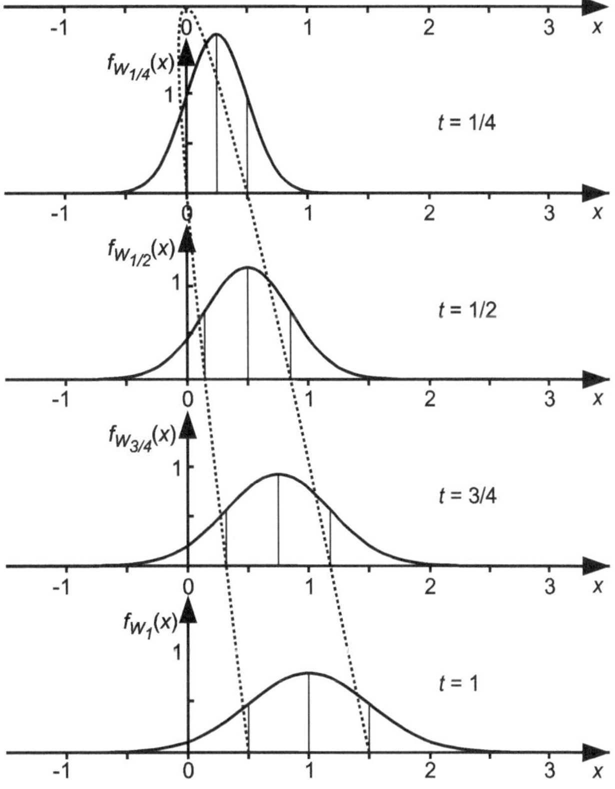

Gegenüber dem diskreten Prozess $\{S_k\}$ sind wir nun insofern flexibler geworden, als wir einem $\mathcal{N}(\mu \cdot \delta t, \sigma^2 \cdot \delta t)$-verteilten Beitrag einfach ein Intervall $[t, t + \delta t]$ zuordnen können, wobei δt nicht mehr auf ganzzahlige Werte eingeschränkt ist. Jetzt stellt sich die Frage, ob diese Verallgemeinerung für die praktische Handhabung noch tragbar ist: Während wir im diskreten Prozess S_k einfach durch k Realisierungen der Zufallsvariablen T_i und Summation berechnen konnten, sieht es so aus, als ob man nun für eine Realisierung von W_t das ganze Kontinuum $[0, t]$ betrachten müsste – was vermutlich eine Diskretisierung erfordert und einen damit einhergehenden Fehler bewirkt. Das ist aber in Wirklichkeit nicht der Fall: Wir kennen ja die Verteilung von W_t, *ohne* die Zwischenwerte $0 < s < t$ betrachten zu müssen.

Das ermöglicht die Simulation, d. h. die Berechnung von beobachteten Werten in diskretem Abstand δt:

- $W_0 := 0$.
- Für $i = 1, 2, 3, \ldots$: $W_{i \cdot \delta t} := W_{(i-1) \cdot \delta t} + R$ berechnen, wobei R eine $\mathcal{N}(\mu \delta t, \sigma^2 \delta t)$-verteilte Zufallsvariable ist.
  (Z. B. $R = \sigma \sqrt{\delta t} \tilde{R} + \mu \delta t$ mit standardnormalverteiltem $\tilde{R}$)

Abb. 6.4 Je drei Läufe eines Wiener-Prozesses für $\mu = 1$ und $\sigma = 1/100$ (*oben*) bzw. $\sigma = 1/10$ (*unten*), Beobachtungen im Abstand $\delta t = 1/100$

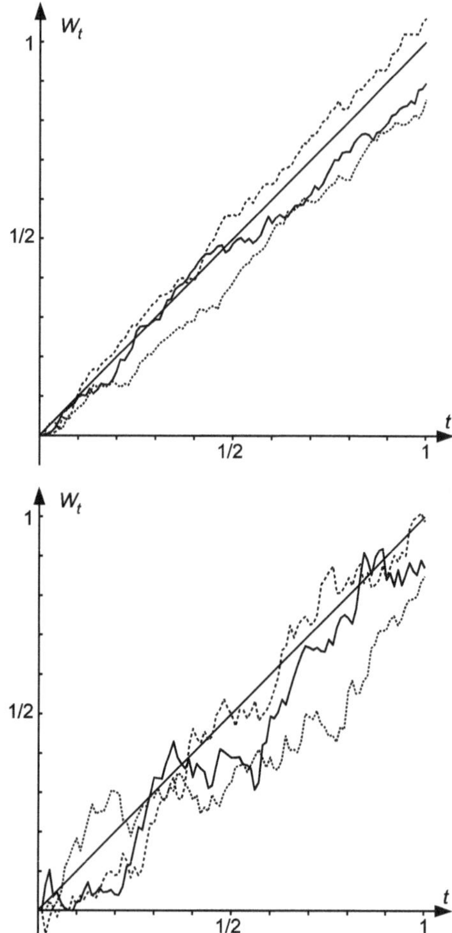

Abbildung 6.4 zeigt einige Ergebnisse dieses Verfahrens.

Zur Wahl der Zeitschrittweite δt sollte noch einmal betont werden, dass die Schrittweite auf die Verteilung der beobachteten Werte $W_{i \cdot \delta t}$ keinen Einfluss hat – es gibt hier keinen Diskretisierungsfehler, der einen zu einer kleineren Gitterweite nötigt, als für die Darstellung der Ergebnisse gewünscht wird, sondern die berechneten Werte sind exakt so verteilt, als würden wir einen echten (kontinuierlichen) Wiener-Prozess zu Zeitpunkten mit regelmäßigem Abstand δt beobachten. (Eine Ausnahme tritt auf, wenn man keine normalverteile Zufallsvariable zur Verfügung hat und diese mit geeigneten anders verteilen Zufallsvariablen auf einem feinen Gitter derart simuliert, dass sich im Grenzwert $\delta t \to 0$ Normalverteilungen einstellen – dann hat die Gitterweite des feinen Gitters natürlich schon einen Einfluss auf die beobachteten Verteilungen.)

Es ist daher auch kein prinzipielles Problem, beliebig weit „in die Zukunft zu sehen" (solange μ und σ als konstant angesehen werden dürfen); allerdings wächst die Standardabweichung der Ergebnisse ja mit $\sqrt{t}$, sodass das Bild der fernen Zukunft recht unscharf ist.

Wiener-Prozesse sind nützliche Modelle nicht nur für wirklich zufällige Prozesse, sondern auch für solche, bei denen sich viele unabhängige Einflussgrößen zu einer Gesamtbewegung summieren, die als stochastische Größe modelliert werden kann – etwa die Aktienkurse, die im nächsten Abschnitt näher betrachtet werden.

Bezüglich der Einordnung in den mathematischen Methodenapparat ist noch zu erwähnen, dass der Wiener-Prozess ein Standardbeispiel für einen *Markov-Prozess* in kontinuierlicher Zeit ist und somit als ergänzendes Beispiel zu den Markov-Ketten in Kap. 9 dienen kann.

6.4 Anwendung: Entwicklung von Geldanlagen

Wiener-Prozesse kann man verwenden, um die Entwicklung einer risikobehafteten Geldanlage (z. B. von Aktien) zu modellieren; das wird in diesem Abschnitt passieren.

Dazu betrachten wir zunächst eine risikolose (also festverzinste) Geldanlage, etwa ein Sparbuch, dessen Einlage pro Zeiteinheit um einen festen Anteil, den Zinssatz P, vermehrt wird. Die Zeiteinheit ist hier üblicherweise ein Jahr; bei unserem auch längs der Zeitachse kontinuierlichen Modell wirkt sich die Wahl der Zeiteinheit nur auf die Achsenbeschriftung, nicht aber auf das eigentliche Modell aus; der Zinssatz könnte z. B. 0,03 = 3 % sein.

Das führt auf einen Wachstumsprozess; die Einlage wächst pro Zeiteinheit um den Faktor $1 + P$ und in einem Zeitraum der Länge t um den Faktor $(1 + P)^t$ (vgl. das Populationsdynamikmodell in Abschn. 10.1). Da es sich um exponentielles Wachstum handelt, ist es einfacher, in logarithmierten Größen zu rechnen:

X_t sei der (natürliche) Logarithmus des Wertes der Geldanlage zum Zeitpunkt t.
Die in einem Zeitraum $[s, t]$ der Länge $\delta t := t - s$ erwirtschaftete *Rendite* sei $R := X_t - X_s$.
Für das Kapital e^{X_t} entspricht das bei betragsmäßig nicht zu großem R

$$e^{X_t} = e^R \cdot e^{X_s} \approx (1 + R)e^{X_s} \, ,$$

sodass die Rendite in etwa dem Zinssatz für den Zeitraum δt entspricht.

Das Arbeiten mit logarithmischen Größen ist hier sehr hilfreich: Die Renditen sind additiv (wenn wir in einem Zeitraum eine Rendite R_1 und im anschließenden Zeitraum eine Rendite R_2 erwirtschaften, ist die Gesamtrendite $R_1 + R_2$). Weiter entspricht die bisher betrachtete konstante Verzinsung einfach einem linearen Wachstum – unterschiedliche Renditen pro Zeiteinheit können im $t - X_t$-Diagramm direkt als unterschiedliche Steigungen abgelesen werden. (Wohingegen es sehr schwierig ist, unterschiedlich stark wachsende Exponentialfunktionen optisch zu vergleichen!)

Nun aber zu Geldanlagen mit Risiko, z. B. Aktien mit ihren Kursschwankungen. Die Wertentwicklung hängt von einer großen Zahl von Einflussfaktoren ab, die den Kurs nach oben oder nach unten beeinflussen. Der wesentliche Punkt unseres Modells ist, dass man nicht diese Einflüsse im einzelnen modelliert (was zu einem viel zu komplexen Modell führen würde), sondern annimmt, dass die Summe aller Einflüsse über einen bestimmten Zeitraum als normalverteilt angenommen werden kann. Da man über die Verteilungen der einzelnen Einflussgrößen nichts oder wenig weiß, ist diese Annahme nicht mathematisch begründbar (z. B. durch Anwendung des zentralen Grenzwertsatzes), sie stellt sich empirisch aber als gar nicht so unangemessen heraus.

Präziser wird im so genannten *Black-Scholes-Modell* angenommen, dass die Rendite

$$R \sim \mathcal{N}(\mu \delta t, \sigma^2 \delta t)$$

normalverteilt und für nichtüberlappende Intervalle unabhängig ist. Es liegt also ein Wiener-Prozess mit Drift μ und Volatilität σ vor. (Der Startwert X_0 ist i. A. nicht null, durch passende Wahl der Geldeinheit kann man das erreichen; man kann den Wiener-Prozess aber auch bei einem beliebigen Startwert beginnen lassen.) Die Parameter μ und σ seien vorerst gegeben (in Wirklichkeit müssen wir sie schätzen).

Natürlich liefert uns unser Modell keine Vorhersage über den Aktienkurs in der Zukunft, sondern nur über dessen Verteilung. Diese Information ist aber nützlich, um z. B. die mit der Anlage verbundenen Risiken zu berechnen. Eine typische Fragestellung ist, welcher Betrag mit einer Wahrscheinlichkeit von z. B. 99 % zum Zeitpunkt t nicht unterschritten wird („So viel Wert ist zum Zeitpunkt t mit einer Gewissheit von 99 % noch vorhanden" – ein hoher Wert steht hier also für eine sichere Geldanlage; je geringer der Wert ist, um so spekulativer ist die Anlage).

In unserem Modell läuft das auf die Bestimmung eines Quantils der Normalverteilung hinaus – in der Praxis meist gelöst durch Transformation auf die Standardnormalverteilung. Das (einseitige) λ-Quantil z_λ der Standardnormalverteilung ist definiert als der Wert, den eine standardnormalverteilte Zufallsvariable $Z \sim \mathcal{N}(0,1)$ mit einer Wahrscheinlichkeit von λ nicht überschreitet:

$$P(Z \leq z_\lambda) = \lambda \ .$$

Abbildung 6.5 zeigt die grafische Bestimmung von $z_{0,2}$ aus Dichte und Verteilungsfunktion der Standardnormalverteilung.

Die Werte von z_λ sind tabelliert bzw. liegen als Bibliotheksfunktion vor (z. B. in Maple mit der Funktion `statevalf[icdf,normald[0,1]](lambda)` im Paket `stats`, in Excel und OpenOffice als `NORMINV(lambda; 0; 1)`). Quantile für eine beliebige Normalverteilung, also für ein $Y \sim \mathcal{N}(\mu, \sigma^2)$, erhält man durch lineare Transformation auf

$$Z := \frac{Y - \mu}{\sigma} \sim \mathcal{N}(0,1) \ ;$$

es ist

$$\lambda = P(Z \leq z_\lambda) = P(Y \leq z_\lambda \sigma + \mu) \ ,$$

somit ist das einseitige λ-Quantil von Y als $z_\lambda \sigma + \mu$ aus z_λ zu berechnen (bei Verwendung von Bibliotheksfunktionen statt Tabellen erledigen diese die Umrechnung meistens mit).

Abb. 6.5 20 %-Quantil der
Standardnormalverteilung:
$z_{0,2} \approx -0,842$.

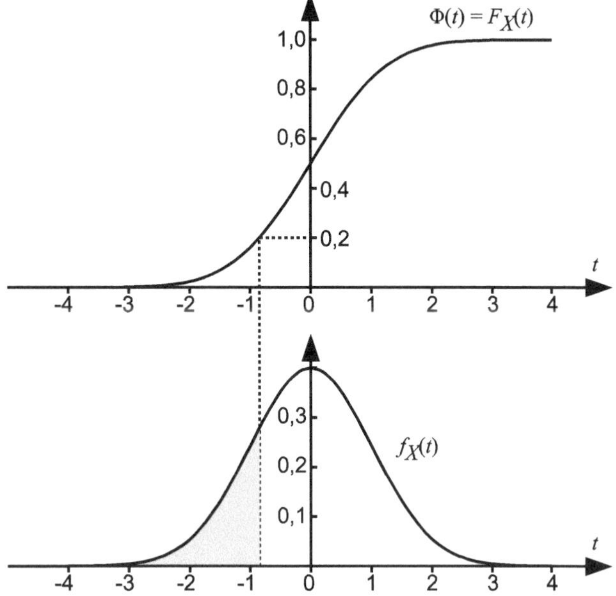

Kommen wir damit zurück zur Risikobeurteilung: Der Wert, den X_t mit einer Wahrscheinlichkeit λ unterschreitet, ist das einseitige λ-Quantil einer nach $\mathcal{N}(X_0 + \mu t, \sigma^2 t)$ verteilten Zufallsvariablen, also

$$X_0 + \mu t + z_\lambda \sigma \sqrt{t}\,.$$

Die Geldmenge dazu ist

$$e^{X_t} = e^{X_0} \cdot e^{\mu t + z_\lambda \sigma \sqrt{t}}\,,$$

also das Ausgangskapital e^{X_0} verzinst mit der konstanten Rendite $\approx \mu t$ und dem „Risikoanteil" $\approx z_\lambda \sigma \sqrt{t}$. Normalerweise wird λ (deutlich) kleiner als 50 % sein, sodass z_λ (stark) negativ ist, z. B. $\lambda = 1\%$ im Beispiel von oben („Wieviel Geld ist mit einer Gewissheit von 99 % noch da?") mit $z_{0,01} \approx -2{,}33$.

Eine hohe Volatilität macht die Geldanlage logischerweise riskanter – mit unserem Modell können wir das nun quantifizieren: Der „Risikoanteil" wächst (in der logarithmischen Größe X_t) linear mit der Volatilität und mit der Wurzel des betrachteten Zeitraums t (während die konstante Rendite linear mit t wächst).

Zwei wichtige Fragen sind noch offen: Wie gut ist das Modell, und wie bekomme ich die Parameter μ und σ für die Geldanlage, die mich interessiert?

Für die Beurteilung der Qualität betrachten wir die finanzmathematische Praxis: Das Black-Scholes-Modell wird dort gerne verwendet, weil es leicht zu handhaben ist und trotzdem meist befriedigende Ergebnisse liefert. Kritikpunkte sind einerseits die unterstellte Normalverteilung (in der Praxis stellen sich große Ausschläge öfter ein als die Normalverteilung vorhersagt – Stichwort „fat tail"-Verteilungen) und andererseits die Annahme, dass μ und σ als konstant angenommen werden, was natürlich nicht für beliebig lange Zeiträume realistisch ist.

Das führt zu dem zweiten Problem, nämlich die Bestimmung der Parameter μ und σ. Diese müssen durch Beobachtung des Marktes geschätzt werden: Durch die bisherige Kursentwicklung, die man in die Zukunft projizieren kann (für die Drift ist das oft ausreichend) oder aufwändiger (und für die Volatilität in der Regel notwendig) aus den Preisen, die sich am Markt für gewisse volatilitätsabhängige Produkte einstellen, wobei man davon ausgeht, dass der Markt alle bekannten Umstände korrekt in Preise umsetzt. Die Ergebnisse dieser Berechnungen lassen sich z. T. in Indizes nachschlagen, in Deutschland etwa die beiden Indizes VDAX und VDAX-NEW.

Da unser Exkurs in die Finanzwelt hier schon wieder zu Ende ist, sei noch für weiterführende Literatur z. B. auf das Buch von Adelmeyer and Warmuth [1] verwiesen.

Teil II

Verkehr auf Highways und Datenhighways: Einmal durch die Simulationspipeline

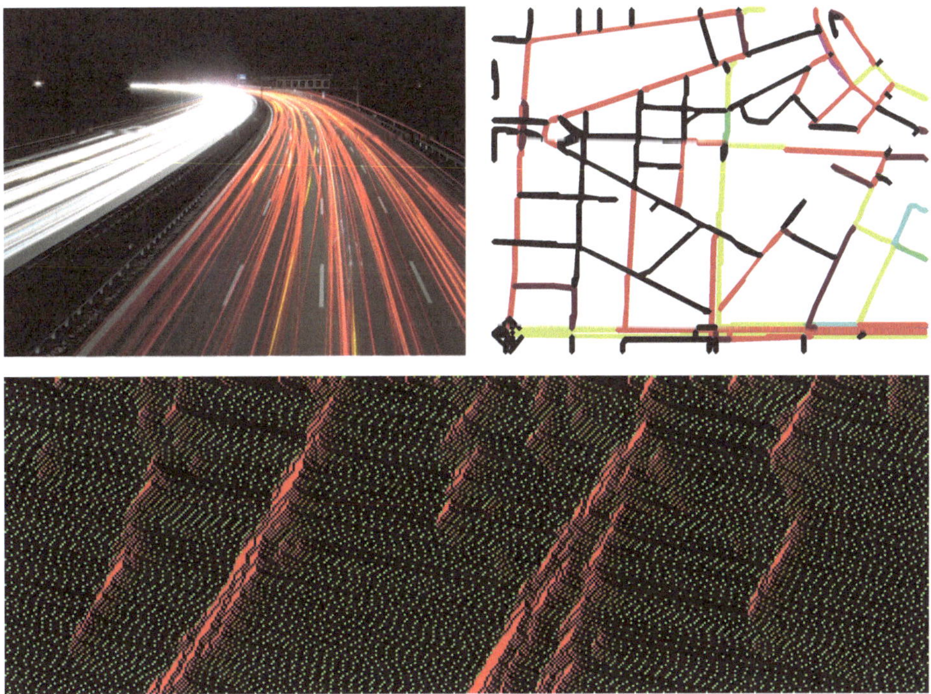

Einleitung

In diesem Teil blicken wir drei Mal auf die Simulation von Verkehr. Wir betrachten das gleiche Grundproblem, allerdings mit unterschiedlichen Sichtweisen und aus methodisch unterschiedlichen Blickwinkeln.

Verkehr spielt in vielen Bereichen eine wichtige Rolle: zum Beispiel im Straßenverkehr für Fußgänger, Autofahrer oder Fahrradfahrer; im Datenverkehr für Datenpakete im Internet oder Datenpakete im lokalen Netzwerk auf dem Weg zum Drucker; im Auftragsverkehr für Abläufe in der Prozessplanung, Telefonverbindungen in Mobilfunknetzen, Reparaturen in einer Maschinenhalle oder Kunden im Postamt.

So unterschiedlich die konkreten Anwendungen sind, es verbinden sie gemeinsame Forderungen. Es sollen Netze entworfen werden mit maximalem Nutzen zu minimalen Kosten (eine widersprüchliche Forderung!) und die vorhandenen Ressourcen bestmöglich eingesetzt werden. Engpässe sollen bei der Planung von Netzen vermieden oder bei vorhandenen Netzen identifiziert und behoben werden. Erweiterungen und Restrukturierungen sollen mit bestmöglichem Ergebnis und geringstmöglichen Nebenwirkungen durchgeführt werden. Falls möglich soll steuernd oder regelnd positiv auf den Verkehr eingewirkt werden, wie es (hoffentlich) bei Verkehrsleitsystemen der Fall ist.

Gemeinsame Charakteristiken sind dabei: Einfaches Ausprobieren von Veränderungen ist meist zu zeit- und kostenintensiv (man denke nur an das versuchsweise Bauen einer Autobahn); es sollte daher lieber vorher im Rechner modelliert und simuliert werden. Beweisbare Aussagen sind bei komplizierteren Problemen nur schwer oder nur unter stark vereinfachenden Modellannahmen treffbar – eine numerische Simulation ist kaum zu vermeiden. Außerdem hängen die Verkehrsteilnehmer (real oder digital) oft von zu vielen Einflussgrößen ab, die unmöglich alle modelliert werden können, und legen daher eine Betrachtung des Verkehrs über Durchschnittsgrößen oder mit stochastischen Mitteln nahe.

Drei verschiedene Szenarien für Verkehr mit unterschiedlichen Modellierungsansätzen wurden beispielhaft ausgewählt. Wir betrachten Straßenverkehr *makroskopisch*, d. h. kontinuierlich als Flüssigkeit in Straßenkanälen. Straßenverkehr *mikroskopisch* aufgelöst führt uns zu einem diskreten Modell mit zellulären Automaten. Verkehr in Rechensystemen (bzw. Kunden in Postämtern) werden wir *stochastisch* und ereignisgesteuert betrachten. Die Wahl der Modellierung ist dabei abhängig von der Sichtweise auf das Problem, der Wahl interessanter Größen, der Skalierung und der Größe des zu simulierenden zugrunde liegenden Netzes.

Die vorgestellten Modelle sind grundlegend und werden einfach gehalten. Wir können dabei längst nicht alle Aspekte des Verkehrs erfassen oder abdecken; wir wollen aber an beispielhaften Ausschnitten den Weg durch die *Simulationspipeline* von der Modellierung bis zur Validierung der analytisch oder simulativ gewonnenen Erkenntnisse vorstellen und betrachten – und darüber hinaus den einen oder anderen Ausblick geben.

Als kleinen Vorgeschmack und um zu zeigen, dass Verkehr komplizierter sein kann, als man spontan annehmen würde, ein kurzes Beispiel: das *Paradoxon von Braess*. Autofahrer, die um einen See von O (origin) nach D (destination) unterwegs sind, können über A oder B fahren, wie in der nachfolgenden Abbildung gezeigt.

Die Straßen OA und BD sind kurz, klein und mit hoher Staugefahr. Befahren N Fahrzeuge eine dieser beiden Strecken, so benötigen sie aufgrund gegenseitiger Behinderung jeweils $10N$ Minuten. Die Straßen OB und AD sind lang, breit und gut ausgebaut. Die Fahrzeit beträgt hier jeweils $50 + N$ Minuten. Sechs Autos, die sich gleichzeitig von O nach D

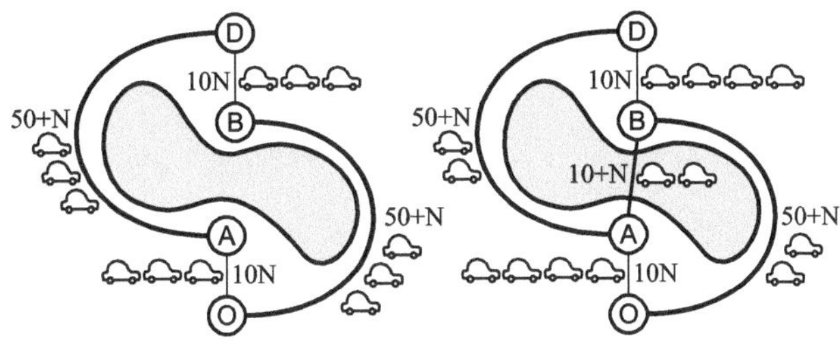

auf den Weg machen, werden sich sinnvollerweise gleichmäßig auf die beiden Routen verteilen (linkes Bild), da jeder Fahrer gerne möglichst schnell ans Ziel gelangen möchte. Die Fahrzeit beträgt dann für alle $30 + 53 = 83$ Minuten.

Nun wird eine Brücke (mit einer Fahrzeit von $10 + N$ Minuten) von A nach B gebaut, die kurz, neu und gut ausgebaut ist (rechtes Bild). Ein Fahrer der Route über A möchte zwei Minuten Fahrzeit sparen, benutzt die neue Brücke und kommt in $30 + 11 + 40 = 81$ Minuten nach D. Dadurch erhöht sich allerdings die Fahrzeit der drei Fahrer über B auf 93 Minuten, und einer von den dreien wird sicherlich seine Fahrzeit auf 92 Minuten verkürzen wollen und ebenfalls die Brücke benutzen.

Jetzt benötigen nicht nur alle Verkehrsteilnehmer mit 92 Minuten viel länger als zuvor; die Verkehrssituation ist sogar in einem stabilen Gleichgewicht, da (ohne Absprache) keiner der Fahrer durch einen Wechsel der Route seine Fahrtdauer verkürzen kann!

Eine Modellierung und Simulation des Systems vor einem möglichen Brückenbau hätte die Finanzen des Bauträgers, die Umwelt und nicht zuletzt die Fahrer geschont. Machen wir es besser …

Straßenverkehr geht uns alle an, jeder ist davon betroffen. Unsere Wünsche und Vorstellungen bezüglich des Straßenverkehrs sind jedoch in der Regel etwas widersprüchlich: Einerseits wollen wir möglichst viel davon. Wir wollen mobil sein und so schnell und angenehm wie möglich von der Wohnung zur Uni oder Arbeit, vom Heimatort zum Ferienziel oder vom Einkaufen zur Freizeitbeschäftigung gelangen. Wir wünschen uns dazu gut ausgebaute Straßen und Parkplätze oder häufig fahrenden Personennahverkehr. Andererseits wollen wir möglichst wenig davon. Straßenverkehr soll uns nicht belästigen. Wir möchten nicht im Berufsverkehr oder in den kilometerlangen Mammutstaus zu Ferienbeginn und -ende stehen, wünschen uns, von Lärm- und Abgasemissionen unbehelligt zu bleiben, und bevorzugen Grünstreifen anstelle von Straßenasphalt.

Gerade der Wunsch nach freier Fahrt ist häufig genug mehr Utopie als Realität. Es gibt zwar alleine ca. 230.782 km überörtliche Straßen in Deutschland (nur Bundesautobahnen, Bundesstraßen, Landesstraßen und Kreisstraßen) und damit viel Platz für jeden. Andererseits werden diese von über 51.735.000 in Deutschland zugelassenen Kraftfahrzeugen bevölkert mit einer Gesamtfahrleistung von etwa 705 Mrd. km pro Jahr (Stand 2011, [57, 12]). Besucher und Durchreisende aus anderen Ländern sind dabei noch gar nicht berücksichtigt. Zusätzlich konzentriert sich diese hohe Zahl an Fahrzeugen gerne an zentralen Stellen und verteilt sich nicht gleichmäßig über das Straßennetz. Überbelastungen der Verkehrswege und damit Staus bis hin zum Verkehrskollaps sind vorprogrammiert. Doch diese sind nicht nur nervig, sondern auch kostspielig und sollten schon alleine aus finanziellen Gründen vermieden werden: Die Kosten, die jährlich in der Europäischen Union durch Staus verursacht werden, werden auf etwa 1 % des BIPs [18] geschätzt, d. h. 2011 rund € 126 Mrd.

Einfach viele neue Straßen zu bauen scheitert an Kosten (Konstruktion und Instandhaltung), Platz und Zeitaufwand und ist nur begrenzt möglich. Die Verkehrsinfrastruktur bedeckt bereits etwa 5 % der deutschen Landesfläche, davon etwa 90 % Straßen, Wege und Plätze [56]. Vor allem die vorhandenen Ressourcen müssen daher besser ausgenutzt werden. Eine optimale Regelung des Verkehrs über Verkehrsleitsysteme ist ein Beispiel. Doch

H.-J. Bungartz et al., *Modellbildung und Simulation*, eXamen.press,   141
DOI 10.1007/978-3-642-37656-6_7, © Springer-Verlag Berlin Heidelberg 2013

wie funktioniert Verkehr? Wie können wir herausfinden, wie wir eingreifen und die Verkehrssituation proaktiv oder reaktiv verbessern können?

Zuerst müssen wir verstehen, wie sich beispielsweise Staus oder *Stop-and-go-Wellen* bilden, und herausfinden, in welchem Zusammenhang Verkehrsgrößen stehen und welche Auswirkungen es hat, wenn wir an einer bestimmten Stelle in den Straßenverkehr eingreifen. Erst dann können wir dieses Wissen nutzen, um Staus vorhersagen, Neubauten planen, die Auswirkung von Straßensperrungen und Baustellen prognostizieren und zu Verbesserungen beitragen zu können.

In diesem Kapitel wollen wir daher Straßenverkehr modellieren. Wir werden ein grundlegendes Modell aufgrund physikalischer Überlegungen herleiten und beispielhaft aufzeigen, wie Verfeinerungen der zunächst sehr einfachen Modellwelt zu einer realistischeren Abbildung der Realität führen können. Die Dynamik einzelner Verkehrsteilnehmer ist für uns dabei eher uninteressant, wichtiger ist die kollektive Gesamtdynamik des Verkehrs. Wir sprechen daher von *makroskopischer Verkehrssimulation* und betrachten insbesondere mittlere Größen für die *Verkehrsdichte* ρ, den *Fluss* f und die *Geschwindigkeit* v. Die Verkehrsdichte in Fzg/km beschreibt dabei, wie „dicht" Fahrzeuge auf der Straße stehen, der Fluss in Fzg/h, wie viele Fahrzeuge pro Zeit an einem Kontrollpunkt vorbeifahren.

Wollen wir die Möglichkeit haben, große Verkehrsnetze wie das europäische Autobahnnetz zu simulieren, so sollten wir darauf achten, keine unnötigen Größen zu berechnen. Besonders in den Anfangszeiten der Verkehrssimulation waren die Modellierung und Betrachtung einzelner Teilnehmer schon alleine vom Rechenaufwand her ausgeschlossen; mittlerweile kann Straßenverkehr auch mikroskopisch aufgelöst und simuliert werden, was Gegenstand von Kap. 8 ist. Wir werden im Folgenden die makroskopische Verkehrssimulation näher betrachten, die es uns ermöglichen wird, das gewonnene Verkehrsmodell theoretisch zu untersuchen und analytische Ergebnisse zu gewinnen.

An benötigtem Instrumentarium aus Kap. 2 werden neben grundlegenden Begriffen der Analysis (Abschn. 2.2.2) insbesondere einige Teile aus Abschn. 2.4 zur Numerik (Stabilität, Diskretisierung, Finite Differenzen, partielle Differentialgleichungen) benötigt.

7.1 Modellansatz

Beobachtet man Verkehr aus der Vogelperspektive, so stellt man fest, dass sich Störungen im Verkehrsfluss wellenartig ausbreiten. Unter einer Störung kann hierbei alles verstanden werden, was sich von der Umgebung unterscheidet, also beispielsweise das Ende eines Staus oder der Rückstau an einer Ampel. Wer bei Dunkelheit den Straßenverkehr von einer höher gelegenen Position aus fotografiert und lange belichtet, kann auf dem Bild den Eindruck gewinnen, dass Fahrzeuge wie eine zähe Flüssigkeit durch ein Kanalsystem aus Straßen fließen. Wechselt eine Ampel von rot auf grün, so ergießt sich der Fahrzeugstrom in die angrenzenden Straßen, wie wenn sich in einem Kanalsystem eine Schleuse öffnet.

Aus Sicht des Verkehrs sind die Situationen besonders interessant, in denen sich Störungen sehr langsam auflösen oder sogar verstärken. Dies sind Situationen mit hoher Ver-

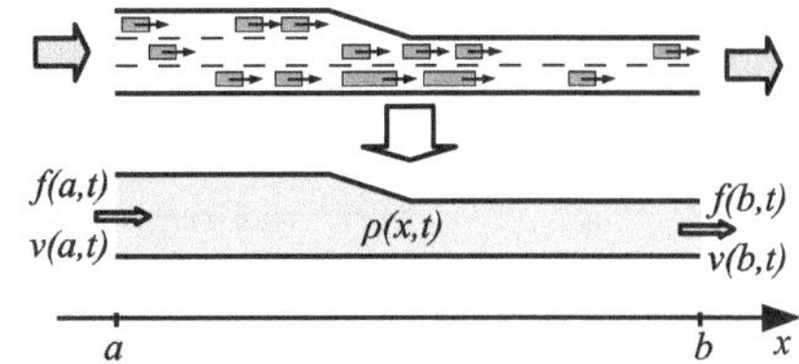

Abb. 7.1 Verflüssigung der Fahrzeuge

kehrsdichte. Hier ist die Ausbreitung von Störungen (insbesondere auf langen Straßen) ähnlich der Ausbreitung kinematischer Wellen in langen Flüssen.

Basierend auf solchen oder ähnlichen Betrachtungen wurde ein einfaches, grundlegendes *Verkehrsmodell* 1955 von M. J. Lighthill und G. B. Whitham sowie unabhängig davon 1956 von P. I. Richards vorgestellt, das dynamische Charakteristiken von Verkehr auf einer homogenen, unidirektionalen Fahrbahn beschreiben und erklären kann. Es dient als Grundlage vieler verbesserter Modelle. Da es noch einfach genug ist, um es herleiten und mit einfachen Mitteln simulieren zu können, wird es Inhalt dieses Kapitels sein.

Zudem lässt sich die makroskopische Betrachtung des Verkehrs aus mikroskopischer Sicht motivieren: Betrachtet man Fahrzeuge als einzelne Teilchen in einem Gas oder einer Flüssigkeit, und sind diese aber nicht direkt von Interesse, sondern nur das Verhalten und die Eigenschaften des Fahrzeugkollektivs, so kann man die Fahrzeuge „verflüssigen", von diskreten Teilchen übergehen zu kontinuierlichen Größen und den Verkehr als strömende Flüssigkeit betrachten, vgl. Abb. 7.1.

Für die makroskopische Modellierung von beispielsweise Autobahnverkehr sind also nicht die einzelnen Teilchen von Interesse. Modellannahme ist, dass die drei Größen

- *Verkehrs-* oder *Strömungsgeschwindigkeit* $v(x, t)$,
- *Fahrzeugdichte* $\rho(x, t)$ und
- *Verkehrsfluss* $f(x, t)$

ausreichen, um das System hinreichend beschreiben zu können. Diese Annahme gilt vor allem bei hohem Verkehrsaufkommen, wenn sich lokale Abweichungen nicht so stark hervortun wie auf einer fast leeren Straße. Dabei gelten natürlicherweise die folgenden weiteren Modellannahmen:

- $0 \leq \rho(x, t) \leq \rho_{\max}$ – die Fahrzeugdichte ist positiv und begrenzt durch die maximal mögliche Dichte $\rho_{\max}$, bei der (durchschnittlich lange) Fahrzeuge Stoßstange an Stoßstange stehen;
- $0 \leq v(x, t) \leq v_{\max}$ – Fahrzeuge dürfen nur vorwärts fahren, und die maximal erlaubte Geschwindigkeit $v_{\max}$ des Straßenabschnitts wird nicht überschritten.

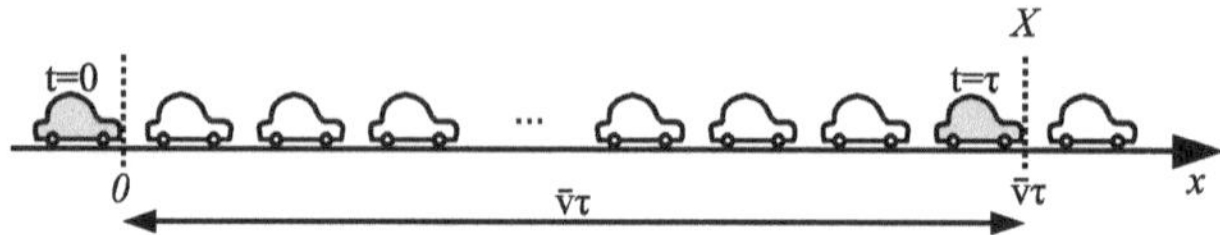

Abb. 7.2 Veranschaulichung der Zustandsgleichung: Alle Fahrzeuge sind mit der gleichen Geschwindigkeit und in gleichem Abstand unterwegs. In der Zeit τ bewegt sich das grau markierte Fahrzeug um die Strecke $\bar{v}\tau$ vorwärts, und alle $\bar{\rho}\bar{v}\tau$ Fahrzeuge davor passieren den Kontrollpunkt X

7.2　Homogene Verkehrsströmung

Wir betrachten zunächst die einfachste Verkehrssituation, die sogenannte *homogene Gleichgewichtsströmung*: Alle Fahrzeuge sind mit der gleichen Geschwindigkeit unterwegs und haben den gleichen Abstand. Es liegt eine gleichförmige Strömung von Fahrzeugen vor, die von den beiden Variablen, dem Ort x und der Zeit t, unabhängig ist. Anders ausgedrückt betrachten wir für einen Streckenabschnitt Durchschnittswerte für Geschwindigkeit $\bar{v}$, Verkehrsdichte $\bar{\rho}$ und Fluss $\bar{f}$.

7.2.1　Ein erstes Ergebnis

Messungen zeigen, dass der Zustand des betrachteten Systems nur von der Dichte abhängt, d. h., Geschwindigkeit und Fluss sind Funktionen, die ausschließlich von der Dichte abhängen. Zunächst wollen wir jedoch den allgemeinen Zusammenhang zwischen den Größen $\bar{v}$, $\bar{\rho}$ und $\bar{f}$ betrachten.

Bei konstanter Geschwindigkeit legt ein Fahrzeug in der Zeit τ die Strecke $\bar{v}\tau$ zurück, vgl. Abb. 7.2. Alle Fahrzeuge im Abschnitt $[0, \bar{v}\tau]$ verlassen diesen Abschnitt am Kontrollpunkt $X = \bar{v}\tau$ bis zum Zeitpunkt $t = \tau$. Die Frage, wie viele das pro Zeiteinheit sind, liefert uns die Verkehrsdichte: Im Streckenabschnitt $[0, 1]$ sind $\bar{\rho}$ Fahrzeuge und damit $\bar{\rho}\bar{v}\tau$ Stück im Abschnitt $[0, \bar{v}\tau]$. Der Fluss am Kontrollpunkt X ist somit $\bar{\rho}\bar{v}\tau/\tau$. Damit gilt die *Zustandsgleichung*

$$\bar{f} = \bar{\rho}\bar{v} \, . \tag{7.1}$$

Diese Zustandsgleichung des Verkehrsflusses kann analog zur *Formel von Little* ((9.1), Abschn. 9) betrachtet werden. Dort ist

$$\text{Füllung } \bar{f}_L = \text{Durchsatz } d_L \cdot \text{Verweilzeit } \bar{y}_L \, .$$

Die *Füllung* $\bar{f}_L$ entspricht der Dichte $\bar{\rho}$, der *Durchsatz* d_L dem Fluss $\bar{f}$ und die *Verweilzeit* $\bar{y}_L$ dem Kehrwert der Geschwindigkeit, $\bar{v}^{-1}$.

7.2.2 Geschwindigkeit, Fluss und Dichte

Als nächstes soll die Geschwindigkeit v in Abhängigkeit von der Dichte ρ modelliert werden. Die Betrachtung realen Verkehrs zeigt, dass beide Größen offensichtlicherweise in kausalem Zusammenhang stehen: Aus Sicht des Autofahrers sollte die Fahrzeuggeschwindigkeit (zumindest bei höherem Verkehrsaufkommen) in Abhängigkeit von der Dichte gewählt werden. Die Faustregel „Abstand halber Tacho" ist hierfür eine geläufige Veranschaulichung.

Doch wie kann $v(\rho)$ modelliert werden? Ein Blick auf reales Verkehrsgeschehen führt zu drei naheliegenden Bedingungen an unser Modell:

Bedingung 1) Ist die Fahrbahn (fast) leer, so geben Autofahrer im Allgemeinen Gas. Zur Vereinfachung nehmen wir im Folgenden für unser Modell an, dass bei freier Fahrbahn alle Fahrer auf die erlaubte Maximalgeschwindigkeit $v_{\max}$ beschleunigen, die für die Straße als Geschwindigkeitsbegrenzung gegeben ist:

$$\rho \to 0 \;\Rightarrow\; v \to v_{\max} \,.$$

Bedingung 2) Im Fall einer vollen Straße, wie beispielsweise in einem Stau oder vor einer roten Ampel, stehen die Fahrzeuge Stoßstange an Stoßstange, also mit maximaler Dichte $\rho_{\max}$. Die Verkehrsgeschwindigkeit kommt zum Erliegen:

$$\rho \to \rho_{\max} \;\Rightarrow\; v \to 0 \,.$$

Bedingung 3) Damit sind die beiden Eckpunkte gegeben. Da es im Hinblick auf die Verkehrssicherheit vernünftig ist, dass ein Fahrzeug bei steigender Dichte die Geschwindigkeit nicht erhöht, können wir für den Bereich dazwischen als dritte Bedingung fordern, dass die Geschwindigkeit bei steigender Dichte monoton fällt.

Die einfachste Möglichkeit, v unter Erfüllung dieser drei Bedingungen zu modellieren, ist ein lineares Verhalten, das durch die beiden Eckpunkte eindeutig gegeben ist. Dann ist

$$v(\rho) := v_{\max} \left(1 - \frac{\rho}{\rho_{\max}} \right) . \tag{7.2}$$

Nun muss der Fluss modelliert werden. Auch hier verwenden wir wieder eine vereinfachende Modellannahme und gehen davon aus, dass der Fluss f ebenfalls nur von der Dichte ρ abhängt. Damit erhalten wir eine Gleichung für f, wenn wir die allgemeine Beziehung $v(\rho)$ in die Zustandsgleichung (7.1) einsetzen:

$$f(\rho) = v(\rho) \cdot \rho \,. \tag{7.3}$$

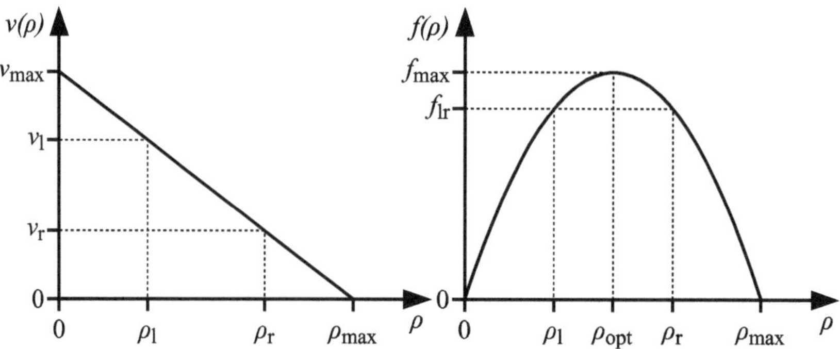

Abb. 7.3 Fundamentaldiagramm (*rechts*) für die lineare Geschwindigkeits-Dichte Beziehung (*links*)

Überlegen wir, ob die Modellannahme realistisch ist. Es ist

$$f \to 0, \text{ für } \rho \to 0 \text{ und } \rho \to \rho_{\max} \, .$$

Für sehr kleine Dichten sind die Fahrzeuge mit Maximalgeschwindigkeit unterwegs. An einem Kontrollpunkt kommen aber nur sehr selten Fahrzeuge vorbei – der Abstand zwischen ihnen ist im Allgemeinen sehr groß. Für sehr große Dichten ist der Abstand der Fahrzeuge zwar klein; die Geschwindigkeit geht jedoch gegen null. Die Fahrzeuge stauen sich und bewegen sich kaum noch vorwärts, und es kommen wieder nur sehr selten (neue) Fahrzeuge am Kontrollpunkt vorbei. Irgendwo zwischen diesen beiden Extremen ist der Fluss maximal. Die Annahme kann somit getroffen werden.

7.2.3 Fundamentaldiagramm

Die grafische Darstellung der Beziehung $f(\rho)$ ist so grundlegend und wichtig zur Bestimmung von Parametern von Verkehrsmodellen, dass sie *Fundamentaldiagramm* genannt wird. Im Fall der linearen Beziehung zwischen Geschwindigkeit und Dichte erhalten wir

$$f(\rho) = v_{\max} \left(1 - \frac{\rho}{\rho_{\max}} \right) \rho \tag{7.4}$$

und damit ein quadratisches Modell für das Verhältnis von Fluss zu Dichte, siehe Abb. 7.3. Bei der Dichte ρ_{opt} wird der maximale Fluss $f_{\max}$ erreicht.

Die Dichte ρ_{opt} ist insbesondere aus Sicht der Verkehrsplaner ein wichtiges Optimierungsziel, da bei ihr der Straßenabschnitt bestmöglich ausgenutzt und von der maximal möglichen Zahl von Fahrzeugen pro Zeitintervall befahren wird. Bei allen anderen Dichten ist der Fluss kleiner.

Unter diesen Modellannahmen ist es für den Verkehrsplaner interessant, dass ein (vorgegebener) Fluss $f_{lr} < f_{\max}$ für zwei Dichten (ρ_l und ρ_r) und damit auch bei zwei Geschwindigkeiten (v_l und v_r) realisiert werden kann. Die bessere Alternative ist die mit der höheren Geschwindigkeit, besonders aus Sicht der Verkehrsteilnehmer, die dann schneller am Ziel sind. Insgesamt wäre daher der Zustand mit kleinerer Dichte und höherer Geschwindigkeit wünschenswert. Ein Blick in die Realität zeigt jedoch, dass dieser Zustand nicht ohne weiteres eintritt: Autofahrer tendieren dazu, so lange schnell zu fahren ($v(\rho)$ ist eben nicht linear), bis der optimale Fluss überschritten wird, und landen dann bei der – auch aus ihrer Sicht – schlechteren Alternative. Aufgabe der Verkehrsplaner ist es, regelnd einzugreifen, sodass die bessere Alternative erzwungen wird. Möglichkeiten dazu bieten beispielsweise kontrollierte Geschwindigkeitsanzeigen, Verkehrsleitsysteme oder Ampeln.

7.2.4 Modellverfeinerungen

Anhand der Modellierung von $v(\rho)$ lässt sich an dieser Stelle beispielhaft zeigen, wie ein Modell weiter verfeinert und an die Realität angepasst werden kann.

Eine Schwäche des bisherigen, linearen Modells ist, dass der maximale Fluss genau bei der halben Maximalgeschwindigkeit auftritt, was unrealistisch ist. Für einen gegebenen Straßentyp kann die Dichte ρ_{opt}, bei der der maximale Fluss f_{max} gemessen werden kann, empirisch ermittelt werden. Um diese weitere Information in unser Modell integrieren zu können, müssen wir das Modell verfeinern. Dazu müssen wir zusätzliche Freiheitsgrade einführen, anhand derer zumindest festgelegt werden kann, bei welcher Geschwindigkeit der Fluss maximal ist.

Eine naheliegende Möglichkeit ist, statt der linearen eine quadratische Beziehung zwischen Geschwindigkeit und Dichte anzunehmen:

$$v(\rho) := v_{\mathrm{max}} \left(1 - \alpha\rho + \beta\rho^2 \right) . \tag{7.5}$$

Für die Fluss-Dichte-Beziehung

$$f(\rho) = v_{\mathrm{max}} \left(1 - \alpha\rho + \beta\rho^2 \right) \rho$$

erhalten wir dann ein kubisches Modell. Die Bedingung 1 ist weiterhin erfüllt. Wir müssen allerdings die Bedingung 2 sicherstellen, d. h., es muss $v(\rho_{\mathrm{max}}) = 0$ gelten. Damit erhalten wir eine erste Gleichung,

$$0 = v_{\mathrm{max}}(1 - \alpha\rho_{\mathrm{max}} + \beta\rho_{\mathrm{max}}^2) .$$

Nun können wir unser Wissen über ρ_{opt} ins Spiel bringen. Für diese Dichte sollte der Fluss maximal sein, d. h., im Modell sollte $\frac{d}{d\rho} f(\rho_{\mathrm{opt}}) = 0$ gelten. Wir erhalten eine zweite Gleichung,

$$0 = v_{\mathrm{max}}(1 - 2\alpha\rho_{\mathrm{opt}} + 3\beta\rho_{\mathrm{opt}}^2) ,$$

und können damit unsere beiden Unbekannten α und β bestimmen. Allerdings haben wir keinen Einfluss auf den genauen Wert von $f(\rho_{\mathrm{opt}})$.

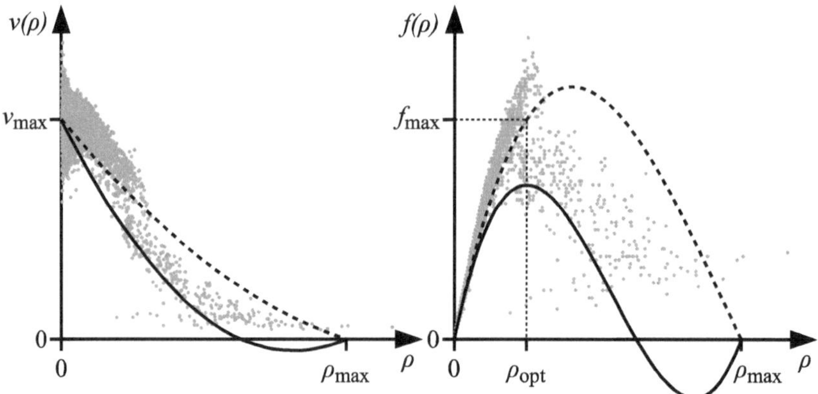

Abb. 7.4 Fundamentaldiagramm (*rechts*) für die quadratische Geschwindigkeits-Dichte Beziehung (*links*) sowie Messdaten (PTV AG, Karlsruhe) einer zweispurigen Bundesautobahn in *grau*. Verwendet wurde die Vorgabe $\frac{d}{d\rho}f(\rho_{opt}) = 0$ (*durchgezogen*), bzw. $f(\rho_{opt}) = f_{max}$ (*gestrichelt*)

Alternativ könnten wir auch eine zweite Gleichung aufstellen, indem wir an der Stelle ρ_{opt} den gemessenen Fluss vorgeben. Dann wäre mit $f(\rho_{opt}) = f_{max}$ die zweite Gleichung

$$f_{max} = v_{max}(1 - \alpha\rho_{opt} + \beta\rho_{opt}^2)\rho_{opt} \, ,$$

wodurch wir allerdings die Kontrolle darüber verlieren, dass der Fluss hier ein Maximum besitzt.

Abbildung 7.4 zeigt beide Varianten für ein Wertepaar (ρ_{opt}, f_{max}). Im zweiten Fall erreichen wir mit $f(\rho_{opt}) = f_{max}$ bei ρ_{opt} zwar den gewünschten Fluss; das Maximum des Flusses liegt allerdings an einer völlig falschen Stelle und tritt nicht wie gewünscht an der Stelle $\rho = \rho_{opt}$ auf. Doch während wir für $\frac{d}{d\rho}f(\rho_{opt}) = 0$ den maximalen Fluss an der richtigen Stelle beobachten, verletzen wir Bedingung 3: Negative Durchschnittsgeschwindigkeiten und damit auch negative Flüsse sind in unserem Modell verboten. Mit etwas Analysis können wir feststellen, dass wir nur für $\rho_{opt} \in [1/3\,\rho_{max}, 2/3\,\rho_{max}[$ Bedingung 3 erfüllen.

Möchte man einen Straßenabschnitt simulieren und sammelt man hierzu Daten für einen entsprechenden Straßentyp, so erhält man ein ähnliches Bild wie die in Abb. 7.4 gezeigten Messwerte. Ein gutes Modell sollte den Beobachtungen für die grundlegenden Größen v und f möglichst genau entsprechen, daher auch der Name Fundamentaldiagramm. Während zumindest für geringe Dichten der grundlegende Verlauf des Flusses an das Verhalten der empirischen Beobachtungen halbwegs angepasst werden kann, so zeigen sich bei der Geschwindigkeit für geringe Dichten gravierende Unterschiede: Autofahrer verhalten sich in der Realität in erster Linie egoistisch und wollen möglichst schnell an ihr Ziel gelangen. Dabei achten sie im Allgemeinen nicht auf die Auswirkungen des eigenen

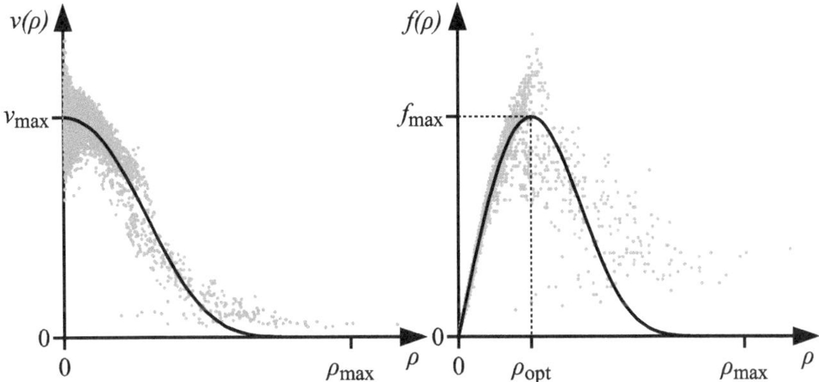

Abb. 7.5 Fundamentaldiagramm (*rechts*) und Geschwindigkeits-Dichte Beziehung (*links*) für das Modell (7.6). Messdaten (PTV AG, Karlsruhe) einer zweispurigen Bundesautobahn in *grau*

Fahrverhaltens auf den Gesamtverkehr: Die eigene Geschwindigkeit wird erst dann reduziert, wenn es nicht mehr anders geht und zu dichter Verkehr nichts anderes mehr zulässt.

Im Fundamentaldiagramm kann daher zwischen einer *Freiflussphase* und einer *Stauphase* unterschieden werden. In dem Bereich freien Flusses behindern sich Verkehrsteilnehmer kaum. Sie können fast ungehindert mit der maximal zulässigen Geschwindigkeit v_{max} fahren, und der Fluss steigt nahezu linear. In der Stauphase nehmen die gegenseitigen Behinderungen überhand, der Fluss sinkt. Die Geschwindigkeit reduziert sich allerdings nicht proportional zum Dichteanstieg, da Verkehrsteilnehmer im Allgemeinen zur Überreaktion beim Abbremsen neigen und dadurch die Verkehrssituation verschlimmern.

Um dieses sehr grundlegende Verhalten zu modellieren, wurde als Gleichung für die Geschwindigkeit als eine weitere Alternative

$$v(\rho) := v_{max}\left(1 - \left(\frac{\rho}{\rho_{max}}\right)^{\alpha}\right)^{\beta} \tag{7.6}$$

vorgeschlagen [39]. Bei diesem Modellansatz sind die Bedingungen 1 und 2 immer erfüllt. Lassen wir nur positive Werte für die Unbekannten α und β zu, so trifft dies auch für Bedingung 3 zu. Die Bestimmung der beiden Freiheitsgrade ist allerdings wesentlich problematischer als im Fall des linearen oder quadratischen Modells, da sowohl α als auch β im Exponenten auftreten.

Für die empirisch gewonnenen Daten einer zweispurigen Bundesautobahn haben wir die Parameter mittels der *Methode der kleinsten Quadrate* bestimmt (Abb. 7.5): Ausgangspunkt ist dabei die gegebene Menge von M empirischen Messdaten, $\{(\rho_i, f_i)\}_{i=1}^{M}$. Das Ziel ist, die Unbekannten und damit die Funktion $f(\rho)$ so zu bestimmen, dass die Summe der quadrierten Fehler auf den Messpunkten, $\sum_{i=1}^{M}(f(\rho_i) - f_i)^2$, minimal wird. Allerdings ist unser Modell für Geschwindigkeit und Fluss nicht linear. Wir benötigen daher ein numerisches, iteratives Verfahren, wie beispielsweise das Gauß-Newton-Verfahren, auf das hier jedoch nicht weiter eingegangen werden kann.

Abbildung 7.5 zeigt, dass die auf diese Weise entstandenen Verläufe für $v(\rho)$ und $f(\rho)$ wesentlich besser an die Realität angepasst sind als in den vorherigen Fällen. Dennoch werden wir für die kommende Simulation und die Interpretation der Simulationsergebnisse der Einfachheit halber im Folgenden das lineare Modell verwenden.

7.3 Inhomogene Verkehrsströmung

Für die Betrachtung von z. B. einem Autobahnabschnitt ist die inhomogene Situation natürlich wesentlich interessanter. Homogene Verkehrsströmungen treten in der Realität nur in sehr seltenen Fällen auf. Zum Beispiel tendieren Fahrzeuge zu Rudelverhalten, wie es auf Landstraßen sehr schön beobachtet werden kann, und die Dichte unterliegt je nach Verkehrslage starken Schwankungen.

Mittels vielfältiger Sensoren (Kameras, Induktionsschleifen, …) kann die aktuelle Verkehrssituation (f, v und ρ) gemessen werden. Dies beantwortet die Fragestellung von Verkehrsteilnehmern, wo es im Augenblick Staus oder stockenden Verkehr gibt. Nicht erfasst wird jedoch, wie sich Verkehrsbeeinträchtigungen in naher Zukunft entwickeln werden. Letzteres interessiert auch Verkehrsplaner, die zusätzlich wissen möchten, wie sie auf den Verkehr einwirken müssen, um Staus aufzulösen bzw. zu vermeiden. Beide Seiten interessiert, wie sich der Fluss entwickelt. Wir benötigen folglich den Fluss als kontinuierliche Größe abhängig von der Zeit t und der Position x auf dem betrachteten Straßenabschnitt, d. h. $f(x, t)$. Dabei nehmen wir an, dass eine kontinuierliche Beschreibung unseres Verkehrssystems möglich ist.

Die Grundlage des Verkehrsmodells nach Lighthill, Whitham und Richards ist ein *Erhaltungssatz*, wie er in zahlreichen physikalischen Modellen auftritt und uns in Teil IV noch mehrfach begegnen wird. Hier ist es die Forderung nach Erhalt der Fahrzeugzahl: Auf einem Straßenabschnitt $[a, b]$ ohne Auf- und Abfahrten sollen Fahrzeuge nicht verloren gehen. Dies führt zur sogenannten *Kontinuitätsgleichung*, die wir im Folgenden herleiten werden.

Betrachten wir zunächst die Zahl der Fahrzeuge $n(t)$ zum Zeitpunkt t im Straßenabschnitt zwischen $x = a$ und $x = b$. Ist die Dichte bekannt und – wie wir annehmen – stetig in x, so können wir $n(t)$ bestimmen als

$$n(t) = \int_a^b \rho(x, t)\, \mathrm{d}x\,.$$

Die Änderung der Zahl der Autos mit der Zeit t ist dann

$$\frac{\partial}{\partial t} n(t) = \int_a^b \frac{\partial}{\partial t} \rho(x, t)\, \mathrm{d}x\,. \tag{7.7}$$

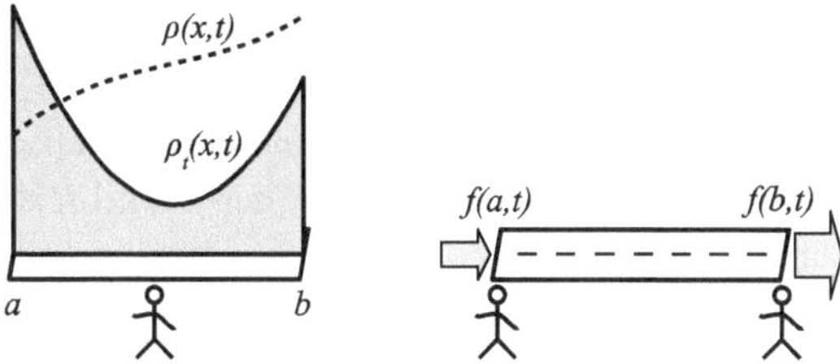

Abb. 7.6 Visualisierung der beiden Berechnungen von $\frac{\partial}{\partial t}n(t)$

Im betrachteten, unidirektionalen Straßenabschnitt gibt es keine Auf- und Abfahrten zwischen a und b. Die Fahrzeugzahl $n(t)$ kann sich folglich nur ändern, wenn an $x = a$ Fahrzeuge auf- oder an $x = b$ abfahren. Da der Fluss die Zahl der vorbeifahrenden Fahrzeuge pro Zeit zum Zeitpunkt t am Ort x beschreibt, gilt

$$\frac{\partial}{\partial t}n(t) = f(a, t) - f(b, t) = -\int_a^b \frac{\partial}{\partial x}f(x, t)\,\mathrm{d}x \ . \tag{7.8}$$

Abbildung 7.6 veranschaulicht die beiden Wege zur Berechnung der Zeitableitung grafisch. Zusammen mit (7.7) ergibt sich

$$\int_a^b \frac{\partial}{\partial t}\rho(x, t) + \frac{\partial}{\partial x}f(x, t)\,\mathrm{d}x = 0 \ .$$

Dies gilt für jeden Zeitpunkt t und jede Teststrecke $[a, b]$. Wenn wir annehmen, dass hinreichende Differenzierbarkeit vorliegt, so erhalten wir deshalb die *Kontinuitätsgleichung*

$$\frac{\partial}{\partial t}\rho(x, t) + \frac{\partial}{\partial x}f(x, t) = 0 \qquad \forall x, t \ . \tag{7.9}$$

Nehmen wir im Folgenden an, dass auch weiterhin lokal die Überlegungen für homogene Gleichgewichtsströmungen gelten und damit insbesondere der Fluss von der Dichte abhängt (7.3). Diese Annahme gilt in komplizierteren Situationen nicht, da sie beinhaltet, dass sich Autos verzögerungsfrei an die Verkehrssituation anpassen. Somit können Situationen, wie sie durch den Lichtwechsel an Ampeln oder durch Unfälle verursacht werden, nicht simuliert werden. Dennoch ist die *quasistationäre Kontinuitätsgleichung*

$$\frac{\partial}{\partial t}\rho(x, t) + \frac{\partial}{\partial x}f(\rho(x, t)) = 0 \qquad \forall x, t \tag{7.10}$$

aussagekräftig genug, um die wichtigsten Phänomene von Verkehrsströmungen zu beschreiben.

Diese *Verkehrsgleichung* ist ein einfaches Beispiel einer nichtlinearen hyperbolischen Flachwassergleichung (Transportgleichung), die allgemeine Wellenausbreitungsphänomene beschreibt.

7.4 Simulation einer einfachen Ringstraße

Betrachten wir nun einen gegebenen Straßenabschnitt $[a, b]$ für das lineare Geschwindigkeitsmodell (7.4) mit dem Ziel, den Verkehr, abhängig vom aktuellen Stand, zu einem späteren Zeitpunkt $t = \hat{t}$ bestimmen bzw., im Falle einer realistischen Verkehrssituation, vorhersagen zu können. Dafür benötigen wir die Dichte $\rho(x, \hat{t})$ der Fahrzeuge im Streckenabschnitt zu diesem Zeitpunkt. Kennen wir die Dichte, so lassen sich Geschwindigkeit und Fluss einfach berechnen.

Um diesen Straßenabschnitt zu simulieren, müssen wir die Verkehrsgleichung (7.10) diskretisieren. Für einfache Modelle, wie das lineare ohne zusätzliche Verfeinerungen, lassen sich noch direkt Lösungen für Problemstellungen finden, beispielsweise über die Untersuchung von *Charakteristiken*. Hier sollen jedoch im Folgenden auf einfache Art und Weise ein Streckenabschnitt numerisch simuliert und die Ergebnisse untersucht und interpretiert werden. Wird das Modell erweitert und ist die Verkehrsgleichung beispielsweise nicht mehr nur von erster Ordnung, so ist sie im Allgemeinen ohnehin nur noch numerisch lösbar.

Haben wir die partielle Differentialgleichung in Raum und Zeit diskretisiert, so müssen wir nur noch geeignete *Anfangs- und Randbedingungen* festlegen. Dann können wir die Dichte und dadurch auch Fluss und Geschwindigkeit eindeutig, wenn auch nur als numerische Näherung der exakten Lösung, berechnen.

7.4.1 Ein erster Versuch

Zunächst diskretisieren wir den Weg x. Anstelle einer reellwertigen Position $x \in [a, b]$ interessieren uns nur noch die $n+1$ diskreten Punkte $x_i = i \cdot h$, $i = 0, \ldots, n$, die äquidistant mit der Maschenweite $h = (b - a)/n$ im betrachteten Abschnitt liegen. Entsprechend verfahren wir mit der Zeit t. Ausgehend von einem Zeitpunkt $t = t_0$ führt uns eine Zeitschrittweite δt zu den diskreten Zeitpunkten $t_j = t_0 + j \cdot \delta t$, $j = 0, 1, 2, \ldots$

Um die partiellen Ableitungen zu diskretisieren verwenden wir die Methode der *finiten Differenzen*, die in den Abschn. 2.4.5 zu gewöhnlichen und Abschn. 2.4.6 zu partiellen Differentialgleichungen eingeführt wurde. Die Vorwärtsdifferenzenquotienten liefern uns

$$\frac{\partial}{\partial x} f(x, t) \doteq \frac{f(x + h, t) - f(x, t)}{h}$$

sowie

$$\frac{\partial}{\partial t} \rho(x, t) \doteq \frac{\rho(x, t + \delta t) - \rho(x, t)}{\delta t} \, .$$

Da wir es – außer für *Anfangs-* und *Randwerte* (AW und RW) – mit numerischen Näherungen und nicht mit exakten Funktionswerten zu tun haben, verwenden wir im Folgenden die Bezeichner

$$f_{i,j} := f(x_i, t_j) \quad \text{sowie} \quad \rho_{i,j} := \rho(x_i, t_j) \, .$$

Abb. 7.7 Anfangs- und Randwerte für den eindimensionalen Straßenabschnitt

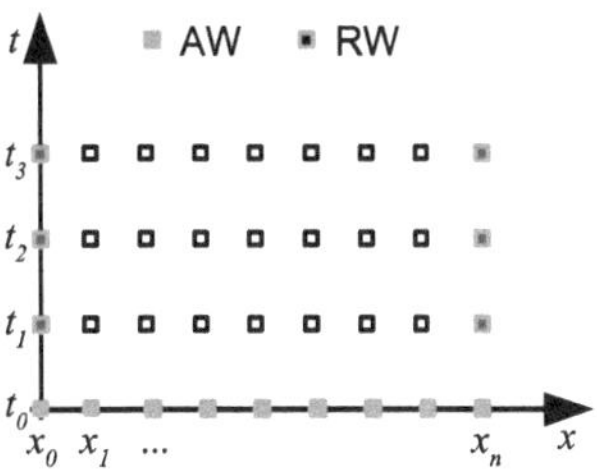

Damit, und mit den Differenzenquotienten, erhalten wir aus (7.9) die diskretisierte Kontinuitätsgleichung

$$\frac{\rho_{i,j+1} - \rho_{i,j}}{\delta t} + \frac{f_{i+1,j} - f_{i,j}}{h} = 0 \ . \tag{7.11}$$

Setzen wir die explizite Fluss-Dichte-Beziehung (Annahme einer lokal vorherrschenden homogenen Gleichgewichtsströmung) des linearen Modells (7.4),

$$f_{i,j} = v_{\max}\left(1 - \frac{\rho_{i,j}}{\rho_{\max}}\right)\rho_{i,j} \ ,$$

ein, so können wir die Dichte am Ort x_i zum Zeitpunkt t_{i+1} berechnen als

$$\rho_{i,j+1} = \rho_{i,j} - \frac{\delta t}{h} v_{\max}\left(\left(1 - \frac{\rho_{i+1,j}}{\rho_{\max}}\right)\rho_{i+1,j} - \left(1 - \frac{\rho_{i,j}}{\rho_{\max}}\right)\rho_{i,j}\right) \ , \tag{7.12}$$

was einem expliziten *Eulerschritt* in Zeitrichtung entspricht. Fluss und Geschwindigkeit lassen sich im linearen Modell einfach aus der Dichte berechnen. Für eine Simulation benötigen wir nur noch Anfangs- und Randwerte (vgl. Abb. 7.7). Als Anfangswerte müssen wir die Dichte zum Startzeitpunkt t_0 der Simulation, $\rho_{i,0} = \rho(x_i, t_0)$, $i = 0, \ldots, n$, kennen und für die Randwerte die Dichte an den Endpunkten des Straßenabschnitts, $\rho_{0,j}$ und $\rho_{n,j}$, $j \in \mathbb{N}$.

Um Anfangswerte $\rho_{i,0}$ zu ermitteln, würde in der Realität beispielsweise an verschiedenen Messpunkten die Anzahl der vorbeifahrenden Autos und damit die Zahl der Autos im Streckenabschnitt bis zum nächsten Messpunkt gemessen, jeweils die Dichte bestimmt und dem Messpunkt zugeordnet. Werte an Zwischenstellen, die für eine feinere Auflösung im Modell benötigt werden, können stückweise linear interpoliert werden.

Zur Bestimmung der Randwerte sind die angrenzenden Straßenabschnitte des modellierten Straßennetzes wichtig. Straßenabschnitte werden zwischen kritischen Punkten definiert. Bei der Simulation von Autobahnverkehr wären dies Auf- und Abfahrten und Autobahnkreuze, aber auch Stellen, an denen sich die Geschwindigkeitsbegrenzung oder die Zahl der Spuren ändert, sowie Baustellen und andere einschneidende Punkte im Verkehr. Münden ausschließlich zwei Autobahnabschnitte ineinander, so dient der Endpunkt des einen als Randpunkt des anderen, und umgekehrt. Bei Auffahrten muss die Dichte am

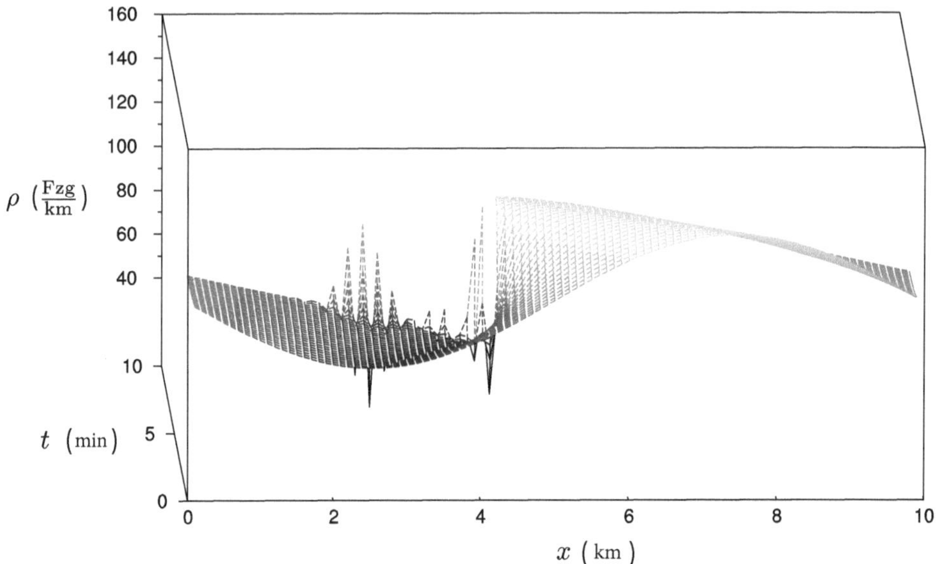

Abb. 7.8 Simulation der Dichte für ein sinusförmiges Dichteprofil (AW), h = 0,1 km, δt = 0,001 h. Bei Verwendung des expliziten Euler-Verfahrens in t-Richtung treten Instabilitäten auf

Rand vorgegeben werden, sofern das umliegende Verkehrsnetz außerhalb des modellierten Teilausschnitts liegt. Hierzu verwendet man beispielsweise Kennfelder für die Dichte, die durch Messungen an durchschnittlichen Tagen gewonnen werden. Noch interessanter wird es, wenn mehrere Straßen ineinander münden, wie beispielsweise an einer Kreuzung im Stadtverkehr. Hier müssen die Kreuzung gesondert modelliert und die Dichten adäquat entsprechend empirischer Beobachtungen auf die Randpunkte „verteilt" und damit die Zuflüsse der Straßenkanäle breiter oder schmaler gemacht werden.

Wir interessieren uns im Folgenden für einige grundlegende Beobachtungen. Hierzu genügt es, einen einzelnen Straßenabschnitt zu betrachten. Wir verwenden daher der Einfachheit halber *periodische Randbedingungen*, simulieren eine Ringstraße und setzen $\rho_{0,j}$ = $\rho_{n,j}$ $\forall j$.

Für die Simulation benötigen wir noch Rahmendaten. Die Länge der Ringstraße sei 10 km, die Maschenweite der Ortsdiskretisierung h = 100 m und die Zeitschrittweite δt = 0,001 h = 3,6 s. Wir betrachten eine Autobahn mit einer maximal erlaubten Geschwindigkeit $v_{\max}$ von 120 km/h. Die maximal mögliche Dichte $\rho_{\max}$, die für verschiedene Fahrbahntypen und in unterschiedlichen Szenarien üblicherweise empirisch ermittelt wird, sei im Folgenden 160 Fzg/km.

Es ist anhand von Gleichung (7.12) leicht zu sehen, dass sich bei fortschreitender Zeit nichts ändert, wenn die Dichte zum Startzeitpunkt über die gesamte Straße konstant ist. Phänomene wie *Staus aus dem Nichts*, die sich nach einiger Zeit wieder auflösen, können mit diesem einfachen Modell nicht erklärt werden. Typisches Verhalten von Fahrern, das diese verursachen kann, wie Überreagieren beim Bremsen und Schwankungen in der Geschwindigkeit durch mangelnde Konzentration oder eine Änderung der Fahrbahnbeschaffenheit, wurde auch nicht modelliert.

Damit wir etwas beobachten können, setzen wir als Anfangswerte $\rho_{i,0}$ ein einfaches sinusförmiges Dichteprofil. Leider ist das obige numerische Verfahren nicht *stabil*, s. Abb. 7.8: Gleichgültig wie klein die Zeitschrittweite gewählt wird, werden die Dichtewerte explodieren und oszillierend gegen $\pm\infty$ streben. Sehr schön lässt sich dies auch anhand einer konstanten Anfangsdichte mit einer kleinen Abweichung zeigen. An der Störstelle schaukelt sich die kleine Abweichung schnell auf, und auch die Verwendung des beidseitigen Differenzenquotienten in Ortsrichtung ändert an diesem fundamentalen Problem nichts.

7.4.2 Eine verbesserte Simulation

Um die numerische Instabilität zu vermeiden, könnte ein implizites Eulerverfahren zur Approximation der Zeitableitung verwendet werden. Dies erschwert jedoch die Behandlung von Randwerten an Auf- und Abfahrten sowie Kreuzungen.

Stattdessen können wir das *Verfahren von MacCormack* verwenden, ein *Prädiktor-Korrektor-Verfahren*. In einem Prädiktor-Schritt

$$\tilde{\rho}_{i,j+1} = \rho_{i,j} - \delta t \frac{f_{i,j} - f_{i-1,j}}{h} \,, \tag{7.13}$$

der einem Euler-Schritt entspricht, wird eine erste Näherung $\tilde{\rho}$ für die Dichten zum nächsten Zeitpunkt t_{j+1} ermittelt, aus denen sich Werte $\tilde{f}_{i,j+1}$ für den Fluss berechnen lassen. In einem Korrektor-Schritt

$$\rho_{i,j+1} = \rho_{i,j} - \frac{\delta t}{2} \left(\frac{f_{i,j} - f_{i-1,j}}{h} + \frac{\tilde{f}_{i+1,j+1} - \tilde{f}_{i,j+1}}{h} \right) \tag{7.14}$$

wird der Differenzenquotient des Flusses ersetzt durch den Mittelwert zwischen dem Rückwärtsdifferenzenquotienten zum Zeitpunkt t_j (aus den aktuellen Werten f) und dem Vorwärtsdifferenzenquotienten zum Zeitpunkt t_{j+1} (aus den neuen, im Prädiktor-Schritt berechneten Näherungen $\tilde{f}$).

Dieses Verfahren ist *stabil*, sofern der Quotient $\frac{\delta t}{h}$ hinreichend klein ist, d. h. die Zeitschrittweite in Abhängigkeit von der räumlichen Diskretisierung klein genug gewählt wurde. Damit können wir das vorige Beispiel simulieren. Abbildung 7.9 zeigt die Simulation über die ersten zehn Minuten.

Es fällt auf, dass sich das anfänglich glatte Dichteprofil an der steigenden Flanke schnell verändert. Ein diskontinuierlicher Dichtesprung, eine Schockwelle, entsteht. Diese bewegt sich entgegen der Fahrtrichtung. Ein Blick auf Autobahnen zeigt, dass dieses Verhalten charakteristisch ist: Die meisten Fahrer halten bei geringerer Dichte das höhere Tempo

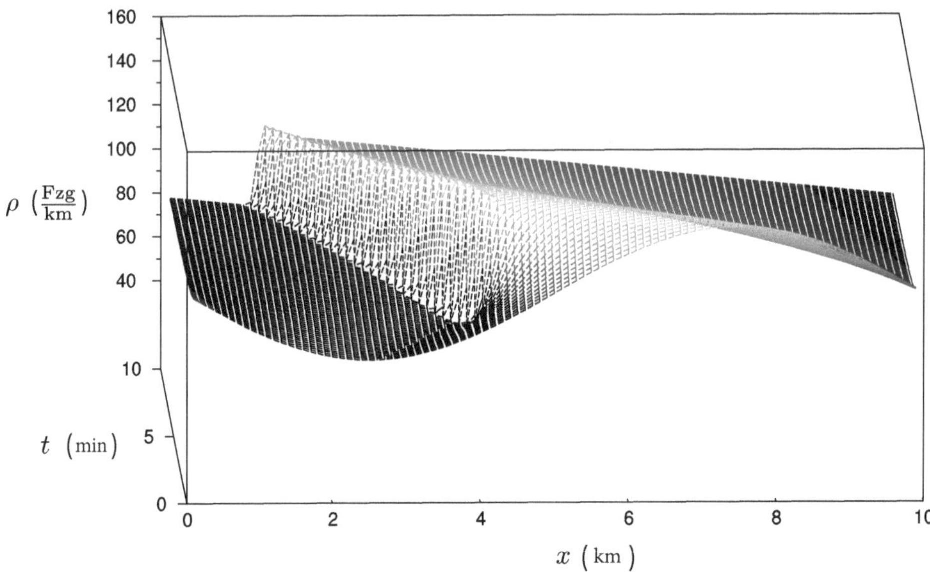

Abb. 7.9 Simulation der Dichte für ein sinusförmiges Dichteprofil (AW) mit dem Verfahren von MacCormack, $h = 0{,}1$ km, $\delta t = 0{,}001$ h. Mittlere Dichte 95 Fzg/km

so lange, bis sie durch das Erreichen einer höheren Dichte am Stauende zum Abbremsen gezwungen werden, auch wenn der Stau bereits in Sichtweite liegt. Am Stauende tritt daher oft ein abrupter Dichtesprung auf. Ein vorausschauendes, frühes Abbremsen würde hier viele Auffahrunfälle vermeiden.

Der Stauanfang im Modell unterscheidet sich hingegen von einem in der Realität: Hier löst sich der Stau gleichmäßig auf, die Dichte nimmt linear ab. Wer mit dem Auto unterwegs ist, stellt jedoch beim Verlassen eines Staus fest, dass die Fahrbahn plötzlich leerer ist, die Fahrzeugdichte sprunghaft abfällt und deutlich beschleunigt werden kann. Grund hierfür ist, dass der ideale Fahrer im Modell sofort reagiert, ein realer Fahrer erst mit einiger Verzögerung. Dieses Verhalten haben wir nicht modelliert. Kompliziertere Modelle tragen dem Rechnung und beinhalten beispielsweise einen Term, der die Relaxations- bzw. Reaktionszeit modelliert.

7.5 Signal- und Verkehrsgeschwindigkeit

Von besonderem Interesse ist nicht nur für Verkehrsplaner, in welche Richtung sich das „Signal" Stauende bewegt und mit welcher Geschwindigkeit dies geschieht. Auch für Verkehrsteilnehmer ist von Interesse, wann und wo sie voraussichtlich auf einen Stau treffen werden, um ihn umfahren zu können. Außerdem wollen wir im Folgenden die Frage be-

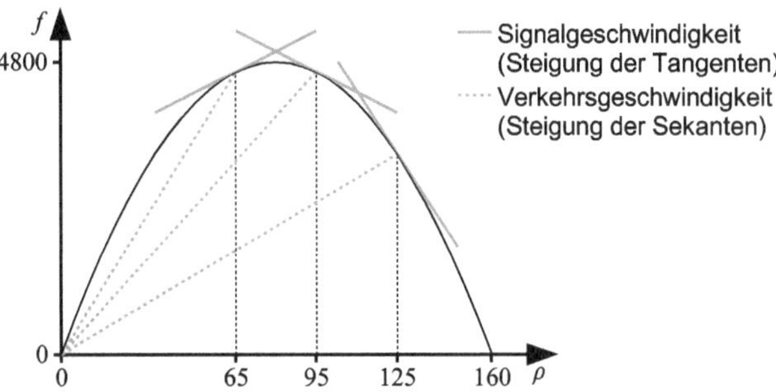

Abb. 7.10 Signal- und Verkehrsgeschwindigkeiten zur Simulation in Abb. 7.9 für die Dichten 65 Fzg/km, 95 Fzg/km und 125 Fzg/km

antworten, weshalb sich in unserem Modell überhaupt ein Dichtesprung bildet und nicht, wie man vielleicht vermuten könnte, die ansteigende Flanke nur verschiebt.

Zur Beantwortung beider Fragestellungen müssen wir die *Signalgeschwindigkeit*

$$f_\rho(\rho) := \frac{\partial}{\partial \rho} f(\rho) \qquad [\text{Fzg/h}]/[\text{Fzg/km}] = [\text{km/h}] \tag{7.15}$$

einführen. Sie beschreibt die Auswirkung einer Dichteänderung auf den Fluss und gibt die Geschwindigkeit an, mit der sich die Information der Änderung relativ zur Position auf der Straße ausbreitet. Da eine Dichteänderung eine Abweichung vom gewünschten gleichmäßigen Verkehr darstellt, spricht man häufig auch von der Geschwindigkeit, mit der sich eine Störung im Verkehr ausbreitet. Ein Blick auf die Einheit zeigt, dass es sich bei $f_\rho(\rho)$ tatsächlich um eine Geschwindigkeit handelt.

Anschaulich lässt sich die Signalgeschwindigkeit für eine gegebene Dichte ρ im Fundamentaldiagramm ablesen, s. Abb. 7.10.

Sie entspricht der Steigung der Tangente im Punkt $(\rho, f(\rho))$. Sie ist nicht mit der Verkehrsgeschwindigkeit $v(\rho)$, der Geschwindigkeit, mit der Fahrzeuge auf der Straße unterwegs sind, zu verwechseln. Diese ist stets positiv, da unsere Modellannahmen Rückwärtsfahren ausschließen (vgl. auch Abb. 7.3), und kann im Fundamentaldiagramm als Steigung der Sekante durch den Punkt $(\rho, f(\rho))$ und den Ursprung abgelesen werden. Dank der konvexen Gestalt des Fundamentaldiagramms ist die Signalgeschwindigkeit immer kleiner gleich der Verkehrsgeschwindigkeit.

Bevor wir diesen Gedanken erneut für unser Simulationsbeispiel aufgreifen, wollen wir uns die Bedeutung der Signalgeschwindigkeit noch ein wenig näher anschauen: Im Falle einer (fast) leeren Straße gilt

$$\rho(x,t) \to 0 \,, \quad v(\rho) \to v_{\max} \,, \quad f(\rho) \to 0 \,, \quad f_\rho(\rho) \to v_{\max} \,,$$

d. h., die Signalgeschwindigkeit ist maximal und entspricht der Verkehrsgeschwindigkeit. Als anschauliches Beispiel kann man sich vorstellen, dass ein Fahrzeug wegen Wildwechsels abrupt bremsen muss. Ist die Dichte nahezu null und der nächste Fahrer weit genug entfernt, so wird er diese Störung nie wahrnehmen: Das abgebremste Fahrzeug wird längst

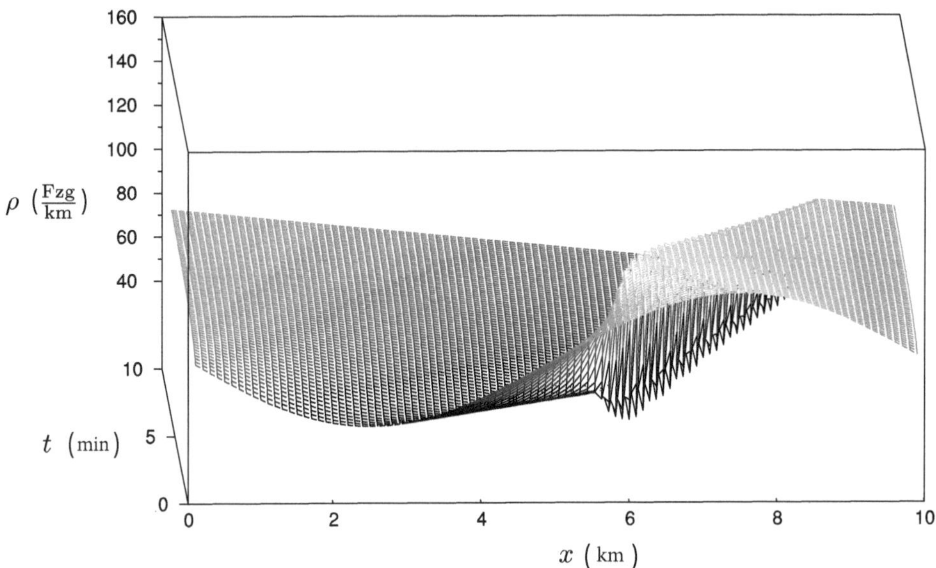

Abb. 7.11 Simulation der Dichte für ein sinusförmiges Dichteprofil (AW) mit dem Verfahren von MacCormack, $h = 0{,}1\,$km, $\delta t = 0{,}001\,$h. Mittlere Dichte 65 Fzg/km

wieder beschleunigt haben und weitergefahren sein, wenn er die gleiche Stelle erreicht. Die Störung (bzw. die Information darüber) entfernt sich mit dem Verursacher aus dem System.

Bei einer höheren Dichte werden die nachfolgenden Fahrzeuge beeinträchtigt und müssen ebenfalls bremsen, jedoch erst an einer späteren Stelle auf dem Straßenabschnitt. Die Signalgeschwindigkeit ist weiterhin positiv, aber etwas kleiner. Die Störung oder Stauung bewegt sich mit der entsprechenden Signalgeschwindigkeit aus dem System heraus. Genau dieses Verhalten können wir auf der Ringstraße beobachten, wenn wir unsere Simulation mit einem sinusförmigen Dichteprofil bei wesentlich geringerer Dichte als im vorherigen Fall (Abb. 7.9) zum Zeitpunkt $t = 0$ starten. Abbildung 7.11 zeigt, dass sich am Stauende wieder eine Schockwelle ausbildet. Diese bewegt sich aber mit positiver Signalgeschwindigkeit und damit in Fahrtrichtung vorwärts.

Bei $\rho(x, t) = \rho_{\mathrm{opt}}$, hier in der Simulation bei $\rho_{\mathrm{opt}} = 80\,$Fzg/km, ist der maximale Fluss erreicht. Dies ist aus Sicht des Verkehrsplaners die optimale Verkehrssituation. Dort gilt aber insgesamt

$$\rho(x, t) = \rho_{\mathrm{opt}}\,, \quad f(\rho) = f_{\mathrm{max}}\,, \quad f_\rho(\rho) = 0\,.$$

Jede Störung, egal ob sie durch einen überholenden LKW oder durch den sprichwörtlichen Schmetterling hervorgerufen wurde, hält sich hartnäckig im System, da die Signalgeschwindigkeit null ist und die Störung an Ort und Stelle bleibt. Wenn nun ein Fahrzeug am Stauende abbremsen muss, dann erfolgt dies an der gleichen Stelle wie bei seinem Vorgän-

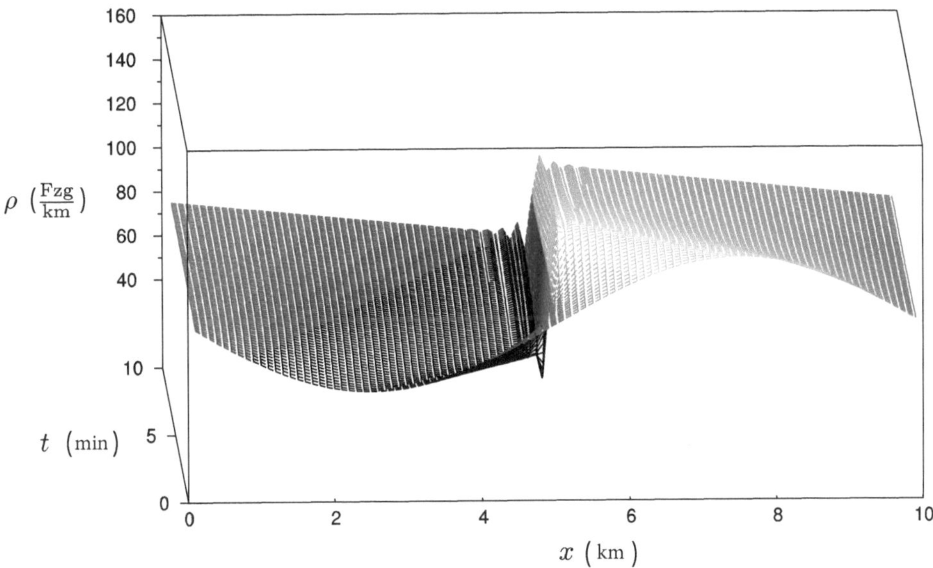

Abb. 7.12 Simulation der Dichte für ein sinusförmiges Dichteprofil (AW) mit dem Verfahren von MacCormack, $h = 0{,}1\,\mathrm{km}$, $\delta t = 0{,}001\,\mathrm{h}$. Mittlere Dichte 80 Fzg/km

ger, da dieser sich gerade weit genug vorwärts bewegt hat. Ohne externe Einflüsse wird sich der Stau nie auflösen. Auch dieses Phänomen können wir auf der Ringstraße beobachten, siehe Abb. 7.12. Es tritt genau dann auf, wenn das sinusförmige Dichteprofil zum Startzeitpunkt um ρ_{opt} oszilliert. Die sogenannten *Wiggles*, kurze Oszillationen, die wir in der Simulation an den Enden der Flanke sehen, können wir in der Realität ebenso beobachten: Leichtes Überreagieren der Fahrer beim Abbremsen führt zu kurzfristigem Stop-and-Go-Verhalten.

Steigt die Verkehrsdichte, so gilt für die volle Straße:

$$\rho \to \rho_{\mathrm{max}}\,, \quad v \to 0\,, \quad f \to 0\,, \quad f_\rho \to -v_{\mathrm{max}}\,.$$

Die Signalgeschwindigkeit ist stark negativ, während die Geschwindigkeit der Fahrzeuge sehr gering ist. Nun können bereits kleine Störungen wie ein unvorsichtiges Abbremsen zum Zusammenbruch des Verkehrs führen: Es bilden sich Staus, die sich als Rückstau schnell über große Strecken ausbreiten. Eine hohe, negative Signalgeschwindigkeit ist auf Autobahnen sehr schön und anschaulich erlebbar: Trifft man bei hoher Verkehrsdichte auf ein Stauende, so kann man eine „Bremsleuchtenwelle" beobachten, die sich schnell auf das eigene Fahrzeug zubewegt – bis das eigene Fahrzeug von ihr erreicht wird, man selbst abbremsen muss und das Signal „Stauende" an das Fahrzeug hinter sich weiter gibt.

Dies ist die Situation in der ersten Simulation (Abb. 7.9). Betrachten wir, welche Dichteinformation mit welcher Signalgeschwindigkeit propagiert wird, so können wir in der x-t-

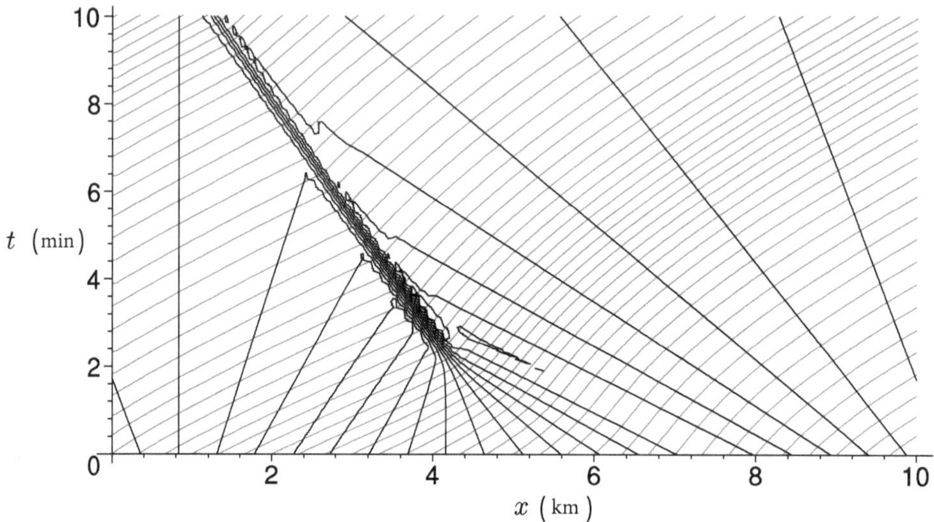

Abb. 7.13 Trajektorien (Kurven von Fahrzeugbewegungen, *grau*) und Charakteristiken (Höhenlinien konstanter Dichte, *schwarz*) zur Simulation in Abb. 7.9

Ebene Kurven konstanter Signalgeschwindigkeit einzeichnen. Diese sogenannten *Charakteristiken* sind Geraden. Da die Dichte entlang dieser Geraden konstant ist können wir auf die x-t-Ebene projizierte Höhenlinien des Dichteverlaufs, ausgehend von Positionen (x_i, t_0), für die Simulation einzeichnen, wie in Abb. 7.13 gezeigt.

Damit wird sichtbar, weshalb es am Stauende zu einem Dichtesprung kommt, am Stauanfang jedoch nicht. An den Stellen $x_1 = \frac{5}{6}$ und $x_2 = 4\frac{1}{6}$ ist ab dem Startzeitpunkt $\rho(x_1, t) = \rho(x_2, t) = \rho_{\mathrm{opt}}$. Die Signalgeschwindigkeit $f_\rho(\rho_{\mathrm{opt}})$ ist 0. Im Bereich vor dem Stauende ist die Signalgeschwindigkeit positiv, im Bereich danach negativ. Dies geht so lange gut, bis sich die Charakteristiken kreuzen: Es entsteht ein Dichtesprung. Dieser kann daher nur in Bereichen auftreten, in denen die Dichte ansteigt. Fällt die Dichte ab, so bewegen sich die Geraden auseinander und der Übergangsbereich zwischen hoher und niedriger Dichte wird zunehmend breiter.

Die Dichteprofile des ansteigenden Bereichs zu den Zeitpunkten $t = 0, 1, 2, 3$ und 4 min in Abb. 7.14 erklären das Verhalten am Stauende noch deutlicher: Die Dichteinformation des Scheitelwerts von 125 Fzg/km wird mit hoher negativer Signalgeschwindigkeit von $-67{,}5$ km/h propagiert, während sich die der minimalen Dichte in positiver Richtung und nur mit 22,5 km/h ausbreitet. Es bildet sich eine Schockwelle, die sich mit der mittleren Geschwindigkeit, -19 km/h, und damit in negativer Richtung fortbewegt. Da $f_\rho(\rho)$ linear in ρ ist, tritt diese bei der mittleren Dichte von 90 Fzg/km auf.

In Abb. 7.13 sind zusätzlich die Trajektorien von Fahrzeugbewegungen eingezeichnet, d. h. die Bahnen einiger exemplarisch herausgegriffener Fahrzeuge. Dabei wird besonders der Unterschied zwischen Signal- und Verkehrsgeschwindigkeit sichtbar. Das Fahrzeug,

Abb. 7.14 Dichteprofile zur
Simulation in Abb. 7.9 zu den
Zeitpunkten t = 0, 1, 2, 3 und
4 min. Fahrbahnausschnitt
zwischen Kilometer 2,5 und 7,5

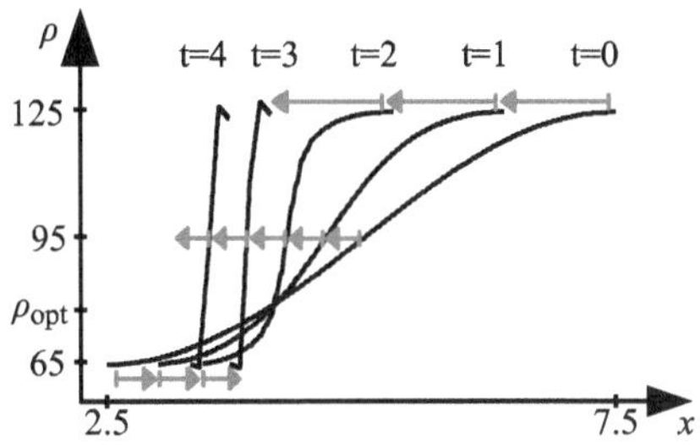

das bei x = 0 startet, kann bei abnehmender Dichte immer schneller fahren (die Trajektorie wird flacher), bis es nach drei Minuten auf die Staufront trifft, die sich entgegen der Fahrtrichtung auf das Fahrzeug zubewegt hat. An dieser Stelle hat die Trajektorie einen Knick und wird steiler. Das Fahrzeug muss die Geschwindigkeit deutlich reduzieren, kann aber nach und nach wieder beschleunigen, bis es schließlich dank der kreisförmigen Straße wieder auf den Stau trifft.

7.6 Zusammenfassung und Ausblick

Wir haben in diesem Kapitel ein einfaches, makroskopisches Modell zur Simulation von Straßenverkehr hergeleitet. Basierend auf Betrachtungen zur homogenen Gleichgewichtsströmung wurden Fluss und Geschwindigkeit in Abhängigkeit von der Dichte modelliert. Erweitert auf realistischere, inhomogene Verkehrsströmungen führte die Forderung nach Erhalt der Fahrzeugzahl zur Verkehrsgleichung. Diese wurde mit einem geeigneten numerischen Verfahren umgesetzt und für eine einfache Ringstraße für ein gegebenes Anfangsdichteprofil simuliert.

Die Simulationsergebnisse zeigen, dass sich am Beginn eines Bereichs höherer Fahrzeugdichte eine Schockwelle bildet, wie sie auch in der Realität beobachtet werden kann. Dies führte zu Überlegungen bezüglich der Geschwindigkeit und Richtung, in der Information im Verkehrsfluss propagiert wird.

Die bei der Analyse der Simulationsergebnisse gewonnenen Erkenntnisse lassen beispielsweise Rückschlüsse für Verkehrsplaner zu: So können Störungen, die in etwa bei der Dichte optimalen Flusses auftreten, nur durch externe Einwirkungen aufgelöst werden, da die Signalgeschwindigkeit hier nahe null ist. Mit den getroffenen Überlegungen könnten weitere Verkehrssituationen erklärt werden, obwohl für sie möglicherweise die aktuelle numerische Simulation zu Instabilitäten führen würde oder das Modell zu einfach wäre. Ein Beispiel hierfür ist das Verhalten des Verkehrs bei einem sprunghaften Abfall der Dichte, wie es an einer Ampel, die von rot auf grün schaltet, beobachtet werden kann. Auch auf andere Probleme, die ebenfalls Wellencharakter besitzen, lassen sich gewonnene Erkenntnisse übertragen. Hier sei die Ausbreitung von Flächenbränden als ein Beispiel genannt.

Das einfache Verkehrsmodell ist allerdings nicht mächtig genug, um viele der gängigen Probleme und Phänomene im Straßenverkehr erklären oder simulieren zu können.

So kann die spontane Entstehung von Stop-and-Go-Wellen ebenso wenig begründet werden wie eine Zunahme der Wellenamplitude des Dichteverlaufs, die durch Überreagieren der Fahrer bei kleinen Dichteschwankungen in der Realität beobachtet werden kann. Des weiteren können inkonsistente Verkehrszustände auftreten: Das Modell verhindert im zeitlichen Verlauf weder negative Dichten, noch Dichten, die die zulässige Maximaldichte überschreiten.

Erweiterungen des Modells, wie sie zur Burgers-Gleichung oder dem Fahrzeugfolgemodell von Payne führen und die meist die Einführung einer Diffusionkomponente und weiterer Terme beinhalten, gehen jedoch über den Umfang dieses Buches hinaus. Eine Diskussion vieler Erweiterungen findet sich beispielsweise in [33]. Anhand der Modellierung von Verkehrsgeschwindigkeit und Fluss wurde jedoch beispielhaft gezeigt, wie das Modell weiter verfeinert und an die real zu beobachtende Verkehrssituation angepasst werden kann. Empirisch erfasstes Verkehrsverhalten, das ohnehin zur Gewinnung von Konstanten, zum Beispiel der maximal möglichen Dichte für einen gegebenen Straßentyp, benötigt wird, dient als Vorgabe. Das Modell kann erweitert und angepasst werden, um möglichst genau den Beobachtungen zu entsprechen.

Wie in Kap. 7 wollen wir erneut Straßenverkehr modellieren und simulieren. Natürlich haben wir wieder das Ziel, Straßenverkehr besser zu verstehen, und unser Modell soll möglichst gut Verkehrsphänomene erklären und realen Verkehr simulieren können. Das Modell soll es uns ermöglichen, Anforderungen an den Verkehr zu optimieren (regelnd einzugreifen) und Veränderungen (zum Beispiel Baumaßnahmen) zu planen – ohne alle denkbaren Varianten in der Realität ausprobieren zu müssen. Dass die verschiedenen Anforderungen zum Teil miteinander konkurrieren, versteht sich dabei fast von selbst. „Freie Fahrt bei leeren Straßen" aus Sicht des Verkehrsteilnehmers verträgt sich beispielsweise nicht mit dem Ziel des Verkehrsplaners, möglichst vielen Fahrzeugen pro Zeit ohne Stau die Benutzung eines Autobahnabschnitts zu ermöglichen.

Im Gegensatz zur makroskopischen Simulation sind wir jetzt jedoch nicht nur am Durchschnitt wichtiger Verkehrsgrößen für einen Straßenabschnitt wie der *Geschwindigkeit* v in km/h, des *Flusses* f in Fzg/h oder der *Dichte* ρ in Fzg/km interessiert; zur Bestimmung des Flusses messen wir an einem Kontrollpunkt die Anzahl der vorbeifahrenden Fahrzeuge pro Zeit, für die Dichte zählen wir die Fahrzeuge pro Strecke in einem Kontrollabschnitt. Bei der *mikroskopischen Simulation* wollen wir den Verkehr bis auf den einzelnen Verkehrsteilnehmer „mikroskopisch" genau auflösen um das individuelle Verhalten betrachten zu können. Aus Sicht des einzelnen Fahrers ist das beispielsweise für die Routenplanung wichtig. Diese sollte möglichst dynamisch und abhängig von der aktuellen Verkehrssituation sein und auch individuelle Eigenschaften wie z. B. die Maximalgeschwindigkeit des eigenen Fahrzeugs berücksichtigen.

Wer viel unterwegs ist kann sich leicht vorstellen, dass die Eigenschaften des Verkehrs zum Teil sehr stark vom Individuum oder von einzelnen Klassen von Fahrzeugtypen abhängen können. Auf einer unübersichtlichen Landstraße kann ein einzelner Traktor oder LKW eine lange Fahrzeugkolonne erzwingen, da es für andere Verkehrsteilnehmer keine Überholmöglichkeit gibt – im betrachteten makroskopischen Modell war stets die Überholmöglichkeit implizit gegeben. Für die Verkehrsplanung auf einer Autobahn interessiert es, welche Auswirkungen ein Überholverbot für einen Teil der Verkehrsteilnehmer, zum

H.-J. Bungartz et al., *Modellbildung und Simulation*, eXamen.press,
DOI 10.1007/978-3-642-37656-6_8, © Springer-Verlag Berlin Heidelberg 2013

Beispiel nur für LKWs, auf den Gesamtverkehr hat. Zudem zeigen LKWs und PKWs ein deutlich unterschiedliches Verhalten auf der Straße. Das sind alles Gründe, den Verkehr mikroskopisch zu betrachten.

Haben wir zudem das Ziel, ein Straßennetz (beispielsweise in einer größeren Stadt) sehr präzise aufzulösen und darzustellen, dann wird eine makroskopische Simulation basierend auf Wellenausbreitungsmodellen wie in Kap. 7 sehr rechenaufwändig. Zur Prognose von Staus muss es möglich sein, schneller als in Echtzeit zu simulieren, da die Ergebnisse sonst schon während der Berechnung veralten. Zumindest historisch betrachtet stieß die makroskopische Simulation hierbei an ihre Grenzen. Eine einfachere Modellierung musste gesucht werden.

In diesem Kapitel wollen wir ein Modell vorstellen, das auf stochastischen zellulären Automaten basiert. Dieses Modell ist in seiner Grundform zwar sehr einfach, es modelliert und erklärt jedoch verschiedene Verkehrsphänomene und ist, in verbesserten Versionen, erfolgreich im Einsatz, zum Beispiel zur Stauprognose in Deutschland oder zur Simulation des gesamten Individualverkehrs der Schweiz. Das benötigte Instrumentarium ist (außer dem Begriff des Graphen aus Abschn. 2.1) elementar, und es sind keine Vorkenntnisse nötig.

8.1 Modellansatz

Die ersten Ansätze zur mikroskopischen Modellierung von Straßenverkehr waren die sogenannten *Fahrzeug-Folge-Modelle*. Hierbei werden einzelne Verkehrsteilnehmer über partielle Differentialgleichungen modelliert. Dies hat den großen Vorteil, dass das Modell in einfachen Varianten analytisch lösbar ist. Um eine vernünftige Anzahl an Fahrzeugen in einem realistischen Szenario zu simulieren, ist das Fahrzeug-Folge-Modell allerdings zu rechenintensiv. Deshalb wurde Verkehr über Jahrzehnte hinweg meist nur makroskopisch simuliert.

Anfang der 90er Jahre hatten Kai Nagel und Michael Schreckenberg die Idee [47], basierend auf *zellulären Automaten* (ZA) ein Verkehrsmodell (*NaSch-Modell*) zu entwickeln, das es erlaubt, Verkehrsteilnehmer individuell darzustellen, und das einfach genug ist, um größere Netze sowie viele Verkehrsteilnehmer simulieren zu können.

8.1.1 Zelluläre Automaten

Die Theorie zellulärer Automaten geht zurück auf Stanislav Ulam, der in den 40er Jahren in Los Alamos das Wachstum von Kristallen untersuchte. John von Neumann verbesserte bei der Arbeit an selbst-replizierenden Systemen das Modell weiter. Grundcharakteristika eines ZA sind:

Zellraum: Ein diskreter, meist ein- oder zweidimensionaler Zellraum. Alle Zellen haben die gleiche Geometrie, womit sich im zweidimensionalen Fall meist rechteckige (kartesische), hexagonale oder dreieckige Gitter ergeben, siehe Abb. 8.1.

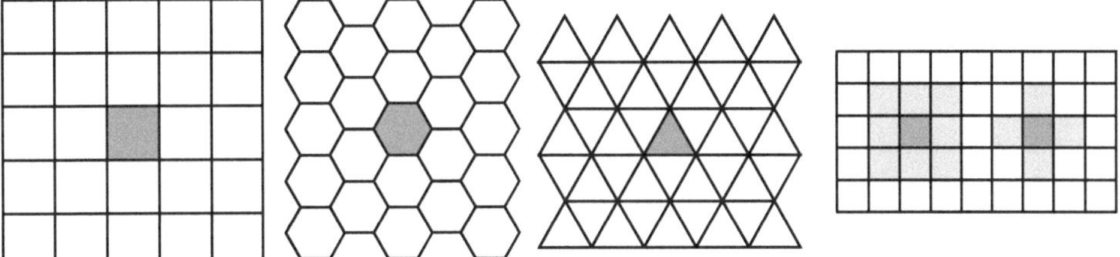

Abb. 8.1 Zweidimensionale ZA; Moore- und von-Neumann-Nachbarschaft

Zustandsmenge: Jede Zelle eines Automaten kann nur einen (meist diskreten) Zustand einer Zustandsmenge annehmen.

Nachbarschaftsbeziehung: Jede Zelle kann nur den Zustand der Zellen in der Nachbarschaft „wahrnehmen". Bei zweidimensionalen kartesischen Zellgittern werden meist die *Moore-Nachbarschaft* (alle acht angrenzenden Zellen) oder die *von-Neumann-Nachbarschaft* (nur die vier Nachbarn mit gemeinsamer Grenze) verwendet (Abb. 8.1, rechts).

Diskrete Zeit: Der Zustand des ZA ändert sich in diskreten Zeitschritten δt, üblicherweise wird der neue Zustand für alle Zellen parallel berechnet.

Lokale Übergangsfunktion: Die Übergangsfunktion beschreibt, wie sich der Zustand einer Zelle von Zeitpunkt t zu Zeitpunkt $t + \delta t$ entwickelt. Da der neue Zustand nur vom alten Zustand der Zelle und denen ihrer Nachbarn abhängt, spricht man von einer lokalen Übergangsfunktion.

Weitläufige Bekanntheit bekamen zelluläre Automaten durch das von John Conway 1970 entwickelte *Game of Life*, einen einfachen zweidimensionalen kartesischen ZA. Hierbei handelt es sich um einen *binären Automaten*, d. h., jede Zelle hat entweder den Zustand 1 („lebend") oder 0 („tot"). Ob eine Zelle im nächsten Zeitschritt lebt, hängt vom aktuellen Zustand der Zelle selbst sowie ihrer direkten acht Nachbarn (Moore-Nachbarschaft) ab. Als biologisches Zellwachstum betrachtet, stirbt beispielsweise eine lebende Zelle aus Nahrungsmangel ab, wenn zu viele Nachbarzellen belegt sind. Aus theoretischer Sicht interessant ist, dass sich verschiedene Muster beobachten lassen, beispielsweise statische oder sich reproduzierende. Dafür genügen wenige Regeln bei einer Moore-Nachbarschaft:

1. Eine lebende Zelle mit weniger als zwei oder mehr als drei lebenden Nachbarn stirbt (an Einsamkeit bzw. Nahrungsmangel).
2. Eine lebende Zelle mit zwei oder drei lebenden Nachbarn lebt munter weiter.
3. Eine tote Zelle mit genau drei lebenden Nachbarn wird lebendig.

Wichtig ist, dass alle Zustandsübergänge parallel statt finden und sich sämtliche Geburten und Sterbefälle gleichzeitig ereignen. Aus einer zufällig initialisierten „Ursuppe" können

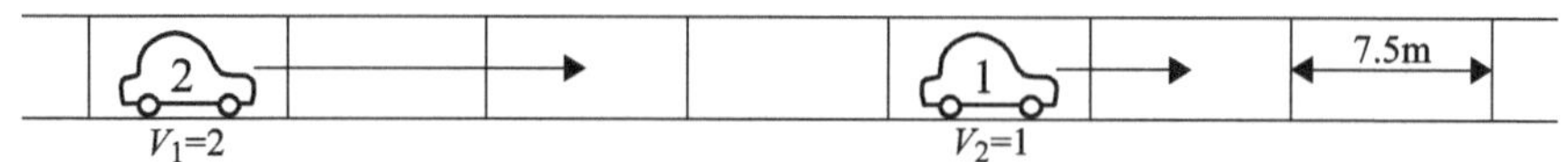

Abb. 8.2 Schematische Darstellung eines Straßenabschnitts im NaSch-Modell

Muster entstehen, die aussterben, konstant bleiben, oszillieren oder auch weitere Muster generieren.

8.1.2　Straßenverkehr

Übertragen wir nun das Konzept der zellulären Automaten auf die Verkehrssimulation. Zur Modellierung von Straßenverkehr wollen wir zunächst einen einfachen, abgeschlossenen, einspurigen Fahrbahnabschnitt betrachten. Später werden wir das Modell auf kompliziertere und realistischere Fälle erweitern, die im Wesentlichen aus solchen einfachen Grundbausteinen zusammengebaut werden. Zudem lassen wir als Verkehrsteilnehmer nur Standardautos zu.

Wie sieht nun unser Zellraum aus, und was ist überhaupt eine Zelle? Wir betrachten nur eine einspurige Fahrbahn, die ausschließlich in eine Richtung befahren werden darf. Es können nicht mehrere Fahrzeuge nebeneinander fahren, und es handelt sich daher um einen eindimensionalen ZA. Um den Zellraum zu erhalten, müssen wir den Fahrbahnabschnitt in diskrete Einheiten zerlegen.

Der Zustand einer Zelle ist nun nicht lebend oder tot, sondern eine Zelle kann ein Auto mit einer gewissen Geschwindigkeit enthalten oder nicht. Der Zellzustand ist damit ein Auto mit einem Geschwindigkeitswert (0, falls es gerade nicht fährt) oder „kein Auto". Für die Zustandsmenge wäre es denkbar, bei belegten Zellen eine beliebige Geschwindigkeit zuzulassen. Allerdings könnte es dann passieren, dass ein Fahrzeug beim Fahren irgendwo zwischen zwei Zellen zu stehen kommt. Wir messen in unserem Modell daher die Geschwindigkeit in Zellen/Zeitschritt und erlauben nur diskrete Geschwindigkeitsstufen. Im Folgenden wird die maximal zulässige Geschwindigkeit im Modell $v_{\mathrm{max}} = 5$ Zellen/Zeitschritt sein.

Wie groß ist eine Zelle? Eine Zelle soll dem Platz entsprechen, den ein Auto auf einer Straße inklusive Sicherheitsabstand minimal belegt. Um diesen Parameter realistisch zu bestimmen, nehmen wir die Realität zu Hilfe: Beobachtungen auf Autobahnen haben ergeben, dass in Stausituationen, also bei maximaler Dichte, etwa 7,5 m pro Auto veranschlagt werden müssen. Dies entspricht einer maximalen Dichte ρ_{max} von rund 133,3 Autos/km. In Extremsituationen und insbesondere im Stadtverkehr kann die maximale Dichte auch höher sein, was wir aber vernachlässigen und in unserem Modell ausschließen. Zusammenfassend zeigt Abb. 8.2 den bisherigen Stand der Modellierung.

Noch bevor wir uns Gedanken über Nachbarschaft und Übergangsfunktion machen, können wir bereits eine erste Auswirkung der bisherigen Modellierung beobachten: Da sich Autos nur in ganzen Zellen fortbewegen können, gibt es einen Zusammenhang zwischen der maximalen Geschwindigkeit v_{max}, der maximalen Anzahl von Zellen, die sich ein Auto in einem Zeitschritt fortbewegen darf, und der Zeitschrittlänge δt. Ein Beispiel: Wir haben als Modellierungsziel, dass wir die maximale Geschwindigkeit im Stadtverkehr mit 50 km/h in 10 km/h-Schritten diskretisieren. Dann entspricht die Fortbewegung eines Autos mit $v_{max} = 5$ Zellen/Zeitschritt der Geschwindigkeit von 50 km/h. Dies hat zur Folge, dass die Länge eines Zeitschritts δt festgelegt ist über

$$5 \cdot 7{,}5\,\text{m}/\delta t = 50\,\text{km/h}$$

zu $\delta t = 2{,}7$ s.

Realistisch betrachtet ist diese Zeitschrittweite viel zu lange – in 2,7 Sekunden passiert im Straßenverkehr einfach viel zu viel. Unser Modell ist viel zu ungenau und kann viele Phänomene des Straßenverkehrs nicht gut genug darstellen, z. B. an Kreuzungen und Abzweigungen. Daher legen wir alternativ die Zeitschrittlänge fest und überlegen uns, was dies für die Maximalgeschwindigkeit bedeutet. Eine realistische Zeitschrittlänge ist $\delta t = 1$ s, was in etwa der durchschnittlichen Dauer der Schrecksekunde (nomen est omen!) entspricht. Die Geschwindigkeit der Fortbewegung mit einer Zelle pro Zeitschritt entspricht damit einer Geschwindigkeit von 27 km/h; maximal fünf Zellen pro Zeitschritt entsprechen 135 km/h als maximaler Geschwindigkeit.

Ist eine Unterteilung in Geschwindigkeitsstufen von 27 km/h realistisch? Es ist offensichtlich, dass es dann im modellierten Stadtverkehr nur die Geschwindigkeiten 0 km/h, 27 km/h und 54 km/h gibt, was sehr grob aufgelöst ist. Insgesamt sind für die Simulation von Straßenverkehr die fünf wichtigsten Geschwindigkeitsbegrenzungen (30, 50, 80, 100, 120 km/h) jedoch in etwa vertreten. Außerdem zeigt die Simulation, dass auch im Stadtverkehr mit dieser Modellierung bereits realistisches Verkehrsverhalten beobachtet werden kann. Daher halten wir uns im Folgenden an die Zeitschrittlänge $\delta t = 1$ s und die maximale Geschwindigkeit $v_{max} = 5$ Zellen/Zeitschritt, was natürlich beispielsweise deutsche Autobahnen ohne Geschwindigkeitsbegrenzungen außer Acht lässt.

Zwei zentrale Modellannahmen, die unser Modell erfüllen soll, sind die Forderungen nach

- *Kollisionsfreiheit* und
- *Erhaltung der Fahrzeuge.*

Kollisionsfreiheit bedeutet, dass nie zwei Fahrzeuge innerhalb von einem Zeitschritt oder zwischen zwei Zeitschritten dieselbe Zelle befahren dürfen. Dies erzwingt insbesondere, dass ein Fahrzeug verzögerungsfrei abbremsen können muss. Wenn ein Auto mit $v = v_{max} = 5$ unterwegs ist und an einem Stauende in Zeitschritt t in der Zelle direkt hinter einem stehenden Auto landet, so muss sichergestellt werden, dass es im nächsten Zeitschritt seine Geschwindigkeit auf $v = 0$ reduziert und stehen bleibt. Damit gilt für die Nachbarschaftsbeziehung: In diesem einfachen Modell genügt es, dass ein Fahrzeug die maximale Schrittweite, d. h. fünf Zellen, in Fahrtrichtung vorausblickt.

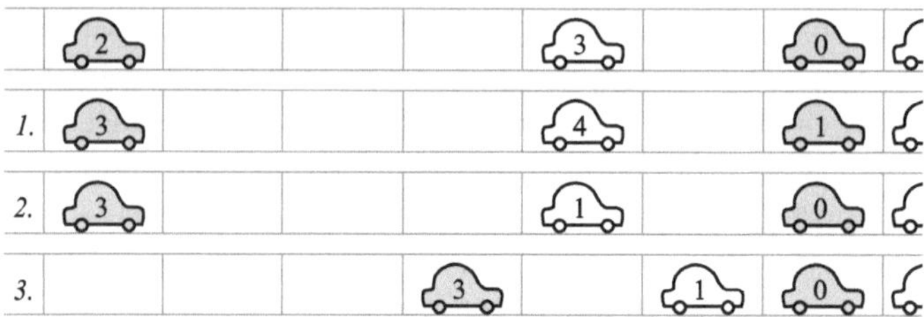

Abb. 8.3 Fahrzeuge im Modell, beschriftet mit der Geschwindigkeit, beim Auffahren auf ein Stauende für einen Simulationsschritt: Ausgangszustand, 1. Beschleunigen, 2. Bremsen, 3. Bewegen

Wegen der Forderung nach Erhaltung der Fahrzeuge dürfen keine Fahrzeuge verloren gehen. Es darf keine Übergangsregel geben, die Fahrzeuge verschwinden lässt, wie es z. B. beim Game of Life der Fall ist. Es dürfen auch insbesondere an Kreuzungen und Abzweigungen oder aufgrund von Verkehrsregeln keine Autos verloren gehen, doch dies muss uns erst später interessieren. Wir können uns jetzt der Übergangsfunktion zuwenden. Dabei seien die Fahrzeuge in Fahrtrichtung nummeriert, d. h. Fahrzeug i fährt mit der Geschwindigkeit v_i hinter Fahrzeug $i + 1$ mit der Geschwindigkeit v_{i+1}. $d(i, j)$ sei der Abstand von Fahrzeug i zu Fahrzeug j in Fahrtrichtung, also die Anzahl der Zellen zwischen i und j. Zwei Autos, die direkt hintereinander stehen, haben den Abstand null. Die Regeln der Übergangsfunktion gelten parallel für alle Fahrzeuge:

Algorithmus 8.1 (Die Regeln des ZA-Modells)

Update für Fahrzeug i:

1. **Beschleunigen:** $v_i := \min\{v_i + 1, v_{\max}\}$
2. **Bremsen:** $v_i := d(i, i + 1)$, falls $v_i > d(i, i + 1)$
3. **Bewegen:**   Fahrzeug i bewegt sich v_i Zellen vorwärts

Abbildung 8.3 zeigt einen Zeitschritt an einem Beispiel. Im ersten Schritt versuchen alle Fahrer zu beschleunigen, um die maximal erlaubte Geschwindigkeit $v_{\max}$ zu erreichen. Wir gehen dabei von idealisierten Fahrern und Fahrzeugen aus, die alle die erlaubte Maximalgeschwindigkeit erreichen wollen und können. Im nächsten Schritt kommt die Kollisionsfreiheit zum Tragen: Es muss abgebremst werden, sofern das vorausfahrende Auto zu nahe ist und damit das Fahren mit v_i nicht erlaubt. Schließlich bewegen sich im dritten Schritt alle Fahrzeuge. Anzumerken ist, dass Fahrzeuge nur die Geschwindigkeit des eigenen, nicht die anderer Fahrzeuge kennen müssen. In der Realität versucht man üblicherweise die Geschwindigkeit anderer Verkehrsteilnehmer sehr grob abzuschätzen, um das eigene Verhalten anpassen zu können.

8.2   Eine erste Simulation

Dieses einfache Modell kann bereits simuliert werden. Wir simulieren einen einspurigen unidirektionalen Autobahnabschnitt. Die Fahrzeuge dürfen maximal mit der Modellgeschwindigkeit v_{max} = 5 fahren, d. h. mit 135 km/h. Unsere Straße hat eine Länge von 2,25 km, was 300 Zellen entspricht.

Zur Simulation benötigen wir wie üblich *Anfangs-* und *Randbedingungen.* Am Rand stellt sich die Frage, wann Fahrzeuge neu in die Strecke einfahren und was am Ende mit Fahrzeugen passiert, die über die letzte Zelle hinaus fahren. Für manche Simulationen bietet es sich beispielsweise an, den Fluss am Anfang vorzugeben und Fahrzeuge beim Verlassen des Simulationsgebietes verschwinden zu lassen. Wir verwenden im Folgenden die einfachste Möglichkeit und wählen periodische Randbedingungen: Jedes Fahrzeug, das am Ende die Strecke verlässt, taucht am Anfang wieder auf. Dies erlaubt insbesondere, für einen langen Zeitraum eine konstante Zahl an Fahrzeugen zu simulieren.

Als Anfangsbedingung können wir zufällig Autos generieren, d. h., wir wählen randomisiert Zellen aus und initialisieren dort Fahrzeuge mit einer Anfangsgeschwindigkeit zwischen 0 und 5. Dadurch ist der Ausgangszustand im Allgemeinen inkonsistent und könnte so im Laufe einer Simulation nie erreicht werden. Da vor der nächsten Bewegung der Fahrzeuge die Geschwindigkeiten angepasst werden und beliebig schnell von der Maximalgeschwindigkeit auf 0 gebremst werden kann, stellt dies kein Problem dar. Für verbesserte Modelle, bei denen vorausschauend gebremst wird, bietet es sich an, alle Fahrzeuge mit v = 0 starten zu lassen.

Auf unserer Ringstraße können wir bei der Initialisierung eine beliebige Dichte vorgeben. Wir belegen 10 % aller Zellen, was einer Dichte von etwa 13,3 Fzg/km entspricht. Abbildung 8.4 zeigt eine erste Simulation. Horizontal ist der Straßenabschnitt aufgetragen zu in vertikaler Richtung fortschreitender Zeit. Eine Zeile im Diagramm entspricht daher dem Zustand des ZA zu einem Zeitpunkt t. Der Grauwert zeigt die Geschwindigkeit; ein heller Grauton bedeutet, dass das Fahrzeug steht. Die erste Zeile ist der ZA nach der Initialisierung.

Am vergrößerten Ausschnitt sieht man, dass die anfängliche Belegung nie erreicht werden könnte, da ein zu schnelles Fahrzeug zu nahe vor einem langsameren Fahrzeug fährt. Die von links mit hoher Geschwindigkeit kommenden Fahrzeuge müssen alle wegen eines langsameren Vordermanns auf die Modellgeschwindigkeit v = 0 abbremsen und anhalten. Sobald sie nicht mehr blockiert werden, treten sie in die Beschleunigungsphase ein und erreichen nach fünf Zeitschritten v_{max} = 5.

Durch die zufällige Ausgangsverteilung ergeben sich anfängliche Staus, die sich jedoch alle schnell auflösen. Im Schnitt hat jedes Fahrzeug immer 10 Zellen zur Verfügung. Da für das Erreichen und Halten der Maximalgeschwindigkeit jeweils nur 6 Zellen (eines für das Fahrzeug und fünf freie davor) benötigt werden, kann es nach einigen Zeitschritten mit v_{max} fahren und diese Geschwindigkeit halten.

Erst wenn mindestens ein Fahrzeug nicht mehr 6 Zellen zur Verfügung hat, kommt es zwangsläufig zu mindestens einem Stau, der sich gleichmäßig fortbewegt. Dies ist der Fall,

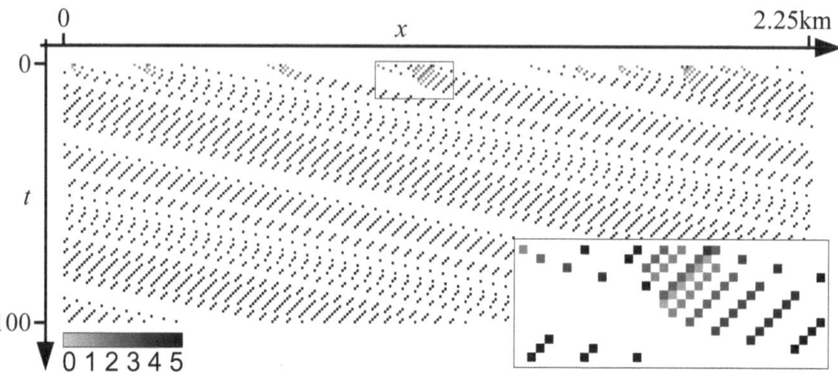

Abb. 8.4 Simulation einer 2,25 km langen Ringstraße über den Zeitraum von 100 Sekunden, 10 % Belegung. Die Startbelegung zum Zeitpunkt t = 0 wurde zufällig initialisiert, daher ergeben sich Staus. Diese lösen sich bereits nach wenigen Schritten auf (siehe vergrößerter Ausschnitt), und eine stationäre Verkehrssituation entsteht

wenn mehr als ein Sechstel aller Zellen belegt sind bzw. die Verkehrsdichte größer als die *kritische Dichte* von 22,$\bar{2}$ Fzg/km ist. In jedem Fall zeigt sich nach einer anfänglichen Ausgleichsphase eine langweilige, da *stationäre Verkehrssituation*. Dies entspricht überhaupt nicht dem, was wir auf echten Straßen beobachten können. Wir benötigen eine Erweiterung des Modells, um realistisches Verkehrsverhalten zu erhalten.

8.3 Stochastische Erweiterung: Trödelfaktor

An den grundlegenden Modellannahmen wie der Kollisionsfreiheit und der daraus resultierenden Möglichkeit des verzögerungsfreien Abbremsens wollen wir nichts ändern. Blickt man auf den realen Straßenverkehr, so kann man beobachten, dass Autofahrer bei Bremsvorgängen oft überreagieren, und bei freier Straße auf Autobahnen sieht man, wer mit Tempomat fährt und seine Geschwindigkeit konstant hält, und wer nicht. Hier war die entscheidende Idee im NaSch-Modell, einen *Trödelfaktor p* und einen weiteren Schritt in der Übergangsfunktion einzuführen. Dies führt zu einer Erweiterung des zellulären Automaten zu einem *stochastischen zellulären Automaten (SZA)*:

Algorithmus 8.2 (Die Regeln des NaSch-Modells, SZA)

Update für Fahrzeug i:

1. **Beschleunigen:** $v_i := \min\{v_i + 1, v_{\max}\}$
2. **Bremsen:** $v_i := d(i, i + 1)$, falls $v_i > d(i, i + 1)$
3. **Trödeln:** $v_i := \max\{v_i - 1, 0\}$ mit Wahrscheinlichkeit $p < 1$
4. **Bewegen:**   Fahrzeug i bewegt sich v_i Zellen vorwärts

Neu ist, dass nach dem Bremsvorgang, der die Kollisionsfreiheit sicherstellt, noch zusätzlich randomisiert „getrödelt" wird. Der Trödelschritt modelliert insbesondere gleich drei grundsätzliche Phänomene des Straßenverkehrs:

1. Verzögerung beim Beschleunigen: Ein Fahrzeug, das nicht mit Maximalgeschwindigkeit v_{max} fährt und freie Fahrt hat, also eigentlich beschleunigen würde, tut dies nicht sobald möglich, sondern erst zeitverzögert in einem späteren Schritt. Man beachte, dass in der Beschleunigungsphase die Geschwindigkeit nicht reduziert wird. Die Beschleunigung zieht sich nur etwas in die Länge. Das Fahrzeug wird trotz Trödelns irgendwann v_{max} erreichen, aber aus $0 \to 1 \to 2 \to 3 \to 4 \to 5$ kann eben $0 \to 1 \to 1 \to 2 \to 2 \to 2 \to 3 \to 4 \to 4 \to 5$ werden.
2. Trödeln bei freier Fahrt: Fahrer, die über längere Zeit hinweg bei freier Fahrt und v_{max} fahren, tendieren dazu, die Geschwindigkeit nicht konstant zu halten. Auch in diesem Fall kann es im Modell nicht passieren, dass ein Fahrzeug plötzlich in mehreren Schritten komplett abbremst.
3. Überreaktion beim Bremsen: Ein Fahrzeug wird durch ein vorausfahrendes, langsameres Fahrzeug behindert und muss seine Geschwindigkeit anpassen. Fahrer tendieren dazu, zu stark abzubremsen, da sie beispielsweise Abstand oder Geschwindigkeit falsch einschätzen oder für ein optimales Verkehrsverhalten zu vorsichtig fahren. Die Situation der Unterreaktion, die zu Auffahrunfällen führt, ist im Modell ausgeschlossen.

Die Gründe dafür, dass ein Fahrer „trödelt", können natürlich vielfältig sein, ob ein Gespräch mit dem Beifahrer oder der Freisprechanlage, die Bedienung des Navigationsgeräts, eine schöne Landschaft, Fehleinschätzung der Verkehrssituation oder einfach nur Unachtsamkeit. Durch den stochastischen Parameter p beinhaltet unser Modell damit die Möglichkeit, eine Menge von völlig unterschiedlichen Einflussfaktoren abbilden zu können, insbesondere auch Mischformen der obigen drei Phänomene.

Erstaunlicherweise ist die Einführung des Trödelschritts hinreichend, um realistisches Verkehrsverhalten im Modell beobachten zu können. Unser neues, stochastisches Modell ist zudem minimal, d. h., wir dürfen keine Regel weglassen. Für $p = 0$ erreichen wir wieder das deterministische, erste Modell.

8.3.1 Freier Verkehrsfluss

Würden wir unsere Ringstraße mit einem Trödelfaktor von $p = 20\,\%$ für die gleichen Rand- und Anfangsbedingungen erneut simulieren, so müssten wir feststellen, dass sich auch über längere Simulationszeiträume hinweg ein ähnliches Bild ergibt wie zuvor. Nur wenige, sehr lokale Störungen beeinträchtigen den Verkehrsfluss. Sollte eine Trödelwahrscheinlichkeit von 20 % den Verkehr nicht viel stärker beeinflussen?

Bei einer Verkehrsdichte ρ von etwa 13,3 Fzg/km bzw. einer Belegung von 10 % befinden wir uns (noch) im Bereich des freien Verkehrsflusses. Von einer *Freiflussphase* spricht man, wenn die Verkehrsdichte so gering ist, dass Fahrzeuge kaum von anderen Verkehrsteilnehmern beeinflusst werden und mit annähernd maximaler Geschwindigkeit fahren können. Wie bei der Einführung des Trödelfaktors bereits beschrieben, führt Trödeln bei freier Fahrt nicht dazu, dass die Geschwindigkeit eines Fahrzeugs einbricht, sondern höchstens dazu, dass sie sich auf $v_{max} - 1$ reduziert. Im Schnitt hat jedes Fahrzeug 10 Zellen zur Verfügung, was 9 freie Zellen zwischen sich und dem Vordermann bedeutet. Trödelt der Vordermann, so hat er weitere 4 Simulationsschritte Zeit, um wieder auf die Maximalgeschwindigkeit zu beschleunigen, sodass das nachfolgende Fahrzeug nichts davon merkt. Trödelt der Hintermann unterdessen selbst, so hat sich der Abstand ohnehin wieder vergrößert. Nur wenn ein Fahrzeug so lange mit $v_{max} - 1$ trödelt, dass der nächste Fahrer beim Bremsen überreagieren kann, ist es möglich, dass die Geschwindigkeit $v_{max} - 1$ unterschritten wird und lokal Staugefahr besteht.

Im Fall von idealem freiem Verkehrsfluss können wir leicht die zu erwartende durchschnittliche Geschwindigkeit der Verkehrsteilnehmer in Abhängigkeit von v_{max} bestimmen. Mit der Wahrscheinlichkeit p ist ein Fahrzeug mit der Geschwindigkeit $v_{max} - 1$ unterwegs, ansonsten mit v_{max}, da es keine Interaktion zwischen Fahrzeugen gibt. Die durchschnittliche Geschwindigkeit ist dann

$$v_{avg} = p \left(v_{max} - 1\right) + \left(1 - p\right) v_{max} = v_{max} - p \, ,$$

d. h., bei $v_{max} = 5$ und $p = 0{,}2$ sind unsere Fahrzeuge mit umgerechnet 129,6 km/h < 135 km/h unterwegs. Auch in der Realität erreichen selbst bei völlig freier Straße Verkehrsteilnehmer im Durchschnitt eine geringere Geschwindigkeit als erlaubt wäre.

8.3.2 Höhere Dichten, Staus aus dem Nichts

Um die Auswirkungen des Trödelfaktors besser betrachten zu können, erhöhen wir die Verkehrsdichte auf der Ringstraße auf $\rho = 21{,}\overline{3}$ Fzg/km. Auf 16 % der Zellen ist damit ein Fahrzeug. Wir sollten uns dabei daran erinnern, dass diese Dichte noch unkritisch ist und für $p = 0$ nach einer Anfangsphase alle Verkehrsteilnehmer mit v_{max} unterwegs sind und sich keine Staus bilden. Nun simulieren wir unsere Ringstraße erneut. Abbildung 8.5 zeigt neben der Simulation über 150 Sekunden auch die Trajektorie eines Fahrzeuges beim einmaligen Durchfahren der Ringstraße ab dem Punkt $x = 0$ km.

Wir können beobachten, dass sich Staus bilden, die sich nach kurzer Zeit wieder auflösen. Besonders schön ist, dass das Modell sogenannte *Staus aus dem Nichts*, spontan auftretende und von außen betrachtet grundlose Staus, erklären kann. Bei anderen Modellen sind diese oft nicht ohne weiteres zu beobachten, sondern müssen explizit modelliert werden. Auch bei der in Kap. 7 vorgestellten makroskopischen Modellierung von Straßenverkehr müsste das Grundmodell um zusätzliche Terme erweitert werden, um dieses Phänomen im Modell abbilden zu können.

Beim Stau unten rechts in Abb. 8.5 sehen wir, wie ein solcher Stau entstehen kann. In einem Bereich mit eigentlich freiem Verkehrsfluss trödelt ein erster Fahrer und reduziert seine Geschwindigkeit auf $v_{max} - 1$ – und das so lange, dass der nächste ebenfalls

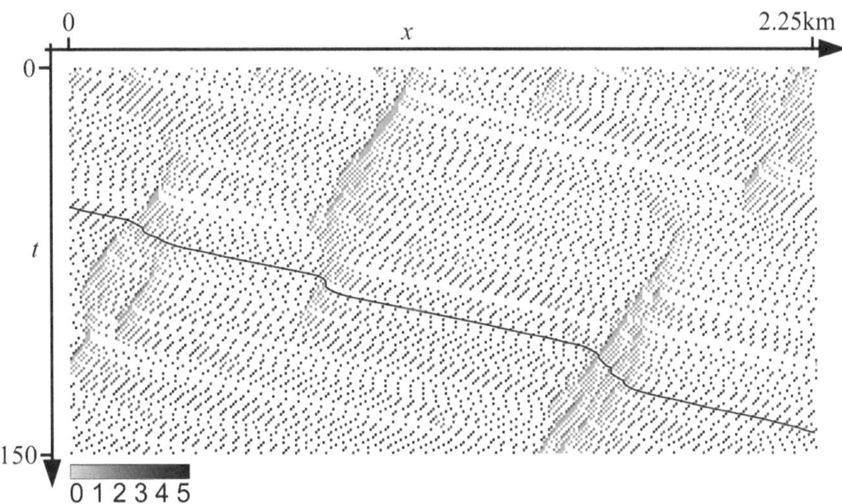

Abb. 8.5 Simulation der 2,25 km langen Ringstraße über 150 Sekunden, $p = 0,2$. 16 % Belegung, zufällig initialisiert. Durch das Trödeln der Verkehrsteilnehmer entstehen Staus aus dem Nichts, die sich auch wieder auflösen. Eingezeichnet ist die Trajektorie eines Fahrzeugs beim einmaligen Durchfahren der Ringstraße

langsamer fahren muss. Dafür genügen dank der hohen Dichte wenige Zeitschritte. Dieser überreagiert aber beim Bremsen, woraufhin ein dritter Fahrer noch stärker abbremsen muss. Dieses Spiel wiederholt sich so oft, bis ein Fahrzeug zum Stehen kommt: Ein Stau ist geboren.

Was passiert, wenn wir die Wahrscheinlichkeit zu trödeln weiter erhöhen? Abbildung 8.6 zeigt das Ergebnis einer Simulation für $p = 0,5$ bei gleicher Verkehrsdichte. Im Vergleich zum vorherigen Beispiel könnte der Eindruck entstehen, dass weniger Fahrzeuge unterwegs sind. Grund dafür ist, dass sich die Fahrzeuge in Staugebiete mit sehr hoher Verkehrsdichte und Gebiete mit sehr niedriger Dichte aufteilen. Durch die unregelmäßigere Fahrweise entstehen viel häufiger Staus, die dafür sorgen, dass dazwischen so wenige Fahrzeuge fahren, dass es seltener zu gegenseitigen Behinderungen kommt. Die Trajektorien der Fahrzeuge zergliedern sich in sehr flache Bereiche (hohe Geschwindigkeit) und sehr steile (im Stau).

Wenn wir stattdessen die Dichte weiter erhöhen und z. B. mit $\rho = 33,\bar{3}$ Fzg/km ein Viertel aller Zellen belegen, so würden wir bei gleichem Trödelfaktor $p = 0,2$ mehr und vielleicht auch längere Staus erwarten. Genau dies stellt sich auch ein, wie die Simulation in Abb. 8.7 im Vergleich zu der in Abb. 8.5 zeigt. Es entstehen Staus, die sich wesentlich hartnäckiger halten und die sich nicht bereits nach wenigen Minuten wieder auflösen. Auch der Bereich, in dem der Verkehr völlig zum Erliegen kommt, wird länger.

Würden wir bei gleichen Einstellungen über einen größeren Zeitraum simulieren, so würden wir feststellen, dass die Staus sich auch die nächsten Stunden hartnäckig halten und nicht wie bisher beobachtet wieder auflösen. Die beiden rechten Staus werden zu einem

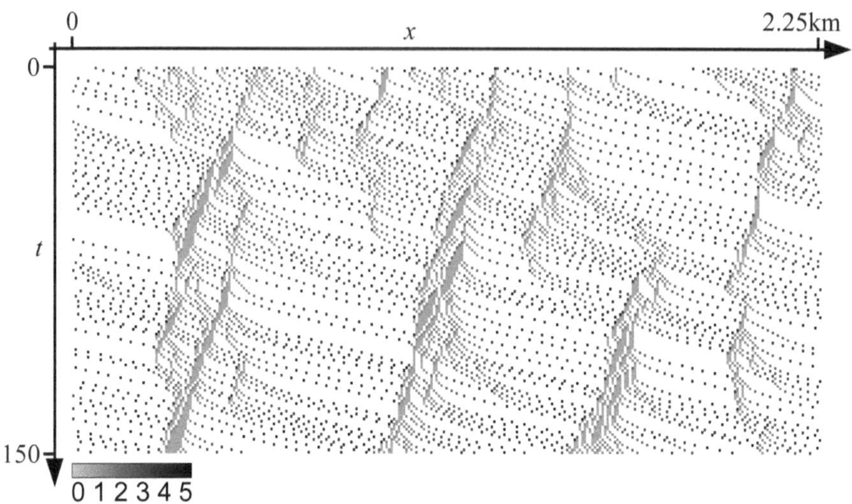

Abb. 8.6 Simulation der 2,25 km langen Ringstraße über 150 Sekunden, p = 0,5; 16 % Belegung, zufällig initialisiert. Durch den hohen Trödelfaktor entstehen häufiger Staus

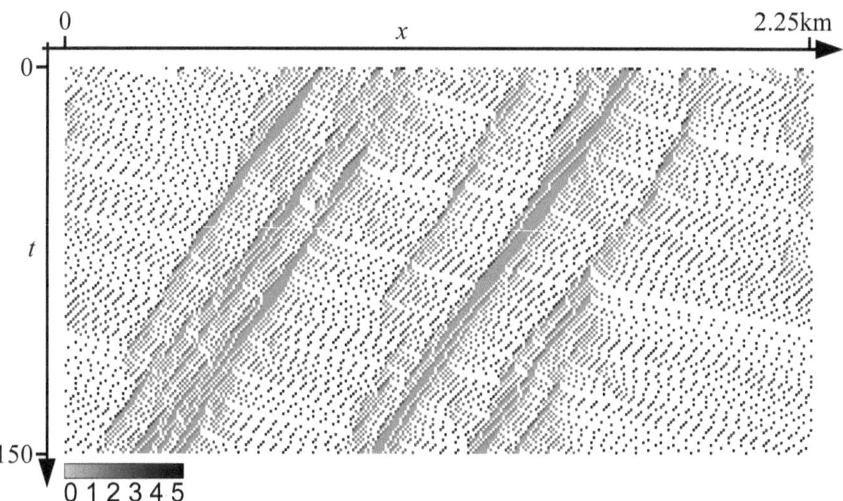

Abb. 8.7 Simulation der 2,25 km langen Ringstraße über 150 Sekunden, p = 0,2. 25 % Belegung, zufällig initialisiert. Da die kritische Dichte überschritten ist, bilden sich längere Staus, die sich hartnäckig halten

größeren Stau verschmelzen und zusammen mit dem linken das Geschehen dominieren. Zwischenzeitlich kann es passieren, dass ein Stau sich über fast die Hälfte des Simulationsgebietes ausdehnt. Zwar wird im Staugebiet der Verkehr nicht völlig zum Erliegen kommen (so viele Fahrzeuge haben wir nicht auf die Straße geschickt); es kommt jedoch zu *Stop-and-go*-Verhalten, wie er in Ansätzen beim linken Stau schon zu erahnen ist. Mit der Möglichkeit, Stop-and-go-Wellen simulieren zu können, deckt unser Modell ein weiteres wichtiges Verkehrsphänomen im Zusammenhang mit Staus ab.

8.3.3   Validierung und Kalibrierung: Fundamentaldiagramm

Auch wenn wir in unserem Modell bereits viele Phänomene beobachten und erklären können, stellt sich weiterhin die Frage, wie genau es realem Verkehrsverhalten entspricht. Es könnte uns zum Beispiel etwas fraglich vorkommen, dass sich die Staufronten in den Abb. 8.5 und 8.7 trotz der unterschiedlichen Dichten von $21{,}\bar{3}$ Fzg/km und $33{,}\bar{3}$ Fzg/km mit in etwa gleicher *Signalgeschwindigkeit* ausbreiten. (Wir sprechen von Signalgeschwindigkeit, wenn wir die Ausbreitungsgeschwindigkeit einer Störung im Verkehr, hier das Signal „Stauende", betrachten.) Oder wir möchten wissen, welche Wahrscheinlichkeit wir denn verwenden müssen, um der Realität nahe zu kommen.

In beiden Fällen hilft uns das sogenannte *Fundamentaldiagramm*. Es stellt die Beziehung zwischen dem Verkehrsfluss f und der Verkehrsdichte ρ dar. Der Name entstammt der Tatsache, dass diese Beziehung so grundlegend ist, dass sie verwendet wird, um Modellparameter zu kalibrieren und Modelle zu entwickeln. Im echten Straßenverkehr müssen hierzu mit *Verkehrsmessungen* in verschiedenen Verkehrssituationen Fundamentaldiagramme empirisch aufgezeichnet werden. Dazu benötigen wir Paare von Werten für ρ und f.

Um den Fluss f zu bestimmen wird die Anzahl der Fahrzeuge N, die in einem bestimmten Zeitintervall δT an einem bestimmten Messpunkt vorbei kommen, gemessen, z. B. mit Hilfe einer Induktionsschleife in der Fahrbahn oder einem Sensor an einer Brücke. Man bestimmt dann den Messwert zu

$$f = \frac{N}{\delta T} \,.$$

Das Messen der Dichte ρ hingegen ist schon etwas umständlicher: Die Anzahl der Fahrzeuge N_i auf einem Teilstück der Fahrbahn mit einer Länge L muss zum Messzeitpunkt i bestimmt werden. Das kann man mit einer Luftbildaufnahme und einer hoffentlich automatischen Zählung der Fahrzeuge erreichen. Oder man bestimmt mit je einem Sensor am Anfang und Ende der Strecke die Zahl der in die Strecke einfahrenden und aus ihr herausfahrenden Autos. Beginnt die Messung bei leerer Fahrbahn, so kann daraus die Zahl der Verkehrsteilnehmer im Messabschnitt und damit näherungsweise die lokale Dichte ermittelt werden. Da auch der Fluss über ein Zeitintervall δT gemittelt wurde, kann man die Dichte ebenfalls über m Messungen im selben Zeitintervall mitteln und erhält

$$\rho = \frac{1}{m} \sum_{i=1}^{m} \frac{N_i}{L} \,.$$

In der Simulation können wir genauso vorgehen, siehe Abb. 8.8. Wir wählen hierzu einen Messpunkt auf der Ringstraße und ein Zeitintervall, z. B. $\delta T = 3\,\text{min} = 180$ Simulationsschritte. In jedem Schritt betrachten wir $k \geq v_{\max}$ Zellen hinter dem Messpunkt, damit uns kein Fahrzeug verloren geht, und zählen bei jeder Messung, wieviele Fahrzeuge sich in dem Fahrbahnabschnitt der Länge $L = k \cdot 7{,}5\,\text{m}$ befinden.

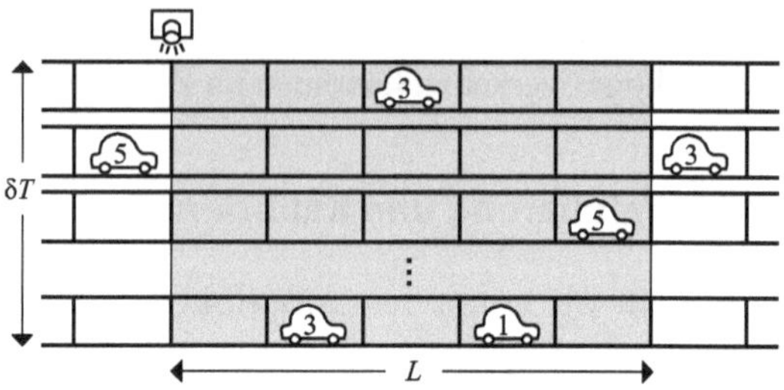

Abb. 8.8 Messung von Fluss und Dichte in der Simulation

Um Messpunkte im ganzen Dichtespektrum zwischen $\rho = 0$ und $\rho = \rho_{max}$ zu erhalten, müssen wir unsere Ringstraße nach und nach mit Fahrzeugen bevölkern. Wir starten dazu mit einer leeren Fahrbahn und fügen in regelmäßigen Abständen ein neues Fahrzeug hinzu, bis die Straße voll ist. Wenn wir die Fahrzeuge immer bei $x = 0$ einfügen, so erhalten wir bereits bei geringen Dichten Staus, die alle an dieser Stelle durch ein neues Auto ausgelöst werden. Um den Verkehrsfluss durch den Einfügevorgang selbst möglichst wenig zu stören, können wir den neuen Verkehrsteilnehmer mit der Geschwindigkeit v_{max} in der Mitte des größten freien Intervalls einfügen.

Bevor wir uns schließlich den Messergebnissen zuwenden, überlegen wir uns, wie groß der maximal mögliche Fluss ist, den wir messen können. Bei nur einer Spur kann höchstens ein Fahrzeug pro Zeitschritt am Sensor vorbeifahren. Damit hätten wir einen maximalen Fluss $f_{max} = 1\,\text{Fzg/s} = 3600\,\text{Fzg/h}$. Diesen werden wir aber nie erreichen: Nehmen wir an, alle Verkehrsteilnehmer haben die gleiche Geschwindigkeit v. Damit möglichst viele davon im Messzeitraum vorbeikommen, müssen sie möglichst dicht nacheinander fahren, also mit jeweils v freien Zellen Zwischenraum. Dann fährt in jedem $v + 1$. Zeitschritt kein Fahrzeug am Sensor vorbei. Wir beobachten den Fluss von $f_{max} = \frac{v}{v+1}\,\text{Fzg/s}$. Dieser ist maximal bei $v = v_{max}$, $p = 0$ und der kritischen Verkehrsdichte von $\rho = 22,\bar{2}\,\text{Fzg/km}$ und erreicht in unserem Modell und Szenario

$$f_{max} = \frac{5}{6}\,\text{Fzg/s} = 3000\,\text{Fzg/h}\,.$$

Abbildung 8.9 zeigt Fundamentaldiagramme von Messungen in unserem Modell. Für verschiedene Trödelfaktoren ergeben sich unterschiedliche Verläufe. Der grundlegende Verlauf ist bei allen Fundamentaldiagrammen mit $p > 0$ qualitativ richtig, wie auch der Vergleich mit einem real gemessenen Diagramm zeigt. (Das abgebildete Fundamentaldiagramm ist das gleiche, das auch bei der makroskopischen Simulation in Kap. 7 verwendet wird. Es wurde allerdings bei einer zweispurigen Straße gemessen, daher haben Fluss und Dichte etwa doppelt so hohe Maximalwerte.)

Der grundlegende Verlauf ist bei allen ein starker Anstieg für kleine Dichten, ein scharfer Knick und ein verrauschter Abfall bis zum Erreichen der maximalen Dichte. Im Gegensatz zur Simulation haben bei der echten Messung wie üblich Werte für sehr hohe Dichten Seltenheitswert. Diese Situationen treten in der Realität nur bei Totalstau auf, werden von allen Beteiligten nach Kräften gemieden und sind daher nicht so häufig. Da unsere virtuellen Autofahrer wesentlich leidensfähiger sind, können wir in der Simulation auch für extrem hohe Dichten Werte messen.

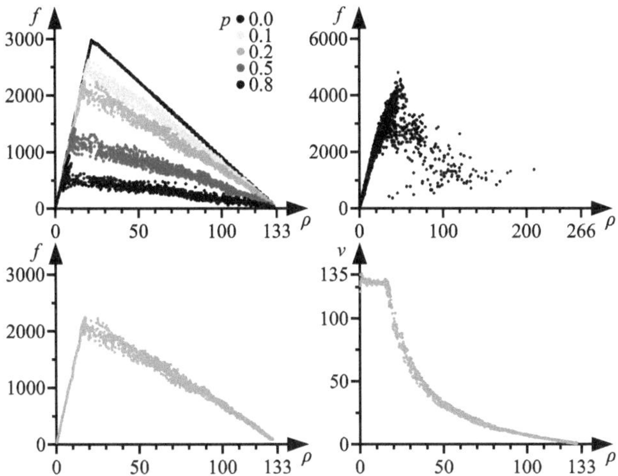

Abb. 8.9 Fundamentaldiagramme für verschiedene Werte von p (*links oben*). Zum Vergleich ein gemessenes Fundamentaldiagramm (*rechts oben*; zweispurige Autobahn in Deutschland, Daten PTV AG, Karlsruhe). Für p = 0,2 gesondert nochmals das Fundamentaldiagramm sowie das Geschwindigkeits-Dichte-Diagramm (*unten*); f in Fzg/h, ρ in Fzg/km und v in km/h

Nur für p = 0 stellt sich wie erwartet kein Rauschen ein, da sich alle Verkehrsteilnehmer optimal und deterministisch verhalten. Ohne trödelnde Fahrzeuge stellt sich auch der theoretisch maximal mögliche Fluss f_{max} = 3000 Fzg/h bei der kritischen Dichte und gleichzeitig maximaler Geschwindigkeit aller Verkehrsteilnehmer ein.

Während des starken Anstiegs des Flusses befindet sich der Verkehr für kleine Dichten in der Freiflussphase. Alle Fahrzeuge fahren mit v_{max} oder, wenn sie trödeln, mit $v_{\mathrm{max}} - 1$ und behindern sich kaum. In den beiden separaten Schaubildern der Fluss-Dichte- und Geschwindigkeits-Dichte-Diagramme für p = 0,2 zeigt sich das deutlich: Solange der Fluss nahezu linear ansteigt, bleibt die Geschwindigkeit fast konstant. Ab einer gewissen Dichte, bei p = 0,2 sind es etwa 17 Fzg/km, behindern sich die Verkehrsteilnehmer zunehmend und müssen verstärkt bremsen. Der Verkehrsfluss wird *instabil*, es bilden sich (zum Teil dauerhafte) Staus.

Je größer der Trödelfaktor p ist, desto früher bricht der Verkehr ein und geht in die *Stauphase* über. Der maximale Fluss, der am Knick gemessen werden kann, ist eine wichtige und charakteristische Größe. Im realen Straßenverkehr kann man von etwas über 2000 Fahrzeugen pro Stunde und Spur ausgehen. Dies erreichen wir für einen Trödelfaktor von ungefähr 0,2, mit dem wir das realistischste Verkehrsverhalten erzielen.

Sowohl in der Freiflussphase als auch in der Stauphase ist der Verlauf der Fundamentaldiagramme aus unserem Modell jeweils fast linear und nur sehr leicht gekrümmt. Damit unterscheiden sie sich von realen Messdaten, die stärkere Krümmungen aufweisen. Im echten Straßenverkehr finden wir inhomogene Verkehrsteilnehmer. Langsamere Fahrzeuge wie Lastkraftwagen führen schon früher zu Behinderungen als unsere homogenen Fahrzeuge, die bei freiem Verkehrsfluss gleich schnell unterwegs sind. Dies ist auch der

Grund, weshalb der Wechsel zwischen Freifluss- und Stauphase in der Simulation bei ungewöhnlich geringen Dichten beobachtet wird. Inhomogene Verkehrsteilnehmer können wir jedoch nicht ohne weiteres in unser Modell aufnehmen. Wir müssten auch Überholvorgänge ermöglichen, da ansonsten einzelne langsamere Fahrzeuge alles hinter sich aufstauen würden.

Die fehlende Krümmung erklärt auch, weshalb sich die Stauenden in den Abb. 8.5 und 8.7 trotz unterschiedlicher Dichten mit etwa gleicher Geschwindigkeit ausbreiten. Die Signalgeschwindigkeit beschreibt die Auswirkung einer Dichteänderung auf den Fluss, d. h. sie ist

$$f_\rho(\rho) = \frac{\partial}{\partial\rho} f(\rho) \, .$$

Im Fundamentaldiagramm können wir sie als Tangentensteigung ablesen. Die mittleren Dichten an der Störung Stauende liegen für die beiden Simulationen im Staubereich. Dort sind die Tangentensteigungen aufgrund der Linearität in etwa gleich groß, was unsere Beobachtung erklärt. Im weiteren Verlauf beschränken wir uns trotz dieser starken Modellvereinfachungen der Einfachheit halber auf einspurigen Verkehr ohne Überholmöglichkeit.

8.4 Modellierung von Verkehrsnetzen

Wir können nun einen einspurigen Straßenabschnitt, vorzugsweise als Ringstraße, ohne Auf- und Abfahrten simulieren. Für realistische Anwendungen genügt dies natürlich nicht. Ob das Autobahnnetz in einem Land oder das Straßennetz in einer beliebigen Stadt – alle sind komplizierter, haben zum Teil sehr viele, verzweigte Straßen, Kreuzungen, Abzweigungen und Straßen unterschiedlicher Ausprägung. Wir müssen also auch ein größeres Netz modellieren können. Dazu können wir aber eine gerichtete Fahrbahn als Baustein betrachten, aus dem wir komplexere Strukturen bauen können.

8.4.1 Verkehrsgraph

Betrachten wir Kreuzungen als wichtige Punkte, die durch solche Straßenabschnitte verbunden werden, so ist es naheliegend, ein Verkehrsnetz als *gerichteten Graph G = (V, E)* mit zusätzlichen Kantengewichten zu modellieren:

Knotenmenge V: Knoten im Graph sind wichtige Punkte im Verkehr. Zunächst sind dies vor allem Stellen, an denen sich Straßen kreuzen und aufspalten oder an denen sie zusammengeführt werden. Allerdings müssen wir alle Stellen modellieren, an denen etwas passieren kann, was für eine Simulation wichtig ist. Dies können Punkte sein, an denen sich etwas ändert. Ein paar Beispiele sind Stellen mit Verkehrszeichen, insbesondere Geschwindigkeitsänderungen oder (Fußgänger-)Ampeln, Bushaltestellen, Parkplätze oder zumindest ihre Zufahrten, Orte, an denen sich die Zahl der Spuren ändert, und Beginn und Ende von

Abbiegespuren. Auch alle Stellen, an denen wir später Verkehrsteilnehmer ihre Fahrten beginnen oder enden lassen wollen, sollten dabei berücksichtigt werden. Für jeden Knoten müssen wir die Position kennen, gemessen z. B. in Längen- und Breitengrad.

Kantenmenge E: Die Verbindungsstücke zwischen den Knoten, also Streckenabschnitte, sind die *Kanten*. Diese werden gewichtet mit der Länge der Strecke. Das Längengewicht einer Kante kann von dem euklidischen Abstand der beiden angrenzenden Knoten abweichen, womit sich Krümmungen mit einberechnen lassen. Dies genügt für manche Zwecke; möchte man später Straßen mit Kurven oder Krümmungen (z. B. Serpentinen) auch wieder visualisieren, so müssen diese in kleinere Straßenabschnitte zerlegt und weitere Knoten eingefügt werden. Um verschiedene Straßentypen abbilden zu können, müssen wir uns neben der Länge des Straßenabschnitts zumindest die jeweils zulässige Maximalgeschwindigkeit merken. Der Graph ist gerichtet, da wir beide Fahrtrichtungen getrennt behandeln und für Einbahnstraßen nur eine Kante in einer Richtung verwenden.

Für feinere Simulationen sind weitere Parameter wie die Zahl der Spuren, Überholverbote, die Beschaffenheit des Fahrbahnbelags oder die Steigung der Straße von Interesse – eben alles, was den Verkehr beeinflussen kann. Diese werden meist den Kanten zugeordnet. Informationen, die an Kreuzungen relevant sind, werden meist den Knoten zugeordnet. Dort sind insbesondere Abbiege- oder Vorfahrtsregeln schon für einfache Simulationen unverzichtbar. Die Abbiegebeziehungen geben an, von welchem einmündenden Straßenstück ein Fahrzeug an einer Kreuzung in welche ausgehenden Straßenstücke „abbiegen" darf.

Meist fordern wir, dass der Graph *zusammenhängend* ist. Wir können dann von jedem Knoten aus irgendwann jeden anderen Knoten erreichen. Blicken wir in die Realität, so ist dies auch der Fall. Es gibt natürlich Ausnahmen in Extremfällen, wie sie durch Lawinen in abgelegenen Bergtälern verursacht werden, oder durch lokale Sperrungen durch Baustellen. Dann ist eine Verkehrssimulation auf diesen Strecken jedoch ohnehin hinfällig.

Wie die modellierten Eigenschaften in einer konkreten Realisierung als Datenstruktur umgesetzt werden, kann vielfältig sein. Ein Blick in reale Verkehrsnetze, die wir letztendlich modellieren und simulieren wollen, hilft jedoch sicherlich bei der Entscheidung: In Straßenverkehrsnetzen gibt es pro Knoten im Schnitt „nur" drei einmündende und drei ausgehende Kanten, der Graph ist, abgesehen von Über- und Unterführungen, meist planar. Damit haben wir etwa drei Mal so viele Kanten wie Knoten. Die Information, von welchem Knoten wir zu welchem Knoten über welche Kante gelangen können, werden wir daher sicherlich nicht als *Adjazenzmatrix* mit $\mathcal{O}(|V|^2)$ Speicherbedarf, sondern beispielsweise lieber als *Adjazenzliste* mit nur $\mathcal{O}(|V| + |E|)$ ablegen. (Eine Adjazenzmatrix ist eine Matrix, die in Zeile i und Spalte j den Eintrag 1 hat, wenn es im Graph eine Kante von Knoten i zu Knoten j gibt, und ansonsten 0. Eine Adjazenzliste enthält zu jedem Knoten i eine verkettete Liste aller über eine Kante erreichbaren Nachbarknoten j.)

In Tab. 8.1 werden charakteristische Daten einiger Verkehrsnetze aus Simulationen im Überblick gezeigt. Bei den Stadtnetzen ist das Verhältnis zwischen Kanten und Knoten etwa 3:1, beim Deutschlandnetz etwas größer. In Verkehrsnetzen kann im Allgemeinen $\mathcal{O}(|E|) = \mathcal{O}(|V|)$ angenommen werden. Im Vergleich zwischen dem Verkehrsnetz der

Tab. 8.1 Daten verschiedener Verkehrsnetze im Vergleich; der unterschiedliche Detaillierungsgrad der Netze wird ersichtlich

Verkehrsnetz	Knoten	Strecken	Bezirke
Karlsruhe	8.355	23.347	725
Region Stuttgart	149.652	369.009	784
Deutschland	109.842	758.139	6.928
New York	264.346	733.846	n. v.
USA	23.947.347	58.333.334	n. v.

Region Stuttgart und dem Gesamtnetz Deutschlands wird der Unterschied in der Genauigkeitsauflösung sehr deutlich ersichtlich. Während für regionale Simulationen eine genaue Darstellung auch kleiner Straßen nötig ist, sind diese für eine nationale Verkehrssimulation mit einem starken Fokus auf Autobahnen und Landstraßen weniger relevant und können als erstes entfallen. Falls vorhanden, ist auch die Zahl der modellierten *Bezirke* (zusammenhängende Teilgraphen, die z. B. Stadtteile oder Regionen repräsentieren) angegeben, die beispielsweise für die Ermittlung der Verkehrsnachfrage eine Rolle spielen können, siehe später in Abschn. 8.4.3.

8.4.2 Kreuzungen

Um Verkehr im Straßennetz simulieren zu können, müssen wir noch festlegen, was an Knoten passiert, an denen Kanten enden bzw. beginnen. Im einfachsten Fall enthält ein Knoten nur geographische Information, z. B. wenn er eine scharfe Kurve auf einer Landstraße markiert. Hier müssen wir ausschließlich die Abbiegebeziehungen berücksichtigen und sicherstellen, dass ein von der einen Richtung einfahrendes Fahrzeug nur in die andere Richtung abfahren und keine Kehrtwende machen darf.

Komplizierter wird es an echten Kreuzungen, wo mehrere einmündende und ausgehende Straßen zusammenkommen. Wir müssen bei der Modellierung insbesondere die Forderung nach Kollisionsfreiheit sicherstellen. Außerdem ist es wie immer ein Teilziel, das Modell nicht zu komplex zu gestalten, sondern einfach zu halten, was sich auch gut auf den benötigten Rechenaufwand auswirkt. Wir wollen im Folgenden einige Möglichkeiten vorstellen, Kreuzungen im Modell zu realisieren. Diese lassen sich in drei Kreuzungstypen unterteilen: *ungeregelte Kreuzungen* („Rechts-vor-Links"), *Kreisverkehre* und *Kreuzungen mit geregelter Vorfahrt* (Verkehrsschilder, Wechsellichtzeichenanlagen bzw. Ampeln). Beschränken wollen wir uns dabei auf den Fall von Kreuzungen mit vier (bidirektional befahrbaren) Straßen. Die Überlegungen lassen sich aber immer auch auf andere Fälle (meist drei oder fünf Straßen) oder eine unterschiedliche Zahl von ein- und ausgehenden Straßen verallgemeinern.

Wir verzichten dabei darauf, die Fahrbahnfläche auf der Kreuzung selbst zu modellieren. Fahrzeuge werden daher von der einmündenden in die ausgehende Straße über die Kreuzung „springen". Dennoch soll es keine Kollisionsmöglichkeit auf der Kreuzung selbst geben. Fahrzeuge, die die Kreuzung passieren wollen, müssen überprüfen, ob das eigene *Abbiegevorhaben* dem eines anderen Verkehrsteilnehmers widerspricht. Insbesondere dürfen nicht zwei Fahrzeuge gleichzeitig im selben Simulationsschritt in dieselbe ausgehende (einspurige) Straße einbiegen, auch wenn sie auf unterschiedlichen Feldern zu stehen kommen. Darf ein Fahrzeug nicht über die Kreuzung fahren, so muss es auf der letzten freien Zelle der eigenen Fahrspur anhalten.

Ungeregelte Kreuzungen. Gibt es weder durch Straßenschilder noch durch Ampeln eine Vorfahrtsregelung an einer Kreuzung, so liegt *Rechts-vor-Links-Verkehr* vor. Um diese Regel korrekt umzusetzen, müssen allerdings für jedes Fahrzeug eine Menge verschiedene Fälle berücksichtigt und umgesetzt werden.

Möchte z. B. ein Fahrer links abbiegen und es kommt ein entgegenkommendes Fahrzeug, so macht es einen Unterschied, ob dieses geradeaus fährt oder ebenfalls links abbiegt. Fährt es geradeaus, so muss der Fahrer warten. Im anderen Fall dürfen beide gleichzeitig links abbiegen. Es genügt somit nicht, nur zu überprüfen, ob der nächste Straßenabschnitt über die Kreuzung hinweg frei ist. Ein Fahrzeug muss an einer Kreuzung auch alle anderen einmündenden Fahrbahnen berücksichtigen. Könnte ein anderer Verkehrsteilnehmer potenziell auf die Kreuzung fahren, so müssen seine Abbiegepräferenzen mit einbezogen werden. Das ist neu, da wir bislang Fahrtrichtungsanzeiger (Blinker) nicht modelliert haben.

Außerdem stellt sich die Frage, wie weit ein Fahrzeug vorausblicken muss. Theoretisch würde es reichen, die letzten v_{max} Zellen jeder einmündenden Fahrbahn zu überprüfen. Sind die anderen Verkehrsteilnehmer allerdings wesentlich langsamer unterwegs, so können Lücken im Gegenverkehr nicht ausgenutzt werden, und man beobachtet einen wesentlich geringeren Verkehrsfluss als in der Realität. Es sollte daher neben der Abbiegepräferenz auch die Geschwindigkeit der anderen Fahrzeuge berücksichtigt werden.

Je länger Verkehrsteilnehmer an Kreuzungen auf freie Fahrt warten müssen, desto höher ist die Gefahr von *Deadlocks*. Wenn von allen Seiten Fahrzeuge geradeaus über die Kreuzung fahren wollen, so ist die Kreuzung blockiert. Was in der Realität eher selten eintritt, kann uns im Modell viel häufiger begegnen, beispielsweise wenn die Auswirkungen der Sperrung einer stark befahrenen Straße oder eine deutliche Änderung des Verkehrsaufkommens in einer Simulation ermittelt werden sollen und viele Fahrer durch ein Wohngebiet ausweichen müssen. Während im echten Straßenverkehr Deadlocks meist schnell durch gegenseitige Absprache beseitigt werden, verhungern die Fahrer in der Simulation regelrecht, und eine kleine Kreuzung kann leicht zu Rückstau über viele weitere Straßen führen; eine einfache, zufallsbasierte Regelung genügt zur Aufhebung.

Eine wesentlich einfachere Modellierung stellt das *Vier-Phasen-Modell* dar. Es ist zwar nicht so realitätsnah wie Rechts-vor-Links-Verkehr, es erfordert jedoch nicht die Notwendigkeit, andere Verkehrsteilnehmer berücksichtigen zu müssen, da einem Fahrer die Kenntnis der eigenen Abbiegepräferenz genügt. Zudem vermeidet es Deadlocks. Wie in Abb. 8.10 skizziert, besteht es aus vier Phasen, die sich jeweils nach einer gewissen Zahl Simulationsschritte abwechseln. Dabei haben zuerst die in einer Richtung geradeaus fahrenden und rechts abbiegenden Fahrzeuge Vorfahrt, dann die in der anderen Richtung. Gleiches gilt anschließend jeweils für die Linksabbieger.

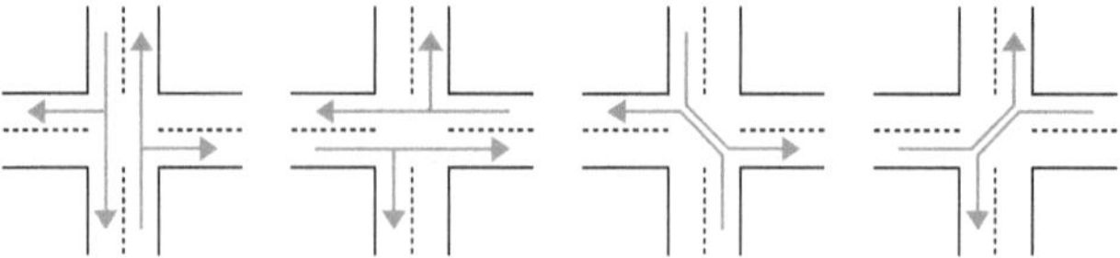

Abb. 8.10 Das Vier-Phasen-Modell für eine Kreuzung

Ist die Zahl der Simulationsschritte für jede Phase gleich, so kann es passieren, dass sich bei realistischem Verkehrsverlauf mehrere Schritte lang nichts tut, da Phasen nicht oder nur sehr wenig genutzt werden. Möchte das erste Fahrzeug an der Kreuzung in der ersten Phase links abbiegen, so blockiert es die Fahrbahn bis zur dritten Phase. Eine Möglichkeit dem zu begegnen ist, unterschiedlich lange Dauern der Phasen zu wählen, und zwar abhängig von der Frequentierung der Abbiegebeziehungen.

Das Vier-Phasen-Modell entspricht eigentlich einer Ampelschaltung, bei der der Linksverkehr eine gesonderte Phase hat. Es eignet sich beispielsweise dafür, die Vorfahrt für unkritische, nicht zu häufig befahrene Kreuzungen zu regeln, wie sie in Wohngebieten auftreten.

Kreuzungen mit Vorfahrtsregelung. Kreuzungen mit einer Vorfahrtsstraße sind etwas unproblematischer: Die Vorfahrtsregelung vermeidet Deadlocks. Fahrzeuge mit Vorfahrt müssen z. B. nur beim Kreuzen der entgegenkommenden Fahrbahn der Vorfahrtsstraße den Gegenverkehr beachten; bei einer nach rechts abbiegenden Vorfahrtsstraße betrifft dies alle Fahrzeuge, die nach links oder geradeaus fahren wollen. Wieder greifen die meisten Überlegungen, die wir beim Rechts-vor-Links-Verkehr getroffen haben: So sollten die Abbiegepräferenzen und die Geschwindigkeiten der anderen betroffenen Fahrzeuge berücksichtigt werden, um einen flüssigeren und realistischeren Verkehr zu ermöglichen. Um zu verhindern, dass bei hohem Verkehrsaufkommen Fahrzeuge „verhungern", die die Vorfahrt achten müssen, kann für hohe Dichten ein Reißverschlussverfahren realisiert werden.

Kreuzungen mit Ampeln werden, ähnlich dem Vier-Phasen-Modell, in Phasen gesteuert. Für die Simulation kann man sich vorstellen, dass bei Rot ein virtuelles Fahrzeug mit Geschwindigkeit 0 am Ende des Fahrbahnabschnitts platziert und bei Grün wieder entfernt wird. Im einfachsten Fall gibt es eine gemeinsame Ampelphase von gegenüberliegenden Straßenabschnitten sowie keine Gelbphase. Linksabbieger müssen warten, bis die Kreuzung frei ist oder aus der anderen Richtung ebenfalls ein Fahrzeug links abbiegen möchte.

Wieder kann im Gegensatz zum Vier-Phasen-Modell ein einzelner Linksabbieger bei starkem Gegenverkehr eine Zufahrt zur Kreuzung dauerhaft blockieren und zu einem einseitigen Deadlock führen. Im realen Straßenverkehr gibt es deshalb an manchen Kreuzungen eine gesonderte Phase, in der nur links abgebogen werden darf, oder aber eine Linksabbiegespur, die im Verkehrsmodell über eine zusätzliche Fahrbahn oder eine bedingte Zweispurigkeit modelliert werden muss. Dies zu betrachten sprengt aber hier den Umfang.

Eine spannende Frage bleibt: Wie sollen wir die Länge der Ampelphasen festlegen? Lassen wir alle Ampeln im Verkehrsnetz gleichzeitig schalten, so verhindern wir im All-

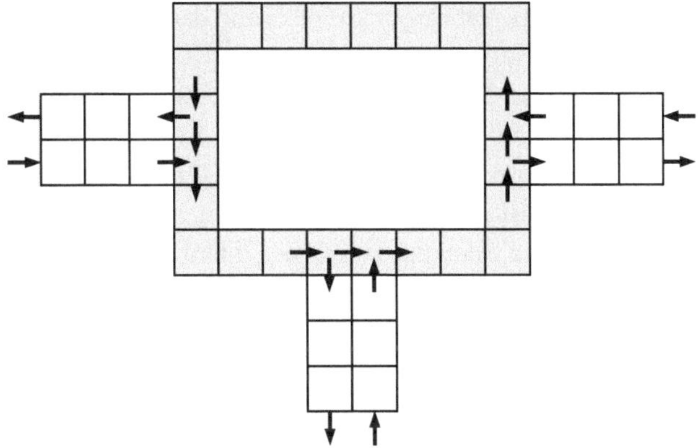

Abb. 8.11 Kreisverkehr mit drei einmündenden Straßen

gemeinen das Auftreten von Grünen Wellen und reduzieren den Verkehrsfluss. Wir müssen sie also sinnvollerweise asynchron takten. Aber wie? Und sollten Rot- und Grünphasen aus Sicht einer Einmündung gleich lang oder unterschiedlich lang sein? Gibt es eine Hauptrichtung über mehrere Kreuzungen, so sollte diese bevorzugt werden. Eine zu große Bevorzugung kann im Extremfall über einen Rückstau auf den Nebenstraßen aber wieder die Hauptstraße an anderer Stelle blockieren. Eine Möglichkeit, für empirisch ermittelten Verkehrsbedarf Ampelschaltungen zu optimieren, ist die Verwendung evolutionärer Algorithmen. Mit dem Ziel einer Maximierung des Flusses in einer Hauptrichtung können so Zeitschaltpunkte und Phasenlängen mit Hilfe der Simulation optimiert werden.

Kreisverkehr. Eine dritte Möglichkeit zur Vorfahrtsregelung sind Kreisverkehre. Wir betrachten den Normalfall, nämlich dass Fahrzeuge Vorfahrt haben, die im Kreisverkehrsring unterwegs sind. Einfahrten in den Kreisverkehr sind für ankommende Fahrzeuge nur blockiert, solange ständig im Kreisverkehr Fahrzeuge vorbeikommen. Wir können den Kreisverkehr selbst als Ringstraße modellieren, die mehrere Zu- und Abfahrten hat, siehe Abb. 8.11.

Die Regeln für ein in den Kreisverkehr einfahrendes Fahrzeug sind recht einfach: Wir müssen nur überprüfen, ob die bei der erlaubten Maximalgeschwindigkeit erreichbaren k Felder von links frei sind. Ist die nächste Einfahrt entgegen der Fahrtrichtung weniger als k Felder entfernt, so müssen auch möglicherweise von dort kommende Fahrzeuge beachtet werden, um Kollisionen auszuschließen. Dadurch kann es jedoch bei zu kleinen Kreisverkehren häufig zu vollständigen Deadlocks kommen. Stattdessen kann man beispielsweise die maximal zulässige Geschwindigkeit für die Einfahrt in den Kreisverkehr reduzieren.

Auch bei Kreisverkehren gibt es weniger Stauungen, wenn die Geschwindigkeit und das Abbiegevorhaben von Fahrzeugen, die im Kreisverkehr von links kommen, mit einbezogen werden. Dazu müssen wir wieder die Geschwindigkeit des anderen Fahrzeugs abfragen bzw. abschätzen und das Vorhaben abfragen können (und damit den Einsatz von Blinkern modellieren).

Reduzieren wir die Größe der Ringstraße soweit wie möglich, so können wir die entstehenden Mini-Kreisverkehre zur Verkehrsregelung von Kreuzungen ohne Vorfahrtsregelung verwenden. Für eine normale Kreuzung mit vier ein- und ausgehenden Straßen könnten wir die Kreuzung selbst mit vier Feldern explizit modellieren. Zu Vermeidung von Deadlocks könnten wir die maximal zulässige Einfahrtsgeschwindigkeit auf $v = 1$ reduzieren und verbieten, dass alle vier Kreuzungsfelder gleichzeitig belegt werden. Eine Beschränkung auf 27 km/h bei Rechts-vor-Links-Verkehr kann ohnehin sinnvoll sein.

Simulieren wir das Verkehrsnetz einer Stadt für die verschiedenen Kreuzungstypen, so stellen wir schnell fest, dass das Vier-Phasen-Modell die Realität nur unzureichend abbildet. Es wird daher auch sehr selten verwendet. Da es in realen Netzen aber an kritischen bzw. viel befahrenen Kreuzungen ohnehin immer Vorfahrtsregelungen über Vorfahrtsstraßen oder Ampelschaltungen gibt, kann es in unkritischeren Wohngebieten Verwendung finden. Ebenso wird aber klar, dass ohne eine ausgeklügelte Schaltung von Ampelphasen oder eine überlegte Anordnung von Vorfahrtsstraßen der Verkehr ebenfalls schnell zusammenbricht und Verkehrsplaner hierbei einiges zu leisten haben.

8.4.3 Pläne und Vorhaben

Haben wir ein reales (oder auch künstliches) Verkehrsnetz modelliert und ist das Verhalten an Kreuzungen geregelt, so bleibt die Frage, wohin ein Fahrzeug fährt, wenn es eine Kreuzung erreicht und mehrere Möglichkeiten zur Weiterfahrt hat. Und wie viele Fahrzeuge sollten wir in einer Simulation in den Straßenverkehr schicken und für wie lange?

Wir können natürlich das Netz mit einer bestimmten Zahl an Fahrzeugen an zufälligen Stellen bevölkern und die Simulation starten. Die einfachste Möglichkeit der Routenwahl ist der Zufall: Ein Fahrzeug, das eine Kreuzung erreicht, würfelt für die durch die Abbiegebeziehungen erlaubten Möglichkeiten zur Weiterfahrt und wählt eine aus. Ist die Wahrscheinlichkeit für alle ausgehenden Straßen gleich groß, und starten alle Fahrzeuge im gleichen Teil des Netzes, so können wir aus der Vogelperspektive einen Diffusionsprozess beobachten: Wir erhalten eine Gleichverteilung der Fahrzeuge über das Straßennetz. Hauptverkehrswege sind viel zu leer und Staus bilden sich an zufälligen Stellen. Es müssen also Daten über reales Verkehrsverhalten gemessen oder geschätzt werden.

Hier hilft die Empirie: Wir messen und zählen Verkehr. Wir müssen in der Simulation am wenigsten ändern, wenn wir auf diese Weise die Wahrscheinlichkeiten pro Kreuzung passend wählen. Dann entscheiden Fahrzeuge, die wir an zufälligen Stellen auf die Straße schicken, die Weiterfahrt an Kreuzungen in Abhängigkeit vom tatsächlichen Verkehrsaufkommen. Damit erhalten wir bereits erste realistische Ergebnisse und können Staus auch zuerst auf den in der Realität am stärksten frequentierten Strecken beobachten.

Einen höheren Grad an Realismus erzielen wir, wenn wir den Verkehrsteilnehmern etwas Individualismus ermöglichen und Fahrer unterschiedlichen Plänen folgen dürfen. Ein kleiner Exkurs: Da wir damit die gleichförmige Behandlung aller Fahrzeuge aufheben, wird manchmal von *Multi-Agenten-Simulation* gesprochen. Jedes Fahrzeug wird dann als autonom handelnder Agent betrachtet, der mit anderen Agenten interagiert, auf seine Umwelt einwirkt und auf sie reagiert. Je mehr zusätzliche Eigenständigkeit (individuelle Höchstgeschwindigkeit, unterschiedliche Trödelfaktoren, Fahrzeuggrößen und Verhaltensmuster, …) wir den Fahrzeugen zuschreiben, desto zutreffender ist diese Betrachtungsweise. Unsere Fahrzeuge werden sich der Einfachheit halber aber weiterhin die meisten Eigenschaften teilen.

Mit Verkehrsbefragungen und -zählungen kann festgestellt werden, welche Routen von wie vielen Verkehrsteilnehmern verfolgt werden. Ziel ist, repräsentative Daten zu erhalten und beispielsweise das Verkehrsaufkommen eines typischen Werktages zu ermitteln. Eine Route ist dabei ein Start-Ziel-Paar von Knoten unseres Netzes. Wir erhalten sogenannte *Origin-Destination-Matrizen* (OD-Matrizen). Dies sind Matrizen, in denen zu jedem Start-Zielknoten-Paar der Eintrag die Häufigkeit liefert, mit der die Route vom Startpunkt zum Zielpunkt im Erfassungszeitraum benutzt wurde.

Jedem Fahrzeug kann ein eigener Plan zugeordnet werden, der einer berechneten Route folgt. Die Routenplanung kann nach den üblichen Kriterien (schnellste, kürzeste, … Strecke) erfolgen. Während der Simulationsdauer können wir dann an den Startpunkten Autos so einfügen, dass die Häufigkeiten über die Gesamtzeit mit denen aus der OD-Matrix übereinstimmen, beispielsweise zu zufälligen Zeitpunkten oder in gleichmäßigen Intervallen. Erreicht ein Verkehrsteilnehmer den Zielpunkt, so wird er aus der Simulation entfernt.

Oft werden bei Verkehrsbefragungen Start und Ziel der Einfachheit halber nur grob erfasst, zum Beispiel in Abhängigkeit von Stadtteilen oder wichtigen Punkten. Dann kann die Erzeugung eines Verkehrsteilnehmers in der Simulation an zufälliger Stelle im jeweiligen Bezirk oder in der Nähe des entsprechenden Punktes erfolgen.

Routenplanung. Die *Wahl der Route* kann statisch oder ad hoc erfolgen. Einfacher als eine neue Ad-hoc-Entscheidung an jeder Kreuzung ist sicherlich die übliche Vorgehensweise, vor Fahrtbeginn die Route statisch zu berechnen und nur bei unvorhergesehenen Ereignissen wie großen Staus oder Straßensperrungen die Route zu aktualisieren. Ziel der meisten Verkehrsteilnehmer ist es, die schnellste Route oder zunehmend auch die kürzeste Route mit dem Ziel der Minimierung der Spritkosten zu verwenden. Algorithmen zur Routenberechnung sind in der Regel einfach auf weitere Kriterien, wie die Vermeidung von Mautstraßen, erweiterbar.

Der wohl bekannteste Algorithmus zur Suche eines kürzesten Weges von einem *Startknoten s* zu einem *Zielknoten z* in kantengewichteten Graphen ist der *Dijkstra*-Algorithmus (nach Edsger Dijkstra, 1930-2002). Die benötigten Voraussetzungen, dass der Graph zusammenhängend sein muss und keine negativen Kantengewichte auftreten dürfen, sind im Verkehrsgraph gegeben (Längen von Straßen sollten nie negativ sein!). Die Grundidee des Algorithmus ist, ausgehend vom Startknoten s so lange immer den Knoten als nächstes zu besuchen, der von s aus betrachtet das geringste Gesamtgewicht besitzt, bis wir den Zielknoten z erreichen. Das Gewicht $g(a)$ eines Knotens a ist beispielsweise die Länge der kürzesten bekannten Strecke von s nach a im Verkehrsgraph.

Etwas formaler definieren wir drei Knotenmengen: Die Menge der bereits besuchten Knoten B, die Menge der Randknoten R, die alle Knoten enthält, die von den besuchten Knoten in einem Schritt (über eine Kante) zu erreichen sind, und die Menge der noch unbekannten Knoten U (alle anderen). Für jeden Knoten a, den wir betrachten, merken wir uns mit $vorg(a)$, von welchem anderen Knoten aus wir zu ihm gekommen sind sowie die Gesamtlänge der kürzesten bekannten Route vom Startknoten aus, d. h. $g(a)$.

Algorithmus 8.3 (Dijkstra)

Zu Beginn gilt $B = \varnothing$, $R = \{s\}$, $U = V \setminus R$ und $g(s) = 0$. Der Startknoten hat sinnvollerweise keinen Vorgänger. Wiederhole

1. Entnehme den Knoten a (aktiver Knoten) mit dem kleinsten Gesamtgewicht aus R. Ist es der Zielknoten z, so sind wir fertig. Ansonsten füge ihn zu B hinzu.
2. Betrachte jeden von a aus direkt erreichbaren Nachbarknoten n. Sein Gesamtgewicht über a ist $d := g(a) + kantengewicht(a, n)$.
   (a) Ist dieser in R, so überprüfe, ob d kleiner ist als das bisher bekannte Gewicht. Wenn ja, so setze $g(n) := d$, $vorg(n) := a$.
   (b) Ist dieser in U, so entnehme ihn aus U und füge ihn zu R hinzu. Setze $g(n) := d$ und $vorg(n) := a$.

so lange, bis der Zielknoten z gefunden wurde (bzw. Abbruch mit Fehler, falls R leer ist). $g(z)$ ist dann die Länge des kürzesten Weges von s nach z. Diesen erhalten wir, wenn wir uns von z aus über die Vorgängerfunktion rückwärts bis s durchhangeln.

Der Dijkstra-Algorithmus findet garantiert den kürzesten Pfad (bzw. einen kürzesten Pfad, falls es mehrere gibt). Praktisch ist, dass das Verfahren nicht davon abhängt, was die Kantengewichte darstellen (solange sie positiv sind). Er kann daher in der Routenplanung ebenso für Kriterien wie beispielweise den schnellsten Weg verwendet werden. Für den schnellsten Weg sind die Kantengewichte die Länge geteilt durch die maximal mögliche oder geschätzte Geschwindigkeit auf dieser Verbindung; für andere Kriterien wie den spritsparendsten Weg können zusätzliche Faktoren einbezogen werden, z. B. ob die Geschwindigkeit konstant gehalten werden kann (wenig Ampeln und Kreuzungen) oder ob viele Steigungen überwunden werden müssen. Soll eine Strecke vermieden werden (Unfall, Baustelle, Stau, Mautstraße, …), so genügt es, das Kantengewicht auf ∞ zu setzen; die Kante muss nicht aus dem Graph entfernt werden.

Für große Netze stellt sich natürlich die Frage nach der praktischen Verwendbarkeit des Algorithmus, d. h. insbesondere die Frage nach der Laufzeitkomplexität: In jedem Schritt müssen wir den Knoten mit dem kleinsten Gewicht aus der Randmenge finden; bei einem vollständigen Graphen (jeder Knoten ist mit jedem verbunden) sind bereits im ersten

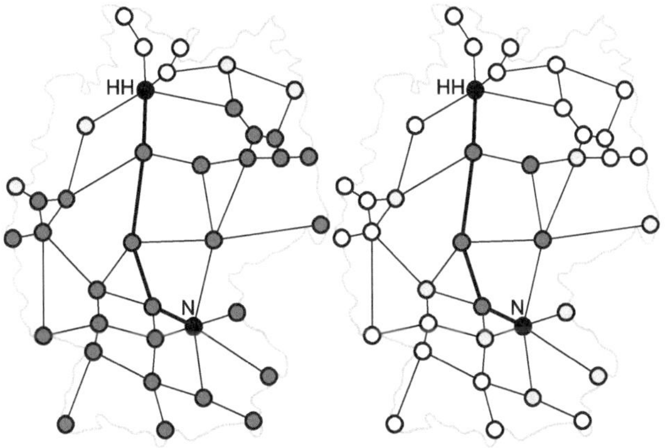

Abb. 8.12 Suche des kürzesten Weges mit Dijkstra (links) und A* (rechts) von Nürnberg nach Hamburg. Randknoten hellgrau, besuchte Knoten dunkelgrau. Ausschnitt aus dem Netz der Bundesautobahnen in Deutschland. Der Vorteil der informierten Suche mit A* ist offensichtlich

Schritt alle Knoten außer dem Startknoten in der Randmenge. Im schlechtesten Fall ist der Zielknoten der letzte, den wir besuchen. Zusätzlich müssen wir jede Kante maximal ein Mal betrachten. Die Komplexität ist damit $\mathcal{O}(|V|^2 + |E|)$. Verwenden wir für die Verwaltung der Randknoten eine geeignete, effiziente Prioritätswarteschlange, aus der sich der Knoten mit minimalem Gewicht mit geringem Aufwand entfernen lässt, so kann der Aufwand von $\mathcal{O}(|V|)$ bei der Verwendung einer verketteten Liste auf $\mathcal{O}(\log|V|)$ bei der eines Fibonacci-Heaps reduziert werden. Die Laufzeitkomplexität ist dann $\mathcal{O}(|V| \cdot \log|V| + |E|)$ und in Verkehrsnetzen $\mathcal{O}(|V| \cdot \log|V|)$, vergleiche Abschn. 8.4.1. Für weiterführende Informationen über Fibonacci-Heaps oder andere Prioritätswarteschlangen verweisen wir auf das Lehrbuch [49].

Abbildung 8.12 zeigt auszugsweise einen Teil der Bundesautobahnen in Deutschland. Im linken Bild wurde mit dem Dijkstra-Algorithmus der kürzeste Weg von Nürnberg nach Hamburg ermittelt. Start- und Zielknoten sind schwarz, die besuchten Knoten dunkelgrau, die Randknoten hellgrau und die unbekannten weiß. Wir können einen Nachteil sehr deutlich sehen: Dijkstra sucht *uninformiert* – wir suchen also gleichmäßig in jede Richtung, auch nach Süden und nicht zielgerichtet in Richtung Norden.

Von *informierter* Suche sprechen wir, wenn wir eine *Heuristik* $h(a)$ für die Restkosten (Entfernung, Dauer, …) vom aktuell betrachteten Knoten a zum Zielknoten angeben und verwenden können. Mit einer Heuristik können wir den Dijkstra-Algorithmus modifizieren zum A^*-Algorithmus. Dieser untersucht immer zuerst die Knoten, die unter Verwendung der Heuristik voraussichtlich am schnellsten zum Ziel führen. Dazu müssen wir nur im ersten Schritt des Dijkstras für das Ermitteln des „kleinsten" Randknotens a statt der reinen Kosten $g(a)$ zusätzlich die geschätzten Restkosten, d. h. $g(a) + h(a)$, verwenden.

Ist die verwendete Heuristik *h zulässig* und *monoton*, d. h., überschätzt *h* nie die Kosten bis zum Ziel und gilt für jeden Nachfolger a' von a, dass $h(a) \leq$ *kantengewicht*(a, a') + $h(a')$, so gilt für den A*-Algorithmus: Er ist optimal (es wird immer eine optimale Lösung gefunden), und er ist optimal effizient: Es gibt keinen anderen Algorithmus, der für die gegebene Heuristik schneller eine Lösung findet. Die für die Suche nach dem kürzesten Weg offensichtliche Heuristik, die Luftliniendistanz des Knotens vom Ziel, ist zulässig und monoton. In Abb. 8.12 zeigt sich der Vorteil der Verwendung des A* im Gegensatz zu der des Dijkstras: Es müssen wesentlich weniger Knoten betrachtet werden.

Der A*-Algorithmus hat die gleiche Zeitkomplexität wie der Dijkstra-Algorithmus; er findet im Allgemeinen jedoch viel schneller eine Lösung. Dennoch stößt auch die Verwendung des A* bei sehr großen Netzen an ihre Grenzen, vor allem aufgrund des Speicherbedarfs, auf den wir hier nicht näher eingehen wollen. Alternativen und, je nach Anwendungsfall, deutliche Verbesserungen können beispielsweise bidirektionale Suchverfahren darstellen, die von Start- und Zielknoten gleichzeitig starten und sich „in der Mitte treffen", sowie hierarchische Methoden, die zwar nicht mehr notwendigerweise den optimalen Pfad finden, aber insbesondere in großen Verkehrsnetzen sehr nützlich und praktisch anwendbar sind: So kann auf nationaler Ebene ein kürzester Weg von der Start- zur Zielstadt unter ausschließlicher Verwendung von außerstädtischen Straßen, ein Weg vom Stadtbezirk zur Stadtgrenze und ein Weg von der konkreten Adresse aus dem Stadtbezirk heraus berechnet und diese geeignet verknüpft werden. Dafür ist eine Unterteilung des Verkehrsnetzes in Bezirke nötig, siehe dazu auch Tabelle 8.1 in Abschn. 8.4.1.

Rush-Hour und Ganglinien. Wenn im Radio oder in den Printmedien im „Stau-Alarm" vor „Monster-Staus" gewarnt wird, dann ist klar: Die Ferien haben begonnen oder gehen zu Ende, Reise- oder Rückreiseverkehr überschwemmt die Autobahnen. Doch auch verlängerte Wochenenden haben ihre Tücken. Bis zu einem gewissen Grad muss man als Verkehrsteilnehmer diese Ausnahmesituationen in Kauf nehmen. Schließlich kann man nicht alle Autobahnen auf doppelt so viele Spuren ausbauen, vor allem, wenn die Kapazitäten ansonsten die größte Zeit des Jahres ausreichen. Gerade für solche Extremsituationen ist es interessant, den Verkehr zu simulieren, um steuernd und regelnd eingreifen zu können. Wir könnten in unserem Modell einfach viel mehr Fahrzeuge gleichzeitig auf die Straßen schicken. Dies genügt jedoch nicht, um realistisch einen Tag mit Reiseverkehr zu simulieren: Wer sehr früh morgens losfährt, der kommt meist vor dem Kollaps des Verkehrs an seinem Ziel an.

Noch deutlicher zeigt der Straßenverkehr in Städten und Ballungszentren, dass unsere bisherigen Methoden, für eine Simulation Verkehrsbedarf zu erzeugen, nicht ausreichen. Berufsverkehr verstopft täglich die Straßen. Das Straßenverkehrsaufkommen hängt stark von der Tageszeit und dem Wochentag ab.

Um diese Phänomene in das Modell integrieren zu können, benötigen wir wieder empirische Messungen. Diese liefern für verschiedene Szenarien eine sogenannte *Ganglinie*, siehe Abb. 8.13. Die Ganglinie zeigt in Abhängigkeit von der Tageszeit für jede volle Stunde, welcher Anteil der Verkehrsteilnehmer im Verkehrsnetz ihre Fahrt beginnen. Es ist deut-

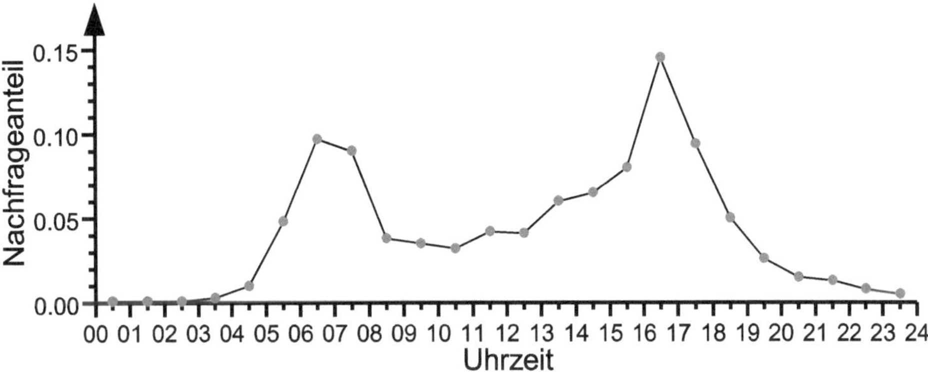

Abb. 8.13 Ganglinie vom Stadtverkehr einer mittelgroßen Stadt, Werktag, nicht Ferienzeit

Abb. 8.14 Kreuzung in Karlsruhe früh am Morgen und zur Rush-Hour. Mehrspurige Straße und inhomogene Verkehrsteilnehmer, dargestellt als Dreiecke mit Richtung, Größe und Geschwindigkeit (Graustufe)

lich ersichtlich, in welchem Zeitraum die Kernarbeitszeiten der meisten Personen sind, die täglich mit dem Fahrzeug zur Arbeit fahren: Die Stoßzeiten des Berufsverkehrs stechen hervor. Im Feierabendverkehr sind mehr Verkehrsteilnehmer unterwegs als zu Arbeitsbeginn, nicht zuletzt da am späten Nachmittag auf den Straßen allgemein mehr los ist als früh am Tage.

In der Simulation können wir mit einer Ganglinie die Fahrzeuge für ein Start-Ziel-Paar aus der OD-Matrix in Abhängigkeit von der Verkehrsnachfrage erzeugen. Dann können wir auch in der Simulation über einen Tag hinweg charakteristisches Verkehrsaufkommen und die typischen Rush-Hour-Staus beobachten, vergleiche Abb. 8.14. Wir können nun ein Straßennetz simulieren, in dem wir viele wichtige Verkehrsphänomene beobachten, Stauprognosen berechnen, die Auswirkungen der Änderungen von Straßenführungen oder einer Straßensperrung ermitteln oder Verkehrsregelungen optimieren könnten.

8.5 Modellverfeinerungen

In diesem Abschnitt sollen exemplarisch einige Möglichkeiten zur weiteren Verbesserung unseres Modells angesprochen werden. Manche, wie die Einführung unterschiedlicher Verkehrsteilnehmer sowie das Zulassen von Überholvorgängen, sind für die Anpassung an realen Verkehr sehr wichtig. Dies hatten wir bereits bei der Diskussion der Fundamentaldiagramme festgestellt. Andere, wie eine feinere Auflösung des Netzes oder die Modellierung von Bremslichtern, sind natürlich wünschenswert, kosten aber eventuell mehr Rechenzeit als sie Nutzen bringen. Welche wie wichtig sind, hängt letztendlich von der konkreten Simulationsaufgabe ab.

Bislang haben wir nur einheitliche Verkehrsteilnehmer betrachtet, die alle dieselbe Maximalgeschwindigkeit $v_{\max}$ haben und erreichen wollen. *Inhomogene Verkehrsteilnehmer* sind auf realen Straßen wesentlich für den Verkehrsverlauf. Wir könnten unterscheiden in z. B.

- Lastkraftwagen oder Traktoren mit einer Länge von zwei Zellen und geringerer zulässiger Maximalgeschwindigkeit,
- Motorräder und Fahrräder, die zu zweit nebeneinander fahren können, und
- „Sonntagsfahrer" bzw. „Fahrer-mit-Hut", die meist am Wochenende und mit höherem Trödelfaktor unterwegs sind.

Besonders wenn wir inhomogene Verkehrsteilnehmer zulassen ist es klar, dass unser einfaches Modell zu unrealistisch ist: Es erlaubt keine *Überholvorgänge*. Dies führt dazu, dass langsame Verkehrsteilnehmer die komplette Straße blockieren und sich unweigerlich alle schnelleren Fahrzeuge aufstauen. Überholvorgänge müssen deshalb mit ins Modell einbezogen werden. Dazu muss die Gegenfahrbahn überprüft werden. Ist diese weit genug frei, um den Überholvorgang sicher abschließen zu können, dann kann ein Fahrzeug überholen. Dabei sind wieder verschiedene weitere Aspekte zu beachten: Das überholende Fahrzeug sollte so wieder einscheren, dass das überholte Fahrzeug nicht abbremsen muss; während des Überholvorgangs wird nicht getrödelt; der Überholte darf während des Überholvorgangs seine Geschwindigkeit nicht erhöhen; …

Besonders auf Autobahnen muss mehrspuriger Verkehr erlaubt werden. Dieser kommt aber auch im innerstädtischen Verkehr vor. Im Modell muss das Rechtsfahrgebot realisiert werden. Ein Spurwechsel darf nur dann vollzogen werden, wenn kein anderes Fahrzeug behindert wird. Es darf bei zwei Spuren kein gleichzeitiger Wechsel von der linken auf die rechte Spur geschehen und umgekehrt. Besonders berücksichtigt werden müssen Auf- und Abfahrten auf Schnellstraßen und Autobahnen sowie Kreuzungen im innerstädtischen Verkehr, bei denen nicht von jeder Spur auf jede andere gewechselt werden darf. Setzen wir mehrere Spuren und Fahrzeuge mit unterschiedlichen Maximalgeschwindigkeiten in unserem Modell um, so kommen die in der Simulation ermittelten Fundamentaldiagramme den auf realen Autobahnen gemessenen sehr nahe.

Bildet sich auf einer Autobahn ein Stau, so kann dies Auswirkungen sowohl auf den Verkehr angrenzender Straßen als auch auf den entfernterer Autobahnen haben: Fahrer versuchen, falls möglich, den Stau örtlich oder auch weiträumig zu umfahren. Um dies ins Modell zu integrieren, müssen Alternativrouten in Abhängigkeit von den relevanten Parametern wie der Staulänge berechnet werden. Dies kann bei der statischen Routenplanung eines Verkehrsteilnehmers geschehen oder als lokale Kurzwegsuche bis zum Erreichen des nächsten Knotens der bisherigen Routenplanung unter Streichung der vom Stau betroffenen Kanten. Anhand des Ergebnisses (Umweg, Abschätzung der Zeit im Stau) muss anhand von Toleranzwerten entschieden werden, ob die Route geändert wird oder nicht.

Um ein realistischeres Verkehrsverhalten zu erzielen, kann auch der Trödelfaktor verfeinert werden. Empirische Beobachtungen zeigen beispielsweise, dass die Trödelwahrscheinlichkeit beim Anfahren bzw. Beschleunigen höher ist als die beim Abbremsen. Dies beeinflusst insbesondere die zeitliche Entwicklung von Staus. Doch auch regionale oder nationale Eigenheiten sowie Eigenschaften von Fahrzeugtypen können abgebildet werden. Im amerikanischen Straßenverkehr sind etwa wesentlich mehr Fahrzeuge mit Tempomat ausgerüstet als in Europa. Dies reduziert die Trödelwahrscheinlichkeit in der Freiflussphase (also bei $v = v_{\max}$) deutlich.

In unserem Modell können Fahrzeuge in Folge der geforderten Kollisionsfreiheit in einer Sekunde problemlos von 135 km/h auf null abbremsen. Im richtigen Straßenverkehr ist das Bremsverhalten abhängig davon, ob der Vordermann und eventuell auch die Fahrzeuge davor bremsen. Die Information über das Bremsen wird dabei über die Bremslichter weitergegeben, wie auf Autobahnen an Stauenden an den sich schnell ausbreitenden Bremsleuchtenwellen demonstriert wird. Die geschätzte Geschwindigkeit des Vordermannes sowie der von der eigenen Geschwindigkeit abhängige Sicherheitsabstand sind zwei weitere Einflussfaktoren. Im Modell müssen wir im Wesentlichen eine vorausschauende Fahrweise realisieren.

Können wir uns aufgrund der zur Verfügung stehenden Rechenkapazität eine höhere Auflösung des Netzes und damit auch der Geschwindigkeitsstufen leisten, so können wir Straßen in feinere Zellen diskretisieren. Bei einer Halbierung der Zelllänge auf 3,75 m würde ein durchschnittliches Fahrzeug zwei Zellen belegen. Bei einer Zeitschrittlänge von 1 s könnten wir dann bei gleicher Maximalgeschwindigkeit zehn Geschwindigkeitsstufen unterscheiden. Mittlerweile gibt es Modelle mit Zelllängen von bis zu 30 cm.

Es sind bereits viele Modellverfeinerungen in der Fachliteratur diskutiert und evaluiert worden. Besonders das Einbeziehen psychologischer Einflussfaktoren eröffnet vielfältige Verbesserungsansätze. Dabei spielt die empirische Ermittlung von Parametern (z. B. die Wahrscheinlichkeit der Wahl einer Alternativroute bei Stau oder die Größe unterschiedlicher Trödelfaktoren) eine wichtige Rolle. Leider sind ausführliche, reale Netzdaten mit ausreichenden Informationen sowie Messdaten meist nur schwer oder sehr teuer zu erhalten.

8.6 Zusammenfassung und Ausblick

Wir haben ein einfaches, auf stochastischen zellulären Automaten basierendes mikroskopisches Verkehrsmodell vorgestellt. Dieses ist trotz aller Modellvereinfachungen aussagekräftig genug, um Straßenverkehr simulieren und Verkehrsphänomene wie Staus aus dem Nichts beobachten und erklären zu können.

Schon bei einem einfachen, rechtwinkligen Straßennetz wie in Mannheim oder Manhattan stellt man fest, dass es ohne Vorfahrtsregeln (besonders Ampeln) bei höherer Verkehrsdichte schnell zum Verkehrskollaps kommt. Verkehr staut sich um Blöcke herum, und es ergeben sich großflächige Deadlocks. Doch auch wenn Ampeln vorhanden sind, macht es einen großen Unterschied, ob die Ampelschaltung einfach oder optimiert ist. Fügt man in ein (künstliches) rechtwinkliges Netz eine Diagonalstraße ein, so kann dies zu einer Störung des Verkehrs an Kreuzungen führen. Genau dies war in Manhattan der Fall: Durch die Sperrung einer großen Diagonalstraße konnte der Verkehrsfluss verbessert werden. Diese hatte verhindert, dass die Grünphasen der ansonsten rechtwinkligen Straßen aufeinander abgestimmt werden konnten [33].

Auf dem einfachen, vorgestellten Grundgerüst basierende mikroskopische Modelle finden und fanden vielfältige Anwendung. In Nordrhein-Westfalen dienen sie zur Stauprognose, mit ihnen wurde der gesamte Individualverkehr der Schweiz simuliert, sie dienen zur Ermittlung von Umweltbelastungen von Straßenverkehr und finden in der Verkehrssimulationssoftware TRANSIMS (entwickelt am Los Alamos National Laboratory [40]) Anwendung zur Simulation, Prognose und Analyse von Auswirkungen des Verkehrs, wie z. B. der Luftqualität.

Des Weiteren können ähnliche, auf zellulären Automaten basierende Modelle für weitere Szenarien entwickelt und angepasst werden. Exemplarisch nennen möchten wir Evakuierungssimulationen. Die „Verkehrsteilnehmer" sind dabei Fußgänger, die sich in einem zweidimensionalen ZA zum Beispiel auf Hexaedern mit einem Durchmesser von 80 cm, dem typischen Platzbedarf eines Menschen, bewegen. Ein Blick in die Literatur zeigt die Vielfältigkeit der Einsatzmöglichkeiten von zellulären Automaten in der Simulation, ob zur Simulation von Gasen oder der Ausbreitung von Waldbränden.

Für eine dritte Variante, Verkehr zu simulieren, wollen wir Verkehr mit speziellen Charakteristiken betrachten, wie er insbesondere in Rechensystemen zu beobachten ist.

Stellen wir uns hierzu einen Rechnerraum an einer Hochschule mit vielen Rechnern vor. Die Rechner sind alle vernetzt, und die Benutzer haben über das Netzwerk die Möglichkeit, an einem zentralen Drucker zu drucken. Es gibt zunehmend Beschwerden, dass es zu lange dauert, bis ein Druckauftrag fertiggestellt ist. Sie haben die Aufgabe, einen neuen Drucker zu kaufen, um das Problem zu lösen. Doch wie schnell und leistungsstark muss der neue Drucker sein, damit seine Kapazität reicht? Ein industrieller Hochleistungsdrucker, wie er für „Zeitung on demand" eingesetzt wird, wäre viel zu teuer, leistungsstark und überdimensioniert. Zudem müssen Sie den Kaufpreis rechtfertigen! Und liegt es überhaupt am Drucker? Wenn nur über einen zentralen Rechner gedruckt werden darf, dann könnte der Engpass auch am Netzwerk liegen. Auf gut Glück einfach einen neuen Drucker kaufen?

Oder betrachten wir ein Telekommunikationsunternehmen. Das Unternehmen hat kräftig Kundenzuwachs bekommen. Muss es nun sein Leitungsnetz ausbauen? Benötigt es neue Verteilerstationen, dickere Leitungen oder zusätzliche Mobilfunkmasten? Und wenn, wo? An welcher Stelle stößt das Netz zuerst an seine Kapazitätsgrenze, wo ist der sprichwörtliche Flaschenhals?

Auch in Systemen, die nichts mit Datenverkehr zu tun haben, müssen solche oder ähnliche Fragestellungen untersucht und beantwortet werden – ob bei der klassischen Postfiliale mit mehreren Schaltern und einer oder mehreren Schlangen, der Mautstation an einem kostenpflichtigen Autobahnabschnitt oder der Prozessplanung in einer Fabrik oder Firma: Wo ist der kritischste Punkt im System? Wie lange müssen Menschen, Fahrzeuge oder Aufträge warten, bis sie an der Reihe sind? Wie viele warten normalerweise gleichzeitig?

Aus Sicht des Besitzers oder Betreibers, also des Administrators, Filialleiters oder Mautunternehmers, sind dies – mal wieder – Teilfragen eines größeren Optimierungsproblems: Wie maximiere ich den Nutzen für gegebene Kosten? Der Nutzen kann dabei natürlich vielfältig sein: etwa höhere Einnahmen durch den Wegfall eines Schalters an der Mautstation oder alternativ durch stärkeres Verkehrsaufkommen wegen kürzerer Wartezeiten

H.-J. Bungartz et al., *Modellbildung und Simulation*, eXamen.press,
DOI 10.1007/978-3-642-37656-6_9, © Springer-Verlag Berlin Heidelberg 2013

bei der Öffnung weiterer Schalter; die Zufriedenheit und eventuell daraus resultierende Bindung von Kunden und vieles mehr. Die einzelnen Optimierungsziele können durchaus im gegenseitigen Konflikt stehen: Beispielsweise sollten in einer Postfiliale idealerweise sowohl die durchschnittliche Wartezeit der Kunden als auch die zu erwartende Untätigkeit des Personals minimiert werden.

Um diese Fragestellungen beantworten zu können, müssen wir den Auftragsverkehr durch die Systeme modellieren und simulieren – wie schon bei der makroskopischen und mikroskopischen Verkehrssimulation in den Kap. 7 und 8. Aufträge sind hier Druckjobs, Telefongespräche, Kunden oder Fahrzeuge. Es stellt sich natürlich die Frage, wieso wir nicht einfach auf die bereits vorgestellten makro- und mikroskopischen Modellierungs- und Simulationstechniken zurückgreifen.

Betrachten wir, welche Aspekte wir aus beiden Welten übernehmen wollen, so stellen wir fest, dass ein alternativer Ansatz sinnvoll ist. Wie bei der makroskopischen Verkehrssimulation interessieren wir uns bei den genannten Szenarien zwar eher für Durchschnittswerte (wenn auch beispielsweise abhängig von der Tageszeit) als für den einzelnen Auftrag; wir wollen jedoch wie bei der mikroskopischen Simulation einzelne Aufträge auflösen – allerdings nicht genauso detailliert: Aus der Sicht eines Druckers ist die Lebensgeschichte eines Druckauftrags nebensächlich. Wichtig ist, wann er ankommt und wie lange es dauert, ihn zu bearbeiten. Wir interessieren uns weniger für das exakte Verhalten der Aufträge zwischen zwei Punkten (räumliche Entwicklung des Straßenverkehrs und genaue Darstellung von Überholvorgängen auf einer langen Straße, Weg zur Post), sondern vielmehr für das Verhalten an bestimmten Punkten (Kreuzung mit Ampel oder Mautstation, Postamt). Zudem können wir nicht davon ausgehen, dass sich beispielsweise Druckaufträge wellenförmig fortbewegen oder meist in Rudeln am Drucker eintreffen.

Die Ereignisse, die einen Auftragseingang auslösen, können für eine Modellierung viel zu vielfältig sein. Mit eingeschränkter, partieller Sicht sind sie unvorhersagbar und können nicht zugeordnet oder angegeben werden. Man muss sich nur überlegen, welche Gründe einen dazu veranlassen können, dass man den Druckknopf betätigt oder ein Telefongespräch führt.

Beides, die eigene partielle Sicht auf die Auftragsverursachung und das Interesse an erwarteten, durchschnittlichen Größen, spricht für ein stochastisches Instrumentarium. Wir wollen daher die *stochastische Simulation* von Verkehr mit *Warteschlangenmodellen* näher betrachten. Für einfache Fälle werden sich die Modelle noch analytisch behandeln und gesuchte Größen berechnen lassen. Für komplexere Systeme werden wir simulieren müssen. Da uns nur die Ereignisse selbst interessieren und nicht die dazwischen liegenden Zeitspannen, werden wir dazu die Zeit nach Ereignissen diskretisieren und diskret und ereignisbasiert simulieren. Vom Instrumentarium in Kap. 2 wird dafür im Wesentlichen der Abschn. 2.3 zu Stochastik und Statistik benötigt.

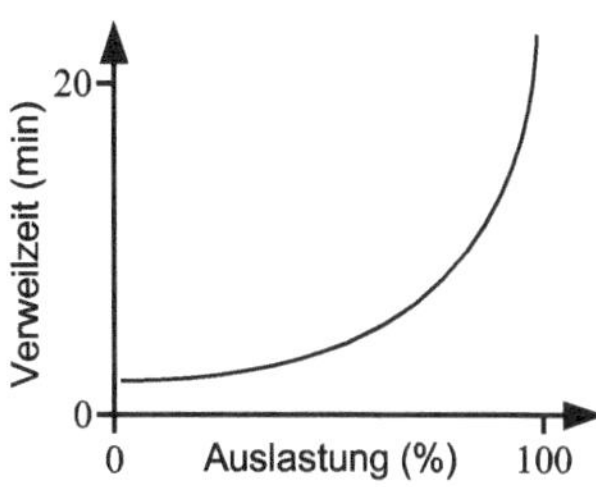

Abb. 9.1 Durchschnittliche Verweilzeit eines Kunden im Postamt in Abhängigkeit von der Auslastung der Schalter (qualitativer Verlauf)

9.1 Modellansatz

Ziel unserer Modellierung eines Systems ist die quantitative Analyse zur Leistungsbewertung. Betrachten wir ein einfaches Beispiel: Der Anschaulichkeit halber ist dies das gute alte Postamt (auch wenn es zunehmend vom Aussterben bedroht ist) und nicht ein Rechensystem oder Telekommunikationsnetzwerk. Optimierungsziele sind beispielsweise, wie bereits beschrieben, sowohl Kunden als auch die Post möglichst glücklich zu machen und damit die Verweilzeit der Kunden in der Filiale zu minimieren und gleichzeitig die Auslastung der Schalter zu maximieren.

Beide Ziele lassen sich jedoch nicht gleichzeitig erreichen. Naheliegende Überlegungen führen zu einem qualitativen Verlauf ähnlich dem in Abb. 9.1. Um quantitativ belastbare Aussagen treffen zu können, z. B. wie groß denn nun die zu erwartende durchschnittliche Wartezeit eines Kunden bei gegebener Auslastung ist, müssen wir zunächst die Post und ihre Umwelt modellieren und können dann das entstandene Modell analysieren und simulieren.

Betrachten wir zunachst das Postamt selbst. Wir können es als einfaches *Warte- und Bediensystem* modellieren, siehe Abb. 9.2. Kunden (*Aufträge*) betreten am Eingang das System Postamt, stellen sich an das Ende einer von möglicherweise mehreren Warteschlangen an und warten, bis sie an einem freien Schalter von einem Angestellten bedient werden. Anschließend verlassen sie am Ausgang das System wieder. Interessante Modellparameter sind, wie viele offene Schalter es gibt, was die einzelnen Schalter bzw. Angestellten können und wie schnell sie sind.

Bei der Modellierung der Umwelt sollten wir nur berücksichtigen, was für das Postamt selbst wichtig ist. Der komplette Weltkontext kann unmöglich mitmodelliert werden. Wir beschränken uns darauf, die beiden Schnittstellen zur Umwelt, Ein- und Ausgang, näher zu betrachten. Gehen wir davon aus, dass Kunden den Laden verlassen, sobald sie bedient wurden, so reduziert sich dies auf den *Auftragseingang* bzw. die Kundenankunft. In welcher Häufigkeit bzw. in welchen Abständen treffen Kunden ein? Was wollen diese (Briefmarken kaufen, Päckchen aufgeben oder abholen, eine Auskunft, ...)?

Für die Eingabeparameter unseres Systems können wir über empirische Messungen typisches Kundenverhalten ermitteln; bei Verkehrszählungen im Straßenverkehr geschieht genau dies. Anschließend können wir entweder die gewonnenen Daten exemplarisch verwenden, z. B. für eine Simulation; oder aber wir leiten Verteilungen bzw. Zusammenhänge

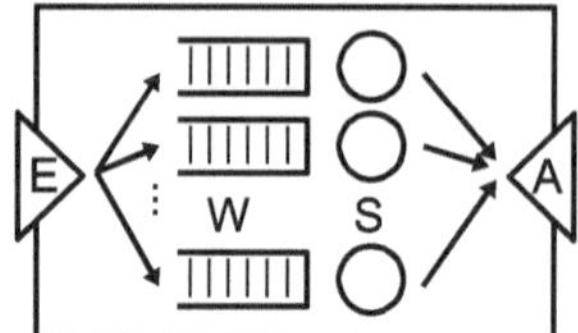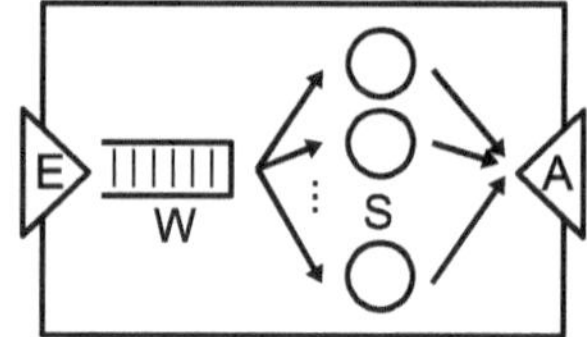

Abb. 9.2 Grundstruktur des Warte- und Bediensystems Postamt. Neben Ein- und Ausgang gibt es eine oder mehrere Warteschlangen (W) sowie Serviceschalter (S)

aus ihnen ab und verwenden diese, um analytisch Aussagen zu gewinnen oder um mit ihrer Hilfe repräsentative Eingabedaten synthetisch zu erzeugen.

Wie immer stehen wir bei der Auswahl der Modellparameter vor den allgegenwärtigen Modellierungsproblemen: Erkennen wir, welche Parameter wichtig sind? Über- oder unterschätzen wir den Einfluss? Erkennen wir alle wichtigen Abhängigkeiten zwischen den Parametern? Und wie gehen wir mit nur schwer oder unmöglich zu modellierenden Einflussgrößen um? (Welchen Einfluss hat das Wetter auf die Zahl der Päckchen, die verschickt werden?) Schwierig zu erfassen sind insbesondere *Feedback-Effekte*: Weil im Postamt bekanntermaßen schnell bedient wird, kommen auch Kunden aus anderen Einzugsbereichen, oder Kunden wechseln die Schlange, weil es in allen anderen Schlangen immer schneller geht als in der eigenen.

Ist unser Modell fertig, so können wir daran gehen, Aussagen über die Leistungsfähigkeit des Postamts oder einzelner Komponenten davon zu treffen. Dazu müssen wir entweder das Modell analytisch untersuchen oder simulieren. Ersteres ist für einfache Probleme oder asymptotisch für Grenzfälle möglich. Werden die Systeme komplizierter, so bleibt uns nur die (numerische) Simulation. Hierfür benötigen wir Techniken der Statistik, wir müssen geeignete Tests durchführen. Die Unabhängigkeit der Beobachtungen muss dabei ebenso sicher gestellt werden wie eine gute „Zufälligkeit" der im Rechner erzeugten *Pseudozufallszahlen*.

9.2 Wartesysteme

Betrachten wir das ganze nun etwas formaler. Im einfachsten Fall sprechen wir von einem *elementaren Wartesystem* (siehe Abb. 9.3), auch *Bedienstation* (BS) genannt. Dieses besteht aus einer *Warteschlange* (WS) (oder auch *Warteeinheit*), in die ankommende Aufträge eingereiht werden, und einer oder mehrerer identischer *Bedieneinheiten* (BE), die Aufträge parallel bearbeiten können. Ein Auftrag beschäftigt immer nur eine Bedieneinheit. Ein Beispiel aus der Rechnerwelt wäre ein Puffer für arithmetische Operationen und mehrere identische ALUs (arithmetisch-logische Einheiten) auf einem Prozessor. Anstelle von m identischen Bedieneinheiten kann man von einer Bedieneinheit mit *Kapazität* m sprechen. Die Warteschlange und die m-fache Bedieneinheit werden auch Funktionseinheiten genannt. Aufträge verlassen nach der erfolgreichen Bearbeitung das Wartesystem.

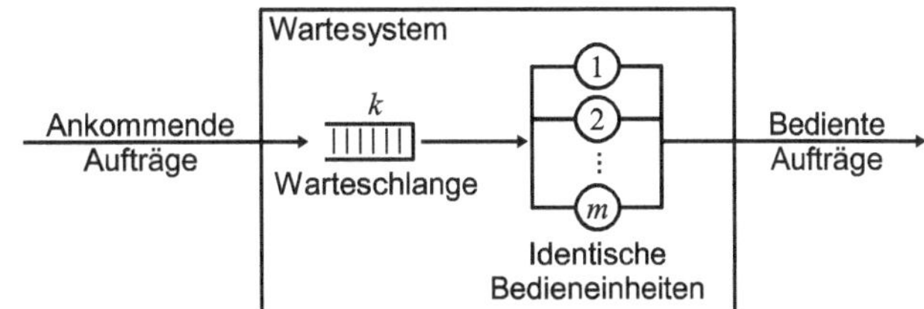

Abb. 9.3 Elementares Wartesystem, bestehend aus einer Warteschlange mit Kapazität k und m identischen Bedieneinheiten

Des Weiteren benötigen wir eine Modellierung der Auftragsabwicklung. Für Auftragseingang und -bedienung stellen sich die Fragen nach „wann?" und „wie lange?". Wichtige Modellparameter sind natürlich die Anzahl der Bedieneinheiten m und die (maximale) Kapazität k der Warteschlange. Und wie kommen Aufträge von der Warteschlange zu einer Bedieneinheit?

9.2.1 Stochastische Prozesse

Betrachten wir zunächst die Ankunft von Aufträgen. Aufträge kommen zu bestimmten Zeitpunkten t_i im Wartesystem an. Zwischen den Ankunftsereignissen verstreichen die Zeitspannen T_i, die *Zwischenankunftszeiten*, vgl. Abb. 9.4. Wir können den Auftragseingang daher sowohl über Zeitpunkte als auch, wie im Folgenden der Fall, über deren zeitliche Abstände beschreiben.

Idealerweise kommen Aufträge deterministisch an, und die Zwischenankunftszeiten sind beispielsweise alle gleich lang. Üblicherweise ist dies nicht der Fall: Ein Ereignis (Kundenankunft, Auftreten eines Bitfehlers, …) kann viel zu viele verschiedene Ursachen haben, als dass wir diese erfassen und modellieren könnten. Wir gehen daher von einem stochastischen Modell aus und nehmen an, dass die Zwischenankunftszeiten einer bestimmten Wahrscheinlichkeitsverteilung gehorchen, die wir angeben können. Die mittlere Anzahl von Aufträgen, die pro Zeiteinheit eintreffen, nennen wir *Ankunftsrate* λ. Sie ergibt sich aus dem Kehrwert der mittleren Zwischenankunftszeit, $\lambda = 1/\overline{T_i}$.

Wir betrachten die Zwischenankunftszeiten T_i somit als *Zufallsvariablen*. $\{T_i, i \in \mathbb{N}\}$ beschreibt dann eine Folge gleichartiger, zeitlich geordneter Vorgänge und wird *stationärer stochastischer Prozess* genannt. Stationär bedeutet, dass die Verteilung der Zahl der Ereignisse im Intervall $[t, t + s]$ nur von der Intervalllänge s und nicht vom Startzeitpunkt t abhängt, d. h., Ankünfte sind völlig zufällig, es gibt keine Stoßzeiten oder Flauten. Anschaulich betrachtet können wir uns vorstellen, dass wir einen Zufallsgenerator verwenden, der uns eine Folge von Zufallszahlen $\{T_i\}$ für Zwischenankunftszeiten liefert, und zwar unabhängig von der Vorgeschichte. (Dies ist für Pseudozufallszahlengeneratoren im Rechner leider nicht der Fall.)

Die Annahme, dass die Zwischenankunftszeiten unabhängig sind und der gleichen Verteilung gehorchen (*iid: independent, identically distributed*) ist dabei nicht notwendigerweise realistisch: Fahrzeuge, die einen Kontrollpunkt an einer Straße passieren, sind z. B.

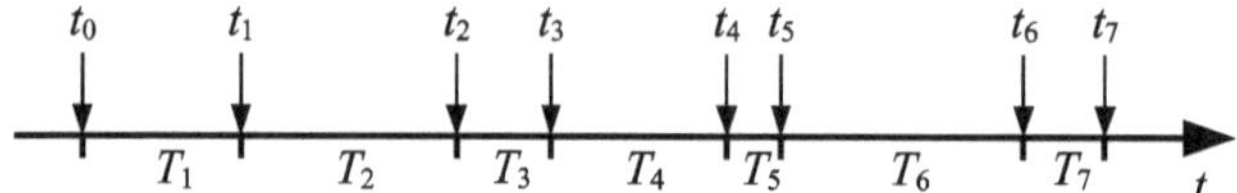

Abb. 9.4 Ereigniszeitpunkte und Zwischenankunftszeiten

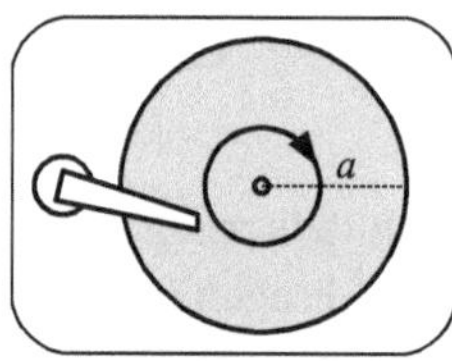

Abb. 9.5 Schematische Darstellung eines Plattenspeichers: Die Restrotationszeit bei zufälligem Auftragseingang beträgt maximal die Dauer einer Umdrehung, a

extrem gesellig, Tagesdurchschnittstemperaturen schwanken abhängig von der Jahreszeit, und der Andrang im Supermarkt variiert stark mit der Tageszeit. Für viele bereits erwähnte Anwendungen ist diese Annahme jedoch nicht zu restriktiv. Dies gilt besonders, wenn wir langfristige Durchschnittswerte betrachten.

Wie sollen wir die gemeinsame Dichte f_T und Verteilung F_T der T_i wählen? Betrachten wir als Beispiel die *Restrotationszeit* eines Plattenspeichers, also die Zeit vom zufälligen Auftragseingang bis zu dem Zeitpunkt, an dem der angefragte Block unter dem Lesekopf durchläuft, siehe Abb. 9.5. Die maximale Restrotationszeit sei a, d. h. die Dauer einer vollständigen Umdrehung des Speichermediums.

Solange wir keine zusätzlichen Angaben über die Verteilung der Blöcke treffen, können wir von einer Gleichverteilung der Daten ausgehen. Dichte und Verteilung der Restrotationszeit sind damit

$$f_T(t) = \begin{cases} a^{-1} & \text{für } t \in [0, a]\,, \\ 0 & \text{sonst} \end{cases} \quad \text{und} \quad F_T(t) = \begin{cases} 0 & \text{für } t < 0\,, \\ t/a & \text{für } 0 \le t \le a\,, \\ 1 & \text{für } t > a\,. \end{cases}$$

Wie erwartet beträgt die im Mittel zu erwartende Restrotationszeit die Hälfte der Umdrehungsdauer: $E(T) = a/2$.

Stellen wir uns vor, wir sind ein externen Beobachter. Wir warten seit Beginn der Anfrage darauf, dass der gewünschte Block unter dem Lesekopf eintrifft. Ist dabei bereits die Zeit t vergangen, so interessiert uns die Wahrscheinlichkeit, dass das Ereignis „jetzt gleich" im nachfolgenden Intervall $[t, t + \delta t]$ eintritt, also die bedingte Wahrscheinlichkeit

$$P(T \le t + \delta t \,|\, T > t) = \frac{P(t < T \le t + \delta t)}{P(T > t)} = \frac{F_T(t + \delta t) - F_T(t)}{1 - F_T(t)}\,.$$

Sie wächst mit zunehmendem δt monoton (als Verteilungsfunktion ist F_T monoton steigend).

Betrachten wir den Grenzwert für $\delta t \to 0$, so erhalten wir die sogenannte *Ausfallrate* (engl. hazard rate)

$$h_T(t) := \lim_{\delta t \to 0} \frac{P(T \le t + \delta t \mid T > t)}{\delta t} = \frac{f_T(t)}{1 - F_T(t)} \,.$$

Sie beschreibt die momentane Rate, mit der zu einem Zeitpunkt t ein Ereignis eintritt bzw. mit der der Zustand wechselt, wenn dies bis zum Zeitpunkt t noch nicht der Fall war. $h_T(t)$ heißt Ausfallrate, da sie eine wichtige Größe bei der Beschreibung von „Ausfällen" darstellt (Ausfall einer Maschine, radioaktiver Zerfall, Verkauf eines Produkts, …).

Im Beispiel der Restrotationszeit erhalten wir

$$h_T(t) = \begin{cases} \frac{1}{a-t} & \text{für } 0 \le t \le a \,, \\ 0 & \text{sonst} \,, \end{cases}$$

was uns nicht überrascht. Vor dem Zeitpunkt t ist das Ereignis nicht eingetreten – so lange haben wir bereits gewartet. Bis zum Zeitpunkt a muss es eintreten, d. h., je näher t an a herankommt, desto zwingender muss der gesuchte Block „sofort" am Lesekopf vorbei kommen. Nach dem Zeitpunkt a kann das Ereignis ohnehin nicht mehr eintreten.

Spannender wird es, wenn wir wieder zum Beispiel des Postamts zurückkehren, den anfangs beschriebenen Netzwerkdrucker betrachten oder die Zeitdauer beobachten, bis der nächste Todesfall im preußischen Heer durch einen versehentlichen Pferdetritt eintritt (was wir später wieder aufgreifen werden). Wie sehen Wahrscheinlichkeitsdichte und -verteilung der Kunden- oder Druckauftragsankünfte oder Pferdetritterereignisse aus? Alle drei Beispiele haben gemeinsam, dass es sehr viele unabhängige, aber unwahrscheinliche Gründe für das eintretende Ende des Zeitintervalls gibt. Das *Ereignisrisiko* ist immer gleich hoch und unabhängig davon, wie lange wir schon warten.

Für die Ausfallrate bedeutet das, dass sie konstant ist, etwa $h_T(t) := \lambda$. Wir können mittels $f(t) = F'(t)$, *Separation der Variablen* und der allgemeinen *Normalisierungsbedingung*

$$\int_{-\infty}^{+\infty} f_T(t)\,\mathrm{d}t = 1$$

die zugehörigen Dichte- und Verteilungsfunktionen der Zwischenankunftszeiten bestimmen zu

$$f_T(t) = \begin{cases} \lambda e^{-\lambda t} & \text{für } t \ge 0 \,, \\ 0 & \text{für } t < 0 \end{cases} \qquad \text{und} \qquad F_T(t) = \begin{cases} 1 - e^{-\lambda t} & \text{für } t \ge 0 \,, \\ 0 & \text{für } t < 0 \,, \end{cases}$$

einer *Exponentialverteilung* mit Parameter λ. Der Erwartungswert der Zwischenankunftszeit ist $E(T) = 1/\lambda$.

Gehen wir noch einen Schritt weiter und zählen mit der Funktion $N(t)$ die Ereignisse in einem Zeitintervall der Länge t. Dann ist $N(t)$ *Poisson-verteilt* mit Parameter $\vartheta = \lambda t$,

d. h.

$$P(N(t) = i) = \frac{e^{-\vartheta} \cdot \vartheta^{i}}{i!} \, .$$

Der Erwartungswert ist dann

$$E(N(t)) = \vartheta = \lambda t \, ,$$

d. h., wir können λ Ereignisse pro Zeiteinheit erwarten. Dies macht auch anschaulich Sinn: Wenn der Erwartungswert der Zwischenankunftszeiten z. B. $E(T) = 1/\lambda = 1/2 \, \text{min}$ ist, so erwarten wir im Schnitt $E(N(1)) = \lambda = 2$ Ankünfte in einer Minute.

$\{N(t), t \geq 0\}$ ist wieder ein stochastischer Prozess, ein *Poisson-Zählprozess*, dessen Zwischenankunftszeiten negativ exponentialverteilt sind mit Parameter λ. Mit $X := N(1)$ ist X ebenfalls Poisson-verteilt, jedoch mit Parameter λ ($= \vartheta$). Der Parameter λ wird daher auch *Ereignisrate* oder, im Falle eines *Ankunftsprozesses*, *Ankunftsrate* genannt.

Dass das Zählen eines Ereignisses, das viele unabhängige, unwahrscheinliche Gründe haben kann, Poisson-verteilt ist, stellte schon früh Ladislaus von Bortkewitsch fest, der einen über 20 Jahre gesammelten Datensatz analysierte [10]. In diesem ist die Zahl der in der preußischen Armee durch Hufschlag Getöteten nach Armeekorps und Kalenderjahr aufgelistet. Die zugrunde liegende Annahme der *Gedächtnislosigkeit* (die Wahrscheinlichkeit, tödlich von einem Pferd getreten zu werden, ist immer gleich groß und unabhängig vom letzten Todesfall) hat weitreichende Folgen, wie im nächsten Abschnitt verdeutlicht wird.

Das Wartezeitparadoxon Wussten wir nicht schon immer, dass der nächste Bus genau dann viel länger auf sich warten lässt, wenn wir zur Bushaltestelle kommen? Interessanterweise ist das keine Einbildung – vorausgesetzt, die Busse halten sich nicht an den Fahrplan und erscheinen mit exponentialverteilten Zwischenankunftszeiten! Dieses Phänomen wird *Wartezeitparadoxon* oder in der englischen Literatur auch *Hitchhiker's Paradox* genannt.

Ähnlich geht es nämlich einem Anhalter, der an eine Landstraße kommt. Die Zeitspannen T_i (Zwischenankunftszeiten) zwischen vorbeifahrenden Fahrzeugen an einem Punkt der Landstraße seien unabhängig und negativ exponentialverteilt mit Erwartungswert $E(T) = \gamma = 10 \, \text{min}$ (d. h. mit Parameter $1/\gamma$). Der Anhalter trifft zu einem zufälligen Zeitpunkt t_0 an dieser Stelle ein. Wenn die Intervalle zwischen zwei Fahrzeugen im Durchschnitt 10 min lang sind, wie lange muss der Anhalter erwartungsgemäß warten, bis das nächste Auto vorbeikommt? Es sind nicht, wie man intuitiv annehmen könnte, $\frac{1}{2} E(T) = 5 \, \text{min}$.

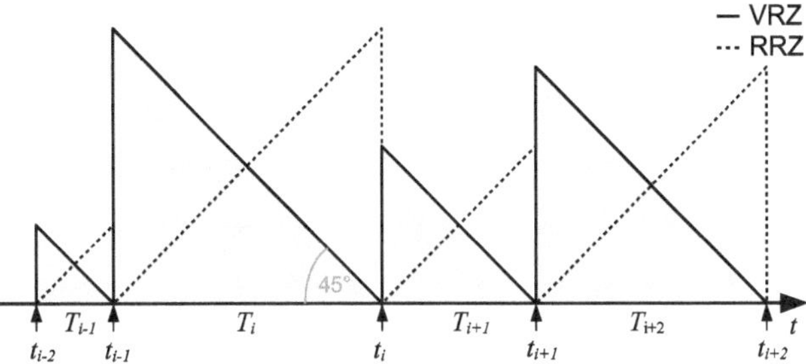

Abb. 9.6 Wartezeitparadoxon: Darstellung der Restzeit (Vorwärtsrekurrenzzeit, VRZ) und der bereits vergangenen Zeit (Rückwärtsrekurrenzzeit, RRZ) beim Warten auf das nächste Ereignis

Der Grund liegt in der Gedächtnislosigkeit der Exponentialverteilung. Wie groß ist die *Restzeit* bis zum Ereignis, nachdem bereits die Zeit t_0 verstrichen ist? Es gilt

$$F_{T|T>t_0}(t) = P(T \le t \mid T > t_0) = \frac{F_T(t) - F_T(t_0)}{1 - F_T(t_0)}$$

$$= \frac{1 - e^{-\frac{1}{\gamma}t} - 1 + e^{-\frac{1}{\gamma}t_0}}{1 - 1 + e^{-\frac{1}{\gamma}t_0}} = 1 - e^{-\frac{1}{\gamma}(t-t_0)} = F_T(t - t_0) \,,$$

die Restzeit ist verteilt wie T selbst. Für den Erwartungswert folgt

$$E(T \mid T > t_0) = t_0 + E(T) = t_0 + \gamma \,.$$

Entsprechendes gilt für die bereits verstrichene Zeit. Für den Anhalter bedeutet das, dass erwartungsgemäß das letzte Auto vor $E(T) = \gamma = 10\,\text{min}$ vorbeikam, er aber das nächste auch erst in $E(T) = \gamma = 10\,\text{min}$ erwarten kann. Er landet, so paradox das klingen mag, somit in einem Intervall, das durchschnittlich doppelt so lang ist wie $E(T)$.

Betrachten wir die Situation, in der ein außenstehender Beobachter zu einem zufälligen Zeitpunkt auf das Geschehen blickt, noch etwas genauer und für beliebige Verteilungen der Zwischenankunftszeiten. Abbildung 9.6 zeigt die schematische Darstellung der Situation, bei der die Restzeit (*Vorwärtsrekurrenzzeit*, VRT) und die bereits verstrichene Zeit (*Rückwärtsrekurrenzzeit*, RRZ) in Abhängigkeit vom Beobachtungszeitpunkt eingetragen sind. Fällt unser Beobachtungszeitpunkt auf den Anfang eines Intervalls, so haben wir die gesamte Intervalllänge noch vor uns, am Ende des Intervalls steht das Ereignis direkt bevor, und dazwischen nimmt die verbleibende Restzeit linear ab.

Wie groß ist die zu erwartende Restzeit? Über die Flächen der Sägezähne können wir sie berechnen: Für n Intervalle $T_1, \ldots, T_n$ von t_0 bis t_n ist die durchschnittliche Restzeit

$$\overline{\text{VRZ}} = \frac{\int_{t_0}^{t_n} \text{VRZ}(t)\,dt}{t_n - t_0} = \frac{\sum_{i=1}^{n} \frac{1}{2} T_i^2}{\sum_{i=1}^{n} T_i} = \frac{1}{2} \frac{\frac{1}{n} \sum_{i=1}^{n} T_i^2}{\frac{1}{n} \sum_{i=1}^{n} T_i} \,.$$

Im Grenzwert für $n \to \infty$ erhalten wir den Erwartungswert

$$E(\text{VRZ}) = \frac{1}{2}\frac{E(T^2)}{E(T)}$$

und mit Standardabweichung $\sigma(T)$ und Variationskoeffizient $\rho(T)$ daraus

$$E(\text{VRZ}) = \frac{1}{2}\frac{\sigma(T)^2 + E(T)^2}{E(T)} = \frac{E(T)}{2}\left(1 + \frac{\sigma(T)^2}{E(T)^2}\right) = \frac{E(T)}{2}\left(1 + \rho(T)^2\right)\ .$$

Gleiches gilt natürlich auch für die Rückwärtsrekurrenzzeit. Der Erwartungswert der Restzeit hängt damit direkt von $\rho(T)$ ab, also davon, wie stark die Zufallsvariable T *streut*:

- Wenn die Busse sich an der Bushaltestelle an den Fahrplan halten und deterministisch alle 10 min ankommen, so ist $\rho(T) = 0$, und unsere Welt ist in Ordnung: Wir müssen bei zufälliger Ankunft an der Bushaltestelle durchschnittlich $E(\text{VRZ}) = E(T)/2 = 5\,\text{min}$ warten.
- Bei Gleichverteilung auf $[0, a]$ wie im Falle der Restrotationszeit wird der Erwartungswert der Zwischenankunftszeiten aus Sicht eines externen Beobachters immerhin noch unterschritten: Bei $E(T) = a/2$ und $\rho(T) = 1/\sqrt{3}$ ist $E(\text{VRZ}) = a/3 = 2/3\,E(T) < E(T)$.
- Kommen Autos oder Busse sechs Mal in der Stunde zufällig mit exponentialverteilten Zwischenankunftszeiten an, so tritt mit $\rho(T) = 1$ der Fall ein, den unser Anhalter erleiden musste: $E(\text{VRZ}) = E(T)$.
- Bei einem Prozess mit $\rho(T) > 1$ ist schließlich die zu erwartende Restzeit für einen Beobachter größer als die durchschnittliche Länge der Zwischenereignisintervalle!

Anschaulich betrachtet heißt dies: Je stärker die Zwischenankunftszeiten streuen, desto größer ist die Wahrscheinlichkeit für einen externen Beobachter, in einem großen Intervall zu landen und die kurzen Intervalle nicht wahrzunehmen.

Stochastische Prozesse und dabei besonders Poisson-Prozesse treten bei den verschiedensten Anwendungen auf; überall dort, wo zeitlich geordnete, zufällige Vorgänge auftreten oder benötigt werden, z. B. in der Finanzmathematik oder der Physik.

Für die Bearbeitung von Aufträgen gelten die gleichen Überlegungen wie für die Ankunft von Aufträgen. Bei dem Beispiel der Restrotation hatten wir auf die Ankunft eines Blockes unter dem Lesekopf gewartet: ebenso hätten wir von der Länge der Auftragsbearbeitung der Leseanfrage und von einem *Bedienprozess* sprechen können. Anstelle von Zwischenankunftszeiten T sprechen wir dann von *Bearbeitungs-* oder *Bedienzeiten B*, anstelle von der Ankunftsrate λ von der *Bedienrate μ*.

9.2.2 Klassifizierung elementarer Wartesysteme

Zur einheitlichen Beschreibung von Wartesystemen hat sich die sogenannte *Kendall-Notation* durchgesetzt,

$$A/B/m[/k/n/D]\,.$$

Die ersten drei Parameter gehen auf Kendall selbst zurück und beschreiben

A: die Verteilung der Ankünfte (bzw. den *Ankunftsprozess*),
B: die Verteilung der Bedienzeiten (bzw. den *Bedienprozess*) und
m: die Anzahl identischer, parallel arbeitender Bedieneinheiten.

Um eine größere Bandbreite an Wartesystemen beschreiben zu können, wurden sie erweitert um bis zu drei weitere, optionale Parameter, nämlich

k: die Größe oder Kapazität der Warteschlange,
n: die Anzahl aller in Frage kommenden Aufträge (Weltpopulation) und
D: die Disziplin der Warteschlange (bzw. die *Bedienstrategie*).

Ankunftsprozess A und Bedienprozess B sind stochastische Prozesse. Die Zwischenankunfts- und Bedienzeiten unterliegen jeweils einer bestimmten Verteilung. Bei m identischen Bedieneinheiten können bis zu m Aufträge gleichzeitig und unabhängig voneinander mit gleicher Bedienrate bearbeitet werden.

Der vierte Parameter, die Kapazität der Warteschlange k, ist die maximale Anzahl an Aufträgen, die auf die Auftragsbearbeitung warten können. Kommen weitere Aufträge an, so werden diese abgewiesen. Wird der Parameter nicht angegeben, so wird $k = \infty$ angenommen.

Die Größe der Weltpopulation n stellt die maximal mögliche Anzahl aller in Frage kommenden Aufträge dar. Sie ist vor allem von Interesse, wenn geschlossene Wartesysteme betrachtet werden, wenn also Aufträge das System nicht verlassen, sondern dauerhaft weiter bearbeitet werden. Im Falle offener Systeme entfällt dieser Parameter meist, und es gilt $n = \infty$.

Zuletzt fehlt noch die *Warteschlangendisziplin D*. Sie beschreibt, in welcher Reihenfolge die wartenden Aufträge bedient werden. Dabei wird unterschieden in *nicht verdrängende* und *verdrängende Bedienstrategien*. Nicht verdrängende haben den Vorteil, dass kein zusätzlicher Overhead durch den Abbruch von Aufträgen, die gerade bearbeitet werden, entsteht. Man spricht von einer *fairen Bedienstrategie*, wenn es nicht passieren kann, dass ein Auftrag unendlich lange wartet, während ein später angekommener Auftrag nur endlich lange warten muss. Typische nicht verdrängende Strategien sind unter anderem:

- *Zufall*: Der nächste Auftrag wird zufällig ausgewählt.
- *FCFS* (first-come-first-served): Wie im Postamt kommt der erste in der Schlange zuerst dran.

- *LCFS* (last-come-first-served): Die typische Arbeitsplatzstrategie – neue Aufträge kommen auf den Stapel, abgehoben wird von oben; der unterste Auftrag hat Pech.
- *Prioritätsbasiert*: Der wichtigste Auftrag zuerst – praktisch bei der Notaufnahme im Krankenhaus.

Bei verdrängenden Strategien kann es nicht passieren, dass ein großer Auftrag das Wartesystem über einen langen Zeitraum völlig beanspruchen kann, was bei stark streuenden Bedienzeiten einen gewissen Grad an „Fairness" sicherstellt. Zudem kann bedienzeitabhängig gearbeitet werden, ohne dass man die genauen Bedienzeiten oder zumindest B kennen muss. Der Nachteil bei verdrängenden Strategien ist der Overhead, der durch den Verdrängungsmechanismus entsteht: Ein sich bereits in der Bearbeitung befindender Auftrag muss so angehalten und der aktuelle Zustand gesichert werden, dass er zu einem späteren Zeitpunkt wieder fortgesetzt werden kann. Ist im Rechner die Bearbeitungszeit pro Auftrag so kurz, dass sie nahezu vollständig dafür benötigt wird, den letzten Zustand wiederherzustellen, so tritt Seitenflattern auf: Die Prozesse benötigen mehr Zeit für das Nachladen von Seiten aus dem Speicher als für die Ausführung. Beispiele für verdrängende Strategien sind:

- *RR* (round robin): Jeder Auftrag wird der Reihe nach eine feste Zeitspanne bedient. Ist er dann noch nicht fertig, wird er verdrängt und ans Ende der Warteschlange gereiht, die FCFS abgearbeitet wird. Bei kleinen Zeitscheiben wird auch von PS (processor sharing) gesprochen, da dies dem Multitasking von Betriebssystemen entspricht.
- *LCFS-preemptive*: Ein neu ankommender Auftrag kommt sofort dran.
- *Prioritätsbasiert, statisch*: Ein neu ankommender Auftrag mit höherer Priorität verdrängt den in Arbeit befindlichen Auftrag – der typische „Machen Sie schnell!"-Auftrag vom Chef.
- *Prioritätsbasiert, dynamisch*: Die Auftragsprioritäten können sich mit der Zeit ändern, wie z. B. bei SET (shortest elapsed time, die minimale bisherige Bedienzeit gewinnt) oder SERPT (shortest expected remaining processing time).

Allgemein betrachtet wird das Modell bei Verdrängung für analytische Untersuchungen wesentlich komplizierter, da die Berechnung von Bedien- und Wartezeiten aufwändiger wird. Für die Simulation ist es erforderlich, sich Gedanken über eine effiziente Realisierung der Warteschlange zu machen und eine für die gewählte Disziplin optimierte Datenstruktur zu wählen. Wird die Warteschlangendisziplin nicht angegeben, so wird von FCFS ausgegangen.

9.2.3   Beispiele zur Kendall-Notation

Typische Kurznotationen für die Verteilung von Zwischenankunfts- und Bedienzeiten sind:

D: Deterministische Verteilung, konstante Zeitintervalle, keine Stochastik

M: Exponentialverteilung („memoryless")

G: Allgemeine (generelle) Verteilung, d. h. beliebig verteilt. Sehr mächtig, aber auch komplex

Ein paar Beispiele für die Kendall-Notation sind

$M/M/1$: Ein einfaches (und trotzdem interessantes) nichtdeterministisches System. Es handelt sich um ein *Ein-Server-Wartesystem*, bei dem Ankunfts- und Bedienprozess exponentialverteilt sind. Hierzu müssen wir nur die Ankunfts- und Bedienraten λ und μ kennen. Es ist einfach und behandelbar und eignet sich zur Approximation grundlegender realer Systeme wie einem Postamt mit einem Schalter.

$M/G/1$: Wissen wir mehr über den Bedienprozess, so können wir für diesen eine bessere Verteilung wählen. Ist das Auftreten von Fehlern bei Maschinen in einer Fabrik ein Poisson-Prozess, da gedächtnislos, können wir aber aus Erfahrung neben dem Erwartungswert der Reparaturzeiten auch die Varianz oder gar die Verteilung des einzigen Mechanikers angeben, so können wir $M/G/1$ wählen. Ein weiteres Beispiel ist die Simulation einer Recheneinheit (CPU).

$G/M/1$: Hier modellieren wir zusätzliches Wissen über die Umwelt, nicht aber über die Bedienung; geringeres Anwendungspotenzial.

$G/G/n$: Ein flexibles *Multi-Server-System*, das aber kaum noch analytisch behandelbar ist.

9.2.4 Leistungskenngrößen und erste Ergebnisse

Mit diesen Vorarbeiten können wir uns nun den Leistungskenngrößen des Wartesystems zuwenden. Eine besonders aus Sicht eines Kunden wichtige Größe ist die *Verweilzeit y*. Sie ist die Zeit, die ein Auftrag von Auftragsbeginn bis Fertigstellung im Wartesystem verbringt. Dies entspricht der Summe der *Wartezeit w* und der *Bedienzeit b*, d. h. $y = w + b$.

Die *Füllung f* gibt für eine Funktionseinheit oder das ganze Wartesystem die Anzahl der darin verweilenden Aufträge an. Man unterscheidet zwischen *leeren* ($f = 0$), *beschäftigten* und *belegten* (alle Warteplätze oder Bedieneinheiten sind besetzt) Funktionseinheiten bzw. Wartesystemen. Bei $f = 1$ gilt $w = 0$ und damit $y = b$, d. h., die Verweilzeit entspricht der Bedienzeit.

Der *Durchsatz d* ist die mittlere Anzahl der in einem Zeitintervall vollendeten Aufträge. Für eine reine Warteschlange entspricht der langfristige Durchsatz der Ankunftsrate, $d = \lambda$, und für eine Bedieneinheit der Bedienrate, $d = \mu$. Betrachten wir ein elementares Wartesystem, so müssen wir zwei Fälle unterscheiden: Für $\lambda < \mu$ entspricht der langfristige Durchsatz der Ankunftsrate, für $\lambda \geq \mu$ der Bedienrate (bei ständig wachsender Länge der Warteschlange). Der *Grenzdurchsatz c* ist definiert als der maximal mögliche Durchsatz.

Die *Auslastung* $\rho = d/c$ ist der relative Durchsatz. Bei einem voll ausgelasteten Wartesystem ist $\rho = 1$. Ist die Kundenankunftsrate größer als der Grenzdurchsatz c, so ist die

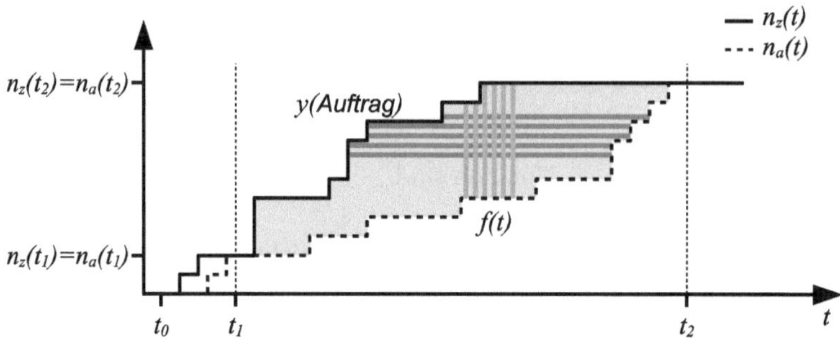

Abb. 9.7 Veranschaulichung der Formel von Little: Anzahl der Zugänge $n_z(t)$ und der Abgänge $n_a(t)$ im Intervall $[t_1, t_2]$. y(Auftrag) ist die Verweilzeit in Abhängigkeit vom Auftrag, $f(t)$ die zeitabhängige Füllung des betrachteten Systems

Bedieneinheit langfristig ausgelastet; Kunden müssen sich an das Ende einer immer länger werdenden Schlange stellen und sich auf wachsende Wartezeiten einstellen. Bei einem nur wenig ausgelasteten Wartesystem ($\rho \approx 0$) können Kunden meist gleich bei der Ankunft bis zu einer freien Bedieneinheit gelangen, ohne warten zu müssen, vgl. die anfangs gezeigte Abb. 9.1.

Formel von Little Betrachten wir für ein gegebenes Wartesystem den Zusammenhang zwischen den Leistungskenngrößen Füllung, Durchsatz und Verweilzeit, so lernen wir einen zentralen Satz der Verkehrstheorie kennen, die *Formel von Little*. Dazu messen wir die Anzahl der Zugänge $n_z(t)$ und der Abgänge $n_a(t)$ seit einem Startzeitpunkt t_0. Dann ist $f(t) = n_z(t) - n_a(t)$ die Füllung zum Zeitpunkt t, siehe Abb. 9.7.

Wir betrachten nun eine Zeitspanne $[t_1, t_2]$, zu deren Beginn und Ende das System leer ist, d. h. $f(t_1) = f(t_2) = 0$. Dort gilt für den Durchsatz

$$d(t_1, t_2) = \frac{n_a(t_2) - n_a(t_1)}{t_2 - t_1} ,$$

für die mittlere Füllung

$$\overline{f}(t_1, t_2) = \frac{1}{t_2 - t_1} \int_{t_1}^{t_2} f(t)\, \mathrm{d}t$$

und analog für die mittlere Verweilzeit

$$\overline{y}(t_1, t_2) = \frac{1}{n_a(t_2) - n_a(t_1)} \int_{t_1}^{t_2} f(t)\, \mathrm{d}t .$$

Zusammen ergibt sich aus diesen drei Größen die Formel von Little:

$$\overline{f}(t_1, t_2) = d(t_1, t_2)\, \overline{y}(t_1, t_2) . \tag{9.1}$$

Tab. 9.1 Kenngrößen von elementaren Wartesystemen im Überblick

Ankunftsrate	λ	
Bedienrate	μ	
Wartezeit	W bzw. w	
Bedienzeit	B bzw. b	
Verweilzeit	Y bzw. y	$E(Y) = E(W) + E(B)$
Durchsatz	D bzw. d	
Füllung	F bzw. f	$E(F) = E(D) \cdot E(Y)$
Grenzdurchsatz	c	
Auslastung	ρ	$\rho = E(D)/c$

Statt der operational/deterministischen Betrachtungsweise können wir die Formel von Little stochastisch über Erwartungswerte von Zufallsvariablen schreiben als

$$E(F) = E(D)\, E(Y) \,. \tag{9.2}$$

Im Folgenden werden wir meist Erwartungswerte verwenden, die Leistungskenngrößen als Zufallsvariablen betrachten und diese als Großbuchstaben schreiben.

Die Formel von Little spielt bei der Leistungsanalyse eine große Rolle. Sie gilt genauso für elementare Wartesysteme wie für die Warteschlange oder die (m-fache) Bedieneinheit für sich alleine – wir müssen nur die entsprechenden Größen einsetzen. Sie gilt sogar für nahezu alle Wartesysteme und Teilsysteme, unabhängig von der Verteilung der Ankunfts- und Bedienzeiten, der Anzahl der Bedieneinheiten und der Warteschlangendisziplin. Die Formel von Little kann insbesondere verwendet werden, um aus zwei der Größen die dritte zu berechnen oder die Konsistenz von in der Simulation oder durch Messungen gewonnenen Daten zu prüfen, analog der Zustandsgleichung in der makroskopischen Verkehrssimulation (siehe Kap. 7).

Abschließend zeigt Tab. 9.1 nochmals die wichtigsten Kenngrößen von elementaren Wartesystemen im Überblick (Großbuchstaben stochastisch, Kleinbuchstaben deterministisch).

Aus diesen können wir als Resultate ableiten: Beim Grenzdurchsatz des Wartesystems entscheidet nur der Grenzdurchsatz der m-fachen Bedieneinheit. Dieser ist m Mal so groß wie der der (identischen) einfachen Bedieneinheiten,

$$c_{\mathrm{BE}} = \frac{m}{E(B)} = m \cdot c_{\mathrm{BE}^{(1)}} \,,$$

für die Auslastung gilt somit

$$\rho = \frac{E(D)}{c_{\mathrm{BE}}} \,,$$

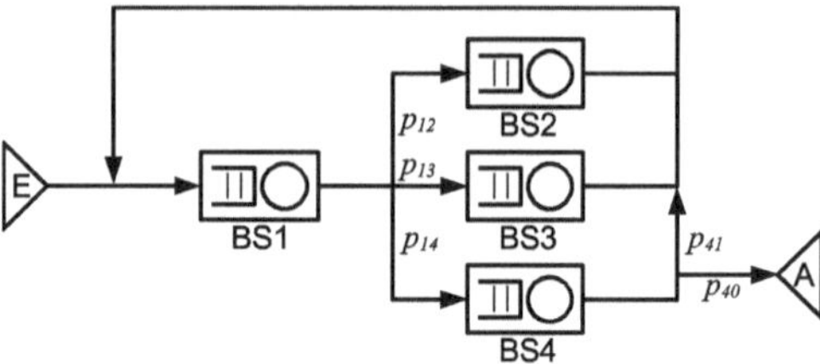

Abb. 9.8 Warteschlangennetz, bestehend aus Eingabe- und Ausgabeeinheit sowie vier Bedienstationen

und für die Erwartungswerte der Füllungen von Warteschlange, Bedieneinheit und Wartesystem

$$E(F_{WS}) = E(D)\,E(W)\,,$$
$$E(F_{BE}) = E(D)\,E(B)\,,$$
$$E(F) = E(D)\,E(Y) = E(D)\,(E(W) + E(B))$$
$$= E(F_{WS}) + E(F_{BE})\,.$$

9.3 Warteschlangennetze

Bislang haben wir elementare Wartesysteme betrachtet. Für viele interessante und wichtige Fälle genügt dies nicht. Möchten wir den Verkehr in Rechensystemen simulieren, so haben wir es mit verschiedenen Wartesystemen mit unterschiedlichen Bediencharakteristiken zu tun. Die CPU verhält sich anders als der Hauptspeicher oder die Festplatte. Während ein Multicore-Prozessor gleichzeitig verschiedene Prozesse bearbeiten kann, ist dies einem Drucker in der Regel nicht möglich.

Wir gehen deshalb noch einen Schritt weiter und betrachten *Warteschlangennetze*. Dazu verwenden wir als Grundbaustein einzelne Bedienstationen und verknüpfen deren Ein- und Ausgänge. Modellieren können wir ein Netz als *Graphen*. Die *Knoten* sind Bedienstationen, die *Kanten* potenzielle Auftragswege. Ein Auftrag durchläuft seriell bestimmte Knoten, in denen Teilaufträge bearbeitet werden. Das Gesamtnetz bearbeitet mehrere Aufträge im Simultanbetrieb. Abbildung 9.8 zeigt ein Beispielnetz.

Warteschlangennetze unterscheiden wir in *geschlossene* und *offene* Netze. In geschlossenen Warteschlangennetzen sind immer die gleichen Aufträge unterwegs. Sie verlassen nie das Gesamtsystem, und es kommen auch keine neuen hinzu. Aufträge, die fertig gestellt wurden, fangen wieder von vorne an. Die Anzahl der Aufträge und damit die Füllung im Warteschlangennetz ist stets konstant gleich der Größe der Weltpopulation. In offenen Netzen können Aufträge auch von außerhalb ankommen. Wenn ein Auftrag an einer oder an mehreren Bedienstationen erfolgreich ausgeführt wurde, so verlässt er das Netz wieder. In offenen Netzen wird die Füllung im Allgemeinen variieren.

Eine Betrachtungsweise ist, dass ein Auftrag in verschiedene Teilaufträge zerfällt, die in einer bestimmten Reihenfolge von passenden Bedienstationen bearbeitet werden müssen. Aufträge, die gerade eine Bedienstation verlassen, suchen sich dann eine Bedienstation, die sie erreichen können und die zum nächsten Teilauftrag passt. Betrachten wir die Montage von Autos, so ist es sinnvoll, die Karosserie vor den Türen zu montieren und erst nach dem Tiefziehen mit der Lackierung zu beginnen. Bei einer Abarbeitung von Aufträgen mit deterministischen Ankunftszeiten können wir die Reihenfolge der Bearbeitung mit (stochastischem) *Prozess-Scheduling* (Kap. 5) optimieren.

Hier interessieren wir uns meist für den Zustand des Netzes im langfristigen statistischen Mittel. Spielt es für uns keine Rolle, welches Paket im Netzwerk beim Verlassen eines Routers zum Drucker oder zum Mailserver unterwegs ist, sondern reicht uns das Wissen, dass es im Schnitt nur jedes 500. Paket ist, so genügt es, Wahrscheinlichkeiten anzugeben. Die Kanten im Graph werden dann mit der *Transitionshäufigkeit* gewichtet, wie auch in Abb. 9.8 angedeutet. p_{ij} beschreibt die Wahrscheinlichkeit, dass ein Auftrag von Bedienstation i zu j weitergereicht wird. $i = 0$ steht dabei für Ankünfte von außerhalb des Netzes, $j = 0$ für das Verlassen des Netzes.

9.3.1 Parameter in Warteschlangennetzen

In Warteschlangennetzen mit N elementaren Wartesystemen müssen wir alle bisherigen Größen mit einem Index i indizieren. $i = 1, \ldots, N$ gibt die Nummer des Knotens bzw. der Bedienstation im Netz an; der Index S kennzeichnet die jeweilige Größe für das gesamte System, z. B.

$$\mu_S, \mu_i, D_S, D_i, \rho_S, \rho_i, \ldots, \quad i = 1, \ldots, N \,.$$

Betrachten wir vereinfachend nur Aufträge eines bestimmten Auftragstyps, so können wir die *Besuchszahl* v_i definieren. Sie ist die Zahl der Teilaufträge, die die Bedienstation i benötigen. (Unterscheiden wir in Auftragsklassen mit unterschiedlichem Charakter, so ist v_i zusätzlich vom Auftragstyp abhängig.) Die Besuchszahl entspricht dem Verhältnis des Durchsatzes in i zu dem im Netz,

$$v_i = \frac{E(D_i)}{E(D_S)} = \frac{\rho_i}{E(D_S)} c_i \,.$$

Beobachten wir einen Durchsatz von $1/s$ im Warteschlangennetz, aber einen Durchsatz von $4/s$ für die Bedienstation i, so muss der Auftrag viermal an der Bedienstation zur Bearbeitung eines Teilauftrages vorbeigekommen sein.

Ein Anstieg des Systemdurchsatzes $E(D_S)$ zieht einen proportionalen Anstieg aller Einzeldurchsätze $E(D_i)$ und somit aller einzelnen Auslastungen ρ_i nach sich. Erhöhen wir den Systemdurchsatz immerzu, so wird (mindestens) ein Knoten als erstes die maximale

Auslastung $\rho_i = 1$ erreichen. Wir bezeichnen diesen (nicht notwendigerweise eindeutigen) Knoten als *Verkehrsengpass* VE des Warteschlangennetzes. Der Verkehrsengpass ist die kritische Komponente im System, bei der es als erstes Probleme gibt, wenn viele Aufträge unterwegs sind. Im Falle des eingangs beschriebenen Netzwerkproblems war die entscheidende Frage, welche Komponente der VE ist. Die einfachste Feuerwehr-Strategie des Netzwerkverantwortlichen wäre, diese zu ersetzen oder auf eine andere Weise zu optimieren.

Der Verkehrsengpass kann beschrieben werden über die maximale Auslastung

$$\rho_{\mathrm{VE}} = \max_i \rho_i = \max_i \frac{E(D_i)}{c_i}$$

oder über den Grenzdurchsatz des Warteschlangennetzes

$$c_S = \frac{c_{\mathrm{VE}}}{v_{\mathrm{VE}}} = \min_i \frac{c_i}{v_i} \, .$$

Beide Sichtweisen führen zu denselben Engpässen:

$$\max_i \frac{E(D_i)}{c_i} = \max_i \frac{E(D_S)v_i}{c_i} = E(D_S) \max_i \frac{v_i}{c_i} \, .$$

9.3.2 Asymptotische Analyse

Nun können wir uns überlegen, wie sich das Warteschlangennetz *asymptotisch* verhält, um das Gesamtverhalten abschätzen zu können. Dazu betrachten wir die erwarteten Werte für Systemdurchsatz $E(D_S)$ und Verweildauer $E(Y_S)$ eines Auftrags im System in Abhängigkeit von der (deterministischen) Füllung f_S. Wir geben dazu die Füllung vor, was im Falle von geschlossenen Netzen einfach ist. Zur Vereinfachung der Rechnungen beschränken wir uns auf einfache Bedieneinheiten, d. h. $m_i = 1$.

Ist immerzu nur ein Auftrag im System ($f_S = 1$), so muss dieser nie warten, und es gilt mit der Formel von Little (9.1)

$$E(Y_S) = E(B_S), \quad E(D_S) = \frac{f_S}{E(Y_S)} = \frac{1}{E(B_S)} \, .$$

Bei sehr kleiner Füllung gilt weiterhin

$$E(Y_S) \approx E(B_S), \quad E(D_S) \approx \frac{f_S}{E(B_S)} \, ,$$

da sich in einem hinreichend großen Warteschlangennetz die Aufträge nicht gegenseitig behindern und praktisch nicht warten müssen. Die Verweilzeit bleibt im Wesentlichen konstant, der Durchsatz wächst linear.

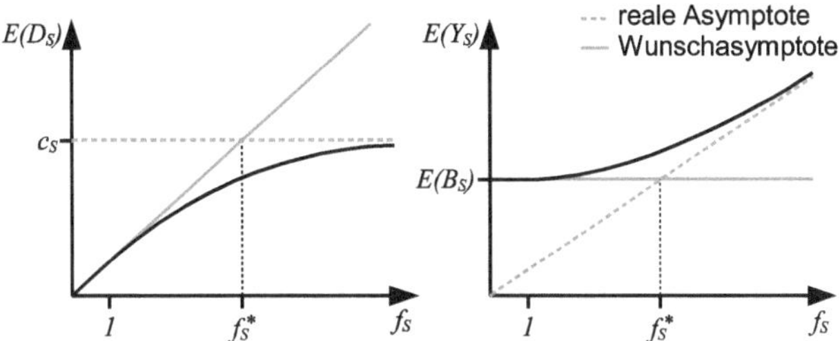

Abb. 9.9 Asymptotisches Verhalten eines Systems für die Erwartungswerte von Durchsatz D_S und Verweilzeit Y_S in Abhängigkeit von der Füllung f_S; f_S^* ist die Sättigungsfüllung

Wächst die Füllung allmählich an, so nehmen die gegenseitigen Behinderungen der Aufträge zu. Die Verweilzeit steigt an, da die Wartezeit nicht mehr vernachlässigt werden kann, und der Durchsatz wächst nur noch gebremst.

Bei sehr großer Füllung des Systems stauen sich die Aufträge am Verkehrsengpass. Die Auslastung wird dort maximal und geht gegen das absolute Maximum $\rho_{\mathrm{VE}} = 1$. Der Systemdurchsatz wird durch den Verkehrsengpass begrenzt, und es gilt

$$E(D_S) \approx c_S = \frac{c_{\mathrm{VE}}}{v_{\mathrm{VE}}}, \quad E(Y_S) \approx \frac{f_S}{c_S} = \frac{v_{\mathrm{VE}}}{c_{\mathrm{VE}}} f_S \;.$$

Abbildung 9.9 zeigt den asymptotischen Verlauf der Erwartungswerte von Durchsatz D_S und Verweilzeit Y_S in Abhängigkeit von der Füllung des Systems f_S. Der Schnittpunkt der beiden Asymptoten

$$f_s^* = c_S \, E(B_S) = \frac{c_{\mathrm{VE}}}{v_{\mathrm{VE}}} \cdot \sum_i v_i \, E(B_i)$$

wird *Sättigungsfüllung* genannt. Bei zunehmender Füllung müssen wir uns selbst bei optimalen Bedingungen (keine Wartezeiten) spätestens an dieser Stelle von der Wunschasymptotik verabschieden, da die dominierende Asymptote wechselt. Die Sättigungsfüllung entspricht dem Verhältnis von Grenzdurchsatz zu Durchsatz im mit Füllung $f_S = 1$ belegten System.

Je mehr Engpässe oder Fast-Engpässe es gibt, desto schlechter wird die Annäherung an die Asymptoten sein, da sich die Wartezeiten akkumulieren. Ähnliches gilt für die Streuung der Verweil- bzw. Bedienzeiten. Sind die Bedienzeiten konstant, so erreichen wir die Asymptoten. Streuen die Bedienzeiten stark, so erhöhen sich die Verweilzeiten, und der Durchsatz bricht ein.

Betrachten wir ein einfaches Beispiel. Zur Analyse des Lastverhaltens modellieren wir einen Rechner, bestehend aus Zentralprozessor, Speicher, Festplatte, DVD- und Bandlaufwerk als Warteschlangennetz mit einfachen Bedieneinheiten. Für einen typischen Auftrag wurden folgende Besuchszahlen und erwartete Bedienzeiten ermittelt:

	CPU	RAM	HDD	DVD	B
v_i	$8 \cdot 10^9$	10^6	60	50	0,1
$E(B_i)$	1 ns	100 ns	10 ms	100 ms	10 s

Welche Bedienstation ist der VE? Wie groß sind Grenzdurchsatz und Sättigungsfüllung im System? Am VE ist die Auslastung maximal, d. h., mit $E(D_i) = v_i\, E(D_S)$ ist

$$\rho_{\mathrm{VE}} = \max_i \rho_i = \max_i \frac{v_i}{c_i}\, E(D_S)\,.$$

Es gilt (einfache Bedieneinheiten!) $c_i = 1/E(B_i)$ und damit

$$\rho_i = (8,\ 1/10,\ 3/5,\ 5,\ 1)_i \cdot E(D_S)\,,$$

d. h., die Auslastung wird maximal für die CPU, die der VE ist.

Im Gegensatz zu den Bedienstationen gilt für den Grenzdurchsatz im System im Allgemeinen nicht $c_S = 1/E(B_S)$, sondern es ist

$$c_S = \frac{c_{\mathrm{VE}}}{v_{\mathrm{VE}}} = \frac{1}{8}\,.$$

Ein Auftrag benötigt dagegen eine erwartete Bedienzeit von

$$E(B_S) = \sum_i v_i\, E(B_i) = 14{,}7\ \mathrm{s}\,,$$

und die Sättigungsfüllung ist $f_S^* = c_S\, E(B_S) = 1{,}8375$.

9.4 Analyse und Simulation

Wir können bereits einfache Warte- und Bediensysteme modellieren und erste Aussagen über Leistungsparameter und Verkehrsengpässe treffen. Im Folgenden wollen wir noch etwas näher betrachten, wie wir modellierte Systeme analysieren und simulieren können. Dies kann nur beispielhaft und in Auszügen geschehen; eine umfassende Behandlung würde den Rahmen hier bei weitem sprengen.

In vielen Fällen kann das Systemverhalten eines elementaren Wartesystems über eine *Zustandsgröße* $X(t)$ hinreichend beschrieben werden. Alle weiteren Leistungskenngrößen (bzw. zumindest deren Erwartungs- oder Mittelwerte) können dann daraus berechnet werden: Betrachten wir erneut unser Postamt. Die vielleicht spannendste Größe ist die Füllung des Systems. Beschreibt die Zufallsvariable $X(t)$ die Füllung zum Zeitpunkt t, so ist

$\{X(t), t \in \mathbb{R}\}$ der zugehörige stochastische Prozess für die Füllung. Da wir nur ganze Kunden zulassen, ist $X(t) \in \mathbb{N}_0$. Die *Zustandswahrscheinlichkeit*

$$\pi_i(t) := P(X(t) = i)$$

beschreibt die Wahrscheinlichkeit, dass sich unser System zum Zeitpunkt t im Zustand i befindet. Es gilt natürlich die Normalisierungsbedingung für Dichten,

$$\sum_{i \in \mathbb{N}_0} \pi_i(t) = 1 . \tag{9.3}$$

Zu Beginn ($t = 0$) sei unser Postamt leer. Kunden kommen an und bevölkern das Postamt; die Füllung und damit auch die Zustandswahrscheinlichkeiten werden stark schwanken. Sofern sich am Ankunfts- und Bedienverhalten im Verlauf der Zeit nichts ändert (Homogenität), so werden irgendwann, zumindest über einen langen Zeitraum betrachtet, die Zustandswahrscheinlichkeiten gleich bleiben und sich nicht mehr zeitlich ändern, d. h.

$$E(X(t)) = E(X(t + \delta t)) = E(X) .$$

Der Prozess für die Füllung des Postamts ist nicht stationär (die Gleichheit gilt nicht für alle Zeitpunkte). Oft gibt es aber einen *stationären Grenzprozess* (stationär für $t \to \infty$), d. h. eine stabile Verteilung von X, die dann zumeist unabhängig vom Anfangszustand ist. Wir können unterscheiden in eine *Einschwingphase* oder *transiente Phase*, in der sich viel ändert, und eine *stationäre Phase*, in der sich das System asymptotisch stationär verhält.

Kennen wir den Anfangszustand des Systems (leeres Postamt am Morgen), so können wir uns für die transiente Phase interessieren, also wie sich die Warteschlangenlänge entwickelt. Zum Beispiel wollen wir bestimmen, nach welcher Zeit erwartungsgemäß fünf Kunden anstehen, da wir dann einen zweiten Schalter öffnen wollen. Im Allgemeinen werden wir uns jedoch für den stationären (Grenz-)Zustand interessieren und sind am langfristigen Verhalten interessiert. Kennen wir die Zustandswahrscheinlichkeiten im Postamt im stationären Zustand, so können wir die Erwartungswerte von Füllung, Durchsatz und Wartezeit berechnen; die erwartete Bedienzeit gehört zu den Modellannahmen, doch dazu später mehr.

9.4.1 Markov-Prozesse und Markov-Ketten

Die wohl am häufigsten verwendeten Modelle für Systeme, die sich zeitlich zufallsbedingt entwickeln, sind *Markov-Prozesse*, benannt nach dem russischen Mathematiker Andrej Markov (1856-1922), die wir nun einführen und betrachten. Doch zuerst noch ein paar allgemeine Definitionen für stochastische Prozesse $\{X(t)\}$, $X(t) : T \to Z$, mit *Parameterraum T*, meist Zeit genannt, und *Zustandsraum Z*, die Menge aller Elementarereignisse.

Wir unterscheiden bezüglich des Zustandsraumes Z zwischen *kontinuierlichen Prozessen*, $X(t) \in \mathbb{R}$, und *diskreten Prozessen*, Z abzählbar. Misst $X(t)$ beispielsweise die Temperatur (reelle Werte), so handelt es sich um einen kontinuierlichen Prozess; steht $X(t) \in \{1, \ldots, 6\}$ für die Augenzahl beim Würfeln, so betrachten wir einen diskreten Prozess, der auch *Kette* genannt wird. Entsprechend unterscheiden wir bezüglich der Zeit T zwischen *Prozessen in kontinuierlicher Zeit* (Temperatur zu jedem Zeitpunkt $t \in \mathbb{R}$) und, bei abzählbarem T, *in diskreter Zeit*. Letztere betrachten aufeinanderfolgende Ereignisse wie einen wiederholten Münzwurf, und wir können daher X_i, $i \in \mathbb{Z}$, statt $X(t)$, $t \in \mathbb{R}$, schreiben. Bei der Einführung von stochastischen Prozessen in Abschn. 9.2.1 war der Prozess der Zwischenankunftszeiten $\{T_i, i \in \mathbb{Z}\}$ ein kontinuierlicher Prozess in diskreter Zeit, der zugehörige Poisson-Zählprozess $\{N(t), t \geq 0\}$ ein diskreter Prozess in kontinuierlicher Zeit.

Ein stochastischer Prozess $\{X(t), t \in T\}$ heißt *Markov-Prozess*, falls gilt:
Für alle $0 \leq t_1 < t_2 < \ldots < t_n < t_{n+1} \in T$ gilt:

$$P(X(t_{n+1}) = x_{n+1} | X(t_n) = x_n, X(t_{n-1}) = x_{n-1}, \ldots, X(t_1) = x_1)$$
$$= P(X(t_{n+1}) = x_{n+1} | X(t_n) = x_n) \, .$$

Dies bedeutet, dass ein neuer Zustand immer nur vom aktuellen abhängt und nicht von der Vorgeschichte, insbesondere auch nicht vom Startzustand, und wird *Markov-Eigenschaft* genannt. Im aktuellen Zustand ist somit alles enthalten, was wir über die Vergangenheit wissen müssen.

Bei einem *homogenen Markov-Prozess* (HMP) sind zusätzlich noch die Übergangswahrscheinlichkeiten unabhängig von der Zeit und damit konstant, d. h.

$$P(X(t_j) = x_j | X(t_i) = x_i) = P(X(t_j + t) = x_j | X(t_i + t) = x_i) \quad \forall \, t \in T \, .$$

Dies ist im Gegensatz zur Stationarität von Prozessen keine Aussage über die Zustandswahrscheinlichkeiten.

Eine weitere Einschränkung führt zu der Unterklasse der *homogenen Geburts-Todes-Prozesse* (HBDP, homogeneous birth-death process): Der Zustandswert darf sich nur in Inkrementen oder Dekrementen von eins ändern.

Das Grundkonzept von Markov-Prozessen ist, dass es Zustände und Zustandsübergänge gibt. Da sich dies für diskrete, maximal abzählbar viele Zustände besser vorstellen lässt und es auch besser zur diskreten Welt in Rechensystemen oder zur Füllung von Kunden in Postämtern passt, beschränken wir uns im Folgenden auf Markov-Ketten. Bei der Modellierung müssen geeignete Zustände und Zustandsübergänge definiert werden. Dass es auch kontinuierliche Prozesse gibt, zeigt das Beispiel des *Wiener-Prozesses* zur Modellierung von Aktienkursen in Kap. 6.

Betrachten wir Ketten, so hat dies zudem den Vorteil, dass wir sie als *Zustandsgraph* anschaulich darstellen können. Knoten sind dabei Zustände, Kanten die möglichen Zustandsübergänge. Die Kanten werden im zeitdiskreten Fall mit der *Übergangswahrscheinlichkeit* p_{ij} für den jeweiligen Zustandswechsel in einem Zeitschritt von Zustand i zu Zustand j

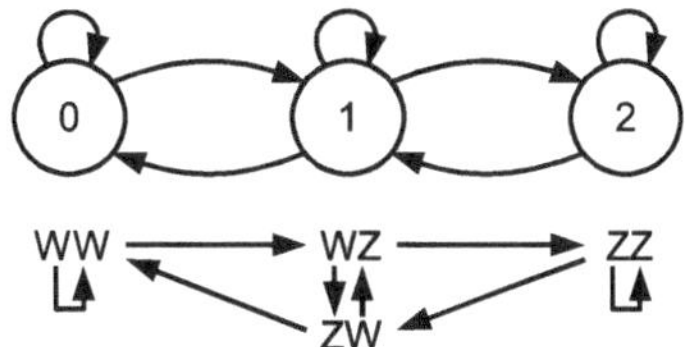

Abb. 9.10 Zustandsgraph für das wiederholte Werfen einer Münze. Der Zustand beschreibt, wie oft in den letzten beiden Würfen Zahl (Z) auftrat (oben); der Zustandsübergang hängt von der Vorgeschichte ab (unten)

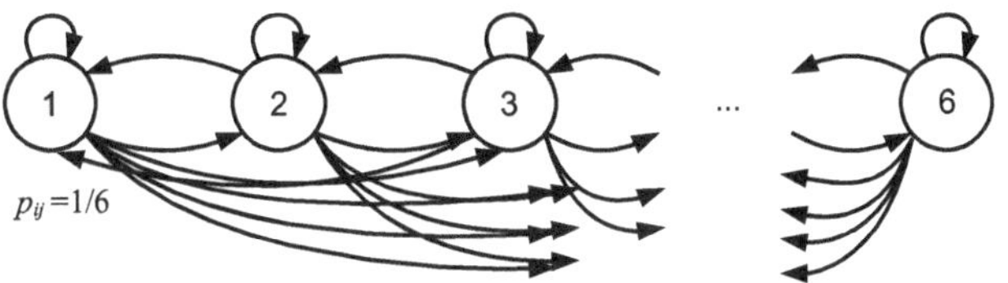

Abb. 9.11 Stationärer HMP; der Zustand beschreibt die Augenzahl beim Würfeln. Alle Transitionswahrscheinlichkeiten sind daher $p_{ij} = 1/6$

beschriftet; die Summe der Kantengewichte aller ausgehenden Kanten muss 1 ergeben. Bei Ketten in kontinuierlicher Zeit sind die Kantengewichte *Übergangsraten* λ_{ij}. Diese geben die Übergangswahrscheinlichkeit pro Zeiteinheit an, d. h.

$$\lambda_{ij} = \lim_{\delta t \to 0} \frac{P(X(t + \delta t) = j \mid X(t) = i)}{\delta t} .$$

Beispiele für Markov-Ketten Schauen wir uns ein paar Beispiele an und beginnen wir mit einem Beispiel, das keine Markov-Kette ist: Beschreibt X_i, wie oft bei den letzten zwei Münzwürfen die Seite mit der Zahl auftrat, so ist der entstehende Zustandsgraph mit nur drei Zuständen sehr einfach. Der homogene stochastische Prozess erfüllt allerdings nicht die Markov-Eigenschaft: Der Folgezustand ist zusätzlich von der Information abhängig, was im letzten Münzwurf auftrat. Abbildung 9.10 verdeutlicht dies: Die letzten zwei Münzwürfe WZ und ZW gehören beide zum Zustand $X_i = 1$; bei ZW kann mit WW der nächste Zustand $X_{i+1} = 0$ sein, bei WZ jedoch nicht. Wir müssten zumindest die Folge der letzten zwei Wappen-Zahl-Kombinationen als Zustand betrachten, um die Markov-Eigenschaft zu erfüllen.

Betrachten wir mit X_i die aktuelle Augenzahl beim Würfeln, so erhalten wir sechs Zustände, $Z = \{1, \ldots, 6\}$, siehe Abb. 9.11. Es handelt sich um einen homogenen Markov-Prozess; die Nachfolgezustände sind genau genommen sogar unabhängig vom aktuellen Zustand. Da die Zustandswahrscheinlichkeiten bei einem ungezinkten Würfel schon von Beginn an 1/6 sind (völlig unabhängig davon, was wir als Ausgangsverteilung annehmen!), handelt es sich sogar um einen stationären Prozess.

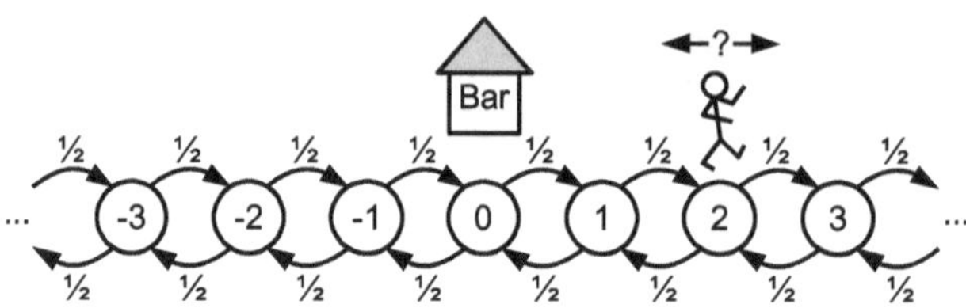

Abb. 9.12 HBDP: Random Walk eines Betrunkenen, der in jedem (diskreten) Zeitschritt mit gleicher Wahrscheinlichkeit einen Schritt vor oder zurück taumelt

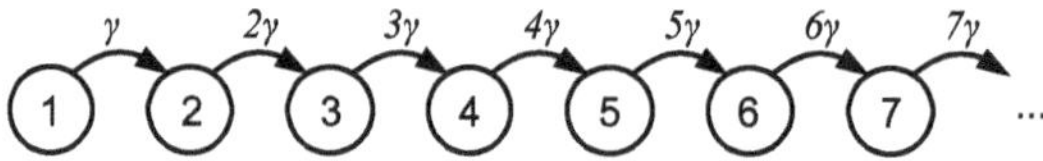

Abb. 9.13 Homogener diskreter Geburtsprozess in kontinuierlicher Zeit für das diskrete Ein-Spezies-Modell (Abschn. 10.4) mit Geburtenrate γ; der Zustand ist die Populationsgröße

Ein klassisches Beispiel für einen homogenen Geburts-Todes-Prozess ist (natürlich neben der Füllung im Postamt, zu der wir aber später noch kommen) ein eindimensionaler, zeitdiskreter ungerichteter *Random Walk*. Ein Betrunkener, der zum Zeitpunkt t_0 seine Stammkneipe verlassen hat, gehe in jedem Zeitschritt mit gleicher Wahrscheinlichkeit einen Schritt vor oder zurück (siehe Abb. 9.12). Wenn wir ihm n Schritte zuschauen, wohin wird er gehen, und wie weit wird er kommen?

Für jeden Schritt betrachten wir eine binäre Zufallsvariable Z_i, die mit gleicher Wahrscheinlichkeit $1/2$ die Werte ± 1 annehmen kann. $\{S_n, n = 1, 2, \ldots\}$ mit $S_n := \sum_{i=1}^n Z_i$ ist der stochastische Prozess, der den Random Walk des Fußgängers beschreibt. Trivialerweise ist $E(S_n) = 0$ (symmetrisches Laufverhalten). Mit der *Additivität der Erwartungswerte* und der *Unabhängigkeit* der Z_i können wir die Varianz $V(S_n) = n$ berechnen. Die Standardabweichung des Fußgängers vom Ursprung ist damit $\sigma(S_n) = \sqrt{n}$. Diese Entfernung von der Bar wird er bei n Schritten im Mittel erreichen. (S_n ist übrigens *binomialverteilt*.)

Würden wir beliebig kleine Zeitschritte zulassen und hätte die Schrittweite Z_i keine diskrete Verteilung, sondern wäre sie normalverteilt, so wäre der entstandene kontinuierliche Prozess in kontinuierlicher Zeit ein Wiener-Prozess, den wir in der Finanzwelt bzw. in Kap. 6 antreffen.

Ein Beispiel für einen reinen Geburtsprozess stellt das diskrete *Ein-Spezies-Modell* bei der Populationsdynamik in Abschn. 10.4 dar: Der diskrete HBDP $\{X(t), t \geq 0\}$ in kontinuierlicher Zeit beschreibt die Größe einer Population. Die *Geburtenrate*, die die Zahl der Geburten pro Individuum und Zeiteinheit angibt, ist γ. Da niemand in der Population stirbt, ergibt sich der Zustandsgraph in Abb. 9.13. Die Übergangsrate hängt hier vom Zustand ab, sie ist proportional zur Populationsgröße. Weitere Aussagen über diesen Geburtsprozess gibt es in Kap. 10 zur Populationsdynamik beim Ein-Spezies-Modell in Abschn. 10.4.

Stationarität von Markov-Ketten Da wir uns im Allgemeinen für den stationären, bereits eingeschwungenen Zustand interessieren, stellt sich die Frage, ob bzw. wann es für einen gegebenen Prozess $\{X(t)\}$ einen stationären (Grenz-)Zustand gibt und die Verteilung von $X(t)$ nicht (mehr) von der Zeit t abhängt. Dazu betrachten wir in aller Kürze einige Eigenschaften von einer Kette und ihren Zuständen.

Für Markov-Ketten gilt die *Chapman-Kolmogorov-Gleichung*

$$P(X(t_j) = x_j | X(t_i) = x_i)$$
$$= \sum_{x_k \in Z} P(X(t_k) = x_k | X(t_i) = x_i)\, P(X(t_j) = x_j | X(t_k) = x_k)$$

$$\text{für beliebige } x_i, x_j \in Z, t_i < t_k < t_j \in T \,, \tag{9.4}$$

d. h., Übergangswahrscheinlichkeiten lassen sich auch über Zwischenzustände hinweg angeben. Mit einer gegebenen Anfangsverteilung für $X(t = 0)$ lassen sich die Zustandswahrscheinlichkeiten zu späteren Zeitpunkten eindeutig berechnen.

Eine homogene Markov-Kette heißt *irreduzibel*, wenn alle Zustände untereinander erreichbar sind:

$$\forall t \in T, x_i, x_j \in Z \;\; \exists\, \delta t \geq 0 : \quad P(X(t + \delta t) = x_j | X(t) = x_i) > 0 \,.$$

Kehrt man in der Kette von einem Zustand mit Sicherheit irgendwann wieder in den Zustand selbst zurück, so heißt dieser *rekurrent*. Der Erwartungswert der Zeit, die dies dauert, heißt *Rekurrenzzeit*. Ein rekurrenter Zustand mit endlicher Rekurrenzzeit heißt *positiv rekurrent*, im unendlichen Fall heißt er *nullrekurrent*. Für einen *transienten* Zustand ist die Rückkehrwahrscheinlichkeit kleiner eins. Kehrt man nur mit einem ganzzahligen Vielfachen einer *Periodenlänge* $k > 1$ wieder in den Zustand zurück, so ist der Zustand *periodisch*, ansonsten *aperiodisch*.

In irreduziblen homogenen Markov-Ketten können wir von einem Zustand auf alle anderen schließen. Denn entweder sind alle Zustände transient oder alle sind positiv rekurrent oder alle sind nullrekurrent. Ist ein Zustand periodisch, so sind es alle, und zwar mit gleicher Periodenlänge.

Für eine irreduzible, aperiodische, homogene Markov-Kette gibt es immer eine stationäre Grenzverteilung

$$\pi_i = \lim_{t \to \infty} P(X(t) = i) \;\; \forall\, i \in Z \,,$$

die unabhängig vom Anfangszustand des Systems ist. Sind alle Zustände positiv rekurrent, so ist die Grenzverteilung die eindeutige stationäre Verteilung. Für transiente und nullrekurrente Zustände ist $\pi_i = 0$. Für den vorgestellten reinen Geburtsprozess, der keine irreduzible Kette und auch offensichtlich nicht stationär ist, gibt es beispielsweise keine Grenzverteilung.

Zeitdiskrete, endliche Markov-Ketten Da für homogene Markov-Ketten $\{X_i\}$ in diskreter Zeit mit endlich vielen Zuständen einige grundlegende Ideen einfach demonstriert werden können, werfen wir zunächst einen Blick auf diese. Für Ketten in kontinuierlicher Zeit oder mit unbegrenztem Zustandsraum, denen wir uns anschließend zuwenden, werden die meisten Aussagen komplizierter. Betrachten wir nur k Zustände (verfügbare Ressourcen, Seiten einer Münze, …), so können wir eine $k \times k$-Transitionsmatrix P mit

$$P = \left(p_{ij}\right)_{1 \le i, j \le k} \quad \text{und} \quad \sum_{j=1}^{k} p_{ij} = 1 \quad \forall i$$

angeben, die die Übergangswahrscheinlichkeiten von Zustand i zu Zustand j in einem Zeitschritt enthält.

Ausgehend von einer Anfangsverteilung für X_0 mit den Zustandswahrscheinlichkeiten $\pi_i(t_0)$ können wir die Verteilung zum nächsten Zeitpunkt t_1 berechnen, indem wir die transponierte Transitionsmatrix auf den Vektor $\pi(t_0)$ der Zustandswahrscheinlichkeiten $\pi_i(t_0)$ anwenden. Allgemein gilt

$$P^T \pi(t_i) = \pi(t_{i+1}) \,.$$

Damit können wir die transiente Phase des Systems Schritt für Schritt beobachten. Wir können sogar angeben, wie sich das System in n Schritten entwickelt (vergleiche dazu die Chapman-Kolmogorov-Gleichung (9.4)): Die Matrix

$$P^n$$

enthält die Wahrscheinlichkeiten für einen Zustandsübergang von i nach j in n Schritten. Ist die Markov-Kette irreduzibel und aperiodisch, so konvergiert das Matrixprodukt P^n für $n \to \infty$ gegen eine Matrix $\hat{P} = (\hat{p}_{ij})_{1 \le i, j \le k}$ mit

$$\hat{p}_{ij} = \pi_j \quad \forall i, j \,.$$

Die Anwendung der Transponierten dieser Matrix auf den Startvektor liefert uns die Wahrscheinlichkeiten π_i der eindeutigen stationären Grenzverteilung – und zwar unabhängig vom Startzustand.

Den stationären Zustand können wir auch direkt berechnen. Der Vektor π der Zustandswahrscheinlichkeiten π_i ist *Fixpunkt*, und es gilt

$$P^T \pi = \pi \,.$$

Das direkte Lösen des *linearen Gleichungssystems*

$$(P^T - I)\pi = 0$$

ergibt die Wahrscheinlichkeiten π_i bis auf einen konstanten Faktor. Diesen können wir über die Normalisierungsbedingung (9.3) berechnen.

Im Beispiel des Würfelns (vergleiche Abb. 9.11) gilt bereits $P = P^2 = \hat{P}$. Das Lösen des Gleichungssystems für den Fixpunkt π ergibt, dass alle π_i gleich groß sind, $\pi_1 = \pi_2 = \ldots = \pi_6 = c$. Normalisiert ist $c = 1/6$ – die Wahrscheinlichkeit, dass beim Würfeln eine der sechs Seiten gewürfelt wird.

Für eine geringe Zahl k an Zuständen lässt sich das Gleichungssystem z. B. direkt mittels Gauß-Elimination lösen. Der Speicherplatzbedarf für die meist sehr dünn besetzte Matrix ist allerdings $\mathcal{O}(k^2)$ und der Zeitaufwand zum Lösen $\mathcal{O}(k^3)$. Für große Markov-Ketten ist direktes Lösen nicht mehr möglich; es sollten numerische iterative Lösungsverfahren wie Jacobi oder Gauß-Seidel oder Minimierungsverfahren wie das CG-Verfahren zum Einsatz kommen (siehe Abschn. 2.4.4).

9.4.2 Wartesysteme

Betrachten wir elementare Wartesysteme der Form $G/G/m/\infty/\infty$, d. h. beliebige Systeme mit unendlicher Kapazität der Warteschlange k und unendlicher Weltpopulation n, so müssen wir fordern, dass das System *stabil* ist. Kann die Warteschlangenlänge über kurz oder lang unendlich werden, weil Aufträge schneller ankommen als sie bearbeitet werden, so nennen wir das Wartesystem *instabil*. Für die Stabilität muss daher gewährleistet sein, dass die Ankunftsrate λ kleiner ist als die Bedienrate aller Bedieneinheiten zusammen:

$$\lambda < m\mu \, .$$

Systeme mit endlicher Wartekapazität sind immer stabil: Sind alle Warteplätze bei der Ankunft eines Auftrags belegt, so wird dieser abgewiesen. Wir sprechen bei endlicher Kapazität von einem *Verlustsystem* statt von einem Wartesystem. Systeme mit endlicher Population an Aufträgen sind trivialerweise ebenfalls stabil. Ein Beispiel für ein nicht stabiles System haben wir bereits kennen gelernt: Beim reinen Geburtsprozess kommen nur neue Individuen mit Geburtenrate $\lambda > 0$ pro Individuum hinzu; die Sterberate μ ist gleich null.

Die Markov-Eigenschaft ist für Poisson-Prozesse dank der zugrunde liegenden Gedächtnislosigkeit der Zwischenankunftszeiten erfüllt. Wir werden im Folgenden ausschließlich elementare Wartesysteme der Form $M/M/m$ betrachten, auch wenn sich entsprechende Aussagen ebenso z. B. für $M/G/1$- oder $G/M/1$-Systeme treffen lassen. Des Weiteren gehen wir von homogenen Markov-Ketten in kontinuierlicher Zeit aus, und wir interessieren uns für den stationären Zustand.

$M/M/1$ Der einfachste Fall ist ein Wartesystem mit exponentialverteilten Ankunfts- und Bedienraten λ und μ und einer Bedieneinheit, beispielsweise unser Postamt mit einem Schalter. Betrachten wir die Füllung $X(t)$, so ist die Markov-Kette $\{X(t)\}$ ein HBDP. Abbildung 9.14 zeigt den Zustandsgraph. Für $\lambda < \mu$ ist das System stabil und alle Zustände sind positiv rekurrent. Es existiert folglich eine eindeutige stationäre Grenzverteilung.

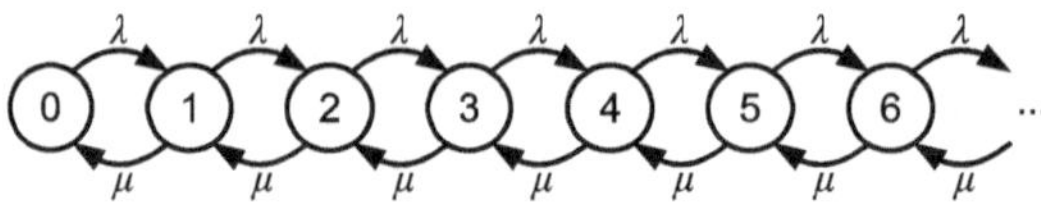

Abb. 9.14 Zustandsgraph, HBDP zum $M/M/1$-Wartesystem; die Zustandsgröße ist die Füllung

Betrachten wir den stationären Zustand. Die Zustandswahrscheinlichkeiten π_i ändern sich nicht. Es gilt im stationären Zustand allgemein (Übergangsraten γ_{ij} von i zu j)

$$\sum_{k\in Z} \pi_k \gamma_{ki} = \sum_{j\in Z} \pi_i \gamma_{ij} \quad \forall i \,,$$

d. h., „alles, was dazukommt, muss auch weggehen". Damit erhalten wir ein unendliches System von Gleichungen. Beginnend mit Zustand 0 ist dies

$$\pi_0 \lambda = \pi_1 \mu$$
$$\pi_1 \lambda = \pi_2 \mu$$
$$\pi_2 \lambda = \pi_3 \mu$$
$$\dots$$

oder, allgemein auf π_0 bezogen,

$$\pi_i = \left(\frac{\lambda}{\mu}\right)^i \pi_0 \,.$$

Die Verteilung der Zustandswahrscheinlichkeiten ist die *geometrische Verteilung*, die gedächtnislose diskrete Entsprechung der Exponentialverteilung.

Mit der Normalisierungsbedingung sowie der geometrischen Reihe, für die wir ausnutzen, dass der HBDP stabil ist, gilt

$$\sum_{i=0}^{\infty} \pi_i = 1 = \sum_{i=0}^{\infty} \pi_0 \left(\frac{\lambda}{\mu}\right)^i = \pi_0 \frac{1}{1-\lambda/\mu} \,, \quad \text{d. h. } \pi_0 = 1 - \frac{\lambda}{\mu} \,.$$

Das System ist ausgelastet, wenn es nicht im Zustand 0 ist:

$$\rho = 1 - \pi_0 = \frac{\lambda}{\mu} = \frac{E(D)}{c} \,.$$

Langfristig ist die Abgangsrate aus dem stabilen System gleich der Ankunftsrate, und es gilt

$$E(D) = \lambda$$

(Poisson-Ankunftsprozess). Die maximal mögliche Abgangsrate (der Grenzdurchsatz) entspricht der Bedienrate (mehr geht nicht),

$$c = \mu \,,$$

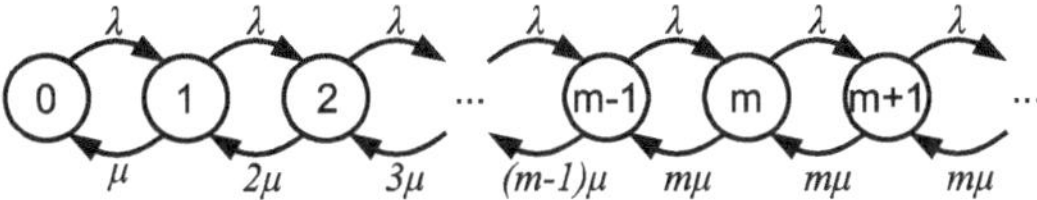

Abb. 9.15 Zustandsgraph, HBDP zum $M/M/m$-Wartesystem; die Zustandsgröße ist die Füllung

und die mittlere Bedienzeit ist

$$E(B) = \frac{1}{\mu} \, .$$

Eine der zentralen Größen im elementaren Wartesystem, der Erwartungswert der Füllung im stationären Zustand, berechnet sich zu

$$E(F) = \sum_{i=0}^{\infty} i\pi_i = \sum_{i=0}^{\infty} i\pi_0\rho^i = \pi_0\rho \sum_{i=0}^{\infty} i\rho^{i-1} = \pi_0\rho \frac{\mathrm{d}}{\mathrm{d}\rho} \sum_{i=0}^{\infty} \rho^i = \pi_0\rho \frac{\mathrm{d}}{\mathrm{d}\rho} \frac{1}{1-\rho}$$

$$= \frac{\rho}{1-\rho} = \frac{\lambda}{\mu - \lambda} \, .$$

Kennen wir die mittlere Füllung, so können wir mit der Formel von Little (9.1) die mittlere Verweilzeit

$$E(Y) = \frac{E(F)}{\lambda} = \frac{1}{\mu - \lambda}$$

bestimmen und damit weitere Größen wie die mittlere Wartezeit $E(W)$ und die mittlere Füllung der Warteschlange $E(F_{\mathrm{WS}})$:

$$E(W) = E(Y) - E(B) = \frac{1}{\mu - \lambda} - \frac{1}{\mu} \, ,$$

$$E(F_{\mathrm{WS}}) = \lambda E(W) = E(F) - \rho \, .$$

$M/M/m$ und $M/M/\infty$ Etwas komplizierter wird es bei m Bedieneinheiten. Jetzt werden bis zu m Aufträge gleichzeitig bedient. Die Anforderung für die Stabilität des Systems ist nun $\lambda < m\mu$; die Auslastung des Multi-Servers ist

$$\rho = \frac{\lambda}{m\mu} \, .$$

Der Zustandsgraph ist in Abb. 9.15 dargestellt. Geändert haben sich bei dem neuen HBDP die Übergangsraten beim Bedienen: Ist nur ein Kunde im Postamt, so kann nur ein Postangestellter bedienen. Die anderen $m - 1$ sind beschäftigungslos. Erst wenn mindestens m Kunden anwesend sind, arbeiten alle auf Volllast.

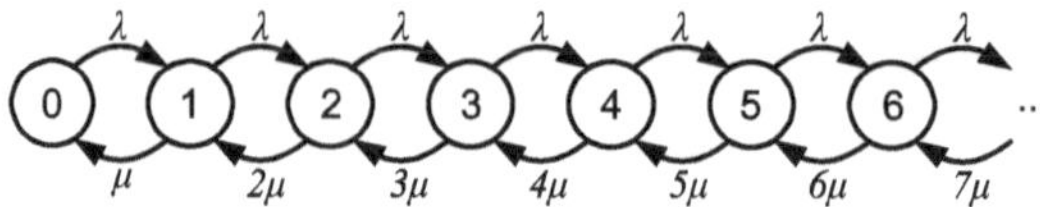

Abb. 9.16 Zustandsgraph, HBDP zum $M/M/\infty$-Wartesystem; die Zustandsgröße ist die Füllung

Die Berechnung der Zustandswahrscheinlichkeiten wird wesentlich komplizierter. Für die ersten m Zustände gilt

$$\pi_i = \frac{1}{i!}\left(\frac{\lambda}{\mu}\right)^i \pi_0 \, , \quad 0 \le i < m \, ,$$

und für alle weiteren

$$\pi_i = \left(\frac{\lambda}{m\mu}\right)^{i-m} \pi_m = \frac{1}{m!}\left(\frac{\lambda}{\mu}\right)^m \left(\frac{\lambda}{m\mu}\right)^{i-m} \pi_0 \, , \quad m \le i \, .$$

Ergebnisse für die Leistungskenngrößen lassen sich analog wie beim $M/M/1$-System ermitteln, allerdings nicht mehr so kompakt darstellen, da alle von m abhängen. Deshalb wollen wir einzig auf das Ergebnis, dass die durchschnittliche Anzahl an Kunden, die gerade bedient werden, $\lambda/\mu = m\rho$ ist, hinweisen und noch das andere Extrem, das $M/M/\infty$-System betrachten.

Das Wartesystem hat nun unendlich viele Bedienstationen; es ist beispielsweise ein Selbstbedienungssystem, siehe Abb. 9.16. Bedienen sich Kunden im Supermarkt selbst im Regal und vernachlässigen wir die Tatsache, dass nur endlich viele Kunden im Supermarkt Platz haben, so können wir vereinfacht von dieser Situation ausgehen. Auch wenn wir ermitteln wollen, wie viele Bedieneinheiten (z.B. Telefonleitungen) wir benötigen, damit bei gegebenen Ankunfts- und Bedienraten nur möglichst selten Kunden warten (bzw. abgewiesen werden) müssen, können wir das System als $M/M/\infty$ modellieren. Für die Stabilität müssen wir keine Einschränkung fordern, da $m\mu$ immer ab irgendeinem m größer als λ wird.

Nun gilt im stationären Zustand

$$\pi_i = \frac{1}{i!}\left(\frac{\lambda}{\mu}\right)^i \pi_0 \, ,$$

und mit der Normalisierungsbedingung

$$\sum_{i=0}^{\infty} \pi_i = 1 = \pi_0 \sum_{i=0}^{\infty} \frac{1}{i!}\left(\frac{\lambda}{\mu}\right)^i = \pi_0 e^{\lambda/\mu} \, , \quad \text{d.h. } \pi_0 = e^{-\lambda/\mu} \, .$$

Auch alle anderen betrachteten Größen werden einfach:

$$E(F) = \frac{\lambda}{\mu} \, ,$$

$$E(Y) = \frac{1}{\mu} \, ,$$

$$E(W) = E(Y) - E(B) = 0 \, .$$

9.4.3 Warteschlangennetze

Auch für einfache Warteschlangennetze lassen sich noch analytische Aussagen treffen. Diese können beispielsweise Anhaltspunkte für die Simulation von komplizierteren Wartenetzen liefern. Wir betrachten im Folgenden den stationären Zustand für Netze mit N Knoten, wie in Abschn. 9.3 eingeführt. Viele der bisherigen Beobachtungen für Wartesysteme gelten auch weiterhin beim Betrachten der einzelnen Knoten.

Die Bedienzeiten im Knoten i seien exponentialverteilt mit Bedienrate μ_i und die elementaren Wartesysteme stabil. Für alle Knoten mit $m_i < \infty$ Bedieneinheiten muss somit gelten

$$\rho_i < 1 \, , \quad \text{mit} \quad \rho_i = \frac{\lambda_i}{m_i \mu_i} \, .$$

Aufträge, die den Knoten i verlassen, gelangen mit Wahrscheinlichkeit p_{ij} zum Wartesystem j oder verlassen für $j = 0$ das System. In stabilen Wartesystemen ist im langfristigen Verhalten die Rate der Abgänge gleich der Ankunftsrate. Ist die Ankunftsrate für Aufträge von außerhalb des Netzes γ_i für Knoten i, so gilt für die Gesamtankunftsrate im Knoten i

$$\lambda_i = \gamma_i + \sum_{j=1}^{N} \lambda_j p_{ji} \, . \tag{9.5}$$

Sind die Ankunftsprozesse von außerhalb des Netzes unabhängige Poissonprozesse, so wird das Warteschlangennetz (offenes) *Jackson-Netz* genannt. Es gilt dann insbesondere, dass jedes Wartesystem i sich wie ein $M/M/m_i$-System mit Ankunftsrate λ_i verhält, und das Gleichungssystem für die Ankunftsraten (9.5) hat eine eindeutige Lösung (die wir wieder mittels Gauß-Elimination oder iterativer Verfahren ermitteln können). Damit können wir Aussagen über die einzelnen Knoten im Warteschlangennetz und das gesamte Netz treffen!

Als kurzes Beispiel betrachten wir einen Käsegroßmarkt, siehe Abb. 9.17. Kunden kommen mit einer Rate von $\lambda = 100$ Kunden pro Stunde im Käseladen an. $p_{02} = 10\,\%$ von

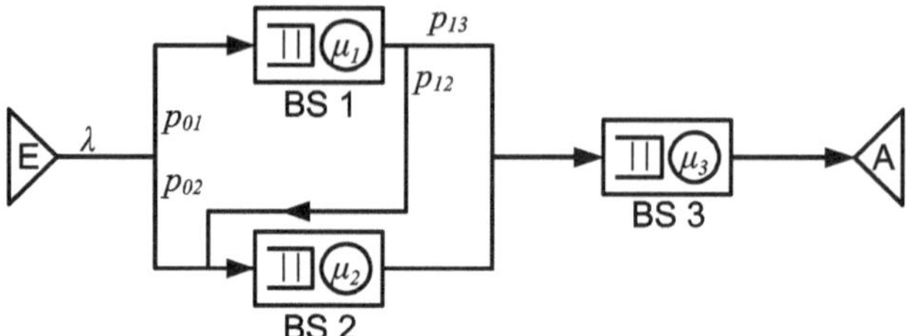

Abb. 9.17 Schematische Darstellung eines Käsegroßmarkts, modelliert als Jackson-Netz. Kunden können wählen zwischen der Selbstbedienung am Käseregal (BS1) und eventuell anschließender Käsetheke (BS2) mit einer Bedienung, oder sie lassen sich gleich an der Käsetheke bedienen. Anschließend müssen alle an die Kasse (BS3) mit 3 Kassierern

ihnen lassen sich an der Käsetheke (Bedienstation 2) bedienen und gehen dann direkt zur Kasse (Bedienstation 3). p_{01} = 90 % bedienen sich selbst im Käseregal (Bedienstation 1). Im Durchschnitt werden p_{13} = 8/9 von diesen fündig und gehen anschließend direkt zur Kasse. Jeder neunte (p_{12} = 1/9) muss zuerst noch an der Käsetheke eine Auswahl treffen.

Das Käseregal können wir als $M/M/\infty$-System modellieren. Ein Kunde braucht im Mittel 2 Minuten, um eine Auswahl zu treffen, d. h. μ_1 = 30. An der $M/M/1$ Käsetheke steht eine Bedienung mit der Bedienrate μ_2 = 25. Es gibt drei Kassen ($M/M/3$) mit je Bedienrate μ_3 = 40. Es gilt $\lambda_1 = p_{01}\lambda$ = 90, $\lambda_2 = p_{02}\lambda + p_{12}\lambda_1$ = 10 + 10 = 20 und, da alle Kunden irgendwann zur Kasse müssen, wie erwartet $\lambda_3 = p_{13}\lambda_1 + \lambda_2$ = 80 + 20 = 100. Wir können die Auslastungen an Käsetheke und Kasse ermitteln zu

$$\rho_2 = \frac{\lambda_2}{\mu_2} = 4/5 \text{ und}$$

$$\rho_3 = \frac{\lambda_3}{m_3\mu_3} = 5/6 \,.$$

Die Auslastung der Kassen ist höher als die der Käsetheke. Bei höherem Kundenansturm wird hier der Verkehrsengpass zu erwarten sein.

Der Erwartungswert der Füllung im Warteschlangennetz ist die Summe der erwarteten Füllungen der drei Bedienstationen:

$$E(F) = E(F_{\mathrm{BS1}}) + E(F_{\mathrm{BS2}}) + E(F_{\mathrm{BS3}}) = 3 + 4 + 535/89 \approx 13{,}01 \,.$$

Nun könnten wir weitere Größen, wie die zu erwartende Verweilzeit eines Kunden im Systems, berechnen; die Ermittlung von Auslastung und Füllung soll hier beispielhaft genügen.

9.4.4 Simulation

Möchten wir Aufträgen zusätzlich erlauben, gleichzeitig mehrere Betriebsmittel zu verwenden oder auf die Freigabe von Rechten zu warten, so genügen die vorgestellten Mechanismen nicht mehr. Die entstehenden Warteschlangennetze werden komplexer und können beispielsweise mit *Petri-Netzen* modelliert werden. Analytische Aussagen sind im Allgemeinen nicht mehr treffbar; es muss simuliert werden.

Da wir im Warteschlangennetz Ereignisse zu diskreten Zeitpunkten beobachten, z. B. die Ankunft eines Auftrags an einem Knoten oder die Fertigstellung eines Auftrags, macht es wenig Sinn, die Zeit in gleichgroße Zeitscheiben zu diskretisieren. Wir können vielmehr ereignisgetrieben simulieren und von *diskreter Ereignissimulation* sprechen. Die Simulationsuhr springt dann von Ereignis zu Ereignis.

Wir benötigen eine globale Ereignisliste, in die alle Ereignisse eingetragen werden. Diese werden der Reihe nach abgearbeitet und können Folgeereignisse auslösen. Im Beispiel des Käseladens ist zu Beginn der Simulation die Ereignisliste leer. Die Zwischenankunftszeit T_1 für den ersten Kunden wird über eine exponentialverteilte Zufallsvariable mit Parameter λ ermittelt und als Ereignis „Kundenankunft" mit Zeitstempel $t = T_1$ in die Ereignisliste eingetragen. Dieses wird auch gleich wieder als chronologisch nächstes Ereignis entnommen und löst zwei Folgeereignisse aus. Zum einen die nächste Kundenankunft zum Zeitpunkt $t = T_1 + T_2$, zum anderen bei Wahl der Käsetheke das Ereignis „Auftrag in Bedienstation 2 fertiggestellt" zum Zeitpunkt $t = T_1 + B_{2_1}$, wobei die Bedienzeit B_{2_1} zufällig exponentialverteilt ermittelt wird mit Parameter μ_2. Nun wird das zeitlich nächste Ereignis der Ereignisliste entnommen.

Bei der Realisierung muss wie bei den Graphensuchverfahren bei der mikroskopischen Verkehrssimulation in Abschn. 8.4.3 besonders darauf geachtet werden, dass für (Ereignis-) Listen geeignete Datenstrukturen verwendet werden, beispielsweise Fibonacci-Heaps. Damit können wir den Aufwand für das Verwalten der Ereignisliste und das Suchen des Ereignisses mit dem kleinsten Zeitstempel so klein wie möglich halten. Für weiterführende Informationen über Fibonacci-Heaps oder andere Prioritätswarteschlangen verweisen wir auf das Lehrbuch [49].

Ein weiterer zu beachtender Punkt ist die Verwendung eines geeigneten Zufallszahlengenerators. Zufallszahlen in Rechnern sind nie wirklich zufällig, außer es wird eine im Voraus ermittelte Tabelle von echten Zufallszahlen verwendet (gewonnen aus „echtem" Zufall, beispielsweise über die Messung von radioaktiven Zerfallsprozessen). Dies ist bei umfangreichen Ereignissimulationen aufgrund der großen Zahl an benötigten Zufallszahlen und des damit verbundenen hohen Speicherbedarfs kaum machbar, und die Tabelle sollte nicht mehrfach hintereinander verwendet werden.

Es kommen daher Algorithmen zum Einsatz, die sogenannte *Pseudozufallszahlen* erstellen. Verwendet wird eine deterministische Regel (ein Algorithmus) f, die aus der Zufallszahl x_i mit $x_{i+1} = f(x_i)$ die nächste Zufallszahl ermittelt, z. B. über Permutationen. Es muss mit *statistischen Tests* sichergestellt werden, dass die Pseudozufallszahlen die echte Verteilung gut genug simulieren (Mittelwert, Standardabweichung etc. sollten übereinstimmen) und dass sie „unabhängig genug" sind. Können wir hinreichend gute, gleichverteilte Zufallszahlen erzeugen, so erhalten wir mit geeigneten Transformationen Zufallszahlen mit anderen Verteilungen.

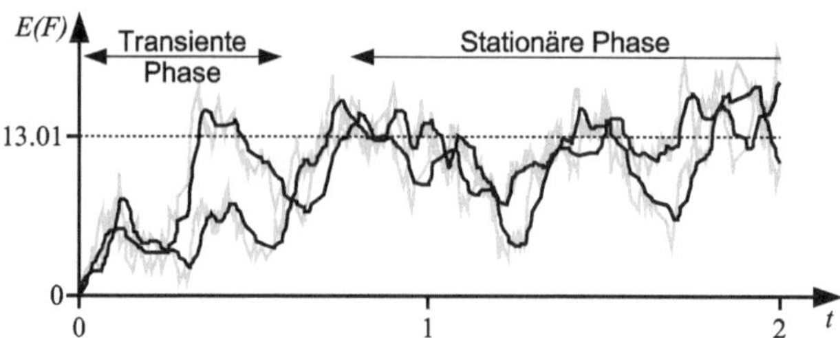

Abb. 9.18 Zwei Pfade der Füllung einer diskreten Ereignissimulation des Käsegroßmarkts (*grau*) sowie über jeweils zehn Messpunkte gemittelt (*schwarz*) für die ersten zwei Stunden

Während einer Simulation können wir die gesuchten Leistungskenngrößen mitprotokollieren und daraus Erwartungswerte ermitteln. Wir müssen dabei unterscheiden in die transiente Einschwingphase und die annähernd stationäre Phase. Sind wir am stationären Zustand interessiert, so sollten wir versuchen, Messwerte erst ab einem Zeitpunkt zu verwenden, an dem sich das System eingeschwungen hat und die Messwerte nicht mehr so stark fluktuieren. Im Beispiel des Käsemarktes wird deutlich, dass die Unterscheidung zwischen transienter und stationärer Phase nicht eindeutig ist. Abbildung 9.18 zeigt zwei Verläufe (Pfade) der Füllung des Systems sowie die über 10 Messpunkte gemittelten Pfade. Das System ist klein, der Erwartungswert der Füllung mit nur etwa 13 Kunden kann bereits nach sehr kurzer Zeit erreicht werden, und auch im späteren Verlauf kann es zu sehr starken Schwankungen der Füllung kommen.

Wie viele Messwerte müssen wir ermitteln, bis wir uns sicher sind, genau genug zu sein? Haben wir eine hinreichend große Menge an n iid Messwerten x_i, so liegt der ermittelte Mittelwert $\bar{x} = \frac{1}{n} \sum_{i=1}^{n} x_i$ beliebig nahe am tatsächlichen Erwartungswert μ. Hier helfen *statistische Tests*, die uns sagen, ab wann die bislang ermittelte Menge der Messwerte einem vorgegebenen Konfidenzniveau genügt. Allerdings sind in unserem Fall die für einen Pfad gewonnenen Messwerte gar nicht unabhängig. Ein Ausweg ist es, mehrere unabhängige Simulationsläufe durchzuführen, und den Mittelwert der iid Mittelwerte zu betrachten, was den benötigten Rechenaufwand jedoch in die Höhe treibt. Betrachten wir den Käsegroßmarkt in der stationären Phase über einen sehr langen Zeitraum, so beträgt die durchschnittliche Füllung tatsächlich etwa 13 Kunden, was annähernd dem analytisch bestimmten Wert entspricht.

9.5　Zusammenfassung und Ausblick

Wir haben die Modellierung und Simulation von Verkehr mit stochastischen Mitteln betrachtet. Warte- und Bediensysteme lassen sich mit Hilfe von Warteschlangen und Bedieneinheiten darstellen. Aus elementaren Wartesystemen können komplexe Warteschlangennetze erstellt werden. Die Gedächtnislosigkeit der Exponentialverteilung spielt dabei eine wichtige Rolle und ermöglicht es, Ereignisse zu simulieren, die viele verschiedene, unwahrscheinliche und unabhängige Ursachen haben können.

Neben Aussagen zum asymptotischen Verhalten und der Identifikation von Verkehrsengpässen, die es ermöglicht, Ansatzpunkte für Optimierungen zu finden, spielt die Ermittlung des stationären Zustands eine wichtige Rolle. Sie ermöglicht Aussagen über das Langzeitverhalten des Systems. Für einfache Warteschlangennetze sind noch analytische Aussagen möglich. Kompliziertere Szenarien müssen simulativ ausgewertet und bewertet werden.

Aufgrund des begrenzten Platzes haben wir ausschließlich $M/M/m$-Systeme analysiert; zudem sind für diese die gesuchten Leistungskenngrößen kompakt genug herleitbar. Ein interessantes Ergebnis für den $M/G/1$-Fall (Ein-Server-System bei einem Poisson-Ankunftsprozess und allgemeiner Verteilung der Bedienzeiten) wollen wir jedoch nicht vorenthalten. Sind die ersten beiden Momente $E(B)$ und $E(B^2)$ der gemeinsamen Verteilung der Bedienzeiten bekannt, so liefert uns die *Pollaczek-Khinchin*-Formel

$$E(W) = \frac{\lambda E(B^2)}{2(1-\rho)} = \frac{1}{2}\left(1 + \frac{\sigma^2(B)}{E^2(B)}\right)\frac{\rho E(B)}{1-\rho}\,, \quad \rho = \lambda E(B).$$

Die zu erwartende Wartezeit hängt quadratisch vom Variationskoeffizienten $\sigma(B)/E(B)$ ab! Streuen die Bedienzeiten stark, so wirkt sich dies katastrophal auf die Wartezeiten aus – und zwar unabhängig von der zugrunde liegenden Verteilung. Einen ähnlichen Effekt hatten wir auch beim Wartezeitparadoxon beobachtet.

Warteschlangenmodelle finden in vielen Bereichen Anwendung: zum Beispiel in der Analyse von Rechensystemen, von Telefon- und Kommunikationsnetzen oder zur Simulation von Produktionssystemen und Fabrikationsabläufen. Und – um die Brücke zur makro- und mikroskopischen Verkehrssimulation (Kap. 7 und 8) zu schlagen – sie finden Anwendung zur Simulation von Straßenverkehr: Verkehrsteilnehmer sind Aufträge, die sich durch das System bewegen und Ressourcen belegen können. Straßen können als Wartesysteme mit endlicher Kapazität modelliert werden, deren Bedienzeit von der aktuellen Füllung (der durchschnittlichen Verkehrsdichte auf der Straße) abhängt. Entsprechend sind Kreuzungen Bedienstationen, die während eines Abbiegevorgangs belegt werden müssen. Verkehrsteilnehmer können bei dieser Modellierung wie in der mikroskopischen Verkehrssimulation eigene Pläne und Vorhaben verfolgen. Das Befahren einer Straße benötigt jedoch nur noch eine Aktion (Bestimmung der Bedienzeit), was die Simulation größerer Netze ermöglicht und die parallele und verteilte Berechnung erleichtert.

Literatur zur stochastischen Verkehrsmodellierung gibt es vielfältig, auch ganze Bücher zu einzelnen Teilaspekten. Zur weiteren Vertiefung weisen wir besonders auf [6], [59] und [20] hin.

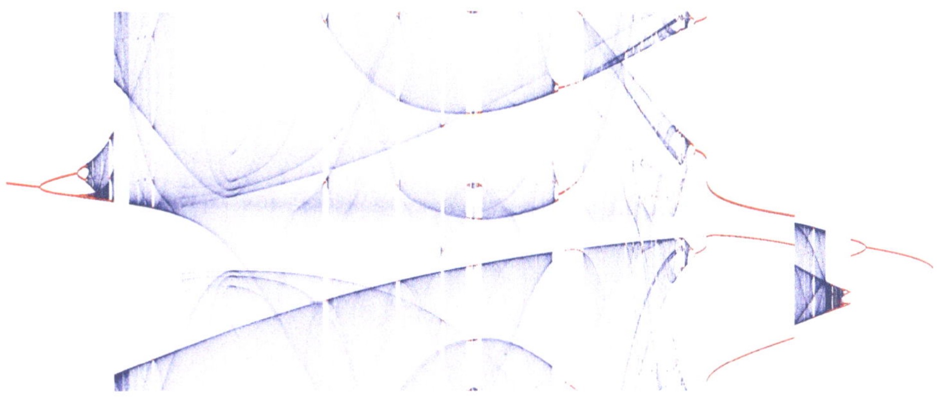

Einleitung

In diesem Teil betrachten wir Modelle und Simulationen vom Standpunkt des *dynamischen Systems* aus, wir sind also an zeitabhängigen Prozessen interessiert, hier beschrieben durch eine Bewegung im Zustandsraum. Dieser Zustandsraum wird definiert durch alle Größen, die den Zustand des Systems festlegen – einschließlich aller Information über die weitere Entwicklung des Systems. In den einfachen Modellen aus der Populationsdynamik in Kap. 10 kann man da unter Vernachlässigung aller äußeren Einflüsse an die Größe einer Pinguinpopulation denken. In einem physikalischen System hingegen werden Positionen und Geschwindigkeiten von Körpern eine Rolle spielen, vermutlich auch noch einige weitere Parameter. Der Zustand unseres Systems zu einem gewissen Zeitpunkt ist nun ein Punkt im Zustandsraum, über die Zeit hinweg verfolgt ergibt sich eine Bahn (Trajektorie), die die Entwicklung des Systems beschreibt.

Kontinuierliche Modelle, die dann in der Regel auf Differentialgleichungen führen, werden am Beispiel der Populationsdynamik untersucht werden (einschließlich eines kleinen Exkurses mit einem diskreten Zustandsraum).

Und weil man Systeme oftmals nicht nur beobachten und analysieren, sondern diese auch gezielt beeinflussen (regeln) will, somit nun auch äußerere Einflüsse auf den Zustand einwirken, werden wir uns auch damit beschäftigen. Hier wird auch die Modellierung (anhand eines mechanischen Beispiels) eine Rolle spielen, denn ohne Wissen über das zu beeinflussende System geht es nicht.

Nicht immer ist alles so schön einfach wie bei der Populationsdynamik. In manchen Systemen, die noch nicht mal unbedingt sehr komplex wirken, lässt sich sehr seltsames, chaotisches Verhalten beobachten. Allerdings ist Chaos nicht unbedingt das, was man im umgangssprachlichen Sinn darunter versteht. Es wird also geklärt, was Chaos überhaupt ist, wie es sich äußert und wo es auftauchen kann.

Populationsdynamik 10

Die Entwicklung der Population einer oder mehrerer Tier- oder Pflanzenarten ist ein überschaubares Beispiel, um die Dynamik eines Systems zu studieren. Der Zustandsraum besteht hier aus der Anzahl von Individuen der jeweiligen Art – der Begriff „Raum" ist daher etwas irreführend, da gerade keine räumliche Auflösung des betrachteten Gebietes vorgenommen wird, sondern angenommen wird, dass die Zuwachs- bzw. Abnahmeraten, mit denen sich die Populationsgrößen verändern, nur von der Größe der Populationen abhängen.

Naheliegend wäre, diesen Zustandsraum durch natürliche Zahlen bzw. (im Fall mehrerer Arten) durch Tupel natürlicher Zahlen zu beschreiben, da es sich um die Anzahlen von Individuen handelt. Ein derartiges Modell, bei dem dann Zu- und Abnahme durch einen stochastischen Prozess modelliert werden, wird am Ende dieses Kapitels diskutiert. Diese Modelle werden aber schnell relativ komplex; Modelle, die wesentlich einfacher zu handhaben sind, erhält man, indem man das Wachstum mittels (gewöhnlicher) Differentialgleichungen beschreibt. Das bedingt aber, dass die Populationsgrößen durch (nichtnegative) reelle Zahlen beschrieben werden. Im Fall sehr kleiner Populationen ist das problematisch – eine Population von 2,5 Pinguinen ist nicht sehr sinnvoll – aber im Fall großer Populationen ist dieses Modell gerechtfertigt. In diesem Fall können wir auch davon ausgehen, dass die Gesamtwachstumsrate als Summe vieler unabhängiger Einzelereignisse deterministisch modelliert werden kann, da sich zufällige Schwankungen über eine große Population gemittelt aufheben.

Die kontinuierlichen Modelle werden auf (gewöhnliche) Differentialgleichungen führen, also das Instrumentarium aus der Analysis (Abschn. 2.2.2) verwenden, insbesondere aber die Überlegungen aus dem ersten Teil von Abschn. 2.4.5 (lineare Differentialgleichungen mit konstanten Koeffizienten, Differentialgleichungssysteme, Konvergenzverhalten, Richtungsfelder und Trajektorien) weiterführen. Für das diskrete Modell werden hingegen Methoden aus der Stochastik (diskrete Verteilungen, bedingte Wahrscheinlichkeiten) herangezogen werden (Abschn. 2.3).

H.-J. Bungartz et al., *Modellbildung und Simulation*, eXamen.press,
DOI 10.1007/978-3-642-37656-6_10, © Springer-Verlag Berlin Heidelberg 2013 231

10.1 Modell von Malthus

Das einfachste Populationsdynamikmodell geht zurück auf den britischen Ökonomen Thomas Robert Malthus, der 1798 in seinem „Essay on the Principle of Population" ein Ein-Spezies-Modell mit konstanten Geburts- und Sterberaten betrachtet.

Für die Formulierung als Differentialgleichung sei $p(t)$ die Population zum Zeitpunkt t $(t, p(t) \in [0, \infty[)$. Die *Geburtenrate* $\gamma > 0$ gibt die Zahl der Geburten pro Individuum und Zeiteinheit an, entsprechend die *Sterberate* $\delta > 0$ die Zahl der Sterbefälle ebenfalls pro Individuum und Zeiteinheit. Wir nehmen an, dass die Population eines abgeschlossenen Gebietes untersucht wird, sodass Geburten und Sterbefälle die einzigen Änderungen der Populationsgröße sind, die sich somit mit einer *Wachstumsrate*

$$\lambda = \gamma - \delta$$

ändert. Wesentlich für dieses Modell ist, dass die Raten γ, δ und somit auch λ Konstanten sind, insbesondere unabhängig von der Populationsgröße p.

Die Populationsänderung pro Zeiteinheit ist nun das Produkt aus Wachstumsrate und Population, wir erhalten die lineare Differentialgleichung (vgl. Abschn. 2.4.5)

$$\dot{p}(t) = \lambda p(t)$$

mit der Lösung

$$p(t) = p_0 e^{\lambda t} \, ,$$

wobei p_0 die Größe der Ausgangspopulation zum Zeitpunkt $t = 0$ beschreibt.

Was für einen Nutzen ziehen wir aus diesem Modell? Die Erkenntnis, dass ungebremstes Wachstum mit konstanter Wachstumsrate exponentiell verläuft, also im Fall einer positiven Wachstumsrate (Geburtenrate größer als Sterberate) exponentiell wächst, ist zwar nicht sehr tiefsinnig, kann aber für die Vorhersage der Population ein wesentlicher Punkt sein. Für kleine Populationsgrößen ähnelt der beobachtete Verlauf noch eher linearem Wachstum; mit größer werdender Population kommt das Wachstum aber zunehmend in Fahrt und es kommt zu einer „Bevölkerungsexplosion", in deren Folge die Ressourcen nicht mehr zur Versorgung ausreichen: Das Wissen, dass exponentielles Wachstum droht, führt zu einer ganz anderen Prognose als die Annahme linearen Wachstums. Malthus nimmt übrigens in seiner Untersuchung des Bevölkerungswachstums für die mögliche Nahrungsmittelproduktion ein nur lineares Wachstum an und folgert somit, dass ungebremstes Bevölkerungswachstum in eine Versorgungskrise führen muss.

10.2 Verfeinerte Ein-Spezies-Modelle

Modelle, die gebremstes Wachstum im Fall großer Populationen beschreiben, wurden Mitte des 19. Jahrhunderts vom belgischen Mathematiker Pierre-François Verhulst untersucht, zwei seiner Modelle werden wir im Folgenden betrachten.

10.2.1 Lineares Modell mit Sättigung

Bleiben wir bei einem linearen Modell, erhalten wir, damit das Wachstum von p nun für große Werte von p abnimmt, eine Gleichung

$$\dot{p}(t) = \lambda_0 - \lambda_1 p(t)$$

mit $\lambda_0 > 0$ (für kleine Populationen herrscht Wachstum) und $\lambda_1 > 0$ (je größer die Population, desto geringer das Wachstum). Für

$$p = \bar{p} := \lambda_0/\lambda_1$$

ist $\dot{p} = 0$: $\bar{p}$ ist ein *Gleichgewichtspunkt*. Für $p < \bar{p}$ ist $\dot{p} > 0$, für $p > \bar{p}$ ist $\dot{p} < 0$. Die Lösungen konvergieren je nach Startwert von unten ($p_0 < \bar{p}$) oder von oben ($p_0 > \bar{p}$) gegen $\bar{p}$, das somit ein *stabiler Gleichgewichtspunkt* ist. Die Lösung lässt sich nach wie vor leicht angeben:

$$p(t) = \bar{p} + (p_0 - \bar{p})\mathrm{e}^{-\lambda_1 t} \, .$$

Abbildung 2.1 in Abschn. 2.4.5 zeigt Lösungen für diese Gleichung. Dort ist $\lambda_0 = \lambda_1 = 1/10$, mithin $\bar{p} = 1$, was unrealistisch ist, wenn man die Einheit „Individuen" unterstellt, aber der qualitative Verlauf der Lösungskurven ist für unterschiedliche Skalierungen derselbe.

Dieses Modell beschreibt nun die Annäherung der Population an einen stabilen Gleichgewichtspunkt, für den sich Geburten und Sterbefälle die Waage halten. Inwieweit das hier unterstellte lineare Verhalten ($\dot{p}$ wächst proportional mit dem Abstand $\bar{p} - p$ vom Gleichgewichtspunkt) realistisch ist, ist aus dem Modell heraus nicht zu beantworten. Auf jeden Fall ist aber bei diesem Modell störend, dass es sich für kleine Populationen nicht wie erwartet ähnlich wie das Modell von Malthus verhält – solange der Gleichgewichtspunkt weit entfernt ist, sollte sich ja eigentlich exponentielles Wachstum einstellen; im vorliegenden Modell nimmt das Wachstum aber von Anfang an ab. Mit einem linearen Modell ist es aus offensichtlichen Gründen nicht möglich, geringes Wachstum sowohl für sehr kleine Populationen als auch in der Nähe des Gleichgewichtspunkts zu haben, dazwischen aber großes Wachstum. Dies motiviert das folgende nichtlineare Modell.

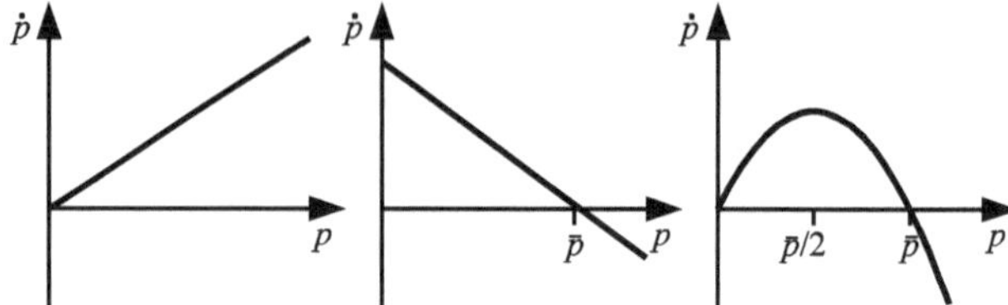

Abb. 10.1 Rechte Seiten der Differentialgleichungen für die drei Ein-Spezies-Modelle: *links* exponentielles Wachstum (Malthus), in der *Mitte* das lineare Modell mit Sättigung und *rechts* das quadratische Modell (logistisches Wachstum)

10.2.2 Logistisches Wachstum

Der einfachste Weg, ein Wachstum mit der gewünschten Charakterisierung (für kleine Populationen ähnlich dem exponentiellen Wachstum, für große Populationen Übergang in eine Sättigung) herzustellen, ist eine rechte Seite der Differentialgleichung vom nächsthöheren Polynomgrad, also quadratisch in p.

Dazu wählen wir die Wachstumsrate $\lambda(p)$ (gerechnet pro Individuum und Zeiteinheit) linear in p:

$$\lambda(p) := (a - b \cdot p)$$

mit Parametern $a \gg b > 0$ (die Begründung, warum a groß im Verhältnis zu b sein soll, folgt) und erhalten (nach Multiplikation mit der Populationsgröße) die *logistische Differentialgleichung*

$$\dot{p}(t) = \lambda(p(t)) \cdot p(t) = ap(t) - bp(t)^2 \,, \tag{10.1}$$

wobei wir wieder die Ausgangspopulation $p(0) = p_0$ vorgeben können.

Abbildung 10.1 zeigt die rechten Seiten der drei bisher behandelten Populationsmodelle im Vergleich. Man kann aus dieser Skizze bereits erwarten, dass sich das quadratische Modell (rechts) für kleine p ähnlich verhält wie das Modell von Malthus (links), für größere p aber ähnlich wie das Sättigungs-Modell.

Präziser gesagt, sehen wir, dass das neue Modell zwei Gleichgewichtspunkte hat:

- $p = 0$ führt unabhängig von a und b zu $\dot{p} = 0$. Linearisiert man die rechte Seite $ap - bp^2$ in $p = 0$, erhält man $\dot{p} \doteq ap$ für kleine p. Wegen $a > 0$ hat die linearisierte Differentialgleichung ein instabiles Gleichgewicht in $p = 0$: Für beliebig kleine Störungen $p_0 > 0$ stellt sich exponentielles Wachstum ein. Für hinreichend kleine p überträgt sich diese Eigenschaft auch auf die Ausgangsgleichung mit quadratischer rechter Seite.
- $p = \bar{p} := a/b$ führt ebenfalls zu $\dot{p} = 0$. Linearisierung bei $p = a/b$ ergibt aber $\dot{p} \doteq -a(p - \bar{p})$ für $p \approx \bar{p}$. Es liegt wegen $-a < 0$ ein attraktives Gleichgewicht der linearisierten Differentialgleichung vor, was sich wieder auf die Ausgangsgleichung überträgt, wenn p hinreichend nahe an $\bar{p}$ liegt.

Abb. 10.2 Lösungen und Richtungsfeld der Differentialgleichung (10.1); $a = 1$, $b = 0{,}01$, $\bar{p} = a/b = 100$. Anfangswerte $p_0 = 1, 20, 50, 100$ und 120 (Richtungsvektoren in halber Länge dargestellt)

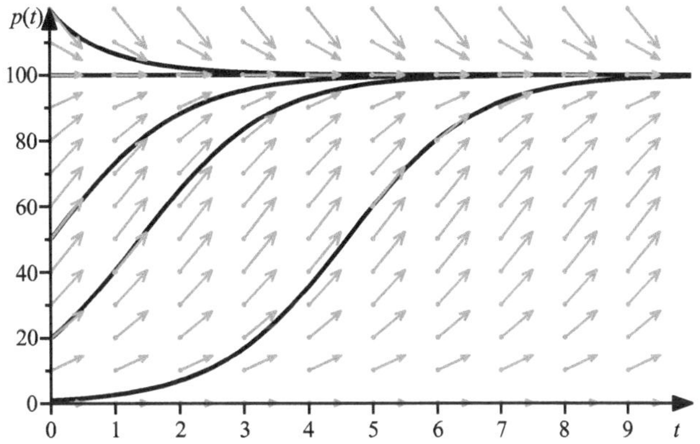

Diese Überlegungen erlauben uns eine qualitative Beschreibung der Lösungskurven:

- Für $0 < p_0 < \bar{p}/2$ wächst die Population monoton. Die Ableitung $\dot{p}$ wächst, bis bei $p = \bar{p}/2$ ein Wendepunkt erreicht ist; dort ist $\ddot{p} = 0$ und $\dot{p}$ maximal. Dann verlangsamt sich das Wachstum und p konvergiert gegen $\bar{p}$.
- Für $\bar{p}/2 \leq p_0 < \bar{p}$ verhält sich die Lösung analog, nur die Phase beschleunigten Wachstums entfällt.
- Für $p_0 = \bar{p}$ bleibt p im Gleichgewichtspunkt (und würde auch durch kleine Störungen nicht dauerhaft ausgelenkt).
- Für $p_0 > \bar{p}$ ist $\dot{p} < 0$: Die Population fällt monoton und konvergiert gegen $\bar{p}$.

Insgesamt gilt, dass für beliebige Anfangswerte $p_0 > 0$ die Lösung gegen $\bar{p} = a/b$ konvergiert, das rechtfertigt auch die Forderung $a \gg b$. Abbildung 10.2 zeigt das Richtungsfeld und Lösungskurven für $a = 1$, $b = 0{,}01$ und verschiedene Anfangswerte p_0.

Für die logistische Differentialgleichung lässt sich die Lösung übrigens auch als geschlossene Formel angeben, es ist

$$p(t) = \frac{a \cdot p_0}{b \cdot p_0 + (a - b \cdot p_0) \cdot e^{-at}}.$$

Im Kapitel über Chaostheorie wird ein ähnliches Modell wieder auftauchen (Abschn. 12.2.1), dann aber mit diskreten Zeitschritten und der Annahme $p_{n+1} = r \cdot p_n \cdot (1 - p_n)$ mit Parameter $r > 0$, sodass (bis auf einen konstanten Faktor) die rechte Seite der logistischen Differentialgleichung (10.1) als Iterationsfunktion verwendet wird. Sie gibt dort also nicht mehr die Änderung der Population, sondern die ganze Populationsgröße im nächsten Zeitschritt an.

10.3　Zwei-Spezies-Modelle

Interessanter als einzelne Populationen sind Modelle mit mehreren Arten, die miteinander in Wechselwirkung stehen, sodass mehr Effekte möglich sind. Wir werden uns der Übersichtlichkeit halber auf zwei Spezies beschränken – für den linearen Fall hiervon siehe Abschn. 2.4.5. Es wird ein parametrisiertes Modell eingeführt, an dem wir dann zwei Fälle von Wechselwirkung studieren können: zum einen der Kampf zweier Arten um dieselben Ressourcen und zum anderen eine Räuber-Beute-Beziehung.

Im Folgenden betrachten wir zwei Arten P und Q, die Funktionen $p(t)$ und $q(t)$ bezeichnen die jeweilige Populationsgröße. Die erste Annahme ist, dass es wie beim Modell von Malthus und beim logistischen Wachstum Wachstumsraten pro Individuum und Zeiteinheit gibt, $f(p, q)$ für P und $g(p, q)$ für Q, die nun sowohl von p als auch von q abhängen; der Vektor F beschreibe das Wachstum (Wachstumsraten mal Populationsgröße):

$$\begin{pmatrix} \dot{p} \\ \dot{q} \end{pmatrix} = \begin{pmatrix} f(p,q) \cdot p \\ g(p,q) \cdot q \end{pmatrix} =: F(p,q) \ . \tag{10.2}$$

Da wir nur am Fall $p > 0$ und $q > 0$ interessiert sind (sonst wären es wieder weniger als zwei Populationen), sind die Gleichgewichtspunkte des Systems dadurch gekennzeichnet, dass beide Wachstumsraten verschwinden: Wir suchen Paare $(\bar{p}, \bar{q})$ mit $\bar{p}, \bar{q} > 0$ und

$$f(\bar{p}, \bar{q}) = g(\bar{p}, \bar{q}) = 0 \ .$$

Zur Analyse der Stabilität eines Gleichgewichtspunkts ersetzen wir im Folgenden analog zu den Überlegungen im Abschn. 10.2.2 die Differentialgleichung durch eine lineare, indem wir die rechte Seite F um den Gleichgewichtspunkt $(\bar{p}, \bar{q})$ linearisieren:

$$F(p,q) \doteq J_F(\bar{p}, \bar{q}) \begin{pmatrix} p - \bar{p} \\ q - \bar{q} \end{pmatrix} \ .$$

Für die Jacobi-Matrix $J_F(\bar{p}, \bar{q})$ ergibt sich unter Berücksichtigung der Struktur von F und wegen $f(\bar{p}, \bar{q}) = g(\bar{p}, \bar{q}) = 0$

$$\begin{aligned} J_F(\bar{p}, \bar{q}) &= \begin{pmatrix} \dfrac{\partial(f(p,q)\cdot p)}{\partial p} & \dfrac{\partial(f(p,q)\cdot p)}{\partial q} \\ \dfrac{\partial(g(p,q)\cdot q)}{\partial p} & \dfrac{\partial(g(p,q)\cdot q)}{\partial q} \end{pmatrix} \Bigg|_{p=\bar{p},\, q=\bar{q}} \\ &= \begin{pmatrix} f_p(p,q)p + f(p,q) & f_q(p,q)p \\ g_p(p,q)q & g_q(p,q)q + g(p,q) \end{pmatrix} \Bigg|_{p=\bar{p},\, q=\bar{q}} \\ &= \begin{pmatrix} f_p(\bar{p}, \bar{q})\bar{p} & f_q(\bar{p}, \bar{q})\bar{p} \\ g_p(\bar{p}, \bar{q})\bar{q} & g_q(\bar{p}, \bar{q})\bar{q} \end{pmatrix} , \end{aligned}$$

wobei $f_p(p, q) := \partial f(p, q)/\partial p$ etc. die partielle Ableitung bezeichne. In einer hinreichend kleinen Umgebung von $(\bar{p}, \bar{q})$ verhält sich die lineare Differentialgleichung

$$\begin{pmatrix} \dot{p} \\ \dot{q} \end{pmatrix} = J_F(\bar{p}, \bar{q}) \begin{pmatrix} p \\ q \end{pmatrix} - J_F(\bar{p}, \bar{q}) \begin{pmatrix} \bar{p} \\ \bar{q} \end{pmatrix} \tag{10.3}$$

wie die Ausgangsgleichung (10.2); insbesondere bestimmen die Eigenwerte von $J_F(\bar{p}, \bar{q})$ die Attraktivität des Gleichgewichts.

Als nächster Schritt in der Modellierung sind die Wachstumsraten f und g zu definieren. Wir wählen hier einen linearen Ansatz (Teilen durch die Komponenten des Gleichgewichts erspart uns, diese in den weiteren Betrachtungen als zusätzliche Konstanten mitzuführen):

$$f(p, q) = (a_1 - b_1 p - c_1 q)/\bar{p},$$
$$g(p, q) = (a_2 - c_2 p - b_2 q)/\bar{q},$$

der im Grenzfall des Verschwindens einer Population dazu führt, dass sich für die verbleibende Population ein quadratisches Modell analog zum logistischen Wachstum einstellt. Für die Jacobi-Matrix $J_F(\bar{p}, \bar{q})$ in einem Gleichgewichtspunkt ergibt sich dann

$$J_F(\bar{p}, \bar{q}) = \begin{pmatrix} f_p(\bar{p}, \bar{q})\bar{p} & f_q(\bar{p}, \bar{q})\bar{p} \\ g_p(\bar{p}, \bar{q})\bar{q} & g_q(\bar{p}, \bar{q})\bar{q} \end{pmatrix} = \begin{pmatrix} -b_1 & -c_1 \\ -c_2 & -b_2 \end{pmatrix}.$$

Nun sind noch die Parameter festzulegen. Dazu sollen folgende Bedingungen erfüllt sein:

- Die Terme b_i, die das verminderte Wachstum bei großen Populationen beschreiben, sollen nichtnegativ sein:
$$b_1, b_2 \geq 0. \tag{10.4}$$

- Eine etwas künstliche Bedingung, die aber für die folgenden Rechnungen nützlich sein wird, ist, dass für wenigstens eine Art (hier ohne Einschränkung für Q) die Wachstumsrate durch eine große Population der anderen Spezies (hier also P) vermindert wird:
$$c_2 > 0. \tag{10.5}$$

Damit die Wachstumsrate $g(p, q)$ von Q dann überhaupt positiv sein kann (was für ein vernünftiges Modell ja der Fall sein sollte), impliziert das die nächste Forderung nach einem positiven konstanten Term
$$a_2 > 0. \tag{10.6}$$

- Die Eigenwerte der Jacobi-Matrix $J_F(\bar{p}, \bar{q})$ ergeben sich als Nullstellen $\lambda_{1/2}$ von $(\lambda + b_1)(\lambda + b_2) - c_1 c_2$. Wir fordern
$$b_1 b_2 > c_1 c_2, \tag{10.7}$$

denn dann gibt es wegen (10.4) keine Nullstelle mit positivem Realteil. (Um das zu sehen, stellt man sich am besten die Parabel zu $(\lambda + b_1)(\lambda + b_2) - c_1 c_2 = \lambda(\lambda + b_1 + b_2) + b_1 b_2 - c_1 c_2$ vor: Für $b_1 b_2 - c_1 c_2 = 0$ hat sie Nullstellen $\lambda_1 = 0$ und $\lambda_2 = -b_1 - b_2 \leq 0$, für wachsendes $b_1 b_2 - c_1 c_2$ verschiebt sie sich nach oben, sodass sie zwei negative Nullstellen hat, bis sie die Abszisse gar nicht mehr schneidet; dann liegen zwei konjugiert komplexe Lösungen mit negativem Realteil vor.) Wenn es unter diesen Bedingungen einen Gleichgewichtspunkt gibt, ist er somit stabil.

- Nun fehlt noch ein Kriterium für die Existenz von (positiven) Gleichgewichtspunkten. Das lineare Gleichungssystem

$$0 = a_1 - b_1 \bar{p} - c_1 \bar{q}$$
$$0 = a_2 - b_2 \bar{q} - c_2 \bar{p}$$

besitzt wegen Bedingung (10.7) die eindeutige Lösung

$$\bar{p} = \frac{a_1 b_2 - c_1 a_2}{b_1 b_2 - c_1 c_2}, \quad \bar{q} = \frac{b_1 a_2 - a_1 c_2}{b_1 b_2 - c_1 c_2},$$

die ein Gleichgewicht ist, wenn die Zähler (und damit $\bar{p}, \bar{q}$) positiv sind. Mit (10.4)–(10.6) lässt sich das schreiben als

$$\frac{b_1}{c_2} > \frac{a_1}{a_2} > \frac{c_1}{b_2}, \tag{10.8}$$

nur im Fall $b_2 = 0$ ist die zweite Ungleichung durch $c_1 < 0$ zu ersetzen.

Mit den Bedingungen (10.4)–(10.8) ist die Existenz eines stabilen Gleichgewichts gesichert. Im Folgenden werden wir nun zwei Modelle untersuchen, die sich im Vorzeichen des Parameters c_1 unterscheiden. Zunächst werden wir zwei Arten betrachten, die in *Konkurrenz* um dieselben Ressourcen stehen: Eine große Population von Q vermindert auch die Wachstumsrate von P; zusätzlich zu (10.5) gilt also die Bedingung

$$c_1 > 0 . \tag{10.9}$$

Im zweiten Beispiel wird eine große Population von Q die Wachstumsrate von P vergrößern – wir stellen uns P als *Räuber* vor, der umso besser lebt, je mehr *Beute Q* er findet, ausgedrückt als Bedingung

$$c_1 < 0 . \tag{10.10}$$

Für das Konkurrenz-Beispiel wählen wir die Parameter

$$a_1 = \frac{300+5\sqrt{3}}{3}, b_1 = \frac{5}{2}, c_1 = \frac{\sqrt{3}}{6}, a_2 = \frac{35+60\sqrt{3}}{4}, b_2 = \frac{7}{8}, c_2 = \frac{3\sqrt{3}}{8} . \tag{10.11}$$

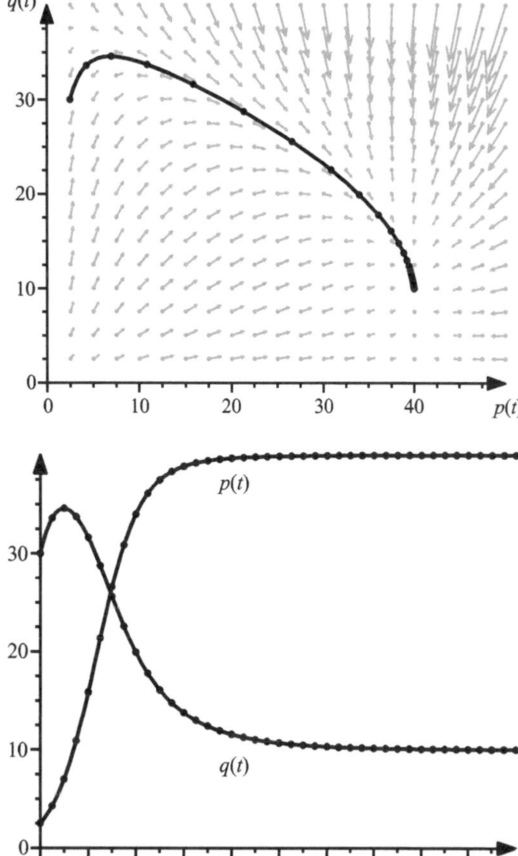

Abb. 10.3 Lösung zum Anfangswert $(2{,}5, 30)$ und Richtungsfeld des Zwei-Spezies-Modells mit Parametern (10.11). (Markierungen • im Abstand von $\delta t = 1/4$, Richtungsvektoren um 1/20 verkürzt dargestellt)

Abb. 10.4 Lösungskomponenten zu Abb. 10.3

Es ergibt sich ein Gleichgewichtspunkt $(\bar{p}, \bar{q}) = (40, 10)$. Die Eigenwerte der Jacobi-Matrix $J_F(\bar{p}, \bar{q})$ sind $-1/10$ und $-1/20$.

Abbildung 10.3 zeigt das Richtungsfeld und die Lösung zum Anfangswert $(p_0, q_0) = (2{,}5, 30)$, Abb. 10.4 die einzelnen Komponenten $p(t)$ und $q(t)$. Man erkennt, dass sich die Lösung in der Nähe des Gleichgewichtspunkts sehr ähnlich verhält wie im linearen Fall (vgl. Abschn. 2.4.5, insbesondere Abb. 2.2), während sich weiter entfernt andere Effekte einstellen.

Für das Räuber-Beute-Modell $(c_1 < 0)$ vereinfachen wir die Situation dadurch, dass wir die Behinderung durch eine große Population der eigenen Art vernachlässigen, indem wir $b_1 = b_2 = 0$ wählen. Dafür wird der konstante Term a_1 in der Wachstumsrate des Räubers P negativ gewählt: Wenn keine Beute vorhanden ist, geht die Population des Räubers zurück. Dann sind die Vorzeichenbedingungen $\bar{p} = a_2/c_2 > 0$, $\bar{q} = a_1/c_1 > 0$ automatisch erfüllt.

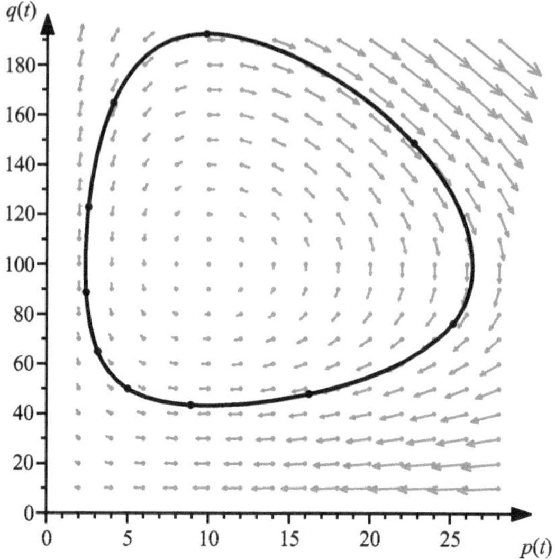

Abb. 10.5 Lösung zum Anfangswert $(5, 50)$ und Richtungsfeld des Zwei-Spezies-Modells mit Parametern (10.12). (Richtungsvektoren um 1/5 verkürzt dargestellt)

Die Eigenwerte von $J_F(\bar{p}, \bar{q})$ sind (wegen $b_i = 0$) rein imaginär: Der Gleichgewichtspunkt ist zwar stabil, aber nicht attraktiv. Statt einer Konvergenz zum Gleichgewicht stellt sich eine periodische Oszillation ein.

Wählen wir zum Beispiel

$$a_1 = -5, \quad c_1 = -\frac{1}{20}, \quad a_2 = 20, \quad c_2 = 2, \tag{10.12}$$

dann ergibt sich ein Gleichgewichtspunkt $(\bar{p}, \bar{q}) = (10, 100)$, und die Eigenwerte der Jacobi-Matrix $J_F(\bar{p}, \bar{q})$ sind $\pm i/100$.

Abbildung 10.5 zeigt die Lösung zum Anfangswert $(p_0, q_0) = (5, 50)$, Abb. 10.6 die einzelnen Komponenten $p(t)$ und $q(t)$. Man erkennt deutlich, wie eine große Räuberpopulation p zu einem Einbruch der Beutepopulation q führt, die dann – zeitverzögert – auch zu einem Rückgang der Räuber führt. Dadurch wiederum erholt sich die Population der Beute und der Zyklus beginnt von Neuem.

10.4 Ein diskretes Ein-Spezies-Modell

Zum Abschluss der Populationsdynamikmodelle betrachten wir nun noch kurz ein diskretes Modell. Da die Population in Wirklichkeit eine diskrete Größe ist, scheint dieser Ansatz zunächst naheliegend; es stellt sich aber heraus, dass die diskreten Modelle wesentlich unhandlicher sind als die kontinuierlichen (weshalb hier auch nur ein sehr einfacher Fall vorgestellt werden soll).

Zunächst ist der Zustandsraum eine diskrete Größe $X(t) \in \mathbb{N}$, die die Anzahl der Individuen zum Zeitpunkt t beschreibt. Das Problem ist, dass wir nun mit gegebener Popu-

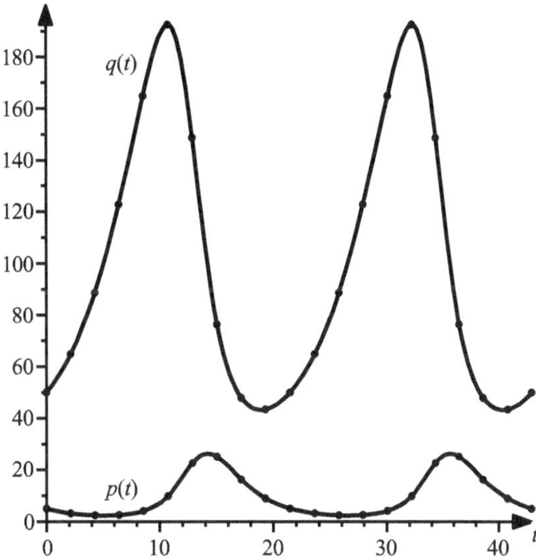

Abb. 10.6 Lösungskomponenten zu Abb. 10.5

lation, Geburts und Sterberate nicht wie im kontinuierlichen Fall einfach die Population fortschreiben können: Geburten und Sterbefälle, die nur noch ganzzahlige Populationsänderungen bewirken können, müssen nun als zufällige Ereignisse modelliert werden. Wir erhalten einen *stochastischen Prozess*, der kontinuierlich in der Zeit, aber diskret im Zustandsraum ist (vgl. Abschn. 9.4).

In Wirklichkeit ist also nicht mehr eine Lösung $X(t)$ zu bestimmen, sondern die Verteilung von X, die angibt, mit welcher Wahrscheinlichkeit $P(X(t) = x)$ zum Zeitpunkt t genau x Individuen vorgefunden werden. Die zeitliche Entwicklung dieser Verteilung ist nun gesucht.

Im Folgenden verwenden wir

$$\pi_x(t) := P(X(t) = x)$$

als Abkürzung für die gesuchten Wahrscheinlichkeiten; um die Dinge einfach zu halten, nehmen wir die Geburtenrate γ als konstant und die Sterberate δ als null an. (Anders als im kontinuierlichen Modell kommt es hier auf beide Größen und nicht nur auf deren Differenz an; in unserem Beispiel liegt ein reiner Geburtsprozess vor, vgl. Abb. 9.13).

Wenn wir die Verteilung $\pi_x(t)$, $x \in \mathbb{N}$ kennen, können wir daraus auf die Verteilung für ein kleines Zeitintervall δt später schließen: Die Wahrscheinlichkeit, dass es unter der Bedingung $X(t) = x$ zu einer Geburt kommt, ist im Grenzwert $\delta t \to 0$ das Produkt aus Geburtenrate, Population und Zeitintervall $\gamma x \delta t$. Die absolute Wahrscheinlichkeit, dass der Zustand $X(t) = x$ in den Zustand $X(t+\delta t) = x+1$ übergeht, beträgt dann im Grenzwert $\delta t \to 0$ nach den Rechenregeln für bedingte Wahrscheinlichkeiten $\gamma x \delta t \pi_x(t)$.

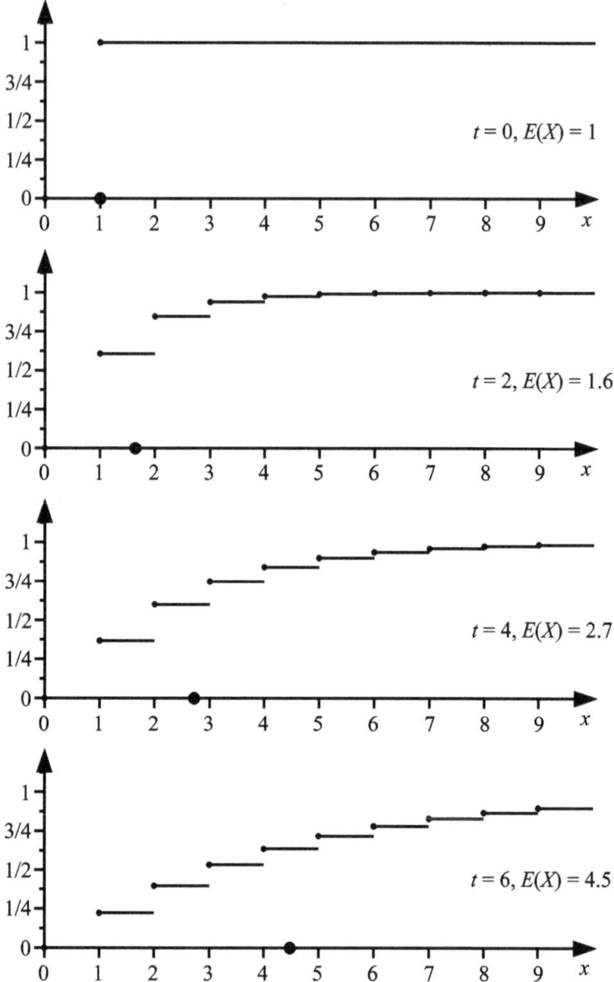

Abb. 10.7 Zeitliche Entwicklung der Verteilungsfunktion und des Erwartungswerts (Markierung ● auf der Abszisse) im diskreten Populationsmodell ($\gamma = 1/4$)

Für die Wahrscheinlichkeit, zum Zeitpunkt $t + \delta t$ eine Population der Größe x vorzufinden, gilt für $\delta t \to 0$

$$\pi_x(t + \delta t) \doteq \pi_x(t)$$

$$- \underbrace{\gamma x \delta t \pi_x(t)}_{\text{Geburten im Zustand } X = x}$$

$$+ \underbrace{\gamma(x - 1)\delta t \pi_{x-1}(t)}_{\text{Geburten im Zustand } X = x - 1}$$

(wobei $\pi_0(t) \equiv 0$ gesetzt wird) und somit

$$\dot{\pi}_x(t) = -\gamma x \pi_x(t) + \gamma(x - 1)\pi_{x-1}(t)\,.$$

Wir haben ein unendliches System von Differentialgleichungen, das die Entwicklung der Verteilung beschreibt.

Für die Anfangswerte nehmen wir – unter Hintanstellung des Wunsches nach biologischer Exaktheit – an, dass die Ausgangspopulation für $t = 0$ aus einem Individuum besteht:

$$\pi_1(0) = 1 \text{ und } \pi_x(0) = 0 \text{ für } x > 1 .$$

Dann lässt sich die Lösung des Systems als geschlossene Formel angeben:

$$\pi_x(t) = e^{-\gamma t}(1 - e^{-\gamma t})^{x-1} .$$

Abbildung 10.7 zeigt die zeitliche Entwicklung der Verteilungsfunktion $P(X(t) \leq x)$ für die Geburtenrate $\gamma = 1/4$ und für die Zeitpunkte $t = 0$ (Ausgangspopulation), $t = 2$, $t = 4$ und $t = 6$.

Interessant ist hier noch, den Erwartungswert $E(X(t))$ der Population zum Zeitpunkt t zu berechnen, er ergibt sich nämlich zu

$$E(X(t)) = e^{\gamma} t .$$

Das stellt eine Beziehung zum (kontinuierlichen) Modell von Malthus her, das in diesem Fall genau den Erwartungswert des diskreten Modells wiedergibt.

Das Ziel der *Regelungstechnik* ist, ein *dynamisches System* von außen so zu beeinflussen, dass es sich auf eine gewünschte Weise verhält. Dabei wird das Verhalten ständig durch einen Vergleich von *Soll-* und *Ist-Werten* des Systems überwacht, und bei Abweichung wird das System mit dem Ziel beeinflusst, diese Abweichung zu minimieren. Aufgrund von dieser *Rückkopplung* spricht man vom *geschlossenen Regelkreis*. Findet keine Rückkopplung statt, findet die Einflussnahme also ohne Wissen über den tatsächlichen Zustand des Systems statt, spricht man nicht von Regelung, sondern von Steuerung.

Im täglichen Leben handelt der Mensch sehr häufig selbst als Regler, z. B. unter der Dusche beim Einstellen der Wassertemperatur. Der Soll-Zustand ist eine angenehme Wassertemperatur, der Ist-Zustand weicht leider viel zu häufig stark davon ab. Wir verändern solange die Stellung des Wasserhahns, bis die Abweichung vom Sollwert für unsere Bedürfnisse gering genug ist. Auch in der Natur kommen Regelungen vor. In unserem Körper gibt es eine Vielzahl an Regelkreisen, die Größen wie z. B. die Körpertemperatur oder den Blutdruck auf bestimmten Werten halten.

Ihren hauptsächlichen Einsatz findet die Regelungstechnik heutzutage bei technischen Systemen. Bekannte Anwendungsgebiete sind z. B. Klimaanlagen oder Fahrsicherheitssysteme wie ABS und ESP. Aber auch bei nichttechnischen Systemen findet die Regelungstechnik Anwendung, z. B. in der Ökonomie oder bei der Analyse biologischer Regelungen. In jedem Fall gehört zur Regelungstechnik immer auch die Modellierung des zu regelnden Systems. Wir gehen in Abschn. 11.2 exemplarisch auf eine solche Modellierung anhand eines mechanisches Systems ein.

Es gibt viele verschiedene Ansätze, ein gegebenes Regelungsziel zu erreichen. Bei Methoden aus dem Bereich der „klassischen Regelungstechnik", auf die wir in Abschn. 11.1.4 kurz eingehen, wird ein Regler so entworfen, dass der geschlossene Regelkreis bestimmte, mathematisch definierbare, Eigenschaften aufweist. Ein Vorteil dieser Vorgehensweise ist, dass man die Reaktion des Regelkreises auf bestimmte Eingaben gut vorausberechnen kann und so verschiedenste Gütekriterien durch einen entsprechenden Entwurf des Reglers erfüllt werden können.

H.-J. Bungartz et al., *Modellbildung und Simulation*, eXamen.press,   245
DOI 10.1007/978-3-642-37656-6_11, © Springer-Verlag Berlin Heidelberg 2013

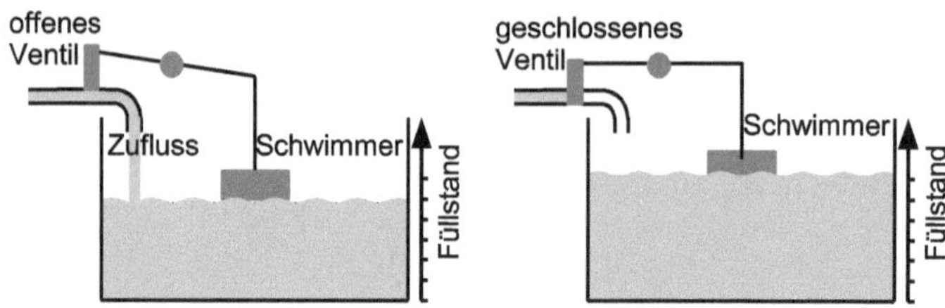

Abb. 11.1 Einfacher mechanischer Regler zur Zuflussregelung

Ein Problem bei der klassischen Regelungstechnik ist allerdings, dass viele Informationen über die Regelstrecke bekannt sein müssen, um ein halbwegs zuverlässiges Modell der Strecke aufzustellen. Außerdem ist der anschließende Reglerentwurf oftmals immer noch sehr kompliziert. Nicht in allem Fällen ist dieser Aufwand notwendig. Bei der *Fuzzy-Regelung*, die den Hauptteil dieses Kapitels ausmacht, wird versucht, einen Regler nach dem Vorbild eines menschlichen „Reglers" zu entwerfen. Wenn z. B. ein Regler entworfen werden soll, mit dem ein Fahrzeug einen sicheren Abstand zum vorausfahrenden Fahrzeug hält, so wäre dies mit der klassischen Regelungstechnik recht aufwändig. Die menschliche Methode, stark abzubremsen, wenn der Abstand viel zu klein wird, bzw. etwas mehr Gas zu geben, wenn der Abstand langsam größer wird, funktioniert normalerweise aber auch ganz gut. Die Fuzzy-Regelung versucht genau dieses Verhalten nachzubilden.

Als Grundlagen für das Verständnis dieses Kapitels werden aus dem Instrumentarium Abschn. 2.1 und die Abschnitte zur Analysis und zur Numerik gewöhnlicher Differentialgleichungen benötigt. Darüber hinaus ist ein rudimentäres physikalisches Grundwissen hilfreich.

11.1　Regelungstechnische Grundlagen

Wir werden in diesem Kapitel häufig den Begriff „System" verwenden. Im regelungstechnischen Zusammenhang ist damit eine abgrenzbare Einheit mit beliebig vielen Ein- und Ausgängen gemeint. Nach dieser doch sehr schwammigen Definition lässt sich eigentlich alles irgendwie als System sehen, und genau darum geht es auch in der Regelungstechnik, nämlich einen Teilbereich der Wirklichkeit, der beeinflusst werden soll, einzugrenzen, und festzustellen, welche Informationen über diesen Bereich verfügbar sind (*Ausgänge*), und über welche Größen Einfluss genommen werden kann (*Eingänge*). Sowohl beispielsweise ein zu regelndes Gerät als auch der Regler selbst sind Systeme. Heutzutage sind viele Regler elektronisch, z. B. Fahrerassistenzsysteme wie ABS im Auto. Es gab allerdings auch schon viel früher rein mechanische Regelungen, die bis heute Anwendung finden.

Ein anschauliches Beispiel für einen mechanischen Regler ist eine Zuflussregelung, wie sie in Spülkästen von Toiletten verwendet wird. In Abb. 11.1 ist eine solche Regelung schematisch dargestellt. In linken Teil der Abbildung ist der gewünschte Füllstand noch nicht erreicht, daher fließt Wasser über den Zufluss in den Kasten. Durch den steigenden Wasserstand wird der Schwimmer nach oben gedrückt. Dadurch wird über einen Hebel das Ventil

Abb. 11.2 Struktur eines einfachen Regelkreises

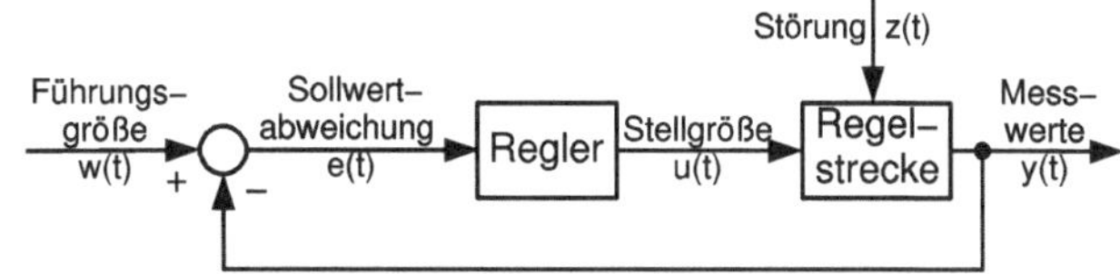

am Zufluss geschlossen. In der rechten Abbildung ist der maximale Füllstand erreicht und das Ventil komplett geschlossen. Dieses Beispiel ist zwar sehr einfach, in der grundsätzlichen Funktionsweise aber durchaus mit komplexeren Regelsystemen vergleichbar.

11.1.1 Regelkreis

Ob nun ein klassischer Regler oder eine Fuzzy-Regelung verwendet wird, die prinzipielle Arbeitsweise, wie sie in Abb. 11.2 veranschaulicht ist, ist größtenteils gleich. Die Blöcke in der Abbildung stellen einzelne dynamische Systeme dar, in diesem Fall also die *Regelstrecke* (d. h. das zu regelnde System) und der Regler selbst. Die Pfeile sind *Signale*, die auf ein System einwirken. Bei der obigen Zuflussregelung entspricht die Regelstrecke dem Wasserkasten, der als *Eingangssignal* die Zuflussmenge und als *Ausgangssignal* die Messung des Füllstands hat. Indirekt ist dieser Füllstand wieder eine Eingangsgröße für den Regler, in diesem Fall das System bestehend aus Schwimmer, Hebel und Ventil. Diese Rückkopplung ist unentbehrlich, denn sie schließt den Regelkreis und macht den Unterschied zwischen einer Regelung und einer Steuerung. Durch diese Rückkopplung merkt der Regler, wie die Regelstrecke sich verhält, und damit auch, wie sie auf die Vorgaben des Reglers reagiert. Dieser kann darauf wiederum entsprechend reagieren, also regelnd eingreifen. Dies geschieht über das Ausgangssignal des Reglers, im Falle der obigen Zuflussregelung ist das die Ventilstellung bzw. die Zuflussmenge.

Wesentlich für den Reglerentwurf ist das Wissen über die Regelstrecke. Je mehr man über die Regelstrecke weiß, desto leichter ist es im Allgemeinen, ein gefordertes Regelziel zu erreichen. Im schlechtesten Fall ist das System eine Black Box, bei der außer den Messungen der Ausgangsgröße über das System nichts bekannt ist. Durch Messwerte $y(t)$ (und nur durch diese) lassen sich Rückschlüsse auf den Zustand des Systems ziehen. Um zu erkennen, ob sich das System wie gewünscht verhält, muss man also zunächst wissen, welche Messwerte sich durch das System ergäben, wenn es sich optimal verhalten würde. Diese „gewünschten Messwerte" nennen wir zukünftig *Führungsgröße* $w(t)$, und die Differenz zwischen der Führungsgröße und den tatsächlichen Messwerten nennen wir *Sollwertabweichung* $e(t)$. Die Aufgabe des Reglers ist, mit Hilfe der Stellgröße $u(t)$ das System (die Regelstrecke) so zu beeinflussen, dass die Sollwertabweichung gegen null geht, wobei in der Regel weitere Einflüsse eine Störung $z(t)$ bewirken. Der geschlossene Regelkreis aus der Abbildung kann wiederum als ein System verstanden werden, das als Eingangssignale die Führungsgröße $w(t)$ und die Störung $z(t)$ erhält und den Messwert $y(t)$ ausgibt.

11.1.2 Beschreibung linearer dynamischer Systeme

Der Regelkreis in Abb. 11.2 ist ein dynamisches System, das selbst aufgebaut ist aus zwei anderen dynamischen Systemen, nämlich dem Regler und der Regelstrecke. Es gibt verschiedene Möglichkeiten, dynamische Systeme zu beschreiben. Wir gehen im Folgenden davon aus, dass eine Differentialgleichung vorliegt, die das komplette Verhalten des Systems beschreibt. Wie man eine solche Differentialgleichung erhalten kann, wird exemplarisch in Abschn. 11.2 demonstriert. Ausgehend von einer Differentialgleichung höherer Ordnung lässt sich ein System von Differentialgleichungen erster Ordnung herleiten. Dies führt uns zu einem *Zustandsraummodell* (siehe Abschn. 11.2.1). Sowohl die Regelstrecke und der Regler als auch der geschlossene Regelkreis lassen sich als Zustandsraummodell darstellen.

Eine alternative Darstellungsform zur Beschreibung dynamischer Systeme erhält man durch die Laplace-Transformation der Differentialgleichung vom Zeitbereich in den Frequenzbereich. Man erhält damit statt der Differentialgleichung eine algebraische Gleichung. Für viele Methoden des Reglerentwurfs ist diese Darstellung anschaulicher als die im Zeitbereich. So tief wollen wir im Rahmen dieses Buches allerdings nicht in die Regelungstechnik einsteigen, daher werden wir im Folgenden nur die Zeitbereichsdarstellung verwenden. Die grundsätzlichen Überlegungen gelten sowieso für beide Darstellungsformen.

In Abschn. 11.4 werden wir noch eine weitere, völlig andere, Beschreibungsform für dynamische Systeme kennen lernen, die aber normalerweise weder linear ist, noch dafür geeignet ist, reale Systeme mathematisch exakt abzubilden. Diese regelbasierten *Fuzzy-Systeme* bilden aber die Grundlage für den Entwurf von *Fuzzy-Reglern*.

11.1.3 Anforderungen an den Regler

Die Forderungen, die an einen Regler gestellt werden, können je nach Anwendung sehr vielfältig sein. Einige der Forderungen überschneiden sich, andere können sich aber auch widersprechen. Wir gehen hier kurz auf ein paar der wichtigsten *Gütekriterien* ein.

Sollwertfolge Ein Regler hat im Allgemeinen die Aufgabe, ein System so zu beeinflussen, dass es sich auf eine vorgegebene Art verhält. Dies geschieht nach Abb. 11.2 durch Vorgabe einer Führungsgröße, der das System zu folgen hat. Eine offensichtliche Anforderung an den Regler ist es also, die *Sollwertabweichung* auf null zu bringen.

Übergangsverhalten Das *Übergangsverhalten* beschreibt, wie der Regler auf eine Änderung der Führungsgröße reagiert. Normalerweise ist es nicht möglich, der Führungsgröße ohne zeitliche Verzögerung sofort nachzufolgen. Man kann einen Regler zwar so auslegen, dass die Sollwertabweichung sehr schnell kleiner wird, dies hat aber auch häufig ein Überschwingen zur Folge. Bei manchen Anwendungen muss dieses Überschwingen aber vermieden werden. Ein Regler, der ein Fahrzeug in der Spur halten soll, darf natürlich beim Abkommen von der Spur nicht durch überschwingendes Regelverhalten das Fahrzeug auf die Gegenspur bringen. Je nach Anwendung ist das gewünschte Übergangsverhalten also ein anderes und muss vom Regler berücksichtigt werden.

Störkompensation Wie in Abb. 11.2 eingezeichnet, wird die Regelstrecke von *Störungen* beeinflusst. Aber auch an weiteren Stellen im Regelkreis können Störungen auftreten, z. B. beim Messen oder auch bei der Vorgabe der Führungsgröße. Diese Störungen sollten natürlich möglichst keinen Einfluss auf das geregelte System haben. Diese Forderung widerspricht aber der geforderten Sollwertfolge. Der Regler kann schließlich nicht erkennen, ob die Sollwertabweichung, die er als Eingabe erhält, eine tatsächliche Abweichung ist oder von Störungen verursacht wurde. Es muss also ein Kompromiss gefunden werden, der beide Anforderungen berücksichtigt.

Robustheit Wie wir später noch sehen werden, benötigen v. a. klassische Regler ein Modell der Regelstrecke. Dieses Modell ist nur eine Annäherung an die tatsächliche Regelstrecke. Der auf Basis des Modells entworfene Regler muss dennoch auch für das reale System die gestellten Anforderungen erfüllen. Diese Eigenschaft nennt man *Robustheit*.

11.1.4 PID-Regler

Wir haben schon angedeutet, dass bei der klassischen Regelungstechnik die Modellierung der Regelstrecke und der anschließende Reglerentwurf sehr komplex sind. Wir werden daher in diesem Buch nur sehr kurz auf die klassische Regelungstechnik eingehen und verweisen für eine ausführliche Betrachtung der mathematischen Grundlagen auf [41]. Wie in Abb. 11.2 zu sehen, erhält der Regler als Eingangssignal die Sollwertabweichung und gibt die Stellgröße aus. Der Regler kann daher als *Übertragungsglied* bezeichnet werden, das ein Eingangssignal auf ein Ausgangssignal überträgt. Intern kann der Regler üblicherweise wieder als Zusammenstellung verschiedener Übertragungsglieder dargestellt werden. Drei Typen von Übertragungsgliedern kommen dabei sehr häufig vor, nämlich das *Proportional-* (P), das *Integral-* (I) und das *Differential-Glied* (D). Daher werden die daraus aufgebauten Regler auch als *PID-Regler* bezeichnet.

Proportionalglied Bei einem proportionalen Übertragungsglied ist das Ausgangssignal proportional zum Eingangssignal, das Eingangssignal wird also mit einem konstanten Faktor K_P multipliziert. Zum Zeitpunkt t_i gilt daher für die Ausgabe

$$u(t_i) = K_P \cdot e(t_i) \, .$$

Das Eingangssignal ist ja die Abweichung des Soll-Werts vom Ist-Wert. Je größer diese Abweichung ist, desto mehr sollte der Regler gegensteuern. Die Aufgabe des Proportionalglieds ist also der Abweichung vom Soll-Wert entgegenzuwirken. Manche sehr einfachen Probleme lassen sich bereits mit einem einfachen Proportionalglied regeln. Die Zuflussregelung aus Abb. 11.1 ist ein solches Beispiel.

Integralglied Beim Integralglied ist die Ausgangsgröße proportional zum Integral der Eingangsgröße. Je länger also eine Sollwertabweichung besteht, desto größer wird das Integral und desto stärker wirkt diese Komponente auf die Regelstrecke ein. Damit wird eine dauerhafte Sollwertabweichung vermieden. Wenn wir statt des Integrals die Summe der diskretisierten Sollwertabweichungen verwenden, ergibt sich folgende Formel für die Übertragung des Eingangssignals:

$$u(t_i) = K_I \cdot (t_i - t_{i-1}) \cdot \sum_j e(t_j) \, .$$

Das P-Glied kann in vielen realen Systemen eine Sollwertabweichung nicht verhindern, da es immer proportional mit konstantem Faktor auf die Sollwertabweichung reagiert. Dieser Faktor wurde irgendwann während des Reglerentwurfs bestimmt. Das reale System reagiert aber üblicherweise etwas anders als das im Entwurf verwendete Modell, oder es treten sonstige unvorhergesehene Störungen auf. Das I-Glied sorgt dafür, dass auch eine kleine Sollwertabweichung langfristig eine Veränderung der Stellgröße zur Folge hat.

Differentialglied Das Differentialglied reagiert proportional auf Änderungen der Eingangsgröße. Für das D-Glied ist die Größe der Sollwertabweichung daher unerheblich, es kommt nur auf die Zu- bzw. Abnahme der Abweichung an. Die Ausgabe lautet

$$u(t_i) = K_D \cdot \frac{e(t_i) - e(t_{i-1})}{t_i - t_{i-1}} \, .$$

Wenn der Regler auf eine starke Zunahme der Abweichung nicht reagiert und die Abweichung anhält, wird das System die Ruhelage schnell verlassen. Erst dann werden die P- und I-Anteile darauf reagieren. Wenn beispielsweise die Temperatur in einem Raum abfällt, so sollte eine Temperaturregelung die Heizung nicht erst dann hochdrehen, wenn es schon zu kalt ist, sondern schon sobald sich abzeichnet, dass es kälter wird. Genau dies wird durch ein Differentialglied erreicht.

Bestimmung der Parameter Zur genauen Festlegung der genannten Glieder ist jeweils ein Parameter nötig. Dies ist die eigentliche regelungstechnische Herausforderung. Wie in 11.1.2 erwähnt, lässt sich der Regelkreis als Zustandsraummodell darstellen. Entscheidend ist nun die Stabilität dieses Zustandsraummodells. Die Parameter des PID-Reglers müssen so gewählt werden, dass das System stabil ist. Hier wird nicht näher auf diese Stabilitätsuntersuchung eingegangen, da die Vorgehensweise prinzipiell ähnlich ist zu der bei Modellen der Populationsdynamik (Kap. 10) und der Chaostheorie (Kap. 12).

Viele einfache Systeme aus verschiedenen Anwendungsbereichen lassen sich anhand ihrer Eigenschaften in ein paar wenige Kategorien einteilen. Sofern man für ein solches System das Verhalten in etwa kennt, kann man auf die Modellierung und damit auf die Aufstellung eines Zustandsraummodells manchmal verzichten, indem man einen typischen Regler für die jeweilige Kategorie verwendet, und durch Einstellung der Parameter an das konkrete Problem anpasst. Für komplexere Probleme und vor allem auch für instabile Systeme lässt sich die meist sehr aufwendige Modellbildung allerdings kaum umgehen.

11.2 Exemplarische Modellierung eines Mehrkörpersystems

Wie schon angedeutet, wird für den klassischen Reglerentwurf ein mathematisches Modell des zu regelnden Systems benötigt. Das ist aber keineswegs der einzige Grund, ein Modell zu erstellen. Während der Entwicklung eines Reglers kann es nötig sein, ihn zu testen. Experimente am echten System sind aber oftmals nicht oder nur mit großem Aufwand möglich. Zum einen können die Kosten für solche Experimente sehr hoch sein, zum anderen können Experimente an manchen Systemen aber auch sehr gefährlich sein. In solchen Fällen empfiehlt es sich, den Regler an einer Simulation des Systems zu testen. Dazu muss zunächst ein Modell aufgestellt werden. Da zumindest der klassische Regler mit Hilfe eines Modells entworfen wird, wird er für genau dieses Modell normalerweise auch problemlos funktionieren. Soll die Robustheit eines solchen Reglers an einer Simulation getestet werden, sollte dafür ein anderes Modell oder zumindest ein gestörtes Modell verwendet werden.

Die nötige Qualität des Modells hängt ganz davon ab, worin die Regelungsaufgabe besteht. Nehmen wir als Beispiel nochmals das Antiblockiersystem. Natürlich ist für den Entwurf eines solchen Reglers ein Modell des Fahrzeugs nötig, allerdings kann man auf manche Teile ohne weiteres verzichten. Beispielsweise haben die Scheibenwischer oder die Klimaanlage nur einen sehr geringen Einfluss auf das Fahrverhalten. Für die Temperaturregelung im Fahrzeug wiederum ist eine Modellierung der Bremsen unnötig. Das Modell wird also immer so einfach wie möglich gehalten.

So vielfältig die Einsatzszenarien für Regler sind, so vielfältig sind auch die Vorgehensweisen, Modelle für diese Szenarien zu entwickeln. Zur Veranschaulichung der regelungstechnischen Methoden beschränken wir uns auf ein einfaches mechanisches Beispiel, nämlich das sogenannte *invertierte Pendel*. Bei diesem geht es darum, eine frei drehbar an einem Wagen befestigte Stange durch die Bewegung des Wagens senkrecht nach oben gerichtet zu balancieren. Diese Stellung des Pendels ist eine instabile Ruhelage, d. h., bei kleinsten Störungen beginnt das Pendel zu kippen und der Regler muss entsprechend reagieren. In Abb. 11.3 ist auf der linken Seite ein solches System schematisch dargestellt.

Schon für dieses relativ einfache mechanische System gibt es verschiedene Methoden der Modellierung. Zwei dieser Methoden werden wir im Folgenden verwenden, um ein Modell aufzustellen. Es soll und kann hier aber keine ausführliche Einführung in die Technische Mechanik gegeben werden, sondern es soll ein Gespür dafür vermittelt werden, wie

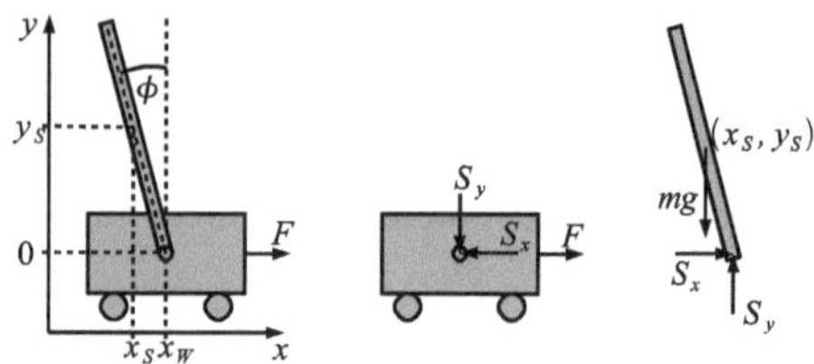

Abb. 11.3 Invertiertes Pendel (*links*) und freigeschnittene Komponenten (*rechts*)

eine Modellierung mechanischer Systeme ablaufen kann. Für ein tieferes Verständnis der zugrunde liegenden Mechanik verweisen wir auf [30].

11.2.1 Linearisiertes Modell mit Impuls- und Drallsatz

Das invertierte Pendel ist ein sogenanntes *Mehrkörpersystem*. Es besteht aus zwei starren Körpern, die gekoppelt sind. Eine Möglichkeit der Modellierung ist, für jeden Körper Impuls- und Drallsätze aufzustellen und daraus unter Berücksichtigung der Kopplungen ein System von Differentialgleichungen herzuleiten. Wir werden dies im Folgenden tun, allerdings in stark vereinfachter Form, nämlich linearisiert um die instabile Ruhelage. Das bedeutet, dass unser Modell nur dann gültig ist, wenn der Stab sich in einer nahezu senkrechten Position befindet. Sofern das Modell dazu verwendet werden soll, den Stab in der senkrechten Position zu halten, genügt dies, da in diesem Fall keine starken Auslenkungen aus der senkrechten Position stattfinden. Reibungseffekte werden ebenfalls vernachlässigt.

Der erste Schritt ist das Freischneiden. Dabei werden die einzelnen Komponenten des Systems (in diesem Fall Wagen und Stab) getrennt betrachtet und die jeweils wirkenden Kräfte eingezeichnet (Abb. 11.3 rechts). An der Verbindungsstelle von Wagen und Stab üben die beiden Körper Kraft aufeinander aus, die hier in x- und y- Komponenten zerlegt wurde. Aufgrund des dritten Newton'schen Gesetzes entsprechen die Kräfte, die der Wagen auf das Pendel ausübt, genau denen, die das Pendel aus den Wagen ausübt. Mit Hilfe von Impuls- und Drallsatz können nun die Bewegungsgleichungen aufgestellt werden. Der Impulssatz

$$m\ddot{x} = \sum_i F_i \tag{11.1}$$

besagt vereinfacht ausgedrückt, dass die Summe der auf einen Körper wirkenden Kräfte dem Produkt aus Masse und Beschleunigung entspricht. Analog dazu besagt der Drallsatz

$$\Theta\ddot{\phi} = \sum_i M_i \, , \tag{11.2}$$

dass die Summe der Momente dem Produkt aus Trägheitsmoment und Drehbeschleunigung entspricht. Mit (11.1) und den Überlegungen aus Abb. 11.3 erhalten wir für den Impulssatz des Wagens in x-Richtung

$$m_W \ddot{x}_W = F - S_x \, , \tag{11.3}$$

wobei m_W die Masse das Wagens ist. Den Impulssatz für die y-Richtung benötigen wir nicht, da der Wagen sich nur in x-Richtung bewegen kann. Für den Stab mit Masse m_S und Länge l erhalten wir analog den Impulssatz in x- und y-Richtung:

$$m_S \ddot{x}_S = S_x \, , \tag{11.4}$$

$$m_S \ddot{y}_S = S_y - m_S g \, . \tag{11.5}$$

Da Stab und Wagen miteinander verbunden sind, hängt die Position des Pendelschwerpunkts von der Position des Wagens wie folgt ab:

$$x_S = x_W - \frac{l}{2} \sin \phi \, , \tag{11.6}$$

$$y_S = \frac{l}{2} \cos \phi \, . \tag{11.7}$$

Der Einfachheit halber nehmen wir an, dass wir das Pendel nur für sehr kleine Auslenkungen aus der instabilen Ruhelage betrachten müssen. Dadurch können wir $\sin(\phi)$ annähern durch ϕ und $\cos(\phi)$ durch 1. Dadurch vereinfachen sich (11.6) und (11.7) zu

$$x_S = x_W - \frac{l}{2} \phi \, , \tag{11.8}$$

$$y_S = \frac{l}{2} \, . \tag{11.9}$$

Zweimaliges Ableiten von (11.8) ergibt

$$\ddot{x}_S = \ddot{x}_W - \frac{l}{2} \ddot{\phi} \, .$$

Da nach (11.9) die y-Position konstant ist, gibt es keine Beschleunigung in y-Richtung. Durch Einsetzen in (11.4) bzw. (11.5) erhält man die Gleichungen

$$S_x = m_S \left(\ddot{x}_W - \frac{l}{2} \ddot{\phi} \right) \, , \tag{11.10}$$

$$S_y = m_S g \tag{11.11}$$

für die Kräfte an der Verbindungsstelle. Durch Einsetzen in (11.3) erhält man die Bewegungsgleichung

$$(m_W + m_S)\ddot{x}_W - m_S \frac{l}{2} \ddot{\phi} = F \tag{11.12}$$

des Wagens. Für die Bewegungsgleichung des Pendels muss noch der Drallsatz aufgestellt werden. Dazu müssen zunächst alle auf den Stab einwirkenden Momente bestimmt werden. Da nur Kräfte, deren Wirkungslinie nicht durch den Schwerpunkt geht, ein Moment verursachen, verursachen nur S_x und S_y ein Moment (siehe Abb. 11.3 rechts). Mit (11.2) und unter Berücksichtigung der Linearisierung ergibt sich daher der Drallsatz

$$\Theta\ddot{\phi} = \frac{l}{2}S_y\phi + \frac{l}{2}S_x$$

für das Pendel. Einsetzen von (11.10) und (11.11) zusammen mit dem Trägheitsmoment $\Theta = 1/12\,m_S l^2$ des Stabes (gilt für dünne Stäbe bezüglich des Schwerpunkts) liefert die Bewegungsgleichung

$$\left(\frac{l^2}{3}\right)\ddot{\phi} = \frac{l}{2}(\phi g + \ddot{x}_W) \tag{11.13}$$

für den Stab. Die Gleichungen (11.12) und (11.13) beschreiben die Bewegung des invertierten Pendels im Bereich der instabilen Ruhelage. Trotz des relativ einfachen Systems und der Vereinfachung durch Linearisierung erfordert die Modellierung schon einen relativ hohen Aufwand.

Lineares Zustandsraummodell Das im letzten Abschnitt hergeleitete Modell liegt in Form zweier Differentialgleichungen zweiter Ordnung vor. In jeder der Gleichungen kam sowohl $\ddot{\phi}$ als auch $\ddot{x}_W$ vor. Da die Position des Pendelschwerpunkts x_S nicht mehr explizit in den Gleichungen vorkommt, sondern nur noch die des Wagens x_W, sprechen wir im Folgenden nur noch von der Position x und meinen damit die Position des Wagens. Diese Darstellung des Modells in Form von Differentialgleichungen ist weder sonderlich anschaulich, noch geschickt für die spätere Simulation. Eine günstigere Darstellungsform ist ein Zustandsraummodell, in das grundsätzlich jedes dynamische System überführt werden kann. Der Zustand jedes Systems kann durch eine bestimmte Anzahl an Variablen bzw. Zuständen exakt beschrieben werden. Das System aus Abb. 11.1 beispielsweise lässt sich durch einen Zustand, nämlich die Höhe des Füllstands, beschreiben. Für das invertierte Pendel werden genau vier Zustände benötigt. Dies sind zum einen die Position des Wagens und der Winkel des Pendels und zum anderen die Geschwindigkeit des Wagens und die Drehgeschwindigkeit des Pendels. Durch diese vier Variablen wird der Zustandsraum des Pendels aufgespannt. Das dynamische Verhalten des Pendels entspricht einer Trajektorie in diesem Raum, und ein einzelner Punkt $(x, v, \phi, \omega)^T$ im Raum definiert einen eindeutigen Zustand des Systems. Die Änderung eines Zustands hängt zum einen vom Zustand selbst ab, zum anderen auch von äußeren Einflüssen. Wenn wir annehmen, dass ein lineares System mit n Zuständen ein Eingangssignal $u(t)$ und kein Ausgangssignal hat, kommt man auf die allgemeine Form

$$\dot{x}(t) = Ax(t) + bu(t)\,. \tag{11.14}$$

Dabei haben die Vektoren $\dot{x}(t)$, $x(t)$ und b je n Elemente und A ist eine $n \times n$-Matrix.

Wir leiten nun aus den Bewegungsgleichungen (11.13) und (11.12) des linearisierten Pendels das Zustandsraummodell her. Da in beiden Gleichungen sowohl $\ddot{\phi}$ als auch $\ddot{x}$ vorkommen, eliminieren wir zunächst durch wechselseitiges Einsetzen in jeder Gleichung eine der beiden Größen und erhalten damit

$$\ddot{x} = c\left(lm_S\phi g + \frac{4}{3}Fl\right) , \tag{11.15}$$

$$\ddot{\phi} = 2c\left(\phi g(m_W + m_S) + F\right) , \tag{11.16}$$

mit der Konstanten

$$c = \frac{3}{l(4m_W + m_S)} .$$

Nun transformieren wir das System zweier Differentialgleichungen zweiter Ordnung in ein System aus vier Differentialgleichungen erster Ordnung. Dazu führen wir die beiden zusätzlichen Variablen v und ω ein:

$$\dot{x} = v ,$$

$$\dot{\phi} = \omega .$$

Die zusätzlich eingeführten Variablen haben in diesem Fall eine physikalische Bedeutung, sie entsprechen der Geschwindigkeit des Wagens bzw. der Drehgeschwindigkeit des Pendels. Durch Einsetzen der neuen Variablen in (11.15) und (11.16) erhalten wir

$$\dot{v} = c\left(lm_S\phi g + \frac{4}{3}Fl\right) ,$$

$$\dot{\omega} = 2c\left(\phi g(m_W + m_S) + F\right) .$$

Damit haben wir je eine Gleichung für $\dot{x}$, $\dot{v}$, $\dot{\phi}$ und $\dot{\omega}$ und erhalten nach dem Einsetzen von c das Zustandsraummodell in der Form aus (11.14):

$$\begin{pmatrix} \dot{x} \\ \dot{v} \\ \dot{\phi} \\ \dot{\omega} \end{pmatrix} = \begin{pmatrix} 0 & 1 & 0 & 0 \\ 0 & 0 & \frac{3m_S g}{4m_W + m_S} & 0 \\ 0 & 0 & 0 & 1 \\ 0 & 0 & \frac{6g(m_W + m_W)}{l(4m_W + m_S)} & 0 \end{pmatrix} \begin{pmatrix} x \\ v \\ \phi \\ \omega \end{pmatrix} + \begin{pmatrix} 0 \\ \frac{4}{4m_W + m_S} \\ 0 \\ \frac{6}{l(4m_W + m_S)} \end{pmatrix} F .$$

Dieses Modell ist mathematisch äquivalent zu den beiden Differentialgleichungen (11.12) und (11.13), hat aber einige Vorteile. Zum einen eignet es sich sehr viel besser zur Analyse des Systems und zum Entwurf eines passenden Reglers, da sofort ersichtlich ist, wie die Systemgrößen voneinander abhängen und auch wie die Eingangsgröße auf das System wirkt. Zum anderen ist es auch für eine rechnergestützte Verarbeitung besser geeignet.

11.2.2 Vollständiges Modell mit Lagrange-Gleichungen

Im den letzten beiden Abschnitten haben wir die *Newton'schen Axiome* verwendet, um die Bewegungsgleichung für ein invertiertes Pendel herzuleiten. Trotz der Vereinfachung durch Linearisierung war dies schon relativ aufwendig. Es gibt in der Mechanik andere Formalismen, die die Herleitung der Bewegungsgleichungen vereinfachen. Ein solcher Formalismus sind die *Lagrange-Gleichungen*, in denen nicht mehr die Kräfte, sondern Energien im Vordergrund stehen. Die Herleitung der Bewegungsgleichungen wird dadurch häufig einfacher. Wir wollen hier nicht auf die Herleitung der Lagrange-Gleichungen eingehen, sondern wieder anhand des schon bekannten Pendel-Beispiels die Verwendung der Lagrange-Gleichungen aufzeigen. Allerdings werden wir dieses Mal auf die Linearisierung verzichten und damit ein Modell für die komplette Bewegung des Pendels herleiten. Das ist beispielsweise sinnvoll, wenn auch das Aufschwingen des Pendels geregelt werden soll, oder um eine Simulation des Pendels zu ermöglichen. Reibung werden wir nach wie vor nicht berücksichtigen.

Bei Verwendung der Newton'schen Axiome wird der Körper zunächst freigeschnitten, d. h. in seine einzelnen Komponenten zerlegt. Dann werden für jede Komponente Impuls- und Drallsätze aufgestellt. Im Extremfall sind dies sechs Gleichungen pro Komponente (je drei Bewegungs- und Drehfreiheitsgrade). Durch die Bindungen zwischen den Komponenten und durch äußere Einschränkungen ist die Zahl der wirklichen *Freiheitsgrade* jedoch kleiner. Der Stab aus unserem Beispiel kann sich eben nicht unabhängig vom Wagen bewegen. Für die Lagrange-Gleichungen werden nur Gleichungen für die tatsächlichen, voneinander unabhängigen Freiheitsgrade q_i aufgestellt. Diese Freiheitsgrade nennt man auch *verallgemeinerte Koordinaten*. Für jede dieser f Koordinaten wird eine Gleichung aufgestellt:

$$\frac{\mathrm{d}}{\mathrm{d}t}\left(\frac{\partial L}{\partial \dot{q}_i}\right) - \frac{\partial L}{\partial q_i} = Q_i, \quad j = 1,\ldots,f \,. \tag{11.17}$$

Q_i ist die von außen auf den Freiheitsgrad i wirkende Kraft und

$$L = T - U \tag{11.18}$$

ist die *Lagrange-Funktion*, die der Differenz aus kinetischer Energie T und potenzieller Energie U entspricht. In einem ersten Schritt müssen die Freiheitsgrade des Systems bestimmt werden. In diesem Fall sind das genau zwei, nämlich

$$q_1 = x \,, \tag{11.19}$$

die horizontale Koordinate des Wagens, und

$$q_2 = \phi \,, \tag{11.20}$$

der Winkel, der die Auslenkung des Stabes beschreibt. Auf den Stab wirkt von außen keine Kraft (die Gravitationskraft wird in der potenziellen Energie berücksichtigt werden), Q_2 ist damit null. Auf den Wagen wirkt die Antriebskraft F des Motors.

$$Q_1 = F \,, \tag{11.21}$$

$$Q_2 = 0 \,. \tag{11.22}$$

Als nächstes müssen kinetische und potenzielle Energie ermittelt werden. Allgemein ergibt sich die potenzielle Energie eines Körpers als das Produkt aus Masse m, Erdbeschleunigung g und Höhe des Körperschwerpunktes h. Wir nehmen als Nullniveau der potenziellen Energie die y-Koordinate des Wagens, dessen potenzielle Energie U_W ist damit gleich null. Die Höhe des Pendels ist $\frac{l}{2} \cdot \cos\phi$, damit ergibt sich für das Pendel die potenzielle Energie

$$U_P = m_S g \frac{l}{2} \cos\phi \ . \tag{11.23}$$

Die kinetische Energie eines starren Körpers mit Masse m und Trägheitsmoment Θ (bezüglich des Schwerpunktes) setzt sich zusammen aus Translationsenergie und Rotationsenergie,

$$T = \frac{1}{2}mv^2 + \frac{1}{2}\Theta\omega^2 \ , \tag{11.24}$$

wobei v die Geschwindigkeit des Schwerpunktes und ω die Drehgeschwindigkeit des Körpers ist. Der Wagen weist keinerlei Rotation auf und bewegt sich mit Geschwindigkeit $\dot{x}$, damit ist die kinetische Energie

$$T_W = \frac{1}{2}m_W \dot{x}^2 \ . \tag{11.25}$$

Für die Translationsenergie des Pendels muss die Geschwindigkeit des Schwerpunktes bestimmt werden. Diese setzt sich zusammen aus der Geschwindigkeit des Wagens $\dot{x}$ und dem relativen Geschwindigkeitsunterschied $\tilde{v}_P$ zwischen Pendelschwerpunkt und Wagen. Zunächst zerlegen wir die Geschwindigkeit (bzw. das Quadrat der Geschwindigkeit) in eine x- und eine y-Komponente:

$$v_P^2 = v_{P_x}^2 + v_{P_y}^2 = \left(\dot{x} + \tilde{v}_{P_x}\right)^2 + \left(\tilde{v}_{P_y}\right)^2 \ . \tag{11.26}$$

Auf die y-Komponente hat die Geschwindigkeit des Wagens keinen Einfluss. Die relativen Geschwindigkeitunterschiede $\tilde{v}_{P_x}$ und $\tilde{v}_{P_y}$ hängen von der Länge des Pendels l, dem Winkel ϕ und der Winkelgeschwindigkeit $\dot{\phi}$ ab:

$$\tilde{v}_{P_x} = -\frac{l}{2}\dot{\phi}\cos\phi \ ,$$

$$\tilde{v}_{P_y} = \frac{l}{2}\dot{\phi}\sin\phi \ .$$

Einsetzen in (11.26) ergibt

$$v_P^2 = \left(\dot{x} - \frac{l}{2}\dot{\phi}\cos\phi\right)^2 + \left(\frac{l}{2}\dot{\phi}\sin\phi\right)^2 \ .$$

Durch einfache Umformungen folgt für das Quadrat der Geschwindigkeit des Schwerpunkts

$$v_P^2 = \dot{x}^2 - \dot{x}l\dot{\phi}\cos\phi + \frac{1}{4}l^2\dot{\phi}^2 \ . \tag{11.27}$$

Das Trägheitsmoment Θ des Stabes ist $1/12\, m_S l^2$, und seine Drehgeschwindigkeit ω entspricht der Ableitung $\dot{\phi}$ des Winkels. Zusammen mit (11.27) eingesetzt in (11.24) erhält man

$$
\begin{aligned}
T_P &= \frac{1}{2} m_S \left(\dot{x}^2 - \dot{x} l \dot{\phi} \cos\phi + \frac{1}{4} l^2 \dot{\phi}^2 \right) + \frac{1}{2} \frac{1}{12} m_S l^2 \dot{\phi}^2 \\
&= \frac{1}{2} m_S \left(\dot{x}^2 - \dot{x} l \dot{\phi} \cos\phi + \frac{1}{3} l^2 \dot{\phi}^2 \right) .
\end{aligned}
$$

Dies zusammen mit (11.25) und (11.23) in (11.18) eingesetzt ergibt die Lagrange-Funktion

$$
L = \frac{1}{2} m_S \left(\dot{x}^2 - \dot{x} l \dot{\phi} \cos\phi + \frac{1}{3} l^2 \dot{\phi}^2 \right) + \frac{1}{2} m_W \dot{x}^2 - m_S g \frac{l}{2} \cos\phi .
$$

Daraus ergeben sich die folgenden partiellen Ableitungen:

$$
\frac{\partial L}{\partial x} = 0 , \tag{11.28}
$$

$$
\frac{\partial L}{\partial \dot{x}} = (m_S + m_W)\dot{x} - \frac{1}{2} m_S l \dot{\phi} \cos\phi ,
$$

$$
\frac{\partial L}{\partial \phi} = \frac{1}{2} m_S l \sin\phi (\dot{x}\dot{\phi} + g) , \tag{11.29}
$$

$$
\frac{\partial L}{\partial \dot{\phi}} = -\frac{1}{2} m_S \dot{x} l \cos\phi + \frac{1}{3} m_S l^2 \dot{\phi} ,
$$

$$
\frac{\mathrm{d}}{\mathrm{d}t}\left(\frac{\partial L}{\partial \dot{x}} \right) = (m_S + m_W)\ddot{x} - \frac{1}{2} m_S l \ddot{\phi} \cos\phi + \frac{1}{2} m_S l \dot{\phi}^2 \sin\phi , \tag{11.30}
$$

$$
\frac{\mathrm{d}}{\mathrm{d}t}\left(\frac{\partial L}{\partial \dot{\phi}} \right) = -\frac{1}{2} m_S \ddot{x} l \cos\phi + \frac{1}{2} m_S \dot{x} l \dot{\phi} \sin\phi + \frac{1}{3} m_S l^2 \ddot{\phi} . \tag{11.31}
$$

Setzt man (11.30) und (11.28) zusammen mit (11.19) und (11.21) in (11.17) ein, so erhält man die erste Bewegungsgleichung

$$
(m_S + m_W)\ddot{x} - \frac{1}{2} m_S l \ddot{\phi} \cos\phi + \frac{1}{2} m_S l \dot{\phi}^2 \sin\phi = F . \tag{11.32}
$$

Ebenso erhält man durch Einsetzen von (11.31), (11.29), (11.20) und (11.22) die zweite Bewegungsgleichung

$$
2 l \ddot{\phi} - 3 \ddot{x} \cos\phi - 3 g \sin\phi = 0 . \tag{11.33}
$$

Die Gleichungen (11.32) und (11.33) beschreiben die komplette Bewegung des Systems. Diese Modellierung mit Hilfe der Lagrange-Funktion scheint auf den ersten Blick auch nicht einfacher zu sein als die Verwendung der Newton'schen Axiome. Allerdings haben wir nun ein genaueres, nicht linearisiertes Modell, außerdem ist die Vorgehensweise systematischer und erleichtert daher die Modellierung größerer Systeme.

Nichtlineares Zustandsraummodell Das mit Hilfe der Lagrange-Gleichungen hergeleitete Modell ist nichtlinear und lässt sich daher auch nicht mit einem linearen Zustandsraummodell der Form (11.14) darstellen. Aber auch bei einem nichtlinearen Modell wird durch den Zustandsvektor der momentane Zustand des Systems exakt festgelegt. Außerdem hängt auch hier die Änderung des Zustands vom Zustand selbst und der Eingangsgröße ab, nur eben nicht mehr linear. Dies wird durch die Form

$$\dot{x} = f(x(t), u(t)) \tag{11.34}$$

ausgedrückt, wobei f eine Vektorfunktion ist. Um das nichtlineare Modell in dieser Form auszudrücken, können wir wieder aus den beiden Differentialgleichungen zweiter Ordnung (11.32) und (11.33) vier Differentialgleichungen erster Ordnung herleiten. Das Vorgehen ist analog zu dem in Abschn. 11.2.1, nur dass nun ein nichtlineares Zustandsraummodell entsteht.

11.2.3 Simulation des Pendels

Gegen Ende des Kapitels werden wir einen Fuzzy-Regler entwerfen, mit dem das Pendel in der aufrechten Position gehalten werden soll. Da wir im letzten Abschnitt bereits ein Modell des Pendels hergeleitet haben, kann dieses verwendet werden, um den Fuzzy-Regler daran zu testen. Für eine Simulation muss das Zustandsraummodell in der Form (11.34) diskretisiert werden. In Abschn. 2.4.5 wurden verschiedene Methoden zur Diskretisierung gewöhnlicher Differentialgleichungen erster Ordnung erläutert. Hier sieht man nun schnell einen der Vorteile der Zustandsraumdarstellung, bei der sämtliche Differentialgleichungen schon erster Ordnung sind. Die Diskretisierungsmethoden können daher ohne weitere Umformungen direkt angewandt werden. Welche Methode gewählt wird, lässt sich natürlich nicht allgemein sagen. Da wir das Pendel ohne Reibung modelliert haben, lässt sich sehr leicht feststellen, wie gut die gewählte Diskretisierungsmethode ist und ob die Länge des Zeitschritts angemessen ist. Sofern die externe Kraft F null ist und das Pendel von einer beliebigen Startposition aus losgelassen wird, kehrt es im optimalen Fall immer wieder in exakt diese Ausgangslage zurück. Wählt man die Euler-Methode und keine sehr kleine Schrittweite, so stellt man schnell fest, dass das simulierte Pendel sich immer stärker aufschwingt, obwohl es von außen nicht beeinflusst wird. Wir gehen an dieser Stelle nicht genauer auf die Diskretisierung ein. Für ein sehr ähnliches Beispiel führen wir in Abschn. 12.4.2 eine Diskretisierung durch.

11.3 Fuzzy-Mengenlehre

Bevor wir zur Fuzzy-Regelung kommen, müssen wir uns mit der zugrunde liegenden *Fuzzy-Mengenlehre* beschäftigen. Bei der Fuzzy-Regelung ist zwar keine Modellierung in Form von Differentialgleichungen nötig, aber dennoch muss natürlich ein gewisses Wissen über das System vorhanden sein. Auf die Modellierung dieses Wissens mit Fuzzy-Mengen wird in [63] ausführlich eingegangen. Das Wort „Fuzzy" lässt sich mit „unscharf" übersetzen. Damit ist gemeint, dass es für die Zugehörigkeit eines Elementes zu einer Menge keine scharfe Grenze wie in der klassischen Mengenlehre gibt. Dies entspricht oftmals sehr viel mehr dem menschlichen Empfinden. Dementsprechend werden *unscharfen* Werten auch oft Begriffe des natürlichen Sprachgebrauchs, wie z. B. „schnell", „kalt" oder „sehr hoch", zugeordnet. Um einen Computer dazu zu bringen, mit solchen Werten umgehen zu können, müssen sie quantifiziert werden. Dies geschieht mit Hilfe der Fuzzy-Mengenlehre, die eine Erweiterung der klassischen Mengenlehre ist, keineswegs aber eine „ungenaue" Mengenlehre. Eine sehr ausführliche Behandlung der Fuzzy-Mengenlehre findet sich in [9].

11.3.1 Zugehörigkeit zu Fuzzy-Mengen

Normale Mengen sind in der Mathematik scharf abgegrenzt. So lässt sich z. B. von jedem Fahrzeug eindeutig sagen, ob es zur Menge der Fahrzeuge mit einer zulässigen Höchstgeschwindigkeit von mindestens 200 km/h gehört. Will man allerdings wissen, ob ein Fahrzeug zur Menge S der „schnellen" Fahrzeuge gehört, lässt sich diese Frage nicht so leicht beantworten. Bei einen Porsche wird man noch ziemlich klar sagen, dass er eindeutig zur Menge der schnellen Fahrzeuge gehört, bei einem VW Passat fällt die Zuordnung schon sehr viel schwerer.

Während bei scharfen Mengen ein Element immer entweder ganz oder gar nicht zu einer Menge gehört, gibt man bei unscharfen Mengen für die Elemente den *Zugehörigkeitsgrad* $\mu_A(x) \in [0;1]$ an, mit dem das Element x zu der Menge A gehört. Für den Porsche aus obigem Beispiel gilt also $\mu_S(\text{Porsche}) = 1$, wohingegen man für den Passat beispielsweise den Zugehörigkeitsgrad $\mu_S(\text{Passat}) = 0{,}6$ festlegen könnte. Eine klassische Teilmenge A einer Grundmenge Ω lässt sich also definieren als

$$A = \{x | x \in \Omega, \mathcal{A}(x) \text{ ist wahr}\}.$$

Hierbei ist $\mathcal{A}(x)$ ein Prädikat, das genau dann wahr ist, wenn x zur Menge A gehört. Für jedes Element x aus der Grundmenge Ω (z. B. Menge aller Fahrzeuge, natürliche Zahlen, …) lässt sich daher eindeutig sagen, ob es zur Menge A gehört oder nicht.

Dies gilt bei der Fuzzy-Menge $\tilde{A}$ nicht mehr; sie besteht aus Paaren, bei dem jedem $x \in \Omega$ die *Zugehörigkeitsfunktion* $\mu_{\tilde{A}}(x)$ zugeordnet wird:

$$\tilde{A} = \{(x, \mu_{\tilde{A}}(x)) | x \in \Omega\}.$$

Somit enthält $\tilde{A}$ alle Elemente x aus der Grundmenge Ω, wenn auch zum Teil mit dem Zugehörigkeitsgrad $\mu_{\tilde{A}}(x) = 0$. Während also die Zugehörigkeitsfunktion der scharfen Menge immer sprunghaft zwischen 0 und 1 springt, sind bei der unscharfen Zugehörigkeitsfunktion fließende Übergänge möglich, die scharfen Mengen bleiben als Sonderfall in

Abb. 11.4 Verschiedene mögliche Zugehörigkeitsfunktionen

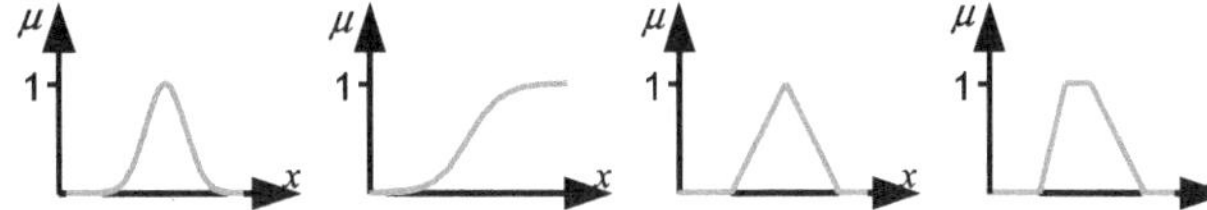

Tab. 11.1 Monatliche Durchschnittstemperatur 2007

Monat	Jan	Feb	Mär	Apr	Mai	Jun	Jul	Aug	Sep	Okt	Nov	Dez
Temperatur [°C]	4,8	4,5	7,1	12,3	14,6	18,1	17,5	16,9	13,1	9,1	4,2	1,4

Abb. 11.5 Zugehörigkeitsgrad bei einer scharfen Menge (*links*), Zugehörigkeitsgrad einzelner Elemente zur scharfen Menge (*rechts*)

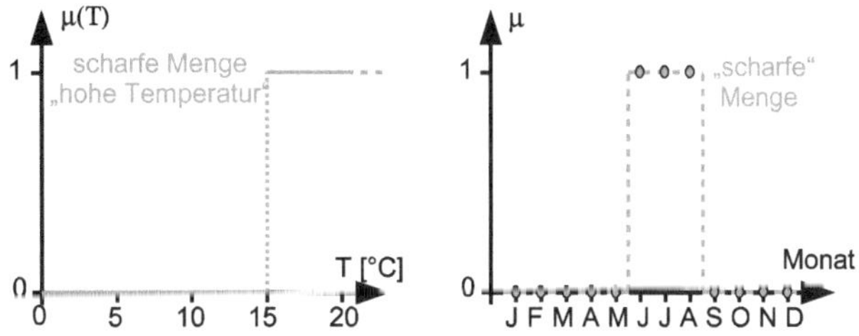

den unscharfen Mengen enthalten. In Abb. 11.4 sind ein paar Beispiele für Zugehörigkeitsfunktionen dargestellt.

Beispiel Durchschnittstemperatur Der Unterschied zwischen Fuzzy-Mengen und klassischen Mengen soll nochmal an einem Beispiel veranschaulicht werden. In Tab. 11.1 stehen die monatlichen Durchschnittstemperaturen in Deutschland im Jahr 2007.

Wenn nun mit einer klassischen Menge die warmen Monate erfasst werden sollen, muss ein Schwellwert gewählt werden, ab dem ein Monat als warm gilt und damit voll zur Menge der warmen Monate gehört. In diesem Beispiel legen wir den Wert auf 15 °C fest. Um den Vergleich mit unscharfen Mengen zu erleichtern, führen wir für die scharfe Menge ebenfalls einen Zugehörigkeitsgrad ein, der genau dann eins ist, wenn ein Element zur Menge gehört, und null sonst (siehe Abb. 11.5 links). Im rechten Teil von Abb. 11.5 wurde für jeden Monat der Zugehörigkeitsgrad „berechnet" und grafisch dargestellt. Für die Monate Juni, Juli und August ist $\mu = 1$, da diese drei Monate eine Durchschnittstemperatur über 15 °C haben. Alle anderen Monate haben eine geringere Durchschnittstemperatur und gehören daher überhaupt nicht zur Menge der warmen Monate (Zugehörigkeitsgrad $\mu = 0$).

Die meisten würden der Zuordnung des Juni zu den warmen Monaten ebenso zustimmen wie damit, dass der Dezember kein warmer Monat ist. Für die Frühjahr- und Herbstmonate ist das allerdings nicht mehr ganz so eindeutig. Für den Übergang zu einer unscharfen Menge muss nun also eine Funktion $\mu(T)$ gefunden werden, die den

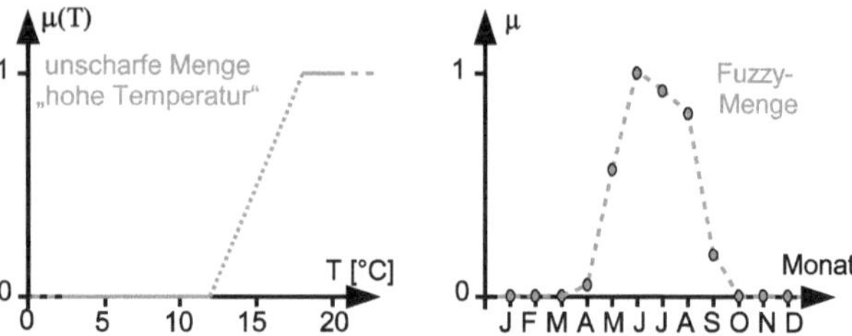

Abb. 11.6 Zugehörigkeitsgrad bei einer unscharfen Menge (*links*), Zugehörigkeitsgrad einzelner Elemente zur unscharfen Menge (*rechts*)

Zugehörigkeitsgrad für eine gegebene Temperatur T angibt. Dazu gibt es verschiedene Möglichkeiten, wir werden uns in diesem Kapitel aber auf stückweise lineare Funktionen beschränken. Für das betrachtete Beispiel muss festgelegt werden, unterhalb welcher Durchschnittstemperatur T_0 ein Monat überhaupt nicht mehr als warm gelten soll ($\mu(T_0) = 0$), und ab welcher Temperatur T_1 der Monat voll und ganz als warm gelten soll ($\mu(T_1) = 1$). Dazwischen steigt die Zugehörigkeit linear an (Abb. 11.6 links). Daraus ergeben sich die im rechten Teil von Abb. 11.6 gezeigten Zugehörigkeitsgrade der Monate zur Menge der warmen Monate.

11.3.2 Operationen mit Fuzzy-Mengen

Um vernünftig mit den unscharfen Mengen arbeiten zu können, müssen auch die üblichen Mengenoperationen (Durchschnitt, Vereinigung und Komplement) auf unscharfe Mengen erweitert werden. Für die Erklärung der Operationen wird von folgenden Festlegungen ausgegangen:

- Ω ist die Grundmenge,
- x bezeichne immer Elemente aus Ω,
- $\tilde{A}$ und $\tilde{B}$ sind unscharfe Mengen über Ω,
- $\mu_{\tilde{A}}$ und $\mu_{\tilde{B}}$ sind die Zugehörigkeitsgrade von x zu den Mengen $\tilde{A}$ und $\tilde{B}$.

Komplementbildung Bei scharfen Mengen besteht das *Komplement* einer Menge $\bar{A}$ aus allen Elementen der Grundmenge, die nicht in A enthalten sind. Bei einer unscharfen Menge $\tilde{A}$ ist es üblich, die Komplementmenge $\bar{\tilde{A}}$ dadurch zu bilden, dass man den Zugehörigkeitsgrad von eins abzieht,

$$\mu_{\bar{\tilde{A}}}(x) = 1 - \mu_{\tilde{A}}(x) .$$

Eine wichtige Eigenschaft der Komplementbildung, nämlich dass das Komplement des Komplements wieder die Ursprungsmenge ist, ist für diese Formel erfüllt. Dennoch gibt es auch ein paar Probleme mit dieser Definition, beispielsweise wird nicht sichergestellt, dass die Schnittmenge – je nachdem, wie diese definiert ist – einer Menge mit ihrer Komplementmenge die leere Menge ergibt. Nach der folgenden Definition von Schnitt und Vereinigung werden wir nochmal auf dieses Problem zurückkommen.

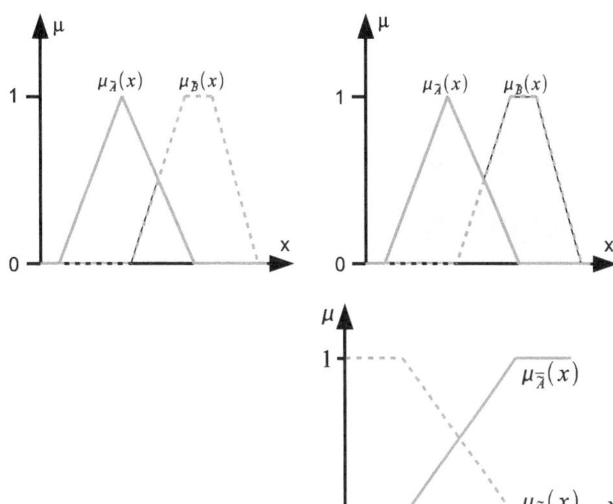

Abb. 11.7 Schnitt zweier Fuzzy-Mengen (*links*), Vereinigung zweier Fuzzy-Mengen (*rechts*)

Abb. 11.8 Zugehörigkeitsgrad einer Menge und ihrer Komplementmenge

Vereinigung und Schnitt Der gebräuchlichste Operator zur Bildung der *Vereinigungsmenge* ist der *Maximumoperator*:

$$\tilde{A} \cup \tilde{B} = \left\{ (x, \mu_{\tilde{A} \cup \tilde{B}}) \mid \mu_{\tilde{A} \cup \tilde{B}} = \max(\mu_{\tilde{A}}(x); \mu_{\tilde{B}}(x)) \right\}. \tag{11.35}$$

Analog dazu lässt sich der *Minimumoperator* zur Bildung der *Schnittmenge*

$$\tilde{A} \cap \tilde{B} = \left\{ (x, \mu_{\tilde{A} \cap \tilde{B}}) \mid \mu_{\tilde{A} \cap \tilde{B}} = \min(\mu_{\tilde{A}}(x); \mu_{\tilde{B}}(x)) \right\}$$

verwenden. Die grauen Flächen in Abb. 11.7 veranschaulichen die beiden Operationen.

Wie schon bei der Definition des Komplements angedeutet, gibt es je nach Definition der Schnitt- und Vereinigungsoperation Eigenschaften, die für scharfe Mengen zwar gelten, nicht aber für unscharfe Mengen. Ein Beispiel dafür kann man anhand Abb. 11.8 sehen.

Sie stellt eine Fuzzy-Menge und deren Komplement dar. Verwenden wir nun obige Definition der Schnittmenge, so ist selbige nicht leer, wie es bei scharfen Mengen der Fall wäre. Ebenso gilt bei scharfen Mengen, dass die Vereinigung einer Menge mit ihrer Komplementmenge immer die Grundmenge ergibt. Auch diese Eigenschaft ist mit obiger Vereinigungsoperation nicht mehr erfüllt.

Bei geeigneter Wahl der Vereinigungs- und Durchschnittsoperationen lassen sich die soeben beschriebenen Eigenschaften dennoch erfüllen, z. B. mit

$$\mu_{\tilde{A} \sqcup \tilde{B}} = \min\{1, \mu_{\tilde{A}} + \mu_{\tilde{B}}\},$$
$$\mu_{\tilde{A} \sqcap \tilde{B}} = \max\{0, \mu_{\tilde{A}} + \mu_{\tilde{B}} - 1\}.$$

Allerdings sind für diese Operationen andere Eigenschaften, wie z. B. die Distributivität $(\tilde{A} \cap (\tilde{B} \cup \tilde{C}) = (\tilde{A} \cap \tilde{B}) \cup (\tilde{A} \cap \tilde{C}))$, nicht mehr erfüllt.

Wie schon erwähnt eignen sich Fuzzy-Mengen sehr gut, um durch sprachliche Formulierungen unscharf abgegrenzte Bereiche zu erfassen. Die Fuzzy-Mengen sind hierbei eine mathematisch exakte Formulierung eines unscharfen Begriffes. Ebenso sind die obigen Operationen auf den Fuzzy-Mengen exakt definiert, haben aber auch eine unscharfe Entsprechung im normalen Sprachgebrauch. Naheliegend wären z. B. „und" für den Schnitt bzw. „oder" für die Vereinigung zweier Mengen. Da diese sprachlichen Begriffe je nach Situation auch etwas unterschiedlich gedeutet werden können (z. B. Oder als ausschließendes bzw. nicht ausschließendes Oder), sind auch verschiedene Umsetzungen der Mengenoperationen möglich. Wichtig ist hierbei, dass die für Vereinigung und Schnitt verwendeten Operationen bestimmte Normen (t-Norm und s-Norm [9]) erfüllen. Wir gehen hier nicht näher darauf ein und verwenden ausschließlich die Maximum- und Minimumoperatoren.

11.3.3 Linguistische Variablen

In der Einleitung zu diesem Kapitel haben wir festgestellt, dass Menschen in vielen Bereichen zu unscharfen Wertangaben neigen. Wir haben dann zunächst mit Hilfe der Fuzzy-Mengenlehre gezeigt, wie solche unscharfen Wertangaben als Menge dargestellt werden können. Nun wollen wir noch etwas näher betrachten, wie man zu einer gegebenen Größe entsprechende Fuzzy-Mengen bekommt. Dazu führen wir den Begriff der *linguistischen Variablen* ein. Eine linguistische Variable ist eine Variable, deren Werte Fuzzy-Mengen sind. Die Variable selbst kann dabei irgendwelche physikalischen Größen abbilden, wie z. B. Temperatur oder Farbe, aber auch eine andere Größe, die sich sprachlich quantifizieren lässt. Die Variable ist also immer über einer gestimmten Grundmenge definiert. Die unscharfen Werte, die von der Variablen angenommen werden können, nennt man *linguistische Werte* bzw. *linguistische Terme*. Beispiele hierfür sind schnell, groß, sehr kalt, grün, …Für eine gegebene linguistische Variable ist es vor allem im Hinblick auf die Fuzzy-Regelung wichtig, dass sofern möglich die gesamte Grundmenge durch linguistische Terme abgedeckt wird. Im folgenden Beispiel führen wir eine linguistische Variable ein, die die Regenbogenfarben beschreibt.

Beispiel: Regenbogenfarben Der Name der linguistischen Variable sei „Regenbogenfarbe". Zunächst müssen wir die Grundmenge Ω festlegen. Licht ist elektromagnetische Strahlung. Welche Farbe wir wahrnehmen, hängt von der Wellenlänge λ der Strahlung ab. Eine sinnvolle Festlegung der Grundmenge

$$\Omega = [380\,\mathrm{nm}, 770\,\mathrm{nm}]$$

ist daher der Bereich der Wellenlänge, der für Menschen wahrnehmbar ist. Die linguistischen Terme sind die sechs Regenbogenfarben „violett", „blau", „grün", „gelb", „orange" und „rot". Zwischen den einzelnen Farben ist der Übergang fließend, d. h., es lässt sich

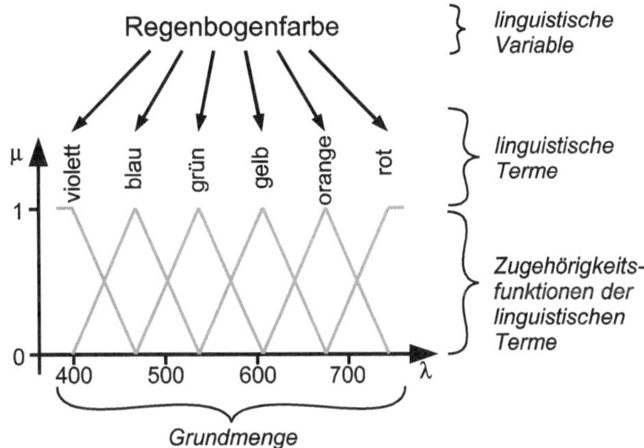

Abb. 11.9 Linguistische Variable „Regenbogenfarbe"

nicht für jede Farbe ein scharfes Intervall aus Wellenlängen angeben. Jeder Farbe, also jedem linguistischen Term, wird eine unscharfe Menge an Wellenlängen zugeordnet. Dazu gibt es natürlich auch wieder verschiedene Möglichkeiten, die unter anderem auch von der Wahrnehmung des einzelnen Menschen abhängen. In Abb. 11.9 ist eine Möglichkeit gezeigt, sämtlichen Termen unscharfe Mengen zuzuordnen. In diesem Fall ist die Breite aller Intervalle gleich, das hätte aber auch anders modelliert werden können.

Es gibt aber auch ein paar Eigenschaften, die zwar nicht zwingend erfüllt sein müssen, die aber normalerweise vorteilhaft sind für eine Anwendung in der Fuzzy-Regelung. Zum einen sind die Mengen am Rand der Grundmenge „ausgeklappt", d. h., sie haben am äußersten Rand einen Wert von 1. Außerdem ist nicht nur die gesamte Grundmenge abgedeckt, sondern für jedes Element der Grundmenge ist die Zugehörigkeit zu mindestens einem linguistischen Term bei mindestens 0,5. Es ist sogar für jedes Element die Summe der Zugehörigkeitsgrade exakt 1.

11.3.4 Fuzzy-Logik

Mit der Fuzzy-Mengenlehre haben wir die Möglichkeit, unscharfe Informationen darzustellen. Um einen Fuzzy-Regler zu entwerfen, brauchen wir noch eine Möglichkeit, Regeln zu verarbeiten. Ein Regler im Allgemeinen ist ein System, das in Abhängigkeit von einem Messwert eine bestimmte Stellgröße ausgibt. Ein Fuzzy-Regler verwendet dazu eine beliebige Anzahl an *Implikationen* (Regeln), die wie folgt aufgebaut sind:

$$\text{WENN} < \text{Prämisse} > \text{DANN} < \text{Konklusion} > .$$

Sofern die *Prämisse* wahr ist, folgt daraus, dass auch die *Konklusion* wahr ist. Sowohl die Prämisse als auch die Konklusion sind *Fuzzy-Aussagen*. Eine Fuzzy-Aussage $\tilde{A}$ hat die Form

$$x = \tilde{A} \, , \tag{11.36}$$

wobei x ein scharfer Wert aus der Grundmenge einer linguistischen Variablen ist, und $\tilde{A}$ ein zu der linguistischen Variablen gehörender Term. Analog zur normalen Aussagenlogik nehmen Fuzzy-Aussagen einen Wahrheitswert $v_{\tilde{A}}$ an. Dieser entspricht dem Zugehörigkeitsgrad des Wertes x zur Fuzzy-Menge $\tilde{A}$:

$$v_{\tilde{A}} = \mu_{\tilde{A}}(x) \,. \tag{11.37}$$

Beispiel Temperaturregelung Ein einfaches Beispiel ist eine primitive Temperaturregelung, die bei zu geringer Raumtemperatur das Ventil an der Heizung aufdreht, d. h., der Messwert ist die Temperatur und die Stellgröße ist die Ventilstellung. Wir haben also die beiden linguistischen Variablen „Temperatur" und „Ventilstellung". Für beide Variablen müssen die linguistischen Terme festgelegt werden. Für die Variable Temperatur seien das z. B. die Terme T_1 bis T_5 und für die Ventilstellung die Terme V_1 bis V_5. Jedem dieser Terme ist eine Fuzzy-Menge zugeordnet. Eine mögliche Regel könnte jetzt wie folgt aussehen:

$$\text{WENN } T = T_2 \text{ DANN } V = V_1$$

Praktisch kann man diese Regel lesen als „Wenn die Temperatur den unscharfen Wert T_2 annimmt, dann muss die Ventilstellung den Wert V_1 annehmen". Die Prämisse kann auch aus mehreren Aussagen zusammengesetzt sein, daher werden wir als nächstes anschauen, wie Fuzzy-Aussagen verknüpft werden können.

Operationen auf Fuzzy-Aussagen Analog zur klassischen Logik können auch auf Fuzzy-Aussagen Operationen angewandt werden:

- $\neg\tilde{A}$: Die *Negation* entspricht dem Komplement einer Fuzzy-Menge. Der Wahrheitswert berechnet sich daher durch

$$v_{\neg\tilde{A}} = 1 - v_{\tilde{A}} \,.$$

- $\tilde{A} \wedge \tilde{B}$: Die *Konjunktion* entspricht dem Schnitt von Fuzzy-Mengen. Der Wahrheitswert ergibt sich daher aus

$$v_{\tilde{A}\wedge\tilde{B}} = \min(v_{\tilde{A}}, v_{\tilde{B}}) \,. \tag{11.38}$$

- $\tilde{A} \vee \tilde{B}$: Die *Disjunktion* entspricht der Vereinigung von Fuzzy-Mengen. Der Wahrheitswert ergibt sich daher aus

$$v_{\tilde{A}\vee\tilde{B}} = \max(\mu_{\tilde{A}}, \mu_{\tilde{B}}) \,.$$

Die letzte für uns relevante Operation ist die *Implikation*, also die Fuzzy-Regel an sich. Allerdings sind wir nicht am Wahrheitswert der Implikation interessiert, dieser entspräche dem Wahrheitswert der aufgestellten Regeln. Nun ist es zwar denkbar, dass die aufgestellten Regeln nicht korrekt sind, beispielsweise beim automatischen Erstellen von Regeln (siehe [63]). Wir gehen aber davon aus, dass die Regeln von einem Experten erstellt werden und dieser zumindest keine schwerwiegenden Fehler macht. Damit wissen wir, dass der

Tab. 11.2 Implikation in der Aussagenlogik

$\mathcal{A}$	$\mathcal{B}$	$(\mathcal{A} \to \mathcal{B})$
0	0	1
0	1	1
1	0	0
1	1	1

Tab. 11.3 Wahrheitswert der Konklusion

$\mathcal{A}$	$(\mathcal{A} \to \mathcal{B})$	$\mathcal{B}$
0	0	unmöglich
0	1	beliebig
1	0	0
1	1	1

Wahrheitswert der Implikation immer eins ist. Den Wahrheitswert der Prämisse können wir durch den entsprechenden Zugehörigkeitsgrad bestimmen, das einzige, was noch nicht bekannt ist, ist der Wahrheitswert der Konklusion. Um diesen zu erhalten, verwendet man das sogenannte *Approximative Schließen*. Wir werden an dieser Stelle auf eine detaillierte mathematische Begründung verzichten, sie lässt sich beispielsweise in [9] finden. Es wird aber gezeigt, wie es funktioniert und auch eine kurze anschauliche Begründung gegeben. Dazu schauen wir uns zunächst die Wahrheitswertetafel (Tab. 11.2) der klassischen Implikation $(\mathcal{A} \to \mathcal{B})$ aus der zweiwertigen Aussagenlogik an. In den ersten beiden Zeilen ist der Wahrheitswert von $\mathcal{A}$ null. Unabhängig vom Wahrheitswert von $\mathcal{B}$ ist der Wahrheitswert der Implikation $(\mathcal{A} \to \mathcal{B})$ eins, denn aus dem Falschen folgt das Beliebige. In den letzten beiden Zeilen ist der Wahrheitswert von $\mathcal{A}$ eins, der Wahrheitswert der Implikation ist in diesen Fällen identisch mit dem Wahrheitswert von $\mathcal{B}$.

Im Rahmen der Fuzzy-Regelung wollen wir den Einfluss des Wahrheitswertes $v_\mathcal{A}$ von $\mathcal{A}$ auf $\mathcal{B}$ beschreiben. Betrachten wir dazu Tab. 11.3, in der für gegebene Wahrheitswerte der Prämisse $\mathcal{A}$ und der Implikation $(\mathcal{A} \to \mathcal{B})$ der Wahrheitswert der Konklusion $\mathcal{B}$ angegeben ist. Da wir von der Richtigkeit der Implikation $\mathcal{A} \to \mathcal{B}$ ausgehen, sind nur die zweite und vierte Zeile relevant, und sie legen nahe, dass ein großer Wahrheitswert $v_\mathcal{A}$ einen großen Wahrheitswert von $\mathcal{B}$ bewirkt. Das wird dadurch realisiert, dass $v_\mathcal{A}$ die Zugehörigkeit zu $\mathcal{B}$ beschränkt:

$$\mu_B(x) := \min\{\mu_B(x), v_\mathcal{A}\}\,. \tag{11.39}$$

Diese Strategie zum Approximativen Schließen nennt sich *Mamdani-Implikation*. Sie ist in Abb. 11.10 grafisch dargestellt. Die bisherige Fuzzy-Menge B wird nach oben beschränkt, d. h., der Zugehörigkeitswert eines Wertes zur neuen Menge B kann den Wahrheitswert der Prämisse nicht übersteigen. Zur praktischen Umsetzung sei auf Abschn. 11.4.2 verwiesen.

Abb. 11.10 Implikation nach
Mamdani

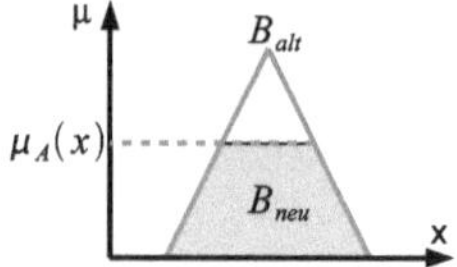

11.4 Regelbasiertes Fuzzy-System

Nachdem wir jetzt die mengentheoretischen Grundlagen betrachtet haben, können wir
den nächsten Schritt hin zu einem Fuzzy-Regler machen. Aus Abschn. 11.1.1 wissen wir,
dass sowohl Regelstrecke und Regler als auch der geschlossene Regelkreis Systeme sind.
Unser Ziel ist es, einen Regler auf Grundlage der Fuzzy-Mengenlehre zu entwickeln. Dazu klären wir in diesem Abschnitt, wie ein solches *Fuzzy-System* denn überhaupt aussieht.
Der schematische Aufbau eines regelbasierten Fuzzy-Systems ist in Abb. 11.11 zu sehen.
Wie bei anderen Systemen auch, ist eine beliebige Anzahl an scharfen Eingängen und Ausgängen möglich. Intern arbeitet ein Fuzzy-System aber mit Fuzzy-Mengen. Die scharfen
Eingangsgrößen müssen daher zunächst in unscharfe Größen transformiert werden. Diesen Prozess nennt man *Fuzzifizierung*. Mit den daraus erhaltenen unscharfen Größen wird
die Regelbasis des Systems ausgewertet. Dieser Prozess wird *Inferenz* genannt. Das Ergebnis
sind wieder unscharfe Größen, die durch die *Defuzzifizierung* in scharfe Ausgangsgrößen
transformiert werden.

Wir betrachten im Folgenden nur noch Fuzzy-Systeme mit zwei Eingängen x und y und
einem Ausgang z. Den Eingängen und dem Ausgang sind je eine linguistische Variable mit
zugehörigen linguistischen Termen (Fuzzy-Mengen) zugeordnet. Diese seien:

$$\tilde{A}_1, \tilde{A}_2, \ldots, \tilde{A}_n \text{ für } x \,,$$

$$\tilde{B}_1, \tilde{B}_2, \ldots, \tilde{B}_m \text{ für } y \,,$$

$$\tilde{C}_1, \tilde{C}_2, \ldots, \tilde{C}_l \text{ für } z \,.$$

Für jeden Ein-/Ausgang lässt sich der Zugehörigkeitsgrad zu den jeweiligen linguistischen
Termen berechnen. Daraus lässt sich auch der Wahrheitswert der folgenden Aussagen berechnen.

$$\tilde{A}_i : (x = \tilde{A}_i), i \in \{1; n\} \,, \tag{11.40}$$

$$\tilde{B}_j : (y = \tilde{B}_j), j \in \{1; m\} \,, \tag{11.41}$$

$$\tilde{C}_k : (z = \tilde{C}_k), k \in \{1; l\} \,. \tag{11.42}$$

Die Regeln des Fuzzy-Systems haben die Form

$$\text{WENN } \tilde{A}_i \wedge \tilde{B}_j \text{ DANN } \tilde{C}_{(i,j)} \,.$$

Dabei ist $i \in \{1; n\}, j \in \{1; m\}$ und $\tilde{C}_{(i,j)} \in \{\tilde{C}_k, k \in \{1; l\}\}$. Statt der Konjunktion in der Prämisse könnten natürlich auch noch die anderen Operationen (Negation und Disjunktion)

Abb. 11.11 Aufbau eines regelbasierten Fuzzy-System

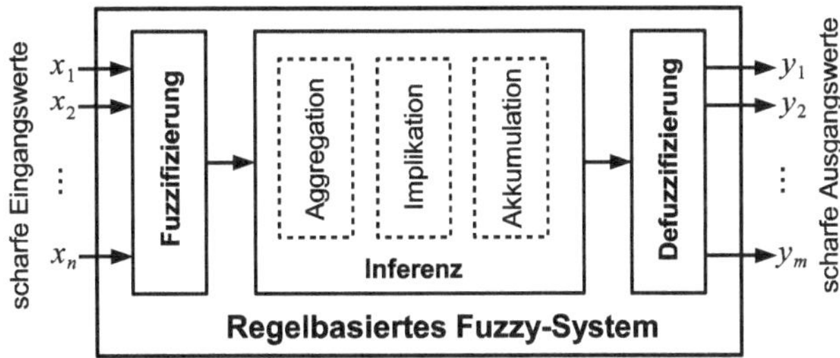

Tab. 11.4 Regelbasis für $n = 3$ und $m = 4$

	$\tilde{\mathcal{B}}_1$	$\tilde{\mathcal{B}}_2$	$\tilde{\mathcal{B}}_3$	$\tilde{\mathcal{B}}_4$
$\tilde{\mathcal{A}}_1$	$\tilde{\mathcal{C}}_{(1,1)}$	$\tilde{\mathcal{C}}_{(1,2)}$	$\tilde{\mathcal{C}}_{(1,3)}$	$\tilde{\mathcal{C}}_{(1,4)}$
$\tilde{\mathcal{A}}_2$	$\tilde{\mathcal{C}}_{(2,1)}$	$\tilde{\mathcal{C}}_{(2,2)}$	$\tilde{\mathcal{C}}_{(2,3)}$	$\tilde{\mathcal{C}}_{(2,4)}$
$\tilde{\mathcal{A}}_3$	$\tilde{\mathcal{C}}_{(3,1)}$	$\tilde{\mathcal{C}}_{(3,2)}$	$\tilde{\mathcal{C}}_{(3,3)}$	$\tilde{\mathcal{C}}_{(3,4)}$

Abb. 11.12 Fuzzifizierung
eines Temperatur-Messwertes

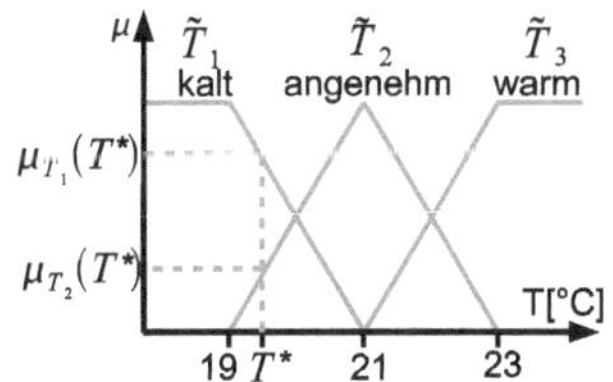

verwendet werden. Der Einfachheit halber beschränken wir uns in diesem Kapitel aber auf
die konjunktive Verknüpfung zweier Aussagen. Im Idealfall gibt es für jede Kombination
$(\tilde{\mathcal{A}}_i, \tilde{\mathcal{B}}_j)$ eine Regel. In diesem Fall lässt sich die gesamte Regelbasis als Tabelle darstellen.
Für $n = 3$ und $m = 4$ ist dies in Tab. 11.4 zu sehen.

11.4.1 Fuzzifizierung

Jeder Eingangsgröße eines Fuzzy-Systems muss eine linguistische Variable mit ihren zugehörigen linguistischen Termen zugeordnet sein. Bei der Fuzzifizierung wird der Zugehörigkeitsgrad der Eingangsgröße zu jedem der linguistischen Terme berechnet. Abbildung 11.12 zeigt eine Fuzzy-Variable Temperatur mit ihren drei linguistischen Termen kalt,
angenehm und warm.

Der scharfe Messwert der Temperatur beträgt $T^* = 19{,}5\,°C$. Daraus ergeben sich die
Zugehörigkeitsgrade $\mu_{\text{kalt}}(T^*) = 0{,}75$, $\mu_{\text{angenehm}}(T^*) = 0{,}25$ und $\mu_{\text{warm}}(T^*) = 0{,}0$.

11.4.2 Inferenz

Die Inferenz ist die Auswertung der Regelbasis und lässt sich in drei Schritte unterteilen:

- *Aggregation*: Wahrheitswert der Prämisse aller Regeln bestimmen
- *Implikation*: Durchführung der Konklusion für alle Regeln
- *Akkumulation*: Gesamtergebnis für die Regelbasis ermitteln

Als Eingabe von der Fuzzifizierung erhält die Inferenz die Zugehörigkeitsgrade der scharfen Messwerte zu den linguistischen Termen der jeweiligen linguistischen Variablen. Diese Zugehörigkeitsgrade lassen sich als Wahrheitswerte von zugehörigen Fuzzy-Aussagen deuten (siehe (11.36) und (11.37)).

Aggregation Allgemein können in einer Prämisse beliebig viele Aussagen auf beliebige Weise miteinander verknüpft sein. Da wir uns auf Systeme mit zwei Eingangsgrößen und auf Regeln mit konjunktiver Verknüpfung beschränken, hat die Prämisse immer die Form $\tilde{A} \wedge \tilde{B}$. Der Wahrheitswert der Prämisse ist daher nach (11.38) zu $v_{\tilde{A} \wedge \tilde{B}} = \min(v_{\tilde{A}}, v_{\tilde{B}})$ Bei der Aggregation muss auf diese Weise der Wahrheitswert der Prämissen sämtlicher Regeln bestimmt werden.

Implikation In Abschn. 11.3.4 wurde das Grundprinzip des Approximativen Schließens bereits erklärt. Gleichung (11.39) muss daher für jede Regel aus der Regelbasis angewandt werden. Da wir uns auf Systeme mit einem Ausgang beschränken, treffen alle Regeln Aussagen über die selbe linguistische Variable (z. B. Ventilstellung). Für diese Variable gibt es eine bestimmte Anzahl linguistischer Terme. Jede Regel beschränkt einen dieser Terme. Nun kann es vorkommen, dass ein linguistischer Term in mehreren unterschiedlichen Konklusionen auftaucht. In diesem Fall wird das Maximum der beiden abgeschnittenen Mengen ermittelt.

Akkumulation Nach Auswertung sämtlicher Regeln liegt für jeden linguistischen Term eine neue Zugehörigkeitsfunktion vor und damit eine neue Fuzzy-Menge. Bevor ein scharfer Ergebniswert berechnet werden kann, müssen diese Mengen zu einer zusammengefasst werden. Dies geschieht durch die Bildung der Vereinigungsmenge nach (11.35). Da die Mengen natürlich über der selben Grundmenge definiert sind, ist dies problemlos möglich. Anschaulich sieht man dies im rechten Teil von Abb. 11.13. Bei Systemen mit mehreren Ausgängen müsste die Vereinigung jeweils für die zu einer Ausgangsgröße, d. h. einer linguistischen Variablen, gehörenden linguistischen Terme durchgeführt werden.

11.4.3 Defuzzifizierung

Aus der unscharfen Ergebnismenge der Inferenz wird wieder eine scharfe Ausgangsgröße gebildet. Dazu gibt es wieder verschiedene Verfahren (siehe [11]), von denen wir uns nur die Schwerpunktmethode anschauen. Bei dieser Methode wird der Abszissenwert des Schwerpunkts der durch die Akkumulation erstellten Fläche berechnet. Mathematisch berechnet sich dieser Wert für eine über z definierte Ergebnismenge $\tilde{C}$ wie folgt:

$$z^* = \frac{\int_z z\mu_{\tilde{C}}(z)\mathrm{d}z}{\int_z \mu_{\tilde{C}}(z)\mathrm{d}z} \, .$$

Anhand dieser Formel sieht man den Nachteil der Schwerpunktmethode, nämlich eine relativ aufwendige Berechnung. Andere Methoden verwenden beispielsweise direkt das z, für das $\mu_{\tilde{C}}(z)$ maximal ist. Dies ist zwar sehr viel leichter zu berechnen, hat allerdings den Nachteil, dass nur eine einzige Regel das Ergebnis bestimmt. Das hat zur Folge, dass leichte Änderungen in den Eingangsgrößen große Sprünge in der Ausgangsgröße verursachen können. Die Schwerpunktmethode wird trotz ihrer Komplexität häufig gewählt, da bei ihr immer sämtliche Regeln einen Teil zum Ergebnis beitragen.

11.4.4 Beispiel

Für die linguistischen Variablen A, B und C seien je drei linguistische Terme definiert $(A_i, B_i, C_i; i \in 1, 3)$. Den Eingängen x und y sind die Variablen A und B zugeordnet und dem Ausgang z die Variable C. Abbildung 11.13 zeigt den kompletten Ablauf eines regelbasierten Fuzzy-Systems für gegebene Messwerte x^* und y^* und eine Regelbasis mit den folgenden zwei Regeln:

$$\text{WENN } \tilde{A}_2 \wedge \tilde{B}_2 \text{ DANN } \tilde{C}_1 \, ,$$
$$\text{WENN } \tilde{A}_2 \wedge \tilde{B}_3 \text{ DANN } \tilde{C}_2 \, .$$

Die Aussagen $\tilde{A}_i$, $\tilde{B}_j$ und $\tilde{C}_k$ werden gemäß (11.40)–(11.42) gebildet.

11.5 Fuzzy-Regelung des invertierten Pendels

Nun haben wir endlich die theoretischen Voraussetzungen, um einen Fuzzy-Regler zu entwerfen. Wir werden in diesem Abschnitt ein Beispiel näher betrachten, nämlich das in Abschn. 11.2 vorgestellte invertierte Pendel. Wie schon erwähnt, wird für den Entwurf des Fuzzy-Regler kein mathematisches Modell der Regelstrecke benötigt. Dennoch muss natürlich Wissen über das Verhalten der Regelstrecke einfließen, um regelnd eingreifen zu

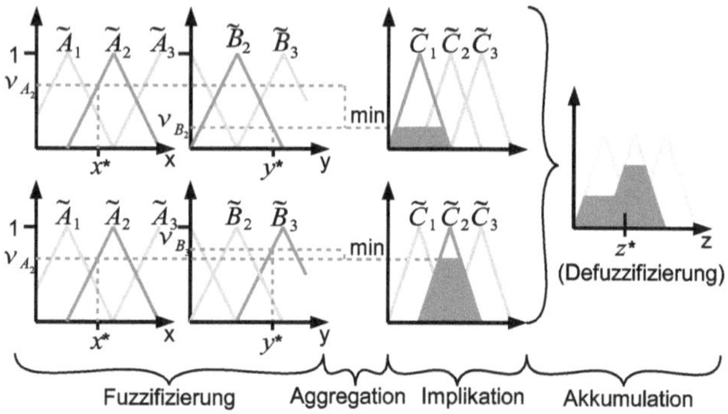

Abb. 11.13 Beispiel für die Auswertung zweier Regeln

können. In einer Regelbasis (siehe Tab. 11.4) wird dieses Wissen dargestellt. Die Erstellung der Regelbasis entspricht damit in gewisser Weise der Modellierung der Regelstrecke. Das invertierte Pendel ist schon ein relativ schwierig zu regelndes System, da der Zustand, den wir durch den Regler halten wollen, instabil ist. Schwieriger würde das Problem noch, wenn man von dem Regler verlangte, das System von jedem beliebigen Startpunkt aus in die senkrechte Position zu bringen und dort zu stabilisieren. In einem realen Fall hängt das Pendel zu Beginn schließlich nach unten und muss daher erst aufgeschwungen werden.

Vom Standpunkt eines menschlichen Reglers lassen sich die beiden Aufgaben „aufschwingen" und „stabilisieren" jedoch besser getrennt behandeln, man kann also für jede einen separaten Regler entwerfen, und zwischen beiden umschalten. Da die Regelbasis eines Fuzzy-Regler unter anderem aus menschlichem Erfahrungswissen aufgebaut wird, schadet es nicht, sich einmal Gedanken zu machen, wie man als Mensch diese beiden Regelprobleme lösen würde. Das Stabilisieren entspricht in etwa dem Problem, einen Bleistift (natürlich auf dem spitzen Ende) auf einer Fingerkuppe zu balancieren. Wer es schon einmal ausprobiert hat, weiß, dass man es ungeübt eigentlich nicht schaffen kann. Im Gegensatz dazu ist das Aufschwingen wirklich einfach. Wer gerade kein Stab-Pendel mit frei drehbarem Gelenk zur Verfügung hat, kann stattdessen versuchen, ein Stück Seil durch horizontale Bewegung der Hand so zu schwingen, dass es eine komplette 360°-Drehung durchläuft. Uns geht es in diesem Abschnitt nicht darum, zwei Regler im Detail zu entwerfen, die dann sofort auf ein tatsächliches System angewendet werden können, das würde den Rahmen dieses Beispiels sprengen. Wir wollen aber exemplarisch die prinzipielle Vorgehensweise zur Lösung eines Regelungsproblems mit Hilfe der Fuzzy-Regelung vom Anfang bis zum Ende durchgehen.

11.5.1 Parameter und Randbedingungen

Bevor wir mit dem Entwurf des Reglers beginnen, müssen wir noch kurz die Randbedingungen festlegen. Zum einen sind da die direkten Parameter des Pendels, nämlich die Masse m_W des Wagens, die Masse m_S des Pendelstabs und die Länge l des Pendelstabs.

Je nach Wahl dieser Parameter wird sich das Pendel natürlich anders verhalten. Nun ist ein Fuzzy-Regler oftmals relativ robust gegenüber leichten Änderungen des Systems, eine Auswirkung hat die Änderung der Parameter aber dennoch. Wenn beispielsweise die Masse von Wagen und Stab verdoppelt wird, der Regler aber dennoch nur dieselbe Kraft aufbringt, so ist die Beschleunigung des Wagens bzw. die Drehbeschleunigung des Pendels auch nur noch halb so groß.

Eine weitere Randbedingung bei einem realen System ist natürlich auch die Beschränkung der Eingangs-, Ausgangs- und Zustandsgrößen. Beim invertierten Pendel haben wir, wie wir in Abschn. 11.2.3 gezeigt haben, die Zustandsgrößen ϕ, ω, x und v. Einzig der Winkel ϕ unterliegt dabei eigentlich keiner Beschränkung, das Pendel kann sich beliebig drehen. Die Position x hat üblicherweise eine sehr harte Begrenzung, nämlich die Länge der Schiene, auf der sich der Wagen bewegt. Die Geschwindigkeit v hängt sowohl von der maximalen Umdrehungszahl des antreibenden Motors als auch von der generellen Qualität des Geräts ab. Die Winkelgeschwindigkeit ω wird hauptsächlich begrenzt durch das Verhältnis von Stabmasse zu Wagenmasse. Dreht sich das Pendel zu schnell, so kann der Wagen abheben, sofern er nicht mechanisch unten gehalten wird. Da wir davon ausgehen, dass sich die Zustände des Systems direkt messen lassen, gibt es keine zusätzlichen Ausgangsgrößen. Die einzige Eingangsgröße ist die durch den Motor ausgeübte Kraft, die natürlich wieder durch die Eigenschaften des Motors begrenzt ist. Man könnte stattdessen auch die an den Motor angelegte Spannung oder evtl. sogar die Geschwindigkeit des Wagens als Eingangsgröße verwenden. Letzteres würde alles erheblich vereinfachen, ist aber nur für sehr spezielle Pendel realistisch. Wir bleiben im Weiteren bei der Kraft als Eingangsgröße.

Durch die Menge an möglichen Parametern und Randbedingungen wird klar, dass auch der Entwurf eines Fuzzy-Reglers nichts ist, was man einmal macht und das dann für sämtliche ähnlichen Systeme geeignet ist. Obwohl keine mathematische Modellierung nötig ist, müssen natürlich trotzdem die spezifischen Eigenschaften des betrachteten Systems berücksichtigt werden. Wir legen an dieser Stelle daher keine bestimmten Werte für die Parameter und Randbedingungen fest und entwerfen auch später die linguistischen Variablen überwiegend qualitativ und nicht quantitativ.

11.5.2 Aufschwingen des Pendels

Da das Aufschwingen das aus menschlicher Sicht einfacher zu lösende Problem ist, wollen wir uns zunächst damit beschäftigen. Der erste Schritt hin zu einem Regler ist die Einführung linguistischer Variablen für die Zustandsgrößen ϕ, ω, x und v des Systems. Als Namen für die zugehörigen linguistischen Variablen nehmen wir naheliegenderweise die Bedeutung der Variablen, also „Winkel", „Winkelgeschwindigkeit", „Position" und „Geschwindigkeit". Nun müssen diesen Variablen linguistische Terme zugeordnet werden. Dies ist einer der kritischsten Schritte beim Entwurf des Fuzzy-Reglers und ist eine Art Systemmodellierung, da hier bereits viel Wissen sowohl über das System als auch über das

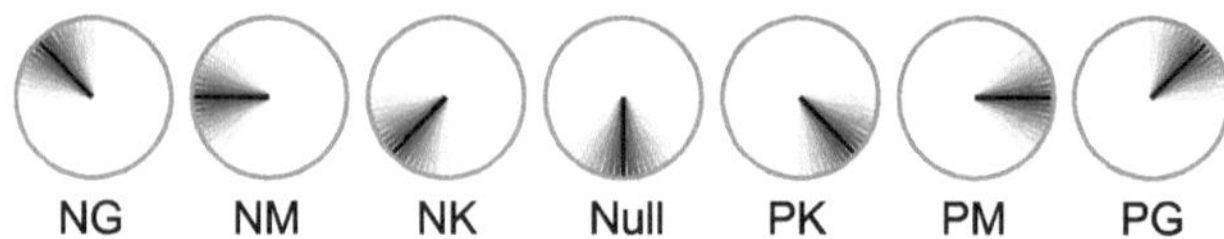

Abb. 11.14 Linguistische Terme der Variable „Winkel"

spätere Reglerkonzept einfließen muss. Um die linguistischen Terme für den Winkel festzulegen, sollten wir vorher bereits wissen, in welchem Bereich der Regler überhaupt aktiv sein soll. Dazu benötigen wir ein grundsätzliches Wissen über die physikalischen Zusammenhänge. Das Ziel ist, dem Pendel eine solche Drehgeschwindigkeit zu geben, dass es gerade so in die aufgerichtete senkrechte Position kommt. Eine Veränderung der Drehgeschwindigkeit erreicht man durch eine entsprechende Drehbeschleunigung. Es bleibt also dir Frage, wie wir die Drehbeschleunigung nach unseren Vorstellungen beeinflussen können. Die Drehbeschleunigung hängt über (11.2) von den wirkenden Momenten ab, ein Moment wiederum entsteht, wenn eine Kraft auf den Stab wirkt, deren Wirkungslinie nicht durch den Schwerpunkt geht. In unserem Beispiel üben wir immer eine horizontale Kraft aus, die an einem Ende des Stabes angreift. Wenn der Stab selbst horizontal ausgerichtet ist, können wir die Drehbeschleunigung also gar nicht beeinflussen. Das hört sich im ersten Moment nachteilhaft an, kann aber auch als Vorteil begriffen werden. Da die Länge der Führungsschiene üblicherweise begrenzt ist, sollte der Regler auch dafür sorgen, dass der Wagen möglichst in der Mitte der Scheine bleibt. Wenn sich das Pendel in einer annähernd horizontalen Lage befindet, kann der Wagen also in Richtung der Schienenmitte beschleunigt werden, ohne dass dadurch das Verhalten des Pendels stark beeinflusst wird. Auch der Bereich oberhalb der Horizontalen kann wieder benutzt werden, um die Drehung je nach Bedarf zu beschleunigen oder abzubremsen.

Eine Möglichkeit, Terme für die linguistische Variable „Winkel" zu vergeben, ist die in Abb. 11.14 dargestellte. In dem Bereich, in dem das Pendel nahe an der nach unten gerichteten senkrechten Position ist, ist der Winkel ungefähr null. Wir decken diesen unscharfen Bereich durch die linguistische Variable „Null" ab, und verwenden dazu die übliche lineare Hütchenfunktion, die im unteren Viertel des Kreises ungleich null ist. Bei den übrigen Termen steht der erste Buchstabe (N oder P) für negativ bzw. positiv und der zweite Buchstabe (K, M, G) für klein, mittelgroß oder groß. So decken wir die komplette Grundmenge mit überlappenden Fuzzy-Mengen ab (siehe Abb. 11.9 für eine andere Darstellung von linguistischen Termen und der zugehörigen Variablen). Nur die senkrecht nach oben gerichtete Position wurde ausgelassen, aber die soll ja der zweite – für die Stabilisierung verantwortliche – Regler übernehmen.

Während beim Winkel die Grundmenge im Wesentlichen durch den kompletten Kreis vorgegeben ist, ist es bei der Winkelgeschwindigkeit schwieriger festzulegen, was beispielsweise eine „große Winkelgeschwindigkeit" überhaupt ist, d. h., über welchen Werten wir die Terme definieren. Ein kleines Experiment hilft da aber schnell weiter. Wir lassen einfach das Pendel aus einer nahezu aufgerichteten Position los und messen die Drehgeschwindigkeit für verschiedene Winkel. Mit betragsmäßig gleicher Geschwindigkeit in umgekehrter

Tab. 11.5 Regelbasis für den aufschwingenden Regler; in der obersten Zeile stehen die Terme des Winkels und in der linken Spalte die Terme der Winkelgeschwindigkeit

	NG	NM	NK	Null	PK	PM	PG
NG	2	–	–1	0	1	–	–2
NK	1	–	0	1	2	–	–1
Null	0	–	–2	0	2	–	0
PK	–1	–	–2	–1	0	–	1
PG	–2	–	–1	0	1	–	2

Drehrichtung gelang man dann genau zurück in die Ausgangsposition. Damit lässt sich leicht abschätzen, bei welchem Winkel welche Winkelgeschwindigkeit nötig ist. Die linguistischen Terme für die Winkelgeschwindigkeit müssen nun so gewählt werden dass sowohl etwas zu kleine als auch etwas zu große Geschwindigkeiten abgedeckt sind. Die Regeln werden dann so entworfen, dass versucht wird, die zuvor gemessene optimale Drehgeschwindigkeit in Abhängigkeit vom Winkel zu erreichen. Wir nehmen im Folgenden an, dass für die Drehgeschwindigkeit und auch für die auszuübende Kraft je fünf linguistische Terme mit den Bezeichnern „NG", „NK", „Null", „PK" und „PG" festgelegt sind. Damit lässt sich beispielsweise Regelbasis aus Tab. 11.5 aufstellen, bei der in der ersten Zeile die linguistischen Terme für den Winkel und in der ersten Spalte diejenigen für die Winkelgeschwindigkeit stehen. In den sonstigen Zellen stehen die Konklusionen der Fuzzy-Regeln, also die auszuübende Kraft. Für eine bessere Übersichtlichkeit verwenden wir statt der linguistischen Terme die Zahlen –2 bis 2, wobei z. B. –1 für „NK" steht:

Wir wollen nun nicht genau auf die einzelnen Werte eingehen, sondern im Gegenteil auf die nicht vorhandenen Werte hinweisen. Die beiden leeren Spalten entsprechen den horizontalen Winkelpositionen. Diese wollten wir verwenden, um den Wagen in der Mitte zu halten. Dazu müssen wir natürlich als zweite Variable nicht die Winkelgeschwindigkeit betrachten, sondern die Position. Eigentlich bräuchten wir also eine vierdimensionale Tabelle, um jede Kombination aus den linguistischen Termen der vier Variablen abzudecken. Normalerweise ist das aber weder möglich noch nötig. Stattdessen erstellt man je nach Bedarf Regeln, deren Prämisse 2, 3 oder 4 Terme enthält. Je weniger Terme die Prämisse dabei enthält, desto größer ist der durch die Regel abgedeckte Teil des Zustandsraumes, da ja die Prämisse bei weniger Termen für viel mehr Zustände erfüllt ist.

11.5.3 Stabilisieren des Pendels

Wie schon beim aufschwingenden Regler müssen auch beim stabilisierenden Regler zunächst die linguistischen Variablen und die zugehörigen Terme definiert werden. Die Variablen bleiben natürlich dieselben, da sie den Zustandsgrößen entsprechen. Nur die linguistischen Terme und deren Werte ändern sich. Für den Winkel ist ein sehr viel kleinerer Bereich um die instabile senkrechte Ruhelage herum nötig, und auch die Werte für die

Tab. 11.6 Regelbasis für den stabilisierenden Regler; in der obersten Zeile stehen die Terme des Winkels und in der linken Spalte die Terme der Winkelgeschwindigkeit

	NG	NK	Null	PK	PG
NG	–	–	2	1	0
NK	–	2	1	0	−1
Null	2	1	0	−1	−2
PK	1	0	−1	−2	–
PG	0	−1	−2	–	–

Geschwindigkeit sollten kleiner sein, da das Pendel auf dem Weg nach oben abgebremst wird.

Wir wollen hier auch nicht im Detail auf die Erstellung der Regelbasis eingehen, sondern abschließend nur noch kurz erwähnen, dass es bei einer guten Festlegung der linguistischen Terme nicht mehr unbedingt nötig ist, jede Regel einzeln aufzustellen. Die Regelbasis in Tab. 11.6 offenbart eine sehr systematische Struktur, die im Wesentlichen auf zwei Grundgedanken beruht. Zum einen ist die Kraft umso größer, je mehr das Pendel von der Ruhelage abweicht und zum anderen ist die Kraft umso größer, je schneller sich das Pendel von der Ruhelage wegbewegt (bzw. umso kleiner, je schneller sich das Pendel auf selbige zubewegt).

Das hört sich nun fast schon zu einfach an, um wahr zu sein. Zwar muss die Regelbasis aus Tab. 11.6 an das jeweilige System angepasst werden, es bedarf einer sehr gründlichen Auswahl der linguistischen Terme und auch einige trial-and-error-Experimente sind notwendig, im Grunde genügt aber die einfache Regelbasis. Und das war ja auch genau das Ziel, das wir mit der Fuzzy-Regelung erreichen wollten – uns die exakte Modellierung des Systems und die anspruchsvolle klassische Regelung zu sparen und dennoch das System zu regeln. Was damit allerdings nicht mehr möglich ist, ist eine Simulation des Pendels, da wir ja gar kein exaktes mathematisches Modell mehr haben.

11.6　Ausblick

Die Regelungstechnik ist ein sehr großes und an vielen Stellen auch sehr anspruchsvolles Themengebiet. Eine sehr ausführliche Einführung in die systemtheoretischen Grundlagen bietet [41], einen etwas stärkeren Schwerpunkt auf Anwendungen und Rechnerumsetzung setzt [16], des Weiteren gibt es ein Fülle an Literatur auch zu spezielleren Aspekten der Regelungstechnik. Das Ziel war es nicht, dieses Gebiet hier in seiner vollen Breite und Tiefe abzudecken, sondern zunächst ein gewisses Grundverständnis zu vermitteln, was Regeln überhaupt ist, um dann den Aspekt der Modellierung zum einen mit Methoden der technischen Mechanik, zum anderen mit Hilfe der Fuzzy-Logik näher zu betrachten. Auch hier empfiehlt sich für ein tieferes Verständnis weitere Literatur, neben den schon genannten bietet [11] eine solide Einführung in die Theorie und hat ansonsten die Schwerpunkte Regelung und Mustererkennung. In [17] wird die Theorie der Fuzzy-Mengen nicht ganz so ausführlich behandelt, dafür werden viele Aspekte der Fuzzy-Regelung betrachtet, beispielsweise nichtlineare und adaptive Fuzzy-Regelung und die Stabilität von Fuzzy-Reglern.

Chaostheorie 12

Bei der Erwähnung des Begriffs *Chaostheorie* denken viele vielleicht zunächst an faszinierende Bilder von Fraktalen, wie z. B. das „Apfelmännchen". Diese Bilder zeigen aber nur einen Teilbereich dessen, worum es bei der Chaostheorie geht. Sie beschäftigt sich im Wesentlichen mit der Untersuchung *nichtlinearer dynamischer Systeme,* also von Systemen, deren Dynamik z. B. durch nichtlineare Differentialgleichungen beschrieben wird. Nahezu jedes in der Realität vorkommende System zeigt nichtlineares Verhalten, daher beschäftigen sich Menschen aus den verschiedensten Bereichen der Wissenschaft mit solchen Systemen. Ein prominentes Beispiel ist natürlich das Wetter, das sich auch mit noch so viel Rechenleistung niemals beliebig lange vorhersagen lässt, da eben hin und wieder in China ein Sack Reis umfällt. Oftmals lässt sich bei den untersuchten Systemen in manchen Situationen scheinbar regelloses, so genanntes *chaotisches* Verhalten beobachten.

Was hat nun Chaos mit Modellbildung und Simulation zu tun? Zunächst geht es darum, chaotisches Verhalten zu verstehen, in solchem Verhalten Strukturen zu entdecken – die klassische Aufgabe der Chaostheorie. Systeme mit chaotischem Verhalten zu modellieren und zu simulieren – trotz der Unzugänglichkeit – ist für viele wissenschaftliche Gebiete von Bedeutung. In der Finanzmathematik versucht man, aus chaotischem Verhalten Rückschlüsse auf die Entwicklung von Geldmärkten zu ziehen; in der Neurologie wird die Chaostheorie dazu verwendet, epileptische Anfälle vorherzusagen. Der Grund, weshalb sich die Chaostheorie als eigenständiges Forschungsgebiet etabliert hat, ist, dass sich solch seltsam anmutendes Verhalten bei den verschiedensten Anwendungen findet und sich dabei häufig ähnliche Strukturen entdecken lassen. Bei der Untersuchung nichtlinearer Systeme ist man fast zwangsläufig auf Computersimulationen angewiesen, da sich nur die wenigsten nichtlinearen Gleichungen analytisch lösen lassen.

Sowohl bei *diskreten* (z. B. diskrete Abbildungen) als auch bei *kontinuierlichen* (z. B. Differentialgleichungen) Systemen tritt Chaos auf. Die wesentlichen Merkmale des Chaos wie *Bifurkationen* und *seltsame Attraktoren* werden wir aufgrund der besseren Anschaulichkeit anhand einfacher diskreter Abbildungen erklären. Aber auch bei kontinuierlichen Systemen lassen sich die gleichen Effekte beobachten. Wir werden daher im letzten Teil des

H.-J. Bungartz et al., *Modellbildung und Simulation*, eXamen.press,
DOI 10.1007/978-3-642-37656-6_12, © Springer-Verlag Berlin Heidelberg 2013

Kapitels ein mechanisches System – ein angetriebenes Pendel – zunächst kurz modellieren und dann mit Hilfe von Simulationsergebnissen das chaotische Verhalten des Systems betrachten. Zum leichteren Verständnis dieses Kapitels sind die Abschnitte zur Analysis und zur Numerik gewöhnlicher Differentialgleichungen aus Kap. 2 hilfreich.

12.1　Einleitung

Es existiert keine einheitliche Definition, was die Chaostheorie bzw. das Chaos selbst genau ist. Der Begriff Chaos wird sehr oft falsch verwendet, vor allem auch im Zusammenhang mit zufälligem Verhalten. Wenn wir von Chaos sprechen, geht es vielmehr immer um ein Verhalten deterministischer Systeme ohne jeglichen stochastischen Einfluss. Wir führen daher kurze informelle Definitionen ein, um ein Gespür dafür zu vermitteln, worum es in diesem Kapitel überhaupt geht.

Chaos Ein deterministisches System verhält sich chaotisch, wenn es sehr empfindlich auf leichte Änderungen in den Anfangsbedingungen reagiert. Wenn man dasselbe System zwei Mal mit minimal verschiedenen Anfangszuständen für einen längeren Zeitraum simuliert, so ist an den beiden Endzuständen nicht mehr erkennbar, dass die beiden Systeme mit nahezu gleichem Anfangszustand gestartet wurden. Während gleiche Ursachen bei einem chaotischen System wie bei jedem anderen deterministischen System auch zu gleichen Wirkungen führen, können ähnliche Ursachen zu völlig unterschiedlichen Wirkungen führen. Man kann auch sagen, dass ein solches System unvorhersagbar ist. Dies wird schön in der berühmten Frage ausgedrückt, ob der Flügelschlag eines Schmetterlings einen Orkan am anderen Ende der Welt auslösen kann, es hat jedoch nichts mit *Zufall* zu tun, sondern mit den besonderen Eigenschaften der zugrunde liegenden nichtlinearen Gleichungen.

Chaostheorie Die Chaostheorie ist die Theorie der dynamischen nichtlinearen Systeme. Sie beschäftigt sich also nicht nur direkt mit chaotischem Verhalten, sondern mit jeglichem Verhalten nichtlinearer Systeme. Dazu gehören auch *Fixpunkte* sowie deren *Stabilität*, und *Zyklen*, auf die wir auch kurz eingehen werden.

Es gibt sowohl diskrete als auch kontinuierliche Systeme, die chaotisches Verhalten aufweisen. Bei diskreten Systemen, sogenannten Iterationsfunktionen, kann schon bei einer einzigen Zustandsvariablen Chaos auftreten, bei kontinuierlichen Systemen sind mindestens drei Zustandsvariablen nötig. Bei einem diskreten System (auch Abbildung genannt) wird der Zustand nur zu diskreten Zeitpunkten t_n berechnet. Dabei wird der Zustand zum Zeitpunkt t_{n+1} aus dem Zustand zum Zeitpunkt t_n berechnet. Wir werden uns hauptsächlich mit einer ausgewählten Abbildung beschäftigen, nämlich mit der logistischen Abbildung. Der Vorteil dieser Abbildung ist, dass sie sehr einfach ist, an ihr aber alle wichtigen Eigenschaften chaotischer Systeme erklärt werden können. Dann werden wir noch kurz auf ein diskretes System mit zwei Zuständen eingehen, da sich daran manche Dinge aufgrund der zwei Dimensionen leichter visualisieren und damit veranschaulichen lassen.

Gegen Ende des Kapitels werden wir noch ein relativ einfaches mechanisches System – ein angetriebenes Pendel – vorstellen, einerseits um zu zeigen, dass die Effekte, die bei den diskreten Systemen beobachtet wurden, auch in kontinuierlichen Systemen auftreten, andererseits um ein reales System zu haben, das sich auch jeder bildlich vorstellen kann.

12.2 Von der Ordnung zum Chaos

Wie schon erwähnt lässt sich sowohl bei diskreten als auch bei kontinuierlichen Systemen Chaos beobachten. Sowohl die Methoden zur Untersuchung der Systeme als auch die beobachteten Effekte ähneln sich. Eindimensionale diskrete Systeme sind aufgrund der geringen Komplexität noch einfach nachzuvollziehen und außerdem auch besonders einfach zu simulieren. Wir konzentrieren uns daher hauptsächlich auf ein solches eindimensionales diskretes System, anhand dessen wir die grundsätzlichen Phänomene kurz erläutern wollen.

12.2.1 Logistische Abbildung und deren Fixpunkte

Eine *Iterationsfunktion* $\Phi(x)$ (oder auch *diskrete Abbildung*) sei wie folgt definiert:

$$x_{n+1} = \Phi(x_n) \,, \tag{12.1}$$

wobei x_n und x_{n+1} die Werte zu den Zeitpunkten n und $n + 1$ bezeichnen. Im Kapitel über die Populationsdynamik wurden solche Iterationsfunktionen beispielsweise benutzt, um die Entwicklung einer Population über einen gewissen Zeitraum zu untersuchen. Die diskreten Zeitpunkte können dabei z. B. Jahre oder auch andere Zeiteinheiten sein, die mit dem Fortpflanzungszyklus der Spezies zusammenhängen. Bei der Untersuchung von Iterationsfunktionen ist man oftmals an den *Fixpunkten* interessiert. Fixpunkte sind Punkte, die auf sich selbst abgebildet werden, für die also

$$\Phi(x) = x \tag{12.2}$$

gilt. Sofern ein Fixpunkt *anziehend* und damit auch *stabil* ist, wird eine im Startwert x_0 aus einer gewissen Umgebung um den Fixpunkt startende Folge im Laufe der Zeit immer gegen den Fixpunkt konvergieren. Beim Beispiel der Populationsdynamik wäre das eine bestimmte Anzahl an Tieren, bei der in jedem Jahr gleich viele Tiere sterben, wie neue geboren werden. Ob ein Fixpunkt anziehend oder abstoßend ist, hängt von der ersten Ableitung der Iterationsfunktion ab. Ist deren Betrag kleiner als eins, so ist der Fixpunkt anziehend, ist er größer als eins, so ist der Fixpunkt *abstoßend*. Auf den Sonderfall, dass der Betrag genau eins ist, gehen wir nicht ein. Bei anziehenden Fixpunkten lässt sich das Verhalten des Systems in zwei Bereiche einteilen. Ausgehend von einem beliebigen Startwert wird der

Fixpunkt üblicherweise nicht in einem einzigen Iterationsschritt erreicht, sondern es gibt ein gewisses Übergangsverhalten, auch *transiente Dynamik* genannt. Sobald der Fixpunkt erreicht wird, geht die transiente Dynamik gegen null, und das System hat ein *stationäres Verhalten (asymptotische Dynamik)*.

Wir betrachten die folgende Iterationsfunktion, die auch *logistische Abbildung* genannt wird und die z. B. zur diskreten Modellierung von Populationswachstum verwendet wird:

$$\Phi(x) = rx(1-x) \, . \tag{12.3}$$

Für unsere Untersuchungen beschränken wir uns auf Startwerte $x_0 \in [0,1]$. Je nach Wahl des Parameters $r \in [0,4]$ verhält sich die logistische Abbildung sehr unterschiedlich. Die Beschränkung von r auf Werte zwischen null und vier sorgt dafür, dass Werte für $\Phi(x)$ innerhalb des Intervalls $[0,1]$ bleiben. Zunächst bestimmen wir die Fixpunkte, also die Punkte, für die gemäß (12.2)

$$x = rx(1-x)$$

gilt. Der erste Fixpunkt ist damit $x_a = 0$. Für weitere Fixpunkte kürzen wir auf beiden Seiten x, lösen nach x auf und erhalten damit einen zweiten Fixpunkt

$$x_b = \frac{r-1}{r} \, .$$

Um die Stabilität der beiden Fixpunkte zu untersuchen, benötigen wir die Ableitung

$$\Phi'(x) = r - 2rx < 3$$

von (12.3). Für den ersten Fixpunkt $x_a = 0$ gilt also

$$|\Phi'(0)| = |r| \begin{cases} <1 & \text{für} \quad 0 \le r < 1 \, , \\ >1 & \text{für} \quad 1 < r \le 4 \, . \end{cases}$$

Für Werte $r < 1$ ist x_a also ein anziehender Fixpunkt. Dies wird auch leicht klar, wenn man sich die drei Faktoren r, x und $(1-x)$ in der Iterationsfunktion (12.3) anschaut. Für $r < 1$ und $x_0 \in [0,1]$ sind alle drei Faktoren kleiner als eins, und damit muss der Betrag von x durch fortgesetztes Iterieren immer kleiner werden und damit gegen null konvergieren. Für den zweiten Fixpunkt $x_b = \frac{r-1}{r}$ gilt

$$\left| \Phi'\left(\frac{r-1}{r} \right) \right| = |2-r| \begin{cases} >1 & \text{für} \quad 0 \le r < 1 \, , \\ <1 & \text{für} \quad 1 < r \le 3 \, , \\ >1 & \text{für} \quad 3 < r \le 4 \, . \end{cases}$$

Für Werte von r zwischen null und eins ist der zweite Fixpunkt x_b instabil, zwischen ein und drei ist er jedoch stabil. In Abb. 12.1 ist die Stabilität der beiden Fixpunkte in Abhängigkeit von r dargestellt. Dabei stellt man fest, dass an der Stelle $r = 1$ die beiden

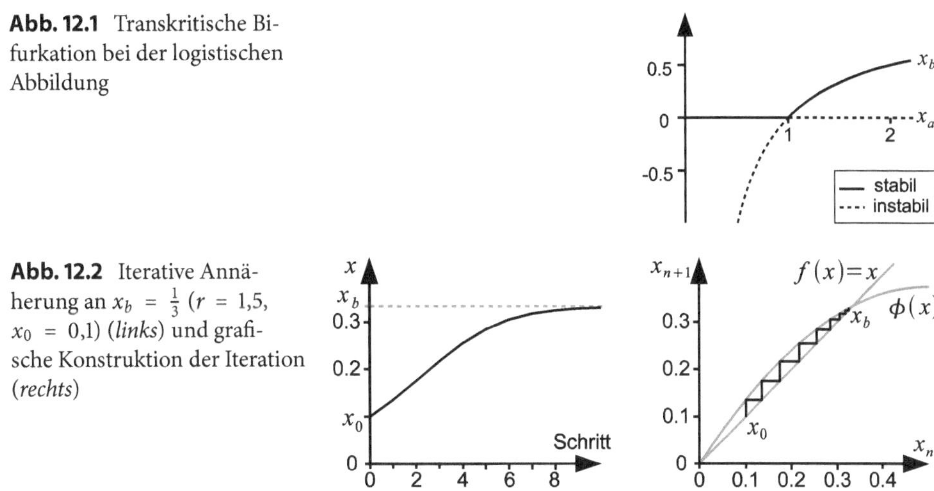

Abb. 12.1 Transkritische Bifurkation bei der logistischen Abbildung

Abb. 12.2 Iterative Annäherung an $x_b = \frac{1}{3}$ ($r = 1{,}5$, $x_0 = 0{,}1$) (*links*) und grafische Konstruktion der Iteration (*rechts*)

Fixpunkte ihr Stabilitätsverhalten tauschen. Man spricht in einer solchen Situation von einer *transkritischen Bifurkation*. Im Allgemeinen bezeichnet eine *Bifurkation* eine qualitative Veränderung des dynamischen Verhaltens eines Systems bei der Änderung eines Systemparameters. Die transkritische Bifurkation ist dabei nur ein Beispiel, wie solch eine qualitative Veränderung aussehen kann.

12.2.2 Numerische Untersuchung und Bifurkationen

Die bisherige Untersuchung der logistischen Abbildung haben wir rein analytisch durchgeführt und damit die Fixpunkte und deren Stabilität für Werte des Parameters $r \in [0, 3]$ bestimmt. Die stabilen Fixpunkte entsprechen dabei der asymptotischen Dynamik der logistischen Abbildung. Interessant wird das Verhalten der logistischen Abbildung für Parameterwerte $r \in [3, 4]$. Für diesen Bereich gibt es keine stabilen Fixpunkte. Allerdings wissen wir aufgrund des Aufbaus der Abbildung, dass auch für diese Parameterwerte ein Startwert $x_0 \in [0, 1]$ wieder auf das Intervall $[0, 1]$ abgebildet wird. Die Frage ist also, welches asymptotische Verhalten sich ergibt. Um dies zu untersuchen, verwenden wir im Folgenden keine analytischen Methoden mehr, da diese entweder gar nicht oder nur mit sehr großen Aufwand anwendbar sind, sondern numerische. In diesem Fall heißt das, dass wir die Iterationsfunktion so oft anwenden, bis die transiente Dynamik abgeklungen ist und nur noch die asymptotische Dynamik sichtbar ist.

In Abb. 12.2 (*links*) ist dies für die logistische Abbildung mit Parameter $r = 1{,}5$ und Startwert $x_0 = 0{,}1$ dargestellt. Man sieht, wie sich für fortschreitende Iteration der aktuelle Wert x_i monoton dem Fixpunkt x_b annähert. Dieselbe Iteration lässt sich auch grafisch konstruieren (rechts in Abb. 12.2), indem man mit einem Punkt auf der Diagonalen bei $x_0 = 0{,}1$ startet und von diesem Punkt zunächst eine vertikale Linie zum Graph der Iterati-

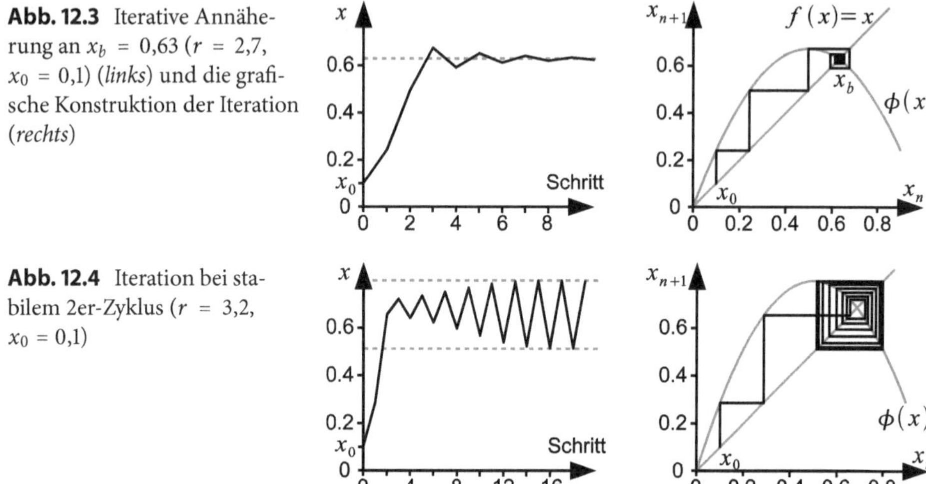

Abb. 12.3 Iterative Annäherung an $x_b = 0{,}63$ ($r = 2{,}7$, $x_0 = 0{,}1$) (*links*) und die grafische Konstruktion der Iteration (*rechts*)

Abb. 12.4 Iteration bei stabilem 2er-Zyklus ($r = 3{,}2$, $x_0 = 0{,}1$)

onsfunktion $\Phi(x)$ zieht. Von dem erreichten Schnittpunkt aus zieht man eine horizontale Linie zurück zur Diagonalen. Durch wiederholtes Anwenden erhält man die gezeigte *grafische Iteration*. Der Fixpunkt entspricht natürlich genau dem Schnittpunkt von $\Phi(x)$ mit der Diagonalen, denn da ist $\Phi(x) = x$. Die Vorteile der grafischen Iteration werden später noch verdeutlicht. Zunächst wollen wir aber noch zu einem zweiten Beispiel mit Parameter $r = 2{,}7$ die transiente Dynamik betrachten. Wir wissen bereits, dass es für diesen Parameter auch einen stabilen Fixpunkt gibt, die asymptotische Dynamik unterscheidet sich also zumindest qualitativ nicht.

Allerdings sieht man in Abb. 12.3, dass die Annäherung an den Fixpunkt nicht mehr monoton ist. Die Werte pendeln um den Fixpunkt herum, die Folge konvergiert aber immer noch gegen selbigen. Anhand der grafischen Iteration wird deutlich, dass die Ursache für das Springen um den Fixpunkt die negative Ableitung der Iterationsfunktion $\Phi(x)$ an der Stelle x_b ist. Wird nun der Parameter r weiter vergrößert auf einen Wert größer als drei, so wird der Betrag der Ableitung am Fixpunkt größer als eins, und damit gibt es keinen stabilen Fixpunkt mehr.

Normalerweise würde man bei instabilen Fixpunkten ein exponentielles Wachstum der Wertes erwarten. Wir haben allerdings schon festgestellt, dass die logistische Abbildung bei $r < 4$ und $0 \leq x_0 \leq 4$ das Intervall $[0,1]$ nicht verlässt. Für $r = 3{,}2$ stellen wir fest, dass die Iterationsfunktion nach einer gewissen Übergangsphase zwischen zwei Werten hin und her springt (siehe Abb. 12.4). Es gibt also einen Zyklus mit der Periode 2. Das ist qualitativ ein deutlich anderes Verhalten als für Parameterwerte $r < 3$. Damit haben wir erneut eine Bifurkationsstelle gefunden.

Diese Art der Bifurkation nennt sich *superkritische Gabelbifurkation* und ist in Abb. 12.5 (*links*) dargestellt. Man sieht, dass der Fixpunkt x_b ab $r = 3$ instabil wird und sich zugleich ein stabiler Zyklus bildet. Diese Bifurkationstyp ist „harmlos", da sich bei leichter Ände-

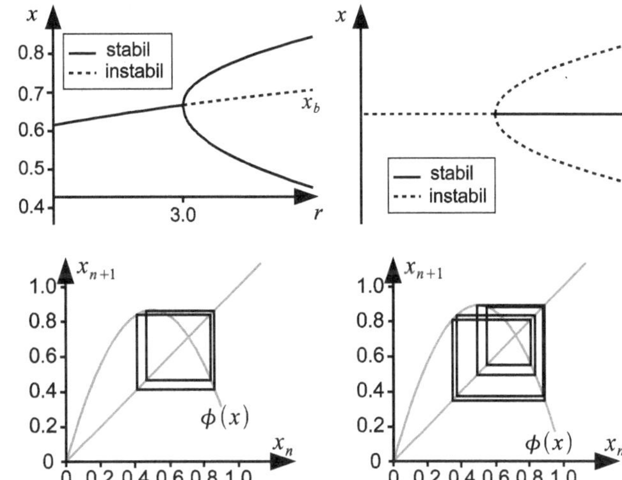

Abb. 12.5 Superkritische Gabelbifurkation bei der logistischen Abbildung (*links*), schematische Darstellung einer subkritischen Gabelbifurkation (*rechts*)

Abb. 12.6 Zyklus mit Periode 4 für $r = 3{,}46$ (*links*) bzw. mit Periode 8 für $r = 3{,}56$ (*rechts*)

rung des Parameters zwar das qualitative Verhalten ändert, das quantitative Verhalten sich jedoch auch nur leicht ändert, da der entstehende Zyklus in einer kleinen Umgebung um den instabilen Fixpunkt liegt. Ganz anders sieht das bei der *subkritischen* Gabelbifurkation aus. Diese ist schematisch in Abb. 12.5 (rechts) dargestellt. Der Verlauf der Kurven ist wie bei der superkritischen Gabelbifurkation, allerdings ist die Stabilität invertiert. Dies hat gravierende Folgen bei einem realen System. Während bei Parameterwerten auf der einen Seite der Bifurkationsstelle ein stabiler Fixpunkt existiert, gibt es auf der anderen Seite weder stabile Fixpunkte noch stabile Zyklen. Im schlimmsten Fall „explodiert" das System, indem x exponentiell wächst. Wenn wir uns vorstellen, dass x die Amplitude der Vibration einer Flugzeugtragfläche und der Parameter die Fluggeschwindigkeit ist, dann wird uns klar, dass eine solche Bifurkation in technischen Anwendungen katastrophale Auswirkungen haben kann. Hier wird deutlich, weswegen die Untersuchung nichtlinearer Systeme so wichtig ist.

Es gibt noch einige weitere Bifurkationstypen, auf die wir allerdings nicht eingehen werden. Stattdessen wollen wir uns auf die weitere Untersuchung der logistischen Abbildung konzentrieren. Bei weiterer Vergrößerung des Parameters r wird das Verhalten zunehmend komplexer. Um dennoch die Übersicht zu behalten, werden wir nur noch das asymptotische Verhalten betrachten. Dazu beginnen wir einfach mit einem beliebigen Startwert x_0 (Es sollte allerdings nicht ausgerechnet einer der Fixpunkte sein) und simulieren zunächst ein paar hundert Zeitschritte, bis die transiente Dynamik abgeklungen ist. Von dem dann erreichten x-Wert aus berechnen wir noch einige weitere Schritte und visualisieren diese.

Abbildung 12.6 zeigt die grafische Iteration des asymptotischen Verhaltens für die Parameterwerte $r = 3{,}46$ bzw. $r = 3{,}56$. Es treten weitere Bifurkationen auf, die die Periode des Zyklus' verdoppeln. Der Abstand, bei dem eine weitere Bifurkation eintritt, wird allerdings immer kürzer.

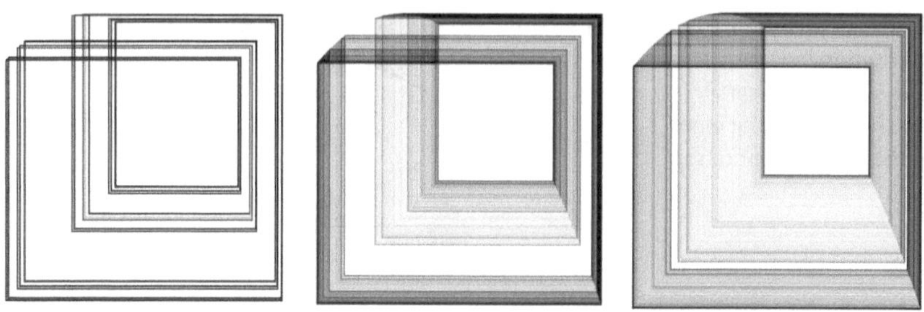

Abb. 12.7 Asymptotische Dynamik der logistischen Abbildung (grafische Iteration) für $r = 3{,}57$, $r = 3{,}58$ und $r = 3{,}59$

12.2.3 Übergang ins Chaos

Erhöhen wir den Wert des Parameters r weiter in kleinen Schritten um jeweils 0,01, so erhalten wir Abb. 12.7.

Hierbei wurden zunächst 10^3 Schritte simuliert, bevor die nächsten 10^4 Schritte zur Visualisierung verwendet wurden. Je dunkler ein Punkt im Bild ist, desto öfter kam die Iteration in die Nähe dieses Punktes. Wie man an der mittleren Abbildung sieht, bildet sich spätestens ab $r = 3{,}58$ kein stabiler Zyklus mehr. Allerdings ist die Verteilung der Punkte auch nicht zufällig, es gibt durchaus Bereiche, die von der Iteration öfter durchlaufen werden als andere. Es gibt also keinen klassischen Attraktor (Fixpunkt, stabiler Zyklus) mehr, auf dem man von jedem Startzustand aus irgendwann mal landet, sondern einen sogenannten *seltsamen Attraktor*. Ein seltsamer bzw. chaotischer Attraktor zeichnet sich unter anderem dadurch aus, dass er das Gebiet, in dem der Zustand des Systems sich bewegt, einschränkt und auch innerhalb des eingeschränkten Gebiets manche Bereiche öfters durchlaufen werden als andere. Wir werden später noch anhand eines zweidimensionalen Systems seltsame Attraktoren betrachten, wenden uns bis dahin aber wieder der logistischen Abbildung zu. Spätestens jetzt stellen wir fest, dass wir durch einzelne Experimente mit verschiedenen Parameterwerten nicht die ganze Vielfalt an möglichem Verhalten der logistischen Abbildung erfassen können. Stattdessen nutzen wir ein sogenanntes *Bifurkationsdiagramm*, wie es ansatzweise schon in Abb. 12.1 und in Abb. 12.5 verwendet wurde. In der horizontalen Richtung variieren wir also den Parameter r, und in der vertikalen Richtung tragen wir das zugehörige asymptotische Verhalten (den Zyklus bzw. chaotischen Attraktor) auf. Wie schon in Abb. 12.7 sind diejenigen Punkte dunkler, denen die Iteration öfter nahe kommt.

Damit erhalten wir das Bifurkationsdiagramm der logistischen Abbildung in Abb. 12.8. Am linken Rand sieht man den 4er-Zyklus für $r = 3{,}5$, der bei ca. $r = 3{,}55$ in einen 8er-Zyklus übergeht. Dieser wiederum geht dann bei ca. $r = 3{,}565$ in einen 16er-Zyklus über. Wir beobachten also eine Kaskade von *Periodenverdopplungen*, wobei der Abstand zwischen den Verdopplungen immer kleiner wird. Würden wir den Bereich zwischen $r = 3{,}56$

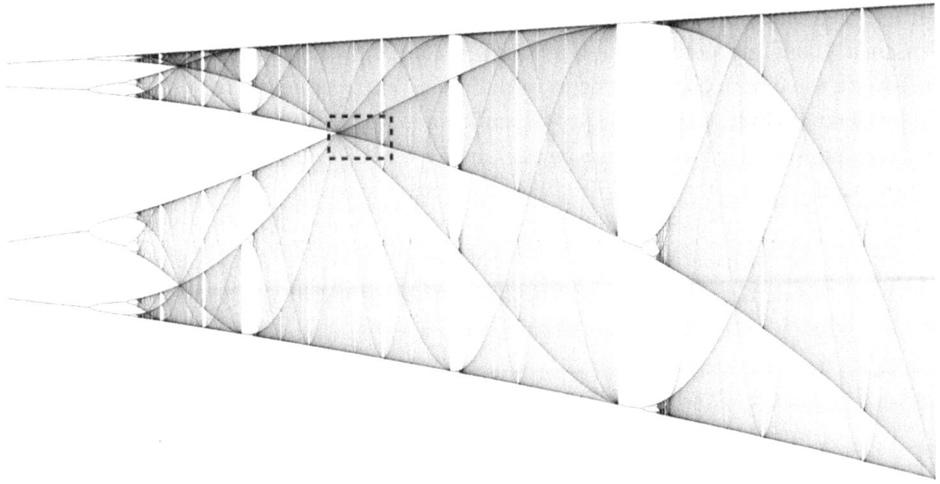

Abb. 12.8 Bifurkationsdiagramm der logistischen Abbildung mit $r \in [3{,}5 , 4{,}0]$

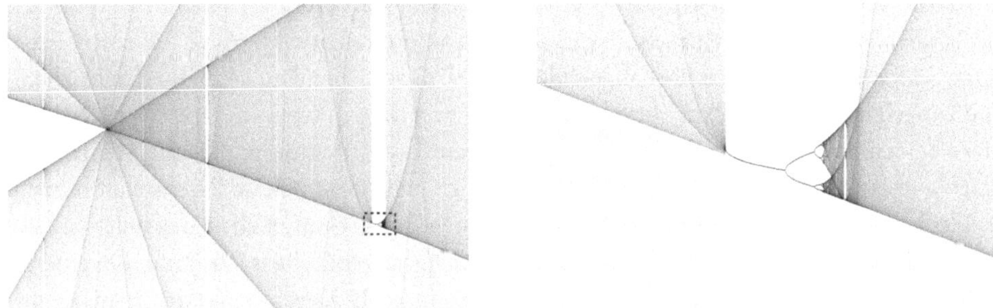

Abb. 12.9 Bifurkationsdiagramm der logistischen Abbildung mit $r \in [3{,}67 , 3{,}71]$, $x \in [0{,}68 , 0{,}76]$ (*links*), $r \in [3{,}7 , 3{,}704]$, $x \in [0{,}7 , 0{,}708]$ (*rechts*)

und $r = 3{,}57$ immer weiter vergrößern, so würden wir feststellen, dass dieser Prozess sich fortsetzt und im Grenzwert einen Zyklus mit unendlicher Periode erreicht. Da der Abstand zwischen den Verdopplungen immer mit dem gleichen Faktor (ca. 4,67) abnimmt, ist dieser Grenzwert bei ca. 3,57 erreicht. Bei diesem Wert finden dann ein Übergang zu „chaotischem" Verhalten statt. Dabei ist dieses Verhalten zwar durchaus sehr komplex, aber man sieht auch sofort, dass es sich nicht um ein zufälliges Verhalten handelt. Wenn man das gesamte Bild betrachtet stellt man fest, dass an einigen Stellen zyklisches Verhalten vorkommt. Dazwischen scheinen kontinuierliche Spektren mit chaotischem Verhalten zu sein. Bei näherer Betrachtung stellt sich dies aber als falsch heraus.

Der eingerahmte Teilbereich aus Abb. 12.8 ist vergrößert in Abb. 12.9 (links) zu sehen. In diesem Bild sieht man wieder einige vertikale weiße Striche, in denen kein chaotisches Verhalten herrscht. Die weitere Vergrößerung des eingerahmten Teilbereichs in Abb. 12.9

(rechts) zeigt einen sehr interessantes Effekt. Es entspricht genau der ursprünglichen logistischen Abbildung, gespiegelt an der horizontalen Achse. Was in diesem Bild aber beispielsweise wie ein Fixpunkt aussieht, ist natürlich keiner, sondern Teil eines Zyklus mit viel größerer Periode, da das Bild ja nur ein kleiner Ausschnitt der gesamten Abbildung ist. Trotzdem sind wir hier auf eine bemerkenswerte Eigenschaft chaotischer Systeme gestoßen, nämlich die Selbstähnlichkeit. Egal wie stark wir das Bild vergrößern, wir werden immer wieder auf die gleichen Strukturen stoßen, wir finden überall periodische Bereiche, Bifurkationskaskaden und seltsame Attraktoren. Dabei ist es auch völlig egal welchen Teilbereich aus dem chaotischen Spektrum wir zur Vergrößerung auswählen.

12.3 Seltsame Attraktoren

Wir haben das Konzept des seltsamen Attraktors schon kurz vorgestellt. Bevor wir näher darauf eingehen, müssen wir die Begriffe etwas besser erläutern.

Attraktor Anhand der logistischen Abbildung haben wir bereits anziehende Fixpunkte und Zyklen untersucht; beides sind spezielle Attraktoren. Voraussetzung für einen Fixpunkt war, dass er auf sich selbst abgebildet wird. Um anziehend zu sein, muss zusätzlich eine Umgebung um den Fixpunkt herum für $t \to \infty$ auf den Fixpunkt abgebildet werden. Diese beiden Bedingungen gelten ebenso für allgemeine Attraktoren, die eine Menge aus beliebig vielen Punkten umfassen. Es kommt jedoch noch eine weitere Eigenschaft hinzu: Es darf keine Teilmenge geben, die die beiden ersten Eigenschaften ebenso erfüllt – sonst wäre ja die Menge der reellen Zahlen ein Attraktor für jede beliebige Funktion. Bei einem Fixpunkt kann es keine Teilmenge geben, da es keine nicht leere Menge mit weniger als einem Punkt gibt. Bei einem Zyklus der Periode k gehören auch genau k Punkte zum Attraktor.

Bei bestimmten Parameterbereichen geht das System von einem zyklischen Verhalten üblicherweise über eine *Bifurkationskaskade* in einen chaotischen Zustand über. Die Zustandspunkte, die ein solches System bei fortgesetztem Iterieren durchläuft, bilden gemeinsam den seltsamen (bzw. chaotischen oder *fraktalen*) Attraktor.

Seltsamer Attraktor Zusätzlich zu den Eigenschaften eines Attraktors hat ein seltsamer Attraktor noch eine weitere Eigenschaft, nämlich die starke Empfindlichkeit gegenüber Änderungen in der Anfangsbedingung. Zwei Punkte, die ursprünglich sehr nah beieinander liegen, entfernen sich mit der Zeit sehr weit voneinander. Eine häufige Auswirkung dieser Empfindlichkeit ist die *fraktale Dimension* (siehe Abschn. 12.3.1) des Attraktors und seine Selbstähnlichkeit.

Da die logistische Abbildung ein eindimensionales System ist, entspricht der seltsame Attraktor der unterschiedlichen Häufung von Punkten auf einer Linie. Dies hat gereicht, um zu erkennen, dass es keine zufällige Punkteverteilung ist. Viel mehr sieht man daran

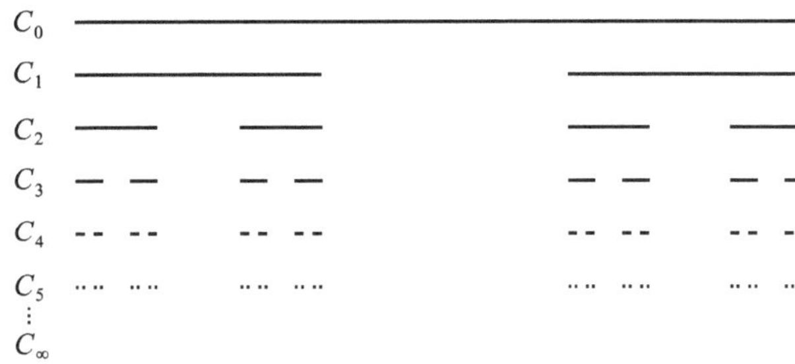

Abb. 12.10 Konstruktionsverfahren für die Cantor-Menge

$$
\begin{array}{l}
C_0 \\
C_1 \\
C_2 \\
C_3 \\
C_4 \\
C_5 \\
\vdots \\
C_\infty
\end{array}
$$

allerdings nicht, und so recht wird nicht klar, warum sich dieses Verhalten seltsamer Attraktor nennt, und was die besonderen Eigenschaften sind. Diese seltsamen Attraktoren treten aber bei allen chaotischen Systemen auf, so natürlich auch bei Systemen mit mehreren Zuständen. Wir werden in diesem Abschnitt daher die seltsamen Attraktoren einer diskreten Abbildung mit zwei Zuständen betrachten. Zum einen sind zweidimensionale diskrete Abbildungen immer noch relativ einfach, zum anderen eignen sie sich natürlich besonders für die Visualisierung, da die beiden Zustände für die beiden Koordinaten eines Bildes verwendet werden können. Bevor wir uns den zweidimensionalen Attraktoren zuwenden, werden wir noch ein paar Begriffe definieren und kurz auf Fraktale eingehen, die für das Verständnis von seltsamen Attraktoren ein große Rolle spielen.

12.3.1 Selbstähnlichkeit und fraktale Dimension

Es wurde bereits erwähnt, dass seltsame Attraktoren eine fraktale Dimension haben und außerdem häufig selbstähnlich sind. Um eine anschauliche Vorstellung davon zu bekommen, was diese Begriffe bedeuten, wollen wir eine einfache fraktale und selbstähnliche Menge vorstellen.

Cantor-Menge Die *Cantor-Menge* ist eine Menge, die sich durch ein rekursives Verfahren konstruieren lässt. Wir beginnen mit der Menge C_0, die aus einer Linie besteht, die das Intervall $[0,1]$ abdeckt. Von dieser Linie wird das mittlere Drittel entfernt, um die Menge C_1 zu erhalten. Aus den beiden verbleibenden Teilen wird wiederum jeweils das mittlere Drittel entfernt, um die Menge C_2 zu erhalten, usw.

Abbildung 12.10 veranschaulicht diese Vorgehensweise. Dabei ist C_∞ die eigentliche Cantor-Menge. Anhand dieses Konstruktionsprinzips wird der Begriff der *Selbstähnlichkeit* klar. Nimmt man ein beliebiges Linienstück aus Abb. 12.10, so ist dieses wieder genauso unterteilt wie die ursprüngliche Linie. Auf beliebig kleinen Skalen wiederholen sich die Muster. In diesem Fall sind die Muster exakt identisch, da jedes Linienstück auf exakt die gleiche Weise verfeinert wird. Bei komplexeren Systemen kann es auch sein, dass die Muster in veränderter Art vorkommen. Aber auch dann spricht man noch von Selbstähnlichkeit.

Tab. 12.1 Zusammenhang zwischen dem Verkleinerungsfaktor eines Objekts, der Anzahl an kleinen Kopien, die benötigt werden, um das ursprüngliche Objekt abzudecken, und der Dimension des Objekts

Objekt	Verkleinerungsfaktor	Anzahl Kopien	Dimension
Linie	2	2	1
Linie	3	3	1
Quadrat	2	4	2
Quadrat	3	9	2
Würfel	2	8	3
Würfel	3	27	3

Ein weiterer Begriff, den man sich anhand der Cantor-Menge veranschaulichen kann, ist der der *fraktalen Dimension*. Im gängigen Dimensionsbegriff ist eine Linie eindimensional, wohingegen ein Punkt (oder auch eine Menge von Punkten) nulldimensional ist. Die Zwischenschritte bei der Konstruktion der Cantor-Menge bestehen immer aus endlich vielen Linienstücken. Allerdings hat die eigentliche Cantor-Menge keine Linienstücke mehr, stattdessen jedoch unendlich viele Punkte. In einem verallgemeinerten Sinne sollte ihre Dimension also irgendwo zwischen null und eins sein. Bevor wir eine Formel zur Berechnung der Dimension angeben, machen wir ein paar Gedankenexperimente. Bei dem Konstruktionsverfahren für die Cantor-Menge wird die Menge in jedem Schritt durch zwei kleinere Kopien ersetzt, wobei die Kopien um einen Faktor 3 verkleinert sind. Würden wir sie stattdessen um den Faktor 2 verkleinern, so hätten wir die ursprüngliche Linie und damit auf jeden Fall etwas Eindimensionales. Verkleinern wir eine Fläche (also ein zweidimensionales Objekt) um den Faktor 2, so brauchen wir vier verkleinerte Exemplare, um die ursprüngliche Fläche abzudecken. Bei einem Würfel (dreidimensional) werden acht um den Faktor zwei verkleinerte Exemplare benötigt, um den Ursprungswürfel zu rekonstruieren.

Tabelle 12.1 gibt eine Übersicht über die Verkleinerungsfaktoren und die Anzahl an nötigen Kopien für die verschiedenen Dimensionen. Dabei fällt auf, dass sich die Werte in der Tabelle leicht durch folgende Formel ausdrücken lassen:

$$\text{Anzahl Kopien} = \text{Verkleinerungsfaktor}^{\text{Dimension}}.$$

Daraus lässt sich eine Formel für einen verallgemeinerten, nicht mehr ganzzahligen Dimensionsbegriff herleiten:

$$\text{Dimension} = \frac{\ln(\text{Anzahl Kopien})}{\ln(\text{Verkleinerungsfaktor})}.$$

Wenden wir diese Formel auf die Cantor-Menge an, so erhalten wir eine fraktale Dimension von

$$d_{\text{Cantor}} = \frac{\ln 2}{\ln 3} = 0{,}63093.$$

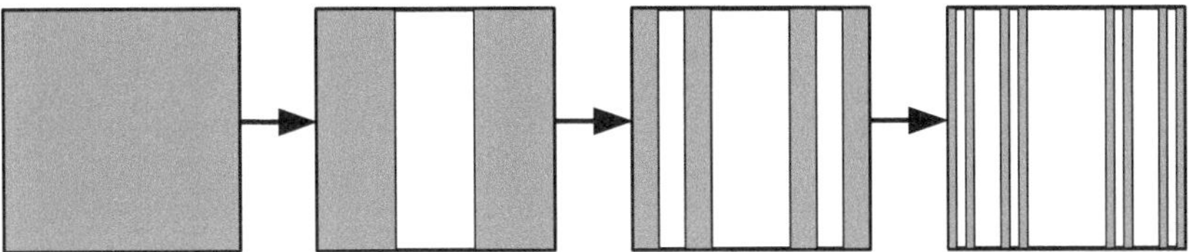

Abb. 12.11 Konstruktion einer „zweidimensionalen" Cantor-Menge

Die Cantor-Menge hat also einige Eigenschaften, die auch seltsame Attraktoren haben. Als nächsten Schritt betrachten wir ein einfaches dynamisches System mit einem seltsamen Attraktor, der fast der Cantor-Menge entspricht. Analog zur eindimensionalen Iterationsfunktion (12.1) lässt sich auch für den zweidimensionalen Fall eine Iterationsfunktion aufstellen:

$$\begin{pmatrix} x_{n+1} \\ y_{n+1} \end{pmatrix} = \Phi\left(\begin{pmatrix} x_n \\ y_n \end{pmatrix}\right).$$

Wir wählen nun die Funktion so, dass sie für die x-Koordinate dem Konstruktionsverfahren der Cantor-Menge entspricht:

$$(x_{n+1}, y_{n+1})^T = \begin{cases} \left(\frac{1}{3}x_n, 2y_n\right)^T & \text{für} \quad 0 \le y_n < \frac{1}{2}, \\ \left(\frac{1}{3}x_n + \frac{2}{3}, 2y_n - 1\right)^T & \text{für} \quad \frac{1}{2} \le y_n \le 1. \end{cases} \tag{12.4}$$

Die Abbildung aus (12.4) ist auf dem Einheitsquadrat definiert und bildet dieses auf sich selbst ab. Anschaulich kann man sich diese Abbildung so vorstellen, dass das Einheitsquadrat in x-Richtung um den Faktor drei gestaucht und in y-Richtung um den Faktor 2 gestreckt wird. Der obere Teil, der durch die Streckung nicht mehr im Einheitsquadrat ist, wird abgeschnitten und in den freien rechten Teil des Einheitsquadrats gesetzt.

Abbildung 12.11 zeigt die Auswirkung dieses Prozesses nach einigen sukzessiven Schritten.

Man sieht sofort, dass diese zweidimensionale Abbildung im Wesentlichen das Konstruktionsschema der Cantor-Menge verwendet, nur dass eben noch eine y-Komponente hinzugekommen ist. Ein beliebiger Startpunkt aus dem Einheitsquadrat nähert sich also immer mehr der „zweidimensionalen" (sie ist ja eben nicht zweidimensional, sondern fraktal) Cantor-Menge an. Damit ist diese Menge ein Attraktor der Abbildung (12.4). Außerdem ist sie auch ein seltsamer Attraktor, da zwei dicht beieinander liegende Punkte aus dem ursprünglichen Einheitsquadrat nach einer gewissen Zeit durch das wiederholte Strecken in völlig unterschiedlichen Bereichen des Attraktors liegen.

12.3.2 Hénon-Abbildung

Die Abbildungsvorschrift (12.4) ist nur an der Stelle $y = 0{,}5$ nichtlinear, ansonsten beschreibt sie eine lineare Abbildung. Wir betrachten stattdessen eine Abbildung, die sich

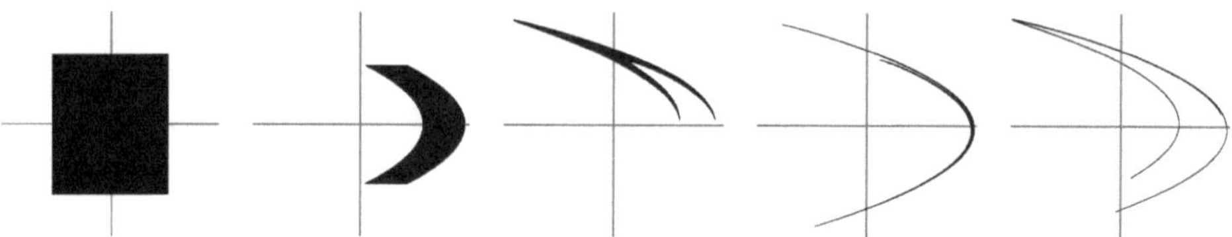

Abb. 12.12 Viermalige Anwendung der Hénon-Abbildung auf ein rechteckiges Gebiet

geschlossen darstellen lässt und auf dem gesamten Gebiet nichtlinear ist, die *Hénon-Abbildung*

$$\begin{pmatrix} x_{n+1} \\ y_{n+1} \end{pmatrix} = \begin{pmatrix} 1 + y_n - ax_n^2 \\ bx_n \end{pmatrix} . \tag{12.5}$$

Diese Abbildung hat keine besondere physikalische Bedeutung, eignet sich aber sehr gut dazu, die Entstehung seltsamer Attraktoren zu zeigen. Die häufigste Parameterwahl für die Hénon-Abbildung ist $a = 1{,}4$ und $b = 0{,}3$, die wir auch im Folgenden verwenden werden. Trotz der Einfachheit der Iterationsvorschrift ist es nicht mehr ganz einfach, sich vorzustellen, was sie bewirkt. Für einige Punkte wird der Wert aufgrund des quadratischen Terms sehr schnell explodieren. Es gibt aber auch einen großen Bereich, der selbst nach langem Iterieren nicht mehr verlassen wird.

Um besser zu verstehen, was die Hénon-Abbildung macht, untersuchen wir ihre Auswirkung auf ein rechteckiges Gebiet. Abbildung 12.12 zeigt das initiale Gebiet und dessen Transformation durch viermaliges Anwenden der Hénon-Abbildung.

Die Breite des gesamten Gebiets ist in jedem der fünf Bilder 2,6, die Höhe ist 0,8; daher ist die Darstellung etwas verzerrt. Durch wiederholtes Dehnen und Falten bekommt der sich bildende Bogen immer mehr Schichten. Hier deutet sich wieder an, dass man im Grenzwert auch einen Attraktor erhält.

Statt nun aber eine komplette Fläche mehrfach abzubilden, wollen wir sehen, ob sich durch Iteration aus einem einzigen Startpunkt ebenfalls ein Attraktor bildet. Wählt man als Startpunkt den Ursprung und iteriert die Hénon-Abbildung oftmals, so bildet sich auch tatsächlich derselbe Attraktor. Im linken Teil von Abb. 12.13 ist dieser dargestellt. In dem eingerahmten Teil, der in der Mitte um einen Faktor von 15 und rechts um einen Faktor von 250 vergrößert ist, kann man wieder gut die fraktale Struktur erkennen. Diese entsteht auch hier durch das andauernde Verzerren und Falten des Gebiets durch die Iterationsfunktion.

12.3.3 Allgemeine zweidimensionale quadratische Abbildung

Die logistische Abbildung ist eine eindimensionale quadratische Abbildung, während die Hénon-Abbildung eine zweidimensionale quadratische Abbildung darstellt. Es gibt allerdings noch eine Vielzahl weiterer zweidimensionaler quadratischer Abbildungen. Die all-

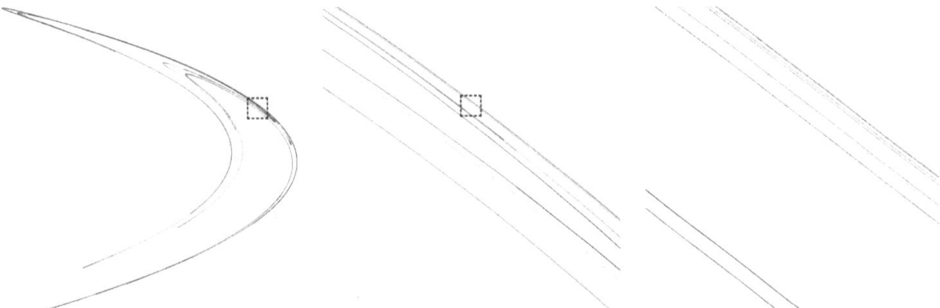

Abb. 12.13 Hénon-Attraktor mit zwei Vergrößerungen (Faktor 15 bzw. Faktor 250) der jeweils eingerahmten Teilbereiche

gemeine Form einer solchen Abbildung lautet

$$x_{n+1} = a_1 + a_2 x_n + a_3 y_n + a_4 x_n^2 + a_5 y_n^2 + a_6 x_n y_n \, ,$$
$$y_{n+1} = b_1 + b_2 x_n + b_3 y_n + b_4 x_n^2 + b_5 y_n^2 + b_6 x_n y_n \, .$$

Hierbei sind a_i, $i \in 1, \dots, 6$, und b_i, $i \in 1, \dots, 6$, frei wählbare Parameter. Bei der logistischen Abbildung gab es einen solchen Parameter. Durch Abtastung dieses einen Parameters haben wir Bifurkationsdiagramme erzeugt, die einen relativ guten Einblick in das Verhalten des Systems geben. Bei zwölf Parametern und zwei Zuständen ist das natürlich nicht mehr möglich. In einem Bild lässt sich entweder ein variabler Parameter zusammen mit einem Zustand zeigen, oder beide Zustände für einen konstanten Satz von Parametern. Wir machen Letzteres, da es uns im Moment darum geht, etwas mehr über seltsame Attraktoren zu erfahren. Wie schon erwähnt, beschreibt ein seltsamer Attraktor den Teilraum des durch die beiden Zustandsvariablen aufgespannten Raums, der nach Abklingen der transienten Dynamik von der Iterationsfunktion abgelaufen wird. Bislang wissen wir aber noch gar nicht, für welche Parameterkombination sich das System überhaupt chaotisch verhält. Wir können aber sicher sein, dass es Parameterkombinationen gibt, für die chaotisches Verhalten auftritt, denn sowohl die logistische Gleichung als auch die Hénon-Abbildung sind als Sonderfall in der allgemeinen Form der zweidimensionalen quadratischen Funktion enthalten.

Man erhält die logistische Gleichung, indem man a_2 auf r, a_4 auf $-r$ und allen restlichen Parameter auf null setzt. Wir nehmen an, dass es weitere Parameterkombinationen gibt, für die chaotisches Verhalten auftritt, und ebenso andere, für die periodisches Verhalten oder Fixpunkte auftreten. Wählt man beispielsweise alle Parameter sehr klein, so ist auch hier wieder ein stabiler Fixpunkt bei null. Für sehr viele Parameterkombinationen werden die Zustände aber auch gegen unendlich gehen, insbesondere wenn die Parameter größer als eins sind. Dennoch gibt es noch genügend Parameterkombinationen, für die chaotisches

Abb. 12.14 Ein seltsamer Attraktor der zweidimensionalen quadratischen Abbildung

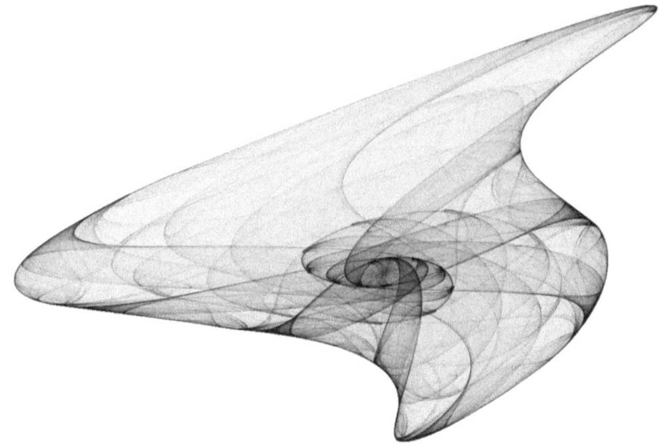

Verhalten auftritt. Dazu betrachten wir das folgende Beispiel:

$$x_{n+1} = 0{,}6 - 0{,}6x_n - 0{,}4y_n + 0{,}4x_n^2 - 0{,}4y_n^2 + 0{,}3x_n y_n \,,$$

$$y_{n+1} = -1{,}0 + 0{,}5x_n - 0{,}2y_n + 0{,}2x_n^2 - 0{,}9y_n^2 + 0{,}3x_n y_n \,. \tag{12.6}$$

Wie üblich simulieren wir zunächst einige tausend Schritte, bis die transiente Dynamik abgeklungen ist, um dann die darauf folgenden Schritte zu visualisieren. Bei der logistischen Gleichung haben dazu einige tausend Schritte genügt. Nun haben wir allerdings eine zweidimensionale Gleichung und wollen diese natürlich auch zweidimensional visualisieren. Dazu können je nach Parameterwahl und Auflösung mehrere Millionen Schritte notwendig sein.

Das System (12.6) ergibt dann den seltsamen Attraktor aus Abb. 12.14. Wie schon bei der logistischen Abbildung gibt es auch hier wieder Bereiche, die von der zweidimensionalen Iterationsfunktion öfter getroffen werden als andere. Man könnte beim Betrachten des Bildes den Eindruck bekommen, dass sich Kurven durch das Gebiet ziehen. Dieser Eindruck täuscht aber, schließlich handelt es sich um ein diskretes System, es können durch dieses System also keine kontinuierlichen Kurven erzeugt werden. In den meisten Fällen werden zwei aufeinanderfolgende Funktionswerte in völlig unterschiedlichen Bereichen des Zustandsraumes liegen. Wenn wir zurückdenken an das Bifurkationsdiagramm der logistischen Abbildung in Abb. 12.8, bei dem eine Spalte des Bildes gerade dem Attraktor für eine Parameterkombination entspricht, so stellen wir fest, dass die Attraktoren dort nicht immer aus zusammenhängenden Bereichen bestehen. Beispielsweise direkt nach dem Übergang ins Chaos ist der seltsame Attraktor in viele kleine Bereiche unterteilt. Ebenso gibt es bei der allgemeinen zweidimensionalen quadratischen Abbildung Parameterkombinationen, bei denen der seltsame Attraktor in viele Bereiche unterteilt ist.

In Abb. 12.15 sind für sechs weitere Parameterkombinationen die zugehörigen seltsamen Attraktoren dargestellt.

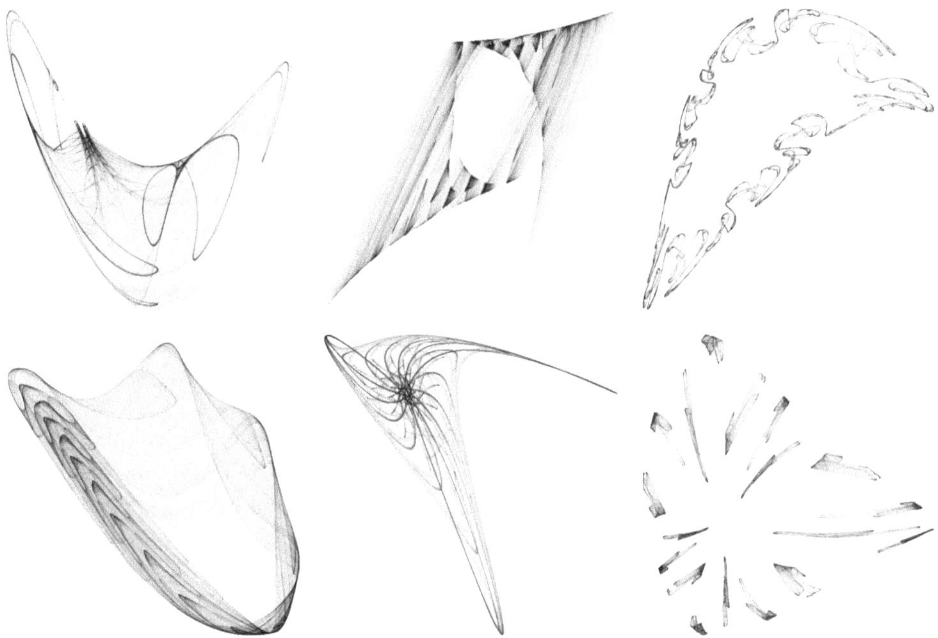

Abb. 12.15   Weitere seltsame Attraktoren der zweidimensionalen quadratischen Abbildung

Bei dem Attraktor rechts unten sieht man genau diesen Effekt, dass der Attraktor aus
vielen kleinen Gebieten besteht. Die Iterationsfunktion springt ständig zwischen diesen
Bereichen hin und her. Die anderen fünf Bilder zeigen ein ganz anderes, aber dennoch
faszinierendes Verhalten. Da insgesamt 12 frei wählbare Parameter zur Verfügung stehen,
gibt es eine riesige Menge an möglichen Kombinationen und daher auch sehr viele unterschiedliche Attraktoren.

An dieser Stelle ist es kaum sinnvoll, Bifurkationsdiagramme aufzustellen und das Verhalten in Abhängigkeit von Parameteränderungen darzustellen, da wir hierzu ja nur einen
Parameter variieren können und die anderen elf festlegen müssten. In diesem Beispiel
haben wir den Parametern keine explizite physikalische Bedeutung zugeordnet, daher können wir auch keine sinnvolle Parameterwahl durchführen. Deswegen wenden wir uns im
nächsten Abschnitt einem mechanischen System zu, bei dem sämtliche Parameter einen
konkreten physikalischen Hintergrund haben.

12.4   Chaotisches Verhalten eines angetriebenen Pendels

In den vorangegangenen Abschnitten haben wir anhand von Iterationsfunktionen verschiedene Eigenschaften nichtlinearer Abbildungen und Methoden zur Analyse solcher
Eigenschaften kennen gelernt. Nun wenden wir uns einem kontinuierlichen Beispiel zu und

wollen herausfinden, wie gut sich die Erkenntnisse aus den diskreten Beispielen übertragen lassen. Wir betrachten dazu ein einfaches mechanisches Beispiel, nämlich ein *gedämpftes Pendel*, das von einer Kraft angetrieben wird. Im nächsten Abschnitt werden wir sehen, dass sich dieses System mit drei Zustandsvariablen modellieren lässt. Es wurde bereits erwähnt, dass nur kontinuierliche Systeme mit mindestens drei Zustandsvariablen chaotisches Verhalten zeigen. In vielen Büchern, die sich mit Chaos beschäftigen, so auch in diesem, werden nur Systeme mit Reibung betrachtet. Reibungsfreie chaotische Systeme verhalten sich anders, Details dazu finden sich in [48].

12.4.1 Modell des Pendels

Unser Pendel ist ein Stab, der an einem Ende an einem frei drehbares Gelenk fixiert ist, um das sich der Stab beliebig – also volle 360° – drehen kann. Die Dämpfung des Pendels ist proportional zur Drehgeschwindigkeit. Außerdem wirkt natürlich die Schwerkraft auf das Pendel. Das auf das Pendel ausgeübte Antriebsmoment sei proportional zu einer sinusförmigen Funktion. Das System besteht aus drei Zustandsgrößen, der Phase ψ des Antriebsmoments, dem Winkel ϕ des Pendels und der Winkelgeschwindigkeit ω des Pendels. Diese drei Größen sind ausreichend, den Zustand des Systems zu jedem Zeitpunkt zu beschreiben. Wir gehen an dieser Stelle nicht auf die Herleitung des Modells ein. Die Herleitung zu einem ähnlichen Beispiel findet sich in Abschn. 11.2. Für weitere Informationen über die Modellierung dynamischer Systeme (auch chaotischer) sei auf [7] verwiesen. Nach der Modellierung erhält man die folgenden gewöhnlichen Differentialgleichungen (bereits in dimensionsloser Form), die das System beschreiben:

$$\frac{d\psi}{dt} = \omega_M \, , \tag{12.7}$$

$$\frac{d\phi}{dt} = \omega \, , \tag{12.8}$$

$$\frac{d\omega}{dt} = -D\omega - \sin\phi + A\cos\psi \, . \tag{12.9}$$

Gleichung (12.7) ist sehr einfach, die Änderung der Phase ψ entspricht der Frequenz ω_M des treibenden sinusförmigen Moments. Ebenso entspricht natürlich die Änderung des Winkels ϕ der Winkelgeschwindigkeit ω (siehe (12.8)). Die letzte Differentialgleichung (12.9) beschreibt die Änderung der Winkelgeschwindigkeit ω. Der erste Term auf der rechten Seite steht für die Dämpfung in Abhängigkeit von der Winkelgeschwindigkeit. Je schneller sich das Pendel dreht, desto stärker wird es abgebremst. Der zweite Term entspricht dem Einfluss der Erdanziehungskraft, und der letzte Term ist das antreibende Moment. Das System hat also drei freie Parameter, die Frequenz ω_M des antreibenden Moments, eine Dämpfungskonstante D und die Amplitude A des Moments. Beim Betrachten der Gleichungen fällt auf, dass die Zustandsvariable ψ nicht von den beiden anderen Variablen abhängt, sondern nur von der Frequenz ω_M, was natürlich daran liegt, dass das

Moment immer von außen auf das Pendel einwirkt, völlig unabhängig davon, in welchem Zustand sich das Pendel befindet. Das erleichtert uns die späteren Untersuchungen sehr, da wir uns auf die beiden verbleibenden Zustände ϕ und ω konzentrieren können. In sämtlichen Bildern werden wir also stets nur diese beiden Zustände verwenden.

12.4.2   Diskretisierung

Ein kontinuierliches System – bzw. das Modell eines solchen Systems – muss für eine Simulation immer *diskretisiert* werden. Welche Diskretisierungsmethode dabei verwendet wird, hängt natürlich vom System ab, aber auch von der gewünschten Genauigkeit und den zur Verfügung stehenden Rechnerkapazitäten. Da es uns nur darum geht, beispielhaft chaotisches Verhalten anhand eines kontinuierlichen Systems aufzuzeigen, machen wir uns um die Diskretisierung nicht viele Gedanken. Mit den Differentialgleichungen (12.7) bis (12.9) haben wir drei kontinuierliche Gleichungen, die das System beschreiben. Da es sich um gewöhnliche Differentialgleichungen erster Ordnung handelt, ist die Diskretisierung ohnehin relativ einfach. Mit dem *Euler-Verfahren* diskretisieren wir die drei Gleichungen einzeln. Bei dieser Methode wird die Ableitung approximiert durch den Differenzenquotient

$$\frac{\mathrm{d}x}{\mathrm{d}t} \doteq \frac{x_{n+1} - x_n}{\delta t} \; .$$

Wenn wir diese Methode auf (12.7) bis (12.9) anwenden, erhalten wir die diskretisierten Gleichungen

$$\psi_{n+1} = \psi_n + \delta t \cdot \omega_M \, ,$$
$$\phi_{n+1} = \phi_n + \delta t \cdot \omega \, ,$$
$$\omega_{n+1} = \omega_n + \delta t \cdot \left(-D \cdot \omega_n - \sin \phi_n + A \cdot \cos \psi_n \right) \, .$$

Durch die Diskretisierung haben wir einen weiteren Parameter erhalten, nämlich die Zeitschrittweite δt. Einerseits sollten wir diese natürlich möglichst klein wählen, um den Diskretisierungsfehler gering zu halten, vor allem auch, da wir mit der Euler-Methode ein Verfahren mit relativ großem Diskretisierungsfehler gewählt haben. Außerdem reagieren chaotische Systeme ja sehr empfindlich auf leichte Änderungen in den Anfangsbedingungen und damit auch auf Fehler während der Simulation. Andererseits müssen wir sehr viele Zeitschritte berechnen. Für die verschiedenen seltsamen Attraktoren der zweidimensionalen quadratischen Abbildung wurden bereits mehrere Millionen Iterationen durchgeführt. Wie wir später noch sehen werden, benötigen wir bei kontinuierlichen Systemen ein Vielfaches davon, die Rechenzeit durch zu feine Zeitschritte kann also nicht mehr vernachlässigt werden. Wir verwenden hier für sämtliche Untersuchungen die Zeitschrittlänge $\delta t = 10^{-3}$. Durch Verwendung besserer Diskretisierungsmethoden wie z. B. Heun oder Runge-Kutta lässt sich die Schrittlänge noch vergrößern und dadurch Rechenzeit sparen.

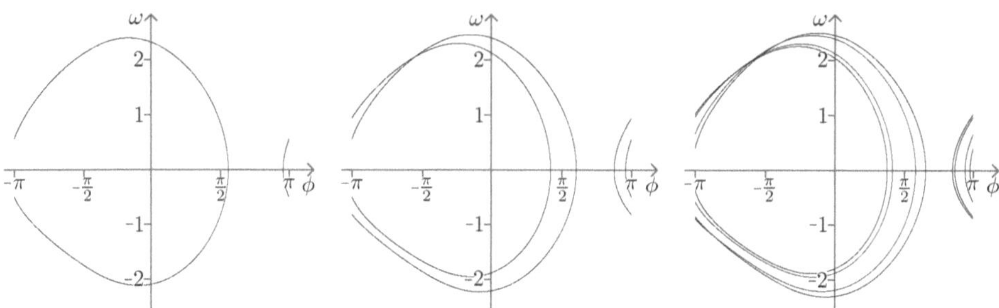

Abb. 12.16 Asymptotische Dynamik des angetriebenen Pendels für $A = 1{,}8$ (*links*), $A = 1{,}87$ (*Mitte*) und $A = 1{,}89$ (*rechts*)

12.4.3 Zyklen und Attraktoren

Das Modell des angetriebenen Pendels enthält drei Parameter. Will man das System für eine realistische Anwendung untersuchen, muss man natürlich bestimmte Einschränkungen für die Parameter festlegen, bzw. manche der Parameter könnten auch durch die Beschaffenheit des Systems fest vorgegeben sein. Für die ersten Experimente legen wir die Dämpfung und die Frequenz des Antriebsmoments fest und wählen $D = 0{,}7$ und $\omega_M = 0{,}8$. Wir wollen die Auswirkung verschiedener Amplitudenstärken auf das Verhalten des Pendels untersuchen. Dazu simulieren wir das System mit verschiedenen Werten für A jeweils so lange, bis die transiente Dynamik abgeklungen ist, und plotten die verbleibende asymptotische Dynamik. Dazu projizieren wir die Trajektorie auf die ϕ/ω-Ebene.

In Abb. 12.16 ist das dynamische Verhalten für $A = 1{,}8$, $A = 1{,}87$ und $A = 1{,}89$ eingezeichnet.

Für $A = 1{,}8$ ergibt sich ein Zyklus, bei $A = 1{,}87$ hat sich dieser Zyklus verdoppelt und bei $A = 1{,}89$ vervierfacht. Dieses Verhalten erinnert an die Periodenverdopplungskaskade bei der logistischen Abbildung, mit dem Unterschied, dass die logistische Abbildung zwischen 2^i Punkten hin und her gesprungen ist, hier aber ein kontinuierliches System vorliegt, was die Vergleichbarkeit etwas schwierig macht. Beim diskreten System war es leicht zu sagen, welche Periode ein Zyklus hat, indem einfach die Punkte gezählt wurden. Beim kontinuierlichen System ist die Periode aber nicht mehr die Anzahl an Iterationen, sondern eigentlich die Dauer eines Zyklus'. Anschaulich könnte man natürlich sagen, dass die Periode der Anzahl an „Runden" entspricht, also in den drei obigen Fällen 1, 2 und 4. Allerdings ist das mathematisch schwer zu fassen, vor allem bei komplizierteren Trajektorienverläufen. Auch das Erstellen von Bifurkationsdiagrammen zur Untersuchung des Verhaltens für ein ganzes Parameterintervall ist beim kontinuierlichen System nicht direkt möglich. Beide Probleme lassen sich aber durch die im Folgenden beschriebene Dimensionsreduktion lösen.

Poincaré-Schnitt Der *Poincaré-Schnitt* ist eine Methode, ein n-dimensionales kontinuierliches System auf ein $(n-1)$-dimensionales diskretes System zu reduzieren. Bei dreidimen-

Abb. 12.17 Poincaré-Schnitt eines Zyklus mit einer bzw. zwei „Runden"

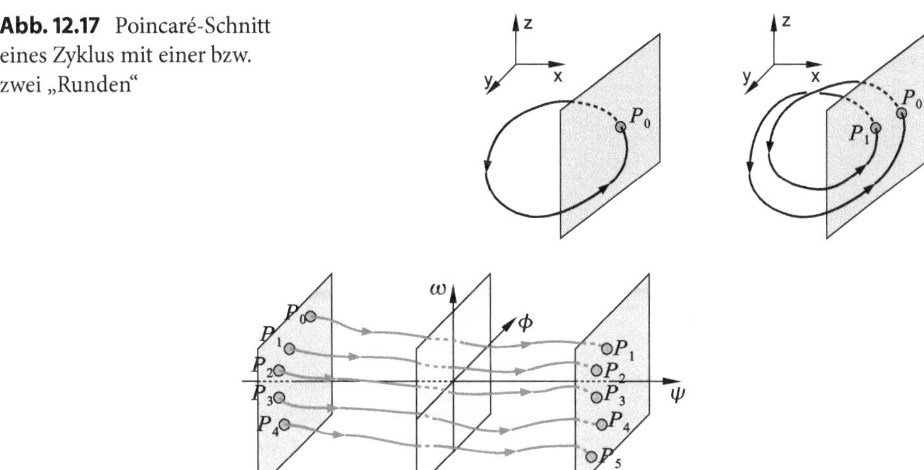

Abb. 12.18 Schematische Darstellung eines Poincaré-Schnitts beim angetriebenen Pendel; aufgrund der Periodizität des Antriebs wird jede der eingezeichneten Ebenen immer wieder von der Trajektorie durchstoßen; sobald die Trajektorie das Gebiet *rechts* verlässt, tritt sie an gleicher Stelle *links* wieder ein

sionalen Problemen wird eine Ebene gewählt, die möglichst senkrecht zur Trajektorie liegt, daher also von dieser geschnitten wird.

Sofern die Trajektorie zyklisch ist, wird die Ebene mindestens ein Mal von der einen Seite durchstoßen. Im linken Teil von Abb. 12.17 ist dies dargestellt. Es gibt einen geschlossenen Zyklus, der die Ebene immer wieder im Punkt P_0 durchstößt. Genau genommen müsste es in diesem Bild noch einen zweiten Punkt geben, an dem die Ebene von der anderen Seite durchstoßen wird, wir betrachten aber nur die Punkte, bei denen die Ebene von vorne durchstoßen wird. Benötigt die Trajektorie nun zwei „Runden", bevor sich der Zyklus wiederholt, so wird die Ebene, sofern sie richtig platziert wurde, an zwei Punkten durchstoßen.

Bei unserem Pendel sind die Werte für ψ und ϕ jeweils begrenzt auf das Intervall $[-\pi, \pi]$. Sobald einer der Zustände dieses Intervall auf einer Seite verlässt, wird er auf der anderen Seite wieder eingesetzt. Dies wird sofort klar, wenn man sich die Bewegung des Pendels vorstellt. Bei $\phi = 0$ hängt das Pendel senkrecht nach unten. Sowohl bei $\phi = \pi$ als auch bei $\phi = -\pi$ steht das Pendel senkrecht nach oben, und somit ist das System im selben Zustand.

Für die Konstruktion des Poincaré-Schnitts unseres Systems müssen wir die genaue Position der Ebene festlegen. An (12.7) sieht man, dass auch ψ linear wächst. Da ψ eben auch begrenzt ist und der Wert bei Verlassen des Intervalls immer wieder zurückgesetzt wird, wird derselbe Wert für ψ in genau gleichen Zeitabschnitten immer wieder erreicht. Wir wählen als Ebene daher eine beliebige Ebene mit konstantem ψ, oder mit anderen Worten eine Ebene, die von ϕ und ω aufgespannt wird. Dies führt auch dazu, dass die Ebene, wie man in Abb. 12.18 sehen kann, immer von der gleichen Seite durchstoßen wird.

Abb. 12.19 Poincaré-Schnitt des seltsamen Attraktors bei $A = 2{,}04$

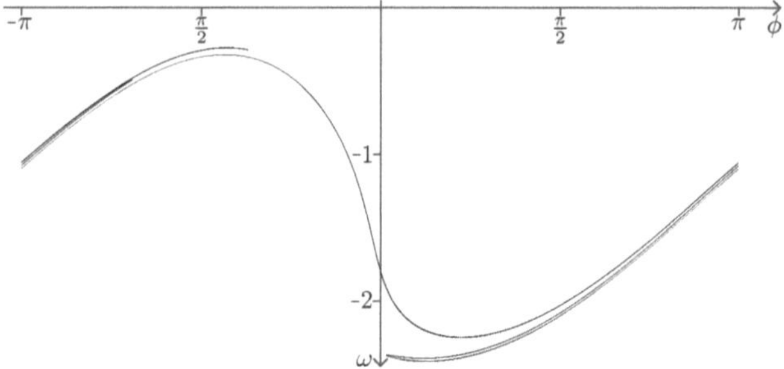

Für die Trajektorien aus Abb. 12.16 ist ein solcher Poincaré-Schnitt natürlich unspektakulär, da die Ebene nur ein- bis viermal getroffen wird. Für höhere Werte von A erwarten wir aber aufgrund der vermuteten Bifurkationskaskade wieder chaotisches Verhalten. Dies tritt auch tatsächlich ein. Der Poincaré-Schnitt für $A = 2{,}04$ ist in Abb. 12.19 zu sehen. Ähnlich wie schon beim diskreten Hénon-Attraktor aus Abb. 12.13 gibt es auch hier wieder einen seltsamen Attraktor.

Statt der Untersuchung einzelner Parameterkombinationen haben wir bei der logistischen Abbildung Bifurkationsdiagramme verwendet, um das Systemverhalten für ganze Parameterintervalle zu analysieren. Die logistische Abbildung ist allerdings eindimensional, und daher ließ sich ein solches Diagramm sehr leicht erstellen. Durch den Poincaré-Schnitt haben wir die Dimension bereits von drei auf zwei reduziert, für das Bifurkationsdiagramm müssen wir aber eine weitere Dimension verlieren. Die einfachste Möglichkeit, dies zu tun, ist die Projektion auf eine der beiden verbleibenden Koordinatenachsen. Da man nicht an quantitativen, sondern normalerweise nur an qualitativen Aussagen interessiert ist, schränkt diese Projektion die Aussagekraft meistens nicht stark ein. Ein Zyklus mit Periode k entspricht im Poincaré-Schnitt gerade k Punkten in der Ebene. Sofern diese Punkte nicht gerade vertikal bzw. horizontal angeordnet sind, bleiben bei einer Projektion auf eine der beiden Achsen immer noch k Punkte.

Für die bisherigen Experimente hatten wir die Dämpfung und Antriebsfrequenz festgelegt mit $D = 0{,}7$ und $\omega_M = 0{,}8$. Dies behalten wir bei und erstellen ein Bifurkationsdiagramm mit variabler Amplitude zwischen $A = 1{,}8$ und $A = 2{,}8$. Für jede „Spalte" des Diagramms erstellen wir einen Poincaré-Schnitt und projizieren ihn auf die ϕ-Achse. Diese Achse hat den Vorteil, das die Werte auf das Intervall $[-\pi, \pi]$ begrenzt sind und wir uns daher keine Gedanken um das darzustellende Intervall machen müssen. Damit erhalten wir das Bifurkationsdiagramm aus Abb. 12.20.

Natürlich gibt es bei drei Parametern schon sehr viele Kombinationsmöglichkeiten, bei denen sich das System jeweils völlig unterschiedlich verhält. Abbildung 12.21 zeigt beispielsweise ein weiteres Bifurkationsdiagramm für feste Antriebsfrequenz und Antriebsamplitude und variable Dämpfung. Um aus den Bifurkationsdiagrammen eine nützliche Erkenntnis zu ziehen, muss man sich zuvor allerdings sehr viel mehr Gedanken über die zu untersuchenden Parameterkombinationen machen als wir das hier getan haben. Es ging

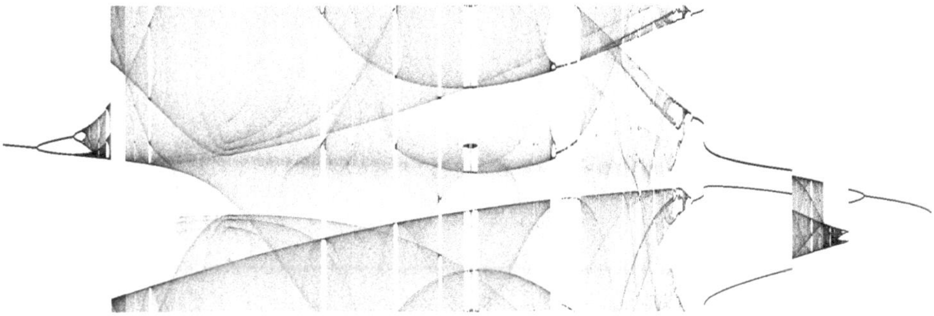

Abb. 12.20   Bifurkationsdiagramm für $A \in [1{,}8, 2{,}8]$, $D = 0{,}7$ und $\omega_M = 0{,}8$

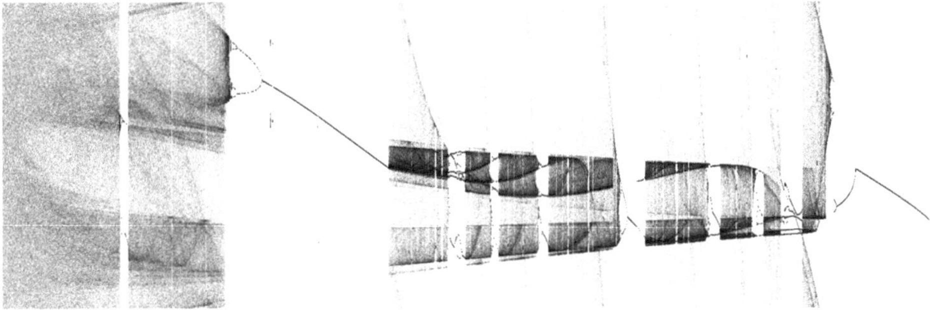

Abb. 12.21   Bifurkationsdiagramm für $A = 1{,}0$, $D \in [0{,}0, 0{,}7]$ und $\omega_M = 0{,}5$

uns in diesem Kapitel hauptsächlich darum zu veranschaulichen, was man überhaupt unter Chaos versteht und charakteristische Eigenschaften eines solchen Verhaltens aufzuzeigen – insbesonders im Kontext zur Modellbildung und zur Simulation einfacher technischer Systeme wie des betrachteten Pendels.

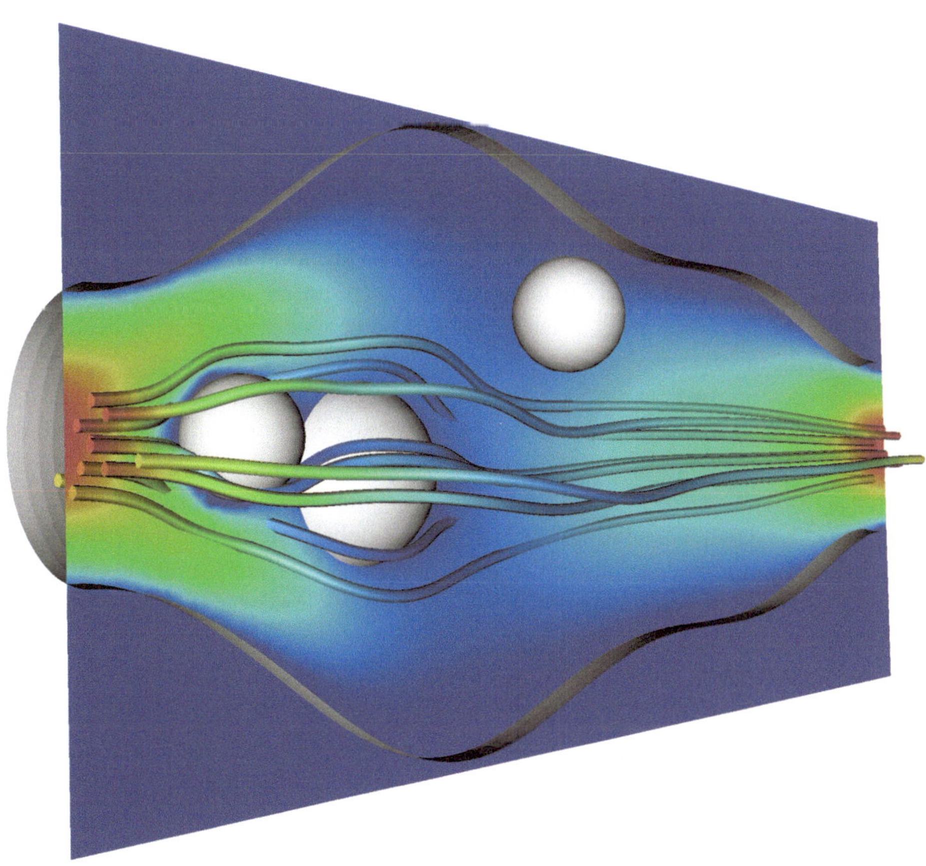

Einleitung

Der letzte Teil unseres Buches schließlich ist Anwendungen der Modellbildung und Simulation mit stark physikalischem Hintergrund gewidmet. Der Untertitel „Aufbruch zum Zahlenfressen" bringt dabei zum Ausdruck, dass es nun „PC ade!" heißt. Obwohl wir es auch in den vorigen Kapiteln durchaus mit anspruchsvoller Simulationsmethodik zu tun hatten, so blieb doch der Berechnungsaufwand zumeist überschaubar. Das ändert sich nun grundlegend, denn wir betreten das Gebiet des *Hochleistungsrechnens (High-Performance Computing (HPC))*. In den Jahren 2000, 2005 und 2007 wurde beispielsweise der renommierte *Gordon-Bell-Award*, sozusagen der Nobelpreis der Simulanten, für molekulardynamische Berechnungen vergeben. Mit der *Molekulardynamik* befassen wir uns denn auch zuerst: ein Partikelansatz, der zwar noch auf gewöhnlichen Differentialgleichungen beruht (wobei zwischen den Wechselwirkungen zwischen Molekülen und denen zwischen Planeten durchaus erstaunliche Analogien bestehen), der aber dennoch die Auflösung des Raums ins Spiel bringt. Weiter geht's mit der *Wärmeleitung*, einem Klassiker in zahlreichen Büchern zur mathematischen Modellierung. Zwar ist das kontinuumsmechanische, jetzt voll raumaufgelöste Modell recht einfach, thermodynamische Berechnungen können aber durchaus auch ihre Zeit dauern.

Anschließend – natürlich – *Strömungsmechanik*. Auch sie war höchst erfolgreich im Sammeln von Gordon-Bell-Preisen, z. B. 1987, 1995, 1996, 1999 und 2002. Insbesondere wenn Turbulenz im Spiel ist, sind numerische Strömungsmechaniker gern gesehene oder gefürchtete Kunden in Rechenzentren (je nach freien Kapazitäten ...).

Auf den ersten Blick sicher etwas ungewohnt ist dann unsere letzte Anwendung, die aus der Computergraphik stammt. Allerdings wirklich nur auf den ersten Blick, denn man denke nur an die diversen einschlägigen Hollywood-Produktionen, von Jurassic Park über Toy Story bis zu Cars, oder an die Flut von Computerspielen: Wabbelnde Dinosaurierbäuche werden modelliert und berechnet, die elegante Bewegung von Vorhängen im Wind wird modelliert und berechnet, Geländemodelle werden modelliert, der Flug über sie wird simuliert. Ganz zu schweigen von der Beleuchtung – ohne Beleuchtungsmodelle bleibt's nämlich stockfinster auf dem Bildschirm. Und mit der globalen Beleuchtung darzustellender Szenen wollen wir uns zum Abschluss noch etwas näher befassen. Damit soll natürlich auch eine wichtige Zielgruppe dieses Buchs bedient werden, die sich bei all den mathematischen Grundlagen und technisch-naturwissenschaftlichen Anwendungen bisher vielleicht als etwas zu kurz gekommen ansehen mag: die Studierenden der Informatik. Denn dass diese Art von Physik im Rechner Informatik in Reinkultur ist, lässt sich kaum bestreiten.

Die *Molekulardynamik* beschäftigt sich mit der Simulation von Stoffen auf *molekularer* bzw. *atomarer* Ebene. Das bedeutet, dass zumindest jedes Molekül, wenn nicht sogar jedes einzelne Atom, im Simulationsgebiet getrennt betrachtet wird. Damit ist sofort klar, dass die in Frage kommenden Gebiete sehr klein sein müssen. Ein Mol eines Stoffes enthält ca. $6 \cdot 10^{23}$ Partikel. Bei einem idealen Gas entspricht ein Mol 22,4 Litern, bei Feststoffen ist das Volumen dieser Stoffmenge natürlich noch sehr viel geringer. Da außerdem für die Simulation nennenswerter Zeiträume sehr viele Simulationszeitschritte berechnet werden müssen, ist an die Simulation großer Gebiete gar nicht zu denken. So wird man wohl niemals (zumindest nicht zu einer Zeit, die die Autoren dieses Buches erleben werden) einen Windkanal komplett auf molekularer Ebene simulieren – und das wäre wohl auch, wenn es technisch möglich wäre, ein Overkill. Dennoch gibt es eine Menge Anwendungsfelder, in denen eine molekulare Betrachtung auch mit den gegebenen Einschränkungen sinnvoll, ja notwendig ist. Sie ist beispielsweise in *biologischen* oder *medizinischen* Anwendungen nötig, um die Funktion von Proteinen oder anderen *Makromolekülen* zu untersuchen, oder auch in der Nanotechnik. Auch in Feldern, wo normalerweise Simulationen auf kontinuierlicher Ebene eingesetzt werden, also beispielsweise Strömungssimulationen, kann manchmal eine Molekulardynamiksimulation sinnvoll sein. Denn auch dort treten Phänomene auf, die auf der kontinuierlichen Ebene nicht aufgelöst werden können, beispielsweise das genaue Verhalten an der Grenze zwischen zwei unterschiedlichen Stoffen. Des Weiteren gewinnt die Molekulardynamik auch in den *Materialwissenschaften* und der *Verfahrenstechnik* zunehmend an Bedeutung. Bei Letzterer steht das Wechselspiel zwischen verschiedenen *Aggregatszuständen*, also z. B. Verdunstung, Verdampfung und Destillationsvorgänge, im Vordergrund. Aus den vielen verschiedenen Anwendungebereichen ist dies das Gebiet, auf das wir uns in diesem Kapitel konzentrieren werden. Ein wichtiges Merkmal dabei ist, dass üblicherweise zwar – im Vergleich etwa zu Proteinen – sehr kleine Moleküle betrachtet werden, davon aber jede Menge.

Wir werden, ausgehend von den physikalischen Gesetzmäßigkeiten, Modelle für die *Interaktion* von Atomen herleiten. Diese Modelle überführen wir in eine Differentialglei-

H.-J. Bungartz et al., *Modellbildung und Simulation*, eXamen.press,
DOI 10.1007/978-3-642-37656-6_13, © Springer-Verlag Berlin Heidelberg 2013

chung, die wir für die Simulation diskretisieren. Vorwissen aus den Gebieten Analysis und Numerik gewöhnlicher Differentialgleichungen (siehe Kap. 2) ist dazu hilfreich. Im Anschluss an die Diskretisierung beschäftigen wir uns mit dem Aufbau eines Simulationsgebiets und den dafür nötigen Parametern und Randbedingungen. Zuletzt gehen wir auf Methoden zur effizienten Implementierung und zur Parallelisierung, d. h. zur Verteilung des Rechenaufwands auf viele Prozessoren, ein.

13.1 Modellierung von Molekülen und Wechselwirkungen

Wir haben bereits geklärt, dass es bei der Molekulardynamik im Grunde darum geht, die Bewegung einer Vielzahl von Molekülen zu simulieren. Der Zustand eines Moleküls ist durch die Position des Moleküls im Raum und seine Geschwindigkeit vollständig bestimmt. Die Geschwindigkeit ist die erste Ableitung der Position, die Änderung der Position kann daher mit Hilfe der Geschwindigkeit berechnet werden. Für die Änderung der Geschwindigkeit wiederum brauchen wir deren erste Ableitung, und das ist die Beschleunigung des Moleküls. Nach dem zweiten Newtonschen Axiom ist die Beschleunigung a eines Körpers mit Masse m proportional zu der auf dem Körper wirkenden Kraft F, daher gilt

$$F = m \cdot a \, . \tag{13.1}$$

Die wesentliche Herausforderung bei der Molekulardynamik ist es, für jedes Molekül die einwirkende Kraft zu berechnen. Wie wir im Folgenden sehen werden, hängt diese Kraft von den umgebenden Molekülen ab. Moleküle üben aufeinander eine Kraft aus, wir sprechen deshalb von *Wechselwirkungen* zwischen den Molekülen. Im Folgenden werden wir der Einfachheit halber nur noch Atome und keine beliebigen Moleküle mehr betrachten. Auf manche kleinen Moleküle lässt sich vieles davon sehr leicht übertragen, generell – und insbesondere für Makromoleküle – gilt das aber nicht.

Vor einer Modellierung von Atomen und den Wechselwirkungen zwischen ihnen müssen wir zunächst klären, wie exakt die Realität mit den Modellen nachgebildet werden soll. Für eine höchstmögliche Genauigkeit müssten wir beim Aufstellen der Modelle die Gesetze der Quantenmechanik verwenden. Damit würde aber schon die Simulation eines einzelnen Atoms derart aufwändig, dass die Simulation von Millionen von Molekülen reine Utopie bliebe. Das wohl einfachste Modell wäre, sich einzelne Atome als Kugeln vorzustellen, die nur dann interagieren, sobald sie zusammenstoßen (sie würden sich also wie Billard-Kugeln verhalten; ein solches Modell wird *Hard-sphere-Modell* genannt). Allerdings stellt man fest, dass man mit einem solch einfachen Modell nur sehr wenige und sehr spezielle Szenarien nachbilden kann. Wir wollen uns in den nächsten Abschnitten daher näher mit den physikalischen Wechselwirkungen zwischen Atomen beschäftigen.

13.1.1 Fundamentale physikalische Kräfte

In der Physik gibt es vier fundamentale Kräfte. Alle Kräfte, die irgendwo auftreten, lassen sich auf diese vier Kräfte zurückführen:

- *Gravitationskraft*: Diese Kraft ist zwar nur sehr schwach, ihre Wirkung lässt aber bei wachsendem Abstand nur sehr langsam nach, weswegen sie auch als *langreichweitige* Kraft bezeichnet wird. Sie wirkt immer anziehend und ist verantwortlich für die Bahnen der Himmelskörper und auch für die Schwerkraft, der wir auf der Erde ausgesetzt sind (Erde und Mensch ziehen sich gegenseitig an). Genau genommen wirkt diese Kraft zwischen allen Körpern, also auch zwischen jedem beliebigen Paar von Atomen im Universum. Auf kurze Reichweite (in der Größenordnung von Molekülen) ist sie aber gegenüber den anderen Kräften vernachlässigbar und spielt in den von uns betrachteten Simulationen daher keine Rolle.
- *Elektromagnetische Kraft*: Die elektromagnetische Kraft wirkt z. B. zwischen elektrisch geladenen Teilchen (Teilchen können positiv oder negativ geladen sein oder auch neutral sein). Gleiche Ladungen stoßen sich hierbei ab, und entgegengesetzte Ladungen ziehen sich an. Diese Kraft ist sehr viel stärker als die Gravitationskraft und ebenfalls langreichweitig. Allerdings heben sich in den meisten Körpern negative und positive Ladungen nahezu auf. Damit heben sich auch die anziehenden und abstoßenden elektromagnetischen Kräfte, die solche Körper auf andere ausüben, auf – zumindest bei großem Abstand. Die meisten Kräfte, die sich im Alltag beobachten lassen, beruhen auf der elektromagnetischen Kraft. Sie ist auch verantwortlich für die Kräfte zwischen Atomen. Darauf werden wir im Verlauf dieses Kapitels noch ausführlicher eingehen.
- *starke Kernkraft*: Die starke Kernkraft ist die stärkste der vier Kräfte. Ihre Reichweite ist aber so kurz, dass sie eigentlich nur innerhalb des Atomkerns wirkt. Für die von uns im Rahmen dieses Kapitels betrachtete Simulation interessieren uns aber nur Kräfte zwischen Atomen, daher werden wir auf die starke Kernkraft im Weiteren nicht eingehen.
- *schwache Kernkraft*: eine Kraft mit ebenfalls sehr kurzer Reichweite, die unter anderem für Zerfallsprozesse im Atomkern verantwortlich ist. Auch sie spielt im Weiteren keine Rolle.

13.1.2 Potenziale für ungeladene Atome

Zunächst müssen wir den Begriff *Potenzial* kurz klären. Potenziale bei Partikel-Simulationen beschreiben die „Fähigkeit" der Partikel, Kraft aufeinander auszuüben. In unserem Fall verwenden wir nur *Paar-Potenziale*, das sind Potenziale die nur vom Abstand zwischen zwei Partikeln abhängen. Für manche Stoffe sind aber auch komplexere Potenziale nötig, die z. B. von mehr als zwei Partikeln abhängen und evtl. auch nicht nur vom Abstand.

Um aus dem Potenzial zwischen zwei Partikeln i und j die Kraft F zu bestimmen, die die beiden Partikel aufeinander ausüben, berechnen wir den *negativen Gradienten* des Po-

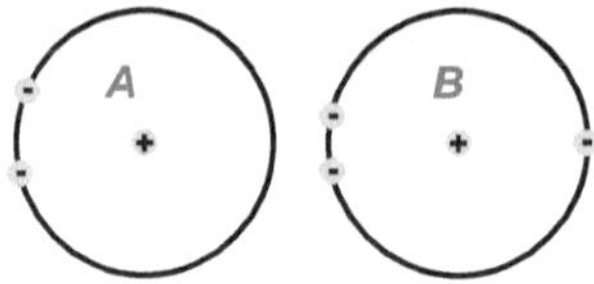

Abb. 13.1 Schematische Darstellung zur Entstehung der van-der-Waals-Kraft durch temporäre Dipole

tenzials U,

$$\boldsymbol{F}_{ij} = -\nabla U\left(r_{ij}\right) \,,$$

wobei r_{ij} der Abstand zwischen den Partikeln i und j bezeichnet. Durch den Gradienten erhalten wir einen Kraftvektor, d. h. sowohl Richtung als auch Stärke der Kraft. Die Richtung entspricht immer genau dem Abstandsvektor zwischen den beiden Molekülen, was uns in diesem Abschnitt beschäftigt ist daher nur die Stärke der Kraft. Deswegen betrachten wir im Folgenden die Kraft als skalare Größe (F), die der negativen Ableitung des Potenzials entspricht.

Im letzten Abschnitt haben wir festgestellt, dass nur die elektromagnetische Kraft für uns relevant ist. Die anderen drei Kräfte vernachlässigen wir bei der weiteren Modellierung. Außerdem betrachten wir im Folgenden auch nur noch ungeladene Atome. Diese sind – zumindest in einer uns genügenden vereinfachten Anschauung – aufgebaut aus einem durch die Protonen positiv geladen Kern und einer negativ geladenen Elektronenhülle. Die Anzahl an Protonen und Elektronen ist gleich, die Elektronen verteilen sich im Mittel gleichmäßig um den Kern, dadurch ist das Atom insgesamt neutral. Bei großem Abstand zwischen den Atomen wirken daher nahezu keine Kräfte.

Anziehende Kräfte Sobald sich die Atome aber näher kommen, ist dies nicht mehr der Fall. Es wirkt die sogenannte *van-der-Waals-Kraft*, durch die sich die Atome *anziehen*. Anhand von Abb. 13.1 versuchen wir kurz zu klären, wodurch diese Kraft entsteht und warum sie auf die *elektromagnetische* Kraft zurückgeht.

Die Elektronen bewegen sich ja relativ frei in der Hülle eines Atoms. Dadurch ist die negative Ladung auch nicht gleichmäßig in der Hülle verteilt und variiert ständig. Das Atom B in Abb. 13.1 sei jetzt ein solches Atom, in dem sich die Ladung etwas stärker auf der „linken Seite" konzentriert, es entsteht ein sogenannter *temporärer Dipol*. Wenn das Atom B in dieser Situation in der Nähe des Atoms A ist, hat es einen Effekt auf dessen Elektronen. Da negative Ladungen sich gegenseitig abstoßen, werden die Elektronen im Atom A nach links gedrückt. Beide Atome sind jetzt temporäre Dipole, wobei der positive Pol von Atom A auf den negativen Pol von Atom B trifft. Dies bewirkt eine Anziehung der Atome insgesamt, die umso stärker wird, je näher sich die Atome kommen. Mathematisch lässt

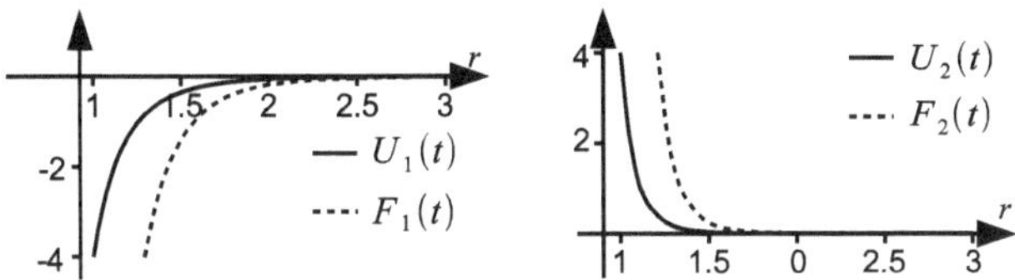

Abb. 13.2 Anziehende van-der-Waals-Kraft (*links*) und Abstoßung durch Pauli-Repulsion (*rechts*); jeweils Kraft und zugehöriges Potenzial

sich das zugrunde liegende *van-der-Waals-Potenzial* folgendermaßen beschreiben:

$$U_1(r_{ij}) = -4\epsilon \left(\frac{\sigma}{r_{ij}} \right)^6 .$$

Die zugehörige Kraft

$$F_1(r_{ij}) = 24\epsilon\sigma^6 \left(\frac{1}{r_{ij}} \right)^7$$

ist die negative Ableitung dieses Potenzials. Die Parameter ϵ und σ beschreiben die Energie bzw. die Größe des Atoms. Man sieht in Abb. 13.2 (links), dass für große Abstände r_{ij} die Kraft aufgrund der hohen Potenz im Nenner gegen null geht.

Abstoßende Kräfte Zu dieser anziehenden Kraft kommt aber noch eine *abstoßende* Kraft, denn sonst würden ja alle Atome ineinander fallen. Diese abstoßende Kraft wird umso größer, je näher sich die Partikel kommen. Anschaulich kann man sich die Ursache als das Überlappen der Elektronenwolken vorstellen. Die Elektronen der zwei Atome sind sich dann so nahe, dass sie sich gegenseitig und damit auch die beiden Atome abstoßen; dieser Effekt nennt sich *Pauli-Repulsion*. Das zugehörige Potenzial kann auf verschiedene Arten modelliert werden. Wichtig ist vor allem, dass die abstoßende Kraft der anziehenden Kraft entgegengesetzt ist und bei kleinen Distanzen vom Betrag her stärker und bei großen Distanzen schwächer ist als die anziehende Kraft.

Das Potenzial

$$U_2(r_{ij}) = 4\epsilon \left(\frac{\sigma}{r_{ij}} \right)^{12}$$

beispielsweise erfüllt diese Forderung. Dieses Potenzial stellt eine gute Näherung für den tatsächlichen physikalischen Effekt dar und hat den Vorteil, dass es sich relativ schnell berechnen lässt. In Abb. 13.2 (rechts) kann man sehen, dass es schneller abfällt als das anziehende Potenzial.

Abb. 13.3 Kombination der an- und abstoßenden Potenziale zum Lennard-Jones-Potenzial

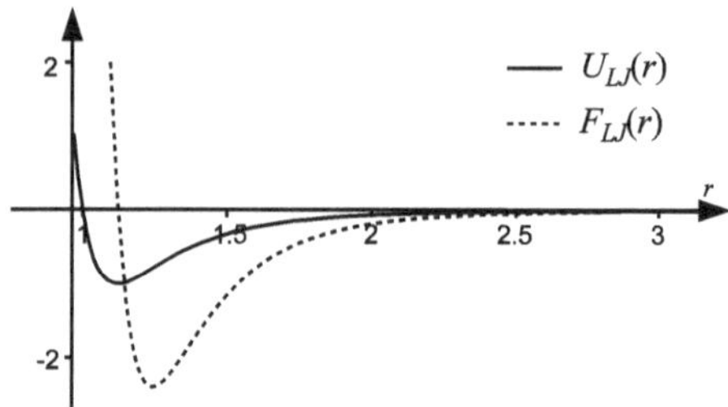

Lennard-Jones Potenzial Durch Kombination der oben eingeführten anziehenden und abstoßenden Potenziale erhalten wir das sogenannte *Lennard-Jones-Potenzial*

$$U_{\mathrm{LJ}}\left(r_{ij}\right) = 4\epsilon\left(\left(\frac{\sigma}{r_{ij}}\right)^{12} - \left(\frac{\sigma}{r_{ij}}\right)^{6}\right). \tag{13.2}$$

Anhand der Gleichung sieht man jetzt auch gut den Vorteil des gewählten abstoßenden Potenzials – es lässt sich aus dem anziehenden Teil des Potenzials durch einmaliges Quadrieren berechnen. In Abb. 13.3 sind das Potenzial und die resultierende Kraft in Abhängigkeit vom Abstand der beiden Atome dargestellt. Bei sehr großem Abstand wirken nur sehr geringe (anziehende) Kräfte. Diese werden zunächst umso stärker, je näher sich die Atome kommen. Ab einem bestimmten Punkt gleichen sich die anziehenden und die abstoßenden Kräfte aus. Dieser Punkt ist genau der Minimalpunkt des Potenzials bzw. der Nullpunkt der Kraft.

Für die Interaktion von Atomen werden wir ausschließlich das Lennard-Jones Potenzial verwenden. Genau genommen berechnen wir damit nicht Wechselwirkungen zwischen Atomen, sondern Wechselwirkungen zwischen Atommodellen. Wir werden deswegen des öfteren nicht mehr von Atomen, sondern stattdessen von *Lennard-Jones-Zentren* sprechen. Ein solches Lennard-Jones-Zentrum kann entweder für ein einzelnes Atom oder in manchen Fällen auch für eine kleine Gruppe von Atomen stehen. Es ist parametrisiert durch ϵ (Energie) und σ (Größe).

Mischregeln Für das Lennard-Jones Potenzial aus (13.2) werden die zwei Parameter ϵ und σ des Lennard-Jones-Zentrums benötigt. Kommen in einer Simulation nur gleiche Atome vor, so gibt es hier noch kein Problem. Soll allerdings die Kraft zwischen zwei Atomen unterschiedlichen Typs berechnet werden, stellt sich die Frage, welche Parameter zur Auswertung der Gleichung verwendet werden. In diesem Fall wird für jede mögliche Kombination von Atomen (und damit Lennard-Jones-Zentren) ein gemittelter Wert berechnet. Wie genau diese Mittelung zu berechnen ist, lässt sich nicht allgemein sagen und hängt stark von den beteiligten Stoffen ab, daher wird hier nicht weiter darauf eingegangen.

Abschneideradius Alle bisher betrachteten Potenziale fallen mindestens mit r^{-6} ab, wobei r den Abstand zwischen zwei Partikeln bezeichnet. Das heißt, die Kraft zwischen zwei

Partikeln lässt mit zunehmendem Abstand sehr schnell nach. In diesem Fall spricht man von einem *kurzreichweitigen* Potenzial. Eigentlich müsste man, um die Kraft zu berechnen, die auf ein einziges Partikel i wirkt, die Kraft zwischen diesem Partikel und jedem anderen in der Simulation (bzw. im ganzen Universum) berechnen. Für eine Simulation mit N Partikeln müssten daher $\mathcal{O}(N)$ Operationen durchgeführt werden, um die Kraft auf ein einziges Partikel zu berechnen, und damit $\mathcal{O}(N^2)$ Operationen, um die Kraft auf alle Partikel zu berechnen.

Da die Kraft aber mit zunehmendem Abstand schnell nachlässt, genügt es, nur diejenigen Partikel zu betrachten, die einen kleinen Abstand zum Partikel i haben. Den Abstand, ab dem Partikel berücksichtigt werden, nennt man *Abschneideradius* (r_c). Üblicherweise entspricht der Abstand mehreren σ, wobei σ der Größenparameter der Atome in (13.2) ist. Damit ist die Anzahl an Partikeln, die sich innerhalb des Abschneideradius' befinden und für die daher eine Kraftberechnung durchgeführt werden muss, durch eine Konstante begrenzt. Die Kraft auf ein Partikel lässt sich also mit $\mathcal{O}(1)$ Operationen berechnen und folglich die Kraft auf alle Partikel mit $\mathcal{O}(N)$ Operationen. Durch Verwendung des Abschneideradius lassen sich also die Kosten für die Kraftberechnung in einen Zeitschritt der Simulation von $\mathcal{O}(N^2)$ auf $\mathcal{O}(N)$ reduzieren. Die Frage ist jetzt nur noch, wie groß der Abschneideradius wirklich gewählt werden kann. Je kleiner er ist, desto weniger Rechen aufwand entsteht, allerdings werden die Ergebnisse auch ungenauer. Letztlich hängt die genaue Wahl des Abschneideradius davon ab, wie genau die Ergebnisse für eine konkrete Anwendung sein müssen. Normalerweise liegt der Wert zwischen $2{,}5\sigma$ und 5σ. Es ist auch üblich, den Einfluss derjenigen Partikel, die durch das Abschneiden ignoriert wurden, abzuschätzen und als Korrekturterm zur Kraft zu addieren.

13.1.3 Berechnung der auf ein Atom einwirkenden Kraft

Im vorigen Abschnitt haben wir uns damit beschäftigt, wie wir die Wechselwirkung zwischen ungeladenen Atomen beschreiben können. Außer der Simulation von Edelgasen sind mit den bisherigen Überlegungen kaum weitere Szenarien umsetzbar. Dazu müsste man die Modellierung noch sehr viel genauer betrachten. Man bräuchte z. B. noch eine Modellierung von *Dipolen*, die Berücksichtigung von Molekülen, statt nur Atome zu betrachten, usw. Die weitere Vorgehensweise im Rest dieses Kapitels wird aber durch Modellerweiterungen kaum beeinträchtigt, sie ist lediglich mit diesem einfachen Modell etwas anschaulicher, weswegen uns die bisherige Modellierung genügt. Die Gleichungen für das Potenzial und die zugehörige Kraft (nun wieder als vektorielle Größe), auf denen wir im Weiteren aufbauen, lauten daher

$$U_{\mathrm{LJ},r_c}\left(r_{ij}\right) = \begin{cases} 4\left(r_{ij}^{-12} - r_{ij}^{-6}\right) & \text{for } r_{ij} \leq r_c\,, \\ 0 & \text{for } r_{ij} > r_c\,, \end{cases} \tag{13.3a}$$

$$F_{ij,r_c}\left(r_{ij}\right) = \begin{cases} 24\left(2r_{ij}^{-12} - r_{ij}^{-6}\right)\frac{r_{ij}}{r_{ij}^2} & \text{for } r_{ij} \leq r_c\,, \\ 0 & \text{for } r_{ij} > r_c\,. \end{cases} \tag{13.3b}$$

Mit (13.3b) lässt sich die Kraft zwischen zwei Partikeln i und j berechnen. Um die gesamte Kraft $\boldsymbol{F}_i$ zu berechnen, die auf ein Partikel P_i wirkt, müssen alle paarweisen Kräfte, bei denen P_i eines der beteiligten Partikel ist, aufsummiert werden:

$$\boldsymbol{F}_i = \sum_j \boldsymbol{F}_{ij}\,.$$

13.2   Bewegungsgleichung und deren Lösung

Wir sind jetzt so weit, dass wir wissen, wie die auf die Moleküle wirkenden Kräfte mit Hilfe eines physikalischen Modells der Wechselwirkungen berechnet werden können. In diesem Abschnitt beschäftigen wir uns damit, wie aus den Kräften die Bewegung der Moleküle berechnet werden kann. Dazu wird zunächst eine Differentialgleichung für die Position der Partikel aufgestellt und diese dann mit verschiedenen numerischen Verfahren gelöst. Die Verfahren unterscheiden sich zum einen durch Eigenschaften, die von der konkreten Anwendung unabhängig sind, z. B. *Genauigkeit* und *Zeitumkehrbarkeit*, aber auch durch Eigenschaften, die speziell für Molekulardynamiksimulationen wichtig sind, z. B. *Energieerhaltung* und *Symplektik*. Wir werden nur kurz die Vor- und Nachteile der Methoden nennen, ohne im Detail auf die jeweiligen Eigenschaften einzugehen.

13.2.1   Bewegungsgleichung

Unser Ziel ist ja die Simulation der zeitlichen Entwicklung eines Stoffes auf molekularer Ebene. Dazu muss ein Anfangszustand vorgegeben werden, in dem für alle Moleküle eine Position und eine Geschwindigkeit festgelegt wird. Davon ausgehend kann mit Hilfe der Überlegungen aus dem letzten Abschnitt die Kraft auf jedes einzelne Molekül berechnet werden. Aus den Kräften wiederum lässt sich mit (13.1), übertragen auf die vektorielle Darstellung, die Beschleunigung

$$\boldsymbol{a} = \frac{\boldsymbol{F}}{m}$$

jedes Moleküls berechnen. Damit können wir für einen gegebenen Zeitpunkt die Beschleunigung sämtlicher Moleküle berechnen. Außerdem wissen wir, dass die Beschleunigung die zweite Zeitableitung der Position ist:

$$\boldsymbol{a} = \ddot{\boldsymbol{r}}\,.$$

Für jedes Molekül erhalten wir daher eine gewöhnliche Differentialgleichung zweiter Ordnung, also insgesamt ein System von N Differentialgleichungen zweiter Ordnung, dessen

Lösung die Bahn der Moleküle beschreibt. Allerdings lässt sich dieses System von Differentialgleichungen schon ab drei beteiligten Partikeln nicht mehr analytisch lösen. Daher müssen wir ein numerisches Verfahren zur Lösung verwenden. Die prinzipielle Vorgehensweise sieht dabei folgendermaßen aus:

- Gegeben sind die Positionen und Geschwindigkeiten aller Partikel zu einem bestimmten Zeitpunkt t.
- Daraus werden die Kräfte und damit die Beschleunigungen aller Partikel zum Zeitpunkt t berechnet.
- Aus diesen drei Größen werden die Positionen und Geschwindigkeiten zu einem späteren Zeitpunkt $t + \delta t$ bestimmt.
- Nun beginnt die Schleife von neuem für den Zeitpunkt $t + \delta t$.

Wir benötigen folglich ein Verfahren, dass uns die neuen Positionen und Geschwindigkeiten berechnet. Im Folgenden werden wir zwei verschiedene Verfahren herleiten und uns ihre Vor- und Nachteile anschauen.

13.2.2   Euler-Verfahren

Ein sehr einfaches Verfahren, das in diesem Buch schon mehrfach aufgetaucht ist, ist das *Euler-Verfahren* (siehe Abschn. 2.4.5). Es kann mit Hilfe der Taylor-Entwicklung hergeleitet werden, indem die Terme höherer Ordnung vernachlässigt werden. Für die Position r zum Zeitpunkt $(t + \delta t)$ ergibt sich damit

$$r(t + \delta t) \doteq r(t) + \delta t v(t) \,.$$

Ebenso lässt sich eine Formel für die Geschwindigkeit v zum Zeitpunkt $(t + \delta t)$ berechnen:

$$v(t + \delta t) \doteq v(t) + \delta t a(t) \,.$$

Dieses Verfahren ist sehr einfach herzuleiten und auch umzusetzen, hat allerdings auch einige Nachteile. Neben der geringen Genauigkeit hat es auch noch andere Eigenschaften, die seinen Einsatz im Bereich der Molekulardynamiksimulation erschweren. Es eignet sich daher nur für kleine Anschauungsbeispiele, nicht aber für realistische Simulationen.

13.2.3   Velocity-Störmer-Verlet

Es gibt eine ganze Reihe besserer Diskretisierungsverfahren mit ganz unterschiedlichen Eigenschaften. Wir wollen uns hier eines der am häufigsten verwendeten Verfahren näher

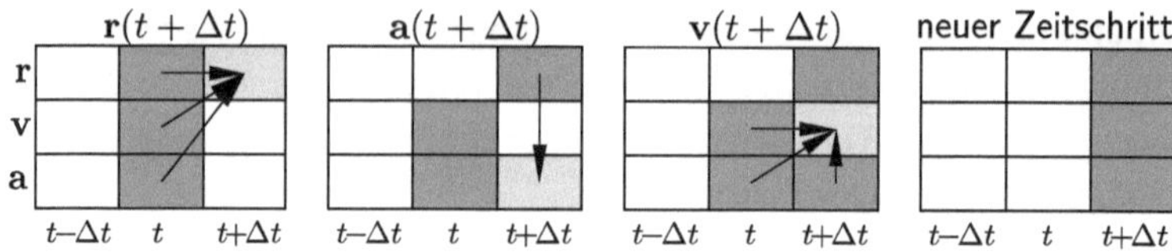

Abb. 13.4 Einzelne Schritte und zugehörige belegte Speicherstellen beim Velocity-Störmer-Verlet-Verfahren

anschauen, das sogenannte *Velocity-Störmer-Verlet-Verfahren*. Auch hier ist der Ausgangspunkt wieder die Taylor Entwicklung, allerdings wird sie diesmal bis zu den Termen zweiter Ordnung durchgeführt:

$$r(t + \delta t) = r(t) + \delta t v(t) + \frac{\delta t^2}{2} a(t) . \tag{13.4}$$

Diese Formel benötigt Position, Geschwindigkeit und Beschleunigung zum Zeitpunkt t. Die ersten beiden sind sowieso gegeben, und zur Berechnung der Beschleunigung zum Zeitpunkt t wird nur die Position zum selben Zeitpunkt benötigt. Das bedeutet auch, dass aus der nun erhaltenen neuen Position zum Zeitpunkt $(t + \delta t)$ auch gleich die Beschleunigung zum Zeitpunkt $(t + \delta t)$ berechnet werden kann. Für die noch nötige Berechnung der Geschwindigkeit zum Zeitpunkt $(t + \delta t)$ können also alle diese Werte verwendet werden.

Die Herleitung der Formel für die Geschwindigkeit ist etwas aufwändiger. Zunächst wird die Geschwindigkeit zum Zeitpunkt $(t + \frac{\delta t}{2})$ mit einem expliziten Euler-Schritt aus der Geschwindigkeit und der Beschleunigung zum Zeitpunkt t berechnet. Zusätzlich wird mit einem implizitem Eulerschritt die Geschwindigkeit zum Zeitpunkt $(t + \delta t)$ aus der Geschwindigkeit zum Zeitpunkt $(t + \frac{\delta t}{2})$ und der Beschleunigung zum Zeitpunkt $(t + \delta t)$ berechnet:

$$v\left(t + \frac{\delta t}{2}\right) = v(t) + \frac{\delta t}{2} a(t) ,$$

$$v(t + \delta t) = v\left(t + \frac{\delta t}{2}\right) + \frac{\delta t}{2} a(t + \delta t) .$$

Durch Einsetzen dieser beiden Gleichungen ineinander erhält man die gesuchte Formel für die Geschwindigkeit zum Zeitpunkt $(t + \delta t)$,

$$v(t + \delta t) = v(t) + \frac{\delta t}{2}\left(a(t) + a(t + \delta t)\right) , \tag{13.5}$$

die nur noch von den schon berechneten Werten abhängt. Die beiden Formeln (13.4) und (13.5) bilden zusammen das Velocity-Störmer-Verlet-Verfahren. In Abb. 13.4 ist der Ablauf des Verfahrens in vier Schritten veranschaulicht. Die dunkelgrau gefärbten Blöcke kennzeichnen dabei die für die jeweilige Berechnung notwendigen Daten und die hellgrauen

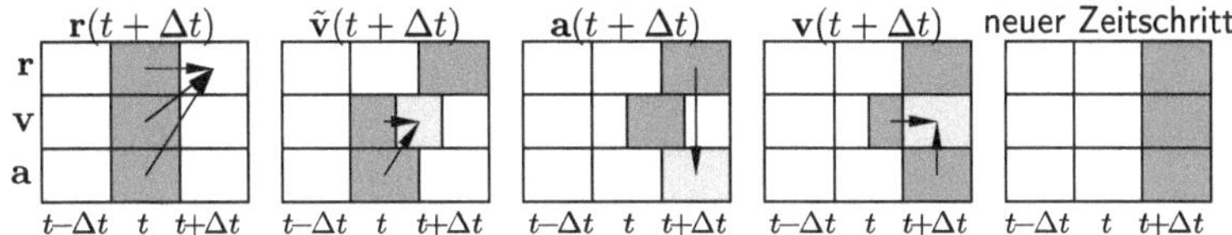

Abb. 13.5 Velocity-Störmer-Verlet-Verfahren mit effizienterer (bzgl. Speicherverbrauch) Berechnungsreihenfolge

Blöcke die zu berechnenden Werte. Man sieht sofort einen Nachteil des Verfahrens in der jetzigen Form. Zur Berechnung von $v(t + \delta t)$ wird die Beschleunigung zu zwei verschiedenen Zeitpunkten verwendet. Beide Beschleunigungswerte müssen dann natürlich auch gespeichert sein. Es wäre aber effizienter, wenn für jedes Molekül nur eine Beschleunigung und damit eine Kraft gespeichert werden müsste. Dies lässt sich durch eine geschickte Wahl der Berechnungsreihenfolge erreichen. Vor dem dritten Schritt in Abb. 13.4 fehlt für die Berechnung von (13.5) nur noch $a(t + \delta t)$. Die anderen Werte werden nur noch für diese Berechnung benötigt. Man kann also die Gleichung schon teilweise auswerten, indem zunächst $\frac{\delta t}{2} a(t)$ auf $v(t)$ addiert wird. Diese Vorgehensweise ist im zweiten Schritt von Abb. 13.5 veranschaulicht. Nach diesem Zwischenschritt wird die Beschleunigung zum Zeitschritt t nicht mehr benötigt, und der zugehörige Speicherplatz kann im dritten Schritt überschrieben werden. Im vierten Schritt wird dann der Rest von (13.5) ausgewertet, und somit sind alle Werte zum Zeitpunkt $(t + \delta t)$ bekannt.

13.2.4 Bemerkungen

Es gibt noch eine Reihe weiterer Methoden zur Diskretisierung der Bewegungsgleichungen in der Molekulardynamik. Welche davon verwendet wird, hängt natürlich auch davon ab, was genau simuliert wird, ob beispielsweise innermolekulare Kräfte berücksichtigt werden, und welche Erkenntnisse durch die Simulation gewonnen werden sollen. Während bei vielen anderen technischen Problemen die Genauigkeit der Diskretisierungsmethode sehr wichtig ist, spielt diese bei Molekulardynamiksimulationen meist nur eine untergeordnete Rolle. Man ist nicht an den Bahnen einzelner Partikel interessiert, sondern an Aussagen über das Gesamtsystem, also z. B. Druck, Temperatur, ... Und selbst wenn man die einzelnen Bahnen bestimmen wollte, so wäre das über längere Zeiträume auch mit den genauesten Verfahren nicht möglich. Das liegt daran, dass auf Molekulardynamik beruhende Systeme *chaotisch* sind (siehe Kap. 12). D. h., ein kleiner Fehler, beispielsweise ein Rundungsfehler, wirkt sich mit der Zeit sehr stark aus, und die simulierte Trajektorie entfernt sich exponentiell von der tatsächlichen. Für die in diesem Kapitel betrachteten Systeme aus Atomen mit kurzreichweitigen Kräften ist die Velocity-Störmer-Verlet-Methode auf jeden Fall eine gute Wahl.

13.3 Simulationsgebiet

Im letzten Abschnitt haben wir uns ausschließlich mit der Modellierung der physikalischen Wechselwirkungen zwischen Molekülen beschäftigt. Dabei haben wir uns auf wenige zu simulierende Stoffe konzentriert und für diese Stoffe versucht, die Wechselwirkungen gut abzubilden. Wir haben also die physikalischen Grundlagen für die Simulation betrachtet, uns aber noch keine Gedanken gemacht, was mit der Simulation überhaupt erreicht werden soll. Es wird die Kraft auf jedes einzelne Molekül berechnet und damit letztlich die Bahn jedes Moleküls im Simulationsgebiet. Wie schon erwähnt interessieren uns nicht die Bahnen einzelner Moleküle. Viel wichtiger ist die Entwicklung makroskopischer Größen, die nichts über einzelne Moleküle aussagen, sondern über die Gesamtheit der simulierten Moleküle. Beispiele für solche Größen sind die *Temperatur*, der *Druck* oder die *potenzielle Energie* des simulierten Gebietes. Um für diese Größen verwertbare Ergebnisse zu erhalten, müssen wir zunächst die genauen Rahmenbedingungen für die Simulation festlegen. Verschiedene Parameter können dabei berücksichtigt werden, beispielsweise die Größe des Simulationsgebiets, die Anzahl an Partikeln, die Anfangskonfiguration der Partikel, die Dichte und der Druck im Simulationsgebiet, … Einige der genannten Parameter hängen dabei voneinander ab. So ist z. B. der Druck nicht unabhängig von der Dichte. Um für eine Simulation realistische Ergebnisse zu erhalten, müssen einige Parameter zu Beginn der Simulation festgelegt werden und dürfen sich dann im Laufe der Simulation nicht mehr ändern. Es gibt einige verschiedene Möglichkeiten, die Rahmenbedingungen festzulegen. Eine davon betrachten wir näher: das sogenannte *NVT-Ensemble*.

13.3.1 NVT-Ensemble

Die drei Buchstaben stehen für die Anzahl an Partikeln (N), das Volumen des Simulationsgebiets (V) und die Temperatur des simulierten Stoffes (T). Bei der Simulation eines NVT-Ensembles müssen diese drei Größen während der gesamten Simulation konstant sein. Als Simulationsgebiet legen wir zu Beginn ein würfelförmiges Gebiet fest, wodurch natürlich das Volumen bestimmt ist. Außerdem müssen wir spezifizieren, wie viele Partikel zu Beginn in diesem Würfel sind und wo genau sie sich befinden. Diese Anzahl hängt von der Dichte des zu simulierenden Stoffes ab. Die Position wird zu Beginn beispielsweise so gewählt, dass alle Partikel gleichmäßig verteilt sind. Da die Partikel sich bewegen, das Simulationsgebiet aber gleich bleibt, werden im Laufe der Simulation Partikel die Grenze des Gebiets überschreiten. Im Gegenzug müssten natürlich auch Partikel von außen in das Gebiet eindringen. Wie dieses Problem gelöst wird, werden wir in Abschn. 13.3.2 betrachten, vorweg sei aber schon gesagt, dass die Anzahl an Partikeln innerhalb des Gebiets konstant bleibt.

Unser Ziel ist es, die Simulation eines Stoffes bei einer vorgegebenen Temperatur durchzuführen. Es ist also klar, dass die Temperatur während der Simulation konstant sein muss. Dazu müssen wir uns klar machen, wie man bei einer Molekulardynamiksimulation überhaupt die Temperatur misst bzw. einstellt. Die Temperatur eines Stoffes T hängt von der Geschwindigkeit v_i aller Atome ab. Je höher die Geschwindigkeit ist, desto wärmer ist der Stoff. Jedes Atom hat eine *kinetische Energie*, die durch seine Geschwindigkeit festgelegt wird. Durch Aufsummieren dieser Energien erhält man die gesamte kinetische Energie

$$E_{\text{kin}} = \frac{1}{2} \sum_i m_i v_i^2$$

des simulierten Bereichs. Aus der kinetischen Energie lässt sich mit Hilfe der Boltzmann-Konstanten k_B ($1{,}38 \cdot 10^{-23}\,J/K$) die Temperatur

$$T = \frac{2}{3Nk_B} E_{\text{kin}}$$

berechnen. Hierbei bezeichnet N die Anzahl an Atomen im Simulationsgebiet. Die Temperatur lässt sich also einfach mit Hilfe der beiden obigen Formeln direkt aus der Geschwindigkeit der Atome bestimmen.

Normalerweise fluktuiert währen einer Simulation die Temperatur T_{ist}. Allerdings haben wir es uns ja als Ziel gesetzt, einen Stoff bei einer vorgegebenen Temperatur zu simulieren. Um dieses Ziel zu erreichen, wird ein *Thermostat* verwendet: So nennt man Methoden, die einen Stoff auf eine vorgegebene Temperatur T_{soll} bringen. Beispielsweise durch Multiplizieren aller Geschwindigkeiten mit $\sqrt{T_{\text{soll}}/T_{\text{ist}}}$ erreicht man das auf sehr einfache Weise.

Wir sind jetzt also so weit, dass wir die Anfangskonfiguration für eine Simulation eines Gebiets mit N Partikeln, Volumen V und Temperatur T erstellen können. Das Volumen bleibt automatisch konstant, die Anzahl an Partikeln durch eine geeignete Randbehandlung ebenso und die Temperatur wird durch einen Thermostat auf der vorgegebenen Temperatur gehalten.

13.3.2 Randbedingungen

Das gewählte Simulationsgebiet ist nur ein Teilausschnitt der wirklichen Welt. Normalerweise würden sowohl Partikel das Gebiet verlassen als auch Partikel von außen in das Gebiet eindringen. Außerdem sind in der Realität ja auch außerhalb des Simulationsgebiets Partikel, die mit denen innerhalb des Gebiets interagieren. Wir simulieren also nicht ein absolut abgeschlossenes System und müssen uns daher überlegen, was wir an der Schnittstelle zwischen Simulationsgebiet und umgebendem Gebiet machen. Es sind verschiedenste Vorgehensweisen denkbar. Bei *reflektierenden Randbedingungen* prallen die Partikel, die an den Rand kommen, von selbigem ab, wohingegen sie bei *periodischen Randbedingungen* aus dem Gebiet entfernt werden, um auf der gegenüberliegenden Seite wieder eingesetzt zu werden. Wie der Name schon sagt, können bei aus- bzw. einströmenden Randbedingungen die Partikel aus dem Gebiet heraus bzw. in das Gebiet hinein strömen.

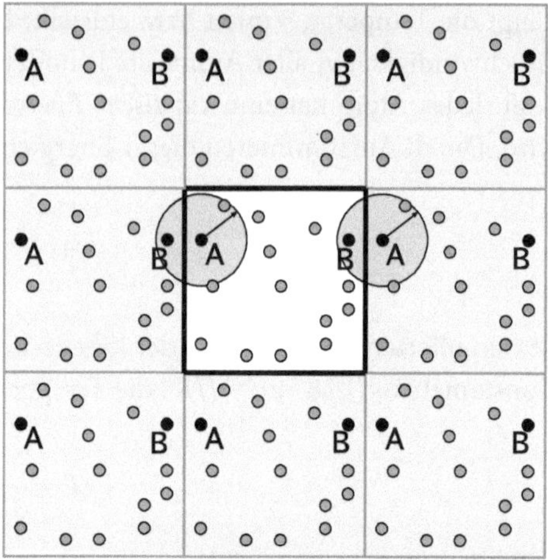

Abb. 13.6 Periodische Randbedingungen bei einem quadratischen Simulationsgebiet

Da wir ein NVT-Ensemble benutzen, muss die Randbedingung sicherstellen, dass die Anzahl an Partikeln konstant bleibt, es kommen also nur periodische oder reflektierende Ränder in Frage. Bei den reflektierenden Randbedingungen verhält sich der Rand wie eine Wand, die nicht durchdrungen werden kann. Unser Simulationsgebiet ist aber nur ein kleiner Ausschnitt aus einem größeren Gebiet, d. h., wir nehmen an, dass außerhalb des Simulationsgebiets die gleichen Bedingungen herrschen wie innerhalb. Die gewählte Randbedingung sollte dieses Wissen ausnutzen. Mit den periodischen Randbedingungen ist dies möglich. Das mittlere Quadrat in Abb. 13.6 entspricht unserem Simulationsgebiet, alle anderen Quadrate sind virtuelle Kopien davon.

Wenn nun die Kraft auf Partikel **A** im mittleren Gebiet ausgerechnet werden soll, so muss unter anderen das Partikel **B** im linken Gebiet betrachtet werden, da es innerhalb des Abschneideradius liegt. Da aber das linke Gebiet nur eine virtuelle Kopie des eigentlichen Simulationsgebiets ist, greifen wir einfach auf das entsprechende Partikel **B** im mittleren Gebiet zu. Alternativ kann man auch einen Randbereich anlegen, in dem tatsächliche Kopien der Partikel gespeichert werden. Partikel, die das Gebiet auf einer Seite verlassen, werden auf der anderen Seite wieder eingefügt. Der Simulation wird dadurch in gewisser Weise vorgespielt, dass sich außerhalb des eigentlichen Gebiets der gleiche Stoff endlos fortsetzt.

13.4 Implementierung

In den vorangegangenen Abschnitten wurden die verschiedenen Aspekte der Modellbildung betrachtet. Ausgehend vom physikalischen Modell (Abschn. 13.1) haben wir uns in Abschn. 13.2 mit einem mathematische Modell und den zugehörigen Algorithmen beschäftigt. Zuletzt haben haben wir uns im vorigen Abschnitt mit Rahmenbedingungen wie z. B. der Größe des Gebiets und den Randbedingungen befasst. Damit können wir uns den Implementierungsaspekten zuwenden, die für eine effiziente Simulation notwendig sind.

Abb. 13.7 Indizierung der Zellen beim Linked-Cells-Verfahren

24	25	26	27	28	29
18	19	20	21	22	23
12	13	14	15	16	17
6	7	8	9	10	11
0	1	2	3	4	5

13.4.1 Linked-Cells-Datenstruktur

Wie bereits in Abschn. 13.1 beschrieben, berücksichtigen wir aufgrund der mit wachsendem Abstand schnell abfallenden Kräfte nur Wechselwirkungen von Partikeln, die höchstens einen Abstand von r_c haben. Eine Herausforderung ist es daher, diese Nachbarpartikel zu finden. Man könnte einfach zu allen Nachbarn den Abstand messen und bei denen mit kleinem Abstand dann die Kräfte berechnen. Damit hätte man zwar für die Kraftberechnung pro Partikel einen konstanten Aufwand, die Abstandsberechnungen würden allerdings pro Partikel einen linearen (in der Gesamtanzahl an Partikeln) Aufwand und damit insgesamt einen quadratischen Aufwand erfordern. Um dies zu verhindern, dürfen zur Nachbarschaftsfindung eines Partikels nur $\mathcal{O}(1)$ andere Partikel angeschaut werden.

Gebietsunterteilung Eine einfache Möglichkeit hierfür ist das sogenannte *Linked-Cells-Verfahren*. Hierbei wird das Simulationsgebiet mit Hilfe eines regulären Gitters in kleine Zellen eingeteilt, das resultierende Zellgitter hat n Zeilen und m Spalten. Im einfachsten Fall sind diese Zellen quadratisch, und die Kantenlänge entspricht exakt dem Abschneideradius r_c. Gespeichert werden die Zellen beispielsweise in einem fortlaufenden Array, in dem die Zeilen des aufgeteilten Gebiets hintereinander folgen. Bei einem Gebiet der Breite $6r_c$ und der Höhe $5r_c$ ergibt sich die in Abb. 13.7 dargestellte Aufteilung in 5×6 Zellen mit ihrer zugehörigen Indizierung.

In jedem Zeitschritt der Simulation werden zunächst alle Partikel in ihre zugehörige Zelle einsortiert. Dazu muss für die Position sämtlicher Partikel der Index der jeweils zugehörigen Zelle berechnet werden. Dies ist bei der gewählten Aufteilung durch ein reguläres Gitter problemlos mit einer konstanten Anzahl an Operationen pro Partikel möglich. Nach dem Einsortieren werden sämtliche Zellen und die darin enthaltenen Partikel durchlaufen. Da die Länge einer Zelle dem Abschneideradius entspricht, können die jeweiligen Nachbarpartikel nur in den acht direkt benachbarten Zellen sein. Das Problem hierbei ist, dass die Zellen am Rand des Gebiets keine acht Nachbarzellen haben. Wie allerdings in Abschn. 13.3.2 erläutert wurde, wollen wir periodische Randbedingungen simulieren. Das bedeutet, dass jedes Partikel und damit auch jede Zelle von Nachbarn umgeben ist. Am Rand des Gebiets werden gemäß den periodischen Randbedingungen die Partikel von der gegenüberliegenden Seite des Gebiets als Nachbarn gewählt. Um am Rand dennoch einen einfachen Zugriff auf die Nachbarzellen zu haben, wird um das Gebiet herum einfach eine

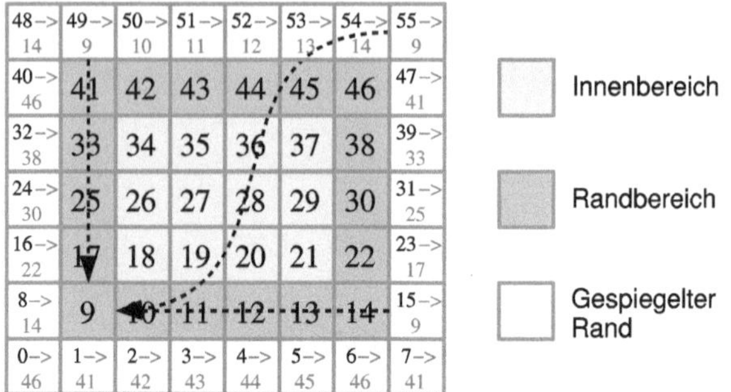

Abb. 13.8 Indizierung der Zellen beim Linked-Cells-Verfahren bei Verwendung periodischer Randbedingungen

weitere Schicht an Zellen gelegt, die auf die jeweils gegenüberliegenden Zellen verweisen. Dadurch verändert sich natürlich die Indizierung der ursprünglichen Zellen.

Die Zelle 0 aus Abb. 13.7 erhält in Abb. 13.8 den Index 9.

Will man von dieser Zelle die linke Nachbarzelle bestimmen, so ist das zunächst Zelle 8, diese verweist aber auf Zelle 14 auf der gegenüberliegenden Seite des Gebiets. Für die Ecken muss jeweils die diagonal gegenüberliegende Zelle verwendet werden. So verweisen die Zellen 15, 49 und 55 alle auf Zelle 11. Für die Berechnung der Kräfte, die auf die Partikel wirken, werden in einer äußeren Schleife zunächst alle Zellen des eigentlichen Gebiets (Randbereich + Innenbereich in Abb. 13.8) abgearbeitet. Für jede Zelle läuft eine weitere Schleife über alle zugehörigen Partikel. Und für jedes dieser Partikel wir der Abstand zu den Partikeln in den Nachbarzellen gemessen. Ist dieser nicht größer als r_c, so wird die Kraft zwischen den beiden Partikeln berechnet und gespeichert.

Zugriff auf Nachbarn Wir wollen uns jetzt dem eigentlichen Zweck des Linked-Cells-Verfahrens zuwenden, dem Finden von benachbarten Partikeln, d. h. von je zwei Partikeln, die höchstens einen Abstand von r_c zueinander haben. Wie bereits erwähnt, können die Nachbarpartikel eines bestimmten Partikels nur in der eigenen Zelle und in den umliegenden acht Zellen sein. Aufgrund des dritten Newtonschen Gesetzes werden sogar nicht einmal diese acht Zellen benötigt, da jedes Paar von Partikeln und damit auch jedes Paar von Zellen nur einmal betrachtet werden muss. Daher werden wir bei der Bestimmung der relevanten Nachbarn einer Zelle nur noch diejenigen Zellen nehmen, die nach der aktuellen Zelle kommen, d. h. deren Index höher ist.

In Abb. 13.9 wird die Nachbarschaftsfindung anhand der Zelle 27 aus Abb. 13.8 veranschaulicht.

Die mittlere Zelle 27 ist diejenige, für deren Partikel die Kräfte berechnet werden sollen, die hell- bzw. dunkelgrauen Zellen sind die Nachbarzellen mit niedrigerem bzw. höherem Index. Schraffierte Zellen können keine Nachbarpartikel enthalten. Da, wie oben erläutert, nur Zellen mit höherem Index nach Nachbarn durchsucht werden – und natürlich die Zelle 27 selbst – sind nur die fünf dunkelgrauen Zellen relevant. Aufgrund der gewählten Speicherung lassen sich deren Indizes sehr leicht berechnen. Für den rechten Nachbarn wird einfach eins dazu addiert. Die Indexdifferenz zum oberen Nachbarn entspricht der Anzahl

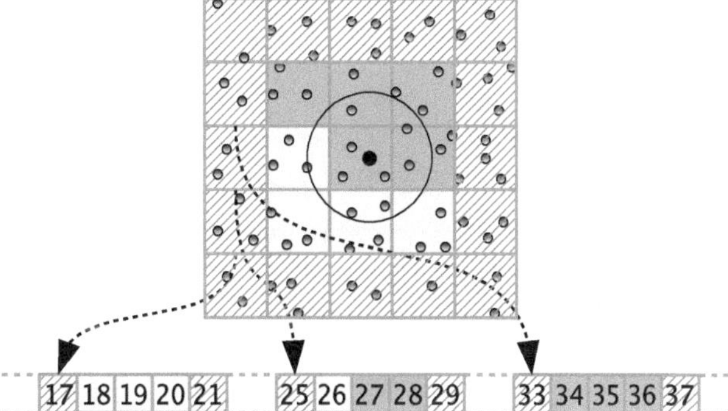

Abb. 13.9 Linked-Cells-Datenstruktur mit zugehörigem Array

an Zellen in einer Zeile, in diesem Fall acht. Für die diagonal oberhalb liegenden Zellen muss davon wiederum eins abgezogen bzw. hinzu addiert werden.

13.5 Parallelisierung

Bisher haben wir die wesentlichen Schritte betrachtet, um eine rudimentäre Simulation von Molekülen durchzuführen. Wollen wir diese allerdings für große Teilchenzahlen und eine längere Zeit durchführen, so werden wir scheitern oder zumindest sehr lange auf ein Ergebnis warten. Um Millionen von Molekülen über beispielsweise 10^5 Zeitschritte – was für viele Anwendungen eine vernünftige Größenordnung ist – zu simulieren, muss die Arbeit von vielen Prozessoren gemeinsam erledigt werden. Um das Schreiben paralleler Programme zu erleichtern, existieren Bibliotheken wie z. B. *MPI* (Message Passing Interface), die die Kommunikation zwischen Prozessen erleichtern. Die wesentliche Arbeit besteht darin, sich zu überlegen, welche Prozesse wann welche Informationen austauschen müssen. Dies wollen wir grob für unser Szenario untersuchen, ohne dabei auf die konkrete Umsetzung mit MPI einzugehen.

Wir müssen uns also zunächst eine Strategie überlegen, wie die Rechenarbeit auf verschiedene Prozessoren verteilt werden kann. Eine sehr verbreitete Strategie ist die räumliche Aufteilung des Gebiets in gleich große Teile, die den einzelnen Prozessen zugewiesen werden. Die Aufteilung des Gebietes aus Abb. 13.8 in zwei gleich große Teile ist in Abb. 13.10 dargestellt. Durch diese Aufteilung entsteht an den Schnittstellen ein neuer Randbereich. Die Moleküle außerhalb der Schnittkante (weiße Zellen) müssen jeweils vom anderen Prozess aus dessen Randbereich (dunkelgraue Zellen) geholt werden. Am linken Rand des linken Gebietes und am rechten Rand des rechten Gebietes gelten nach wie vor die periodischen Randbedingungen. Die auszutauschenden Daten befinden sich jetzt aber auch auf dem jeweils anderen Prozess. Wie man anhand des Bildes gut erkennen kann, haben dadurch beide Prozesse einen linken und einen rechten Nachbarn. Bei der Unterteilung in mehr Teilgebiete gilt das ebenso. Für den einzelnen Prozess spielt es also gar keine Rolle mehr, ob er sich am Rand des ursprünglichen Gebietes befindet oder nicht, jeder Pro-

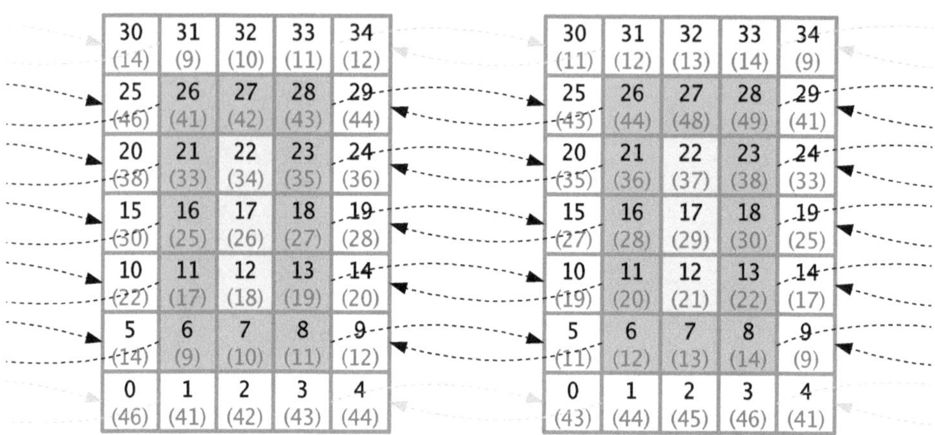

Abb. 13.10 Aufteilung des Gebietes aus Abb. 13.8 auf zwei Prozesse. Die obere Zahl ist jeweils der neue lokale Zellindex, die Zahl in Klammern ist der Index der zugehörigen Zelle im ursprünglichen Gebiet

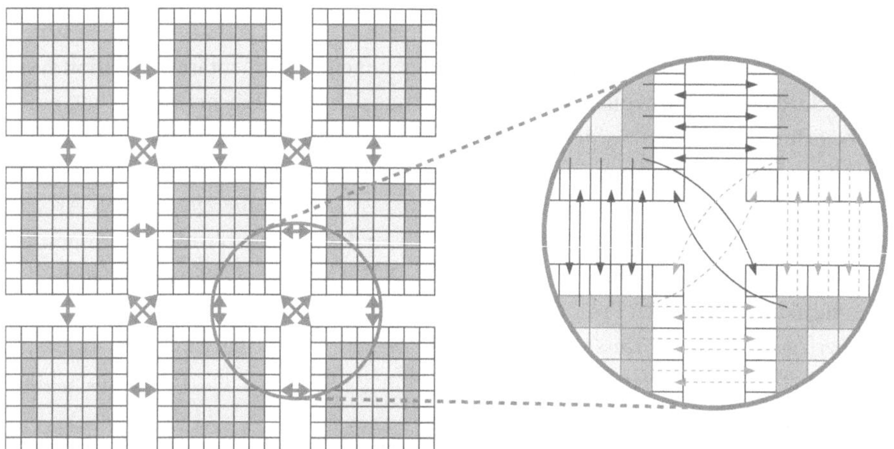

Abb. 13.11 Unterteilung eines Gebiets in beiden Raumrichtungen auf mehrere Prozesse. Sowohl mit den direkten Nachbarn als auch diagonal findet ein Datenaustausch statt

zess tauscht am Rand Partikel mit seinen Nachbarn aus. In Abb. 13.10 kann man dies für den zweidimensionalen Fall sehen.

Offensichtlich ist, dass jeder Prozess zusätzlich zum linken und rechten Nachbarn auch noch einen oberen und einen unteren Nachbarn bekommt. Wie in der Vergrößerung (siehe Abb. 13.11) zu sehen ist, muss allerdings auch diagonal ein Austausch an Molekülen stattfinden. Dies lässt sich entweder mit einer direkten Kommunikation der jeweiligen Prozesse erreichen, oder aber indem z. B. die Partikel aus der rechten unteren Ecke eines Gebietes zunächst zum rechten Nachbarn verschoben werden, damit dieser sie dann weiter nach unten verschickt. Da es im Allgemeinen sinnvoll ist, mit möglichst wenigen anderen Prozessen zu kommunizieren, ist letztere Methode sinnvoller, da sie die Zahl an Nachbarprozessen von acht auf vier reduziert.

13.6 Ausblick

Besonders in den letzten Jahren wurden auch speziell im Höchstleistungsrechnen verschiedenste auf Molekulardynamik beruhende Anwendungen immer wichtiger. Dies sieht man beispielsweise auch daran, dass unter den Finalisten für den Gordon-Bell-Preis, einem der wichtigsten Preise im Bereich des Höchstleistungsrechnens, zahlreiche solche Anwendungen vertreten waren. Bei Kontinuums-basierten Simulationen wie z. B. der Strömungssimulation lassen sich auch große Gebiete durch entsprechend grobe Wahl des Diskretisierungsgitters prinzipiell sogar mit geringer Rechenleistung simulieren. Dies hat natürlich Auswirkungen auf die Genauigkeit und die Aussagekraft der Simulation, nichtsdestotrotz ist die Simulation möglich. Bei partikelbasierten Simulationen jedoch hat man bei manchen Anwendungen gar nicht die Möglichkeit, durch gröbere Auflösung Rechenzeit zu sparen. Ein Protein beispielsweise besteht nun mal aus einer bestimmten Anzahl an Atomen, die alle in der Simulation berücksichtigt werden müssen. Das ist ein Grund dafür, dass durch die steigende Leistungsfähigkeit moderner Rechner partikelbasierte Simulationen für immer neue Anwendungen interessant werden, und es ist der der Grund dafür, dass wir den kleinen Exkurs zur Parallelisierung in diesem Kapitel platziert haben.

In diesem Kapitel wurde versucht, eine große Breite, ausgehend von physikalischen Betrachtungen und der mathematischen Modellierung über numerische Verfahren bis hin zu Implementierungs- und Parallelisierungsaspekten, abzudecken. Es wäre noch sehr viel zu sagen über komplexere Potenziale, kleine und sehr große Moleküle, fernreichweitige Kräfte und vieles mehr. Eine gute Übersicht geben [3], [22] und [32]. Die grundlegende Theorie zur Modellierung findet sich in [27], [52] enthält viele Code-Beispiele, und eine grundlegende Einführung mit speziellem Schwerpunkt auf der Numerik findet sich in [29].

Für die molekulardynamischen Simulationen aus Kap. 13 wurden zur Beschreibung der Teilchenbahnen *gewöhnliche Differentialgleichungen (ODE)* verwendet. Diese hängen nur von einer unabhängigen Variablen ab, in diesem Fall der Zeit. Es gibt aber auch eine sehr große Bandbreite an physikalischen Problemstellungen, bei denen eine Modellierung mit Hilfe *partieller Differentialgleichungen (PDE)* irgendwo im Bereich zwischen naheliegend, angemessen und erforderlich ist. Ein Beispiel hierfür stellt die *Strukturmechanik* dar, wo unter anderem die Verformung von Bauteilen unter dem Einfluss von Kräften betrachtet wird. Derartige Untersuchungen sind in ganz unterschiedlichen Szenarien relevant – vom Bau von Brücken bis hin zur Konstruktion mikroelektromechanischer Sensoren und Aktuatoren (MEMS). Ein weiteres wichtiges Beispiel ist die *Strömungsmechanik*, mit der wir uns im nächsten Kapitel noch beschäftigen werden. Aus Sicht der Simulation sind solche Probleme, die sich mit PDE modellieren lassen, auch deshalb interessant und herausfordernd, weil für ihre effiziente numerische Lösung in der Regel modernste Methoden und Rechner unerlässlich sind.

Doch der Reihe nach: Eine relativ einfach herzuleitende Problemstellung wird durch die *Wärmeleitungsgleichung* beschrieben, die in diesem Kapitel prototypisch als Beispiel für ein auf *Ausgleichsprozessen* beruhendes Phänomen betrachtet werden soll. In der *Thermodynamik*, aber auch in vielen anderen Anwendungsbereichen ist es wichtig, Aussagen über die Ausbreitung von Wärme treffen zu können. Häufig geht es darum, Wärme entweder möglichst schnell abzuführen (z. B. bei Klimaanlagen und Kühlgeräten) oder sie möglichst schnell und verlustfrei zuzuführen (z. B. bei Herdplatten). In anderen Anwendungen kann es auch wichtig sein, die Verteilung der Wärme in einem Körper zu untersuchen, um Stellen zu erkennen, an denen beispielsweise eine Überhitzung droht.

Im Folgenden wird zunächst kurz in die physikalischen Grundlagen der Wärmeleitung eingeführt. Da die Komplexität der späteren Simulation sehr entscheidend von der Anzahl an unabhängigen Variablen, in diesem Fall der alleinigen Betrachtung der Temperatur also von der Anzahl der im Modell berücksichtigten Dimensionen (Raum und Zeit) abhängt, wird auch die Wahl der Dimensionalität betrachtet. Abschließend beschäftigen wir uns na-

H.-J. Bungartz et al., *Modellbildung und Simulation*, eXamen.press,
DOI 10.1007/978-3-642-37656-6_14, © Springer-Verlag Berlin Heidelberg 2013

türlich mit der Simulation der (stationären) Wärmeleitungsgleichung. Dazu gehören zum
einen die Diskretisierung und zum anderen die Lösung des sich ergebenden linearen Gleichungssystems.

Aus dem Instrumentarium in Kap. 2 werden dazu neben der Analysis weite Teile des
Abschnitts zur Numerik benötigt. Natürlich ist die Betrachtung hier wieder relativ knapp
gehalten. Ausführlicher sowohl bei der physikalischen Beschreibung als auch bei der Diskretisierung ist [61].

14.1 Herleitung der Wärmeleitungsgleichung

Die Herleitung partieller Differentialgleichungen zur Beschreibung physikalischer Prozesse kann sehr kompliziert sein. Vor einer Modellierung sollte man zunächst das konkret
interessierende Anwendungsgebiet möglichst weit eingrenzen: Je mehr mögliche Szenari-
en und Effekte durch das Modell abzudecken sind, desto aufwändiger wird natürlich auch
die Modellierung. Ausgangspunkt sind ganz grundlegende physikalische Gesetze, oft in
Form von *Bilanz-* oder *Erhaltungsgleichungen*. In diesem Kapitel sind dies Betrachtungen
über Wärmemenge und Wärmetransport. Typischerweise treten in solchen Gesetzen Dif-
ferentialoperatoren auf (als einfaches Beispiel aus der klassischen Mechanik kann man
hier an den Zusammenhang zwischen zurückgelegtem Weg und Geschwindigkeit bzw.
Beschleunigung denken), sodass die mathematische Behandlung zu Systemen von Differentialgleichungen führt, oft in Verbindung mit algebraischen Gleichungen, die z. B. Nebenbedingungen (maximale Auslenkungen, ...) beschreiben.

Im Fall der Ausbreitung von Wärme in einem Gegenstand, im Folgenden *Körper* genannt, ist die gesuchte Größe die *Temperatur* $T(x; t)$ in Abhängigkeit vom Ort x und der
Zeit t. Die Zeitkoordinate und die Raumkoordinaten sind in der folgenden Herleitung se-
parat zu behandeln: Bei den Operatoren wie ∇ (*Gradient*), div (*Divergenz*) und $\Delta = \text{div} \cdot \nabla$
(*Laplace-Operator*) beziehen sich die partiellen Ableitungen nur auf die Raumkoordinaten.

Für die Herleitung der Wärmeleitungsgleichung betrachten wir die im jeweiligen Körper gespeicherte Wärmemenge, für die wir eine Bilanzgleichung erhalten werden. Wir nehmen an, dass diese Wärmemenge pro Volumen proportional zur Temperatur ist, wobei der
Proportionalitätsfaktor das Produkt ist aus der *Dichte* ρ des Körpers und der *spezifischen
Wärmekapazität* c (einer Materialeigenschaft des Stoffes, die beschreibt, wie viel Energie
benötigt wird, um eine bestimmte Menge des Stoffes um eine bestimmte Temperatur zu
erhöhen). Dann erhält man die in einem Volumenstück V (Referenzvolumen) des Körpers
gespeicherte Wärmemenge Q durch Integration über das Volumenstück:

$$Q = \int_V c\rho\, T(x; t)\, dx \,. \tag{14.1}$$

Wir nehmen im Folgenden an, dass der Körper *homogen* ist, sodass ρ und c (positive reelle)
Konstanten sind; sie werden daher im Weiteren keine besondere Rolle spielen.

Nun ändere sich die Temperaturverteilung – und somit die Wärmemenge – über die Zeit. Wir leiten dazu eine Gleichung her, die den Wärmetransport über die Oberfläche ∂V unseres Volumenstücks beschreibt. Der Wärmetransport wird getrieben von Ausgleichsprozessen (hier aufgrund von Temperaturunterschieden innerhalb des Körpers), wir nehmen ihn daher proportional an zur *Normalenableitung* $\frac{\partial T}{\partial n}$ an der Oberfläche, also dem Skalarprodukt aus Gradient ∇T und dem nach außen gerichteten Normalenvektor $\boldsymbol{n}$ (eine positive Normalenableitung beschreibt also den Fall von Wärmetransport in das Volumen V hinein). Den Proportionalitätsfaktor liefert hier die so genannte *Wärmeleitfähigkeit* $k > 0$ (in einem gut Wärme leitenden Stoff, z. B. in einem Metall, ist k also groß, während in einem Wärme isolierenden Stoff k nur wenig größer als null ist). Wir nehmen an, dass die Wärmeleitfähigkeit im ganzen Körper konstant und zudem *isotrop*, d. h. nicht richtungsabhängig ist. Den Zufluss an Wärme in das Volumen V über seine Oberfläche und somit die zeitliche Änderung der Wärmemenge (andere Einflüsse, wie z. B. chemische Reaktionen innerhalb von V, seien hier ausgeschlossen) erhalten wir nun als *Oberflächenintegral* über den Temperaturgradienten (k ist ja nur eine Konstante), das sich mit dem *Gauß'schen Integralsatz* in ein *Volumenintegral* überführen lässt:

$$\frac{dQ}{dt} = \int_{\partial V} k\nabla T(\boldsymbol{x};t)\,\overrightarrow{dS} = \int_V k\Delta T(\boldsymbol{x};t)\,d\boldsymbol{x}\,. \tag{14.2}$$

Ableiten von (14.1) nach t und Einsetzen in (14.2) ergibt

$$\int_V c\rho\frac{\partial T}{\partial t}(\boldsymbol{x};t)\,d\boldsymbol{x} = \int_V k\Delta T(\boldsymbol{x};t)\,d\boldsymbol{x}\,.$$

Da diese Gleichung für jedes beliebige Volumenstück V erfüllt ist, müssen die beiden Integranden übereinstimmen:

$$c\rho\frac{\partial T(\boldsymbol{x};t)}{\partial t} = k\Delta T(\boldsymbol{x};t)\,.$$

Mit $\kappa = k/(c\rho)$ erhält man daraus unmittelbar die *Wärmeleitungsgleichung*

$$\frac{\partial T(\boldsymbol{x};t)}{\partial t} = \kappa\Delta T(\boldsymbol{x};t)\,, \tag{14.3}$$

bzw., für drei Raumkoordinaten x, y und z ausgeschrieben:

$$\frac{\partial T(x,y,z;t)}{\partial t} = \kappa\left(\frac{\partial^2 T(x,y,z;t)}{\partial x^2} + \frac{\partial^2 T(x,y,z;t)}{\partial y^2} + \frac{\partial^2 T(x,y,z;t)}{\partial z^2}\right)\,.$$

Es handelt sich hierbei um eine PDE vom *parabolischen Typ* (vgl. Abschn. 2.4.6), für die *Rand-Anfangswertprobleme* typisch sind: Gegeben sind in diesem Fall die Temperaturverteilung $T(\boldsymbol{x};t_0)$ für den Anfang t_0 des betrachteten Zeitintervalls sowie für alle $t > t_0$ Bedingungen für die Oberfläche des Gesamtkörpers (z. B. *Dirichlet-Randbedingungen*, die die

Temperatur selbst festlegen, oder *Neumann-Randbedingungen,* die den Wärmefluss festlegen). Die Differentialgleichung selbst gibt an, wie sich unter diesen Bedingungen die Temperaturverteilung ändert.

Ohne einschränkende Randbedingungen lassen sich manchmal auch ohne numerische Berechnungen, also auf analytischem Wege oder „mit Papier und Bleistift", Lösungen für diese Gleichung bestimmen. Man rechnet z. B. leicht nach, dass für beliebige $v_x, v_y, v_z \in \mathbb{N}$ die Funktionen

$$T(x, y, z; t) = e^{-\kappa \left(v_x^2 + v_y^2 + v_z^2 \right) t} \sin \left(v_x x \right) \sin \left(v_y y \right) \sin \left(v_z z \right)$$

die Wärmeleitungsgleichung erfüllen.

In der bisherigen Form hängt die Wärmeleitungsgleichung von drei räumlichen und einer zeitlichen Variablen ab. Im Folgenden werden wir allerdings nur noch ein oder zwei Raumdimensionen betrachten. Die prinzipielle Vorgehensweise unterscheidet sich dabei nicht vom dreidimensionalen Fall. Allerdings ist der zweidimensionale Fall sehr viel leichter vorstellbar.

Oft ist man zudem gar nicht an der zeitlichen Entwicklung der Temperaturverteilung interessiert, sondern nur an einer Verteilung, die sich im *stationären Grenzfall* $t \to \infty$ einstellt. So eine Verteilung zeichnet sich (analog zu den Gleichgewichtspunkten bei ODE) dadurch aus, dass keine zeitliche Änderung mehr eintritt. Es gilt also $T_t = 0$, sodass die Lösung die *stationäre Wärmeleitungsgleichung*

$$\kappa \Delta T(\boldsymbol{x}) = 0 \,, \tag{14.4}$$

erfüllt. Dies ist eine Differentialgleichung vom *elliptischen Typ*; es gibt nun keine Anfangswerte, sondern nur noch Randbedingungen. Man löst also ein klassisches *Randwertproblem*. Um den Aufwand bei der anschließenden Diskretisierung gering zu halten, werden wir uns dort auf das stationäre Problem beschränken.

14.1.1 Anzahl an Dimensionen

Die Anzahl der in einem Modell und der anschließenden Simulation zu berücksichtigenden Raumdimensionen hängt im Wesentlichen von vier Dingen ab: von der Form des Objekts, von den Randbedingungen, von der gewünschten Genauigkeit und von den zur Verfügung stehenden Rechenkapazitäten. Zwar sind alle Gegenstände des täglichen Gebrauchs dreidimensionale Objekte, manchmal genügt aber eine vereinfachte Darstellung völlig. Die Wärmeausbreitung in einem Stab lässt sich möglicherweise mit nur einer Raumdimension darstellen, die in einem Stück Blech mit zwei. Dazu ist es aber wichtig, dass das Blech auf der Ober- und Unterseite relativ gut isoliert ist, da sonst über diesen Rand, der ja in der dritten, nicht modellierten, Dimension liegt, Wärme ausgetauscht wird.

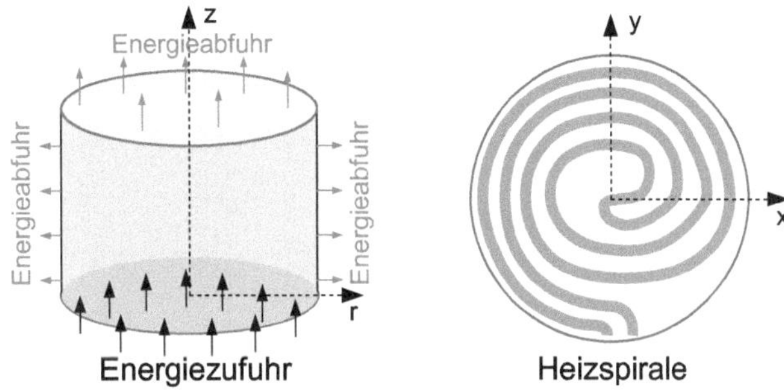

Abb. 14.1 Schematische Darstellung von Kochtopf (*links*) und Herdplatte (*rechts*)

Die benötigte Genauigkeit lässt sich nicht allein an dem zu simulierenden Objekt festmachen. Als Beispiel betrachten wir die Simulation der Wärmeausbreitung in einem Kochtopf, wie er schematisch in Abb. 14.1 dargestellt ist. Wir nehmen dazu vereinfachend an, dass sich die Wärmeverteilung im Topf gemäß der oben hergeleiteten Formel verhält. Die Hauptwärmezufuhr erfolgt von unten über die Herdplatte und breitet sich in z-Richtung aus. Für den Hobbykoch, der nur grob wissen will, in welcher Höhe welche Temperatur herrscht, genügt es, diese eine Dimension zu betrachten. Allerdings verliert der Topf über die Außenwände Energie. Für den Hersteller des Topfes wäre es auf jeden Fall sinnvoll, dies bei der Modellierung zu berücksichtigen. Daher wird als weitere Koordinate der Radius verwendet. Wie in Abb. 14.1 auf der rechten Seite schematisch dargestellt ist, ist die Wärmeverteilung in der Herdplatte selbst aber auch inhomogen. Für einen Produzenten von Herdplatten wäre es also wichtig, solche Effekte über den Winkel als dritte Raumkoordinate ebenfalls in der Modellierung der Wärmeausbreitung in einem Topf zu berücksichtigen.

14.2 Diskretisierung

In diesem Abschnitt betrachten wir nun die Modellgleichungen als gegeben und befassen uns mit ihrer Diskretisierung. Wir verwenden hierfür *finite Differenzen*, die uns bereits an verschiedenen Stellen dieses Buchs begegnet sind. Weil wir uns hier aber auch mit der effizienten Lösung der resultierenden linearen Gleichungssysteme auseinandersetzen wollen, schauen wir uns die Diskretisierung nochmals an.

Bei der Herleitung der Wärmeleitungsgleichung haben wir den *stationären Fall* aus (14.4) betrachtet. Die Lösung dieser stationären Gleichung erfordert aus naheliegenden Gründen eine andere Numerik als die Lösung der instationären Wärmeleitungsgleichung. Im *instationären Fall* müssen sowohl der Raum als auch die Zeit diskretisiert werden, im stationären Fall genügt dagegen die Diskretisierung der räumlichen Koordinaten. Wenn man beispielsweise untersuchen möchte, wie die Wärme in einem Werkstoff verteilt ist, der an einer Seite an eine Wärmequelle angeschlossen ist, so lässt sich diese Problemstellung sowohl stationär als auch instationär betrachten. Man könnte den Werkstoff für eine bestimmte Zeit simulieren, um zu sehen, wie die Wärme nach langer Zeit verteilt ist. Das

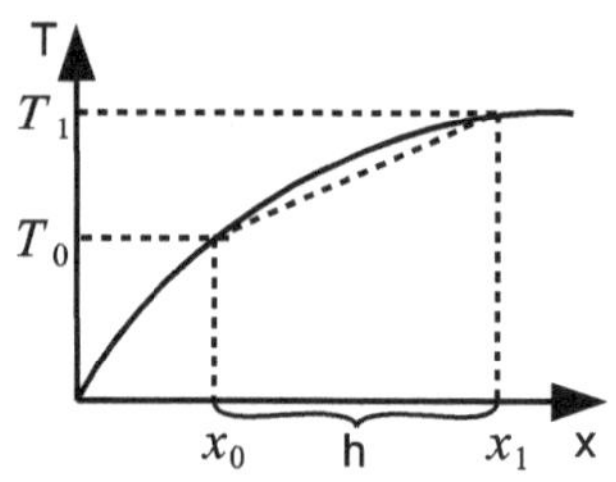

Abb. 14.2 Näherung der Ableitung durch die Sekante

bedeutet natürlich, dass die Zeit diskretisiert werden muss und dass damit die Problemstellung instationär ist. Da einen in diesem Fall aber die zeitliche Entwicklung eigentlich gar nicht interessiert, sondern nur das Endergebnis, lässt sich stattdessen das stationäre Problem lösen, bei dem diejenige Wärmeverteilung gesucht wird, die die Wärmeleitungsgleichung bei den gegebenen Anfangsbedingungen erfüllt.

Die beiden Ansätze haben sehr unterschiedliche Anforderungen an die zu verwendenden numerischen Methoden. Ohne Numerik kommen wir allerdings in keinem der beiden Fälle weiter, da sich die Gleichungen zusammen mit den gegebenen Rand- bzw. Anfangsbedingungen praktisch nie analytisch lösen lassen. Wir beschränken uns für das Folgende auf den Fall der stationären Wärmeleitungsgleichung. Im Abschn. 2.4.6 wurden bereits verschiedene Diskretisierungsansätze für PDE vorgestellt, für unser Problem wählen wir, wie gesagt, die Methode der finiten Differenzen. Wir erläutern zunächst noch einmal kurz, wie der *3-Punkte-Stern* (eine Raumdimension) bzw. der *5-Punkte-Stern* (zwei Raumdimensionen) zur Diskretisierung erzeugt werden.

14.2.1 3-Punkte-Stern

Dem Prinzip der finiten Differenzen liegt die Approximation von Differentialquotienten durch Differenzenquotienten oder, vereinfachend gesagt am Beispiel der ersten Ableitung, von Tangenten durch Sekanten zugrunde, wie das in Abb. 14.2 veranschaulicht ist.

Bezüglich der konkreten Approximation der ersten Ableitung wird unter anderem unterschieden zwischen dem *Vorwärtsdifferenzenquotienten*

$$T'(x_0) \doteq \frac{T(x_0 + h) - T(x_0)}{h}, \tag{14.5}$$

bei dem der aktuelle sowie ein nachfolgender Gitterpunkt verwendet werden, und dem *Rückwärtsdifferenzenquotienten*

$$T'(x_0) \doteq \frac{T(x_0) - T(x_0 - h)}{h}, \tag{14.6}$$

bei dem stattdessen der aktuelle sowie ein vorausgehender Punkt zum Einsatz kommen. Will man nun die – bei der Wärmeleitungsgleichung ja vorliegende – zweite Ableitung

Abb. 14.3 Diskretisierung eines Stabs

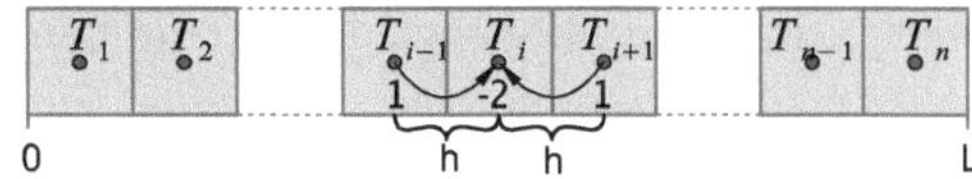

entsprechend diskretisieren, so liegt das erneute Bilden eines Differenzenquotienten aus (14.5) und (14.6) nahe. Diese Vorgehensweise führt uns zu

$$T''(x_0) \doteq \frac{\frac{T(x_0+h)-T(x_0)}{h} - \frac{T(x_0)-T(x_0-h)}{h}}{h}$$

$$= \frac{T(x_0 + h) - 2T(x_0) + T(x_0 - h)}{h^2} \, . \tag{14.7}$$

Was nun für die Durchführung numerischer Berechnungen noch festzulegen ist, ist ein passender Wert für die *Maschenweite h*. Dieser wird einerseits von der nötigen Berechnungsgenauigkeit abhängen (je näher die zur Ermittlung der finiten Differenzen benutzten Punkte beieinander liegen, desto höher wird hoffentlich – zumindest asymptotisch gesehen – die Genauigkeit sein), andererseits müssen wir natürlich auch die zur Verfügung stehenden Rechenkapazitäten im Auge behalten. Im Falle der eindimensionalen Wärmeleitungsgleichung (beispielsweise zur Berechnung der Wärmeverteilung in einem Stab) muss also festgelegt werden, an wie vielen diskreten *Gitterpunkten* die Temperatur berechnet werden soll. Je höher deren Anzahl ist, desto höher sind sowohl die zu erwartende Genauigkeit als auch der Rechenaufwand. Abbildung 14.3 zeigt einen Ausschnitt aus einem in n gleich große Intervalle unterteilten Stab. In diesem Beispiel berechnen wir näherungsweise Temperaturwerte T_i, $i = 1, \ldots n$, in der Mitte der einzelnen Abschnitte. Die einzelnen Punkte haben somit einen Abstand von $h = \frac{L}{n}$.

Damit können wir die Diskretisierung auf die eindimensionale Wärmeleitungsgleichung übertragen. Aus (14.4) folgt mit (14.7) für die Stelle i

$$\kappa \cdot \frac{T_{i+1} - 2T_i + T_{i-1}}{h^2} = 0 \, ,$$

bzw. nach weiterer Vereinfachung

$$T_{i+1} - 2T_i + T_{i-1} = 0 \, .$$

Man sieht, dass für die Gleichung an der Stelle i sowohl die Temperatur T_i an der Stelle i als auch die benachbarten Werte T_{i-1} sowie T_{i+1} benötigt werden. Diese Diskretisierung der zweiten Ableitung wird *3-Punkte-Stern* genannt, da eben für die Berechnung an der Stelle i drei benachbarte Punkte benötigt werden, die sternförmig – was man zugegebenermaßen im eindimensionalen Fall noch nicht so richtig sehen kann – um i angeordnet sind. Die diskrete Gleichung muss auf dem gesamten (diskretisierten) Gebiet erfüllt sein, in diesem Fall also für alle i von 1 bis n. Für die beiden Randpunkte haben wir aber bislang keine äußeren Nachbarn. In Abschn. 14.2.3 gehen wir noch näher auf die Randbedingungen ein, vorweg sei aber bereits gesagt, dass wir am Rand, also für T_0 und T_{n+1}, feste Werte vorgeben. Es ergibt sich somit folgendes *lineares Gleichungssystem* mit n Gleichungen in den n Unbekannten $T_1, \ldots, T_n$:

$$\begin{pmatrix} -2 & 1 & 0 & \cdots & 0 \\ 1 & -2 & 1 & & \vdots \\ 0 & 1 & -2 & \ddots & 0 \\ \vdots & & \ddots & \ddots & 1 \\ 0 & \cdots & 0 & 1 & -2 \end{pmatrix} \cdot \begin{pmatrix} T_1 \\ T_2 \\ \vdots \\ T_{n-1} \\ T_n \end{pmatrix} = \begin{pmatrix} -T_0 \\ 0 \\ \vdots \\ 0 \\ -T_{n+1} \end{pmatrix} .$$

14.2.2　5-Punkte-Stern

Zur Lösung von (14.4) benötigen wir aufgrund der Gestalt des Laplace-Operators die beiden zweiten partiellen Ableitungen $\frac{\partial^2 T}{\partial x^2}$ und $\frac{\partial^2 T}{\partial y^2}$. Analog zu (14.7) nähern wir diese an der Stelle (x, y), bei gleicher Schrittweite h in x- und y-Richtung, mittels

$$\frac{\partial^2 T}{\partial x^2} \doteq \frac{T(x+h, y) - 2T(x, y) + T(x-h, y)}{h^2} \, ,$$
$$\frac{\partial^2 T}{\partial y^2} \doteq \frac{T(x, y+h) - 2T(x, y) + T(x, y-h)}{h^2} \, .$$

Dies wiederum ergibt als Näherung für (14.4)

$$\kappa \left(\frac{T(x+h, y) + T(x, y+h) - 4T(x, y) + T(x-h, y) + T(x, y-h)}{h^2} \right) = 0$$

und nach Vereinfachung

$$T(x+h, y) + T(x, y+h) - 4T(x, y) + T(x-h, y) + T(x, y-h) = 0 \, .$$

Wenn wir nun analog zum Eindimensionalen eine Unterteilung des zweidimensionalen Simulationsgebiets in ein Gitter aus diskreten Zellen vornehmen, bei dem die Temperatur im Zellmittelpunkt der Zelle (i, j) mit $T_{i,j}$ angegeben wird, so kommen wir auf die Gleichung

$$T_{i+1, j} + T_{i, j+1} - 4T_{i, j} + T_{i-1, j} + T_{i, j-1} = 0 \, .$$

Dieses Diskretisierungsschema wird *5-Punkte-Stern* genannt, wobei die Bezeichnung „Stern" jetzt schon anschaulicher ist als zuvor im Eindimensionalen.

Im eindimensionalen Fall waren für die Berechnung einer Zelle die beiden Nachbarn links und rechts davon notwendig. Die einzelnen Temperaturwerte wurden in einem Vektor angeordnet, was sowohl wichtig ist beim Aufstellen des Gleichungssystems als auch beim Abspeichern der einzelnen Werte bei der Implementierung. Für den zweidimensionalen Fall wollen wir auch wieder ein lineares Gleichungssystem aufstellen, und wir

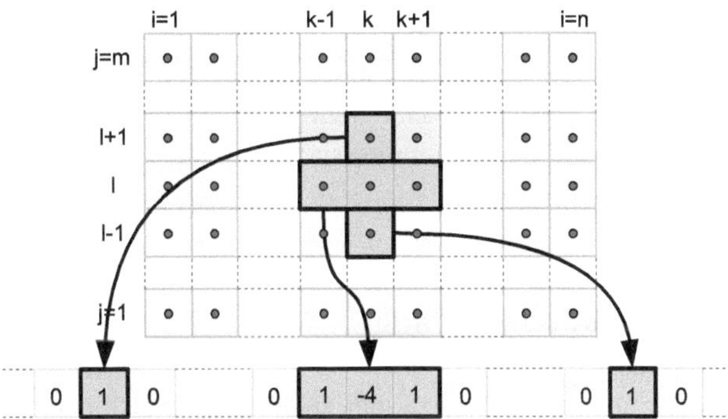

Abb. 14.4 Zugriff auf benötigte Elemente beim *5-Punkte-Stern*

müssen dazu eine Reihenfolge festlegen, in der die Temperaturwerte in einem Vektor angeordnet werden. Wir machen dies zeilenweise: Nachbarn, die im Sinne der Geometrie der zweidimensional angeordneten Zellen in der gleichen Zeile liegen, liegen auch im Vektor nebeneinander. Diejenigen Nachbarn aber, die in der gleichen Spalte liegen, sind im Vektor weiter voneinander entfernt. Dies liegt zwar sehr nahe, ist einfach umzusetzen und erfreut sich folglich auch großer Beliebtheit, es erweist sich allerdings oft als sehr störend im Hinblick auf eine effiziente Implementierung – wenn wir also wirklich die volle Leistungsfähigkeit aus der zur Verfügung stehenden Rechner-Hardware herauskitzeln wollen oder müssen. (Für die *Cache-Hierarchien* moderner Prozessoren ist die so genannte *räumliche Lokalität* wichtig: Räumlich nahe beieinander Liegendes sollte in numerischen Algorithmen auch zeitnah bearbeitet werden, um die Verfügbarkeit der jeweils benötigten Werte im Cache zu gewährleisten und teuere Zugriffe auf den Hauptspeicher zu vermeiden – aber dies nur am Rande.) In Abb. 14.4 sind der *5-Punkte-Stern* für die Berechnung des Elements (k, l) sowie die Anordnung der entsprechenden Zellen im Vektor dargestellt.

Mit diesen Vorüberlegungen lässt sich nun auch für den zweidimensionalen Fall ein Gleichungssystem aufstellen. Für Elemente am Rand wird auch wieder wie zuvor im Eindimensionalen vorgegangen. Für ein sehr kleines Testgebiet mit nur drei Zellen – ohne Rand – in jeder Richtung, würde man beispielsweise das folgende Gleichungssystem erhalten:

$$
\begin{pmatrix}
-4 & 1 & & 1 & & & & & \\
1 & -4 & 1 & & 1 & & & & \\
& 1 & -4 & & & 1 & & & \\
1 & & & -4 & 1 & & 1 & & \\
& 1 & & 1 & -4 & 1 & & 1 & \\
& & 1 & & 1 & -4 & & & 1 \\
& & & 1 & & & -4 & 1 & \\
& & & & 1 & & 1 & -4 & 1 \\
& & & & & 1 & & 1 & -4
\end{pmatrix}
\cdot
\begin{pmatrix}
T_{1,1} \\
T_{1,2} \\
T_{1,3} \\
T_{2,1} \\
T_{2,2} \\
T_{2,3} \\
T_{3,1} \\
T_{3,2} \\
T_{3,3}
\end{pmatrix}
=
\begin{pmatrix}
-T_{0,1} - T_{1,0} \\
-T_{0,2} \\
-T_{0,3} - T_{1,4} \\
-T_{2,0} \\
0 \\
-T_{2,4} \\
-T_{3,0} - T_{4,1} \\
-T_{4,2} \\
-T_{4,0} - T_{3,4}
\end{pmatrix}
.
$$

$$(14.8)$$

Die Matrix des Gleichungssystems ist in neun Blöcke unterteilt. Die Anzahl an Blöcken entspricht immer dem Quadrat der Zeilenzahl im diskretisierten Gebiet, und die Anzahl an Einträgen (einschließlich der Nullen) je Block entspricht dem Quadrat der Spaltenzahl. Durch Lösung dieses Gleichungssystems erhält man die (numerische bzw. diskrete) Lösung der zweidimensionalen stationären Wärmeleitungsgleichung.

14.2.3   Randbehandlung

Wie wir aus Kap. 2 wissen, gibt es bei PDE verschiedene Möglichkeiten, mit dem Rand des Gebiets umzugehen bzw. dort Bedingungen zu definieren, um die eindeutige Lösbarkeit des Problems zu gewährleisten. Die Möglichkeit, die wir intuitiv in den beiden letzten Abschnitten gewählt haben, waren *Dirichlet-Randbedingungen*. Bei diesen werden für sämtliche Randzellen Temperaturwerte fest vorgegeben. Ein paar Details sind dabei noch zusätzlich zu bedenken. Man muss festlegen, wo überhaupt der Rand verläuft. In unserem Fall haben wir das Gebiet in Zellen aufgeteilt und jeweils die Temperatur in der Zellmitte (vgl. Abb. 14.4) berechnet. Prinzipiell gibt es nun zwei Möglichkeiten: Entweder legt man für die äußerste Schicht dieses Gebiets die Temperatur fest, oder man legt eine zusätzliche Schicht Zellen um das Gebiet herum, für die man dann die Temperatur festlegt. Wir haben uns für Letzteres entschieden, daher rühren auch die Indizes 0 und $n + 1$. Anstatt die Temperatur in der Zellmitte zu berechnen, was aus Gründen der Anschaulichkeit sinnvoll sein kann, hätte man aber auch die Eckpunkte der Zellen (bzw. Kreuzungspunkte der Gitterlinien) wählen können. Dann wären die äußersten Werte wirklich direkt auf dem Gebietsrand gelandet, wodurch die Randbehandlung etwas einfacher und vor allem auch sinnvoller geworden wäre. Denn schließlich liegt die vorgegebene Randtemperatur normalerweise direkt am Rand an, und nicht eine halbe Zellbreite davon entfernt.

Wie man sieht, liegt noch ein gehöriges Stück Arbeit zwischen dem Ruf „Dirichlet-Randbedingungen!" des Modellierers und einem numerischen Verfahren bzw. seiner Implementierung, die das dann auch zielführend umsetzen. Die Frage der Randbedingungen wird uns auch im Kap. 15 zur numerischen Strömungsmechanik wieder beschäftigen.

14.3   Numerische Lösung der PDE

Sowohl im eindimensionalen als auch im zweidimensionalen Fall ist das Ergebnis der Diskretisierung ein großes *lineares Gleichungssystem* mit *dünn besetzter* zugehöriger Koeffizientenmatrix – in Zeile k können von null verschiedene Matrixeinträge nur an mit dem zu dieser Zeile gehörenden Gitterpunkt über den Diskretisierungsstern verbundenen Positionen stehen, und das sind maximal lediglich drei bzw. fünf. An dieser Struktur ändert sich auch im Dreidimensionalen nichts Wesentliches; es kommen vor allem zwei weitere Nebendiagonalen hinzu, da der lokale Gitterpunkt nun auch zwei direkte Nachbarn in z-Richtung hat. Zur Lösung dieses Gleichungssystems bieten sich aufgrund dieser beson-

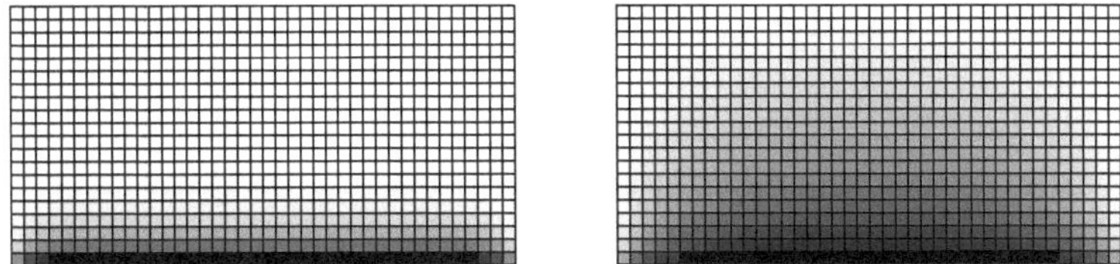

Abb. 14.5 Simulation einer Fläche aus 40 × 20 Zellen mit Dirichlet-Rand und hoher Temperatur an der unteren Seite: Wärmeverteilung nach 20 (*links*) und 500 (*rechts*) Schritten

deren Struktur die in Abschn. 2.4.4 vorgestellten *Iterationsverfahren* an. Aufgrund der typischerweise sehr großen Zahl von Gitterpunkten und somit Unbekannten im Gleichungssystem spielen direkte Löser wie die Gauß-Elimination hier in aller Regel keine Rolle. Speziell die *Relaxationsverfahren* sind sehr einfach anzuwenden und für ein nicht zu großes zweidimensionales Beispiel auf jeden Fall ausreichend.

14.3.1 Einfache Relaxationsverfahren

Gesucht ist nun also die Lösung von (14.8), natürlich in aller Regel mit etwas mehr diskreten Gitterpunkten. Bei vielen Iterationsverfahren müssen das Gleichungssystem selbst sowie insbesondere die zugehörige Matrix gar nicht explizit aufgestellt werden; es reicht aus, wenn man die Matrix *anwenden*, also ihre Wirkung auf einen beliebigen Vektor angeben kann. Sofern wir alle inneren Zellen und eine weitere Schicht Zellen für den vorgegebenen Rand in einem zweidimensionalen Array abspeichern und dann die Berechnungschleife nur über alle inneren Zellen laufen lassen, muss auch gar nicht mehr unterschieden werden, ob eine Zelle am Rand liegt oder nicht. Für jede Zelle wird für die entsprechende Zeile des Gleichungssystems eine Näherungslösung berechnet, wobei die benötigten Elemente gemäß dem *5-Punkte-Stern* aus dem zweidimensionalen Array geholt werden. Somit bleibt noch die Frage, wie oft das Iterationsverfahren über die Daten iterieren soll.

In Abb. 14.5 sieht man das Simulationsergebnis für ein Gebiet mit 40 × 20 Zellen, bei dem am unteren Rand eine feste warme (100°) und an allen übrigen Rändern eine konstante kältere Temperatur (0°) angelegt wird, nach 20 (links) bzw. 500 (rechts) Iterationen mit der *Jacobi-Iteration*.

Üblicherweise will bzw. kann man aber nicht die Anzahl an Iterationen einfach vorgeben, sondern muss so lange iterieren, bis eine bestimmte Qualität erreicht ist. Ein Maß für diese Qualität wäre natürlich der *Fehler e* zwischen momentaner Näherung und exakter Lösung, den man allerdings im Allgemeinen nicht kennt. Daher greift man auf das *Residuum r* zurück, welches definiert ist als

$$r := b - Ax \, ,$$

wobei A die Matrix und b die rechte Seite des Gleichungssystems bezeichne. In dieser Form ist das Residuum ein Vektor, dessen Elemente aufgrund der bekannten Beziehung $r = -Ae$ ebenfalls als Indikator für den Fehler an jeder diskreten Stelle dienen können. Als Abbruchkriterium für die Iteration ist ein einzelner Wert wünschenswert, welcher sich z. B. mittels

$$\bar{r} = \sqrt{\frac{\sum_1^n r_i}{n}}$$

berechnen lässt. Je kleiner $\bar{r}$ ist, desto genauer ist die bisherige Lösung – hoffentlich, denn so ganz sicher können wir ja nicht sein; A könnte ja so geartet sein, dass kleines Residuum und großer Fehler gemeinsam auftreten können. In obiger Simulation mit Startwerten null im gesamten Berechnungsgebiet reduzieren 500 Schritte $\bar{r}$ von 22,36 auf 0,0273. Ob dies nun schon genau genug ist, lässt sich natürlich nicht allgemein sagen, aber zumindest wird man auch bei weiterem Iterieren kaum mehr Unterschiede sehen, da die Jacobi-Iteration ja am Residuum ansetzt. Die bislang berechnete Wärmeverteilung entspricht auch in etwa dem, was man für die gegebenen Randbedingungen erwarten würde.

Kurz wollen wir auch noch zwei weitere Relaxationsverfahren in diesem Zusammenhang erwähnen, die ebenfalls schon in Kap. 2 im Abschnitt zur Numerik zur Sprache gekommen sind. Für dieselbe Genauigkeit wie beim Jacobi-Verfahren benötigt man mit dem *Gauß-Seidel-Verfahren* in unserem Beispiel statt 500 nur noch 247 Schritte. Beim *SOR-Verfahren*, der so genannten *Überrelaxation*, hängt es sehr von der Wahl des Überrelaxationsfaktors ab. Bekanntlich muss dieser auf jeden Fall kleiner als 2 sein. Wählt man ihn größer, so konvergiert die Lösung überhaupt nicht mehr. Der optimale Faktor hängt hingegen vom gegebenen Problem ab, in unserem Beispiel liegt er ungefähr bei 1,77, und die Anzahl der für die obige Genauigkeit erforderlichen Iterationsschritte ist dann 31, was schon eine signifikante Verbesserung gegenüber dem Jacobi-Verfahren ist. Dies wird umso wichtiger, je feiner das Gitter unser zu simulierendes Gebiet auflöst, da die Anzahl an Iterationsschritten ja bei allen Relaxationsverfahren von der Anzahl der (diskreten) Unabhängigen und somit von der Größe der Matrix abhängt und beim Jacobi-Verfahren schneller steigt als beim SOR-Verfahren. Diesem äußerst ärgerlichen Zustand wollen wir im Folgenden mit einer wesentlich ausgefeilteren Idee, lineare Gleichungssysteme iterativ zu lösen, zu Leibe rücken – den *Mehrgitterverfahren*.

14.3.2 Mehrgitterverfahren

Im vorigen Abschnitt wurde erneut beklagt, dass der Berechnungaufwand mehr als linear bezüglich der Anzahl an Diskretisierungspunkten steigt. Für die Praxis numerischer Simulationen bedeutet dies, dass mit zunehmender Auflösung (also abnehmender Maschenweite und somit zunehmender Genauigkeit) nicht nur jeder einzelne Interationsschritt aufgrund der nun größeren Matrix teurer wird, sondern dass zusätzlich auch immer mehr solcher Schritte erforderlich sind, um den Startfehler um einen vorgegebenen Faktor zu

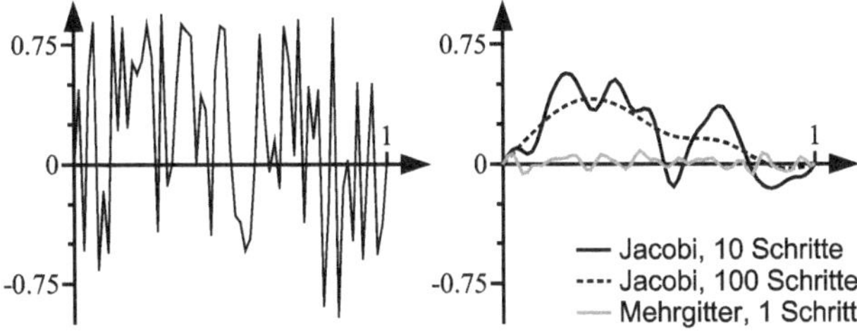

Abb. 14.6 Zufällige Startwerte (*links*) und Fehler einer näherungsweisen Lösung eines eindimensionalen Wärmeleitungsproblems mit verschiedenen Iterationsverfahren (*rechts*)

reduzieren. Bei großen Problemen ist dies einer der zentralen Einflussfaktoren dafür, dass so manches aus Rechenzeitgründen noch nicht simuliert werden kann.

Ein linearer Rechenaufwand wäre für ein lineares Gleichungssystem fraglos das Optimum, da jeder Diskretisierungspunkt zumindest einmal verwendet werden muss – und sei es nur, um den Startwert zu ermitteln. Um zumindest eine grobe Vorstellung davon zu bekommen, woran dieses mit zunehmender Auflösung immer schlechtere Konvergenzverhalten der Relaxationsverfahren liegt, empfiehlt es sich, das Verhalten des Lösers bei einem Problem anzuschauen, dessen Lösung man schon kennt. Bei der Wärmeleitung kann man dazu beispielsweise sämtliche Ränder auf den gleichen Wert setzen und die Anfangsbedingung zufällig wählen. Die richtige Lösung ist natürlich eine konstante Temperatur – eben die auf dem Rand vorgegebene Temperatur – im gesamten Gebiet.

In Abb. 14.6 ist das Ergebnis eines solchen Experiments im eindimensionalen Fall dokumentiert. An beiden Enden des Stabes liegt fortdauernd die konstante Referenztemperatur an, wohingegen zu Beginn die Temperaturwerte an den einzelnen inneren Punkten zufällig gewählt sind (Abb. 14.6 (links)) und daher sehr stark schwanken. Im rechten Teil von Abb. 14.6 ist der Fehler aufgetragen – nach zehn Jacobi-Schritten, nach hundert Jacobi-Schritten und nach einem einzigen *Mehrgitterschritt*. Auch wer an dieser Stelle noch keine Vorstellung davon hat, wie Mehrgitterverfahren funktionieren, ist hoffentlich beeindruckt!

Was lernen wir aus Abb. 14.6? Nach einigen Iterationen mit dem Jacobi-Verfahren sieht man, dass die Lösung sehr viel *glatter* (im anschaulichen Sinne) wird. Das überrascht nicht: Die Wärmeleitungsgleichung (14.4) ist ja dann gelöst, wenn die zweiten Ableitungen an jeder Stelle verschwinden. Diejenigen Komponenten des Fehlers, die nicht glatt sind, werden offensichtlich sehr schnell reduziert, die anderen jedoch nicht. Etwas vereinfachend ausgedrückt kann man sich den Fehler als aus verschiedenen *Frequenzbändern* zusammengesetzt vorstellen – die hochfrequenten Anteile werden schnell beseitigt, die niederfrequenten nicht. Auch nach 100 Jacobi-Iterationen in obigem Beispiel ist der Fehler daher noch erschreckend groß. (Man bedenke, dass 100 Iterationsschritte für ein derart banales, eindimensionales Problem schon eine sehr stolze Zahl sind!)

Nun kann man sich noch überlegen, wann eine bestimmte Frequenz überhaupt als *hoch* anzusehen ist und wann nicht, und kommt damit schon auf den wesentlichen Grundgedanken der Mehrgitterverfahren. Ob eine Fehlerfrequenz hoch ist oder nicht, hängt nämlich von der Auflösung des Diskretisierungsgitters ab. Laut dem Nyquist-Shannon-Abtasttheorem muss ein Signal mit mindestens der doppelten Frequenz wie die im Signal maximal vorkommende Frequenz abgetastet, d. h. diskretisiert, werden, um verlustfrei rekonstruiert werden zu können. Wenn weniger Punkte verwendet werden, so ändert sich die Funktion zwischen den einzelnen Punkten stärker, die Frequenz ist folglich *zu* hoch für dieses Gitter – hier machen wir eben einen Diskretisierungsfehler. Diejenigen Frequenzen aber, die sich prinzipiell auf diesem Gitter darstellen lassen, können wiederum in hohe und niedrige Frequenzen unterteilt werden. Die hohen sind dabei die, für die dieses Gitter angemessen ist; die niederen (bei denen, wie wir gesehen haben, unsere Relaxationsverfahren ja ihre Probleme haben) bräuchten ein so feines Gitter zu ihrer Darstellung nicht – sie könnten auch mit einer gröberen Diskretisierung leben.

Aus den genannten Gründen liegt es nahe, zunächst die Startlösung zu *glätten* (d. h., die hochfrequenten Komponenten zu entfernen) und dann das Problem auf ein gröberes Gitter zu transferieren, um die – bzgl. des ursprünglichen (feinen) Gitters – niedrigen Frequenzen wieder in – bzgl. des neuen (groben) Gitters – hohe Frequenzen zu verwandeln und diese dann dort in Angriff zu nehmen. Dieser zweite Teil des Verfahrens heißt *Grobgitterkorrektur* – man benutzt das gröbere Gitter also, um die momentane Näherung auf dem feinen Gitter zu korrigieren bzw. zu verbessern. Daher liegt es nahe, das Residuum auf das gröbere Gitter zu transferieren und dort eine so genannte *Korrekturgleichung* zu lösen, mit dem Residuum als rechter Seite. Deren exakte Lösung wäre dann gerade der Fehler – die ideale *Korrektur*.

Natürlich lässt sich ein solcher *Zwei-Gitter-Ansatz* rekursiv fortsetzen, da auch auf dem groben Gitter wiederum Anteile des Fehlers relativ niedrige Frequenzen haben. Es gelangt also eine ganze *Hierarchie* verschiedener Gitter $\Omega_l, l = 1, 2, \dots, L$, mit jeweiliger Maschenweite $h_l = 2^{-l}$ zum Einsatz. Der Ablauf eines prototypischen *Mehrgitteralgorithmus'*, ausgehend von einem feinen Gitter auf Level l, sieht somit wie folgt aus:

```
multigrid(l, b, x) {
  x = jacobi(l, b, x)                    // Vorglätten
  if(l>0) {                              // Abbruchbedingung
    r = residual(l, b, x)               // Residuum berechnen
    b_c = restrict(l, r)                // Restriktion
    e_c = zero_vector(l-1)
    e_c = multigrid(l-1, b_c, e_c)      // Rekursion
    x_delta = interpolate(l, e_c)       // Prolongation
    x = x + x_delta                     // Korrektur
  }
  x = jacobi(l, b, x)                    // Nachglätten
  return x
}
```

Abb. 14.7 schematische Darstellung des Rekursionsverlaufs bei Mehrgitterverfahren; V-Zyklus (*links*) und W-Zyklus (*rechts*)

Dieser Ablauf nennt sich in Anlehnung an den Verlauf der Rekursion *V-Zyklus* (siehe Abb. 14.7 (links)), da die Rekursion zunächst bis zum gröbsten Gitter absteigt und danach direkt zurück zum feinsten Gitter aufsteigt.

Es gibt noch andere Abläufe, die z. B. bezüglich ihres Konvergenzverhaltens besser sein können (z. B. der *W-Zyklus* in Abb. 14.7 (rechts)), diese sollen hier aber nicht weiter behandelt werden. Wir gehen allerdings im Folgenden noch kurz auf wichtige algorithmische Aspekte bei den einzelnen Schritten des V-Zyklus' ein.

Vorglätten Wenn man davon ausgeht, dass über die Lösung der PDE nichts bekannt ist, so muss man auch davon ausgehen, dass im anfänglichen Fehler e_l gleichermaßen verschiedenen hohe Frequenzen vorkommen. Bevor auf einem gröberen Gitter die bzgl. des aktuellen Gitters Ω_l niedrigen Frequenzen angegangen werden können, müssen also zunächst die hohen Frequenzen entfernt werden – andernfalls würde beim Transport auf das gröbere Gitter Ω_{l-1} zwangsläufig Information verloren gehen. Dieses *Vorglätten* geschieht durch wenige Iterationen eines Relaxationsverfahrens, beispielsweise Jacobi oder Gauß-Seidel. Das Residuum r_l der erhaltenen Näherungslösung x_l enthält danach im Idealfall nur noch signifikante Anteile von (bzgl. Ω_l) niedrigen Frequenzen.

Restriktion Nachdem für die vorgeglättete Näherungslösung das Residuum berechnet ist, muss dieses auf das nächstgröbere Gitter transportiert werden. Dazu gibt es verschiedene Möglichkeiten; die einfachste ist, lediglich jeden zweiten Punkt auszuwählen und die restlichen zu vernachlässigen (die so genannte *Injektion*), wie es in Abb. 14.8 (links) dargestellt ist. Anstatt die Zwischenpunkte wegzulassen, könnte man den Grobgitterpunkt auch mitteln aus dem zugehörigen Feingitterpunkt ($\frac{1}{2}$) und den beiden Nachbarn (je $\frac{1}{4}$). Dieser Ansatz nennt sich *Full Weighting* und ist in Abb. 14.8 (rechts) dargestellt. Im Höherdimensionalen müssten dann entsprechend mehr Punkte für das Mitteln verwendet werden. Man erhofft sich natürlich von dem höheren Aufwand einen Gewinn an Genauigkeit gegenüber der einfachen Injektion.

Lösung auf dem groben Gitter Das grobe Gitter soll ja dazu verwendet werden, eine Korrektur für die bisherige Näherungslösung zu finden, die die niedrigen Fehlerfrequenzen entfernt. Diese Korrektur erhält man, indem man $Ae = r$ löst. Dazu kann ein beliebiges Verfahren genommen werden, man könnte also z. B. auch mit dem SOR-Verfahren das Gleichungssystem auf dem groben Gitter lösen, womit wir dann einen *Zwei-Gitter-Löser*

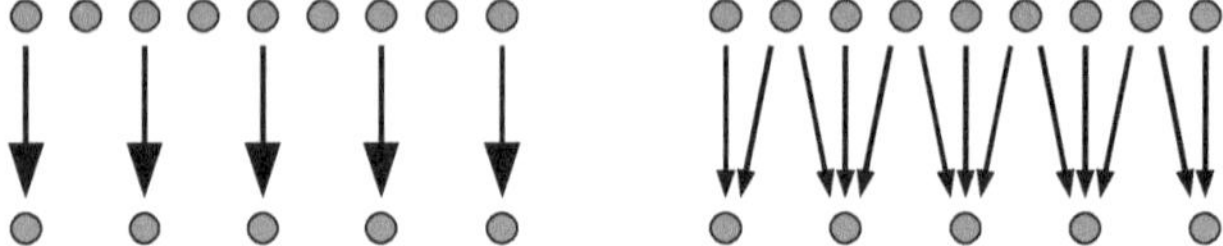

Abb. 14.8 Verfahren zur Restriktion; Injektion (*links*) und Full Weighting (*rechts*)

Abb. 14.9 Übertragung der Grobgitterwerte auf das feine Gitter mittels linearer Interpolation

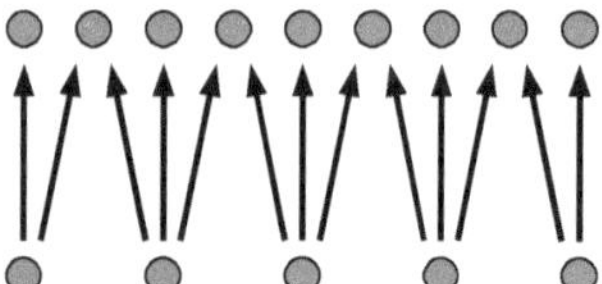

hätten. Besser ist es, zur Lösung auf dem gröberen Gitter gleich vorzugehen wie beim feinen Gitter, also wieder zu glätten und weiter zu vergröbern. Das entspricht einem rekursiven Aufruf des Mehrgitterverfahrens. Irgendwann muss diese Rekursion natürlich enden – typischerweise dann, wenn das Gleichungssystem nur noch aus wenigen Gleichungen besteht und billig direkt gelöst werden kann.

Prolongation Das Ziel der Grobgitterkorrektur ist ja, die niedrigen Fehlerfrequenzen zu entfernen. Wenn das Mehrgitterverfahren wieder aus der Rekursion aufsteigt, also wieder vom groben zum feinen Gitter übertritt, muss die auf dem groben Gitter berechnete Korrektur auf das feine Gitter *interpoliert* oder *prolongiert* werden. Die einfachste Möglichkeit hierfür ist die lineare Interpolation aus Abb. 14.9, bei der die Zwischenstellen dem Mittelwert der beiden benachbarten Grobgitterpunkte entsprechen. Dadurch erhält man einen Korrekturterm für jeden Punkt auf dem feinen Gitter und kann diesen auf die bisherige Näherungslösung x_l addieren.

Nachglätten Eigentlich sollten somit sowohl hohe als auch niedrige Frequenzen eliminiert sein. Allerdings können sich durch die Prolongation wiederum Fehleranteile mit hoher Frequenz einschleichen. Diese lassen sich durch erneutes Anwenden weniger Relaxationsiterationen verringern.

Kosten und Nutzen Im Vergleich zu den üblichen Relaxationsverfahren ist das hier in aller Kürze vorgestellte Mehrgitterverfahren algorithmisch komplizierter, und ein einzelner Mehrgitterschritt – ein V-Zyklus – ist natürlich aufwändiger als beispielsweise ein Jacobi-Schritt. Ein V-Zyklus verwendet ja zum Vor- und Nachglätten schon mehrere (üblicherweise etwa zwei) Iterationen eines Relaxationsverfahrens. Die Kosten für die Residuumsberechnung, Restriktion, Prolongation und Korrektur sind zumindest nicht teurer als die Glätter, daher wollen wir hier nicht weiter darauf eingehen. Entscheidend für eine Gesamtbewertung ist aber natürlich, ob sich der Rechenaufwand insgesamt reduzieren lässt. Dafür muss auf jeden Fall untersucht werden, welche Kosten durch die Rekursion verursacht werden.

Angenommen, die Kosten auf dem feinsten Gitter betragen cn, wobei n die Anzahl an Gitterpunkten und c eine Konstante ist, so betragen die Kosten auf dem zweitfeinsten Gitter aufgrund der geringeren Anzahl an Gitterpunkten noch $c\frac{n}{4}$ (im Zweidimensionalen). Die Kosten für weitere Vergröberungen lassen sich als geometrische Reihe darstellen:

$$cn \sum_{i=0}^{\infty} \frac{1}{4}^n \;=\; cn(1 + \frac{1}{4} + \frac{1}{16} + \ldots) \;=\; cn\frac{1}{1 - \frac{1}{4}} \;=\; \frac{4}{3}cn \,.$$

Sämtliche Vergröberungen zusammen verursachen also nur ein Drittel – im Dreidimensionalen sogar nur ein Siebtel – der Kosten des feinsten Gitters, sind also vernachlässigbar.

Die gesamten Kosten für eine Mehrgitteriteration sind also wie bei den Relaxationsverfahren $\mathcal{O}(n)$, wenn auch mit größerem konstanten Faktor. Die Anzahl an nötigen Iterationen für eine vorgegebene Genauigkeit ist allerdings $\mathcal{O}(1)$, wodurch das gesamte Verfahren linear in der Anzahl an Gitterpunkten ist. In Abb. 14.6 (rechts) sieht man, dass in einem Beispiel mit zufälligen Anfangsfehler eine Mehrgitter-Iteration den Fehler deutlich stärker reduziert als 100 Jacobi-Iterationen.

Abschließende Bemerkungen   Diese kompakten Ausführungen zu Mehrgitterverfahren können kaum mehr als ein „Appetizer" sein. Sie sollen aufzeigen, was an Algorithmik hinter der Schlüsselaufgabe, große und dünn besetzte lineare Gleichungssysteme schnell zu lösen, steckt – bzw. stecken kann. Natürlich gibt es eine Vielzahl von Varianten, Verfeinerungen, Anpassungen etc., auf die wir im Kontext dieses Buchs aber nicht näher eingehen können.

Strömungsmechanik 15

Strömungen zählen von jeher zu den am meisten modellierten und (numerisch) simulierten Phänomenen. Dabei treten sie in völlig verschiedenen Zusammenhängen und Disziplinen auf. Astrophysik, Plasmaphysik, Geophysik, Klimaforschung und Wettervorhersage, Verfahrenstechnik und Aerodynamik sowie Medizin – überall werden Strömungen studiert, wenngleich auch ganz unterschiedlicher Materialien bzw. *Fluide*. Wie wir im Kap. 7 über makroskopische Verkehrssimulation gesehen haben, werden Strömungsvorgänge auch als Denkmodell für Anwendungen hergenommen, bei denen kein Stoff im üblichen Sinn fließt. Strömungen sind zudem ein Paradebeispiel sehr rechenintensiver Simulationen – insbesondere, wenn Turbulenz im Spiel ist – und somit sehr oft ein Fall für *Hochleistungsrechnen (High Performance Computing (HPC))* und *Hochleistungsrechner*. Und so darf natürlich auch in diesem Buch ein Kapitel zur *numerischen Strömungsmechanik (Computational Fluid Dynamics (CFD))* nicht fehlen. Simulationsseitig haben wir es also wieder mit einem numerischen Simulationsansatz zu tun, modellseitig meistens mit einem PDE-basierten Modell. Dementsprechend benötigen wir nun vom Instrumentarium aus Kap. 2 vor allem die Abschnitte zur Analysis und zur Numerik.

Aus der Vielzahl relevanter Szenarien greifen wir im Folgenden den Fall *viskoser*, d. h. *reibungsbehafteter*, laminarer Strömungen *inkompressibler* Fluide heraus. Die Begrifflichkeiten werden im nächsten Abschnitt eingeführt und besprochen, als Faustregel für dieses Kapitel denke man eher an Honig als an Luft. Der Einfachheit halber bewegen wir uns zudem in einer zweidimensionalen Geometrie. Als Anwendungsbeispiel soll die Umströmung eines Hindernisses dienen. Für eine weiterführende Diskussion der Thematik sei auf die Bücher „Numerische Simulation in der Strömungsmechanik" von Michael Griebel, Thomas Dornseifer und Tilman Neunhoeffer [28] und „Numerische Strömungsmechanik" von Joel H. Ferziger und Milovan Peric [19] verwiesen.

H.-J. Bungartz et al., *Modellbildung und Simulation*, eXamen.press, 343
DOI 10.1007/978-3-642-37656-6_15, © Springer-Verlag Berlin Heidelberg 2013

15.1 Fluide und Strömungen

Ganz allgemein versteht man unter Fluiden Materialien in einem Zustand, in dem sie Scherkräften keinen Widerstand entgegensetzen können. Entscheidend für die (beobachtbaren) Bewegungen von Fluiden sind Kräfte – äußere (beispielsweise die Gravitation, wenn ein Fluss stromabwärts fließt) oder innere (zwischen Fluidpartikeln untereinander oder zwischen Fluidpartikeln und Gebietsrand, etwa einem Hindernis). Für Letztere zeichnet die *Viskosität* oder *Zähigkeit* eines Fluids verantwortlich, welche *Reibung* erzeugt. Reibung bzw. Viskosität sorgen dafür, dass (makroskopische) Bewegungen von Fluiden, die nicht durch äußere Kräfte induziert sind, allmählich zum Erliegen kommen. Gase dagegen werden i. A. idealisiert als *nicht-viskose* Fluide betrachtet; hier dominiert die Trägheit die Viskosität. Das Verhältnis dieser beiden Eigenschaften wird durch die so genannten *Reynolds-Zahl* angegeben, in die unter anderem auch Bezugsgrößen für Geschwindigkeit und Gebietsgröße eingehen. Die Reynolds-Zahl charakterisiert also ein Strömungsszenario oder kurz eine Strömung und keineswegs nur ein Fluid.

Grundsätzlich unterscheidet man *laminare* und *turbulente* Strömungen. Ersteren liegt die Vorstellung zugrunde, dass sich benachbarte Schichten des Fluids im Strömungsfortlauf kaum vermischen – Reibung bzw. Viskosität sind zu groß; man denke etwa an Honig. Ganz anders bei Turbulenz, umgangssprachlich aus dem Flugzeug vertraut: Hier kommt es zu heftiger Vermischung, und es treten Wirbel unterschiedlicher Größe und Intensität auf. Auch wenn wir uns hier mit dieser etwas unpräzisen phänomenologischen Charakterisierung prinzipiell zufrieden geben wollen, sei doch auf ein wichtiges physikalisches Detail verwiesen. Die Wirbel unterschiedlicher Größe – und das Spektrum kann sich hier durchaus über mehrere Größenordnungen erstrecken, etwa im Nachlauf eines startenden Flugzeugs – existieren nicht nur einfach nebeneinander, sie interagieren vielmehr stark, beispielsweise durch einen heftigen Energietransport. Für die Simulationspraxis bedeutet dies, dass man sehr kleine Wirbel keinesfalls vernachlässigen darf, selbst wenn man nur an der groben Skala interessiert ist. Kolmogorov hat diesen Zusammenhang quantifiziert und in einem berühmten Gesetz formuliert. Und schon hat man eine *Multiskalenproblematik*, auf die wir ja bereits im einleitenden Kap. 1 eingegangen sind.

Am Beispiel der Turbulenz lässt sich sehr schön das Zusammenspiel von Modellierung und Simulation veranschaulichen. Einerseits kann man einfach von einem (noch zu besprechenden) Basismodell der Strömungsmechanik ausgehen, den *Navier-Stokes-Gleichungen*, und auf jede weitere Modellierarbeit verzichten. Der dafür zu bezahlende Preis liegt in einem immensen und heute vielfach noch weit jenseits des Machbaren liegenden Berechnungsaufwand. Die andere Extremposition zu dieser *direkten numerischen Simulation (DNS)* versucht, die Turbulenz komplett modelltechnisch zu erfassen – durch Mittelungen, zusätzliche Größen und zusätzliche Gleichungen. Im Gegensatz zur DNS ist nun viel mehr Modellieraufwand erforderlich, und tatsächlich wurden im Lauf der Zeit eine Vielzahl von *Turbulenzmodellen* entwickelt, darunter das berühmte k-ε-*Modell*. Auf der Haben-Seite kann man dafür einen reduzierten Berechnungsaufwand verbuchen: Die Details stecken quasi im Modell und müssen nicht mehr durch die Auflösung der

Abb. 15.1 Strömung im Nachlauf eines Hindernisses bei unterschiedlichen Reynolds-Zahlen: von der Langeweile zur Kármánschen Wirbelstraße

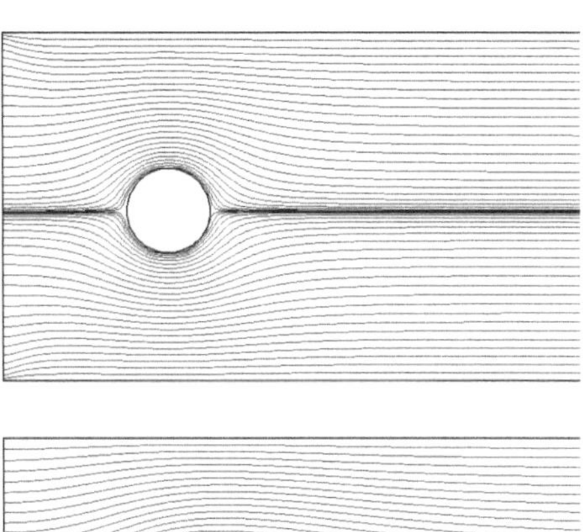

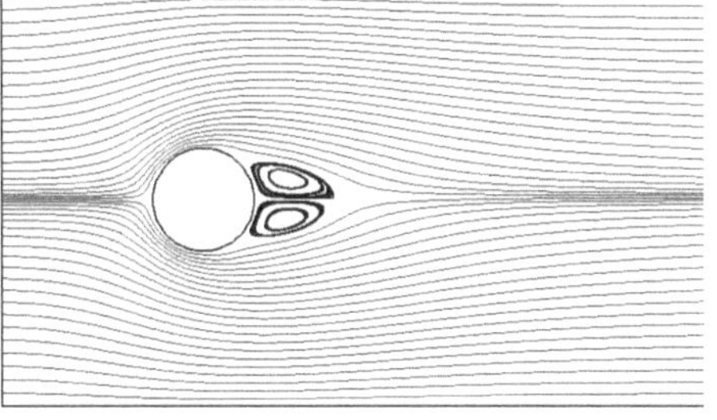

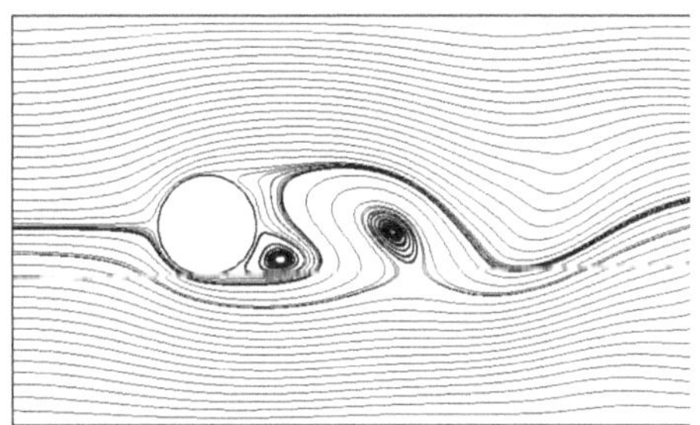

Diskretisierung wiedergegeben werden. Einen Mittelweg geht der Ansatz der *Large-Eddy Simulation (LES)*, die Wirbel bis zu einer bestimmten Größe direkt auflöst und alle dadurch nicht mehr direkt erfassten Skalen modelltechnisch behandelt. Jede Vorgehensweise hat ihre Verfechter: Naturgemäß neigen mathematische Modellierer und Analytiker eher zu einer modellseitigen Lösung – der DNS-Ansatz wird da schon mal geringschätzig als „Holzhammermethode" verunglimpft. Umgekehrt verkennen Numeriker gerne geflissentlich den Wert hochqualitativer Modelle und weisen gebetsmühlenartig auf die immanenten Modellfehler hin. Wie so oft gibt es aber eben kein „richtig" und kein „falsch", sondern nur verschiedene Wege zum (unerreichbaren) Ziel.

Das Anschauungsbeispiel schlechthin für laminare bzw. turbulente Strömungen stellt die so genannte *Kármánsche Wirbelstraße* dar, die im Nachlauf umströmter Hindernisse auftritt. Bei viskosen Fluiden bzw. geringen Geschwindigkeiten schmiegt sich das Fluid eng an das Hindernis an, und bereits kurz hinter dem Hindernis ist die Welt wieder in

Ordnung. Bei abnehmender Viskosität bzw. wachsender Geschwindigkeit lösen sich allmählich Wirbel vom Hindernis ab, und eine recht regelmäßige Wirbelformation entsteht. Das regelmäßige Muster weicht dann, bei weiter wachsender Geschwindigkeit, einer stark unregelmäßigen und schließlich, bei Turbulenz, chaotisch anmutenden Gestalt – der Wirbelstraße. Abbildung 15.1 zeigt unterschiedliche Ausprägungen der Strömung im Nachlauf eines Hindernisses bis hin zur Kármánschen Wirbelstraße.

Noch ein drittes Begriffspaar gilt es einzuführen: *kompressibel* und *inkompressibel*. Von einem kompressiblen Fluid spricht man, wenn es „zusammengedrückt" werden kann, wenn also eine bestimmte Masse nicht automatisch ein bestimmtes Volumen annehmen muss, sondern Letzteres vom Druck abhängt. Gase bei hohen Geschwindigkeiten sind das Standardbeispiel für kompressible Fluide, Flüssigkeiten dagegen sind inkompressibel. Gase bei niedrigen Geschwindigkeiten werden typischerweise auch als inkompressible Fluide modelliert – was auf den ersten Blick einfacher ist, da die Dichte hier als konstant angenommen werden kann.

Im Folgenden durchlaufen wir wieder die Pipeline: Beginnend mit einem etablierten Modell, den *Navier-Stokes-Gleichungen*, stellen wir anschließend ein Diskretisierungsverfahren vor, das auf dem so genannten *Marker-and-Cell-Ansatz (MAC)* beruht, und widmen uns dann der numerischen Lösung der diskretisierten Gleichungen. Anhand des bereits mehrfach erwähnten Beispiels der Umströmung eines Hindernisses demonstrieren wir die Tauglichkeit des gewählten Ansatzes, bevor dann in einem abschließenden Ausblick noch kurz darauf eingegangen wird, was sonst noch so alles möglich ist, wenn man nicht den Restriktionen einer kompakten und lediglich einführenden Befassung mit dem Thema Strömungen unterworfen ist.

15.2 Mathematisches Modell

Nun also zu dem bereits seit langem etablierten Modell für die raum- und zeitaufgelöste Beschreibung laminarer, viskoser Strömungen inkompressibler Fluide, den *Navier-Stokes-Gleichungen*. Wir beginnen mit der Formulierung der Gleichungen und schließen einige Bemerkungen zu deren Herleitung an.

15.2.1 Navier-Stokes-Gleichungen

Allgemein wird die Strömung eines Fluids in einem zweidimensionalen Gebiet $\Omega \subset \mathbb{R}^2$ über ein Zeitintervall $[0, T]$ vor allem durch drei physikalische Größen charakterisiert: das *Geschwindigkeitsfeld* $\boldsymbol{u}(x, y; t) = (u(x, y; t), v(x, y; t))^T$, den *Druck* $p(x, y; t)$ sowie die *Dichte* $\rho(x, y; t)$, wobei Letztere im inkompressiblen Fall als konstant angenommen wird, also $\rho(x, y; t) = \rho_0$. In der so genannten *dimensionslosen Form* sind die Navier-Stokes-

Gleichungen gegeben als

$$\frac{\partial}{\partial t}\boldsymbol{u} + (\boldsymbol{u} \cdot \nabla)\boldsymbol{u} = -\nabla p + \frac{1}{\mathrm{Re}}\Delta\boldsymbol{u} + \boldsymbol{g}\,,$$
$$\mathrm{div}\,\boldsymbol{u} = 0\,. \tag{15.1}$$

Hierbei bezeichnen $\mathrm{Re} \in \mathbb{R}$ die bereits erwähnte dimensionslose *Reynolds-Zahl* und $\boldsymbol{g} = (g_x, g_y)^T$ die Summe der äußeren Kräfte wie beispielsweise der Gravitation. Die erste Gleichung wird dabei *Impulsgleichung* genannt, die zweite *Kontinuitätsgleichung*. Verwendet man Letztere oben im Term $(\boldsymbol{u} \cdot \nabla)\boldsymbol{u}$ zu Umformungen, so erhält man die äquivalente Formulierung

$$\frac{\partial u}{\partial t} = \frac{1}{\mathrm{Re}}\Delta u - \frac{\partial(u^2)}{\partial x} - \frac{\partial(uv)}{\partial y} - \frac{\partial p}{\partial x} + g_x\,,$$
$$\frac{\partial v}{\partial t} = \frac{1}{\mathrm{Re}}\Delta v - \frac{\partial(uv)}{\partial x} - \frac{\partial(v^2)}{\partial y} - \frac{\partial p}{\partial y} + g_y\,,$$
$$0 = \frac{\partial u}{\partial x} + \frac{\partial v}{\partial y}\,. \tag{15.2}$$

Zur eindeutigen Fixierung der Unbekannten – damit sind wir inzwischen schon vertraut – sind zusätzlich zu den Gleichungen *Anfangswerte* für die Unbekannten zu Beginn (typischerweise werden Werte für die Geschwindigkeitskomponenten vorgegeben, die die Kontinuitätsgleichung erfüllen) sowie *Randwerte* am Gebietsrand zu allen Zeitpunkten erforderlich. Um die Randbedingungen unabhängig vom jeweiligen Verlauf des Gebietsrands kompakt formulieren zu können, führen wir $\varphi_n := \boldsymbol{u}^T \cdot \boldsymbol{n}$ mit dem äußeren Normalenvektor $\boldsymbol{n}$ als Normalkomponente (senkrecht zum Rand) und φ_τ als Tangentialkomponente (tangential zum Rand) der Geschwindigkeit ein. Im achsenparallelen Fall $\Omega = [x_l, x_r] \times [y_u, y_o]$ gilt somit, je nach Randstück, $\varphi_n = \pm u$ und $\varphi_\tau = \pm v$ oder umgekehrt.

Folgende Randbedingungen sind vor allem gebräuchlich, wobei $(x, y) \in \Gamma := \partial\Omega$ einen Punkt auf dem Gebietsrand $\partial\Omega$ bezeichne:

- *Haftbedingung (no slip)*: die Idee einer Wand – kein Fluid kann durchdringen, und Haftreibung verhindert jede Tangentialbewegung unmittelbar am Rand, also

$$\varphi_n(x, y; t) = \varphi_\tau(x, y; t) = 0\,;$$

- *Rutschbedingung (free slip)*: die Idee eines virtuellen Randes (z. B., wenn bei einem achsensymmetrischen Kanal aus Kostengründen nur das halbe Gebiet simuliert wird) – kein Fluid kann durchdringen, jedoch ist nun eine Tangentialbewegung möglich, also

$$\varphi_n(x, y; t) = 0\,, \qquad \frac{\partial\varphi_\tau(x, y; t)}{\partial n} = 0\,;$$

- *Einströmbedingung (inflow)*: die Idee eines Einlasses – klassische Dirichlet-Randbedingungen für beide Geschwindigkeitskomponenten, also

$$\varphi_n(x, y; t) = \varphi_n^0, \qquad \varphi_\tau(x, y; t) = \varphi_\tau^0$$

mit gegebenen Funktionen φ_n^0 und φ_τ^0;
- *Ausströmbedingung (outflow)*: die Idee eines Auslasses – keine Änderung beider Geschwindigkeitskomponenten in Ausflussrichtung, also

$$\frac{\partial \varphi_n(x, y; t)}{\partial n} = \frac{\partial \varphi_\tau(x, y; t)}{\partial n} = 0 \, ;$$

- *periodische Randbedingungen (periodic)*: die Idee eines periodisch fortgesetzten Simulationsgebiets – Geschwindigkeiten und Druck müssen am Ein- und Auslass übereinstimmen, also

$$u(x_l, y; t) = u(x_r, y; t), \quad v(x_l, y; t) = v(x_r, y; t), \quad p(x_l, y; t) = p(x_r, y; t)$$

bei Periodizität in x-Richtung.

Sind an allen Rändern die Geschwindigkeitskomponenten selbst vorgegeben, erfordert die Divergenzfreiheit des Geschwindigkeitsfeldes zusätzlich die Bedingung

$$\int_\Gamma \varphi_n \, \mathrm{d}s = 0$$

an die Randwerte. D. h., es fließt gleich viel Fluid in das Gebiet hinein wie aus ihm heraus.

Weit reichende Aussagen zur Existenz und Eindeutigkeit von Lösungen konnten für den zweidimensionalen Fall bewiesen werden. Im Dreidimensionalen konnten dagegen Existenz und Eindeutigkeit der Lösung für beliebige Zeitintervalle bisher nicht gezeigt werden. Was nun die Berechnung von Lösungen in konkreten Szenarien angeht, stößt freilich die Analysis auch im Zweidimensionalen rasch an ihre Grenzen – hier ist ein numerisches Vorgehen in aller Regel unabdingbar.

15.2.2 Anmerkungen zur Herleitung

In diesem Abschnitt können wir uns kurz fassen, da eine vergleichbare Herleitung schon im vorangegangenen Kapitel zur Wärmeleitung schematisch vorgeführt wurde. In der Tat ist die Vorgehensweise eng verwandt: Ausgangspunkt sind wieder *Erhaltungssätze* – im Fall von Strömungen nun die *Massenerhaltung*, die letztendlich zur Kontinuitätsgleichung führt, sowie die *Impulserhaltung*, die in der Impulsgleichung resultiert. Die Masse erhält man zu jedem Zeitpunkt durch Integration der Dichte über das momentane Simulationsgebiet (welches sich z. B. im Falle beweglicher Ränder ja ändern kann), der Impuls ergibt sich aus einem entsprechenden Volumenintegral über das Produkt aus Dichte und Geschwindigkeitsfeld. Wieder kann man Erhaltungs- oder Bilanzgleichungen aufstellen, da die Ableitungen der jeweiligen Integrale als Änderungsindikatoren einerseits aufgrund des Erhaltungsprinzips verschwinden müssen und andererseits verschiedene Ursachen haben. Hier betrachtet man allerdings Fluidportionen, die sich in der Strömung mitbewegen, und keine räumlich fixierten Gebiete. Anschließend entledigt man sich des Integrals mit dem Standardargument „muss für alle Integrationsgebiete gelten" und gelangt so zu partiellen Differentialgleichungen. Je nachdem, ob man viskose oder nicht-viskose Fluide bzw. Strömungen betrachtet, ist der so genannte *Spannungstensor* unterschiedlich zu modellieren, und man erhält entweder die zuvor eingeführten Navier-Stokes-Gleichungen oder die *Euler-Gleichungen*, das zentrale Modell der *Gasdynamik*, mit dem wir uns hier aber nicht näher befassen wollen.

Diese Anmerkungen sollen uns hier genügen, und wir wenden uns nun der numerischen Behandlung der Navier-Stokes-Gleichungen zu.

15.3 Diskretisierung der Navier-Stokes-Gleichungen

Nach einer kurzen Diskussion des gewählten Diskretisierungsansatzes wird die numerische Behandlung der Orts- sowie der Zeitableitungen vorgestellt. Anmerkungen zur numerischen Behandlung der Randbedingungen schließen diesen Abschnitt ab.

15.3.1 Finite Differenzen

Ein weiteres (und letztes!) Mal in diesem Buch verwenden wir finite Differenzen als Diskretisierungsprinzip. Der wesentliche Grund hierfür ist – einmal mehr – deren Einfachheit. Die Vielfalt in der Praxis der numerischen Strömungsmechanik kennt dagegen kaum Grenzen. So werden häufig *finite Volumen*, *finite Elemente*, *spektrale Elemente* oder so genannte *gitterlose* bzw. *partikelbasierte* Verfahren wie *Smooth Particle Hydrodynamics (SPH)* eingesetzt. Mit der gestiegenen Rechnerleistung werden heute sogar *molekulardynamische* Ansätze zum Studium von Strömungen herangezogen. In diesen Fällen werden natürlich keine makroskopischen Szenarien studiert, sondern man interessiert sich beispielsweise für eine genauere Beschreibung des Verhaltens von Fluiden an Wänden, um aus den mikroskopischen Ergebnissen verbesserte (makroskopische) Randbedingungen herleiten zu können.

Die Verwendung finiter Differenzen impliziert (bzw. legt zumindest sehr nahe) den Einsatz kartesischer (also aus Rechtecken strukturiert zusammengesetzter) Gitter, wovon auch hier im Folgenden ausgegangen wird. Als Gebiet betrachten wir den rechteckigen Strömungskanal $[x_l, x_r] \times [y_u, y_o]$ der Länge $l_x := x_r - x_l$ und Breite $l_y := y_o - y_u$. Das zu betrachtende Zeitfenster sei das Intervall $[0, T]$. Sollen $N_x + 1$ bzw. $N_y + 1$ äquidistante Gitterpunkte in x- bzw. y-Richtung eingesetzt werden, dann entspricht dies N_x bzw. N_y *Zellen*

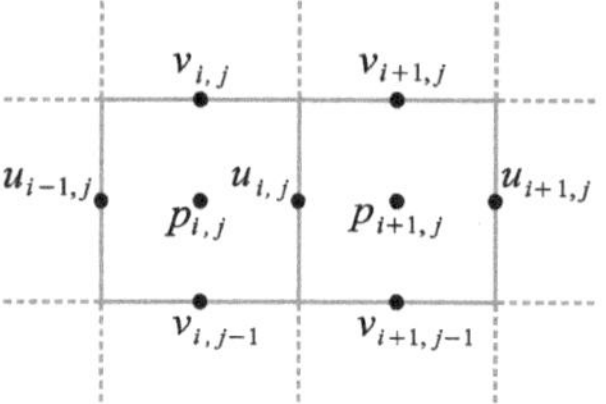

Abb. 15.2 Grundschema eines zweidimensionalen versetzten Gitters

der *Maschenweite* $h_x := l_x/N_x$ bzw. $h_y := l_y/N_y$ in x- bzw. y-Richtung. Analog gehen wir von N_t Zeitschritten der konstanten Schrittweite $\delta t := T/N_t$ aus.

Man beachte, dass die Unbekannten (also die diskreten Werte für Geschwindigkeitskomponenten und Druck) nicht notwendigerweise alle in den Gitterpunkten platziert werden, sondern z. B. auch auf den Zellenrändern – eine Idee, die aus der Finite-Volumen-Welt übernommen wurde. Man redet dann von *versetzten Gittern (staggered grids)*, und auch wir werden im Folgenden versetzte Gitter verwenden: Die diskreten Geschwindigkeitskomponenten in x-Richtung (u-Werte) werden in den Mittelpunkten der vertikalen Zellränder platziert, die diskreten Geschwindigkeitskomponenten in y-Richtung (v-Werte) in den Mittelpunkten der horizontalen Zellränder. Lediglich die diskreten Druckwerte sitzen in den Zellmittelpunkten (siehe Abb. 15.2). Eine Bemerkung noch zur Notation: Wir bezeichnen die Zelle $\big[(i-1)h_x, ih_x\big] \times \big[(j-1)h_y, jh_y\big]$ als Zelle (i,j), $1 \le i \le N_x$, $1 \le j \le N_y$. Den entsprechenden Index i bzw. j tragen u, v bzw. p am rechten Rand, am oberen Rand bzw. im Mittelpunkt dieser Zelle (siehe Abb. 15.2).

15.3.2　Behandlung der Ortsableitungen

Kommen wir nun zur Diskretisierung der Navier-Stokes-Gleichungen (15.2) gemäß obiger Vorgehensweise. Für die Kontinuitätsgleichung (dritte Gleichung in (15.2)) werden *zentrale Differenzen* mit halber Maschenweite im jeweiligen Zellmittelpunkt angesetzt, also

$$\frac{\partial u}{\partial x} \approx \frac{u_{i,j} - u_{i-1,j}}{h_x}, \quad \frac{\partial v}{\partial y} \approx \frac{v_{i,j} - v_{i,j-1}}{h_y}. \tag{15.3}$$

Die Impulsgleichung für u (erste Gleichung in (15.2)) wird dagegen in den Mittelpunkten der vertikalen Zellgrenzen, die Impulsgleichung für v (zweite Gleichung in in (15.2)) in den Mittelpunkten der horizontalen Zellgrenzen diskretisiert. Für die zweiten Ableitungen $\partial^2 u/\partial x^2$, $\partial^2 u/\partial y^2$, $\partial^2 v/\partial x^2$ sowie $\partial^2 v/\partial y^2$, die so genannten *diffusiven* Terme, gelingt das problemlos mittels der nun schon bekannten Techniken. Auch die Ortsableitung für den Druck wirft keine Fragen auf, wir verwenden wie oben zentrale Differenzen halber Maschenweite.

Etwas komplizierter ist die Lage dagegen bei den so genannten *konvektiven* Termen $\partial(u^2)/\partial x$, $\partial(uv)/\partial x$, $\partial(uv)/\partial y$ sowie $\partial(v^2)/\partial y$ – schließlich gibt es keine Punkte, an denen u *und* v diskretisiert vorliegen. Eine geeignete Mittelung bietet hier einen Ausweg, sodass man beispielsweise für $\partial(uv)/\partial y$ erhält

$$\frac{\partial(uv)}{\partial y} \approx \frac{1}{h_y}\left(\frac{(v_{i,j}+v_{i+1,j})(u_{i,j}+u_{i,j+1})}{4} - \right.$$
$$\left.\frac{(v_{i,j-1}+v_{i+1,j-1})(u_{i,j-1}+u_{i,j})}{4}\right). \tag{15.4}$$

Analog geht man bei $\partial u^2/\partial x$ vor und erhält

$$\frac{\partial(u^2)}{\partial x} \approx \frac{1}{h_x}\left(\left(\frac{u_{i,j}+u_{i+1,j}}{2}\right)^2 - \left(\frac{u_{i-1,j}+u_{i,j}}{2}\right)^2\right). \tag{15.5}$$

Diese einfache Vorgehensweise stößt jedoch schnell an Grenzen. Bei größeren Reynolds-Zahlen etwa darf man aufgrund der dann dominanten konvektiven Teile der Impulsgleichungen und den daraus resultierenden Stabilitätsproblemen keine reinen zentralen Differenzen mehr verwenden, sondern muss vielmehr eine Mischung aus diesen und der so genannten *Upwind-Diskretisierung* bzw. Alternativen wie das *Donor-Cell-Schema* einsetzen. Wir begnügen uns aber an dieser Stelle mit dem Hinweis auf die Unvollkommenheit der in (15.4) sowie (15.5) vorgeschlagenen Diskretisierung und wenden uns den Zeitableitungen in (15.2) zu.

15.3.3   Behandlung der Zeitableitungen

Die oben diskutierte Ortsdiskretisierung ist in jedem diskreten Zeitpunkt $n\delta t, n = 1,\ldots,N_t$, vorzunehmen. Entsprechend sind also in diesen Zeitpunkten Werte für die Geschwindigkeitskomponenten u und v sowie den Druck p zu betrachten bzw. auszurechnen. Wir kennzeichnen den Zeitpunkt im Folgenden durch einen rechten oberen Index in Klammern, also $u^{(n)}$ etc.

An Zeitableitungen treten in (15.2) lediglich die ersten Ableitungen der Geschwindigkeitskomponenten u und v auf. Das *explizite Euler-Verfahren* führt uns auf

$$\left(\frac{\partial u}{\partial t}\right)^{(n+1)} \approx \frac{u^{(n+1)}-u^{(n)}}{\partial t} \tag{15.6}$$

und analog für $\partial v/\partial t$.

15.3.4   Behandlung der Randbedingungen

Im versetzten Gitter liegen am Gebietsrand nicht alle Unbekannten tatsächlich exakt auf dem Rand (siehe Abb. 15.2). Aus diesem Grund wird noch eine zusätzliche Randschicht aus Gitterzellen mit betrachtet (vgl. Abb. 15.3), mit Hilfe derer alle auftretenden Randbedingungen durch Mittelungen erfüllt werden können. Bei der eingeführten Diskretisierung der

Abb. 15.3 Randschicht beim versetzten Gitter zur Erfüllung der Randbedingungen

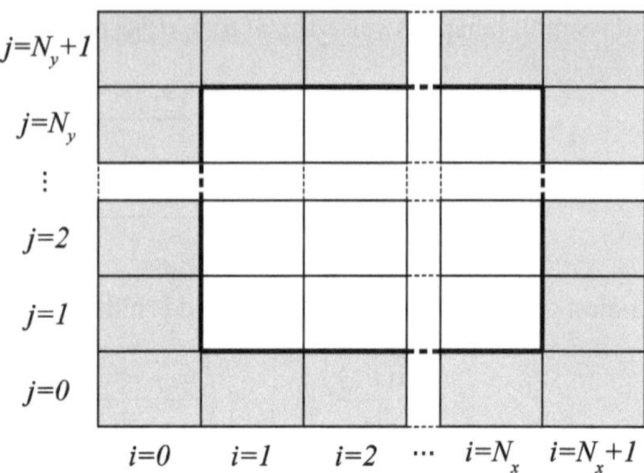

Navier-Stokes-Gleichungen wird nun auf u- und v-Werte zugegriffen, die auf dem Gebietsrand liegen, genau $u_{0,j}, u_{N_x,j}$ für $j = 1, \ldots, N_y$, sowie $v_{i,0}, v_{i,N_y}$ für $i = 1, \ldots, N_x$. Außerdem wird auf Werte außerhalb von Ω (d. h. in der Randschicht) zugegriffen, genau $u_{i,0}, u_{i,N_y+1}$ für $i = 1, \ldots, N_x$, sowie $v_{0,j}, v_{N_x+1,j}$ für $j = 1, \ldots, N_y$.

Letztere sind, je nach dem Typ der Randbedingungen, gesondert festzulegen. Schauen wir uns nun vier der fünf zuvor eingeführten Typen näher an:

- *Haftbedingung*: Im Falle eines ruhenden Randes sollen alle Geschwindigkeitskomponenten dort null sein. Für die direkt auf dem Rand liegenden Werte gilt somit

$$u_{0,j} = u_{N_x,j} = v_{i,0} = v_{i,N_y} = 0\,, \quad i = 1, \ldots, N_x\,; j = 1, \ldots, N_y\,,$$

  für die anderen legt man an den vertikalen Rändern

$$v_{0,j} = -v_{1,j}\,, \quad v_{N_x+1,j} = -v_{N_x,j}\,, \quad j = 1, \ldots, N_y\,,$$

  und an den horizontalen Rändern

$$u_{i,0} = -u_{i,1}\,, \quad u_{i,N_y+1} = -u_{i,N_y}\,, \quad i = 1, \ldots, N_x\,,$$

  fest. Dadurch werden – bei linearer Interpolation – auf dem tatsächlichen Rand Geschwindigkeitswerte von null erzeugt.
- *Rutschbedingung*: Da die zum jeweiligen Rand senkrechten Geschwindigkeitskomponenten bei unserer Diskretisierung direkt auf dem Rand liegen, ergibt sich zunächst wie zuvor

$$u_{0,j} = u_{N_x,j} = v_{i,0} = v_{i,N_y} = 0\,, \quad i = 1, \ldots, N_x\,; j = 1, \ldots, N_y\,.$$

Anders dagegen bei den tangentialen Geschwindigkeitskomponenten: Hier wird nun die Konstanz am Rand durch die Bedingungen

$$v_{0,j} = v_{1,j}\,, \quad v_{N_x+1,j} = v_{N_x,j}\,, \quad j = 1, \ldots, N_y\,,$$

sowie

$$u_{i,0} \; = \; u_{i,1}, \quad u_{i,N_y+1} = u_{i,N_y}, \quad i = 1, \dots, N_x \,,$$

erzwungen.

- *Ausströmbedingung*: Hier sollen sich beide Geschwindigkeitskomponenten senkrecht zum Rand nicht ändern. Am linken und rechten Rand bedeutet dies für u

$$u_{0,j} \; = \; u_{1,j}, \quad u_{N_x,j} = u_{N_x-1,j}, \quad i = 1, \dots, N_x \,,$$

die Festlegungen dort für v bzw. für u und v am unteren oder oberen Rand erfolgen analog.
- *Einströmbedingung*: In diesem Fall werden für u und v am jeweiligen Rand explizit Werte vorgegeben. Für die direkt auf dem Rand liegenden Punkte ist das trivial, im anderen Fall wird in der Regel wieder gemittelt (also z. B. die v-Werte am rechten Rand).

15.4   Numerische Lösung der diskretisierten Gleichungen

Die Ingredienzen für eine numerische Lösung liegen nun bereit. Es fehlen allerdings noch die Kopplung von Orts- und Zeitdiskretisierung sowie dann ein (iteratives) Lösungsverfahren für das resultierende diskrete Gleichungssystem. Damit wollen wir uns in diesem Abschnitt befassen.

15.4.1   Zeitschritt

Die Zeitschleife stellt typischerweise die äußere Iteration dar. Für den Startzeitpunkt $t = 0$ liegen Anfangswerte für das gesamte Simulationsgebiet vor, und anschließend werden die (unbekannten) Werte zum Zeitpunkt t_{n+1} aus den (bekannten) Werten zum Zeitpunkt t_n ermittelt – ein klassischer *Zeitschritt*, bekannt von ODE aus früheren Kapiteln.

Für die Zeitableitungen in (15.2) – zunächst noch in bzgl. des Raums kontinuierlicher Form – bedeutet dies

$$
\begin{aligned}
u^{(n+1)} \; &= \; u^{(n)} + \delta t \left(\frac{1}{\mathrm{Re}} \Delta u - \frac{\partial(u^2)}{\partial x} - \frac{\partial(uv)}{\partial y} + g_x - \frac{\partial p}{\partial x} \right) \\
&=: \; F - \delta t \frac{\partial p}{\partial x} \,, \\
v^{(n+1)} \; &= \; v^{(n)} + \delta t \left(\frac{1}{\mathrm{Re}} \Delta v - \frac{\partial(uv)}{\partial x} - \frac{\partial(v^2)}{\partial y} + g_y - \frac{\partial p}{\partial y} \right) \\
&=: \; G - \delta t \frac{\partial p}{\partial y} \,,
\end{aligned}
\tag{15.7}
$$

wobei natürlich den Hilfsgrößen F und G sowie dem Druck p auf den rechten Seiten ebenfalls eindeutige Zeitpunkte (also t_n oder t_{n+1}) zugeordnet werden müssen, was uns zu den so genannten zeitdiskreten Impulsgleichungen (diskretisiert nur in der Zeit)

$$
\begin{aligned}
u^{(n+1)} &= F^{(n)} - \delta t \frac{\partial p^{(n+1)}}{\partial x} \, , \\
v^{(n+1)} &= G^{(n)} - \delta t \frac{\partial p^{(n+1)}}{\partial y}
\end{aligned}
\tag{15.8}
$$

führt. Man hat also bzgl. der Geschwindigkeiten eine explizite und bzgl. des Drucks eine implizite Zeitdiskretisierung vorliegen. Insbesondere kann das neue Geschwindigkeitsfeld erst berechnet werden, wenn der neue Druck ermittelt ist. Dieses kann über die Kontinuitätsgleichung erfolgen. Leitet man dazu aus (15.8) Ausdrücke für die Ableitungen $\partial u^{(n+1)}/\partial x$ sowie $\partial v^{(n+1)}/\partial y$ her und setzt diese in die Kontinuitätsgleichung (dritte Gleichung von (15.2)) ein, so ergibt sich

$$
\frac{\partial u^{(n+1)}}{\partial x} + \frac{\partial v^{(n+1)}}{\partial y} = \frac{\partial F^{(n)}}{\partial x} + \frac{\partial G^{(n)}}{\partial y} - \delta t \Delta p^{(n+1)} \stackrel{!}{=} 0
$$

oder eine Poisson-Gleichung für den Druck

$$
\Delta p^{(n+1)} = \frac{1}{\delta t} \left(\frac{\partial F^{(n)}}{\partial x} + \frac{\partial G^{(n)}}{\partial y} \right) .
\tag{15.9}
$$

Insgesamt besteht der Zeitschritt $t_n \rightarrow t_{n+1}$ also aus den drei Teilschritten (1) Ermittlung der Hilfsgrößen $F^{(n)}$ und $G^{(n)}$ aus dem aktuellen Geschwindigkeitsfeld $(u^{(n)}, v^{(n)})^T$, (2) Lösung der obigen Poisson-Gleichung für den Druck und (3) Bestimmung des neuen Geschwindigkeitsfelds $(u^{(n+1)}, v^{(n+1)})^T$ mittels der nun verfügbaren neuen Druckwerte $p^{(n+1)}$ gemäß (15.8). Für den zweiten Teilschritt passende Randbedingungen für den Druck liefert z. B. die so genannte *Chorinsche Projektionsmethode* – homogene Neumann-Randbedingungen sorgen dort dafür, dass die Normalkomponente durch die Korrektur (15.8) nicht verändert wird.

15.4.2 Ortsdiskrete Impulsgleichungen

Nun steht die Ortsdiskretisierung der zeitdiskreten Impulsgleichungen und somit die Vollendung der Diskretisierung an. Mit den in Abschn. 15.3.2 hergeleiteten Differenzenquotienten für die einzelnen Ableitungsterme wird aus (15.8)

$$
\begin{aligned}
u_{i,j}^{(n+1)} &= F_{i,j}^{(n)} - \frac{\delta t}{\delta x} \left(p_{i+1,j}^{(n+1)} - p_{i,j}^{(n+1)} \right) , \\
v_{i,j}^{(n+1)} &= G_{i,j}^{(n)} - \frac{\delta t}{\delta y} \left(p_{i,j+1}^{(n+1)} - p_{i,j}^{(n+1)} \right) ,
\end{aligned}
\tag{15.10}
$$

wobei im ersten Fall für die Indizes $i = 1, \ldots, N_x - 1, j = 1, \ldots, N_y$ und im zweiten Fall $i = 1, \ldots, N_x, j = 1, \ldots, N_y - 1$ gilt.

15.4.3 Ortsdiskrete Poisson-Gleichung für den Druck

Damit liegen die Impulsgleichungen in komplett diskretisierter Form vor. Für die Kontinuitätsgleichung bzw. ihre neue Gestalt, die Poisson-Gleichung für den Druck gemäß (15.9), muss die Diskretisierung noch erfolgen. Diese Aufgabe, die Diskretisierung einer Poisson-Gleichung mittels finiter Differenzen, ist an dieser Stelle des Buchs aber kein Kunststück mehr und wurde im vorigen Kapitel zur Wärmeleitung ja ausführlich besprochen. Mit dem bekannten *5-Punkte-Stern* und diskretisierten Neumann-Randbedingungen gelangt man zu einem System linearer Gleichungen.

In Anbetracht des Mottos dieses Teils unseres Buchs, Aufbruch zum Zahlenfressen, sind an dieser Stelle natürlich einige Anmerkungen zum anfallenden Rechenaufwand fällig. Wie man sich leicht vor Augen führt, fällt dieser vor allem bei der (in jedem Zeitschritt anstehenden) Lösung der Druckgleichung an. Deren effizienter Lösung kommt also eine wesentliche Rolle zu. Mögliche Kandidaten für iterative Lösungsverfahren wurden ja bereits in Abschn. 2.4.4 im Kapitel zu den Grundlagen vorgestellt. In der Tat ist z. B. das *SOR-Verfahren* ein weit verbreiteter Löser. So richtig effizient wird man aber erst, wenn das im vorigen Kapitel kurz vorgestellte *Mehrgitterprinzip* zum Einsatz gelangt. Auch hier ist das Ziel natürlich eine von der Feinheit der Diskretisierung unabhängige Konvergenzgeschwindigkeit, wobei dies in der Praxis der numerischen Strömungsmechanik jedoch alles andere als eine einfache Aufgabe ist; die Stichworte starke Konvektion oder komplizierte Geometrien mögen hier genügen.

15.4.4 Zur Stabilität

Der Begriff der numerischen Stabilität ist uns ebenfalls bereits mehrfach begegnet, angefangen mit Kap. 2. Im Falle der numerischen Simulation zeitabhängiger Strömungsphänomene erzwingt das Ziel der Erreichung eines stabilen Algorithmus' die Einhaltung von *Stabilitätsbedingungen*, welche die Maschenweiten h_x und h_y des Ortsgitters in einen strengen Zusammenhang mit der Zeitschrittweite δt setzen. Dies ist zwar durchaus plausibel: Schließlich wäre es schon überraschend, wenn es zulässig und nicht problembehaftet wäre, wenn ein im Fluid schwimmendes Partikelchen in einem Zeitschritt mehrere Ortszellen auf einmal durchqueren darf. Derartige Stabilitätsbedingungen sind jedoch auch überaus lästig, da man eben nicht einfach die Raumauflösung erhöhen kann (um beispielsweise kleine Wirbel noch einzufangen), ohne gleichzeitig auch zu kürzeren Zeitschritten überzugehen. Die berühmtesten Stabilitätsbedingungen sind fraglos die so genannten *Courant-Friedrichs-Lewy-Bedingungen (CFL-Bedingungen)*,

$$|u_{\max}|\delta t < h_x\,, \qquad |v_{\max}|\delta t < h_y\,, \tag{15.11}$$

die genau dieses oben erwähnte Überspringen einer Zelle durch ein Fluidpartikel verhindern. Eine weitere, ebenfalls verbreitete Bedingung lautet

$$\delta t \; < \; \frac{\mathrm{Re}}{2} \left(\frac{1}{h_x^2} + \frac{1}{h_y^2} \right)^{-1} .$$

Aus diesen restriktiven Forderungen an die Zeitschrittweite resultiert die Attraktivität impliziter Verfahren, die zwar im einzelnen Zeitschritt teurer sind, i. A. dafür aber größere Zeitschritte gestatten.

15.5   Anwendungsbeispiel: Umströmung eines Hindernisses

Eine ganze Reihe prominenter Strömungsszenarien kann man bereits mit einem Programm simulieren, das auf den zuvor diskutierten modell- und simulationstechnischen Grundlagen basiert. Hierzu zählen etwa die so genannte *Nischenströmung (Driven Cavity)* – ein mit einem Fluid gefüllter Behälter, über den an einer Seite ein Band mit fest vorgegebener Geschwindigkeit gezogen wird – oder die *Strömung über eine Stufe (Backward Facing Step)* – am besten an der Strömung über ein Wehr zu veranschaulichen.

Besondere Bedeutung freilich hat die Umströmung eines kreis- bzw. zylinderförmigen Hindernisses erlangt, weil dieses Szenario als *Benchmarkproblem* herangezogen wurde [60] und spätestens seitdem sehr oft zu Validierungszwecken eingesetzt wird. Wie eingangs bereits bemerkt (siehe Abb. 15.1), hängt das sich ergebende Erscheinungsbild der Strömung vom jeweiligen Fluid und seinen Materialeigenschaften sowie von der Einströmgeschwindigkeit ab. Übersteigt die Reynolds-Zahl Werte von ca. 40, dann wird das Strömungsfeld unsymmetrisch und instationär. Im Nachlauf des Hindernisses lösen sich Wirbel ab, abwechselnd am unteren und oberen Rand des Kreises bzw. Zylinders.

Wie bilden wir nun dieses Szenario im zweidimensionalen Fall ab? Hierzu müssen wir zum einen Rand- und Anfangsbedingungen festlegen, zum anderen muss eine Möglichkeit gefunden werden, das (ortsfeste) Hindernis zu beschreiben – bislang haben wir uns ja ausschließlich in einem vollständig durch das Fluid ausgefüllten rechteckigen Gebiet bewegt.

Die Frage nach den Rand- und Anfangsbedingungen ist rasch beantwortet. Am oberen und unteren Rand gelten Haftbedingungen, am linken Rand gilt eine Einströmbedingung, wobei typischerweise ein *parabolisches Einströmprofil* gewählt wird (oben und unten jeweils null, in der Mitte des Strömungskanals maximal), und am rechten Rand setzt man eine Ausströmbedingung an. Zu Beginn sind die Geschwindigkeiten im Inneren null.

Was nun die Darstellung allgemeiner *Hindernisgeometrien* angeht, so besteht eine Möglichkeit darin, das tatsächlich durchströmte Gebiet Ω in ein es umgebendes und, wie zuvor beschrieben, in uniforme Zellen unterteiltes Rechtecksgebiet einzubetten. Dessen Zellen werden dann in die zwei disjunkten Teilmengen der *Fluidzellen* sowie der *Hinderniszellen* unterteilt. Alle Zellen, die auch in Ω liegen, also ganz oder zumindest teilweise durchströmt

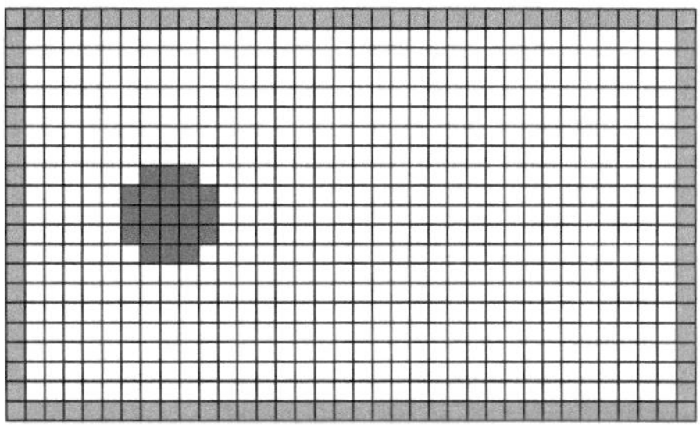

Abb. 15.4 Approximative Einbettung einer Hindernisgeometrie in ein umgebendes Rechtecksgebiet

werden, sind dann Fluidzellen, die anderen sind Hinderniszellen, zu denen auch die künstliche Randschicht zählt (vgl. Abb. 15.4).

Neben dem äußeren Rand (dem Rand des Rechtecks) haben wir es nun also auch mit *inneren Rändern* zu tun. Zur Formulierung der erforderlichen Randbedingungen dort bezeichnet man alle Hinderniszellen, die an wenigstens eine Fluidzelle grenzen, als *Randzellen*. Welche Werte wo benötigt werden, hängt natürlich wieder vom Typ der jeweiligen Randbedingung (in unserem Beispiel des umströmten Kreises typischerweise Haftbedingungen) ab sowie davon, welche Variable wo platziert ist. Eine detaillierte Betrachtung würde an dieser Stelle zu weit führen, wir halten jedoch fest, dass mit dieser Technik nahezu beliebige Hindernisgeometrien repräsentiert werden können. Allerdings ist die Approximatonsgenauigkeit natürlich eingeschränkt, insbesondere bei gekrümmten Rändern, wie sie im Beispiel unserer Kreis- bzw. Zylindergeometrie ja offensichtlich vorliegen. Auch zur Behebung dieses Problems gibt es jedoch geeignete Interpolationsansätze.

15.6 Ausblick

Wie schon zu Beginn dieses Kapitels gesagt, ist die Welt der numerischen Strömungsmechanik natürlich weitaus reichhaltiger, als dies die bisherigen Ausführungen vermitteln konnten. Aus diesem Grund wollen wir in diesem abschließenden Abschnitt zumindest einen noch etwas erweiterten Einblick in die Thematik der Strömungssimulation gewähren. Wir beginnen wieder mit behandelten Fragestellungen und den erforderlichen Modellerweiterungen und sprechen dann kurz verschiedene Diskretisierungsalternativen an.

15.6.1 Aufgabenstellungen und Modelle

Bereits angesprochen wurde der *nicht-viskose Fall*, typischerweise einhergehend mit *kompressiblen Fluiden* (Gasen bei hohen Geschwindigkeiten). Hier kommt im Allgemeinen ein Verwandter der Navier-Stokes-Gleichungen zum Einsatz, die *Euler-Gleichungen*. Flugzeuge mit Überschallgeschwindigkeit sind ein Paradebeispiel eines entsprechenden Szenarios.

Ene häufige Erweiterung der reinen Strömung besteht in der Ankopplung von *Energietransport* (Wärme) oder *Stofftransport* (Konzentration im Fluid gelöster Stoffe). Im Falle des Wärmetransports führt modelltechnisch ein weiteres Erhaltungsprinzip, die *Energieerhaltung*, zu einer zusätzlichen Gleichung der Art

$$\frac{\partial T}{\partial t} + \boldsymbol{u} \cdot \nabla T = c\Delta T + q \tag{15.12}$$

für die neue unabhängige Größe T, die Temperatur. Um nicht den Einfluss der Temperatur auf alle anderen involvierten Größen mit berücksichtigen zu müssen, kommt meistens die *Boussinesq-Approximation* zum Einsatz, die den Einfluss der Temperatur begrenzt. Beispielsweise werden Auswirkungen der Temperatur auf die Dichte nur bei der Auftriebskraft zugelassen. Bei dieser *Transportgleichung* (15.12) handelt es sich um eine *Konvektions-Diffusionsgleichung*, in der der Term mit dem Temperaturgradienten den konvektiven und der Laplace-Operator der Temperatur den diffusiven Teil darstellen. Der Parameter c gibt das Verhältnis von Konvektion zu Diffusion an, und der *Quellterm* q repräsentiert eine (äußere) Wärmezu- oder Wärmeabfuhr. Mit dieser Modellerweiterung kann man nun beispielsweise den Einfluss einer beheizten Wand auf die Strömung und Wärmeverteilung in einem Wasserbecken simulieren. Die Modellierung von Stofftransport führt zu einer zu (15.12) analogen Gleichung

$$\frac{\partial C}{\partial t} + \boldsymbol{u} \cdot \nabla C = \lambda\Delta C + Q(t, \boldsymbol{x}, \boldsymbol{u}, C)\,, \tag{15.13}$$

wobei der Quellterm Q nun von Ort, Zeit, Geschwindigkeit und Konzentration abhängen kann. Dies eröffnet den prinzipiellen Zugang zur Behandlung der Wechselwirkungen von Strömungen mit chemischen Reaktionen, insbesondere, wenn man für mehrere gelöste Substanzen jeweils eine Transportgleichung ankoppelt. Die Charakteristik der chemischen Reaktionen der Stoffe miteinander wird dann über die verschiedenen Quellterme modelliert.

Eine andere Modellerweiterung liefern so genannte *freie Randwertprobleme*. Bei solchen kann sich die Form des Strömungsgebiets in der Zeit ändern. In diese Klasse von Problemstellungen fallen einerseits Aufgaben mit *freier Oberfläche* wie ein fallender und in Wasser eintauchender Wassertropfen, ein brechender Staudamm, die Strömung über eine Stufe mit freier Oberfläche, wie sie etwa an einem Wehr gegeben ist, oder die Technik des Spritzgusses. Andererseits spricht man auch bei Problemen mit *Phasenwechsel* wie Schmelz- oder Erstarrungsprozessen von freien Randwertproblemen. Auch diesbezüglich kann man das vorgestellte Modell erweitern, mittels zweier wesentlicher Ingredienzen: ein Verfahren zur Aktualisierung des Simulationsgebietes (eingesetzte Methoden sind hier bspw. *Partikelverfahren*, die *Volume-of-Fluid-Methode* oder *Level-Set-Verfahren*) sowie eine möglichst genaue Beschreibung der Vorgänge an der freien Oberfläche bzw. am Phasenübergang (hierfür spielen Größen wie die Krümmung eine entscheidende Rolle).

Beim Phasenwechsel ist es schon implizit angeklungen: Mehrphasenströmungen stellen ebenfalls eine hoch relevante Erweiterung des reinen Strömungsmodells dar. Technisch gilt es dabei, mehrere fluide Phasen zu unterscheiden und die Phasengrenze – ob es nun einen Phasenübergang wie an der Grenze von Wasser zu Eis, eine Durchmischung wie bei unterschiedlich eingefärbtem Wasser oder keine Effekte über die Grenze hinweg gebe – präzise zu modellieren.

Koppelt man nicht nur verschiedene fluide Phasen, sondern ein Fluid mit einer (es umgebenden oder von ihm umströmten) Struktur, so gelangt man zu *Fluid-Struktur-Wechselwirkungen* oder, allgemein bei anderen physikalischen Effekten, zu *gekoppelten Problemen* bzw. *Mehrphysikproblemen*. Für solche gibt es zwei unterschiedliche Ansätze: Der *monolithische* Ansatz wählt tatsächlich den Weg einer Modellerweiterung und diskretisiert dann das erweiterte Modell; der *partitionierte* Ansatz dagegen verwendet bestehende Modelle und Löser für die Einzeleffekte und koppelt diese geeignet.

Bleibt noch das Phänomen der *Turbulenz*, zu dem eingangs dieses Kapitels sowie in Kap. 1 schon einige Bemerkungen gemacht wurden, die hier genügen sollen.

15.6.2 Diskretisierungen

Schon der Versuch einer Aufzählung der im Bereich des CFD zum Einsatz gelangenden Diskretisierungsschemata ist zum Scheitern verurteilt – zu groß ist deren Vielfalt. Deshalb begnügen wir uns an dieser Stelle mit dem Hinweis, dass die in diesem Kapitel vorgestellte Methode lediglich eine unter vielen ist, die ihre Vorteile hat (zum Beispiel die Einfachheit des Zugangs – auch wenn sich erstmals mit der Thematik befassende Leser diesen Eindruck eventuell nicht teilen), aber auch ihre Nachteile (etwa die im Vergleich zu Finite-Element-Ansätzen geringere theoretische Fundierung). Des Weiteren sei darauf hingewiesen, dass die numerische Stabilität in manchen Fällen (erwähnt wurde beispielsweise der Fall größerer Reynolds-Zahlen) den Übergang zu Varianten erzwingt.

Ein heißes Thema ist für die numerische Strömungsmechanik auch die problemangepasste lokale Verfeinerung der Diskretisierung, die *Gitteradaption* – doch dazu im nächsten Abschnitt mehr!

15.7 Anhang: Kleiner Exkurs zur Gittergenerierung

Den Abschluss dieses Kapitels soll ein Abschnitt über Gittergenerierung bilden – ein Thema, das ganz allgemein bei der Diskretisierung von PDE von Bedeutung ist und somit gerade im CFD-Kontext nicht unerwähnt bleiben darf.

Für die approximative Beschreibung und Diskretisierung beliebiger Berechnungsgebiete und die damit verbundene *Erzeugung* sowie *Verfeinerung* passender *Gitter* oder *Netze* gibt es eine Vielzahl von Strategien. Die jeweilige Auswahl hängt natürlich vom gewählten Diskretisierungsschema für die PDE sowie von der Komplexität des Gebiets ab. In realen Anwendungen ist dieser Schritt oft sehr zeitintensiv – auch, weil er typischerweise noch oft Benutzerinteraktion und Expertise des Nutzers erfordert.

Bei der Gittererzeugung sind eine Reihe von Aspekten zu berücksichtigen: die *Genauigkeit* (das Gitter muss es gestatten, die zugrunde liegende Physik hinreichend genau darzustellen), die *Randapproximation* (das Gitter muss die Geometrie des Gebiets hinreichend genau wiedergeben), die *Effizienz* (der Overhead für die Gitterorganisation (Speicher, Rechenzeit) sollte gering sein und einer effizienten Implementierung auf Supercomputern nicht im Wege stehen) sowie die *numerische Verträglichkeit* (Erscheinungen mit negativen Auswirkungen wie zu kleine oder große Winkel in Dreiecken oder extreme Verzerrungen sollten vermieden werden).

Allgemein unterscheidet man zwischen *strukturierten* und *unstrukturierten* Gittern. Bei Ersteren müssen weder geometrische noch topologische Informationen (also Koordinaten oder Nachbarschaften) explizit gespeichert werden, weil sie aus der Gitterstruktur ableitbar sind. Unstrukturierte Gitter erlauben dies nicht, sind dafür aber flexibler hinsichtlich der Positionierung der Punkte, der Form der Zellen sowie der Approximation der Geometrie des Berechnungsgebiets. In beiden Fällen stellt jedoch die Erzeugung des Ausgangsgitters meist nur einen ersten Schritt dar, da die optimale Lage von Punkten schwer vorhersagbar ist und stark von der zu berechnenden Lösung abhängt, was die Notwendigkeit von *adaptiver Gitterverfeinerung* verdeutlicht.

Schließlich basieren viele Parallelisierungsstrategien für PDE auf einer Zerlegung des Berechnungsgebiets *(Gebietszerlegung (Domain Decomposition))*, was zusätzliche Fragen aufwirft: Wie kann die Last einfach und wirkungsvoll auf mehrere Prozessoren verteilt werden, und wie kann nachher der Kommunikationsaufwand zwischen den resultierenden Teilgittern klein gehalten werden (kleine Trennflächen, Strategien der Graphpartitionierung)?

15.7.1 Strukturierte Gitter

Zusammengesetzte Gitter Das Konzept *zusammengesetzter Gitter* war der Schlüssel zur Behandlung auch allgemeiner dreidimensionaler Geometrien mit strukturierten Gittern. Die Idee ist einfach: Zerlege das Berechnungsgebiet so in mehrere Teilgebiete einfacherer Form, dass dort eine strukturierte Gittererzeugung jeweils problemlos möglich ist. Bei einem porösen Medium als Berechnungsgebiet wird das schwerlich zielführend sein, bei vielen technischen Objekten, die mittels eines CAD-Systems entworfen wurden, dagegen schon. Man unterscheidet zwei wesentliche Varianten (siehe Abb. 15.5): *Patch-Gitter*, bei denen verschiedene strukturierte Teilgitter entlang von Grenzflächen zusammengefügt werden (mit oder ohne stetigem Übergang), sowie *Chimära-Gitter*, bei denen völlig unabhängige und überlappende Teilgitter sich mit einem Grundgitter im Hintergrund oder mit anderen Komponentengittern überlagern. Hier kommt der Interpolation große Bedeutung zu.

Blockstrukturierte Gitter Blockstrukturierte Gitter sind gerade auch in der numerischen Strömungsmechanik sehr populär. Hierbei wird das Grundgebiet aus mehreren *logisch*

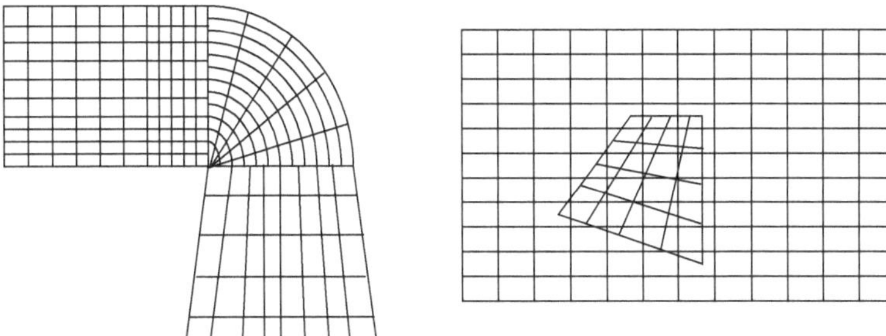

Abb. 15.5 Zusammengesetzte Gitter: Patches (*links*) und Chimära (*rechts*)

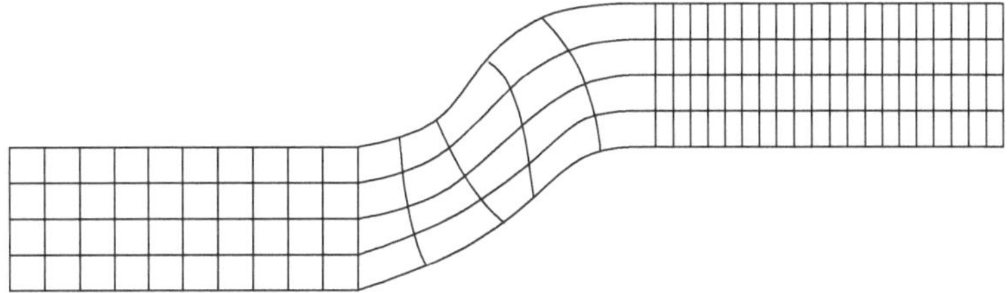

Abb. 15.6 Ein blockstrukturiertes Gitter

rechteckigen Teilgebieten unstrukturiert zusammengesetzt. Diese entstehen jeweils durch eine Transformation eines Referenzrechtecks und sind mit einem Gitter versehen, das sich durch Anwendung derselben Transformation auf ein kartesisches Gitter des Urbildrechtecks ergibt. Die Teilgebiete haben daher möglicherweise krummlinige Gitterlinien, aber dennoch die topologische Struktur eines Rechtecks. Stetigkeit am Übergang wird hier gefordert – die Punkte dort stimmen überein (siehe Abb. 15.6). Der blockstrukturierte Ansatz erlaubt so die Kombination der Vorteile randangepasster und strikt strukturierter Gitter.

Elliptische Generatoren Zahlreiche Gittergenerierungstechniken basieren auf der Idee einer Abbildung oder *Transformation* $\Psi : \Omega' \to \Omega$ aus dem Einheitsquadrat oder Einheitswürfel Ω' auf das Berechnungsgebiet Ω. Natürlich muss die jeweilige Transformation auch auf die PDE angewandt werden. Ein berühmter Vertreter dieser Klasse sind *elliptische Generatoren*, bei denen die Gitterlinien bzw. Koordinaten des Berechnungsgebiets als Lösungen elliptischer Differentialgleichungen erhalten werden. Dies stellt sicher, dass man sehr glatte Gitterlinien im Inneren erhält, sogar im Falle nicht glatter Ränder. Diesem Vorteil stehen relativ hohe Kosten und eine oft recht schwierige Steuerung der Lage der Gitterpunkte und -linien gegenüber.

Wir betrachten ein einfaches zweidimensionales Beispiel. Ein Gitter ist zu erzeugen auf dem (logisch rechteckigen) Gebiet Ω, welches durch die vier Kurven $c_{0,y}$, $c_{1,y}$, $c_{x,0}$ und $c_{x,1}$ (siehe Abb. 15.7) begrenzt wird. Definiere nun ein System von Laplace-Gleichungen für die

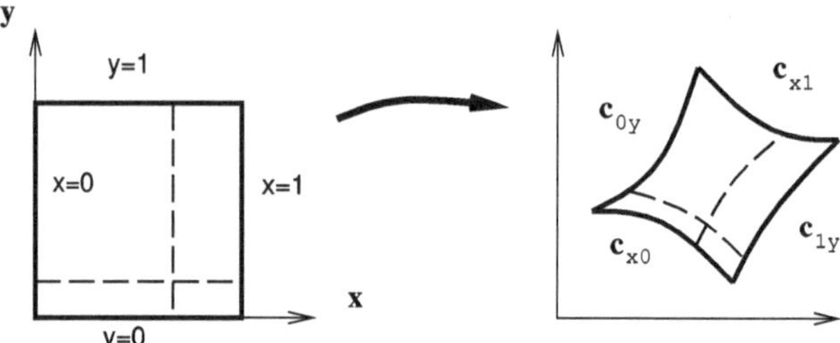

Abb. 15.7 Abbildung und elliptische Gittergenerierung

Komponenten $\xi(x, y)$ und $\eta(x, y)$ der Abbildung $\Psi(x, y)$,

$$
\begin{aligned}
\Delta\xi(x, y) &= 0 \qquad \text{auf} \quad \Omega' =]0,1[^2 \,, \\
\Delta\eta(x, y) &= 0 \qquad \text{auf} \quad \Omega' \,,
\end{aligned}
\tag{15.14}
$$

mit Dirichlet-Randbedingungen

$$
\begin{pmatrix} \xi(x,0) \\ \eta(x,0) \end{pmatrix} = c_{x,0}(x), \qquad
\begin{pmatrix} \xi(x,1) \\ \eta(x,1) \end{pmatrix} = c_{x,1}(x),
$$
$$
\begin{pmatrix} \xi(0,y) \\ \eta(0,y) \end{pmatrix} = c_{0,y}(y), \qquad
\begin{pmatrix} \xi(1,y) \\ \eta(1,y) \end{pmatrix} = c_{1,y}(y).
\tag{15.15}
$$

Als Lösung obiger (Hilfs-) Gleichungen erhält man geeignete krummlinige Gitterlinien auf Ω.

Ein Nachteil dieser Vorgehensweise ist das mögliche Auftreten von das Gebiet verlassenden Gitterlinien im nichtkonvexen Fall. Hier helfen *inverse elliptische Verfahren*, bei denen die Laplace-Gleichungen auf dem krummlinig berandeten Gebiet Ω definiert und dann auf das Referenzgebiet abgebildet werden. Der Preis dafür ist ein komplizierteres und gekoppeltes System von PDE, das nun gelöst werden muss.

Hyperbolische Generatoren Anstelle elliptischer Systeme können Berechnungsgitter auch durch Lösung geeigneter hyperbolischer Systeme konstruiert werden. Aufgrund des Charakters hyperbolischer PDE kann allerdings nur eine Randseite bzgl. jeder Koordinate spezifiziert werden – was diese Technik insbesondere für (einseitig) unbeschränkte Gebiete als attraktiv erscheinen lässt. Man beobachtet oft Geschwindigkeitsvorteile im Vergleich zum elliptischen Fall.

Algebraische Generatoren *Algebraische* oder *interpolationsbasierte* Generatoren kommen ohne Lösung eines zusätzlichen Systems von PDE aus, sie stützen sich vielmehr auf einfache Interpolationstechniken. Berühmtester Vertreter ist die so genannte *transfinite Interpolation*, die etwa im *Coons-Patch* umgesetzt wurde. Wieder beschränken wir uns auf

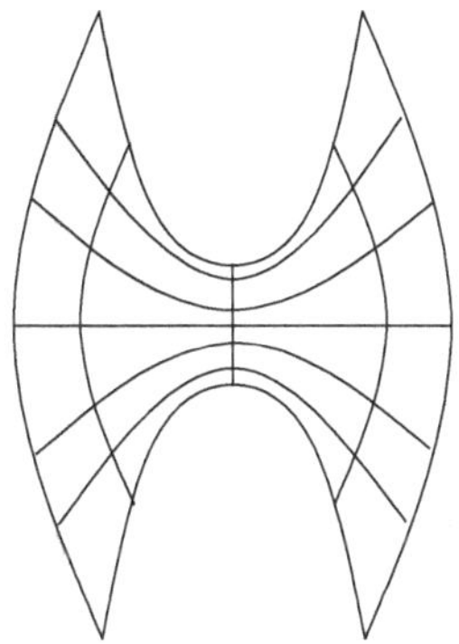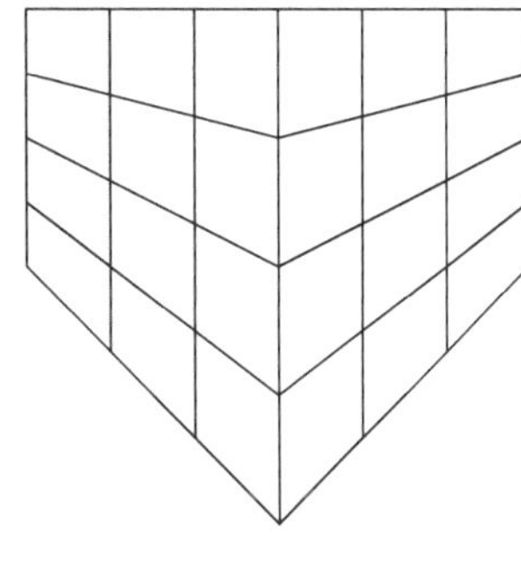

Abb. 15.8 Transfinite Interpolation

den zweidimensionalen Fall und ermitteln ein Gitter für das Gebiet Ω in Abb. 15.7 rechts, dessen Ränder durch die vier Kurven $c_{0,y}, \ldots, c_{x,1}$ spezifiziert sind. Alle vier Kurven können in eine einzige Definition $c(x, y)$ zusammengeführt werden, wobei $c(x, y)$ zunächst nur für $x \in \{0, 1\}$ oder $y \in \{0, 1\}$ gegeben ist. Man führt dann die drei Interpolationsoperatoren F_1, F_2 und $F_1 F_2$ ein, die das nur auf dem Rand von Ω' gegebene $c(x, y)$ zu einer auf ganz Ω' definierten Funktion machen:

$$
\begin{aligned}
F_1(x, y) &:= (1 - x) \cdot c(0, y) + x \cdot c(1, y), \\
F_2(x, y) &:= (1 - y) \cdot c(x, 0) + y \cdot c(x, 1), \\
F_1 F_2(x, y) &:= (1 - x)(1 - y) \cdot c(0, 0) + x(1 - y) \cdot c(1, 0) \\
&\quad + (1 - x) y \cdot c(0, 1) + x y \cdot c(1, 1).
\end{aligned}
\tag{15.16}
$$

Der Operator TF der transfiniten Interpolation wird schließlich definiert als

$$
TF(x, y) := (F_1 + F_2 - F_1 F_2)(x, y).
\tag{15.17}
$$

Die transfinite Interpolation erlaubt eine sehr billige und einfache Steuerung der Gittererzeugung. Nichtglatte Ränder vererben diese Eigenschaft jedoch ins Innere. Zudem können Gitterlinien wieder das Gebiet verlassen. Zwei Beispiele veranschaulichen die transfinite Interpolation in Abb. 15.8.

Adaptive Gitter Viele numerische Simulationen erfordern den Einsatz lokal-adaptiver Netzverfeinerung während des Berechnungsvorgangs, falls man einen Punkt erreicht, an dem ein globaler Verfeinerungsschritt unökonomisch wäre, man aber aus Genauigkeitsgründen die Berechnung noch nicht beenden kann. Man könnte natürlich auch lokal ein Verfahren höherer Ordnung einsetzen, aber diese Option betrifft nicht die Gitterverfeinerung, die uns in diesem Abschnitt interessiert. Im Falle strukturierter Gitter wählt man meist die *Block-Adaption*: Identifiziere die kritischen Teilgebiete mit der Hilfe eines

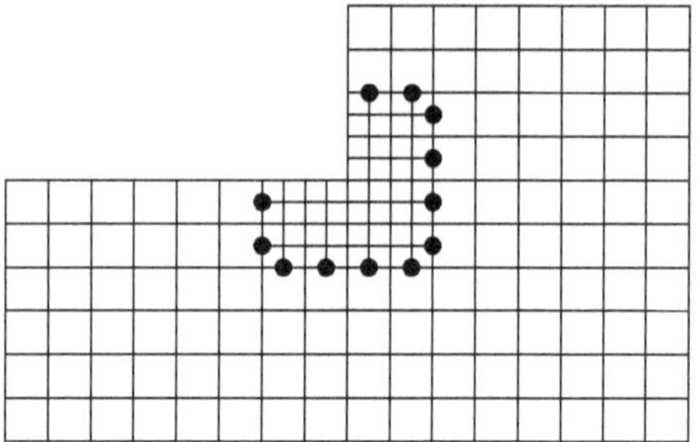

Abb. 15.9 Blockadaptation und hängende Knoten: Falls ein mit einem *schwarzen Kreis* markierter Knoten einen von null verschiedenen Wert trägt, so existiert dieser Wert nur aus Sicht des feineren Gitters

Fehlerindikators und starte eine Gitterverfeinerung im betreffenden Block (z. B. durch Halbierung der Maschenweiten). Besondere Aufmerksamkeit ist dabei den so genannten *hängenden Knoten* zu widmen, also Gitterpunkten, die aus dem Verfeinerungsprozess resultieren und nur aus der Perspektive einer Seite der Kante wirklich existieren. Schließlich sollen Unstetigkeiten i. A. vermieden werden. Siehe Abb. 15.9 für ein einfaches Beispiel.

15.7.2　Unstrukturierte Gitter

Unstrukturierte Gitter stehen in engem Zusammenhang mit Finite-Elemente-Methoden, und man assoziiert sie zumeist mit (nahezu) beliebigen Triangulierungen oder Tetraedergittern.

Delaunay-Triangulationen und Voronoi-Diagramme Eine schon recht alte Methode zur Erzeugung unstrukturierter Finite-Elemente-Netze, falls Gitterpunkte bereits bekannt sind, geht zurück auf Dirichlet und Voronoi. Für eine gegebene Punktmenge P_i, $i = 1, \ldots, N$, werden die *Voronoi-Gebiete* V_i definiert als

$$V_i := \left\{ P : \| P - P_i \| < \| P - P_j \| \quad \forall j \neq i \right\}. \tag{15.18}$$

V_i enthält somit alle Punkte, die näher an P_i als an jedem anderen Gitterpunkt P_j liegen. Insgesamt erhält man das *Voronoi-Diagramm*, eine Unterteilung des Simulationsgebiets in Polygone bzw. Polyeder. Zieht man im Voronoi-Diagramm Linien zwischen allen benachbarten Punkten (d. h. Punkten mit benachbarten Voronoi-Gebieten), dann ergibt sich eine Menge disjunkter Dreiecke bzw. Tetraeder, welche die konvexe Hülle der P_i überdecken – die *Delaunay-Triangulation*; siehe Abb. 15.10 für ein einfaches Beispiel. Delaunay-Triangulationen werden sehr oft benutzt, da sie einige Eigenschaften besitzen, die günstig sind sowohl für die effiziente Erzeugung als auch für den späteren numerischen Lösungsprozess auf dem Gitter. Im Folgenden werden wir den Begriff der Triangulierung für allgemeine Dimensionalität d verwenden.

Punkterzeugung Und wie gelangt man zu geeigneten Gitterpunktmengen? Eine erste Möglichkeit stellt die *unabhängige Erzeugung* dar, bei der die Gitterpunkte eines groben

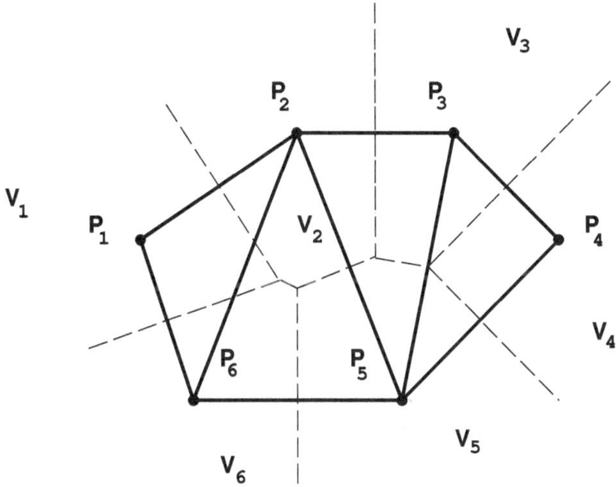

Abb. 15.10 Voronoi-Diagramm (*gestrichelt*) und Delaunay-Triangulation (*durchgezogen*) in 2 D

strukturierten Gitters (das mit der späteren Berechnung nichts zu tun hat) als Startmenge herangezogen werden. Auch der zweite Ansatz – *Superposition und fortlaufende Unterteilung* – benutzt ein strukturiertes Hilfsgitter und verfeinert dieses sukzessive (verbreitet sind hier z. B. *Oktalbäume (Octrees)*). Alternativ kann man von einer *Rand-bezogenen Triangulierung* ausgehen (etwa ein Delaunay-Konstrukt beginnend mit Punkten nur auf dem Rand) und diese dann sukzessive verfeinern. Dabei kann man neben Punkten auf dem Rand auch gezielt Punkte oder Linien etc. im Innern in den Konstruktionsprozess mit einbeziehen (falls etwa Singularitäten bekannt sind).

Alternativen Natürlich gibt es nicht nur die Delaunay-Konstruktion. *Advancing-Front-Methoden* starten mit einer Diskretisierung des Rands und schieben von dort aus durch gezielte Injektion neuer Punkte im Inneren eine Front ins Innere des Gebiets vor, bis dieses komplett vernetzt ist. Abbildung 15.11 zeigt einen Schritt im entsprechenden Algorithmus.

Spacetrees (*Quadtrees* im Zweidimensionalen, *Octrees* im Dreidimensionalen) basieren auf einer rekursiven uniformen Raumpartitionierung eines d-dimensionalen Würfels, bis eine gegebene Toleranz bzw. Maximaltiefe erreicht ist oder bis eine Zelle komplett innerhalb oder komplett außerhalb des Simulationsgebiets liegt. Um ein randangepasstes Gitter zu erreichen, muss der reine Spacetree durch geeignetes Abschneiden und Wiederverbinden zu Dreiecken bzw. Tetraedern modifiziert werden.

Hybride Gitter schließlich sind Zwitterkonstruktionen, die Eigenschaften strukturierter wie unstukturierter Gitter in sich tragen.

Adaptive Gitter Adaptive Gitter stellen im Kontext unstrukturierter Gitter in gewisser Hinsicht den Normalfall dar, da man es ohnehin mit Elementen unterschiedlicher

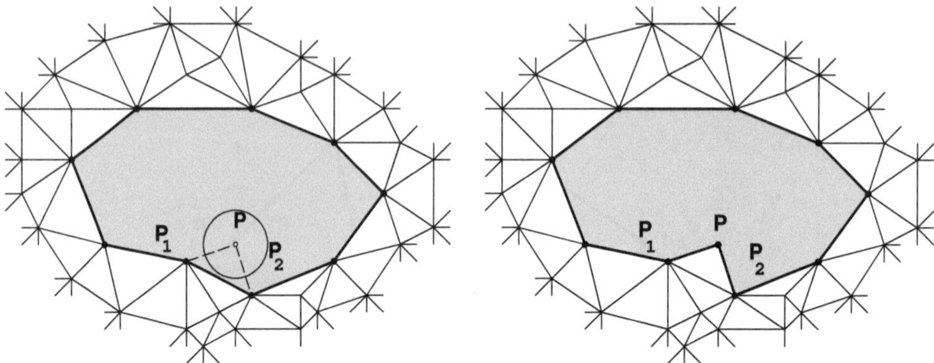

Abb. 15.11 Ein Schritt im Advancing-Front-Algorithmus: Erzeugen eines neuen inneren Punkts sowie eines zugeordneten Dreiecks

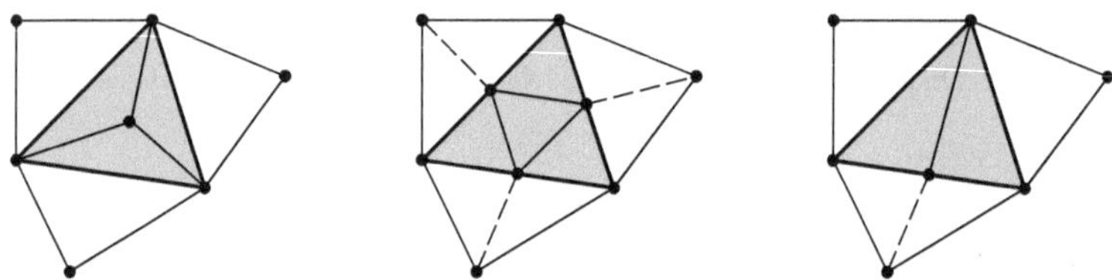

Abb. 15.12 Einige Verfeinerungsstrategien (mit Behandlung hängender Knoten): Hinzunahme des Schwerpunkts (*links*), *rote* Verfeinerung (*Mitte*) sowie *grüne* Verfeinerung (*rechts*)

Größe und mit dynamischen Datenstrukturen zu tun hat. Daher ist adaptive Gitterverfeinerung hier auch populärer als im strukturierten Fall. Um die Adaption effektiv und effizient durchführen zu können, benötigt man erstens einen *lokalen Fehlerschätzer* bzw. *Fehlerindikator*, der während der Berechnung lokale Verfeinerung an bestimmten Punkten empfiehlt, zweitens ein *Verfeinerungskriterium*, welches das Verfeinerungsziel festlegt (möglichst gleichmäßige Verteilung des Fehlers über alle Punkte, Beschränkung des Fehlers überall etc.), drittens ein (technisches) Verfahren zur Realisierung der Verfeinerung (Abb. 15.12 zeigt ein paar Möglichkeiten hierzu) sowie viertens einen *globalen Fehlerschätzer*, der Aufschluss über die Genauigkeit der momentanen Näherungslösung gibt. Zu allen vier Punkten wurde eine Vielzahl von Vorschlägen gemacht, die den Umfang unseres kleinen Exkurses sprengen würden.

15.7.3 Ansätze zur Behandlung veränderlicher Geometrien

Wie in vorigen Abschnitten bereits anklang, spielen veränderliche Geometrien und somit auch Techniken zu deren Darstellung eine immer größere Rolle – man denke an freie Oberflächen, Mehrphasenströmungen oder Fluid-Struktur-Wechselwirkungen. Offensichtlich ist eine permanente Neuvernetzung nach jeder Änderung der Geometrie in vielen Fällen jenseits derzeitiger und zukünftiger Rechenkapazitäten. Deshalb kommt Ansätzen, die über die wiederholte Anwendung der oben vorgestellten Verfahren hinausgehen, große Bedeutung zu.

Front-Tracking-Methoden Die so genannten *Front-Tracking-Methoden* beschreiben den Rand oder das *Interface* zwischen zwei Phasen (flüssig-flüssig oder flüssig-fest) direkt, d. h. sie aktualisieren fortlaufend eine geometrische Darstellung, beispielsweise via *Freiformflächen* gemäß den aktuellen Bewegungen. Das ist offenkundig sehr präzise, jedoch auch mit erheblichem Rechenaufwand oder sogar grundsätzlichen Problemen verbunden (bei Topologieänderungen, wenn sich z. B. zwei Blasen vereinigen), weshalb dieser Ansatz oft keinen gangbaren Weg darstellt.

Front-Capturing-Methoden Anders *Front-Capturing-Methoden*: Sie beschreiben die Position des Interfaces nur implizit über eine geeignete globale Größe. Das bedeutet geringere Genauigkeit, aber höhere Machbarkeit. Die bereits erwähnten *Marker-and-Cell-* und *Volume-of-Fluid-Ansätze (VoF)* fallen in diese Kategorie. Bei Ersterem werden Partikel bewegt; Zellen ohne Partikel gehören nicht zum Fluid, an leere Zellen grenzende Zellen mit Partikeln gehören zur Oberfläche oder zum Interface, und alle anderen Zellen gehören zum Fluid. Die VoF-Methode benutzt eine globale Größe, den Volumenanteil des Fluids am Volumen der Zelle, um die Lage der Oberfläche bzw. des Interfaces zu erfassen.

Clicking- und Sliding-Mesh-Techniken Bei regelmäßigen oder periodischen Bewegungen (Oszillationen oder langsame Drehungen eines Rührers) liegt es nahe, das Grundgitter der Strömung ortsfest zu lassen und nur die bewegte Struktur samt angrenzenden Fluidzellen mitzubewegen. Dieser Teil des Gitters *rutscht* weiter, und ein *Click* schaltet Nachbarschaftsbeziehungen etc. weiter.

Eine letzte Bemerkung soll diesen Exkurs abschließen. Globale Gittergenerierung ist ein Problem, das hauptsächlich bei der so genannten *Euler'schen Betrachtungsweise* auftritt, die von einem festen Bezugssystem ausgeht. Eine Alternative ist die *Lagrange'sche Betrachtungsweise*, bei der alle „Spieler" (z. B. bewegte Strukturen) ihre eigene lokale Perspektive haben. Der *Arbitrary Lagrangian-Eulerian (ALE)* Ansatz verbindet in gewisser Weise beide Betrachtungsweisen und erleichtert so das Umgehen mit bewegten Strukturen und Fluid-Struktur-Wechselwirkungen.

In diesem Kapitel wenden wir uns einer ur-informatischen Anwendung von Modellierung und Simulation zu – und befassen uns doch zugleich mit Physik im Rechner. Schließlich ist eines der großen Ziele der Computergraphik der *Photorealismus*, also die Erzeugung möglichst realistisch anmutender Computerbilder. An vielen Stellen begegnen wir dabei Modellen – bei der Beschreibung von Objekten und Effekten – sowie Simulationen – bei deren effizienter graphischer Darstellung. Als Beispiele seien genannt die Darstellung natürlicher Objekte (Berge, Bäume etc.) mittels Fraktalen oder Grammatikmodellen, die Darstellung natürlicher Effekte (Feuer, Nebel, Rauch, Faltenwurf von Stoffen etc.) mittels Partikelsystemen, die Abbildung biomechanischer Vorgänge (Dinosaurierbäuche und sonstige „Schwabbelmassen") oder allgemein die Beschreibung von Animation. Von zentraler Bedeutung für die Computergraphik sind ferner Techniken zur *globalen Beleuchtung*. Mit ihr wollen wir uns im Folgenden befassen. Die Darstellung folgt dabei [13]. Vom Instrumentarium aus Kap. 2 werden insbesondere die Abschnitte zur Analysis und Numerik benötigt.

In der Computergraphik studierte man früh *lokale* Beleuchtungsmodelle, um die Lichtverhältnisse an einem bestimmten Punkt einer Szene beschreiben zu können, und unterschied dabei ambientes Licht, punktförmige Lichtquellen mit diffuser Reflexion und punktförmige Lichtquellen mit spiegelnder Reflexion. Für die Erzeugung photorealistischer Bilder ist aber auch die Modellierung der *globalen Beleuchtung*, also der Licht-Wechselwirkungen aller Objekte der Szene miteinander, wichtig.

Der erste Ansatz, das so genannte *Ray-Tracing*, geht auf Whitted und Appel zurück [4, 62]. Es kann spiegelnde Reflexion perfekt wiedergeben, diffuse Beleuchtung bzw. ambientes Licht dagegen überhaupt nicht. Die resultierenden Bilder wirken synthetisch und fast zu perfekt. Gewissermaßen das Gegenstück, das *Radiosity-Verfahren*, wurde von Goral et al. vorgestellt [26] und gibt diffuse Beleuchtung perfekt wieder. Spiegelnde Reflexionen sind allerdings nicht möglich. Die resultierenden Bilder wirken natürlicher, aber noch nicht realistisch – es fehlen eben Spiegelungs- und Glanzeffekte. In der Folge wurden zahlreiche Ansätze zur Kombination von Ray-Tracing und Radiosity entwickelt, ausgehend von

H.-J. Bungartz et al., *Modellbildung und Simulation*, eXamen.press,
DOI 10.1007/978-3-642-37656-6_16, © Springer-Verlag Berlin Heidelberg 2013

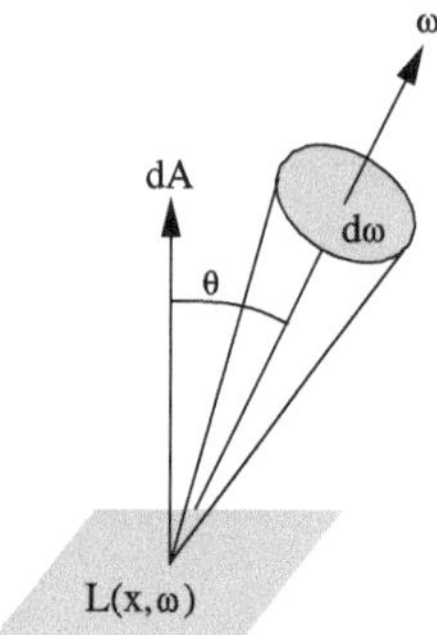

Abb. 16.1 Orientiertes Flächenstück und Raumwinkel

der einfachen Hintereinanderschaltung bis hin zu komplizierteren Verfahren. Trotzdem bleiben Probleme bei der Wiedergabe indirekter spiegelnder Beleuchtungen (etwa über einen Spiegel), so genannte *Caustics*. Weitere Entwicklungsstufen waren *Path-Tracing* [37] und *Light* oder *Backward Ray-Tracing* [5]. Beide sind prinzipiell in der Lage, das globale Beleuchtungsproblem zu lösen, haben jedoch Probleme hinsichtlich Aufwand bzw. Einschränkungen bei der Geometriebeschreibung. Eine signifikante Verbesserung stellt *Monte Carlo Ray-Tracing mit Photon Maps* dar [36], das auch Caustics in befriedigender Qualität effizient wiedergeben kann.

16.1 Größen aus der Radiometrie

Radiometrie ist die Lehre von der (physikalischen) Messung elektromagnetischer Energie. Einige wichtige Größen hieraus sind für das Folgende von Bedeutung. Bezugsgröße ist dabei eine Oberfläche A in der darzustellenden bzw. zu beleuchtenden Szene. $x \in A$ bezeichne einen Punkt auf der betrachteten Oberfläche, $\omega \in S^2$ mit der Einheitssphäre S^2 (der Oberfläche der Kugel mit Mittelpunkt im Ursprung und Radius eins) bzw. $\omega \in H^2$ mit der Einheitshemisphäre H^2 eine Strahlrichtung. Ferner benötigen wir das Konzept des *Raumwinkels*, der im Allgemeinen über die Fläche auf der Oberfläche von H^2 gemessen wird, maximal also den Wert 2π annimmt, bzw. $2\pi sr$ mit der künstlichen Einheit *Steradiant*. Zu einem Flächenstück auf einer Hemisphäre mit beliebigem Radius r ergibt sich der Raumwinkel einfach durch Division des Flächeninhalts durch r^2. Der Winkel $\theta = \theta(x, \omega)$ bezeichne schließlich den Winkel zwischen Flächennormale in x und der Strahlrichtung ω (siehe Abb. 16.1). Doch jetzt zu den radiometrischen Größen, für die wir im Folgenden grundsätzlich die in der Literatur üblichen englischen Bezeichnungen verwenden werden:

- Mit *Radiant Energy* Q bezeichnet man die elektromagnetische Energie bzw. Lichtenergie (Einheit Joule).
- Unter dem *Radiant Flux* Φ versteht man den Energiefluss, -eintritt oder -ausgang pro Zeit (Einheit Watt; üblicherweise wird nur der statische Fall betrachtet, und die Begriffe

Radiant Energy und Radiant Flux werden dann oft synonym verwandt):

$$\Phi := \frac{\partial Q}{\partial t}\,.$$

- *Radiance $L(x, \omega)$* wird der Radiant Flux in einem infinitesimal dünnen Strahl bzw. der Radiant Flux pro Flächeneinheit $dA \cos \theta$ senkrecht zum Strahl und pro Raumwinkel $d\omega$ in Strahlrichtung ω (Einheit $W/m^2 sr$) genannt. Die Größen L_i, L_o, L_r, L_e bezeichnen jeweils die eintreffende (in), ausgehende (out), reflektierte und emittierte Radiance.
- Unter der *Irradiance E* versteht man den auftreffenden Radiant Flux pro Flächeneinheit (Einheit W/m^2; Summation bzw. Integration über alle eingehenden Richtungen ω_i):

$$dE := L_i(x, \omega_i) \cos \theta_i d\omega_i\,, \qquad E(x) := \int_{H^2} dE\,.$$

- Mit *Radiosity B* wird dagegen der ausgehende Radiant Flux pro Flächeneinheit bezeichnet (Einheit ebenfalls W/m^2; Summation bzw. Integration nun über alle ausgehenden Richtungen ω_o):

$$dB := L_o(x, \omega_o) \cos \theta_o d\omega_o\,, \qquad B(x) := \int_{H^2} dB\,.$$

- *Radiant Intensity I* nennt man den ausgehenden Radiant Flux pro Raumwinkel, d. h. pro Richtung im Raum (Einheit W/sr; Summation bzw. Integration über alle Flächenelemente A, also über $\Omega := \cup A$):

$$dI := L_o(x, \omega_o) \cos \theta_o dA\,, \qquad I(\omega_o) := \int_{\Omega} dI\,.$$

Die Beziehungen der Größen untereinander werden durch nochmalige Integration klar:

$$\Phi_o = \int_{H^2} I(\omega_o) d\omega_o = \int_{\Omega} B(x) dA = \int_{\Omega} \int_{H^2} L_o(x, \omega_o) \cos \theta_o d\omega_o dA,$$

$$\Phi_i = \int_{\Omega} E(x) dA = \int_{\Omega} \int_{H^2} L_i(x, \omega_i) \cos \theta_i d\omega_i dA.$$

Im Falle vollständiger Reflexion (keine Transparenz oder Brechung, keine Absorption) gilt für eine Oberfläche A stets $\Phi_o = \Phi_i$.

Die Radiance hat zwei wichtige Eigenschaften: Sie ist konstant entlang eines Strahls, solange dieser auf keine Oberfläche trifft, und sie ist die ausschlaggebende Größe für die Antwort eines lichtempfindlichen Sensors (Kameras, Auge).

Schließlich hängen alle genannten Größen eigentlich von der *Wellenlänge* des Lichts ab. Theoretisch tritt also ein weiteres Integral über die Wellenlänge hinzu, praktisch beschränkt man sich auf den dreidimensionalen RGB-Vektor (R, G, B) für die Grundfarben Rot, Grün und Blau – ein gängiges *Farbmodell* in der Computergraphik.

16.2   Die Rendering-Gleichung

Wir müssen uns kurz einen wichtigen Sachverhalt aus der lokalen Beleuchtung vergegenwärtigen. Dort ist die Beschreibung der *Reflexion* entscheidend für die Modellierung der optischen Erscheinung von Flächen. Die Reflexion hängt ab von der Richtung des einfallenden und des ausgehenden Lichts, von der Wellenlänge des Lichts sowie vom jeweiligen Punkt auf der Oberfläche. Wichtigstes Beschreibungsmittel in diesem Zusammenhang sind die *Bidirectional Reflection Distribution Functions (BRDF)* $f_r(x, \omega_i \to \omega_r)$, die die Abhängigkeit des ausgehenden (reflektierten) Lichts von der einfallenden Lichtstärke angeben:

$$dL_r = f_r(x, \omega_i \to \omega_r)dE = f_r(x, \omega_i \to \omega_r)L_i(x, \omega_i)\cos\theta_i d\omega_i . \qquad (16.1)$$

Man beachte, dass die reflektierte Radiance mit der eingehenden Irradiance in Bezug gesetzt wird, nicht mit der eingehenden Radiance (die Begründung hierfür würde an dieser Stelle zu weit führen). Im Allgemeinen sind die BRDF anisotrop, ein Drehen der Oberfläche kann also (bei unveränderten Ein- und Ausgangsrichtungen) zu einer veränderten reflektierten Lichtmenge führen.

Aus (16.1) kann nun die sog. *Reflectance-Gleichung* abgeleitet werden

$$L_r(x, \omega_r) = \int_{H^2} f_r(x, \omega_i \to \omega_r)L_i(x, \omega_i)\cos\theta_i d\omega_i , \qquad (16.2)$$

die den (lokalen) Zusammenhang zwischen einfallendem und reflektiertem Licht herstellt. Die BRDF stellen eine sehr allgemeine Beschreibungsmöglichkeit der Reflexion dar. Aus Komplexitätsgründen werden in der Praxis einfache (lokale) Reflexionsmodelle für die unterschiedlichen Klassen von BRDF verwendet, die vor allem die Zahl der Parameter reduzieren sollen (siehe Abb. 16.2):

- Bei der *idealen spiegelnden Reflexion* wird ein einfallender Strahl in genau eine Richtung reflektiert, gemäß dem Reflexionsgesetz von Snellius. Die Modellierung der BRDF erfolgt mit Hilfe Dirac'scher δ-Funktionen.
- Bei der *praktischen spiegelnden Reflexion* wird Licht einer Verteilung gehorchend reflektiert, die sich stark um die ideale Reflexionsrichtung konzentriert.
- *Lambert'sche* oder *diffuse* Reflexion reflektiert einfallendes Licht in alle Richtungen gleichmäßig, die zugehörige Verteilung ist also eine Gleichverteilung.

Allgemeine Reflexions- bzw. Beleuchtungsmodelle kombinieren oft alle Ansätze. Transparenz und Brechung können leicht eingebaut werden, indem man als mögliche „Reflexionsrichtungen" auch die untere bzw. innere Hemisphäre zulässt. Im Folgenden werden jedoch alle Integrale der Einfachheit halber lediglich bezüglich H^2 formuliert. Hiermit wird aber in jedem Fall nur beschrieben, wie Licht einfällt und was mit einfallendem Licht geschieht. Zur Beantwortung der Frage, wie das jeweils einfallende Licht zustande kommt, muss ein weiterer Schritt getan werden.

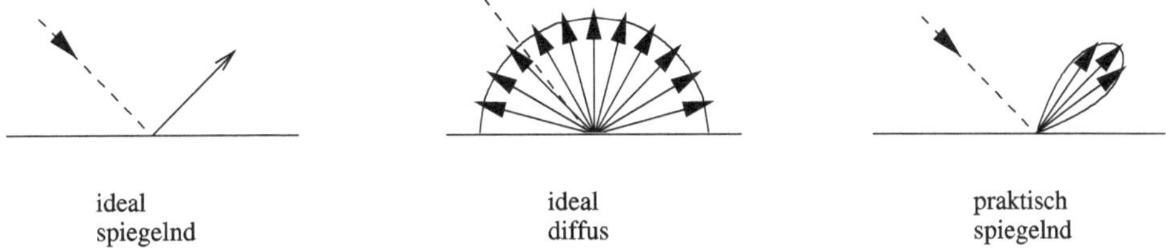

Abb. 16.2 Verschiedenes Reflexionsverhalten und verschiedene Typen von BRDF

Wie setzt sich also das einfallende Licht zusammen? Zur Klärung dieser Frage betrachten wir zunächst den lokalen Fall: Eine Punktlichtquelle in x_s habe die Intensität I_s. Die Radiance L_i in einem Punkt x der Szene bestimmt sich dann gemäß

$$L_i(x, \omega) = \begin{cases} I_s \cdot |x - x_s|^{-2} & \text{für } \omega = \omega_s := x - x_s, \\ 0 & \text{sonst} . \end{cases} \tag{16.3}$$

Das Integral (16.2) degeneriert dann zu dem Ausdruck (formal über einen Dirac-Stoß)

$$L_r(x, \omega_r) = \frac{I_s}{|x - x_s|^2} f_r(x, \omega_s \to \omega_r) \cos \theta_s , \tag{16.4}$$

bzw. zu einer Summe über n solche Terme bei n Punktlichtquellen – zugegebenermaßen ein denkbar primitives Beleuchtungsmodell. *Globale* Beleuchtung ist aber mehr als die lokale Betrachtung in allen Punkten der Szene. Das Wechselspiel der einzelnen Flächen muss korrekt wiedergegeben werden. Dieses Wechselspiel ist nichts anderes als Energietransport: Lichtquellen emittieren Strahlung, die in der Szene reflektiert, gebrochen oder absorbiert wird. Berechnet werden muss nun die Lichtmenge, die schließlich das Auge oder die Kamera erreicht. Dazu muss für jedes Bildpixel die Radiance über die entsprechenden sichtbaren Flächen integriert werden. Der resultierende Radiant Flux definiert dann Helligkeit und Farbe des Pixels. Die Radiance, die einen Punkt x in Richtung ω_o verlässt, setzt sich aus (selbst-) emittierter und reflektierter Radiance zusammen:

$$L_o(x, \omega_o) = L_e(x, \omega_o) + L_r(x, \omega_o) . \tag{16.5}$$

Mit (16.2) erhält man daraus die *Rendering-Gleichung* [37]:

$$L_o(x, \omega_o) = L_e(x, \omega_o) + \int_{H^2} f_r(x, \omega_i \to \omega_o) L_i(x, \omega_i) \cos \theta_i \, d\omega_i , \tag{16.6}$$

die für die Lichtverhältnisse der Szene eine globale Energiebilanz beschreibt. Die Geometrie der Szene, die BRDF der Oberflächen und die Lichtquellen (interpretiert als rein selbst-emittierende Flächen) bestimmen die Lichtverteilung vollständig.

Die Rendering-Gleichung in ihrer obigen Form (16.6) stellt uns allerdings noch nicht ganz zufrieden: Zum einen steht unter dem Integral die eintreffende, auf der linken Seite jedoch die ausgehende Radiance, zum anderen ist das Integral über die Hemisphäre etwas unhandlich. Für eine besser zu handhabende Schreibweise der Rendering-Gleichung benötigen wir die *Sichtbarkeitsfunktion* $V(x, y)$,

$$V(x, y) := \begin{cases} 1: & x \text{ sieht } y, \\ 0: & \text{sonst.} \end{cases} \tag{16.7}$$

Dabei seien $x \in A_x$ und $y \in A_y$ zwei Punkte auf zwei Oberflächen A_x und A_y der Szene. Mit obigem V gilt offensichtlich

$$L_i(x, \omega_i) = L_o(y, \omega_i)\, V(x, y). \tag{16.8}$$

Um das Integrationsgebiet zu ändern, setzen wir $\mathrm{d}\omega_i$ in Bezug zu dem Flächenstück $\mathrm{d}A_y$, wo das Licht herkommt:

$$\mathrm{d}\omega_i = \frac{\cos\theta_y \mathrm{d}A_y}{|x - y|^2}. \tag{16.9}$$

Mit der Definition

$$G(x, y) := V(x, y) \cdot \frac{\cos\theta_i \cos\theta_y}{|x - y|^2} \tag{16.10}$$

erhält man dann die folgende zweite Form der Rendering-Gleichung:

$$L_o(x, \omega_o) = L_e(x, \omega_o) + \int_\Omega f_r(x, \omega_i \to \omega_o) L_o(y, \omega_i) G(x, y) \mathrm{d}A_y. \tag{16.11}$$

Mit dem Integraloperator

$$(Tf)(x, \omega_o) := \int_\Omega f_r(x, \omega_i \to \omega_o) f(y, \omega_i) G(x, y) \mathrm{d}A_y \tag{16.12}$$

vereinfacht sich (16.11) zu

$$L_o = L_e + TL_o \qquad \text{bzw. kurz} \qquad L = L_e + TL. \tag{16.13}$$

Der *Lichttransportoperator* T wandelt also die Radiance auf A_y um in die Radiance auf A_x (nach *einer* Reflexion). Wendet man (16.13) rekursiv an, so erhält man

$$L = \sum_{k=0}^{\infty} T^k L_e, \tag{16.14}$$

wobei L_e für emittiertes Licht, TL_e für direkte Beleuchtung und $T^k L_e$, $k > 1$, für indirekte Beleuchtung nach $k - 1$ Reflexionen stehen.

Zur Bestimmung der globalen Beleuchtung ist nun die Rendering-Gleichung in der Gestalt der Integralgleichung (16.6) bzw. (16.11) – unser Modell – zu lösen – die zugehörige Simulation. Damit befassen wir uns im nächsten Abschnitt.

16.3 Techniken zur Lösung der Rendering-Gleichung

Die meisten Verfahren zur Lösung des globalen Beleuchtungsproblems versuchen mehr oder weniger direkt, die Rendering-Gleichung näherungsweise zu lösen. Dabei können sie anhand ihrer Mächtigkeit bei der Berücksichtigung verschiedener Typen von Licht-Interaktion (charakterisiert mittels einer Folge von Reflexionen auf dem Weg von der Lichtquelle zum Auge) klassifiziert werden. Mit den Bezeichnungen L für Lichtquelle, E für das Auge, D für eine diffuse Reflexion und S für eine spiegelnde Reflexion muss ein optimales Verfahren alle Folgen vom Typ des regulären Ausdrucks

$$L\,(\,D\,|\,S\,)^*\,E \tag{16.15}$$

berücksichtigen können (siehe Abb. 16.3).

Da man auch bei Transparenz zwischen spiegelnder Transparenz (*transparent*, z. B. Glas) und diffuser Transparenz (*translucent*, z. B. Milchglas) unterscheiden kann, sind mit (16.15) wirklich alle Fälle abgedeckt. Bezeichnet ferner X einen Punkt der Szene, so lassen sich für ihn folgende Beleuchtungstypen unterscheiden:

$$
\begin{aligned}
L\,X && \text{direkte Beleuchtung,}\\
L\,(\,D\,|\,S\,)^+\,X && \text{indirekte Beleuchtung,}\\
L\,D^+\,X && \text{rein diffuse indirekte Beleuchtung,}\\
L\,S^+\,X && \text{rein spiegelnde indirekte Beleuchtung.} \tag{16.16}
\end{aligned}
$$

Da der letzte Fall besonders „ätzend" ist, werden entsprechende Beleuchtungseffekte *Caustics* (griechisch *Kaustikos*, von *Kaiein* – brennen) genannt.

16.3.1 Ray-Tracing

Ray-Tracing ist das älteste und wohl einfachste Verfahren zur globalen Beleuchtung. Schattenwurf sowie ideale spiegelnde Reflexion und Brechung werden erfasst, diffuse Beleuchtung dagegen nicht. Die algorithmische Grundlage ist dieselbe wie beim Ray-Casting, das in der Computergraphik zur Lösung des Sichtbarkeitsproblems verwandt wird, nämlich die Strahlverfolgung. Verfolgt werden einzelne Lichtstrahlen, die von einem Betrachterstandpunkt ausgehen und beim ersten Treffer mit einem Objekt der Szene oder gegebenenfalls auch nie enden. Energie wird in Form von Radiance transportiert.

Rund um Ray-Tracing wurden im Laufe der Zeit zahlreiche algorithmische Varianten und Optimierungen entwickelt. Wir beschränken uns hier auf seine Qualitäten hinsichtlich der globalen Beleuchtung. Vom Betrachter aus wird durch jedes Bildpixel ein Strahl in die Szene geschossen (*Primärstrahlen*). Trifft ein Strahl kein Objekt, erhält das Pixel die Hintergrundfarbe. Andernfalls starten vom nächstgelegenen Schnittpunkt x dreierlei Typen

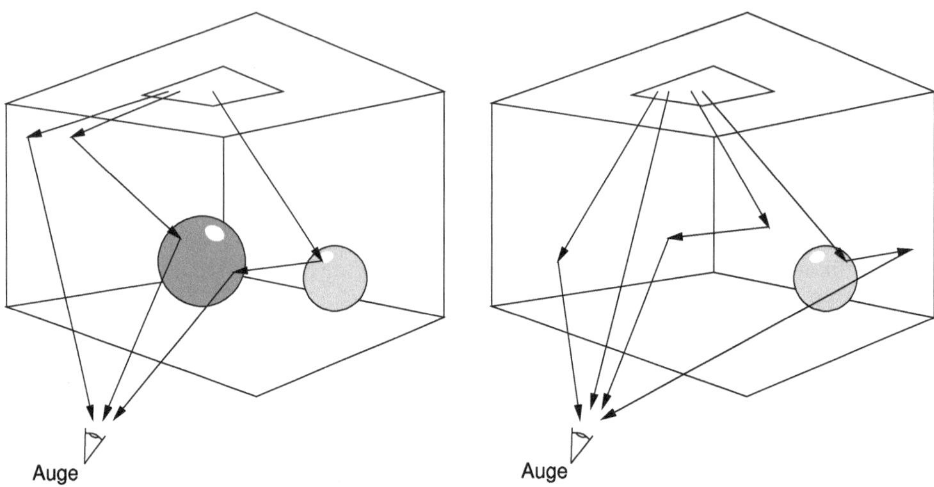

Abb. 16.3 Unterschiedliche Lichtpfade: *LDE, LDSE, LSSE* und *LDE, LE, LDDE, LSDE* (jeweils von links nach rechts)

von *Sekundärstrahlen*: der perfekt reflektierte Strahl (bei nicht völlig mattem Material), der perfekt gebrochene Strahl (bei lichtdurchlässigem Material) sowie die so genannten Schattenstrahlen zu allen Lichtquellen. Jede Lichtquelle, die vom entsprechenden Schattenstrahl ohne Hindernis (Objekt in der Szene) erreicht wird, beleuchtet x direkt. Die von x zum Beobachter ausgehende Radiance wird dann rekursiv ermittelt aus den von allen Sekundärstrahlen eingehenden Radiance-Werten, den jeweiligen Richtungen und der BRDF in x gemäß dem lokalen Beleuchtungsmodell nach (16.4). Zum Abbruch der Rekursion muss eine maximale Rekursionstiefe oder eine Mindest-Radiance festgelegt werden. Die fehlende Berücksichtigung diffuser Reflexion wird schließlich durch einen konstanten Term für ambientes Licht modelliert.

Gemäß der Klassifizierung von (16.15) gibt Ray-Tracing alle Pfade vom Typ

$$L D S^* E \qquad\qquad (16.17)$$

wieder. Das D in (16.17) ist deshalb erforderlich, weil die Schattenstrahlen von der Lichtquelle aus gesehen beliebige und von keiner „Einfallsrichtung" abhängende Richtungen annehmen können. Pfade vom Typ $L S^* E$ können nicht dargestellt werden, da Lichtquellen nicht als Objekte behandelt werden und folglich nur von Schattenstrahlen getroffen werden können.

Die Bestimmung der zum Beobachter ausgehenden Radiance in einem Schnittpunkt x erfolgt wie gesagt auf der Grundlage eines lokalen Beleuchtungsmodells (16.4). Beim ursprünglichen Ray-Tracing wurde die eintreffende Radiance einfach mit einem materialabhängigen Reflexions- bzw. Brechungs-Koeffizienten multipliziert, unabhängig von eintreffender oder ausgehender Richtung. Analog zur Rendering-Gleichung in der Form (16.14) können wir die Funktion von Ray-Tracing jedoch auch in seiner allgemeinen Form beschreiben als

$$L = L_0 + \sum_{k=1}^{\infty} T_0^k L_e \,, \tag{16.18}$$

wobei L_0 den ambienten Term bezeichnet. Der Term L_e entfällt, weil Punktlichtquellen nicht als emittierende Objekte behandelt werden. Im Gegensatz zu T ist T_0 kein Integral-, sondern ein einfacher Summenoperator, der über die drei Terme direkte Beleuchtung, reflektiertes Licht und gebrochenes Licht summiert. Aus der Sicht der zu lösenden Rendering-Gleichung betrachtet heißt das, dass wir anstelle des Integrals über *alle* eingehenden Richtungen ein paar fest vorgegebene Richtungen samplen, nämlich die perfekt reflektierte, die perfekt gebrochene und die zu den Lichtquellen führenden.

16.3.2 Path-Tracing

Dem *Path-Tracing* (auch *Monte Carlo Ray-Tracing* oder *Monte Carlo Path-Tracing* genannt) [37] liegt die Idee zugrunde, die Rendering-Gleichung (16.6) direkt anzugehen und mittels Monte-Carlo-Integration zu lösen. Wie beim Ray-Tracing ersetzen wir also das Integral über alle Richtungen durch Samples in eine endliche Zahl von Richtungen. Die Richtungen zu den Lichtquellen bleiben erhalten (mittels zufälliger Strahlen kann man Punktlichtquellen nicht treffen, obwohl sie sehr wichtig sind), der perfekt reflektierte und der perfekt gebrochene Strahl werden jedoch durch einen einzigen Strahl ersetzt, dessen Richtung zufällig bestimmt wird (daher der Namensteil *Monte Carlo*). Dadurch ergibt sich anstelle der kaskadischen Rekursion beim Ray-Tracing eine lineare Rekursion, ein Pfad von Strahlen (daher der Namensteil *Path*). Die Rekursionstiefe kann fest vorgegeben, adaptiv gewählt oder durch *Russisches Roulette* bestimmt werden, wobei jedes Mal zufällig ermittelt wird, ob der Pfad enden oder weitergeführt werden soll (bis zur Maximaltiefe – eben wie beim Russischen Roulette).

Anstelle der Gleichverteilung über alle Richtungen kann auch eine auf der BRDF basierende gewichtete Verteilung benutzt werden, die die aus der BRDF resultierenden wichtigeren Richtungen bei der Auswahl bevorzugt. Mittels

$$\rho(x, \omega_o) := \int_{H^2} f_r(x, \omega_i \to \omega_o) \cos \theta_i \, d\omega_i \tag{16.19}$$

wird

$$\frac{f_r(x, \omega_i \to \omega_o) \cos \theta_i}{\rho(x, \omega_o)} \tag{16.20}$$

zur Verteilung auf H^2, als Schätzer für den Integralwert in (16.6) aus einer gemäß dieser Verteilung ermittelten Richtung ω_i ergibt sich dann

$$\rho(x, \omega_o) \cdot L_i(x, \omega_i). \tag{16.21}$$

Die Einführung einer Verteilung wie in (16.20) ist wichtig, da nur über eine Bevorzugung der Richtungen „in der Nähe" des perfekt reflektierten Strahls wirksam zwischen diffuser und spiegelnder Reflexion unterschieden werden kann.

Da man beim Path-Tracing nur eine einzige Richtung als Sample für die Bestimmung des Integralwerts benutzt, entsteht ein erhebliches Rauschen. Weil die lineare (Pfad-) Rekursion aber aus Effizienzgründen unangetastet bleiben soll, schießt man anstelle eines einzigen Strahls jetzt mehrere Strahlen durch ein Pixel in die Szene und mittelt das Resultat.

Was die Klassifizierung gemäß (16.15) angeht, so kann Path-Tracing theoretisch alle gewünschten Pfade

$$L\,D\,(\,D\,|\,S\,)^{*}\,E \tag{16.22}$$

wiedergeben. Das erste D muss aus denselben Gründen wie beim Ray-Tracing aufscheinen. Ansonsten existiert für Path-Tracing aufgrund der zufälligen Richtungswahl der Unterschied zwischen spiegelnder und diffuser Reflexion nicht (bei der Wahl einer Verteilung wie in (16.20) vorgeschlagen werden die Richtungen des perfekt reflektierten bzw. perfekt gebrochenen Strahls nur wahrscheinlicher). Dennoch sind zwei wesentliche Nachteile festzuhalten. Zunächst ist Path-Tracing trotz der nun linearen Rekursion immer noch extrem teuer, da bei typischen Szenen zwischen 25 und 100 Strahlen pro Pixel abgefeuert werden müssen, wenn man ein zufrieden stellendes Ergebnis erzielen will. Zweitens bleiben Probleme bei der Wiedergabe von Caustics. Gemäß (16.16) waren diese charakterisiert als $L\,S^{+}\,X$ bzw. $L\,S^{+}\,D\,E$. Betrachten wir das Beispiel eines Spiegels, der eine Oberfläche indirekt beleuchtet. Das direkte Licht von einer Lichtquelle zur Oberfläche wird über die Schattenstrahlen separat berücksichtigt, das Licht, das über den Spiegel ankommt (der jetzt gewissermaßen als sekundäre Lichtquelle fungiert), jedoch nicht. Hier muss der Zufall die Berücksichtigung im Rahmen des Monte-Carlo-Prozesses sicherstellen, was aber nur mit einer bestimmten Wahrscheinlichkeit geschieht.

16.3.3 Weitere Ray-Tracing-Derivate

Light Ray-Tracing oder *Backward Ray-Tracing* wurde speziell für die Simulation indirekter Beleuchtung entwickelt. In einem ersten Path-Tracing Schritt werden Strahlen von den Lichtquellen in die Szene geschossen. Trifft ein solcher Strahl auf eine zumindest anteilig diffuse Oberfläche, wird seine Radiance nach der Reflexion reduziert, und der Differenzbetrag an Energie wird der Oberfläche gutgeschrieben und in einer *Illumination Map* gespeichert. Das Konzept ist ganz ähnlich wie bei den aus der Computergraphik bekannten Texture Maps. Im zweiten Schritt wird dann ein gewöhnliches Ray-Tracing durchgeführt, wobei die Illumination Maps der Oberflächen in die Beleuchtungsberechnung einfließen.

Light Ray-Tracing ist das erste der bisher diskutierten Verfahren, das mit Caustics umgehen kann. Allerdings ist der Aufwand extrem hoch, da die Auflösung der Illumination

Maps hoch und die Anzahl der Strahlen im ersten Durchlauf folglich sehr groß sein muss. Außerdem limitiert die Notwendigkeit der Parametrisierung der Oberflächen über die Illumination Map die Gestalt der Oberflächen. Schließlich liegt über die Illumination Map die Energie an einer Stelle vor, aber nicht die Richtung, aus der das Licht einfiel, was für den zweiten Schritt (die Berechnung der ausgehenden Radiance) von Nachteil sein kann.

Monte Carlo Ray-Tracing mit Photon Maps oder kurz *Photon Tracing* ist der jüngste der bisher diskutierten Ansätze und diesen in verschiedener Hinsicht überlegen:

- **Qualität**: Grundbaustein ist Path-Tracing, eine gute Startlösung des Beleuchtungsproblems. Zur Wiedergabe von Caustics wird ein Light Ray-Tracing Schritt hinzugefügt. Gespeichert wird die Information aus diesem Schritt in *Photon Maps*, ähnlich den *Illumination Maps*.
- **Flexibilität**: Photon-Tracing baut nur auf Ray-Tracing-Techniken auf. Weder eine Beschränkung auf polygonale Objekte (wie bei Radiositiy) noch eine Parametrisierung der Oberflächen (wie bei den Illumination Maps) sind erforderlich. Sogar fraktale Objekte sind verwendbar.
- **Geschwindigkeit**: Der zweite Schritt benutzt einen optimierten Path-Tracer, dessen Laufzeit durch die Information aus der Photon Map reduziert werden kann.
- **Parallelisierbarkeit**: Wie alle Ray-Tracing-Verfahren kann auch Photon-Tracing einfach und effizient parallelisiert werden.

Ähnlich wie beim Light Ray-Tracing besteht der erste Schritt aus einem Path-Tracing von den Lichtquellen aus. *Photonen*, d. h. energiebehaftete Partikel, werden von den Lichtquellen aus in die Szene geschossen. Trifft ein Photon eine Oberfläche, werden sowohl seine Energie als auch seine Einfallsrichtung in die Photon Map eingetragen. Dann wird das Photon zufällig reflektiert, oder es endet (wird absorbiert). Nach Abschluss dieser Phase gibt die Photon Map eine Approximation der Lichtverhältnisse in der Szene: Je höher die Photonendichte, desto mehr Licht. Man beachte den entscheidenden Unterschied zwischen den Illumination Maps und der Photon Map: Erstere sind lokal, assoziiert zu jeder Oberfläche und benötigen eine Parametrisierung, die ein zweidimensionales Array auf diese Fläche abbildet. Letztere ist global und lebt in dreidimensionalen Weltkoordinaten. Außerdem werden sowohl die Energie als auch die Einfallsrichtung gespeichert. Somit ist die Photon Map eine riesige gestreute Datenmenge in 3 D.

Im zweiten Schritt wird ein optimierter Path-Tracer benutzt. Nach nur wenigen Rekursionsstufen wird der Pfad abgebrochen, und die Beleuchtungsverhältnisse werden angenähert durch Schätzung der Dichteverteilung der Photonen in der Umgebung des betreffenden Punkts. Damit kann die Photon Map auch zur Simulation von Caustics benutzt werden.

16.4 Das Radiosity-Verfahren

16.4.1 Grundprinzip

Radiosity ist sowohl der Name der zuvor eingeführten radiometrischen Größe als auch
eines Verfahrens zur globalen Beleuchtung, welches einen grundlegend anderen Ansatz als
den strahlorientierten wählt. Ausgangspunkt ist die Erkenntnis, dass durchschnittlich etwa
30 % des Lichts in einer Szene nicht unmittelbar von einer Lichtquelle stammen, sondern
bereits einmal oder mehrfach an Oberflächen reflektiert wurden. Zum Teil werden sogar
Spitzenwerte bis zu 80 % erreicht.

Radiosity verzichtet auf Spiegelungen und geht von ausschließlich diffusen Flächen aus.
Auch die Lichtquellen werden nun als Objekte der Szene und somit als Flächen aufgefasst.
Somit hängen alle BRDF nicht von der Richtung des einfallenden oder des austretenden
Lichts ab, und man kann in der Rendering-Gleichung in der Form (16.11) die BRDF vor
das Integral ziehen:

$$L_o(x, \omega_o) = L_e(x, \omega_o) + \int_\Omega f_r(x, \omega_i \to \omega_o) L_o(y, \omega_i) G(x, y) \mathrm{d}A_y$$

$$= L_e(x, \omega_o) + \int_\Omega f_r(x) L_o(y, \omega_i) G(x, y) \mathrm{d}A_y$$

$$= L_e(x, \omega_o) + f_r(x) \cdot \int_\Omega L_o(y, \omega_i) G(x, y) \mathrm{d}A_y. \tag{16.23}$$

Weil die ausgehende Radiance einer diffusen Oberfläche keine Richtungsabhängigkeit aufweist, kann man (16.23) auch mittels $B(x)$ formulieren und erhält als Modell die so genannte *Radiosity-Gleichung*, eine Fredholm'sche Integralgleichung zweiter Art:

$$B(x) = B_e(x) + \frac{\rho(x)}{\pi} \cdot \int_\Omega B(y) G(x, y) \mathrm{d}A_y. \tag{16.24}$$

Hierbei gilt für die *Reflectance* $\rho(x)$

$$\rho(x) := \int_{H^2} f_r(x) \cos \theta_i \mathrm{d}\omega_i = f_r(x) \cdot \int_{H^2} \cos \theta_i \mathrm{d}\omega_i = \pi \cdot f_r(x) \tag{16.25}$$

(vgl. auch (16.19)).

Radiosity ist ansichtsunabhängig, die globale Beleuchtung wird also einmal für die ganze Szene berechnet und nicht nur für eine bestimmte Betrachterposition. Zur Lösung wird
die Radiosity-Gleichung (16.25) im Finit-Element-Sinne diskretisiert. Man überzieht alle
Oberflächen der Szene mit einem Netz von ebenen Oberflächenstücken f_i mit Flächen-
inhalt A_i, $1 \le i \le n$, wobei nicht mehr zwischen Lichtquellen und eigentlichen Objekten
unterschieden wird (beachte die neue Bedeutung von A_i). Zur Beschreibung des Licht-
transports von f_i nach f_j werden *Formfaktoren* F_{ij} eingeführt. F_{ij} gibt dabei den Anteil
des Radiant Flux $A_i \cdot B_i$ (der f_i verlassende Flux) an, der bei f_j ankommt. Offensichtlich

gilt also $0 \leq F_{ij} \leq 1$. De facto entsprechen die Formfaktoren im Wesentlichen der Funktion G aus (16.10) bzw. (16.24). Somit wird (16.24) zu

$$B_i = B_{e,i} + \rho_i \cdot \sum_{j=1}^{n} \frac{B_j \cdot A_j \cdot F_{ji}}{A_i} \qquad \forall\, 1 \leq i \leq n. \qquad (16.26)$$

Der Faktor π^{-1} ist dabei in die Formfaktoren gewandert. Aufgrund der Beziehung

$$A_i \cdot F_{ij} = A_j \cdot F_{ji} \qquad (16.27)$$

lässt sich (16.26) vereinfachen, und man erhält die *diskrete Radiosity-Gleichung*:

$$B_i = B_{e,i} + \rho_i \cdot \sum_{j=1}^{n} B_j \cdot F_{ij} \qquad \forall\, 1 \leq i \leq n. \qquad (16.28)$$

Aus (16.28) ergeben sich die zwei wesentlichen Hauptaufgaben bei Radiosity-Verfahren: Erstens müssen die Formfaktoren berechnet werden, zweitens muss das entstehende System linearer Gleichungen numerisch gelöst werden. Dies werden wir weiter unten tun, zunächst interessieren uns nur die darstellbaren Lichtpfade.

Radiosity betrachtet nur diffuse Oberflächen. Deshalb können nur Lichtpfade vom Typ

$$L\,D^*\,E \qquad (16.29)$$

simuliert werden. Der direkte Pfad $L\,E$ ist möglich, da Lichtquellen und Oberflächen gleich behandelt werden. Im Gegensatz zum Ray-Tracing besteht das Ergebnis nicht aus einem Rasterbild für eine bestimmte Ansicht der Szene, sondern aus den Radiosity-Werten aller (diskreter) Oberflächen f_i. Nach der zeitintensiven Radiosity-Berechnung kann deshalb ein (Hardwarebeschleunigtes) z-Buffer-Verfahren zur Generierung bestimmter Ansichten benutzt werden, was beispielsweise Echtzeit-Flüge durch die Szene gestattet.

Aber auch Ray-Tracing kann zur Ansichtsgenerierung verwendet werden. Eine solche Hintereinanderschaltung von Ray-Tracing und Radiosity ermöglicht Lichtpfade vom Typ $L\,D^+\,S^*\,E$. Dies ist besser als jede Einzellösung, Caustics sind aber noch immer nicht darstellbar. Deshalb wurden noch weitere Verallgemeinerungen entwickelt (*extended form factors*), die auch Caustics integrieren sollen. Das bleibende Problem ist aber, dass Radiosity immer mit ebenen Flächenstücken arbeitet, womit viele Caustics nicht wiedergegeben werden können.

16.4.2   Berechnung der Formfaktoren

Wir kommen zurück zur diskreten Radiosity-Gleichung (16.28). Vor deren Lösung müssen die Formfaktoren F_{ij} ermittelt werden. Da diese jedoch nicht von der Wellenlänge

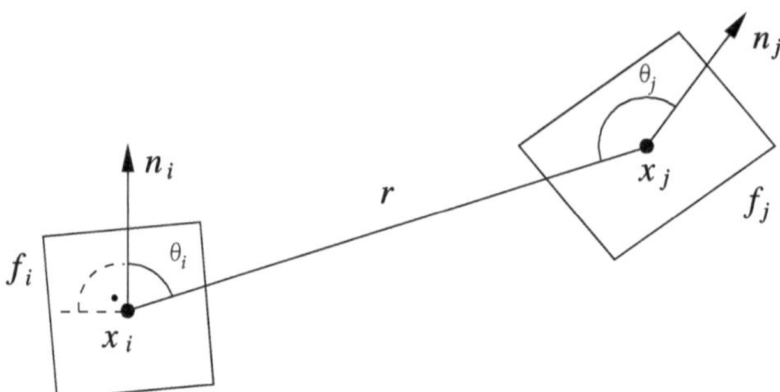

Abb. 16.4 Flächenstücke f_i und f_j mit ausgezeichneten Punkten x_i und x_j, den Flächennormalen n_i und n_j sowie den Winkeln θ_i bzw. θ_j zwischen n_i bzw. n_j und der Strecke der Länge r von x_i nach x_j

des Lichts, sondern ausschließlich von der Geometrie der Szene abhängen, können sie zu Beginn einmalig berechnet und gespeichert werden. Bei sich ändernden Materialeigenschaften $(B_{e,i}, \rho_i)$ oder wechselnder Beleuchtung können sie übernommen werden.

Der Formfaktor F_{ij} bezeichnet den Anteil der von f_i ausgehenden Lichtenergie $B_i A_i$, der bei f_j ankommt. Man kann zeigen, dass für F_{ij} die Beziehung

$$F_{ij} = \frac{1}{A_i} \cdot \int_{f_i} \int_{f_j} \frac{\cos\theta_i(x_i, x_j) \cdot \cos\theta_j(x_i, x_j)}{\pi \cdot r^2(x_i, x_j)} V(x_i, x_j)\, \mathrm{d}A_j\, \mathrm{d}A_i$$

$$= \frac{1}{A_i} \cdot \frac{1}{\pi} \cdot \int_{f_i} \int_{f_j} G(x_i, x_j)\, \mathrm{d}A_j \mathrm{d}A_i \tag{16.30}$$

gilt, wobei θ_i und θ_j die Winkel zwischen der Verbindungsstrecke von x_i nach x_j und der Flächennormale n_i von f_i in x_i bzw. n_j von f_j in x_j bezeichnen und r den Abstand von x_i und x_j angibt (siehe Abb. 16.4). Die Funktionen V und G sind wie in (16.7) bzw. (16.10) definiert.

Selbst bei einfachen geometrischen Verhältnissen ist die Berechnung der Integrale in (16.30) sehr aufwändig. Deshalb sind effiziente Verfahren zur näherungsweisen Berechnung der Formfaktoren von großer Wichtigkeit. Eine Möglichkeit der Vereinfachung von (16.30) ist beispielsweise, die Winkel θ_i und θ_j sowie den Abstand r als über die Flächen f_i bzw. f_j konstant anzunehmen, wobei hier aber unter Umständen die Qualitätseinbußen zu groß sind.

Eine weit verbreitete Methode zur näherungsweisen Berechnung der Formfaktoren F_{ij} stammt von Cohen und Greenberg [14]. Da man zeigen kann, dass die exakte Berechnung des inneren Integrals über f_j in (16.30) der Berechnung des Inhalts der Fläche $\overline{f_j}$ entspricht, die aus einer Zentralprojektion von f_j auf die $x_i \in f_i$ umgebende Einheitshalbkugel (deren Basiskreis koplanar zu f_i ist) und einer anschließenden orthogonalen Parallelprojektion auf den Basiskreis der Halbkugel entsteht (siehe Abb. 16.5), haben Cohen und Greenberg die Halbkugel durch einen Halbwürfel ersetzt, dessen Oberfläche in quadratische Flächenele-

Abb. 16.5 Berechnung der Formfaktoren über Projektionen

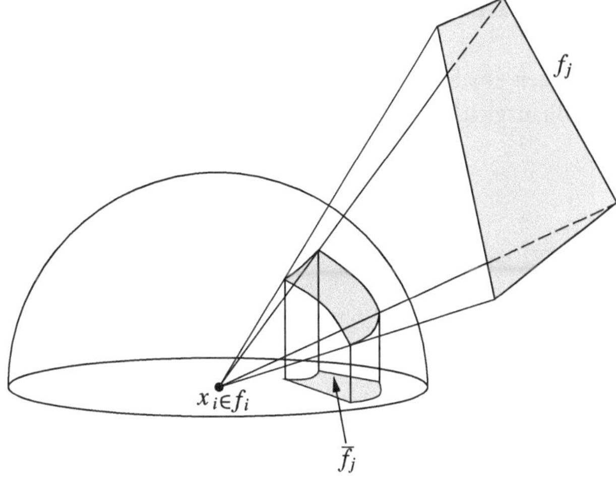

Abb. 16.6 Formfaktorenapproximation nach Cohen und Greenberg

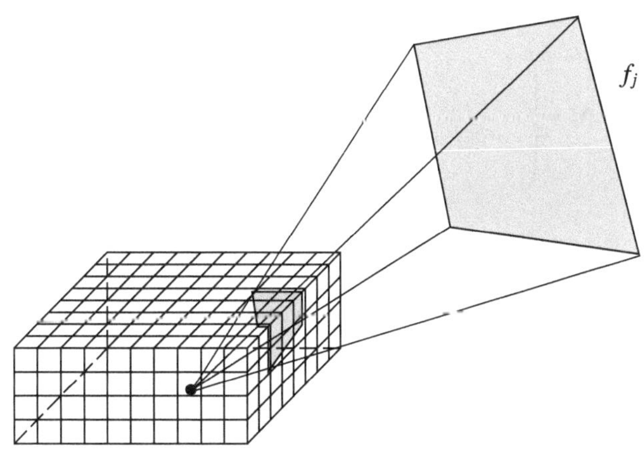

mente aufgeteilt ist (siehe Abb. 16.6). Die Auflösung beträgt dabei in der Regel zwischen fünfzig und einigen hundert Elementen in jeder Richtung. Für jedes dieser Flächenelemente kann ein Formfaktor vorneweg berechnet und in einer Tabelle gespeichert werden. Anschließend werden dann die Flächenstücke f_j, $j \neq i$, auf die Würfelseiten projiziert, und die im Voraus berechneten Formfaktoren der betroffenen Flächenelemente werden addiert, wobei die Sichtbarkeitsfrage z-Buffer-artig gelöst wird. Das äußere Integral in (16.30) wird oft vernachlässigt, da bei kleinen Patches f_i und im Vergleich zu A_i großen Abständen r die Variation über die verschiedenen $x_i \in f_i$ nur einen kleinen Einfluss hat.

16.4.3 Lösung der Radiosity-Gleichung

Wir wollen uns nun mit der Lösung der Radiosity-Gleichung befassen. Insgesamt stellen die n Bilanzgleichungen ein lineares Gleichungssystem

$$M \cdot B = E \tag{16.31}$$

dar, wobei

$$B := (B_1, \ldots, B_n)^T \in \mathbb{R}^n,$$
$$E := (E_1, \ldots, E_n)^T := (B_{e,1}, \ldots, B_{e,n})^T \in \mathbb{R}^{n \times n},$$
$$M := (m_{ij})_{1 \le i, j \le n} \in \mathbb{R}^{n \times n},$$

$$m_{ij} := \begin{cases} 1 \quad -\rho_i \cdot F_{ii} & \text{für } i = j, \\ \quad\;\; -\rho_i \cdot F_{ij} & \text{sonst,} \end{cases}$$

$$M = \begin{pmatrix} 1 - \rho_1 F_{11} & -\rho_1 F_{12} & -\rho_1 F_{13} & \cdots \\ -\rho_2 F_{21} & 1 - \rho_2 F_{22} & -\rho_2 F_{23} & \cdots \\ -\rho_3 F_{31} & -\rho_3 F_{32} & 1 - \rho_3 F_{33} & \cdots \\ \vdots & \vdots & \vdots & \ddots \end{pmatrix}.$$

Die quadratische Matrix M ist dabei wegen $0 < \rho_i < 1$ und wegen $\sum_{j=1}^{n} F_{ij} \le 1$ für alle $i = 1, \ldots, n$ strikt diagonaldominant. Allerdings ist M nicht symmetrisch, was für eine Reihe iterativer Lösungsverfahren von Nachteil ist. Um mit einer symmetrischen Matrix arbeiten zu können, multiplizieren wir die Radiosity-Gleichung für f_i mit dem Faktor A_i/ρ_i und betrachten weiterhin B_i als Unbekannte, jetzt aber $E_i \cdot A_i/\rho_i$ als Komponenten der rechten Seite. Damit wird aus (16.31)

$$\overline{M} \cdot B = \overline{E}, \tag{16.32}$$

wobei

$$\overline{E} := (E_1 \cdot A_1/\rho_1, \ldots, E_n \cdot A_n/\rho_n)^T \text{ und}$$

$$\overline{M} := \begin{pmatrix} \rho_1^{-1} A_1 - A_1 F_{11} & -A_1 F_{12} & -A_1 F_{13} & \cdots \\ -A_2 F_{21} & \rho_2^{-1} A_2 - A_2 F_{22} & -A_2 F_{23} & \cdots \\ -A_3 F_{31} & -A_3 F_{32} & \rho_3^{-1} A_3 - A_3 F_{33} & \cdots \\ \vdots & \vdots & \vdots & \ddots \end{pmatrix}.$$

Die Matrix $\overline{M}$ ist wieder strikt diagonaldominant und wegen der Symmetriebedingung (16.27) auch symmetrisch, folglich also positiv definit. Zudem sind sowohl M als auch $\overline{M}$ in der Regel schwach besetzt, da in durchschnittlichen Szenen mit sehr vielen Flächenstücken Licht von einer Fläche f_i nur zu wenigen anderen Flächen f_j gelangt. Man beachte schließlich, dass die $F_{ii}, 1 \le i \le n$, zwar im allgemeinen nahe Null sind, aber nicht immer ganz verschwinden. Bei einer konkaven Fläche f_i etwa kommt auch von f_i auf direktem Wege Licht zu f_i.

Für die Lösung des Systems (16.31) bieten sich iterative Verfahren wie die Gauß-Seidel- oder die Jacobi-Iteration an. Da die Matrix M strikt diagonaldominant ist, konvergieren beide Iterationsverfahren. Als Startwert wird dabei $R^{(0)} := E$ gewählt. Die Jacobi-Iteration gestattet hierbei eine interessante Deutung: Als Startwert dient allein das emittierte Licht, nach dem ersten Iterationsschritt ist auch das einfach reflektierte Licht berücksichtigt, der zweite Iterationsschritt bringt das zweifach reflektierte Licht ins Spiel usw. Im Folgenden ist das Schema der Jacobi-Iteration bei s Iterationsschritten dargestellt:

it = 1,2, …, s:

    i = 1,2, …, n:

$$S_i := \Big(E_i + \rho_i \cdot \sum_{j \neq i} B_j F_{ij} \Big) / \big(1 - \rho_i F_{ii} \big);$$

    i = 1,2, …, n:

$$B_i := S_i;$$

Die Bildqualität steigt dabei mit der Anzahl s der berücksichtigten Interreflexionsstufen, allerdings gilt dies auch für den Berechnungsaufwand, der von der Ordnung $O(n^2 \cdot s)$ ist.

Man beachte, dass das Gleichungssystem (16.31) bzw. (16.32) für jede Wellenlänge λ bzw. jedes Teilband (jeden Bereich $[\lambda_i, \lambda_{i+1}]$, $i = 0, \ldots, n-1$) von Wellenlängen getrennt aufgestellt und gelöst werden muss, da – im Gegensatz zu den Formfaktoren F_{ij} – sowohl ρ_i als auch E_i als Materialparameter von der Wellenlänge λ des Lichts abhängen. Zumindest müssen Radiosity-Werte für die drei (Bildschirm-) Grundfarben Rot, Blau und Grün berechnet werden.

16.4.4   Anmerkungen und Verbesserungen

Bisher wurden für jedes Flächenstück f_i Radiosity-Werte ermittelt. Will man nun die Resultate des Radiosity-Verfahrens mit einem interpolierenden Schattierungsverfahren wie etwa der Gouraud-Schattierung koppeln, dann werden Radiosity-Werte in den Knoten der polygonalen Oberflächen benötigt. Die übliche Vorgehensweise zur Bestimmung solcher Größen ist dabei, durch geeignete Mittelung der Radiosity-Werte angrenzender Patches zu Radiosity-Werten in den Knoten zu gelangen und diese Größen dann entsprechend dem Schattierungsverfahren zu interpolieren.

Das hier vorgestellte klassische Radiosity-Verfahren stellt sehr hohe Anforderungen an Rechenzeit und Speicherplatzbedarf. Schon bei einer Szene mit 10 000 Flächenstücken sind nach (16.27) fünfzig Millionen Formfaktoren zu berechnen, und selbst bei einer schwachen Besetzung der Matrix ergibt sich ein nicht unerheblicher Speicherbedarf. Dieser quadratische Rechenzeit- und Speicheraufwand sowie die Tatsache, dass immer ein vollständiger Gauß-Seidel- bzw. Jacobi-Schritt vor der nächsten Ausgabe abgewartet werden muss, wirken zunächst als Hemmschuh für eine effiziente Implementierung des Radiosity-Verfahrens. Zur Lösung dieses Problems wurden zwei Ansätze entwickelt.

Die *schrittweise Verfeinerung* kehrt die bisherige Vorgehensweise um: Gemäß der im vorigen Abschnitt gezeigten Jacobi-Iteration wurden in jedem Iterationsschritt die Beiträge aus der Umgebung einer Fläche f_i aufgesammelt (*Gathering*) und so zu einer Aktualisierung von R_i verwendet. Jetzt werden dagegen die Flächen f_i sukzessive so behandelt, dass ihre ausgehende Lichtenergie in die Umgebung ausgesendet wird (*Shooting*). Statt in Schritt i die Beiträge $\frac{\rho_i \cdot B_j \cdot F_{ij}}{1-\rho_i F_{ii}}$ aller f_j, $j \neq i$, zu B_i aufzusummieren, werden jetzt also umgekehrt die Beiträge von f_i zu allen B_j, $j \neq i$, berücksichtigt: $\frac{\rho_j \cdot \Delta B_i \cdot F_{ji}}{1-\rho_j F_{jj}} = \frac{\rho_j \cdot \Delta B_i \cdot F_{ij} \cdot A_i / A_j}{1-\rho_j F_{jj}}$. Hierbei ist ΔB_i die seit dem letzten Aussenden von B_i neu akkumulierte Radiosity von f_i. Zu Beginn werden die ΔB_i bzw. B_i jeweils mit E_i vorbesetzt. Dann wird immer die Lichtmenge derjenigen Fläche f_i ausgesendet, für die der Wert $\Delta B_i \cdot A_i$ maximal ist. Damit ist die schrittweise, inkrementelle Berechnung der Radiosity-Werte möglich: Zunächst werden die Flächen großer Radiosity (vor allem Lichtquellen) behandelt, wodurch sich schon eine gute Näherung für das beleuchtete Bild ergibt. Die Iteration wird abgebrochen, wenn $\Delta B_i \cdot A_i$ für alle i unter eine vorgegebene Schranke ε fällt. Wir erhalten somit den folgenden Algorithmus:

Schrittweise Verfeinerung:

$\forall$ Flächen f_j:
begin
    $B_j := E_j$;
    $\Delta B_j := E_j$;
end
while $\neg\big(\Delta B_j \cdot A_j < \varepsilon \;\; \forall j\big)$:
begin
    bestimme $i : \Delta B_i \cdot A_i \geq \Delta B_j \cdot A_j \;\; \forall j$;
    $\forall$ Flächen $f_j \neq f_i$:
    begin
        Beitrag $:= \rho_j \cdot \Delta B_i \cdot F_{ij} \cdot A_i / \big(A_j \cdot (1 - \rho_j F_{jj})\big)$;
        $\Delta B_j := \Delta B_j +$ Beitrag;
        $B_j := B_j +$ Beitrag;
    end
    $\Delta B_i := 0$;
end;

Die *adaptive Unterteilung* (*rekursive Substrukturierung*) der Flächenstücke ermöglicht es, mit wenigen Flächen zu beginnen und dann nur dort, wo sich die berechneten Radiosity-Werte auf benachbarten Flächenstücken stark unterscheiden, die Flächen weiter zu unterteilen. An den Stellen, wo feiner aufgelöst wird, müssen dann auch die Formfaktoren neu berechnet werden. Diese adaptive Vorgehensweise ermöglicht die Konzentration des Aufwands auf Bereiche, wo eine hohe Auflösung (d. h. viele Flächenstücke) für eine ansprechende Bildqualität auch erforderlich ist.

In jüngerer Zeit finden ferner moderne numerische Verfahren wie Ansätze höherer Ordnung oder Wavelets in Radiosity-Algorithmen Anwendung.

Zusammenfassend halten wir fest, dass das Radiosity-Verfahren eine zwar sehr rechenzeitintensive, aber für photorealistische Bilder geeignete Methode zur Modellierung von diffusem Licht darstellt. Die erzeugten Bilder sind hinsichtlich der Beleuchtung ansichtsunabhängig – diffuses Licht ist nicht gerichtet. Dadurch ist das Verfahren auch sehr gut für interaktive und animierte Anwendungen mit wechselnder Perspektive geeignet (virtuell in Gebäuden gehen, durch Städte fahren oder fliegen etc.).

Von Nachteil ist allerdings, dass richtungsabhängige Beleuchtungseigenschaften wie Glanzlicht zunächst nicht realisiert werden können. Es gibt jedoch Erweiterungen des Radiosity-Verfahrens, die zusätzlich die Berücksichtigung spiegelnder Reflexion gestatten. Außerdem wurde auch der kombinierte Einsatz von Ray-Tracing und Radiosity untersucht. Diese Ansätze beruhen auf zwei getrennten Durchläufen zur Wiedergabe der Szene, einem ersten ansichtsunabhängigen (Radiosity) und einem zweiten ansichtsabhängigen Durchgang (Ray-Tracing). Ohne hier auf Details eingehen zu wollen, sei jedoch darauf hingewiesen, dass die einfache Addition der sich aus den beiden Durchläufen ergebenden Intensitätswerte in den Pixeln zur Realisierung der gewünschten Kombination von Ray-Tracing und Radiosity nicht ausreicht.

Lust auf mehr? Dann haben wir eines unserer wesentlichen Ziele erreicht – nämlich das Ziel, durch einen breiten Überblick über die Methodik des Modellierens und Simulierens Einblicke zu gewähren und gleichzeitig Bedürfnisse nach einer tiefer gehenden Auseinandersetzung mit diesem Themenkreis zu wecken. Es war uns dabei ein Anliegen, im Gegensatz zu anderen Büchern den weiten Bogen zu wagen und nicht in einer einzigen Perspektive zu verharren – sei es eine modelltechnische (Modellieren mit partiellen Differentialgleichungen, Graphentheorie oder Fuzzy Logik), eine simulationsbezogene (Numerik von Differentialgeichungen, wissenschaftliches Rechnen oder stochastische Prozesse), eine anwendungsgetriebene (z. B. numerische Strömungssimulation) oder eine softwarezentrierte (beispielsweise Simulieren mit Simulink). Dass hierbei ein ums andere Mal wichtige Details unter den Tisch fallen müssen, ist klar, und jeder Satz der Art „Dies würde an dieser Stelle zu weit führen" schmerzt – die Autoren am meisten. Aber es ist eben auch wichtig, die zugrunde liegende Systematik zu erkennen, Analogien wahrzunehmen und so zu Transferschlüssen zu gelangen. Ein guter Modellierer kennt sich nicht nur in Schublade dreiundneunzig gut aus, sondern er beherrscht die Kunst des Beschreibens, Abstrahierens und Vereinfachens; eine gute Simulantin kann nicht nur einen bestimmten Algorithmus um noch ein weiteres kleines Jota verbessern, sondern sie hat vielmehr ein Gespür dafür, was wie angegangen werden sollte und wie aufwändig es sich darstellen dürfte.

Deshalb: Nutzen Sie diesen ersten Überblick als Einstieg. Zu allen in den Kap. 3 bis 16 angesprochenen Themenkreisen gibt es viel mehr zu erfahren – und zu modellieren und zu simulieren. Viel Spaß dabei!

H.-J. Bungartz et al., *Modellbildung und Simulation*, eXamen.press,
DOI 10.1007/978-3-642-37656-6, © Springer-Verlag Berlin Heidelberg 2013

Literatur

1. M. Adelmeyer und E. Warmuth. *Finanzmathematik für Einsteiger: von Anleihen über Aktien zu Optionen*. Vieweg, 2005.

2. V. Adlakha und V. Kulkarni. A classified bibliography of research on stochastic PERT networks: 1966–1987. *INFOR*, 27(3):272–296, 1989.

3. M. P. Allen und D. J. Tildesley. *Computer Simulation of Liquids*. Clarendon Press, Oxford University Press, New York, 1989.

4. A. Appel. Some Techniques for Shading Machine Renderings of Solids. In *Proceedings of the Spring Joint Computer Conference*, S. 37–45, 1968.

5. J. R. Arvo. Backward Ray Tracing. In *Developments in Ray Tracing, A. H. Barr, Hrsg., Course Notes 12 for ACM SIGGRAPH '86*, 1986.

6. J. Banks, J. Carson, B. L. Nelson und D. Nicol. *Discrete-Event System Simulation, Fourth Edition*. Prentice Hall, 2004.

7. E. Beltrami. *Mathematics for Dynamic Modeling*. Academic Press, 1987.

8. S. K. Berninghaus, K.-M. Ehrhart und W. Güth. *Strategische Spiele: Eine Einführung in die Spieltheorie*. Springer, 2. Auflage, 2006.

9. G. Böhme. *Fuzzy-Logik. Einführung in die algebraischen und logischen Grundlagen*. Springer, 1993.

10. L. v. Bortkewitsch. *Gesetz der kleinen Zahlen*. Teubner, 1889.

11. H.-H. Bothe. *Fuzzy Logic. Einführung in Theorie und Anwendungen*. Springer, 1993.

12. Bundesministerium für Verkehr, Bau und Stadtentwicklung. *Verkehr in Zahlen 2010/2011*. Deutscher Verkehrs-Verlag, 2011.

13. H.-J. Bungartz, M. Griebel und C. Zenger. *Einführung in die Computergraphik: Grundlagen, geometrische Modellierung, Algorithmen*. Vieweg, 2. Auflage, 2002.

14. M. F. Cohen und D. P. Greenberg. The Hemi-Cube: A Radiosity Solution for Complex Environments. In *Proceedings of SIGGRAPH '85, Computer Graphics*, 19(3), S. 31–40, ACM SIGGRAPH, New York, 1985.

15. G. Dahlquist und Åke Björck. *Numerical Methods in Scientific Computing*. SIAM, Philadelphia, 2008.

16. R. C. Dorf und R. H. Bishop. *Moderne Regelungssysteme*. Pearson Studium, 2007.

17. D. Driankov, H. Hellendoorn und M. Reinfrank. *An Introduction to Fuzzy Control*. Springer, 1993.

18. European commission. *Commission Staff working paper "Impact Assessment'' accompanying the White Paper: Roadmap to a Single European Transport Area – Towards a competitive and resource efficient transport system, SEC(2011) 358 final*, 2011.

19. J. H. Ferziger und M. Peric. *Numerische Strömungsmechanik*. Springer, 2008.

20. G. S. Fishman. *Discrete-Event Simulation – Modeling, Programming, and Analysis*. Springer, 2001.

21. N. D. Fowkes und J. J. Mahony. *Einführung in die mathematische Modellierung*. Spektrum Akademischer Verlag, 1996.

22. D. Frenkel und B. Smit. *Understanding Molecular Simulation*. Academic Press, 2. Auflage, 2002.

23. D. R. Fulkerson. Expected critical path lengths in PERT networks. *Operations Research*, 10:808–817, 1962.

24. W. Gander und J. Hřebíček. *Solving Problems in Scientific Computing Using Maple and MATLAB*. Springer, 4. Auflage, 2004.

25. J. Geanakoplos. Three brief proofs of Arrow's impossibility theorem. Technical Report 1116, Cowles Foundation for Research in Economics at Yale University, 2005.

26. C. M. Goral, K. E. Torrance, D. P. Greenberg und B. Battaile. Modeling the Interaction of Light Between Diffuse Surfaces. In *Proceedings of SIGGRAPH '84, Computer Graphics*, 18(3), S. 213–222, ACM SIGGRAPH, New York, 1984.

27. C. Gray und K. Gubbins. *Theory of Molecular Fluids. Volume 1: Fundamentals*, Band 9 der *International Series on Monographs on Chemistry*. Clarendon Press, Oxford University Press, New York, 1984.

28. M. Griebel, T. Dornseifer und T. Neunhoeffer. *Numerische Simulation in der Strömungsmechanik: eine praxisorientierte Einführung*. Vieweg, 1995.

29. M. Griebel, S. Knapek, G. Zumbusch und A. Caglar. *Numerische Simulation in der Moleküldynamik*. Springer, 2004.

30. D. Gross, W. Hauger, J. Schröder und W. Wall. *Technische Mechanik 3*. Springer, 10. Auflage, 2008.

31. D. Hachenberger. *Mathematik für Informatiker*. Pearson Studium, 2. Auflage, 2008.

32. J. Haile. *Molecular Dynamics Simulation*. John Wiley & Sons, 1997.

33. D. Helbing. *Verkehrsdynamik: Neue physikalische Konzepte*. Springer, 1997.

34. M. J. Holler und G. Illing. *Einführung in die Spieltheorie*. Springer, 6. Auflage, 2006.

35. T. Huckle und S. Schneider. *Numerische Methoden: eine Einführung für Informatiker, Naturwissenschaftler, Ingenieure und Mathematiker*. Springer, 2. Auflage, 2006.

36. H. W. Jensen. Global Illumination Using Photon Maps. *Rendering Techniques '96*, S. 21–30, 1996.

37. J. Kajiya. The Rendering Equation. In *Proceedings of SIGGRAPH '86, Computer Graphics*, 20(4), S. 143–150, ACM SIGGRAPH, New York, 1986.

38. W. Krabs. *Mathematische Modellierung: eine Einführung in die Problematik*. Teubner, 1997.

39. R. D. Kühne und M. B. Rödiger. Macroscopic simulation model for freeway traffic with jams and stop-start waves. In *WSC '91: Proceedings of the 23rd conference on Winter simulation*, S. 762–770, Washington, DC, USA, 1991. IEEE Computer Society.

40. Los Alamos National Laboratory. *TRANSIMS – Transportation Analysis Simulation System*. http://transims.tsasa.lanl.gov.

41. J. Lunze. *Regelungstechnik 1*. Springer, 7. Auflage, 2008.

42. A. Mehlmann. *Strategische Spiele für Einsteiger: Eine verspielt-formale Einführung in Methoden, Modelle und Anwendungen der Spieltheorie.* Vieweg, 2006.

43. K. Meyberg und P. Vachenauer. *Höhere Mathematik, Band 2: Differentialgleichungen, Funktionentheorie, Fourier-Analysis, Variationsrechnung.* Springer, 2. Auflage, 1997.

44. K. Meyberg und P. Vachenauer. *Höhere Mathematik, Band 1: Differential- und Integralrechnung, Vektor- und Matrizenrechnung.* Springer, 6. Auflage, 2001.

45. R. H. Möhring. Scheduling under uncertainty: Optimizing against a randomizing adversary. In K. Jansen, Hrsg., *Approximation Algorithms for Combinatorial Optimization*, Band 1913 der *Lecture Notes in Computer Science*, S. 15–26. Springer, 2000.

46. R. H. Möhring. Scheduling under uncertainty: Bounding the makespan distribution. In H. Alt, Hrsg., *Computational Discrete Mathematics: Advanced Lectures*, Band 2122 der *Lecture Notes in Computer Science*, S. 79–97. Springer, 2001.

47. K. Nagel und M. Schreckenberg. A cellular automaton model for freeway traffic. *Journal de Physique I*, 2:2221–2229, December 1992.

48. E. Ott. *Chaos in Dynamical Systems.* Cambridge University Press, 1993.

49. T. Ottmann und P. Widmayer. *Algorithmen und Datenstrukturen.* Spektrum Akademischer Verlag, 4. Auflage, 2002.

50. G. Pickert. Präferenzrelationen von Individuen und Kollektiven. *Praxis der Mathematik*, 28(6), 1986.

51. M. L. Pinedo. *Planning and Scheduling in Manufacturing and Services.* Springer, 2005.

52. D. Rapaport. *The Art of Molecular Dynamics Simulation.* Cambridge University Press, 2. Auflage, 2004.

53. T. Schickinger und A. Steger. *Diskrete Strukturen, Band 2: Wahrscheinlichkeitstheorie und Statistik.* Springer, 2002.

54. W. Schlee. *Einführung in die Spieltheorie.* Vieweg, 2004.

55. U. Schöning. *Algorithmen – kurzgefaßt.* Spektrum Akademischer Verlag, 1997.

56. Statistisches Bundesamt, Wiesbaden. *Verkehr in Deutschland 2006*, September 2006. Im Blickpunkt.

57. Statistisches Bundesamt, Wiesbaden. *Statistisches Jahrbuch 2012*, 2012.

58. A. Steger. *Diskrete Strukturen, Band 1: Kombinatorik, Graphentheorie, Algebra.* Springer, 2. Auflage, 2007.

59. H. C. Tijms. *A First Course in Stochastic Models.* Wiley, 2 Auflage, 2003.

60. S. Turek und M. Schäfer. Benchmark computations of laminar flow around a cylinder. In E. H. Hirschel, Hrsg., *Flow Simulation with High-Performance Computers II*, Band 52 der *Notes on Numerical Fluid Mechanics and Multidisciplinary Design*. Vieweg, 1996.

61. A. Tveito und R. Winther. *Einführung in partielle Differentialgleichungen.* Springer, 2002.

62. T. Whitted. An Improved Illumination Model for Shaded Display. *Communications of the ACM*, 23(6):343–349, 1980.

63. R. R. Yager und D. P. Filev. *Essentials of Fuzzy Modeling and Control.* John Wiley & Sons, New York/Chichester/Brisbane, 1994.

Sachverzeichnis